混凝土结构设计相关规范综合应用及疑难问题分析处理

张维斌　编著

中国建筑工业出版社

图书在版编目（CIP）数据

混凝土结构设计相关规范综合应用及疑难问题分析处理/张
维斌编著. —北京：中国建筑工业出版社，2013.4
ISBN 978-7-112-15307-7

Ⅰ.①混… Ⅱ.①张… Ⅲ.①混凝土结构-结构设计-建筑规
范 Ⅳ.①TU370.4

中国版本图书馆 CIP 数据核字（2013）第 064082 号

本书是作者根据对新版《建筑抗震设计规范》（以下简称《抗规》）、《高层建筑混凝土结构技术规程》（以下简称《高规》）、《混凝土结构设计规范》（以下简称《混规》）的理解和体会，结合工程设计以及学术交流中所遇到的一些问题编写而成。

全书共分八章，基本涵盖《高规》第一章～第十章全部条文、《抗规》、《混规》的相关条文以及有关多层建筑结构设计的条文规定。第一章结构设计基本规定，主要包括一般规定、材料、房屋适用高度和高宽比、结构布置、楼盖结构、水平位移限值和舒适度要求、构件承载力设计、抗震等级、特一级构件设计规定等内容；第二章荷载和地震作用；第三章结构计算分析；从第四章到第八章，分别介绍框架结构、剪力墙结构、框架-剪力墙结构、简体结构以及复杂高层建筑结构的设计。侧重多高层钢筋混凝土上部结构设计。特点是：从工程设计的实际出发。特别是在设计建议中，对工程设计中遇到的主要问题、疑难问题、热点问题以及若干特殊复杂结构设计问题等，提出了一些看法和做法，力求给出解决的办法和措施。

本书可供土建结构设计、审图、施工、科研人员及大专院校土建专业师生使用和参考，亦可供注册结构工程师应试者参考。

*   *   *

责任编辑：刘瑞霞 咸大庆

责任设计：赵明霞

责任校对：肖 剑 关 健

混凝土结构设计相关规范综合应用及疑难问题分析处理
张维斌 编著

*

中国建筑工业出版社出版、发行（北京西郊百万庄）
各地新华书店、建筑书店经销
北京红光制版公司制版
北京富生印刷厂印刷

*

开本：787×1092毫米 1/16 印张：31¼ 字数：754千字
2013年5月第一版 2014年1月第三次印刷
定价：**69.00**元
ISBN 978-7-112-15307-7
(23398)

前　　言

新版《建筑抗震设计规范》GB 50011—2010（以下简称《抗规》）、《高层建筑混凝土结构技术规程》JGJ 3—2010（以下简称《高规》）、《混凝土结构设计规范》GB 50010—2010（以下简称《混规》）颁布施行以来，设计人员在应用新规范进行工程设计的过程中，有时会遇到一些问题。例如：

1. 规范新增了一些条文，如何理解？设计怎么做？

2. 有些规范条文规定较原则，如要求"适当提高"、"适当加强"，判断"刚度较小"等，具体设计怎么做？是否需要量化？如何量化？

3. 少数条文对待同一个问题三本规范的规定有些区别甚至不同，如何理解这些区别或不同？设计怎么做？

本书就是编者学习新版《抗规》、《高规》、《混规》，通过具体工程的设计实践以及学术交流活动，根据对上述问题的一些理解和体会编写而成。

本书的编写思路是：针对一个问题，1. 列出三本规范的条文；2. 对规范条文的理解；3. 设计建议。内容安排上，考虑到《高规》既包括抗震设计，也包括非抗震设计，既有结构的方案设计，也有结构计算、构造要求的规定，故以《高规》为主线，采取以《高规》的具体条文和《抗规》、《混规》相应的条文作对比、分析。全书共分八章，基本涵盖《高规》第一章、第三章～第十章全部条文，《抗规》、《混规》的相关条文以及有关多层建筑结构设计的条文规定。第一章结构设计基本规定，主要包括一般规定、材料、房屋适用高度和高宽比、结构布置、楼盖结构、水平位移限值和舒适度要求、构件承载力设计、抗震等级、特一级构件设计规定等内容；第二章荷载和地震作用；第三章结构计算分析；从第四章到第八章，分别介绍框架结构、剪力墙结构、框架-剪力墙结构、筒体结构以及复杂高层建筑结构的设计。侧重多高层钢筋混凝土上部结构设计。特点是：从工程设计的实际出发。特别是在设计建议中，对工程设计中遇到的主要问题、疑难问题、热点问题以及若干特殊复杂结构设计问题等，提出了一些看法和做法，力求给出解决的办法和措施。如果读者能通过本书解决工程设计中一些实际问题，对读者有所帮助，则编者的目的也就达到了。

笔者曾经说过：一名好的结构工程师，应认真学习、深入理解和正确运用规范，掌握概念、熟悉构造，并熟练、灵活地运用于实际工程设计中，只有这样，才能不断提高技术水平，设计出合理、经济的建筑结构来。笔者在这里愿意重申这句话。

本书由张维斌主编，陈传鼎、汪晖、薛微、董海凤、曲启亮参加了一些章节的编写及计算、制图等工作。最后由张维斌统一定稿。在编写过程中得到了清华大学钱稼茹教授、中国建筑科学研究院黄世敏研究员、赵兵高级工程师、北京市建筑设计研究院李国胜教授级高级工程师、北京筑都方圆建筑设计公司沙志国教授级高级工程师、中国中元国际工程公司柴万先教授级高级工程师、罗斌教授级高级工程师及公司内其他同志的热情帮助，中国建筑工业出版社咸大庆副主编、刘瑞霞副主任也提出了不少很好的建议，作者在此一并致谢！

限于编者水平，加之时间仓促，有不当或错误之处，热忱盼望读者不吝指正，不胜感谢！

编　者
2013.2.26 于北京

目　　录

第一章 结构设计基本规定

第一节 一般规定

一、规范的适用范围

（一）相关规范的规定：

1.《高规》第 1.0.2 条规定：

本规程适用于 10 层及 10 层以上或房屋高度大于 28m 的住宅建筑以及房屋高度大于 24m 的其他高层民用建筑混凝土结构。非抗震设计和抗震设防烈度为 6 至 9 度抗震设计的高层民用建筑结构，其适用的房屋最大高度和结构类型应符合本规程的有关规定。

本规程不适用于建造在危险地段以及发震断裂最小避让距离内的高层建筑结构。

2.《抗规》第 1.0.2 条、第 1.0.3 条、第 3.3.1 条规定：

第 1.0.2 条

抗震设防烈度为 6 度及以上地区的建筑，必须进行抗震设计。

第 1.0.3 条

本规范适用于抗震设防烈度为 6、7、8 和 9 度地区建筑工程的抗震设计以及隔震、消能减震设计。建筑的抗震性能化设计，可采用本规范规定的基本方法。

抗震设防烈度大于 9 度地区的建筑及行业有特殊要求的工业建筑，其抗震设计应按有关专门规定执行。

注：本规范"6 度、7 度、8 度、9 度"即"抗震设防烈度为 6 度、7 度、8 度、9 度"的简称。

第 3.3.1 条

选择建筑场地时，应根据工程需要和地震活动情况、工程地质和地震地质的有关资料，对抗震有利、一般、不利和危险地段做出综合评价。对不利地段，应提出避开要求；当无法避开时应采取有效的措施。对危险地段，严禁建造甲、乙类的建筑，不应建造丙类的建筑。

3.《混规》第 1.0.2 条规定：

本规范适用于房屋和一般构筑物的钢筋混凝土、预应力混凝土以及素混凝土结构的设计。本规范不适用于轻骨料混凝土及特种混凝土结构的设计。

（二）对规范的理解

1. 高层建筑与多层建筑的界定

多层建筑和高层建筑在荷载作用下的效应是不同的：多层建筑以抵抗竖向荷载为主，水平荷载对结构产生的影响较小，绝对侧向位移值很小。而在高层建筑结构中，随着高度的增加，不但竖向荷载产生的效应很大，水平荷载（风荷载及水平地震作用）产生的内力和侧向位移更是迅速增大，水平荷载成为设计的主要控制因素。因此，不应当用同一标准来设计这两类建筑结构。也就是说，多层建筑和高层建筑在结构设计特别是抗震设计上应该是有不小区别的。这样，界定高层建筑与多层建筑也就是很必要、很自然的事情了。

现行国家标准《民用建筑设计通则》GB 50352 规定：10 层及 10 层以上的住宅建筑和建筑高度大于 24m 的其他民用建筑（不含单层公共建筑）为高层建筑；《高层民用建筑设计防火规范》GB 50045（2005 版）规定 10 层及 10 层以上的居住建筑和建筑高度超过 24m 的公共建筑为高层建筑。2002 版《高规》适用于 10 层及 10 层以上或房屋高度超过 28m 的高层民用建筑结构。考虑到与上述有关标准的协调，2010 版《高规》将适用范围修改为 10 层及 10 层以上或房屋高度超过 28m 的住宅建筑，以及房屋高度大于 24m 的其他高层民用建筑混凝土结构。

2. 抗震设防烈度

地震烈度表示地震对地表及工程建筑物影响的强弱程度。根据地震时人的感觉，地震所造成自然环境的变化和建筑物的破坏程度，来描述地震烈度的高低，作为判断地震强弱程度的宏观依据，即为地震烈度表。我国 1957 年编成的《新的中国烈度表》将地震烈度分为 12 度，1 度～5 度是无感（只能仪器记录）至有感的地震，6 度有轻微损坏，7 度以上为破坏性地震，9 度以上房屋严重破坏以至倒塌，并有地表自然环境的破坏，11 度以上为毁灭性地震。当然，这里所说的是对没有经过抗震设防的建筑物而言。

规定与地震烈度相应的设计基本地震加速度等设计参数作为一个地区抗震设防的依据，此即为抗震设防烈度。

显然，地震烈度为 1 度～5 度（可以认为是抗震设防烈度低于 6 度）的地区，建筑结构一般无需进行专门的抗震设计。

抗震设防烈度大于 9 度地区的建筑抗震设计，因缺乏可靠的近场地震的资料和数据，仍没有条件列入规范。因此，在没有新的专门规定前，可仍按 1989 年建设部印发（89）建抗字第 426 号《地震基本烈度 X 度区建筑抗震设防暂行规定》的通知执行。

因此，《抗规》和《高规》对结构抗震设计时的适用范围，继续保持 89 版规范、2001 版规范的规定，适用于 6 度～9 度一般的建筑工程。多年来，很多位于区划图 6 度的地区发生了较大的地震，6 度地震区的建筑要适当考虑一些抗震要求，以减轻地震灾害。

工业建筑中，一些因生产工艺要求而造成的特殊问题的抗震设计，与一般的建筑工程不同，需由有关的专业标准予以规定。

3. 场地

地震造成建筑物的破坏，除地震动直接引起结构破坏外，还有场地条件的原因，诸如：地震引起的地表错动与地裂，地基土的不均匀沉陷、滑坡和粉、砂土液化等。因此，选择有利于抗震的建筑场地，是减轻场地引起的地震灾害的第一道工序，抗震设防区的建筑工程宜选择有利的地段，应避开不利的地段并不在危险的地段建设。

大量地震震害及其他自然灾害表明，在危险地段及发震断裂最小避让距离之内建造房屋和构筑物较难幸免灾祸；我国也没有在危险地段和在发震断裂的最小避让距离内建造高层建筑的工程实践经验和相应的研究成果，因此，《高规》规定：本规程不适用于建造在危险地段及发震断裂最小避让距离之内的高层建筑。《抗规》强调：严禁在危险地段建造甲、乙类建筑。不应建造丙类的建筑。

这里所说的避让距离是断层面在地面上的投影或到断层破裂线的距离，不是指到断裂带的距离。

危险地段及发震断裂的最小避让距离详见《抗规》的有关规定。

4. 材料

根据组成材料的不同，混凝土有多种，其适用范围也各不相同。

（三）设计建议

1. 本款所述三本规范的适用范围，侧重点各不相同，似乎没有可比性。但这恰恰说明了各规范都有各自的适用范围：《混规》重点是结构构件的设计；《抗规》专门针对各种结构体系的抗震设计作出相应的规定；而《高规》则是对钢筋混凝土高层建筑的抗震和非抗震设计的有关规定。任何规范都不可能"无所不能"、"包打天下"，总是有一定的适用范围。设计师应充分认识这一点。不要张冠李戴，要用对、用准规范。

2. 关于高层建筑的界定，补充说明如下：

（1）有的住宅建筑的层高较大或底部布置层高较大的商场等公共服务设施，其层数虽然不到 10 层，但房屋高度已超过 28m，这些住宅建筑仍应属高层建筑，应按《高规》进行结构设计。

（2）高度大于 24m 的其他高层民用建筑结构是指办公楼、酒店、综合楼、商场、会议中心、博物馆等高层民用建筑，这些建筑中有的层数虽然不到 10 层，但层高比较高，建筑内部的空间比较大，变化也多，对水平荷载较为敏感，仍应属高层建筑，应按《高规》进行结构设计。

注意：28m 是针对住宅建筑，而 24m 则是针对除住宅建筑以外的其他民用建筑。

（3）高度大于 24m 的体育场馆、航站楼、大型火车站等大跨度空间结构，一般为单层建筑，根据《民用建筑设计通则》"不含单层公共建筑"的规定，不应属于高层建筑，其结构设计应符合国家现行有关标准的规定，而《高规》的有关规定仅供参考。

（4）《高规》的界定是针对民用建筑，但对符合这个标准的多层工业建筑（无吊车，仅柱网尺寸及荷载较大），笔者认为亦可参考《高规》或其他规范的有关规定进行设计。

（5）界定高层建筑和多层建筑，目的是方便设计，使多、高层建筑的设计可操作性强。对于界限高度附近的建筑结构不应拘泥于数值上的规定，而应综合考虑抗震设防烈度、场地条件、结构侧向刚度等因素，确定是按高层建筑、还是按多层建筑设计。例如：抗震设防烈度为 8 度（0.30g），结构高度为 23.5m 的框架结构，笔者认为按《高规》设计为宜。

3. 《高规》明确规定既不适用于建造在危险地段也不适用于建造在发震断裂最小避让距离之内的高层建筑。《抗规》严禁在危险地段建造甲、乙类建筑。不应建造丙类的建筑。对于山区中可能发生滑坡的地带，属于危险地段，严禁建造住宅建筑。即在危险地段，无论是高层建筑还是多层建筑，也无论是甲类、乙类还是丙类建筑，都是不能建造的。对于在发震断裂最小避让距离之内建造房屋问题，综合考虑历次大地震的断裂震害，考虑到我国地震区、特别是山区民居建造的实际情况，无论是高层建筑还是多层建筑，规范均严格禁止在避让范围内建造甲、乙类建筑。但当确实需要在避让范围内建造房屋时，可仅限于建造分散的、不超过三层的丙、丁类多层建筑，同时应按提高一度采取抗震措施，并提高基础和上部结构的整体性，且不得跨越断层。

4. 对采用陶粒、浮石、煤矸石等为骨料的轻骨料混凝土结构，应按专门标准进行设计。

设计下列混凝土结构时，尚应符合专门标准的有关规定：

(1) 超重混凝土结构、防辐射混凝土结构、耐酸（碱）混凝土结构等；

(2) 修建在湿陷性黄土、膨胀土地区或地下采掘区等的结构；

(3) 结构表面温度高于100℃或有生产热源且结构表面温度经常高于60℃的结构；

(4) 需做振动计算的结构。

《高规》、《抗规》中所述及的混凝土结构均应符合《混规》中所规定的混凝土结构的适用范围。

如前所述，《高规》、《抗规》、《混规》三本规范的适用范围有些区别，侧重点有所不同。故若某本规范对某个设计问题未述及，并不说明此规范对这个设计问题无任何要求，而是因为这个设计问题可能不是这本规范的重点，况且其他规范对这个设计问题可能已有明确、具体的规定，故《高规》、《抗规》、《混规》是互补的，结构设计时，三本规范应配合使用，不可偏废。对规范中出现的不完全相同的规定，应从概念设计出发，根据实际工程的具体情况分析、判断、确定。

二、结构抗震性能设计

（一）相关规范的规定

1. 《高规》第1.0.3条、第3.11节规定：

第1.0.3条

抗震设计的高层建筑混凝土结构，当其房屋高度、规则性、结构类型等超过本规程的规定或抗震设防标准等有特殊要求时，可采用结构抗震性能设计方法进行补充分析和论证。

第3.11节（略）

2. 《抗规》第1.0.1条、第3.10节规定：

第1.0.1条

……。

按本规范进行抗震设计的建筑，其基本的抗震设防目标是：当遭受低于本地区抗震设防烈度的多遇地震影响时，主体结构不受损坏或不需修理可继续使用；当遭受相当于本地区抗震设防烈度的设防地震影响时，可能发生损坏，但经一般性修理仍可继续使用；当遭受高于本地区抗震设防烈度的罕遇地震影响时，不致倒塌或发生危及生命的严重破坏。使用功能或其他方面有专门要求的建筑，当采用抗震性能化设计时，具有更具体或更高的抗震设防目标。

第3.10节（略）

3. 《混规》未述及。

（二）对规范的理解

《高规》、《抗规》分别用一节专门、详细、具体地对抗震性能设计方法作出规定，两者基本一致。由于内容较多，就不再一一分别进行比较。综合叙述如下：

1. 为什么要采用抗震性能设计方法

设计人员采用了多年的传统的抗震设计方法，可以概括为"三水准"、"二阶段"。

所谓"三水准"，即"小震不坏、中震可修、大震不倒"。

"小震不坏"就是：一般情况下（不是所有情况下），遭遇众值烈度（多遇地震）影响时，建筑物处于正常使用状态，从结构抗震分析角度，可以视为弹性体系，采用弹性反应谱进行弹性分析；"中震可修"就是：遭遇基本烈度（设防地震）影响时，结构进入非弹性工作阶段，但非弹性变形或结构体系的损坏控制在可修复的范围；"大震不倒"就是：遭遇最大预估烈度（罕遇地震）影响时，结构有较大的非弹性变形，但应控制在规定的范围内，以免倒塌。

上述三个水准的设防目标是通过二阶段设计实现的。

第一阶段设计是承载力验算，取小震地震动参数计算结构的弹性地震作用标准值和相应的地震作用效应，与竖向荷载、风荷载等组合，进行结构构件的截面承载力抗震验算，满足小震下构件承载力和结构弹性变形的要求；同时采取相应的抗震措施，使结构具有足够的延性、变形能力和耗能能力，满足"中震可修"的设防要求。

第二阶段设计是弹塑性变形验算，对地震时易倒塌的结构、有明显薄弱层的不规则结构以及有专门要求的建筑，除进行第一阶段设计外，还要进行结构薄弱部位的弹塑性层间变形验算并采取相应的抗震构造措施，实现"大震不倒"的设防要求。

对大多数的结构，可只进行第一阶段设计，而通过概念设计和抗震构造措施来满足第三水准的设计要求。

对设防烈度不高的丙类建筑、场地条件较好、结构较为规则的建筑，按以上传统的抗震设计方法一般是可以满足建筑结构的抗震性能要求的。但当房屋高度、规则性、结构类型等超过相关规范的规定或抗震设防标准等有特殊要求时，则可能不满足建筑结构的抗震性能要求。正是为了适应上述工程抗震设计的需要，规范提出了抗震性能设计的基本方法。

2. 抗震性能设计方法的特点

应当指出：传统的结构抗震设计方法，即以结构安全性为主的"小震不坏、中震可修、大震不倒"三水准目标，本身就是一种抗震性能设计。其抗震性能目标——小震、中震、大震有明确的概率指标；房屋建筑不坏、可修、不倒的破坏程度，在《建筑地震破坏等级划分标准》（建设部（90）建抗字第 377 号）中提出了定性的划分。

但是，当房屋高度、规则性、结构类型等超过规范的规定或抗震设防标准等有特殊要求、难以按规范规定的常规设计方法进行抗震设计时，仍采用传统的抗震设计方法，已不能保证结构所需要的抗震性能要求。此时，可采用结构抗震性能设计方法进行补充分析和论证。

当结构平面或竖向不规则甚至特别不规则时，一般不能完全符合抗震概念设计的要求。结构师应根据规范有关抗震概念设计的规定，与建筑师协调，改进结构方案，尽量减少结构不符合概念设计的情况和程度。对于特别不规则结构，如复杂高层建筑结构或其他复杂结构，应根据建筑功能和结构的性能要求，根据实际需要和可能，具有针对性地分别选定针对整个结构、结构的部局部位或关键部位、结构的关键部件、重要构件、次要构件以及建筑构件和机电设备支座作为性能目标，进行抗震性能设计。《抗规》、《高规》都明确提出了建筑抗震性能设计的抗震设计方法。

抗震性能设计方法使抗震设计从宏观定性向具体量化的多重目标过渡，设计者（或业主）应根据建筑物的抗震设防类别、抗震设防烈度、场地条件、结构类型及其不规则性、建筑使用功能和附属设施功能要求、造价、震后各种损失及其修复的难易程度等，选择不同的性能目标和抗震措施。以提高结构抗震设计的安全性或满足使用功能的专门要求。

抗震性能设计强调实施性能目标的深入分析和论证、结构计算、专家论证以及必要的试验等。经过论证可采用现行规范尚未规定的新结构、新技术、新材料。

3. 抗震性能设计方法和常规抗震设计方法的一些比较（表 1.1.2-1）

基于性能的抗震设计和常规抗震设计比较　　　　　　表 1.1.2-1

项目	常规抗震设计	基于性能的抗震设计
设防目标	小震不坏、中震可修、大震不倒；小震有明确的性能指标，其余是宏观的性能要求；按使用功能重要性分甲、乙、丙、丁四类，其防倒塌的宏观控制有所区别	按使用功能类别及遭遇地震影响程度提出多个预期性能目标（包括结构的、非结构的、设备的等各具体性能目标）
实施方法	按指令性、处方式的规定设计；通过结构布置的概念设计、小震弹性设计、经验性的内力调整、放大和构造及部分结构大震变形验算	除满足基本要求外，需提出符合预期性能目标的论证，包括结构体系、详尽分析、抗震措施及必要试验，并经专门评估予以确认
工程应用	应用广泛，设计人熟悉；对适用高度和规则性等有明确限制，有局限性，尚不能适应新结构、新技术、新材料的发展要求	应用较少，设计人不熟悉；为超限及复杂结构设计提供可行方法，有利技术创新。技术上尚有问题有待研究

（三）设计建议

1. 抗震性能设计方法的适用范围

《高规》所提出的房屋高度、规则性、结构类型或抗震设防标准等有特殊要求的高层建筑混凝土结构包括：

（1）"超限高层建筑结构"，其划分标准参见原建设部发布的《超限高层建筑工程抗震设防专项审查技术要点》；

（2）有些工程虽不属于"超限高层建筑结构"，但由于其结构类型或有些部位结构布置的复杂性，难以直接按本规程的常规方法进行设计；

（3）还有一些位于高烈度区（8度、9度）的甲、乙类设防标准的工程或处于抗震不利地段的工程，出现难以确定抗震等级或难以直接按本规程常规方法进行设计的情况。

2. 抗震性能目标的设定

在规定的地震地面运动下建筑结构的抗震性能水准，就是结构的抗震性能目标。地震地面运动一般分为三个水准，对设计使用年限为 50 年的结构，可选用《抗规》的多遇地震、设防烈度地震和罕遇地震的地震作用，其中，设防地震的加速度应按《抗规》表 3.2.2 的设计基本地震加速度采用，设防地震的地震影响系数最大值，6 度、7 度（0.10g）、7 度（0.15g）、8 度（0.20g）、8 度（0.30g）、9 度可分别采用 0.12、0.23、0.34、0.45、0.68 和 0.90。对处于发震断裂两侧 10km 以内的结构，地震动参数应计入近场影响，5km 以内宜乘以增大系数 1.5，5km 以外宜乘以增大系数 1.25。

对于设计使用年限不同于 50 年的结构，其地震作用需要作适当调整，取值经专门研究提出并按规定的权限批准后确定。当缺乏当地相关资料时可参考《建筑工程抗震性态设计通则（试用）》GECS 160：2004 的附录 A，其调整导致的范围大体是：设计使用年限 70 年，取 $1.15\sim1.2$；100 年取 $1.3\sim1.4$。

结构抗震性能水准，即建筑结构在遭遇各种水准的地震影响时，其预期的损坏状态和继续使用的可能性，按宏观损坏程度可分为 1、2、3、4、5 五个水准，见表 1.1.2-2。

各性能水准结构预期的震后性能状况　　　　　　　　　　表 1.1.2-2

名称	破坏描述	继续使用的可能性	变形参考值
基本完好 （含完好）	承重构件完好；个别非承重构件轻微损坏，附属构件有不同程度破坏	一般不需修理即可继续使用	$<[\Delta u_e]$
轻微损坏	个别承重构件轻微裂缝（对钢结构构件指残余变形），个别非承重构件明显破坏；附属构件有不同程度破坏	不需修理或需稍加修理，仍可继续使用	$(1.5\sim2)[\Delta u_e]$
中等破坏	多数承重构件轻微裂缝（或残余变形），部分明显裂缝（或残余变形）；个别非承重构件严重破坏	需一般修理，采取安全措施后可适当使用	$(3\sim4)[\Delta u_e]$
严重破坏	多数承重构件严重破坏或部分倒塌	应排险大修，局部拆除	$<0.9[\Delta u_p]$
倒塌	多数承重构件倒塌	需拆除	$>[\Delta u_p]$

　　注：1. 个别指 5% 以下，部分指 30% 以下，多数指 50% 以上；

　　　　2. 中等破坏的变形参考值，大致取规范弹性和弹塑性位移角限值的平均值，轻微损坏取 1/2 平均值。

完好，即所有构件保持弹性状态：各种承载力设计值（拉、压、弯、剪、压弯、拉弯、稳定等）满足规范对抗震承载力的要求 $S<R<\gamma_{RE}$，层间变形（以弯曲变形为主的结构宜扣除整体弯曲变形）满足规范多遇地震下的位移角限值 $[\Delta u_e]$。这是各种预期性能目标在多遇地震下的基本要求——多遇地震下必须满足规范规定的承载力和弹性变形的要求，各类构件均无损坏。

基本完好，即构件基本保持弹性状态：各种承载力设计值基本满足规范对抗震承载力的要求 $S\leqslant R/\gamma_{RE}$（其中的效应 S 不含抗震等级的调整系数），层间变形可能略微超过弹性变形限值，各类构件均无损坏。

轻微损坏，即结构构件可能出现轻微的塑性变形，但不达到屈服状态，按材料标准值计算的承载力大于作用标准组合的效应。耗能构件轻微损坏，部分中度损坏，其他构件无损坏。

中等破坏，结构构件出现明显的塑性变形，部分竖向构件中度损坏，关键构件轻度损坏，耗能构件中度损坏，部分有比较严重的损坏。但控制在一般加固即恢复使用的范围。

接近严重破坏，结构关键的竖向构件出现明显的塑性变形，部分水平构件可能失效需要更换，经过大修加固后可恢复使用。普通竖向构件部分有较严重损坏，关键构件中度损坏，耗能构件有比较严重的损坏。

上述"普通竖向构件"是指"关键构件"之外的竖向构件；"关键构件"是指该构件的失效可能引起结构的连续破坏或危及生命安全的严重破坏；"耗能构件"包括框架梁、剪力墙连梁及耗能支撑。

结构抗震性能目标分为四个等级，每个性能目标均与一组在指定地震地面运动下的结构抗震性能水准相对应。所以，地震下可供选定的高于一般情况的建筑结构预期性能目标见表 1.1.2-3。

建筑结构预期性能目标

表 1.1.2-3

地震水准	性能 1	性能 2	性能 3	性能 4
多遇地震	完好	完好	完好	完好
设防地震	完好，正常使用	基本完好，检修后继续使用	轻微损坏，简单修理后继续使用	轻微至接近中等损坏，变形<3 $[\Delta u_e]$
罕遇地震	基本完好，检修后继续使用	轻微至中等破坏，修复后继续使用	其破坏需加固后继续使用	接近严重破坏，大修后继续使用

性能 1，结构构件在预期大震下仍基本处于弹性状态，则其细部构造仅需要满足最基本的构造要求，工程实例表明，采用隔震、减震技术或低烈度设防阻风力很大时有可能实现；条件许可时，也可对某些关键构件提出这个性能目标。

性能 2，结构构件在中震下完好，在预期大震下可能屈服，其细部构造需满足低延性的要求。例如，某 6 度设防的核心筒-外框结构，其风力是小震的 2.4 倍，风载下层间位移是小震的 2.5 倍。结构所有构件的承载力和层间位移均可满足中震（不计入风载效应组合）的设计要求；考虑水平构件在大震下损坏使刚度降低和阻尼加大，按等效线性化方法估算，竖向构件的最小极限承载力仍可满足大震下的验算要求。于是，结构总体上可达到性能 2 的要求。

性能 3，在中震下已有轻微塑性变形，大震下有明显的塑性变形，因而，其细部构造需要满足中等延性的构造要求。

性能 4，在中震下的损坏已大于性能 3，结构总体的抗震承载力仅略高于一般情况，因而，其细部构造仍需满足高延性的要求。

3. 结构抗震性能目标的选用

性能目标的选用是结构抗震性能设计的关键，选用性能目标不应低于《抗规》对基本抗震的设防目标的规定，否则就不能达到结构抗震设计的要求；性能目标选用过高，则不经济。结构抗震性能目标应综合考虑抗震设防类别、设防烈度、场地条件、结构类型和不规则性、附属设施功能要求、投资大小、震后损失和修复难易程度等各项因素选定。

建筑的抗震性能设计，立足于承载力和变形能力的综合考虑，具有很强的针对性和灵活性。针对具体工程的需要和可能，可以对整个结构，也可以对某些部位或关键构件，灵活运用各种措施达到预期的性能目标——着重提高抗震安全性或满足使用功能的专门要求。例如，可以根据楼梯间作为"抗震安全岛"的要求，提出确保大震下能具有安全避难通道的具体目标和性能要求；可以针对特别不规则、复杂建筑结构的具体情况，对抗侧力结构的水平构件和竖向构件提出相应性能目标，提高其整体或关键部位的抗震安全性；也可针对水平转换构件，为确保大震下自身及相关构件的安全而提出大震下的性能目标；地震时需要连续工作的机电设施，其相关部位的层间位移需满足规定层间位移限值的专门要求；其他情况，可对震后的残余变形提出满足设施检修后运行的位移要求，也可提出大震后可修复运行的位移要求。建筑构件采用与结构构件柔性连接，只要可靠拉结并留有足够的间隙，如玻璃幕墙与钢框之间预留变形缝隙，震害经验表明，幕墙在结构总体安全时可以满足大震后继续使用的要求。

所选用的性能目标需征得业主的认可。

4. 不同抗震性能目标的结构设计

选定性能设计指标。设计应选定分别提高结构或其关键部位的抗震承载力、变形能力或同时提高抗震承载力和变形能力的具体指标，尚应计及不同水准地震作用取值的不确定性而留有余地。设计宜确定在不同地震动水准下结构不同部位的水平和竖向构件承载力的要求（含不发生脆性剪切破坏、形成塑性铰、达到屈服值或保持弹性等）；宜选择在不同地震动水准下结构不同部位的预期弹性或弹塑性变形状态，以及相应的构件延性构造的高、中或低要求。当构件的承载力明显提高时，相应的延性构造可适当降低。延性的细部构造，主要是指构件的箍筋加密、边缘构件、轴压比等，不包括影响正截面承载力的纵向受力钢筋的构造要求。

（1）结构构件可按下列规定选择实现抗震性能要求的抗震承载力、变形能力和构造的抗震等级；整个结构不同部位的构件、竖向构件和水平构件，可选用相同或不同的抗震性能要求：

1）当以提高抗震安全性为主时，结构构件对应于不同性能要求的承载力参考指标，可按表 1.1.2-4 的示例选用。

结构构件实现抗震性能要求的承载力参考指标示例　　　　　　表 1.1.2-4

性能要求	性能 1	性能 2	性能 3	性能 4
多遇地震	完好，按常规设计	完好，按常规设计	完好，按常规设计	完好，按常规设计
设防地震	完好，承载力按抗震等级调整地震效应的设计值复核	基本完好，承载力按不计抗震等级调整地震效应的设计值复核	轻微损坏，承载力按标准值复核	轻～中等破坏，承载力按极限值复核
罕遇地震	基本完好，承载力按不计抗震等级调整地震效应的设计值复核	轻～中等破坏，承载力按极限值复核	中等破坏，承载力达到极限值后维持稳定，降低少于 5%	不严重破坏，承载力达到极限值后基本维持稳定，降低少于 10%

2）当需要按地震残余变形确定使用性能时，结构构件除满足提高抗震安全性的性能要求外，不同性能要求的层间位移参考指标，可按表 1.1.2-5 的示例选用。

结构构件实现抗震性能要求的层间位移参考指标示例　　　　　　表 1.1.2-5

性能要求	性能 1	性能 2	性能 3	性能 4
多遇地震	完好，变形远小于弹性位移值	完好，变形远小于弹性位移值	完好，变形明显小于弹性位移值	完好，变形小于弹性位移限值
设防地震	完好，变形小于弹性位移限值	基本完好，变形略大于弹性位移限值	轻微损坏，变形小于 2 倍弹性位移限值	轻～中等破坏，变形小于 3 倍弹性位移限值
罕遇地震	基本完好，变形略大于弹性位移限值	有轻微塑性变形，变形小于 2 倍弹性位移值	有明显塑性变形，变形约 4 倍弹性位移限值	不严重破坏，变形不大于 0.9 倍塑性变形限值

注：设防烈度和罕遇地震下的变形计算，应考虑重力二阶效应，可扣除整体弯曲变形。

3）结构构件细部构造对应于不同性能要求的抗震等级，可按表 1.1.2-6 的示例选用；

结构中同一部位的不同构件，可区分竖向构件和水平构件，按各自最低的性能要求所对应的抗震构造等级选用。

结构构件对应于不同性能要求的构造抗震等级示例　　　　表 1.1.2-6

性能要求	性能 1	性能 2	性能 3	性能 4
构造的抗震等级	基本抗震构造。可按常规设计的有关规定降低二度采用，但不得低于 6 度，且不发生脆性破坏	低延性构造。可按常规设计的有关规定降低一度采用，当构件的承载力高于多遇地震提高二度的要求时，可按降低二度采用；均不得低于 6 度，且不发生脆性破坏	中等延性构造。当构件的承载力高于多遇地震提高一度的要求时，可按常规设计的有关规定降低一度且不低于 6 度采用，否则仍按常规设计的规定采用	高延性构造。仍按常规设计的有关规定采用

(2) 建筑结构的抗震性能化设计的计算应符合下列要求：

1) 分析模型应正确、合理地反映地震作用的传递途径和楼盖在不同地震动水准下是否整体或分块处于弹性工作状态。

2) 弹性分析可采用线性方法，弹塑性分析可根据性能目标所预期的结构弹塑性状态，分别采用增加阻尼的等效线性化方法以及静力或动力非线性分析方法。

3) 结构非线性分析模型相对于弹性分析模型可有所简化，但二者在多遇地震下的线性分析结果应基本一致；应计入重力二阶效应、合理确定弹塑性参数，应依据构件的实际截面、配筋等计算承载力，可通过与理想弹性假定计算结果的对比分析，着重发现构件可能破坏的部位及其弹塑性变形程度。

(3) 结构构件承载力按不同要求进行复核时，地震内力计算和调整、地震作用效应组合、材料强度取值和验算方法，应符合下列要求：

1) 设防烈度下结构构件承载力，包括混凝土构件压弯、拉弯、受剪、受弯承载力，钢构件受拉、受压、受弯、稳定承载力等，按考虑地震效应调整的设计值复核时，应采用对应于抗震等级而不计入风荷载效应的地震作用效应基本组合，并按下式验算：

$$\gamma_G S_{GE} + \gamma_E S_{Ek}(I_2, \lambda, \zeta) \leqslant R/\gamma_{RE} \qquad (1.1.2-1)$$

式中　I_2——表示设防地震动，隔震结构包含水平向减震影响；

　　　　λ——按非抗震性能设计考虑抗震等级的地震效应调整系数；

　　　　ζ——考虑部分次要构件进入塑性的刚度降低或消能减震结构附加的阻尼影响。

其他符号同非抗震性能设计。

2) 结构构件承载力按不考虑地震作用效应调整的设计值复核时，应采用不计入风荷载效应的基本组合，并按下式验算：

$$\gamma_G S_{GE} + \gamma_E S_{Ek}(I, \zeta) \leqslant R/\gamma_{RE} \qquad (1.1.2-2)$$

式中　I——表示设防烈度地震动或罕遇地震动，隔震结构包含水平向减震影响；

　　　　ζ——考虑部分次要构件进入塑性的刚度降低或消能减震结构附加的阻尼影响。

3) 结构构件承载力按标准值复核时，应采用不计入风荷载效应的地震作用效应标准组合，并按下式验算：

$$S_{GE} + S_{Ek}(I, \zeta) \leqslant R_k \qquad (1.1.2\text{-}3)$$

式中 I——表示设防地震动或罕遇地震动，隔震结构包含水平向减震影响；

ζ——考虑部分次要构件进入塑性的刚度降低或消能减震结构附加的阻尼影响；

R_k——按材料强度标准值计算的承载力。

4）结构构件按极限承载力复核时，应采用不计入风荷载效应的地震作用效应标准组合，并按下式验算：

$$S_{GE} + S_{Ek}(I, \zeta) \leqslant R_u \qquad (1.1.2\text{-}4)$$

式中 I——表示设防地震动或罕遇地震动，隔震结构包含水平向减震影响；

ζ——考虑部分次要构件进入塑性的刚度降低或消能减震结构附加的阻尼影响；

R_u——按材料最小极限强度值计算的承载力；钢材强度可取最小极限值，钢筋强度可取屈取强度的 1.25 倍，混凝土强度可取立方体强度的 0.88 倍。

（4）结构竖向构件在设防地震、罕遇地震作用下的层间弹塑性变形按不同控制目标进行复核时，地震层间剪力计算、地震作用效应调整、构件层间位移计算和验算方法，应符合下列要求：

1）地震层间剪力和地震作用效应调整，应根据整个结构不同部位进入弹塑性阶段程度的不同，采用不同的方法。构件总体上处于开裂阶段或刚刚进入屈服阶段，可取等效刚度和等效阻尼，按等效线性方法估算；构件总体上处于承载力屈服至极限阶段，宜采用静力或动力弹塑性分析方法估算；构件总体上处于承载力下降阶段，应采用计入下降段参数的动力弹塑性分析方法估算。

2）在设防地震下，混凝土构件的初始刚度，宜采用长期刚度。

3）构件层间弹塑性变形计算时，应依据其实际的承载力，并应按本规范的规定计入重力二阶效应；风荷载和重力作用下的变形不参与地震组合。

4）构件层间弹塑性变形的验算，可采用下列公式：

$$\Delta u_p(I, \zeta, \zeta_y, G_E) < [\Delta u] \qquad (1.1.2\text{-}5)$$

式中 $\Delta u_p(\cdots)$——竖向构件在设防地震或罕遇地震下计入重力二阶效应和阻尼影响取决于其实际承载力的弹塑性层间位移角；对高宽比大于 3 的结构，可扣除整体转动的影响；

$[\Delta u]$——弹塑性位移角限值，应根据性能控制目标确定；整个结构中变形最大部位的竖向构件，轻微损坏可取中等破坏的一半，中等破坏可取《高规》表 3.7.3 和表 3.7.5 规定值的平均值，不严重破坏按小于《高规》表 3.7.5 规定值的 0.9 倍控制。

从工程应用的角度，参照常规设计时各楼层最大层间位移角的限值，若干结构类型按以上规定得到的变形最大的楼层中竖向构件最大位移角限值，如表 1.1.2-7 所示。

结构竖向构件对应于不同破坏状态的最大层间位移角参考控制目标　　表 1.1.2-7

结构类型	完　好	轻微损坏	中等破坏	不严重破坏
钢筋混凝土框架	1/550	1/250	1/120	1/60
钢筋混凝土抗震墙、筒中筒	1/1000	1/500	1/250	1/135

结构类型	完　好	轻微损坏	中等破坏	不严重破坏
钢筋混凝土框架-抗震墙、板柱-抗震墙、框架-核心筒	1/800	1/400	1/200	1/110
钢筋混凝土框支层	1/1000	1/500	1/250	1/135
钢结构	1/300	1/200	1/100	1/55
钢框架-钢筋混凝土内筒、型钢混凝土框架-钢筋混凝土内筒	1/800	1/400	1/200	1/110

（5）建筑构件和建筑附属设备支座抗震性能设计方法参见《抗规》相关内容。

三、结构抗连续倒塌概念设计

（一）相关规范的规定

1．《高规》第 3.12 节规定（略）。

2．《抗规》未述及。

3．《混规》第 3.6 节规定（略）。

（二）对规范的理解

结构连续倒塌是指因突发事件或严重超载而造成结构局部破坏或失效，继而引起与失效破坏构件相连的其他构件连续破坏，最终导致相对于初始局部破坏更大范围的倒塌破坏。结构连续倒塌的原因主要有两类：（1）地震作用下结构进入非弹性大变形，构件失稳，传力途径失效而导致结构连续倒塌；（2）由于撞击、爆炸、火灾、飓风、人为破坏等，造成部分关键承重构件失效，传力途径失效而导致结构连续倒塌。

我国《建筑结构可靠度设计统一标准》GB 50068—2001 第 3.0.6 条对结构抗连续倒塌做了定性的规定："对偶然状况，建筑结构可采用下列原则之一按承载能力极限状态进行设计：（1）按作用效应的偶然荷载组合进行设计或采取保护措施，使主要承重结构不致因出现设计规定的偶然事件而丧失承载能力；（2）允许主要承重结构因出现设计规定的偶然事件而局部破坏，但其剩余部分具有在一段时间内不发生连续倒塌的可靠度。"

《高规》、《混规》分别用一节专门介绍了结构抗连续倒塌概念设计原则，两者基本一致。比较而言，《高规》侧重于结构方案的设计；而《混规》则侧重于构件承载力的计算等。由于内容较多，就不再一一分别进行比较。综合叙述如下。

（三）设计建议

1．哪些结构需要进行抗连续倒塌设计？

《高规》规定：安全等级为一级的高层建筑结构应满足抗连续倒塌概念设计要求；有特殊要求时，可采用拆除构件方法进行抗连续倒塌设计。这是结构抗连续倒塌的基本要求。

《混规》规定：安全等级为一级的可能遭受偶然作用的重要结构，以及为抵御灾害作用而必须增强抗灾能力的重要结构，宜进行防连续倒塌设计。

2．混凝土结构的抗倒塌概念设计宜遵循下列原则：

（1）尽可能采用对结构的抗倒塌有利的结构体系。剪力墙结构、筒体结构、剪力墙较多的框架-剪力墙结构属于抗倒塌有利的结构体系，而框支结构及各类转换结构、板柱结构、大跨度单向结构、装配式大板结构等属于抗倒塌不利的结构体系。

（2）在结构容易遭受意外超载作用的部位尽可能增加冗余约束，关键、重要构件应具有整体多重传递重力荷载的途径，使结构具有转变传力途径的能力；如：

1）在顶层或中间层采用转换桁架，允许柱子吊在下面；

2）加强楼层梁的连接允许出现悬挂作用；

3）允许外围柱子失效后，另一端的梁柱连接能承受悬臂力矩的作用；

4）周边框架可以承受两跨中间柱子失效。

（3）结构构件应具有合适的延性，降低构件的内力（轴压比、剪压比），保证结构整体稳定和局部稳定。避免构件的剪切破坏、压溃破坏、锚固破坏以及节点先于构件的破坏等。

（4）关键、重要构件应具有足够的承载能力和延性，如采用型钢混凝土构件、钢管混凝土柱、钢板组合剪力墙等。

（5）结构构件应具有一定的反向承载能力，如连续梁端支座、简支梁支座顶面及连续梁的中间支座、框架梁支座底面应有一定数量的配筋及合适的锚固连接构造，以保证偶然作用发生时，该构件具有一定的反向承载能力，防止和延缓结构的连续倒塌。

（6）加强连接，楼板宜整体现浇，梁柱宜刚接，梁板顶、底钢筋在支座处宜按受拉要求连续贯通，使结构具有良好的整体性。

3. 结构抗倒塌设计可选择下列方法：

（1）局部加强法：提高可能遭受偶然作用而发生局部破坏的竖向重要构件和关键传力部位的安全储备，也可直接考虑偶然作用进行设计。

（2）拉结构件法：在结构局部竖向构件失效的条件下，可根据具体情况分别按梁-拉结模型、悬索-拉结模型和悬臂-拉结模型进行承载力验算，维持结构的整体稳固性。

（3）拆除构件法：按一定规则拆除结构的主要受力构件，验算剩余结构体系的极限承载力；也可采用倒塌全过程分析进行设计。

4. 结构抗连续倒塌设计的拆除构件法应符合下列基本要求：

（1）逐个分别拆除结构周边的竖向构件、底层内部竖向构件以及转换桁架的腹杆等重要构件；

（2）可采用弹性静力方法分析剩余结构的内力和变形；

（3）剩余结构构件的承载力应满足下式要求：

$$R_d \geqslant \beta S_d \qquad (1.1.3\text{-}1)$$

式中　S_d——剩余结构构件效应设计值，可按《高规》第3.12.4条的规定计算；

　　　R_d——剩余结构构件承载力设计值，可按《高规》第3.12.5条的规定采用；

　　　β——效应折减系数。对中部水平构件取0.67，对其他构件取1.0。

5. 结构抗连续倒塌设计时，荷载组合的效应设计值可按下式确定：

$$S_d = \eta_d(S_{Gk} + \Sigma\psi_{qi}S_{Qi,k}) + \psi_w S_{wk} \qquad (1.1.3\text{-}2)$$

式中　S_{Gk}——永久荷载标准值产生的效应；

　　　$S_{Qi,k}$——第i个竖向可变荷载标准值产生的效应；

　　　ψ_{qi}——可变荷载的准永久值系数；

　　　ψ_w——风荷载组合值系数，取0.2；

S_{wk}——风荷载标准值产生的效应；

η_d——竖向荷载动力放大系数。当构件直接与被拆除竖向构件相连时，取2.0，其他构件取1.0。

构件截面承载力计算时，混凝土强度可取标准值；钢材强度，正截面承载力验算时，可取标准值的1.25倍，受剪承载力验算时可取标准值。

6. 当拆除某构件不能满足结构抗连续倒塌设计要求时，意味着该构件十分重要（可称之为关键结构构件），应具有更高的要求，希望保持线弹性工作状态。此时，在该构件表面附加80kN/m² 侧向偶然作用设计值，进行整体结构计算。其承载力应满足下列公式要求：

$$R_d \geqslant S_d \tag{1.1.3-3}$$

$$S_d = S_{Gk} + 0.6 S_{Qk} + S_{Ad} \tag{1.1.3-4}$$

式中 R_d——构件承载力设计值；

S_d——作用组合的效应设计值；

S_{Gk}——永久荷载标准值的效应；

S_{Qk}——活荷载标准值的效应；

S_{Ad}——侧向偶然作用设计值的效应。

有关结构抗连续倒塌设计的具体方法和规定，详见《混规》和《高规》的相关内容。

四、抗震设防烈度

（一）相关规范的规定

1. 《高规》第3.1.1条规定：

高层建筑的抗震设防烈度必须按照国家规定的权限审批、颁发的文件（图件）确定。一般情况下，抗震设防烈度应采用根据中国地震动参数区划图确定的地震基本烈度。

2. 《抗规》第1.0.5条规定：

一般情况下，建筑的抗震设防烈度应采用根据中国地震动参数区划图确定的地震基本烈度（本规范设计基本地震加速度值所对应的烈度值）。

3. 《混规》第11.1.1条规定：

抗震设防的混凝土结构，除应符合本规范第1章～第10章的要求外，尚应根据现行国家标准《建筑抗震设计规范》GB 50011规定的抗震设计原则，按本章的规定进行结构构件的抗震设计。

（二）对规范的理解

1. 抗震设防烈度是按国家规定权限批准作为一个地区抗震设防依据的地震烈度，一般情况下取50年内超越概率为10%的地震烈度，我国目前分为6、7、8、9度，与设计基本地震加速度一一对应，见表1.1.4。

抗震设防烈度和设计基本地震加速度值的对应关系　　　　　　　　　表1.1.4

抗震设防烈度	6	7	8	9
设计基本地震加速度值	0.05g	0.10(0.15)g	0.20(0.30)g	0.40g

注：g 为重力加速度。

2. 在 2001 版《抗规》中，规定了抗震设防依据的"双轨制"，即一般情况采用抗震设防烈度（作为一个地区抗震设防依据的地震烈度），在一定条件下，可由"地震小区划"确定，即可采用经国家有关主管部门规定的权限批准发布的供设计采用的抗震设防区划的地震动参数（如地面运动加速度峰值、反应谱值、地震影响系数曲线和地震加速度时程曲线等）。根据 2009 年发布的《防震减灾法》对"地震小区划"的规定，2010 版《抗规》删去了 2001 版《抗规》对城市设防区划的相关规定，仅保留"一般情况"这几个字。

（三）设计建议

1. 一般情况下，建筑的抗震设防烈度应采用根据中国地震动参数区划图确定的地震基本烈度（本规范设计基本地震加速度值所对应的烈度值）。即明确规定建筑的抗震设防烈度应根据《抗规》附录 A 确定。

2. 根据中华人民共和国防震减灾法第三十五条：重大建设工程和可能发生严重次生灾害的建设工程，应当按照国务院有关规定进行地震安全性评价，并按照经审定的地震安全性评价报告所确定的抗震设防要求进行抗震设防。建设工程的地震安全性评价单位应当按照国家有关标准进行地震安全性评价，并对地震安全性评价报告的质量负责。

就是说，对这类建设工程需按地震安全性评价报告所确定的抗震设防要求进行抗震设防。

（1）应注意安评和《抗规》附录 A 所确定的地震动参数的主要差别：

1）《抗规》的反应谱是根据大量的实际地震加速度记录的加速度反应谱统计并结合工程经验和考虑经济技术条件的综合结果；安评是针对建设场地周边一定范围的地震危险性进行评估，假定某种地震动模型进行计算，得到场址基岩处的地震加速度峰值和反应谱，再运用一维或二维土层模型计算得到地表或不同深度土层处的地震动参数。

2）《抗规》反应谱最大值 α_{max} 与超越概率（小、中、大震）有关，而特征周期 T_g 和超越概率无关，安评不但 α_{max} 与超越概率有关，且特征周期 T_g 和超越概率相关，大震时 T_g 往往大于小震时 T_g。

3）《抗规》对反应谱适当调整，安评对长周期段（位移控制段，$T>T_g$）不作调整，故所提供的地震动参数对高层结构抗震设计偏不安全。

（2）重大工程，在小震作用下，分别取《抗规》和安评报告的地震动参数计算，包络设计。大震下则按《抗规》提供的动参数设计。

五、抗震设防类别及抗震设防标准

（一）相关规范的规定

1.《高规》第 3.1.2 条、第 3.9.1 条、第 4.3.1 条规定：

第 3.1.2 条

抗震设计的高层混凝土建筑应按现行国家标准《建筑工程抗震设防分类标准》GB 50223 的规定确定其抗震设防类别。

注：本规程中甲类建筑、乙类建筑、丙类建筑分别为现行国家标准《建筑工程抗震设防分类标准》GB 50223 中特殊设防类、重点设防类、标准设防类的简称。

第 3.9.1 条

各抗震设防类别的高层建筑结构，其抗震措施应符合下列要求：

1 甲类、乙类建筑：应按本地区抗震设防烈度提高一度的要求加强其抗震措施，但抗震设防烈度为 **9** 度时应按比 **9** 度更高的要求采取抗震措施；当建筑场地为Ⅰ类时，应允许仍按本地区抗震设防烈度的要求采取抗震构造措施。

2 丙类建筑：应按本地区抗震设防烈度确定其抗震措施；当建筑场地为Ⅰ类时，除 **6** 度外，应允许按本地区抗震设防烈度降低一度的要求采取抗震构造措施。

第 **4.3.1** 条

各抗震设防类别高层建筑的地震作用，应符合下列规定：

1 甲类建筑：应按批准的地震安全性评价结果且高于本地区抗震设防烈度的要求确定；

2 乙、丙类建筑：应按本地区抗震设防烈度计算。

2.《抗规》第 **3.1.1** 条、第 **3.1.2** 条、第 **3.3.2** 条、第 **5.1.6** 条规定：

第 **3.1.1** 条

抗震设防的所有建筑应按现行国家标准《建筑工程抗震设防分类标准》**GB 50223** 确定其抗震设防类别及其抗震设防标准。

第 **3.1.2** 条

抗震设防烈度为 **6** 度时，除本规范有具体规定外，对乙、丙、丁类的建筑可不进行地震作用计算。

第 **3.3.2** 条

建筑场地为Ⅰ类时，对甲、乙类的建筑应允许仍按本地区抗震设防烈度的要求采取抗震构造措施；对丙类的建筑应允许按本地区抗震设防烈度降低一度的要求采取抗震构造措施，但抗震设防烈度为 **6** 度时仍应按本地区抗震设防烈度的要求采取抗震构造措施。

第 **5.1.6** 条

结构的截面抗震验算，应符合下列规定：

1 **6** 度时的建筑（不规则建筑及建造于Ⅳ类场地上较高的高层建筑除外），以及生土房屋和木结构房屋等，应符合有关的抗震措施要求，但应允许不进行截面抗震验算。

2 **6** 度时不规则建筑、建造于Ⅳ类场地上较高的高层建筑，**7** 度和 **7** 度以上的建筑结构（生土房屋和木结构房屋等除外），应进行多遇地震作用下的截面抗震验算。

注：采用隔震设计的建筑结构，其抗震验算应符合有关规定。

3.《混规》第 **11.1.2** 条规定：

抗震设防的混凝土建筑，应按现行国家标准《建筑工程抗震设防分类标准》GB 50223 确定其抗震设防类别和相应的抗震设防标准。

注：本章甲类、乙类、丙类建筑分别为现行国家标准《建筑工程抗震设防分类标准》GB 50223 中特殊设防类、重点设防类、标准设防类建筑的简称。

（二）对规范的理解

本条规定了各设防类别高层建筑结构采取抗震措施（包括抗震构造措施）时的设防标准，与现行国家标准《建筑工程抗震设防分类标准》GB 50223 的规定一致；Ⅰ类建筑场地上高层建筑抗震构造措施的放松要求与现行国家标准《建筑抗震设计规范》GB 50011 的规定一致。

1. 为使建筑物的抗震设计既能达到抗震安全的要求，又具有合理、明确、经济的设防标准，《建筑工程抗震设防分类标准》GB 50223—2008（以下简称《分类标准》）根据我国的实际情况——经济实力有了较大的提高，但仍属于发展中国家的水平，提出了建筑结构的设防类别和抗震设防标准。以减轻地震灾害，合理使用建设资金。

《分类标准》进一步突出了设防类别划分是侧重于使用功能和灾害后果的区分，并更强调体现对人员安全的保障。

2. 建筑工程抗震设防分类的划分，是根据下列因素的综合分析确定：

（1）建筑遭遇地震破坏后，可能造成人员伤亡、直接和间接经济损失及社会影响的程度；

（2）城镇的大小、行业的特点、工矿企业的规模；

（3）建筑使用功能失效后，对全局的影响范围大小、建筑在抗震救灾中的作用以及恢复的难易程度；

（4）建筑物各区段的重要性有显著不同时，可按区段划分抗震设防类别。下部区段的类别不应低于上部区段；

（5）不同行业的相同建筑，当所处地位及地震破坏后产生的后果和影响不同时，其抗震设防类别可不相同。

3. 自 89 版《抗规》发布以来，按技术标准设计的所有房屋建筑，均应达到"多遇地震不坏、设防地震可修和罕遇地震不倒"的设防目标。这里，多遇地震、设防地震和罕遇地震，一般按地震基本烈度区划或地震动参数区划对当地的规定采用，分别为 50 年超越概率 63%、10% 和 2%～3% 的地震，或重现期分别为 50 年、475 年和 1600～2400 年的地震。

针对我国地震区划图所规定的烈度有很大不确定性的事实，在建设行政主管部门领导下，89 版《抗规》明确规定了"小震不坏、中震可修、大震不倒"的抗震设防目标。这个目标可保障"房屋建筑在遭遇设防地震影响时不致有灾难性后果，在遭遇罕遇地震影响时不致倒塌"。2008 年汶川地震表明，严格按照现行抗震规范进行设计、施工和使用的房屋建筑，达到了规范规定的设防目标，在遭遇到高于地震区划图一度的地震作用下，没有出现倒塌破坏——实现了生命安全的目标。因此，《分类标准》继续规定，绝大部分建筑均可划为标准设防类（简称丙类），将使用上需要提高防震减灾能力的房屋建筑控制在很小的范围。

在需要提高设防标准的建筑中，乙类需按提高一度的要求加强其抗震措施——增加关键部位的投资即可达到提高安全性的目标；甲类在提高一度的要求加强其抗震措施的基础上，"地震作用应按高于本地区设防烈度计算，其值应按批准的地震安全性评价结果确定"。地震安全性评价通常包括给定年限内不同超越概率的地震动参数，应由具备资质的单位按相关标准执行并对其评价报告的质量负责。这意味着，地震作用计算提高的幅度应经专门研究，并需要按规定的权限审批。条件许可时，专门研究还可包括基于建筑地震破坏损失和投资关系的优化原则确定的方法。

4.《建筑结构可靠度设计统一标准》GB 50068，提出了设计使用年限的原则规定。显然，抗震设防的甲、乙、丙、丁分类，也可体现设计使用年限的不同。

5. 还需说明，《分类标准》规定乙类提高抗震措施而不要求提高地震作用，同一些国家的规范只提高地震作用（10%～30%）而不提高抗震措施，在设防概念上有所不同：提高抗震措施，着眼于把财力、物力用在增加结构薄弱部位的抗震能力上，是经济而有效的方法，适合于我国经济有较大发展而人均经济水平仍属于发展中国家的情况；只提高地震作用，则结构的各构件均全面增加材料，投资增加的效果不如前者。

（三）设计建议

1. 根据使用功能及其重要性，各类建筑结构抗震设防类别可划分为特殊设防类、重点设防类、标准设防类、适度设防类，分别简称甲类、乙类、丙类和丁类。建筑抗震设防分类的划分见表1.1.5的规定。

2. 关于按区段划分建筑抗震设防类别

《分类标准》第3.0.1条第4款规定：建筑各区段的重要性有显著不同时，可按区段划分抗震设防类别。下部区段的类别不应低于上部区段。同时指出：区段指由防震缝分开的结构单元、平面内使用功能不同的部分、或上下使用功能不同的部分。即"区段"有两个含义：一是由防震缝分开的结构单元，二是平面内使用功能不同的部分、上下使用功能不同的部分。因此：

（1）不同的结构单元，各结构单元独立承担地震作用，彼此之间没有相互作用；地震作用下两结构单元时破坏的概率很小。并且一般情况下各结构单元有单独的疏散出入口，符合相关规范对人员疏散的有关规定，人流疏散较为容易。当建筑物各结构单元的重要性有显著不同时，可按各结构单元划分抗震设防类别。例如：高层建筑带裙房，两者用结构缝隔开，成为两个独立的结构单元。高层部分为住宅楼，裙房部分为商场，则可根据各结构单元的具体情况，分别划分其抗震设防类别。

但是，当各结构单元疏散出入口设置较少或设置不当，甚至两个结构单元公用疏散出入口，造成"人流密集"，疏散有一定难度，则即使设置了结构缝，也不宜按各结构单元划分抗震设防类别，而应以具有相同功能的整个建筑物划分抗震设防类别。

（2）同一结构单元，无论是平面内使用功能不同的部分或上下使用功能不同的部分，当其重要性有显著不同时，应按其重要性的不同分别划分为不同的抗震类别。例如：带大底盘的商住楼，下部为大型商场，上部为住宅，则可根据建筑上下部分的具体情况，分别划分抗震设防类别。此时有可能下部商场为乙类而上部住宅仅为丙类。同时宜将与下部商场相邻的上部住宅二层范围适当加强。但需要注意：当上部结构为乙类时，则其下部结构不论是什么情况，也应为乙类。

3.《分类标准》所规定的抗震设防类别及抗震设防标准适用于所有的建筑结构，而不仅仅适用于高层建筑结构。

4. 规范对某些相对重要的建筑结构的抗震设防有具体的提高要求。如：《抗规》表6.1.2中，对房屋高度大于24m的框架结构、大于60m的框架-剪力墙结构、大于80m的剪力墙结构等，其抗震等级比一般多层钢筋混凝土建筑有明显的提高；因此，划分建筑抗震设防类别时，还应注意与相关规范、规程的设计要求相配套，对按规定需要多次提高抗震设防要求的建筑工程，应在某一基本提高要求的基础上适当提高，以避免重复提高结构的抗震设防要求。

5. 建筑工程自身的抗震能力、各部分功能的差异以及相同建筑在不同行业的重要性不同，对建筑结构损坏的后果有不可忽视的影响，因此，设计人员在确定具体建筑工程的抗震设防类别时，应对以上诸多因素综合分析。必要时，对于有特殊功能要求的房屋，可会同建设单位对房屋的重要性作出判别，以便根据《分类标准》准确确定建筑物的抗震设防类别。

6. 历次大地震的经验表明，同样或相近的建筑，建造于Ⅰ类场地时震害较轻，场地对地震作用有一定的"减弱"效应。因此，规范规定对建造在Ⅰ类场地的甲、乙类建筑，应允许仍按本地区抗震设防烈度的要求采取抗震构造措施；对建造在Ⅰ类场地的丙类建筑，应允许按本地区抗震设防烈度降低一度的要求采取抗震构造措施。

应该注意的是：

(1) 规范的用语是"允许"，即对结构构件所采取的抗震构造措施，"提高"、"不降低"可以，"不提高"、"降低"也并未违反规范的规定。因此，设计人员应根据实际工程的具体情况确定。

(2) 所"不提高"或"降低"的仅仅是结构构件所采取的抗震构造措施，不降低其他抗震措施的要求，如按概念设计要求的内力调整措施等。更不能降低地震作用的计算。

7. 对于丁类建筑，其抗震措施已降低，不再重复降低。

8. 建筑工程抗震设防标准

(1) 建筑工程抗震设防标准见表1.1.5。

建筑工程抗震设防标准 表1.1.5

抗震设防类别	分类标准	抗震设计		
		地震作用	抗震措施	
特殊设防类（简称甲类）	使用上有特殊设施，涉及国家公共安全的重大建筑工程和地震时可能发生严重次生灾害等特别重大灾害后果，需要进行特殊设防的建筑	高于本地区设防烈度的要求，按批准的地震安全性评价结果确定①	6、7、8度	按提高1度的要求确定
			9度	比9度更高的要求②
重点设防类（简称乙类）	地震时使用功能不能中断或需尽快恢复的生命线相关建筑，以及地震时可能导致大量人员伤亡等重大灾害后果，需要提高设防标准的建筑	本地区设防烈度的要求④	6、7、8度	按提高1度的要求确定③
			9度	比9度更高的要求②
标准设防类（简称丙类）	大量的除甲、乙、丁三种类别外按标准要求进行设防的建筑	本地区设防烈度的要求④	按本地区设防烈度的要求确定	
适度设防类（简称丁类）	使用上人员稀少且震损不致产生次生灾害，允许在一定条件下适度降低要求的建筑	7、8、9度 本地区设防烈度的要求	7、8、9度	按本地区设防烈度的要求适当降低（不是降低1度）
		6度 不验算	6度	不应降低

① 提高幅度应专门研究，并按规定权限审批。不一定都提高1度。

② 比9度更高的要求：经过讨论研究在一级的基础上对重要部位和重要构件进行加强，不一定全部按一级进行设计。

③ 对较小的乙类建筑，当其结构改用抗震性能较好的结构类型时，应仍允许按本地区抗震设防烈度要求采取抗震措施，如工矿企业的变电所、空压站，水泵房及城市供水水源的泵房，当为丙类建筑时，多为砌体结构，当为乙类建筑时，若改用钢筋混凝土结构或钢结构，则可仍按本地区抗震设防烈度要求采取抗震措施。

④ 6度时不规则建筑结构、建造于Ⅳ类场地上较高的高层建筑结构，应按本地区设防烈度要求进行地震作用计算，其他情况的多层建筑可不进行抗震验算。

（2）几点说明：

1）表中所说的"提高1度"或"适当降低"，并非要求建筑结构的抗震设防烈度提高1度或适当降低，而是指建筑结构的抗震设防标准按高于本地区抗震设防烈度提高1度或适当降低的要求确定；

2）除甲类建筑地震作用应按批准的地震安全性评价结果且高于本地区抗震设防烈度的要求计算外，乙类、丙类、丁类建筑的地震作用计算均按本地区设防烈度的要求进行，既不提高也不降低。

3）鉴于高层建筑比较重要且结构计算分析软件应用已经较为普遍，因此6度抗震设防时的高层建筑也应进行地震作用计算。通过地震作用效应计算，可与无地震作用组合的效应进行比较，并可采用有地震作用组合的柱轴压力设计值控制柱的轴压比。

9.《高规》第3.9.1条、第4.3.1条、《抗规》第3.1.1条、第3.3.2条、第5.1.6条均为强制性条文，必须严格执行。

六、常用的钢筋混凝土结构体系

（一）相关规范的规定

1.《高规》第3.1.3条规定：

高层建筑混凝土结构可采用框架、剪力墙、框架-剪力墙、板柱-剪力墙和筒体结构等结构体系。

2.《抗规》第3.5.1条规定：

结构体系应根据建筑的抗震设防类别、抗震设防烈度、建筑高度、场地条件、地基、结构材料和施工等因素，经技术、经济和使用条件综合比较确定。

3.《混规》无相关条文明确述及。

（二）对规范的理解

目前，国内大量的高层建筑结构常采用的结构体系有：框架结构、剪力墙结构、框架-剪力墙结构、板柱-剪力墙结构和筒体结构，为适应量大面广工程设计的需要，《高规》对这几种结构体系的设计作了比较详细的规定。

在混凝土结构中，还有纯板柱结构（无剪力墙或筒体），因为这类结构侧向刚度和抗震性能较差，抗震设计时，高层建筑采用此种结构体系，目前研究工作不充分、工程实践经验不多，故《高规》暂未列入；此外，由L形、T形、Z形或十字形截面（截面厚度一般为180～300mm）构成的异形柱框架结构，目前已有行业标准《混凝土异形柱结构技术规程》JGJ 149，《高规》也无需列入。

一些较新颖的结构体系（如巨型框架结构、巨型桁架结构、悬挂结构等），目前工程较少、经验还不多，宜针对具体工程研究其设计方法，待积累较多经验后再上升为规程的内容。

（三）设计建议

1. 民用建筑中常用的多层及高层钢筋混凝土结构体系主要有：

（1）框架结构

（2）剪力墙结构 ——┬── 全部落地剪力墙结构
　　　　　　　　　　├── 部分框支剪力墙结构
　　　　　　　　　　└── 短肢剪力墙结构

（3）框架-剪力墙结构

（4）筒体结构 —┬— 框架 - 核心筒结构
　　　　　　　　├— 筒中筒结构
　　　　　　　　└— 多束筒结构

（5）板柱结构、板柱-剪力墙结构

（6）此外，还有异形柱结构、巨型框架结构、巨型桁架结构、悬挂结构等。

2. 各结构体系简介

（1）框架结构的特点是建筑平面布置灵活，可以取得较大的使用空间，具有较好的延性。但其整体侧向刚度较小，在强烈地震作用下侧向变形较大，非结构构件破坏比较严重，不仅地震中危及人身安全和财产损失，而且震后的修复量和费用也很大。水平荷载下框架结构的侧向变形特征为剪切型。

框架结构一般用于多层或低烈度区小高层建筑。

（2）剪力墙结构刚度大，空间整体性好，在水平力作用下侧向变形小，有利于避免设备管道及非结构构件的破坏，由于没有梁、柱等构件的外露与凸出，空间使用效率高。缺点是受平面布置的限制，不能提供较大的使用空间，结构自重较大。水平荷载下剪力墙结构的侧向变形特征为弯曲型。

为了争取底部有较大空间，可以在一些剪力墙底部开设大洞，使部分剪力墙"不落地"，用柱子和梁来支承上部的剪力墙，和其他落地剪力墙一道组成了部分框支剪力墙结构。部分框支剪力墙结构虽然在一定程度上满足了建筑对空间的功能要求，但却使得结构楼层侧向刚度有很大变化甚至突变，地震作用下容易形成结构薄弱层，于抗震不利。

短肢剪力墙肢是指墙肢截面高度与厚度之比为 $4\sim8$ 的剪力墙肢，一般情况下，在规定的水平地震作用下，当剪力墙结构中由短肢剪力墙所承担的底部地震倾覆力矩达到结构底部总地震倾覆力矩的 $30\%\sim50\%$ 时，可认为是短肢剪力墙较多的剪力墙结构。短肢剪力墙结构可减轻结构自重，平面布置灵活，住宅建筑应用较多。缺点是由于短肢剪力墙肢较多，结构的承载能力低，侧向刚度小，延性不好，抗震性能较差，目前地震区应用经验尚不足。

剪力墙结构适用于高度较高的高层建筑。部分框支剪力墙结构的最大适用高度较一般剪力墙结构要低，短肢剪力墙较多的剪力墙结构则更低一些。

（3）框架-剪力墙结构既具有框架结构布置灵活、使用空间较大的特点，结构刚度又较大，具有多道抗震防线和良好的抗震性能，应用范围较为广泛。缺点是由于建筑使用功能要求，剪力墙的平面布置往往受到限制，可能会造成结构的偏心过大，结构的平面不规则等。水平荷载下框架-剪力墙结构的侧向变形特征为弯剪型。

抗震设计的一般高层建筑，宜优先选用框架-剪力墙结构。

（4）筒体结构主要包括：框架-核心筒结构，筒中筒结构和多筒体结构。框架-核心筒结构中的主要抗侧力构件是布置在楼层中央由剪力墙围成的核心筒，它具有较大的侧向刚度和承载力，框架-核心筒结构的周边为较大柱距的框架，结构的受力特点类似于框架-剪力墙。筒中筒结构的内筒与框架-核心筒结构的核心筒相似，但外筒与框架-核心筒结构的外框架不同：筒中筒结构的外筒是由密排柱和截面高度相对较大的边梁组成，具有很好的空间性能、更大的侧向刚度和承载力，其受力特点不同于框架-核心筒结构。通常，在结构高度大于80m、高宽比大于3时，能充分发挥外筒的作用，因此更适用于高度更高的高层建筑而不宜用于高度低于80m的建筑。

筒体结构的共同特点是整体性好，空间刚度大，承载能力高，适用于较高的高层建筑。

(5) 板柱结构由水平构件板和竖向构件柱组成，内部无梁，特点是建筑平面布置灵活，可以在满足建筑楼层净空高度的要求下减小楼层高度。但板柱结构侧向刚度小，延性差，地震作用下极易发生冲切破坏和柱头破坏，抗震性能差。故在抗震设计中，应采用板柱-剪力墙结构，即在板柱结构中设置一定数量的剪力墙，以提高结构的抗震性能。纯板柱结构仅适用于多层非抗震设计的建筑，板柱-剪力墙结构适用于非抗震设计以及抗震设防烈度不超过8度的多层及高层建筑，主要用于柱距较大（约7~12m）及争取净空高度的建筑。

(6) 异形柱结构其实并不是指上述具有相同受力特点的一个结构体系，只是因为这种结构中的框架柱形状怪异、截面尺寸很小。异形柱的截面几何形状多为L形、T形、Z形或十字形，分为有对称轴及无对称轴两类，肢厚不小于180mm，各肢的肢长与肢厚之比不大于4。故受力复杂，承载力低，因而异形柱结构抗侧刚度小，承载能力低，结构延性差，抗震性能不好。同时，柱子和梁柱节点受力复杂，钢筋锚固及施工质量较难保证。但异形柱结构由于柱子隔墙平齐，室内无梁柱，建筑平面布置灵活，使用方便，用于住宅建筑优点很突出。

异形柱结构包括单纯或主要由异形柱构成的现浇钢筋混凝土框架结构和异形柱-剪力墙结构。

异形柱结构主要适用于非抗震及抗震设防烈度不超过7度的多层住宅建筑，其填充墙应优先采用轻质墙体材料。

3. 高层建筑结构应根据建筑功能要求、结构自身要求、施工技术条件、建筑材料、经济、几点功能等各方面综合考虑，确定合理、经济、适宜的结构体系。结构自身的要求，应考虑房屋高度、抗震设防类别、抗震设防烈度、场地类别、结构材料和施工技术条件等因素。

无论采用何种结构体系，都应使结构具有合理的刚度和承载能力，避免产生软弱层和薄弱层，保证结构的稳定和抗倾覆能力；抗震设计时，还应使结构具有多道防线，提高结构和构件的延性，增强其抗震能力。

4. 应当注意：《高规》未列出的结构体系，并不意味工程中不能采用。事实上，纯板柱结构在非抗震设计时的多层建筑及地下工程中应用不少；异形柱结构在非抗震设计及抗震设计时低烈度（抗震设防烈度7度及7度以下）、高度低（结构高度小于35m的多层及小高层）、小柱网（开间不宜大于4.5m）、轻荷载（单位面积重量不宜大于9.0kN/m²）的住宅建筑中应用也较多；而巨型框架结构，也有工程实例（广州天王中心、深圳亚洲大酒店），当然，工程实例还很少。因此，当工程中需采用《高规》未列出的结构体系时，首先要注意其适用范围；其次要注意采用相应的规范或标准；当没有相应的规范或标准时，应采用抗震性能的设计方法，会同专家分析论证，必要时可辅以模型试验，以保证结构设计安全、可靠、经济。

5.《抗规》虽未明确述及常用的钢筋混凝土结构体系，但对抗震设计时结构体系的确定作了原则性规定。这个原则对非抗震设计，除去抗震设防类别、抗震设防烈度、场地条件等因素外，也是适用的。

七、结构概念设计原则

（一）相关规范的规定

1.《高规》第1.0.4条、第3.1.4条、第3.1.5条规定：

第1.0.4条

高层建筑结构应注重概念设计，重视结构的选型和平面、立面布置的规则性，加强构造措施，择优选用抗震和抗风性能好且经济合理的结构体系。在抗震设计时，应保证结构的整体抗震性能，使整体结构具有必要的承载能力、刚度和延性。

第3.1.4条

高层建筑不应采用严重不规则的结构体系，并应符合下列规定：

1　应具有必要的承载能力、刚度和延性；

2　应避免因部分结构或构件的破坏而导致整个结构丧失承受重力荷载、风荷载和地震作用的能力；

3　对可能出现的薄弱部位，应采取有效的加强措施。

第3.1.5条

高层建筑的结构体系尚宜符合下列规定：

1　结构的竖向和水平布置宜使结构具有合理的刚度和承载力分布，避免因刚度和承载力局部突变或结构扭转效应而形成薄弱部位；

2　抗震设计时宜具有多道防线。

2.《抗规》第3.5.2条、第3.5.3条、第3.5.4条第2、第3款、第3.5.5条规定：

第3.5.2条

结构体系应符合下列各项要求：

1　应具有明确的计算简图和合理的地震作用传递途径。

2　应避免因部分结构或构件破坏而导致整个结构丧失抗震能力或对重力荷载的承载能力。

3　应具备必要的抗震承载力，良好的变形能力和消耗地震能量的能力。

4　对可能出现的薄弱部位，应采取措施提高其抗震能力。

第3.5.3条

结构体系尚宜符合下列各项要求：

1　宜有多道抗震防线。

2　宜具有合理的刚度和承载力分布，避免因局部削弱或突变形成薄弱部位，产生过大的应力集中或塑性变形集中。

3　结构在两个主轴方向的动力特性宜相近。

第3.5.4条第2、第3款

结构构件应符合下列要求：

……。

2　混凝土结构构件应控制截面尺寸和受力钢筋、箍筋的设置，防止剪切破坏先于弯曲破坏、混凝土的压溃先于钢筋的屈服、钢筋的锚固粘结破坏先于钢筋破坏。

3 预应力混凝土的构件，应配有足够的非预应力钢筋。

……。

第3.5.5条

结构各构件之间的连接，应符合下列要求：

1 构件节点的破坏，不应先于其连接的构件。

2 预埋件的锚固破坏，不应先于连接件。

3 装配式结构构件的连接，应能保证结构的整体性。

4 预应力混凝土构件的预应力钢筋，宜在节点核心区以外锚固。

3.《混规》第3.2.1条规定：

混凝土结构的设计方案应符合下列要求：

1 选用合理的结构体系、构件形式和布置；

2 结构的平、立面布置宜规则，各部分的质量和刚度宜均匀、连续；

3 结构传力途径应简捷、明确，竖向构件宜连续贯通、对齐；

4 宜采用超静定结构，重要构件和关键传力部位应增加冗余约束或有多条传力途径。

5 宜采取减小偶然作用影响的措施。

（二）对规范的理解

1. 注重高层建筑的概念设计，保证结构的整体性，是国内外历次大地震及风灾的重要经验总结。概念设计及结构整体性能是决定高层建筑结构抗震、抗风性能的重要因素，若结构严重不规则、整体性差，则按目前的结构设计及计算技术水平，较难保证结构的抗震、抗风性能，尤其是抗震性能。因此，规范十分强调结构概念设计原则。

结构体系应受力明确、传力途径合理、简洁且传力路线不间断，这就要求结构的平面、竖向布置规则、均匀、减少扭转，避免沿竖向刚度、质量突变。

规则性是结构概念设计的重要原则，宜采用规则的结构，不应采用严重不规则的结构。

多道防线对于结构在强震下的安全是很重要的。一次强烈地震之后往往伴随多次余震，如结构只有一道抗震防线，则即使结构在强烈地震中没有破坏、倒塌，也很可能由于首次地震损伤后再遭余震，不断的损伤积累而最终导致结构的破坏、倒塌。

抗震薄弱层（部位）的概念，也是抗震设计中的重要概念。地震作用下，由于结构的不规则可能导致出现薄弱层或部位（承载能力）、软弱层或部位（变形能力）。

2. 三本规范的规定基本一致。考虑到有些建筑结构，横向抗侧力构件（如墙体）很多而纵向很少，在强烈地震中往往由于纵向的破坏导致整体倒塌，《抗规》增加了结构两个主轴方向的动力特性（周期和振型）相近的抗震概念；并明确规定结构体系应具有明确的计算简图和合理的地震作用传递途径。《抗规》还提出了改善结构构件变形能力的原则和途径，提出了对预应力混凝土结构构件的设计要求和构件的连接要求等。而这几点，虽然《高规》条文未述及，但相关章节都有规定。《混规》主要规定了非抗震设计时结构方案的设计原则，特别提出了避免发生因局部破坏引起的结构连续倒塌问题。

3.《抗规》第3.5.2条是强制性条文，设计中应严格执行。

（三）设计建议

1. 结构单元抗侧力结构的布置宜规则、对称，受力明确、力求简单，传力合理、途径不间断，并应具有良好的整体性。

（1）合理地布置抗侧力构件，在一个独立的结构单元内，应避免应力集中的凹角和狭长的缩颈部位；避免在凹角和端部设置楼、电梯间；减少地震作用下的扭转效应。竖向体形尽量避免外挑，内收也不宜过多、过急，结构刚度、承载力沿房屋高度宜均匀、连续分布，避免造成结构的软弱或薄弱部位。

（2）应避免因部分结构或构件破坏而导致整个结构丧失抗震能力或对重力荷载的承载能力。

（3）根据具体情况，结构单元之间应遵守牢固连接或有效分离的方法。高层建筑的结构单元宜采取加强连接的方法。

2. 结构构件应具有必要的承载力、刚度、稳定性、延性等方面的性能

（1）构件设计应遵守"强柱、弱梁、更强节点、强剪、弱弯、强底层柱（墙）底"的原则。

（2）对可能造成结构相对薄弱的部位，应采取措施提高抗震能力。

（3）承受竖向荷载的主要构件不宜作为主要耗能构件。

3. 尽可能设置多道抗震防线

结构的多道防线应有两个含义：

（1）多重或双重抗侧力体系

一个抗震结构体系，应由若干个延性较好的分体系组成，并由延性较好的结构构件连接起来协同工作，每个分体系应具有其所应承担的承载能力和变形能力。如框架-剪力墙体系是由延性框架和剪力墙两个分体系组成，框架-核心筒体系是由延性框架和核心筒两个分体系组成，筒中筒结构是由中央剪力墙核心筒和外框筒两个分体系组成。双肢或多肢剪力墙由若干个单肢剪力墙分体系组成，等等。

（2）抗震结构体系应有最大可能数量的内部、外部赘余度

结构的内部、外部赘余度越多，即使一些构件受损、破坏，结构仍然是结构（不会整体破坏）。而部分构件的受损、破坏，减小了结构的侧向刚度，减小了地震作用，起到了耗能作用。因此，有意识地建立起一系列分布的屈服区，以使结构能吸收和耗散大量的地震能量，提高结构抗震性能，就可避免大震倒塌。

耗能构件不应是结构的重要构件，但应有较高的延性和适当刚度，比如剪力墙连梁等水平构件。同一楼层内宜使主要耗能构件屈服以后，其他抗侧力构件仍处于弹性阶段，使"有约束屈服"保持较长阶段，保证结构的延性和抗倒塌能力。

4. 对可能出现的薄弱部位，应采取措施提高其抗震能力

（1）结构在强烈地震下不存在强度安全储备，构件的实际承载力分析（而不是承载力设计值的分析）是判断薄弱层（部位）的基础；

（2）要使楼层（部位）的实际承载力和设计计算的弹性受力之比在总体上保持一个相对均匀的变化，一旦楼层（或部位）的这个比例有突变时，会由于塑性内力重分布导致塑性变形的集中；

（3）要防止在局部上加强而忽视整个结构各部位刚度、承载力的协调；处理好结构构件的强弱关系，在抗震设计中某一部分结构设计超强，可能造成结构的相对薄弱部位。因此在设计中不合理的加强以及在施工中以大代小，改变抗侧力构件配筋，都需要慎重

考虑。

(4) 在抗震设计中有意识、有目的地控制薄弱层（部位），使之有足够的变形能力又不使薄弱层发生转移，这是提高结构总体抗震性能的有效手段。

5. 无论采用何种结构体系，结构的平面和竖向布置都应使结构具有合理的刚度、质量和承载力分布，避免因局部突变和扭转效应而形成薄弱部位；对可能出现的薄弱部位，在设计中应采取有效措施，增强其抗震能力；结构宜具有多道防线，避免因部分结构或构件的破坏而导致整个结构丧失承受水平风荷载、地震作用和重力荷载的能力。

6. 考虑上部结构嵌固于基础结构或地下室结构之上时，应使基础结构或地下室结构保持弹性工作状态，使塑性铰出现在结构嵌固部位。

以上规定仅为结构概念设计的原则，在此原则下的具体设计方法及措施，规范在相关章节中均作了详细规定。

第二节　材　料

一、混凝土

（一）相关规范的规定

1.《高规》第3.2.2条规定：

各类结构用混凝土的强度等级均不应低于C20，并应符合下列规定：

1　抗震设计时，一级抗震等级框架梁、柱及其节点的混凝土强度等级不应低于C30；

2　筒体结构的混凝土强度等级不宜低于C30；

3　作为上部结构嵌固部位的地下室楼盖的混凝土强度等级不宜低于C30；

4　转换层楼板、转换梁、转换柱、箱形转换结构以及转换厚板的混凝土强度等级均不应低于C30；

5　预应力混凝土结构的混凝土强度等级不宜低于C40、不应低于C30；

6　型钢混凝土梁、柱的混凝土强度等级不宜低于C30；

7　现浇非预应力混凝土楼盖结构的混凝土强度等级不宜高于C40；

8　抗震设计时，框架柱的混凝土强度等级，9度时不宜高于C60，8度时不宜高于C70；剪力墙的混凝土强度等级不宜高于C60。

2.《抗规》第3.9.2条第2款第1）小款、第3.9.3条第2款规定：

第3.9.2条第2款第1）小款

2　混凝土结构材料应符合下列规定：

1）混凝土的强度等级，框支梁、框支柱及抗震等级为一级的框架梁、柱、节点核心区，不应低于C30；构造柱、芯柱、圈梁及其他各类构件不应低于C20；

第3.9.3条第2款

混凝土结构的混凝土强度等级，抗震墙不宜超过C60，其他构件，9度时不宜超过C60，8度时不宜超过C70。

3.《混规》第4.1.2条、第11.2.1条规定：

第4.1.2条

素混凝土结构的混凝土强度等级不应低于 C15；钢筋混凝土结构的混凝土强度等级不应低于 C20；采用强度级别 400MPa 及以上的钢筋时，混凝土强度等级不应低于 C25。

预应力混凝土结构的混凝土强度等级不宜低于 C40，且不应低于 C30。

承受重复荷载的钢筋混凝土构件，混凝土强度等级不应低于 C30。

第 11.2.1 条

混凝土结构的混凝土强度等级应符合下列规定：

1 剪力墙不宜超过 C60；其他构件，9 度时不宜超过 C60，8 度时不宜超过 C70。

2 框支梁、框支柱以及一级抗震等级的框架梁、柱及节点，不应低于 C30；其他各类结构构件，不应低于 C20。

（二）对规范的理解

1. 为提高材料的利用效率，2010 版规范对构件的混凝土强度等级稍有提高。

2. 抗震设计不仅要求构件有足够的承载能力、变形能力，还要求构件有良好的延性。混凝土强度等级对构件的延性有不容忽视的影响：混凝土强度等级对保证构件塑性铰区发挥延性能力具有重要作用；高强度混凝土具有脆性性质，且随强度等级提高而增加；同时，高强度混凝土因侧向变形系数过小而使箍筋对它的约束效果受到一定的削弱，所以，规范对不同结构部位、不同结构构件的混凝土强度等级提出了最低要求及抗震上限限值，对高烈度区高强混凝土的应用作了必要的限制。对重要性较高的框支梁、框支柱、延性要求相对较高的一级抗震等级的框架梁、柱以及受力复杂梁柱节点的混凝土最低强度等级提出了比非抗震设计时更高的要求。

（三）设计建议

1. 对混凝土强度等级的要求分为强制性和非强制性两种。《抗规》第 3.9.3 条第 2 款为非强制性条文，而第 3.9.2 条第 2 款第 1）小款为强制性条文，应严格执行。

2. 三本规范针对各自的特点，规定的内容不完全一致，例如：《高规》规定的对作为上部结构嵌固部位的地下室楼盖，转换层楼板、转换梁、转换柱、箱形转换结构以及转换厚板，型钢混凝土梁、柱的混凝土强度等级的要求，对多层建筑结构也同样适用。《混规》规定的采用强度级别 400MPa 及以上的钢筋时，混凝土强度等级不应低于 C25。无论是对抗震设计还是对非抗震设计均适用。

3. 针对高层混凝土结构的特点，某些结构局部特殊部位混凝土强度等级的要求，见《高规》相关条文中的补充规定。

二、钢筋

（一）相关规范的规定

1.《高规》第 3.2.3 条规定：

高层建筑混凝土结构的受力钢筋及其性能应符合现行国家标准《混凝土结构设计规范》GB 50010 的有关规定。按一、二、三级抗震等级设计的框架和斜撑构件，其纵向受力钢筋尚应符合下列规定：

1 钢筋的抗拉强度实测值与屈服强度实测值的比值不应小于 1.25；

2 钢筋的屈服强度实测值与屈服强度标准值的比值不应大于 1.30；

3 钢筋最大拉力下的总伸长率实测值不应小于 9%。

2.《抗规》第3.9.2条第2款第2）小款、第3.9.3条第1款规定：

第3.9.2条第2款第2）小款

抗震等级为一、二、三级的框架和斜撑构件（含梯段），其纵向受力钢筋采用普通钢筋时，钢筋的抗拉强度实测值与屈服强度实测值的比值不应小于1.25；钢筋的屈服强度实测值与屈服强度标准值的比值不应大于1.3，且钢筋在最大拉力下的总伸长率实测值不应小于9%。

第3.9.3条第1款

普通钢筋宜优先采用延性、韧性和焊接性较好的钢筋；普通钢筋的强度等级，纵向受力钢筋宜选用符合抗震性能指标的不低于HRB400级的热轧钢筋，也可采用符合抗震性能指标的HRB335级热轧钢筋；箍筋宜选用符合抗震性能指标的不低于HRB335级的热轧钢筋，也可选用HPB300级热轧钢筋。

注：钢筋的检验方法应符合现行国家标准《混凝土结构工程施工质量验收规范》GB 50204的规定。

3.《混规》第4.2.1条、第11.2.2条、第11.2.3条规定：

第4.2.1条

混凝土结构的钢筋应按下列规定选用：

1 纵向受力普通钢筋宜采用HRB400、HRB500、HRBF400、HRBF500钢筋，也可采用HPB300、HRB335、HRBF335、RRB400钢筋；

2 梁、柱纵向受力普通钢筋应采用HRB400、HRB500、HRBF400、HRBF500钢筋；

3 箍筋宜采用HRB400、HRBF400、HPB300、HRB500、HRBF500钢筋，也可采用HRB335、HRBF335钢筋；

4 预应力筋宜采用预应力钢丝、钢绞线和预应力螺纹钢筋。

第11.2.2条

梁、柱、支撑以及剪力墙边缘构件中，其受力钢筋宜采用热轧带肋钢筋；当采用现行国家标准《钢筋混凝土用钢 第2部分：热轧带肋钢筋》GB 1499.2中牌号带"E"的热轧带肋钢筋时，其强度和弹性模量应按本规范第4.2节有关热轧带肋钢筋的规定采用。

第11.2.3条

按一、二、三级抗震等级设计的框架和斜撑构件，其纵向受力普通钢筋应符合下列要求：

1 钢筋的抗拉强度实测值与屈服强度实测值的比值不应小于1.25；

2 钢筋的屈服强度实测值与屈服强度标准值的比值不应大于1.30；

3 钢筋最大拉力下的总伸长率实测值不应小于9%。

（二）对规范的理解

1. 规范根据混凝土构件对受力的性能要求，提出了各种牌号钢筋的选用原则。

2. 采用高强钢筋可有效减少配筋量，提高结构的安全度。目前我国已经可以大量生产满足结构抗震性能要求的400MPa、500MPa级热轧带肋钢筋和300MPa级热轧光圆钢筋。400MPa、500MPa级热轧带肋钢筋的强度设计值比335MPa级钢筋分别提高20%和45%；300MPa级热轧光圆钢筋的强度设计值比235MPa级钢筋提高28.5%，节材效果十分明显。

3. 抗震设计时，要求结构及构件具有较好的延性，在地震作用下当结构达到屈服后，利用结构的塑性变形吸收能量，削弱地震反应。这就要求结构在塑性铰处有足够的转动能力和耗能能力，能有效地调整构件内力，实现"强柱弱梁、强剪弱弯、更强节点、强底层柱（墙）底"的抗震设计原则。

钢筋混凝土结构及构件延性的大小，与配置其中的钢筋的延性有很大关系，在其他情况相同时，钢筋的延性好则构件的延性也好。规范规定普通纵向受力钢筋抗拉强度实测值与屈服强度实测值比值的最小值，目的是使结构某个部位出现塑性铰后，塑性铰处有足够的转动能力和耗能能力；规定钢筋屈服强度实测值与强度标准值比值的最大值，是为了有利于强柱弱梁、强剪弱弯所规定的内力调整得以实现。显然，这些对提高结构及构件的延性是十分必要和重要的。而对钢筋伸长率的要求，则是控制钢筋延性的重要性能指标。

（三）设计建议

1. 对钢筋强度等级的要求分为强制性和非强制性两种。《抗规》第 3.9.3 条第 1 款为非强制性条文，而第 3.9.2 条第 2 款第 2）小款为强制性条文，应严格执行。

2. 需要注意的是：规范规定抗震设计时对钢筋的性能要求，是一、二、三级抗震等级的框架而不是一、二、三级框架结构，即不管是什么结构体系，只要其中的框架部分抗震等级为一、二、三级，其受力钢筋就应满足两个比值和一个总伸长率的要求；而对斜撑构件（含梯段），则只要是抗震设计，均应满足两个比值和一个总伸长率的要求。设计时，可在结构设计文件中（一般在结构施工设计总说明中），根据规范规定明确注明此项要求，以免错漏。

3. 关于钢筋的总伸长率的要求，非抗震设计时也有规定，不同的钢筋品种，在最大力下的总伸长率限值不同，详见《混规》4.2.4 条规定。只是抗震设计时要求更严。

4. 笔者认为：对一、二、三级抗震等级的结构构件，无论是框架梁、柱、斜撑，还是剪力墙墙肢、连梁，只要是结构主体受力构件，其受力钢筋都应有上述规定的"两个比值，一个伸长率"的要求。

三、结构钢材

（一）相关规范的规定

1.《高规》第 3.2.4 条、第 3.2.5 条规定：

第 3.2.4 条

抗震设计时混合结构中钢材应符合下列规定：

1 钢材的屈服强度实测值与抗拉强度实测值的比值不应大于 0.85；

2 钢材应有明显的屈服台阶，且伸长率不应小于 20%；

3 钢材应有良好的焊接性和合格的冲击韧性。

第 3.2.5 条

混合结构中的型钢混凝土竖向构件的型钢及钢管混凝土的钢管宜采用 Q345 和 Q235 等级的钢材，也可采用 Q390、Q420 等级或符合结构性能要求的其他钢材；型钢梁宜采用 Q235 和 Q345 等级的钢材。

2.《抗规》第 3.9.2 条第 3 款、第 3.9.3 条第 3 款规定：

第 3.9.2 条第 3 款

钢结构的钢材应符合下列规定：

1) 钢材的屈服强度实测值与抗拉强度实测值的比值不应大于 **0.85**；

2) 钢材应有明显的屈服台阶，且伸长率不应小于 **20%**；

3) 钢材应有良好的焊接性和合格的冲击韧性。

第 3.9.3 条第 3 款

钢结构的钢材宜采用 Q235 等级 B、C、D 的碳素结构钢及 Q345 等级 B、C、D、E 的低合金高强度结构钢；当有可靠依据时，尚可采用其他钢种和钢号。

3.《混规》未述及。

（二）对规范的理解

1. 在钢-混凝土混合结构中，可能有钢构件，也可能有型钢混凝土构件等，都采用结构钢材。《高规》提出了结构钢材的选用及性能要求。此外，《抗规》还提出了抗震设计时钢结构中结构钢材的选用及性能要求。

2. 钢结构中所用的钢材，应保证抗拉强度、屈服强度、冲击韧性合格及硫、磷和碳含量的限制值。抗拉强度是实际上决定结构安全储备的关键，伸长率反映钢材能承受残余变形量的程度及塑性变形能力，钢材的屈服强度不宜过高，同时要求有明显的屈服台阶，伸长率应大于 20%，以保证构件具有足够的塑性变形能力，冲击韧性是抗震结构的要求。

焊接承重结构以及重要的非焊接承重结构采用的钢材还应具有冷弯试验的合格保证。对焊接承重结构尚应具有碳含量的合格保证。

国家产品《碳素结构钢》GB 700 中，Q235 钢分为 A、B、C、D 四个等级，其中 A 级钢不要求任何冲击试验值，并只在用户要求时才进行冷弯试验，且不保证焊接要求的含碳量，故抗震设计时不建议采用。国家产品标准《低合金高强度结构钢》GB/T 1591 中，Q345 钢分为 A、B、C、D、E 五个等级，其中 A 级钢不保证冲击韧性要求和延性性能的基本要求，故抗震设计时亦不建议采用。

3. 2010 版规范和 2001 版规范对结构钢材性能指标的要求没有变化，只是因为按钢材产品标准《建筑结构用钢》GB/T 19879—2005 规定的性能指标，将分子、分母对换，改为屈服强度与抗拉强度的比值。

（三）设计建议

1. 承重结构的钢材宜采用 Q235 钢、Q345 钢、Q390 钢和 Q420 钢；用于抗震设计和高层建筑钢结构的钢材，宜采用 Q235 等级 B、C、D 的碳素结构钢，以及 Q345 等级 B、C、D、E 的低合金高强度结构钢。其质量标准应分别符合我国现行国家标准《碳素结构钢》GB 700 和《低合金高强度结构钢》GB/T 1591 的规定。当有可靠根据时，可采用其他牌号的钢材。

2. 对处于外露环境，且对耐腐蚀有特殊要求的或在腐蚀性气态和固态介质作用下的承重结构，宜采用耐候钢，其质量要求应符合现行国家标准《焊接结构用耐候钢》GB/T 4172 的规定。

处于低温环境下的承重结构，其钢材性能尚应符合规范避免低温冷脆的要求。

3. 采用焊接连接的节点，当板厚等于或大于 50mm，并承受沿板厚方向的拉力作用时，应按现行国家标准《厚度方向性能钢板》GB 5313 的规定，附加板厚方向的断面收缩率，并不得小于该标准 Z15 级规定的允许值。

4. 钢结构的连接材料应符合下列要求：

（1）手工焊接采用的焊条，应符合现行国家标准《碳钢焊条》GB/T 5117 或《低合金钢焊条》GB/T 5118 的规定。选择的焊条型号应与主体金属力学性能相适应。对直接承受动力荷载或振动荷载且需要验算疲劳的结构，宜采用低氢型焊条。

（2）自动焊接或半自动焊接采用的焊丝和相应的焊剂应与主体金属力学性能相适应，并应符合现行国家标准的规定。

（3）普通螺栓应符合现行国家标准《六角头螺栓 C级》GB/T 5780 和《六角头螺栓》GB/T 5782 的规定。

（4）高强度螺栓应符合现行国家标准《钢结构用高强度大六角头螺栓》GB/T 1228、《钢结构用高强度大六角螺母》GB/T 1229、《钢结构用高强度垫圈》GB/T 1230、《钢结构用高强度大六角头螺栓、大六角螺母、垫圈技术条件》GB/T 1231 或《钢结构用扭剪型高强度螺栓连接副》GB/T 3632、《钢结构用扭剪型高强度螺栓连接副 技术条件》GB/T 3633 的规定。

（5）圆柱头焊钉（栓钉）连接件的材料应符合现行国家标准电弧螺栓焊用《圆柱头焊钉》GB/T 10433 的规定。

（6）铆钉应采用现行国家标准《标准件用碳素钢热轧圆钢》GB/T 715 中规定的 BL2 或 BL3 号钢制成。

（7）锚栓可采用现行国家标准《碳素结构钢》GB/T 700 中规定的 Q235 钢或《低合金高强度结构钢》GB/T 1591 中规定的 Q345 钢制成。

当采用国外钢材时，应符合我国国家标准的要求。

以上是对民用建筑抗震及非抗震设计结构钢材选用的设计建议，工业建筑及其他构筑物结构钢材的选用，应符合相关规范的规定。

四、钢筋代换

（一）相关规范的规定

1.《高规》未述及。

2.《抗规》第 3.9.4 条规定：

在施工中，当需要以强度等级较高的钢筋替代原设计中的纵向受力钢筋时，应按照钢筋受拉承载力设计值相等的原则换算，并应满足最小配筋率要求。

3.《混规》第 4.2.8 条规定：

当进行钢筋代换时，除应符合设计要求的构件承载力、最大力下的总伸长率、裂缝宽度验算以及抗震规定以外，尚应满足最小配筋率、钢筋间距、保护层厚度、钢筋锚固长度、接头面积百分率及搭接长度等构造要求。

（二）对规范的理解

混凝土结构施工中，往往因缺乏设计规定的钢筋型号（规格）而采用另外型号（规格）的钢筋代替，由于代换钢筋和被代换钢筋的牌号、强度、直径等的不同，可能会导致钢筋代换后造成构件与原设计要求不符，如挠度和裂缝宽度验算、最小配筋率、钢筋间距、保护层厚度、锚固长度等可能不满足规范要求。所以，规范对钢筋代换作出了规定。

若用强度等级较高的钢筋替代原设计中强度等级较低的钢筋或用直径较大的钢筋替代

原设计中直径较小的钢筋，一般都会使替代后的纵向受力钢筋的总承载力设计值大于原设计的纵向受力钢筋总承载力设计值，甚至会大较多。抗震设计时，这就有可能造成构件抗震薄弱部位转移，也可能造成构件在有影响的部位发生混凝土的脆性破坏（混凝土压碎、剪切破坏等）。例如将抗震设计的框架梁用强度等级较高、直径较大的纵向受力钢筋替代原设计中的钢筋，则在地震作用下，与此梁相接的框架柱有可能先出现塑性铰，而这是不符合强柱弱梁的抗震设计原则的。因此应注意替代后的纵向钢筋的总承载力设计值不应高于原设计的纵向钢筋总承载力设计值。

《抗规》将此条列为强制性条文，必须严格执行。以加强对施工质量的监督和控制，实现预期的抗震设防目标。

钢筋代换除应满足等强代换的原则外，尚应满足最小配筋率、钢筋间距等构造要求。抗震设计时，还应满足钢筋的延性等要求。

（三）设计建议

1. 非抗震设计时，应综合考虑钢筋强度和直径的改变、不同牌号的性能差异对正常使用阶段挠度和裂缝宽度验算、最小配筋率、抗震构造要求等的影响，并应满足钢筋间距、保护层厚度、锚固长度、搭接接头面积百分率及搭接长度等的要求。

2. 抗震设计时，钢筋代换除满足以上要求外，还应特别注意以下两点：

（1）等强但不超强。即 $f_{y1}A_{s1}=f_{y2}A_{s2}$。特别是水平构件（如框架梁、连梁等）的钢筋代换，只能等强而不允许超强。

举例来说，一级抗震等级框架-剪力墙结构中的框架梁柱节点处，其柱端弯矩设计值是根据节点左、右梁端按顺时针和逆时针方向计算的两端考虑地震作用组合的弯矩设计值之和的较大值乘以放大系数来确定的。就是说，地震时假如发生过大的塑性变形，应当是梁先于柱出现铰。若施工中以大直径钢筋代替小直径钢筋，加大梁的配筋而柱配筋不变，则可能会造成塑性铰的转移；造成框架柱出现铰而框架梁不出现铰，而这正好违背了我们的设计意图，是设计中应当避免的。

（2）等延性。比如：常用的热轧带肋钢筋比冷加工钢筋延性好，因此，即使用来代换的冷加工钢筋和被代换的热轧带肋钢筋等强，也不可以代换。

3. 结构设计时，可在结构设计文件中（一般在结构施工设计总说明中），根据《抗规》的规定，明确注明钢筋代换的要求。

第三节　房屋适用高度和高宽比

一、房屋适用高度

（一）相关规范的规定

1. 《高规》第3.3.1条规定：

钢筋混凝土高层建筑结构的最大适用高度应区分为A级和B级。A级高度钢筋混凝土乙类和丙类高层建筑的最大适用高度应符合表3.3.1-1的规定，B级高度钢筋混凝土乙类和丙类高层建筑的最大适用高度应符合表3.3.1-2的规定。

平面和竖向均不规则的高层建筑结构，其最大适用高度宜适当降低。

表 3.3.1-1　A 级高度钢筋混凝土高层建筑的最大适用高度（m）

结构体系		非抗震设计	抗震设防烈度				
			6 度	7 度	8 度		9 度
					0.20g	0.30g	
框架		70	60	50	40	35	—
框架-剪力墙		150	130	120	100	80	50
剪力墙	全部落地剪力墙	150	140	120	100	80	60
	部分框支剪力墙	130	120	100	80	50	不应采用
筒体	框架-核心筒	160	150	130	100	90	70
	筒中筒	200	180	150	120	100	80
板柱-剪力墙		110	80	70	55	40	不应采用

注：1　表中框架不含异形柱框架；

　　2　部分框支剪力墙结构指地面以上有部分框支剪力墙的剪力墙结构；

　　3　甲类建筑，6、7、8 度时宜按本地区抗震设防烈度提高一度后符合本表的要求，9 度时应专门研究；

　　4　框架结构、板柱-剪力墙结构以及 9 度抗震设防的表列其他结构，当房屋高度超过本表数值时，结构设计应有可靠依据，并采取有效的加强措施。

表 3.3.1-2　B 级高度钢筋混凝土高层建筑的最大适用高度（m）

结构体系		非抗震设计	抗震设防烈度			
			6 度	7 度	8 度	
					0.20g	0.30g
框架-剪力墙		170	160	140	120	100
剪力墙	全部落地剪力墙	180	170	150	130	110
	部分框支剪力墙	150	140	120	100	80
筒体	框架-核心筒	220	210	180	140	120
	筒中筒	300	280	230	170	150

注：1　部分框支剪力墙结构指地面以上有部分框支剪力墙的剪力墙结构；

　　2　甲类建筑，6、7 度时宜按本地区设防烈度提高一度后符合本表的要求，8 度时应专门研究；

　　3　当房屋高度超过表中数值时，结构设计应有可靠依据，并采取有效的加强措施。

2.《抗规》第 6.1.1 条规定：

本章适用的现浇钢筋混凝土房屋的结构类型和最大高度应符合表 6.1.1 的要求。平面和竖向均不规则的结构，适用的最大高度宜适当降低。

注：本章"抗震墙"指结构抗侧力体系中的钢筋混凝土剪力墙，不包括只承担重力荷载的混凝土墙。

表 6.1.1　现浇钢筋混凝土房屋适用的最大高度（m）

结构类型	烈　　度				
	6	7	8（0.2g）	8（0.3g）	9
框架	60	50	40	35	24
框架-抗震墙	130	120	100	80	50
抗震墙	140	120	100	80	60

结构类型		烈　度				
		6	7	8 (0.2g)	8 (0.3g)	9
部分框支抗震墙		120	100	80	50	不应采用
筒体	框架-核心筒	150	130	100	90	70
	筒中筒	180	150	120	100	80
板柱-抗震墙		80	70	55	40	不应采用

注：1　房屋高度指室外地面到主要屋面板板顶的高度（不包括局部突出屋顶部分）；

2　框架-核心筒结构指周边稀柱框架与核心筒组成的结构；

3　部分框支抗震墙结构指首层或底部两层为框支层的结构，不包括仅个别框支墙的情况；

4　表中框架，不包括异形柱框架；

5　板柱-抗震墙结构指板柱、框架和抗震墙组成抗侧力体系的结构；

6　乙类建筑可按本地区抗震设防烈度确定其适用的最大高度；

7　超过表内高度的房屋，应进行专门研究和论证，采取有效的加强措施。

3. 《混规》未述及。

（二）对规范的理解

1. 建筑结构在竖向荷载（静荷载、活荷载）和水平荷载（风荷载、地震作用）的共同作用下，不仅要满足承载力、侧向变形的要求，抗震设计时还要满足结构延性的要求。对采用钢筋混凝土材料的建筑结构，从安全和经济等方面综合考虑，其适用的最大高度应有限制。

2. 不同的结构体系，其结构承载能力、抗侧力刚度、延性性能都是不同的，因而其适用的最大高度是不同的。相同的结构体系，结构的复杂程度不同，其适用的最大高度也是有区别的。例如：

（1）框架结构的最大适用高度比板柱-剪力墙结构低，板柱-剪力墙结构的最大适用高度比框架-剪力墙结构低，框架-剪力墙结构的最大适用高度比剪力墙结构低，剪力墙结构的最大适用高度比筒体结构低，等等。

（2）部分框支剪力墙结构的最大适用高度比剪力墙结构低，具有较多短肢剪力墙的剪力墙结构的抗震性能有待进一步研究和工程实践检验，《高规》在第 7.1.8 条规定其最大适用高度比普通剪力墙结构适当降低，框架-核心筒结构由于存在结构抗扭不利和可能设置加强层引起结构刚度的突变问题，其适用的最大高度略低于筒中筒结构，等等。

3.《高规》将高层建筑的高度分为 A 级高度和 B 级高度，《高规》中的 A 级高度和《抗规》中现浇钢筋混凝土房屋适用的最大高度的规定基本一致。当框架-剪力墙、剪力墙及筒体结构的高度超出《高规》表 3.3.1-1 的最大适用高度（A 级高度）时，列入 B 级高度。

4.《高规》中的 A 级高度和《抗规》中现浇钢筋混凝土房屋适用的最大高度的规定相同点和不同点对比如下：

（1）相同之处：

与 2001 版规范相比，2010 版规范对适用的最大高度修改如下：

1）补充了 8 度（0.3g）时的最大适用高度，按 8 度和 9 度之间内插且偏于 8 度；

2）框架结构的最大适用高度，除 6 度外有所降低；

3）板柱-剪力墙结构的最大适用高度，有较大幅度的增加；

4）删除了在Ⅳ类场地适用的最大高度应适当降低的规定。

5）平面和竖向均不规则的结构，其最大适用高度适当降低的用词，由"应"改为"宜"。

（2）不同之处：

1）《高规》定义部分框支剪力墙结构是指地面以上有部分框支剪力墙的剪力墙结构，而《抗规》则是指首层或底部两层为框支层的结构，不包括仅个别框支墙的情况。

2）《高规》规定甲类建筑，6、7、8度时宜按本地区抗震设防烈度提高一度后符合本表的要求，9度时应专门研究；而《抗规》无此规定；

3）《高规》规定：A级高度的框架结构、板柱-剪力墙结构以及9度抗震设防的表列其他结构，当房屋高度超过表3.3.1-1数值时，结构设计应有可靠依据，并采取有效的加强措施；而《抗规》规定：超过表内高度的房屋，应进行专门研究和论证，采取有效的加强措施。显然后者范围更广。

5. 对于房屋高度超过A级高度高层建筑最大适用高度的框架结构、板柱-剪力墙结构以及9度抗震设计的各类结构，因研究成果和工程经验尚显不足，《高规》在B级高度高层建筑中未予列入。

（三）设计建议

1. 规范关于钢筋混凝土房屋最大适用高度的规定，是结构体系选择的重要依据之一。房屋高度不应超过规范规定的最大适用高度，并应遵守规范规定的计算和构造措施。

2. 规范的规定适用于现浇钢筋混凝土多层和高层房屋，包括采用符合要求的装配整体式楼屋盖的房屋。装配整体式楼盖的构造规定见本章第五节"二、装配整体式楼盖的构造要求"。

3. 房屋高度指室外地面至主要屋面高度，不包括局部突出屋面的电梯机房、水箱、构架等高度，对带阁楼的坡屋面应算到山尖墙的1/2高度处。

4. 平面和竖向均不规则的高层建筑结构，其最大适用高度宜适当降低。一般减少10%左右。但是，对于部分框支剪力墙结构，由于规范规定的最大适用高度已经考虑部分框支剪力墙结构的不规则性而比全落地剪力墙结构降低，故对于部分框支剪力墙结构的"竖向和平面均不规则"，仅指框支层以上的结构同时存在竖向和平面不规则的情况，比如部分框支剪力墙结构，除转换层以外，上部结构的其他楼层侧向刚度比又不满足《抗规》第3.4.3条的规定此时，应在《高规》表3.3.1-1、表3.3.1-2或《抗规》表6.1.1的基础上再适当降低其最大适用高度。

部分框支剪力墙结构的最大适用高度，应按《高规》表3.3.1-1、表3.3.1-2或《抗规》表6.1.1的取用。对转换层位置大于地面以上二层的部分框支剪力墙结构，笔者建议其最大适用高度应从严控制（如适当降低）并采取有效的加强措施（如框支柱、落地剪力墙底部加强部位抗震构造措施的抗震等级宜提高一级）。

5. 部分框支剪力墙结构指地面以上有部分框支剪力墙的剪力墙结构。仅有个别墙体不落地，例如不落地墙的截面面积不大于总截面面积的10%，只要框支部分的设计合理且不致加大扭转不规则，仍可视为剪力墙结构，其适用最大高度仍可按全部落地的剪力墙结构确定。

6.《高规》规定：具有较多短肢剪力墙的剪力墙结构，其适用的最大高度，7度时不应超过100m，8度（0.2g）时不应超过80m、8度（0.3g）时不应超过60m；B级高度高层建筑及9度时A级高度高层建筑不应采用这种结构。

7.《高规》表 3.3.1-1、表 3.3.1-2 或《抗规》表 6.1.1 规定的房屋最大适用高度，适用于丙类建筑、乙类建筑。对甲类建筑，A 级高度的建筑结构 6、7、8 度抗震设防时宜按本地区抗震设防烈度提高 1 度后符合《高规》表 3.3.1-1 或《抗规》表 6.1.1 的要求，9 度时应专门研究；B 级高度的高层建筑结构，6、7 度时宜按本地区设防烈度提高 1 度后符合《高规》表 3.3.1-2 的要求，8 度时应专门研究。

8. A 级高度房屋高度超过《高规》表 3.3.1-1 或《抗规》表 6.1.1 数值时，结构设计应有可靠依据，并采取有效措施。对框架结构、板柱-剪力墙结构以及 9 度抗震设防的表列其他结构更从严控制，高层建筑抗震设计时，宜优先选择剪力墙结构、框架-剪力墙结构、筒体结构，而不宜优先选择框架结构、板柱-剪力墙结构；B 级高度高层建筑结构当房屋高度超过《高规》表 3.3.1-2 中数值时，结构设计应有可靠依据，并采取有效措施。

9. 底部带转换层的筒中筒结构 B 级高度高层建筑，当外筒框支层以上采用由剪力墙构成的壁式框架时，其最大适用高度比《高规》表 3.3.1-2 规定的数值适当降低；降低幅度建议不少于 10%。

10. 上述各表中的最大适用高度，不适用于具有多塔、连体、错层等不规则的复杂结构。

11. 这里的最大适用高度，是指根据上述各表确定建筑的结构体系，按现行规范、规程的各项规定进行设计时，结构选型是合适的。如果所设计的建筑结构房屋高度超过了上述各表的规定(房屋高度超限)，仍按现行规范、规程的有关规定设计，则不一定完全合适。此时，应经过论证，补充更严格的计算分析，采取更加有效、可靠的设计措施，必要时进行相应的结构试验研究，采取专门的加强构造措施。对抗震设计的超限高层建筑，可以按住房和城乡建设部部长令的有关规定进行超限审查或按规范的有关规定进行结构抗震性能设计。

应注意：《高规》中的 B 级高度属超限高度，同样应按住房和城乡建设部部长令的有关规定进行超限审查或按规范的有关规定进行结构抗震性能设计。

二、房屋的高宽比

（一）相关规范的规定

1.《高规》第 3.3.2 条规定：

钢筋混凝土高层建筑结构的高宽比不宜超过表 3.3.2 的规定。

表 3.3.2　钢筋混凝土高层建筑结构适用的最大高宽比

结构体系	非抗震设计	抗震设防烈度		
		6 度、7 度	8 度	9 度
框架	5	4	3	—
板柱-剪力墙	6	5	4	—
框架-剪力墙、剪力墙	7	6	5	4
框架-核心筒	8	7	6	4
筒中筒	8	8	7	5

2.《抗规》、《混规》未述及。

（二）对规范的理解

高层建筑规定房屋的高宽比，是对结构刚度、整体稳定、承载能力和经济合理性的宏观控制，是保证结构在水平力作用下满足稳定定性要求的措施之一。在结构设计按规范的规定满足承载力、稳定、抗倾覆、变形和舒适度等基本要求后，仅从结构安全角度来讲，高宽比限值不是必须要满足的，主要是影响结构设计的经济性。从这个意义上考虑，2010

版规范适当弱化对高层建筑高宽比的规定：将 A 级高度和 B 级高度高层建筑适用的最大高宽比进行了合并；不再强调"高宽比限值"，而统一为表 3.3.2，称之为"适用的最大高宽比"；将筒中筒结构和框架-核心筒结构的适用的最大高宽比分开规定，适当提高了筒中筒结构的适用的最大高宽比。

（三）设计建议

1.《高规》对房屋高宽比的规定，是长期工程经验的总结，从目前大多数高层建筑看，这一限值是各方面都可以接受的，也是比较经济合理的。只要有可能，工程设计应尽可能满足这个规定。

2. 当建筑物由于功能需要，房屋的高宽比不满足规范的要求时，如果结构设计满足承载力、稳定、抗倾覆、变形和舒适度等基本要求，那么，高宽比不是必须满足的要求，也不是判别结构规则与否并作为超限高层建筑抗震专项审查的一个指标。注意规范的用词是"不宜超过"。实际工程已有一些超过高宽比限值的例子（如上海金茂大厦88层420m，高宽比为7.6，深圳地王大厦，81层320m，高宽比为8.8）。当超过限值时，应对结构进行更准确更符合实际受力状态的计算分析和采取切实可靠的构造措施。

3. 对高宽比超过《高规》规定的建筑结构、应特别强调结构稳定性的验算。若为抗震设计，必要时可验算结构在设防烈度地震作用下的稳定性，若为非抗震设计，可考虑适当加大基本风压验算结构在风荷载作用下的稳定性。

4. 计算高宽比时的房屋高度，对不带裙房的高层建筑，是指室外地面至主要屋面高度；对带有裙房的高层建筑，当裙房的面积和刚度相对于其上部塔楼的面积和刚度较大时（笔者建议可取面积不小于 2.5 倍，刚度不小于 2.0 倍），宜取裙房以上部分的房屋高度。

在复杂体型的高层建筑中，如何计算建筑平面的宽度是比较难以确定的问题。对矩形平面的高层建筑，一般情况取结构平面所考虑方向的最小水平投影宽度，对突出建筑物平面很小的局部结构（如楼梯间、电梯间等），一般不计入建筑物的房屋宽度；对 L 形、[形、口形、弧形等非矩形建筑平面，房屋宽度可取平面的等效宽度 B，$B = 3.5i$，其中 i 为建筑平面（不计平面局部突出部分）的最小回转半径，$i = \sqrt{\dfrac{I}{A}}$。

对于不宜采用最小投影宽度计算高宽比的情况，应根据工程实际确定合理的计算方法。

第四节　结　构　布　置

一、建筑结构的规则性

（一）相关规范的规定

1.《高规》第 3.4.1 条、第 3.5.1 条规定：

第 3.4.1 条

在高层建筑的一个独立结构单元内，结构平面形状宜简单、规则，质量、刚度和承载力分布宜均匀。不应采用严重不规则的平面布置。

第 3.5.1 条

高层建筑的竖向体型宜规则、均匀，避免有过大的外挑和收进。结构的侧向刚度宜下大上小，逐渐均匀变化。

2.《抗规》第3.4.1条、第3.4.2条规定：

第3.4.1条

建筑设计应根据抗震概念设计的要求明确建筑形体的规则性。不规则的建筑应按规定采取加强措施；特别不规则的建筑应进行专门研究和论证，采取特别的加强措施；严重不规则的建筑不应采用。

注：形体指建筑平面形状和立面、竖向剖面的变化。

第3.4.2条

建筑设计应重视其平面、立面和竖向剖面的规则性对抗震性能及经济合理性的影响，宜择优选用规则的形体，其抗侧力构件的平面布置宜规则对称、侧向刚度沿竖向宜均匀变化、竖向抗侧力构件的截面尺寸和材料强度宜自下而上逐渐减小、避免侧向刚度和承载力突变。

不规则建筑的抗震设计应符合本规范第3.4.4条的有关规定。

3.《混规》未述及。

(二) 对规范的理解

1. 建筑结构的规则性对结构的抗震设计至关重要。历次地震震害表明：不规则的结构在地震中容易遭受破坏。结构抗扭刚度过小会导致建筑物的扭转破坏（图1.4.1-1）；平面形状不规则也可能会使结构产生严重破坏（图1.4.1-2、图1.4.1-3）；结构侧向刚度突变可能引起结构的严重震害（图1.4.1-4～图1.4.1-5）；而下柔上刚、柔弱底层建筑物的严重破坏在国内外的大地震中更是普遍存在（图1.4.1-6～图1.4.1-8）。

图1.4.1-1　某高层建筑结构扭转破坏

图1.4.1-2　汶川地震都江堰某框架结构"L"形平面，一翼完全倒塌

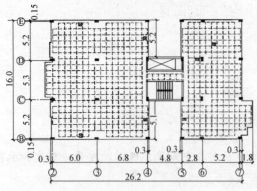

图1.4.1-3　加拉加斯地震
SANJOSE公寓平面

图1.4.1-4　阪神地震某结构SRC柱变为RC柱中间层破坏

图 1.4.1-5　汶川地震某 5 层框架结构　　　　图 1.4.1-6　阪神地震薄弱的底层倒塌
　　　　　　屋顶小塔楼倾倒

图 1.4.1-7　汶川地震北川一中五层　　　　　图 1.4.1-8　台湾集集地震某下
　　　　　　教学楼只剩三层　　　　　　　　　　　　　　柔上刚结构破坏

2. 建筑结构的规则性体现在建筑形体（平面和立面的形状）和结构布置上，规则结构一般指：建筑形体（平面和立面）简单、规则，结构平面布置均匀、对称并具有较好的抗扭刚度；结构竖向布置均匀，结构的刚度、承载力和质量分布均匀、无突变。"规则"包含了对建筑的平、立面外形尺寸，抗侧力构件布置、质量分布，直至承载力分布等诸多因素的综合要求。"规则"的具体界限，随着结构类型的不同而异，需要建筑师和结构工程师互相配合，才能设计出抗震性能良好的建筑。

3.《抗规》在第 3.4.2 条中主要对建筑师设计的建筑方案的规则性提出了强制性要求。对建筑方案的各种不规则性，分别给出处理对策，以提高建筑设计和结构设计的协调性。合理的建筑结构方案的确定并非结构一个专业的事，而是结构师和建筑师共同工作的结果，这就要求建筑师和结构师互相配合，搞好结构的平面和竖向布置，要求建筑师和结构师一样对建筑物的抗震设计负责。注意这是强制性条文，必须不折不扣地执行。

（三）设计建议

1.《抗规》在第 3.4.3 条规定了一些建筑形体和结构布置平面、竖向不规则定量的参考界限，见表 1.4.1-1、表 1.4.1-2。但实际上引起建筑不规则的因素还有很多，特别是复杂的建筑体型，很难一一用若干简化的定量指标来划分不规则程度并规定限制范围。但是，有经验的、有抗震知识素养的建筑设计人员，应该对所设计的建筑的抗震性能有所估计，要区分不规则、特别不规则和严重不规则等不规则程度，避免采用抗震性能差的严重不规则的设计方案。

平面不规则的主要类型

表 1.4.1-1

不规则类型	定义和参考指标
扭转不规则	在规定的水平力作用下，楼层的最大弹性水平位移（或层间位移），大于该楼层两端弹性水平位移（或层间位移）平均值的 1.2 倍
凹凸不规则	平面凹进的尺寸，大于相应投影方向总尺寸的 30%
楼板局部不连续	楼板的尺寸和平面刚度急剧变化，例如，有效楼板宽度小于该层楼板典型宽度的 50%，或开洞面积大于该层楼面面积的 30%，或较大的楼层错层

竖向不规则的主要类型

表 1.4.1-2

不规则类型	定义和参考指标
侧向刚度不规则	该层的侧向刚度小于相邻上一层的 70%，或小于其上相邻三个楼层侧向刚度平均值的 80%；除顶层或出屋面小建筑外，局部收进的水平向尺寸大于相邻下一层的 25%
竖向抗侧力构件不连续	竖向抗侧力构件（柱、抗震墙、抗震支撑）的内力由水平转换构件（梁、桁架等）向下传递
楼层承载力突变	抗侧力结构的层间受剪承载力小于相邻上一楼层的 80%

除了表 1.4.1-1 和表 1.4.1-2 所列的不规则，美国 UBC 的规定中，对平面不规则尚有抗侧力构件上下错位、与主轴斜交或不对称布置，对竖向不规则尚有相邻楼层质量比大于 150% 或竖向抗侧力构件在平面内收进的尺寸大于构件的长度（如棋盘式布置）等。

以上《抗规》关于结构平面和竖向不规则的界定，应注意以下两点：

(1) 仅适用于混凝土房屋、钢结构房屋和钢-混凝土混合结构房屋。对单层工业厂房、单层空旷房屋、大跨屋盖建筑和地下建筑的平面和竖向不规则性的划分，应符合《抗规》有关章节的规定。

(2) 表中所列的不规则类型是主要的而不是全部不规则，所列的指标是概念设计的参考性数值而不是严格的数值，使用时需要综合判断。

这里，"不规则"指的是超过《抗规》表 3.4.3-1 和表 3.4.3-2 中一项及以上的不规则指标；"特别不规则"指具有较明显的抗震薄弱部位，可能引起不良后果者：其参考界限可参见《超限高层建筑工程抗震设防专项审查技术要点》，通常有三类：其一，同时具有表 1.4.1-3 所列不规则类型的三个或三个以上；其二，具有表 1.4.1-4 所列的一项不规则：其三，具有表 1.4.1-3 所列二个方面的基本不规则且其中有一项接近表 1.4.1-4 的不规则指标；"严重不规则"，指的是形体复杂，多项不规则指标超过表 1.4.1-3 和表 1.4.1-4 中的上限值或某一项大大超过规定值，具有现有技术和经济条件不能克服的严重的抗震薄弱环节，可能导致地震破坏的严重后果者。

同时具有下列三项及三项以上不规则的高层建筑工程

（不论高度是否大于《高规》表 3.3.1-1）

表 1.4.1-3

序号	不规则类型	简要涵义	备　注
1a	扭转不规则	考虑偶然偏心的扭转位移比大于 1.2	参见 GB 50011—3.4.2
1b	偏心布置	偏心率大于 0.15 或相邻层质心相差大于相应边长 15%	参见 JCJ 99—3.2.2
2a	凹凸不规则	平面凹凸尺寸大于相应边长 30% 等	参见 GB 50011—3.4.2

序号	不规则类型	简要涵义	备注
2b	组合平面	细腰形或角部重叠形	参见 JCJ 3—4.3.3
3	楼板不连续	有效宽度小于50%，开洞面积大于30%，错层大于梁高	参见 GB 50011—3.4.2
4a	刚度突变	相邻层刚度变化大于70%或连续三层变化大于80%	参见 GB 50011—3.4.2
4b	尺寸突变	竖向构件位置缩进大于25%，或外挑大于10%和4m，多塔	参见 JCJ 3—4.4.5
5	构件间断	上下墙、柱、支撑不连续，含加强层、连体类	参见 GB 50011—3.4.2
6	承载力突变	相邻层受剪承载力变化大于80%	参见 GB 50011—3.4.2
7	其他不规则	如局部的穿层柱、斜柱、夹层、个别构件错层或转换	已计入1~6项者除外

注：深凹进平面在凹口设置连梁，其两侧的变形不同时仍视为平面轮廓不规则，不按楼板不连续的开洞对待，序号a、b不重复计算不规则项；

局部的不规则，视其位置、数量等对整个结构影响的大小判断是否计入不规则的一项。

具有下列某一项不规则的高层建筑工程（不论高度是否大于《高规》表3.3.1-1）

表 1.4.1-4

序号	不规则类型	简要涵义
1	扭转偏大	裙房以上的较多楼层，考虑偶然偏心的扭转位移比大于1.4
2	抗扭刚度弱	扭转周期比大于0.9，混合结构扭转周期比大于0.85
3	层刚度偏小	本层侧向刚度小于相邻上层的50%
4	高位转换	框支墙体的转换构件位置：7度超过5层，8度超过3层
5	厚板转换	7~9度设防的厚板转换结构
6	塔楼偏置	单塔或多塔与大底盘的质心偏心距大于底盘相应边长20%
7	复杂连接	各部分层数、刚度、布置不同的错层 连体两端塔楼高度、体形或者沿大底盘某个主轴方向的振动周期显著不同的结构
8	多重复杂	结构同时具有转换层、加强层、错层、连体和多塔等复杂类型的2种以上

注：仅前后错层或左右错层属于表1.4.1-3中的一项不规则，多数楼层同时前后、左右错层属于本表的复杂连接。

注意："不规则"的规定既适用于高层建筑，也适用于多层建筑；但"特别不规则"、"严重不规则"的规定仅述及高层建筑。笔者认为，其概念对多层建筑结构也是适用的。

2. 不规则的程度不同，设计对策也不同：不规则的建筑应按规范规定采取加强措施；特别不规则的建筑应进行专门研究和论证，采取特别的加强措施；对严重不规则的建筑结构方案，不应采用，而必须对建筑、结构方案进行调整。

3. 实际工程设计中，要使结构方案规则往往比较困难，有时会出现平面或竖向布置不规则的情况。《高规》在第3.4.3~3.4.7条和第3.5.2~3.5.6条分别对结构平面布置及竖向布置的不规则性提出了限制条件。若结构方案中仅有个别项目超过了条款中规定的"不宜"的限制条件，此结构属不规则结构，但仍可按《高规》有关规定进行计算和采取相应的构造措施；若结构方案中有多项超过了条款中规定的"不宜"的限制条件或某一项超过"不宜"的限制条件较多，此结构属特别不规则结构，应尽量避免；若结构方案中有多项超过了条款中规定的"不宜"的限制条件，而且超过较多，或者有一项超过了条款中规定的"不应"的限制条件，则此结构属严重不规则结构，这种结构方案不应采用。同样,《抗规》在第3.4.4条也提出了一些不规则结构应采取的计算和构造措施。总体来说,本节以下各款主要介绍两本规范对建筑形体和结构布置规则性规定的异同点和笔者的理解及设计建议。

4. 对非抗震设计的建筑结构,也应强调规则性,当然,对规则性要求的严格程度可以酌情比抗震设计时适当放宽。

二、建筑结构平面形状

(一) 相关规范的规定

1.《高规》第3.4.2条、第3.4.3条、第3.4.4条规定:

第3.4.2条

高层建筑宜选用风作用效应较小的平面形状。

第3.4.3条

抗震设计的混凝土高层建筑,其平面布置宜符合下列规定:

1 平面宜简单、规则、对称,减少偏心;

2 平面长度不宜过长(图3.4.3),L/B 宜符合表3.4.3的要求;

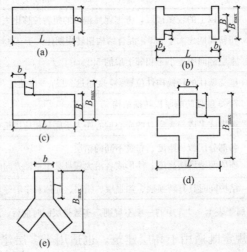

图3.4.3 建筑平面示意

表3.4.3 平面尺寸及突出部位尺寸的比值限值

设防烈度	L/B	l/B_{max}	l/b
6、7度	≤6.0	≤0.35	≤2.0
8、9度	≤5.0	≤0.30	≤1.5

3 平面突出部分的长度 l 不宜过大、宽度 b 不宜过小(图3.4.3),l/B_{max}、l/b 宜符合表3.4.3的要求;

4 建筑平面不宜采用角部重叠或细腰形平面布置。

第3.4.4条

抗震设计时,B级高度钢筋混凝土高层建筑、混合结构高层建筑及本规程第10章所指的复杂高层建筑结构,其平面布置应简单、规则,减少偏心。

2.《抗规》第 3.4.3 条表 3.4.3-1 第 2 款规定：

凹凸不规则：平面凹进的尺寸，大于相应投影方向总尺寸的 30%。

3.《混规》未述及。

（二）对规范的理解

1. 高层建筑承受较大的风力。在沿海地区，风力成为高层建筑的控制性荷载，采用风压较小的平面形状有利于抗风设计。

2. 抗震设计时，平面过于狭长的建筑物在地震时由于两端地震波输入有位相差而容易产生不规则振动及明显的扭转效应，产生较大的震害；

平面有较长的外伸时，外伸段容易产生局部振动而引发凹角处应力集中和破坏；

角部重叠和细腰形的平面图形，在中央部位形成狭窄部分，在地震中容易产生震害，尤其在凹角部位，因为应力集中容易使楼板开裂、破坏。

可以看出，规范对结构平面形状及相关尺寸的限制，并非因为这些平面几何图形"不规则"，而是因为如果结构采用了这样的几何图形，那么，在水平荷载（风荷载或地震作用）作用下，可能产生较大的扭转效应或应力集中，即结构受力"不规则"，这才是规范规定的目的所在。从这个意义上可以认为：一切可能导致结构产生较大扭转效应或应力集中的平面形状都是"不规则"的，都是结构设计中应予避免的平面。

需要说明的是，《高规》表 3.4.3 中，三项尺寸的比例关系是独立的规定，一般不具有关联性。

3. 因为《高规》对 B 级高度钢筋混凝土结构及混合结构的最大适用高度已有所放松，故与此相适应，《高规》对其结构的规则性要求应该更加严格；另外，《高规》第 10 章所指的复杂高层建筑结构，其竖向布置已不规则，故对这些结构的平面布置的规则性也应提出更严格的要求。

4.《抗规》在第 3.4.3 条、第 3.4.3 条条文说明中给出了建筑结构平面的凸角或凹角不规则图形示例，见图 1.4.2-1。

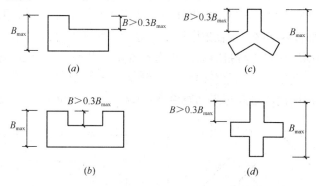

图 1.4.2-1　建筑结构平面的凸角或凹角不规则示例

可以看出：《抗规》的规定仅是限制凸角或凹角的尺寸，不论设防烈度高低，一律规定若大于 0.3 则为不规则；而《高规》是对平面形状规定，内容较全、较多。在平面凸凹不规则的规定上，《高规》根据设防烈度不同，其限制尺寸有所区别。

（三）设计建议

1. 一般建筑平面形状见图 1.4.2-2。

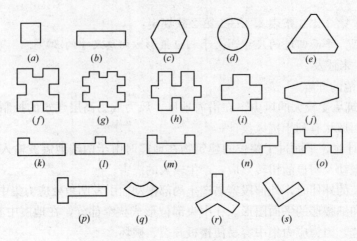

图 1.4.2-2　建筑平面形状

图 1.4.2-2 (a)、(b)、(c)、(d)、(e) 等具有两个或多个对称轴的是首选的平面形状。框架-核心筒结构、筒中筒结构更应选取具有两个或多个对称轴的矩形、正方形、正多边形、圆形、三角形等，当采用矩形平面时，长宽比不宜大于 2。

对抗风有利的平面形状是简单规则的凸平面，如圆形、正多边形、椭圆形、鼓形等平面。对抗风不利的平面是有较多凹凸的复杂形状平面，如 V 形、Y 形、H 形、弧形等平面。

图 1.4.2-2 (k)、(n)、(p) 等平面形状比较不规则、不对称，传力路线复杂，容易引起结构的较大扭转和一些部位的应力集中。L 形平面及其他不规则平面的建筑物因扭转而破坏的很多，1976 年 7 月 28 日唐山大地震中，天津人民印刷厂（6 层 L 形平面，框架结构）的角柱多处破坏就是一例。1985 年 9 月墨西哥城地震中，相当多的框架结构由于平面形状不规则、不对称而产生扭转破坏。

角部重叠和细腰形的平面图形，在中央部位形成狭窄部分，地震时容易产生震害，尤其在凹角部位，因为应力集中容易使楼板开裂、破坏，不宜采用。如采用，这些部位应采取加大楼板厚度、增加板内配筋、设置集中配筋的边梁、配置 45°斜向钢筋等方法予以加强。

上海市《超限高层建筑工程抗震设计指南》规定：结构平面为角部重叠的平面图形或细腰形的平面图形，其中，角部重叠面积小于较小一边的 25%（图 1.4.2-3a 中的阴影部分）细腰形平面中部两侧收进超过平面宽度 50%（图 1.4.2-3b），为特别不规则的高层建筑。可供参考。

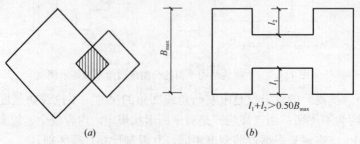

图 1.4.2-3　对抗震不利的建筑平面

(a) 结构平面角部重叠示意图；(b) 结构平面细腰形示意图

2. 除平面形状外，各部分尺寸也有一定的要求。抗震设计的高层建筑，不应采用复杂的平面形状。其 L、l 等限值宜满足图 1.4.2-1 和《高规》表 3.4.3 的要求。对表中 L/B 的最大限值，实际工程中，L/B 在抗震设防烈度为 6、7 度时最好不超过 4；抗震设防烈度为 8、9 度时最好不超过 3；外伸部分 l/b 的限值，实际工程设计中最好控制 l/b 不大于 1。

三、结构扭转效应

（一）相关规范的规定

1.《高规》第 3.4.5 条规定：

结构平面布置应减少扭转的影响。在考虑偶然偏心影响的规定水平地震力作用下，楼层竖向构件最大的水平位移和层间位移，A 级高度高层建筑不宜大于该楼层平均值的 1.2 倍，不应大于该楼层平均值的 1.5 倍；B 级高度高层建筑、超过 A 级高度的混合结构及本规程第 10 章所指的复杂高层建筑不宜大于该楼层平均值的 1.2 倍，不应大于该楼层平均值的 1.4 倍。结构扭转为主的第一自振周期 T_t 与平动为主的第一自振周期 T_1 之比，A 级高度高层建筑不应大于 0.9，B 级高度高层建筑、超过 A 级高度的混合结构及本规程第 10 章所指的复杂高层建筑不应大于 0.85。

注：当楼层的最大层间位移角不大于本规程第 3.7.3 条规定的限值的 40% 倍时，该楼层竖向构件的最大水平位移和层间位移与该楼层平均值的比值可适当放松，但不应大于 1.6。

2.《抗规》第 3.4.3 条表 3.4.3-1 第 1 款、第 3.4.4 条第 1 款第 1）小款规定：

第 3.4.3 条表 3.4.3-1 第 1 款

扭转不规则：在规定的水平力作用下，楼层的最大弹性水平位移或（层间位移），大于该楼层两端弹性水平位移（或层间位移）平均值的 1.2 倍。

第 3.4.4 条第 1 款第 1）小款

扭转不规则时，应计入扭转影响，且楼层竖向构件最大的弹性水平位移和层间位移分别不宜大于楼层两端弹性水平位移和层间位移平均值的 1.5 倍，当最大层间位移远小于规范限值时，可适当放宽；

3.《混规》未述及。

（二）对规范的理解

1. 结构扭转效应过大是结构平面不规则的主要表现。国内外历次大地震震害表明，平面不规则、质量与刚度偏心和抗扭刚度太弱的结构，在地震中遭受到严重的破坏。国内一些振动台模型试验结果也表明，过大的扭转效应会导致结构的严重破坏。

规范通过规定抗震设计时楼层的扭转位移比来控制结构的扭转效应。所谓楼层的扭转位移比是指楼层竖向构件最大的水平位移或层间位移对该楼层水平位移或层间位移平均值的比值（图 1.4.3-1）。对于结构扭转不规则，按刚性楼盖计算，当最大层间位移与其平均值的比值为 1.2 时，相当于一端为 1.0，另一端为 1.5；当比

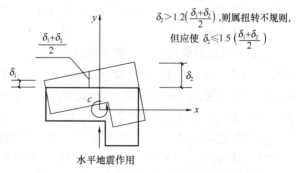

图 1.4.3-1　建筑结构平面的扭转不规则示例

值 1.5 时，相当于一端为 1.0，另一端为 3。扭转效应已经很明显了。参考美国 FEMA 的 NEHRP 规定，限值为 1.4。故《高规》规定此比值：对 A 级高度高层建筑不宜大于 1.2，不应大于 1.5；对 B 级高度高层建筑、超过 A 级高度的混合结构及《高规》第 10 章所指的复杂高层建筑不宜大于 1.2，不应大于 1.4。

2. 注意到位移比是楼层竖向构件最大的水平位移或层间位移对该楼层水平位移或层间位移平均值的比值，是一个相对值。当楼层竖向构件最大的水平位移或层间位移很小时，即使楼层的扭转位移比较大，其实际的扭转变形也不会很大，结构也不会因为位移比的数值较大而出现扭转破坏。比如说：一个结构抗侧力刚度很大的多层建筑，刚性楼板，其顶层竖向构件最大的水平位移为 4mm，该楼层水平位移的平均值为 2mm，则其位移比为 2.0，大大超过规范的限值，但对结构来说，这样的变形是不致使结构产生破坏的。所以，规范又规定：最大层间位移很小时，位移比限值可适当放宽。

3. 结构的扭转效应主要源自内因、外因两方面。故对结构的扭转效应主要从两个方面加以限制：

（1）限制结构平面形状、结构布置的不规则性，避免产生过大的偏心而导致结构产生较大的扭转效应。此可称之为外因，详见本节其他条款。

（2）限制结构的抗扭刚度不能太弱，此可称之为内因。关键是限制结构扭转为主的第一自振周期 T_t 与平动为主的第一自振周期 T_1 之比。当两者接近时，由于振动耦联的影响，结构的扭转效应明显增大。若周期比 T_t/T_1 小于 0.5，则相对扭转振动效应 $\theta r/u$ 一般较小（θ、r 分别为扭转角和结构的回转半径，θr 表示由于扭转产生的离质心距离为回转半径处的位移，u 为质心位移），即使结构的刚度偏心很大，偏心距 e 达到 0.7r，其相对扭转变形 $\theta r/u$ 值亦仅为 0.2。而当周期比 T_t/T_1 大于 0.85 以后，相对扭振效应 $\theta r/u$ 值急剧增加。即使刚度偏心很小，偏心距 e 仅为 0.1r，当周期比 T_t/T_1 等于 0.85 时，相对扭转变形 $\theta r/u$ 值可达 0.25；当周期比 T_t/T_1 接近 1 时，相对扭转变形 $\theta r/u$ 值可达 0.5。由此可见，抗震设计中应采取措施减小周期比 T_t/T_1 值，使结构具有必要的抗扭刚度。如周期比 T_t/T_1 不满足规定的上限时，应调整抗侧力结构的布置，增大结构的抗扭刚度。

4. 高层建筑结构当偏心率较小时，结构扭转位移比一般能满足规范规定的限值，但其周期比有的会超过限值，必须使位移比和周期比都满足限值，使结构具有必要的抗扭刚度，保证结构的扭转效应较小。当结构的偏心率较大时，如结构扭转位移比能满足规范规定的上限值，则周期比一般都能满足限值。

5. 《抗规》给出了结构扭转不规则的判别条件；对于位移比大于等于 1.5，《抗规》的规定是"不宜"，《高规》则是"不应"，即给出了结构扭转不规则的上限。

（三）设计建议

1. 关于扭转不规则计算，需注意以下几点

（1）由图 1.4.3-1 可知，结构扭转位移比的定义是基于楼板在水平力作用下为刚体转动。但实际工程中楼板总是要开洞的，一般认为：在水平力作用下，如果开有洞口的楼盖周边两端位移不超过平均位移的 2 倍，可称为刚性楼盖，而不是刚度无限大；如超过 2 倍则属于弹性楼盖。计算扭转位移比时，楼盖刚度可按实际情况确定而不限于强制假定楼板刚度无限大。

（2）扭转位移比计算时，楼层的位移不采用各振型位移的 CQC 组合计算，而采用"规定水平力"计算，由此得到的位移比与楼层扭转效应之间存在明确的相关性。可避免

有时 CQC 计算的最大位移出现在楼盖边缘的中部而不在角部，而且对刚性楼盖、分块刚性楼盖和弹性楼盖均可采用相同的计算方法处理。

规定水平力的换算原则：每一楼面处的水平作用力取该楼面上、下两个楼层的地震剪力差的绝对值；连体下一层的总水平作用力可按该层各塔楼的地震剪力大小进行分配，计算出各塔楼在该层的水平作用力。但验算结构楼层位移和层间位移控制值时，仍采用 CQC 的效应组合。

（3）考虑结构地震动力反应过程中可能由于地面扭转运动、结构实际的刚度和质量分布相对于计算假定值的偏差以及在弹塑性反应过程中各抗侧力结构刚度退化程度不同等原因引起的扭转反应增大；特别是目前对地面运动扭转分量的强震实测记录很少，地震作用计算中还不能考虑输入地面运动扭转分量。因此，无论是高层建筑还是多层建筑，都应考虑偶然偏心。偶然偏心大小的取值，一般情况下可采用该方向最大尺寸的 5%，当平面形状复杂、竖向抗侧力构件的布置变化较大时，宜根据具体情况进行调整。详见本书第二章第三节"二、关于偶然偏心的取值"。

2. 扭转不规则的判断

（1）当采用刚性楼盖假定计算时，计算位移比可作为判别结构扭转规则性的依据。

（2）当采用弹性楼盖假定计算时，楼层上某竖向构件的最大水平位移或层间位移对该楼层水平位移或层间位移平均值的比值不一定能真实反映该楼层的扭转效应。故应对计算出的位移比作具体分析，以判断结构的扭转规则性。

例如：图 1.4.3-2 中，结构平面外轮廓为 ABCDEFA，其中 ABGFA 楼板开大洞，按弹性楼盖假定计算位移比。计算结果显示：某层柱 A 的顶点水平位移在本层中最大为30mm（从 A 点到 A'点），而板块 BCDEFGB 水平位移很小，也较均匀，故楼层水平位移平均值仅为 20mm，则其计算位移比为 30/20=1.5。从计算结果看，似乎是结构扭转效应很大。但实际情况并非如此，整个结构不但扭转不大，水平侧移也不大，只是个别点（柱 A 等）水平位移过大。此时，不应判定本层扭转不规则，而是需对柱 A 等构件深入分析：承载能力是否满足要求，变形是否超限，甚至构件是否有较大的弹塑性变形、破坏，等等。并以此对结构竖向构件的布置进行必要的调整。

（3）扭转不规则的判断，还可依据楼层质量中心和刚度中心的距离用偏心率的大小作为参考方法。

3. 关于位移比限值的"适当放宽"

两本规范对"适当放宽"的具体规定有区别：《高规》规定：当楼层的最大层间位移角

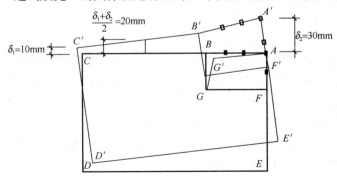

图 1.4.3-2　楼板开大洞时楼层位移比的确定

不大于本规程第3.7.3条规定的限值的0.4倍时，该楼层竖向构件的最大水平位移和层间位移与该楼层平均值的比值可适当放松，但不应大于1.6。而《抗规》规定：当最大层间位移远小于规范限值时，可适当放宽。《高规》是"最大层间位移角"很小，而《抗规》是"最大层间位移"很小；《高规》的规定很具体，量化；而《抗规》仅是原则规定，是概念。

位移比限值适当放宽的条件，笔者认为采用"最大层间位移角"比"最大层间位移"似乎更确切一些。因为层间位移角是层间位移对层高的比值，反映了层高的影响，通过在最大层间位移角条件下的位移比大小，可以了解竖向构件水平侧移及扭转变形的大小。同时可操作性强。

放宽的幅度，《高规》要求层间位移角不大于限值的0.4倍时扭转位移比才仅可放宽到1.6，笔者认为：这对高层建筑是合适的，但对多层建筑结构，由于层数少、结构高度低，水平侧移一般都不大，顶点位移也不大。在满足结构构件承载能力的情况下，位移比可酌情放宽至1.8，当层间位移角更小时，还可酌情再放宽。所以，《抗规》的原则规定是很合适的，对实际工程作具体分析，确定位移比的取值，避免结构出现较大的扭转效应。

顺便指出，《高规》所说的"超过A级高度的混合结构"，由于并未明确规定，考虑到超过A级高度的高层建筑已很高，笔者建议可按以下说法判定：混合结构高度超过《高规》第3.3.1条表3.3.1-1A级高度钢筋混凝土高层建筑的最大适用高度即为超过A级高度的混合结构。这是偏于安全的。

4. 周期比的计算

(1) 周期比计算时，可直接计算结构的固有自振特征，不必附加偶然偏心。

(2) 扭转耦联振动的主振型，可通过计算振型方向因子来判断。在两个平动和一个扭转方向因子中，当扭转方向因子大于0.5时，则该振型可认为是扭转为主的振型。高层结构沿两个正交方向各有一个平动为主的第一振型周期，规范规定的 T_1 是指刚度较弱方向的平动为主的第一振型周期，对刚度较强方向的平动为主的第一振型周期与扭转为主的第一振型周期 T_t 的比值，规范未规定限值，主要考虑对抗扭刚度的控制不致过于严格。有的工程如两个方向的第一振型周期与 T_t 的比值均能满足限值要求，其抗扭刚度更为理想。

5. 扭转效应的调整

计算结果出现位移比和（或）周期比超限，说明结构抗扭刚度相对于抗侧刚度较小，扭转效应相对于水平侧移较大。反映在结构的平面布置上，可能是由于下述原因：

(1) 结构的抗侧力构件布置不对称、不规则，导致结构楼层刚心与质心偏移较大；

(2) 平面布置虽然对称，但抗侧力构件过于靠近结构楼层的形心、质心，造成结构的抗扭刚度不足（虽然可能抗侧刚度大）；

(3) 抗侧力构件数量较少，结构的抗扭刚度和抗侧刚度均不足。

对扭转效应明显的结构所采取的调整措施，首先是限制结构平面形状。但一旦建筑方案确定、提资料给结构专业后，其平面形状是难以改变的。所以，重点在结构平面布置的调整。一般从下述两个方面着手：

(1) 尽可能减小结构楼层刚心与质心的偏心距；

(2) 周期比的本质是反映结构抗侧力刚度与结构抗扭刚度的相对比值。增大结构的抗扭刚度，调整结构抗侧力刚度和抗扭刚度的比值，使结构的周期比 T_t/T_1 满足规范规定的上限值。不能一看到位移和（或）周期比超限，就盲目增设或加长加厚剪力墙，而应当再继续分析其他计算结果。如结构的自振周期、剪重比、层间位移角等。当周期很短、楼层层间位移角很小时，说明结构抗侧力刚度大、水平侧移很小。此时，在保证结构的层间位移角满足规范要求的前提下，可对楼层中部抗侧力构件做减法，即：①取消、减短、减薄剪力墙，或在剪力墙上开结构洞；②减少剪力墙连梁的高度或在连梁上开洞；③在满足强度要求的前提下尽可能弱化框架梁、柱等构件。反过来，当周期较长、楼层层间位移角较大时，说明结构抗侧力刚度小、水平侧移大，甚至层间位移角超过规范限值，此时则应设法对楼层周边抗侧力构件做加法，即：①在周边增设、加长或加厚 L 形、T 形等截面形状的剪力墙；②适当加高剪力墙连梁的高度；③适当加大框架梁柱的截面尺寸。

（3）根据结构的具体情况，也可以加减法并用。注意应尽可能使抗侧力构件布置对称、规则均匀、周边化，因为抗侧力构件的周边化布置既可提高结构的抗扭刚度又可提高结构的抗侧力刚度。尽可能减少刚度中心和质量中心的偏心。

结构平面布置经调整后，如仍有个别指标略微超过国家标准的规定时，则可通过适当提高抗震等级和抗震措施等对结构或结构某些构件予以加强。

当位移比和（或）周期比超限很多，经过调整后仍不能满足规范要求，则应考虑通过设置防震缝将建筑物分为位移较小、规则的若干独立的结构单元。

必要时应按照住房和城乡建设部的有关规定，通过超限抗震专项审查来保证这类不规则结构的安全可靠。

四、楼板开洞和（或）有较大的凹入

（一）相关规范的规定

1.《高规》第 3.4.6 条规定：

当楼板平面比较狭长、有较大的凹入或开洞，应在设计中考虑其对结构产生的不利影响。有效楼板宽度不宜小于该层楼面宽度的 50%；楼板开洞总面积不宜超过楼面面积的 30%；在扣除凹入或开洞后，楼板在任一方向的最小净宽度不宜小于 5m，且开洞后每一边的楼板净宽度不应小于 2m。

2.《抗规》第 3.4.3 条表 3.4.3-1 第 3 款规定：

楼板局部不连续：楼板的尺寸和平面刚度急剧变化，例如，有效楼板宽度小于该层楼板典型宽度的 50%，或开洞面积大于该层楼面面积的 30%，或较大的楼层错层

3.《混规》未述及。

（二）对规范的理解

1. 由梁、板形成的楼盖，是对于建筑结构作用非常重要的水平结构。主要是：

（1）承受竖向荷载，并与竖向构件相连组成整体结构，将竖向荷载有效传递给梁、柱、墙，直至基础；

（2）楼盖相当于水平隔板，提供足够的面内刚度，可靠有效地传递水平荷载到各个竖向抗侧力子结构，使整个结构协同工作；

（3）连接各楼层水平构件和竖向构件，维系整个结构，保证结构具有很好的整体性，保证结构传力的可靠性。

2. 当楼板平面比较狭长，或由于建筑功能要求，楼板有较大凹入或开有较大面积洞口时，除会使楼板平面内的刚度减弱外，还造成被凹口或洞口划分开的各部分间连接变

弱，不能很好地传递水平力，使得各竖向抗侧力构件不能协同工作，结构整体性差。在地震中容易相对振动而使削弱部位产生震害。同时，凹角附近也容易产生应力集中，地震时常会在这些部位产生较严重的震害。

《抗规》还对楼层错层作了规定：同一楼层楼板有较大错层，如超过梁高的错层，在传递水平力上，就相当于楼板开洞。需按楼板开洞对待；当错层面积大于该层总面积30%时，则属于楼板局部不连续。

（三）设计建议

1. 对楼板有较大凹入或开有较大面积洞口的判别

（1）楼板有较大凹入或开有较大面积洞口举例：图 1.4.4-1 所示平面，L_2 不宜小于 $0.5L_1$，a_1 与 a_2 之和不宜小于 $0.5L_2$ 且不宜小于 5m，a_1 和 a_2 均不应小于 2m，开洞面积不宜大于楼面面积的 30%。图 1.4.4-2 所示分别为（a）较大凹入；（b）较大面积洞口；（c）较大的楼层错层。

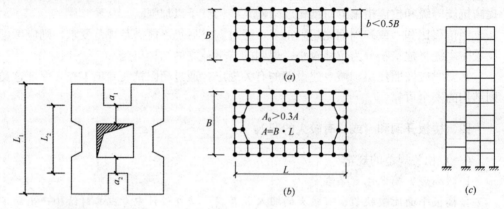

图 1.4.4-1　楼板净
宽度要求示意

图 1.4.4-2　建筑结构平面的局部
不连续示例（大开洞及错层）

（2）电梯间和设备管井由于井筒的存在，具有较强的空间约束作用，当仅为井筒内无板而外侧均有楼板时，一般可不计入楼板开洞面积。

（3）当建筑平面有凹口时，应视凹口尺寸区别对待。当凹口很深，即使在凹口处设置楼面连梁、而该连梁又不足以使两侧楼板协同变形（侧移）而满足刚性楼板假定时，应仍属凹凸不规则，而不能按楼板开洞处理。此时深凹口两侧墙体很容易产生出平面拉弯破坏。

如图 1.4.4-3 所示，A、B，A′、B′间仅用一根连梁拉结，若按楼板开洞，开洞面积小于楼层面积的 30%，不应属于楼板开大洞不规则；但仅用一根连梁拉结，不足以使两侧楼板协同变形，应按平面有凹口处理，此时则在扣除凹入后，有效楼板宽度小于该层楼面宽度的 50%，楼板在此方向的最小净宽度小于 5m，应为楼板有较大凹入不规则。

（4）当凹口宽度大于深度时，建筑变为 U 形平面，其抗震性能并不差，此时，不能判定为凹凸不规则。但要注意：不宜在转角处挑空、楼板开大洞或设置楼梯间，应加强转角处

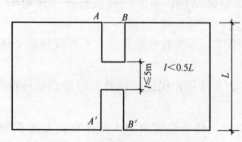

图 1.4.4-3　楼板有较大的凹入

的柱、梁、墙。图 1.4.4-4 所示为台湾嘉义县某小学 U 形平面两层建筑、外走廊加外廊柱、筏基，经历 1998 年瑞里地震（PGA＝0.67g）、1999 年集集地震（PGA＝0.63g）、1999 年嘉义地震（PGA＝0.60g），均保持完好。

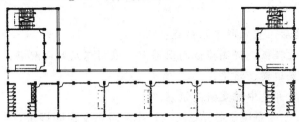

图 1.4.4-4　U 形平面的学校建筑抗震性能良好

（5）关于有效楼板宽度和楼板典型宽度（《高规》称"楼面宽度"）的判别，见图 1.4.4-5。楼板典型宽度一般按楼板外形的基本宽度计算，但悬挑阳台的楼板等不应计入；有效楼板宽度是指楼板凹入处楼板的净宽，当有楼梯间等大开洞时宜扣除；但在凹入处设置与主体竖向构件相连的拉板，宜计入。

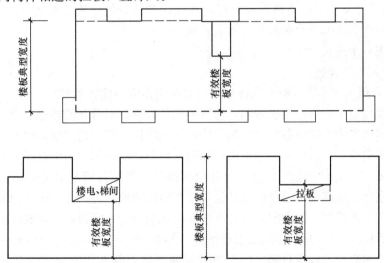

图 1.4.4-5　楼板典型宽度和有效楼板宽度

2. 楼板有较大凹入或开有较大面积洞口时的处理措施

（1）由于楼板可能产生显著面内变形，设计中考虑楼板削弱产生的不利影响。结构承载能力计算时，应根据楼板的实际情况，选择弹性楼板假定。

（2）为保证结构具有很好的整体性，使整个结构协同工作，尽可能加大楼板在其自身平面内的刚度，应采取相应的措施予以加强。此时的加强，主要是对楼板的刚度和整体性加强。以上措施的具体规定详见本节"五、楼板开洞和（或）有较大的凹入的处理措施"。

五、楼板开洞和（或）有较大的凹入的处理措施

（一）相关规范的规定

1. 《高规》第 3.4.7 条、第 3.4.8 条规定：

第3.4.7条

十字形、井字形等外伸长度较大的建筑，当中央部分楼板有较大削弱时，应加强楼板以及连接部位墙体的构造措施，必要时可在外伸段凹槽处设置连接梁或连接板。

第3.4.8条

楼板开大洞削弱后，宜采取下列措施：

1 加厚洞口附近楼板，提高楼板的配筋率，采用双层双向配筋；

2 洞口边缘设置边梁、暗梁；

3 在楼板洞口角部集中配置斜向钢筋。

2.《抗规》第3.4.4条第1款第2)、3)小款及条文说明规定：

建筑形体及其构件布置不规则时，应按下列要求进行地震作用计算和内力调整，并应对薄弱部位采取有效的抗震构造措施：

1 平面不规则而竖向规则的建筑，应采用空间结构计算模型，并应符合下列要求：

2) 凹凸不规则或楼板局部不连续时，应采用符合楼板平面内实际刚度变化的计算模型；高烈度或不规则程度较大时，宜计入楼板局部变形的影响；

3) 平面不对称且凹凸不规则或局部不连续，可根据实际情况分块计算扭转位移比，对扭转较大的部位应采用局部的内力增大系数。

3.《混规》未述及。

（二）对规范的理解

1. 楼板有较大凹入或开有较大面积洞口对结构造成的危害主要是：

（1）会使楼板平面内的刚度减弱，造成被凹口或洞口划分开的各部分间连接变弱，不能很好地传递水平力，使得各竖向抗侧力构件不能协同工作，结构整体性差。

（2）凹角附近也容易产生应力集中，地震时常会在这些部位产生较严重的震害。

2. 规范提出的处理措施，主要针对这两方面的问题。目的是尽可能加大楼盖在其自身平面内的刚度，提高结构的整体性，是对楼盖面内刚度的提高和整体性的加强而非强度加强；同时，考虑楼板有较大凹入或开有较大面积洞口的不利影响。根据楼板的实际情况进行结构分析计算。《抗规》提出的处理措施，侧重于结构计算，而《高规》提出的处理措施，侧重于构造。工程设计时，应两方面同时考虑：既不能认为已经采取构造加强措施，结构计算时就可按楼板刚性假定；也不能认为计算中已经考虑了楼盖的削弱，就不必采取构造加强措施了。

（三）设计建议

1. 由于楼板可能产生显著面内变形，设计中考虑楼板削弱产生的不利影响，结构承载能力计算时，应根据楼板的实际情况，选择弹性楼板假定或分块刚性楼板假定等。

2. 对楼盖的构造加强措施主要如下：

（1）楼板开大洞削弱后，可采取以下构造措施：

1）加厚洞口附近楼板，提高楼板的配筋率，采用双层双向配筋，每层、每向配筋率不宜小于0.25%；

2）洞口边缘设置边梁、暗梁；暗梁宽度可取板厚的2倍，纵向钢筋配筋率不宜小于1.0%；

3）在楼板洞口角部集中配置斜向钢筋。

（2）十字形、井字形平面等楼板有较大的凹入时的加强措施主要有（图 1.4.5-1、图 1.4.5-2）：

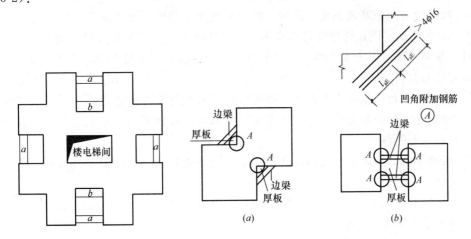

图 1.4.5-1　井字形平面建筑　　　图 1.4.5-2　连接部位楼板的加强

1）外伸部分形成的凹槽可增设拉梁或拉板，拉梁宜宽扁放置，且宜每层均匀设置。拉板厚取 250～300mm。按暗梁的配筋方式配筋。拉梁、拉板内纵向钢筋的配筋率不宜小于 1.0%。纵向受拉钢筋不得搭接，并锚入支座内不小于 l_{aE}；

2）设置阳台板或不上人的外挑板，板厚不宜小于 180mm，双层双向配筋，每层、每向配筋率不宜少于 0.25%，并按受拉钢筋锚固在支座内；

3）位于凹角部位的楼板宜增配斜向加强钢筋（如 4φ16 的 45°斜向筋），自凹角顶点延伸入楼板内的长度不小于 l_{aE}。

（3）必要时可设置钢筋混凝土或钢结构水平支撑。

（4）当中央部分楼、电梯间楼板有较大削弱时，应将楼、电梯间周边楼板加厚并加强配筋，加强连接部位墙体的构造措施。

六、防震缝的设置

（一）相关规范的规定

1.《高规》第 3.4.9 条、第 3.4.10 条规定：

第 3.4.9 条

抗震设计时，高层建筑宜调整平面形状和结构布置，避免设置防震缝。体型复杂、平立面不规则的建筑，应根据不规则程度、地基基础条件和技术经济等因素的比较分析，确定是否设置防震缝。

第 3.4.10 条

设置防震缝时，应符合下列规定：

1　防震缝宽度应符合下列规定：

1）框架结构房屋，高度不超过 15m 时不应小于 100mm；超过 15m 时，6 度、7 度、8 度和 9 度分别每增加高度 5m、4m、3m 和 2m，宜加宽 20mm；

2）框架-剪力墙结构房屋不应小于本款 1）项规定数值的 70%，剪力墙结构房屋不应小于本款 1) 项规定数值的 50%，且二者均不宜小于 100mm；

2 防震缝两侧结构体系不同时，防震缝宽度应按不利的结构类型确定；

3 防震缝两侧的房屋高度不同时，防震缝宽度可按较低的房屋高度确定；

4 8、9 度抗震设计的框架结构房屋，防震缝两侧结构层高相差较大时，防震缝两侧框架柱的箍筋应沿房屋全高加密，并可根据需要沿房屋全高在缝两侧各设置不少于两道垂直于防震缝的抗撞墙；

5 当相邻结构的基础存在较大沉降差时，宜增大防震缝的宽度；

6 防震缝宜沿房屋全高设置；地下室、基础可不设防震缝，但在与上部防震缝对应处应加强构造和连接；

7 结构单元之间或主楼与裙房之间不宜采用牛腿托梁的做法设置防震缝；否则应采取可靠措施。

2.《抗规》第 3.4.5 条第 1、2 款、第 6.1.4 条规定：

第 3.4.5 条第 1、2 款

体型复杂、平立面不规则的建筑，应根据不规则程度、地基基础条件和技术经济等因素的比较分析，确定是否设置防震缝，并分别符合下列要求：

1 当不设置防震缝时，应采用符合实际的计算模型，分析判明其应力集中、变形集中或地震扭转效应等导致的易损部位，采取相应的加强措施。

2 当在适当部位设置防震缝时，宜形成多个较规则的抗侧力结构单元。防震缝应根据抗震设防烈度、结构材料种类、结构类型、结构单元的高度和高差以及可能的地震扭转效应的情况，留有足够的宽度，其两侧的上部结构应完全分开。

第 6.1.4 条与《高规》第 3.4.10 条基本一致，《抗规》第 6.1.4 条还具体规定了抗撞墙的布置、结构计算等：

……。抗撞墙的布置宜避免加大扭转效应，其长度可不大于 1/2 层高，抗震等级可同框架结构；框架构件的内力应按设置和不设置抗撞墙两种计算模型的不利情况取值。

3.《混规》未述及。

（二）对规范的理解

对不规则的建筑结构设置防震缝，主要目的是避免建结构筑在地震作用下产生过大的扭转、应力集中、局部严重破坏等。设置防震缝可使分缝后的各结构单元相对简单、规则，抗震分析模型较为简单，容易估算地震作用和采取抗震措施，但需考虑扭转地震效应，并按规范规定确定缝宽，使防震缝两侧在预期的地震下（如中震）不发生碰撞或减轻碰撞引起的局部损坏；而不设置防震缝，结构受力复杂，连接处应力集中严重，计算分析模型复杂，并且需要仔细估计地震扭转效应等可能导致的不利影响。因此，设置防震缝有其有利的一面。

但是，在地震作用时，由于结构开裂、局部损坏和进入弹塑性变形，其水平位移比弹性状态下增大很多。而分缝后的各结构单元又不可能距离很远。因此，防震缝的两侧结构很容易发生碰撞。1976 年唐山地震中，调查了 35 幢高层建筑的震害，除新北京饭店东楼（18 层框架-剪力墙结构，缝净宽 600mm）外，许多高层建筑都是有缝必碰，轻者外装修、女儿墙、檐口碰碎，面砖剥落，重者顶层结构损坏。天津友谊宾馆（8 层框架）缝净宽达 150mm 也发生严重碰撞而致顶层结构破坏；1985 年墨西哥城地震中，由于碰撞引起顶层结构破坏的震害相当多；2008年汶川地震中也有很多类似震害实例。图1.4.6-1为北川公安局办公楼两侧商住楼碰撞倒塌情况，由于办公楼站立支撑着右侧倾斜的建筑，使右侧成排建筑不到，而左侧建筑由于失去支撑而发生连续倒塌；图1.4.6-2为汶川地震某两相邻建筑由于防震缝宽过小，地震时发生碰撞破坏；图1.4.6-3为L形平面的东方汽轮机厂框架结构办公楼，在拐角处不设防震缝，地震时没有发生碰撞破坏。这是设置防震缝有害的一面。

图1.4.6-1　由于碰撞导致建筑连续倒塌的震害

图1.4.6-2　相邻建筑防震
缝宽过小发生碰撞破坏

图1.4.6-3　L形平面建筑不
设缝的震害较轻

因此，规范提出：体型复杂、平立面不规则的建筑，应根据不规则程度、地基基础条件和技术经济等因素的比较分析，确定是否设置防震缝。

规范还具体规定了设置防震缝时的缝宽及构造做法等。

（三）设计建议

1. 震害和多年结构设计和施工经验总结表明：建筑结构宜通过调整平面形状、尺寸和结构布置，采取构造措施和施工措施，避免设置防震缝。对体型复杂、平立面不规则的建筑，应根据不规则程度、地基基础条件和技术经济等因素的比较分析，确定是否设置防震缝。总之，能不设缝就不设缝，能少设缝就少设缝；如果结构布置不规则且无法调整、无法采取有效措施而必须设缝时，则应保证有足够的缝宽以防止震害。

2. 抗震设计的建筑结构在下列情况下宜综合考虑各种因素，认真比较分析，确定是否设置防震缝：

（1）平面长度和外伸长度尺寸超出了规范的限值而又没有采取加强措施时；

（2）各部分刚度相差悬殊，采取不同材料和不同结构体系时；

（3）各部分质量相差很大时；

（4）各部分有较大错层，不能采取合理的加强措施时。

3. 当不设置防震缝时，应采用符合实际的计算模型，分析判明其应力集中、变形集中或地震扭转效应等导致的易损部位，采取相应的加强措施。

4. 当在适当部位设置防震缝时，宜形成多个较规则的抗侧力结构单元。防震缝应根据抗震设防烈度、结构材料种类、结构类型、结构单元的高度和高差以及可能的地震扭转效应的情况，留有足够的宽度，其两侧的上部结构应完全分开。

5. 防震缝宽度应符合下列要求：

（1）框架结构房屋的防震缝宽度，当高度不超过 15m 时不应小于 100mm；高度超过 15m 时，6 度、7 度、8 度和 9 度分别每增加高度 5m、4m、3m 和 2m，宜加宽 20mm。

（2）框架-剪力墙结构房屋的防震缝宽度不应小于（1）款规定数值的 70%，剪力墙结构房屋的防震缝宽度不应小于（1）款规定数值的 50%；且均不宜小于 100mm。

（3）防震缝两侧结构类型不同时，宜按需要较宽防震缝的结构类型和较低房屋高度确定缝宽。

（4）当相邻结构的基础存在较大沉降差时，宜增大防震缝的宽度。

（5）本条规定是防震缝宽度的最小值，如果可能，建议设计时按预期地震下（如中震）考虑扭转效应且不碰撞复核后确定缝宽。

6. 抗震设防类别为甲类、乙类的建筑结构，应按本地区抗震设防烈度提高一度按上述规定确定其防震缝宽度。防震缝两侧为不同材料的建筑结构时，应按需要较宽防震缝的结构确定缝宽。

7. 当 8、9 度框架结构房屋防震缝两侧结构高度、刚度或层高相差较大时，防震缝两侧框架边柱的箍筋应沿房屋全高加密。并可根据需要在缝的两侧沿房屋全高设置不少于两道垂直于防震缝的抗撞墙（图 1.4.6-4），抗撞墙的布置宜避免加大扭转效应，墙肢长度可不大于 1/2 层高，抗震等级可同框架结构；框架结构的内力应按设置和不设置抗撞墙两种计算模型的不利情况取值。

当结构单元较长时，端部抗撞墙可能会引起较大的温度内力，另一端可能有较大的扭转效应，故是否设置、如何设置抗撞墙应综合分析后确定。

8. 建筑物的防震缝应尽量沿结构平面直线通过而不宜采用折线防震缝（图 1.4.5-5）；在竖向，应沿房屋全高设置，基础及地下室不必设置防震缝。但在基础顶面防震缝处应加强连接和构造措施。

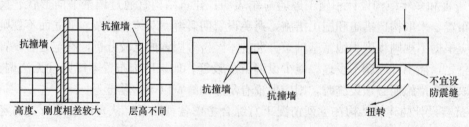

图 1.4.6-4　框架结构采用抗撞墙示意图　　　图 1.4.6-5　不宜采用折线防震缝

9. 在有抗震设防要求的情况下，建筑物各部分之间的关系应明确：如分开，则彻底分开；如相连，则连接牢固。不宜采用似分不分、似连不连的结构方案。结构单元之间或主楼与裙房之间不要采用主楼框架柱设牛腿，低层屋面或楼面梁搁在牛腿上的做法，也不要在防震缝处用牛腿托梁的办法，因为地震时各单元之间，尤其是高低层之间的振动情况是不相同的，连接处容易压碎、拉断。唐山地震中，天津友谊宾馆主楼（8层框架）与单层餐厅采用了餐厅层屋面梁支承在主框架牛腿上加以钢筋焊接，在唐山地震中由于振动不同步，牛腿拉断、压碎，产生严重震害，这种连接方式对抗震是不利的，不可取的。

考虑到目前结构形式和体系较为复杂，如连体结构中连接体与主体建筑之间可能采用铰接等情况，如采用牛腿托梁的做法，则应采取类似桥墩支承桥面结构的做法，在较长、较宽的牛腿上设置滚轴或铰支承，并应能适应地震作用下相对位移的要求，而不得采用焊接等固定连接方式。

七、伸缩缝的设置

（一）相关规范的规定

1.《高规》第3.4.12条、第3.4.13条、第3.4.11条规定：

第3.4.12条

高层建筑结构伸缩缝的最大间距宜符合表3.4.12的规定。

表3.4.12 伸缩缝的最大间距

结构体系	施工方法	最大间距（m）
框架结构	现浇	55
剪力墙结构	现浇	45

注：1 框架-剪力墙的伸缩缝间距可根据结构的具体布置情况取表中框架结构与剪力墙结构之间的数值；

2 当屋面无保温或隔热措施、混凝土的收缩较大或室内结构因施工外露时间较长时，伸缩缝间距应适当减小；

3 位于气候干燥地区、夏季炎热且暴雨频繁地区的结构，伸缩缝的间距宜适当减小。

第3.4.13条

当采用有效的构造措施和施工措施减小温度和混凝土收缩对结构的影响时，可适当放宽伸缩缝的间距。这些措施可包括但不限于下列方面：

1 顶层、底层、山墙和纵墙端开间等受温度变化影响较大的部位提高配筋率；

2 顶层加强保温隔热措施，外墙设置外保温层；

3 每30m～40m间距留出施工后浇带，带宽800mm～1000mm，钢筋采用搭接接头，后浇带混凝土宜在45d后浇灌；

4 采用收缩小的水泥、减少水泥用量、在混凝土中加入适宜的外加剂；

5 提高每层楼板的构造配筋率或采用部分预应力结构。

第3.4.11条

抗震设计时，伸缩缝、沉降缝的宽度均应符合本规程第3.4.10条关于防震缝宽度的要求。

2.《抗规》第3.4.5条第3款规定：

当设置伸缩缝和沉降缝时，其宽度应符合防震缝的要求。

3.《混规》第8.1.1条、第8.1.2条、第8.1.3条规定：

第8.1.1条

钢筋混凝土结构伸缩缝的最大间距可按表8.1.1确定。

表 8.1.1 钢筋混凝土结构伸缩缝最大间距 (m)

结构类别		室内或土中	露 天
排架结构	装配式	100	70
框架结构	装配式	75	50
	现浇式	55	35
剪力墙结构	装配式	65	40
	现浇式	45	30
挡土墙、地下室墙	装配式	40	30
壁等类结构	现浇式	30	20

注： 1 装配整体式结构的伸缩缝间距，可根据结构的具体情况取表中装配式结构与现浇式结构之间的数值；

 2 框架-剪力墙结构或框架-核心筒结构房屋的伸缩缝间距，可根据结构的具体情况取表中框架结构与剪力墙结构之间的数值；

 3 当屋面无保温或隔热措施时，框架结构、剪力墙结构的伸缩缝间距宜按表中露天栏的数值取用；

 4 现浇挑檐、雨罩等外露结构的局部伸缩缝间距不宜大于12m。

第 8.1.2 条

对下列情况，本规范表 8.1.1 中的伸缩缝最大间距宜适当减小：

1 柱高（从基础顶面算起）低于 8m 的排架结构；

2 屋面无保温、隔热措施的排架结构；

3 位于气候干燥地区、夏季炎热且暴雨频繁地区的结构或经常处于高温作用下的结构；

4 采用滑模类工艺施工的各类墙体结构；

5 混凝土材料收缩较大，施工期外露时间较长的结构。

第 8.1.3 条

如有充分依据，对下列情况本规范表 8.1.1 中的伸缩缝最大间距可适当增大：

1 采取减小混凝土收缩或温度变化的措施。

2 采用专门的预加应力或增配构造钢筋的措施；

3 采用低收缩混凝土材料，采取跳仓浇筑、后浇带、控制缝等施工方法，并加强施工养护；

当伸缩缝间距增大较多时，尚应考虑温度变化和混凝土收缩对结构的影响。

(二) 对规范的理解

1. 混凝土非荷载作用的伸缩裂缝有两种：混凝土由于水灰比过大，水泥用量过多，或养护不当，或浇灌大体积混凝土时产生大量的水化热，致使混凝土硬化后会产生收缩裂缝，这是混凝土的早期伸缩裂缝。当混凝土硬化后，结构在使用阶段由于外界温度变化，致混凝土结构膨胀或收缩，而当收缩变形受到结构约束时，就会在混凝土构件中产生裂缝，这是混凝土在使用阶段的伸缩裂缝。

混凝土材料的干缩是混凝土结构开裂的根本原因之一。

温度变化是混凝土结构开裂的又一根本原因。

结构的变形及所引起的内应力的大小还与结构的形式、施工方法、采用的材料、施工环境和体型尺寸有很大关系。

结构与大气接触情况不同，温差变化所引起的影响程度也不同。

由于影响结构温度、收缩裂缝的因素很多，许多因素的不确定性太大，很难进行定量分析。规范在大量调查研究的基础上，综合考虑设计经验、工程实践和经济性等因素，用限制建筑物的长度，即规定结构伸缩缝的最大间距，将结构分割成为较小的单元，避免引其较大的约束应力，从而达到减小、控制裂缝的目的。

规范规定的钢筋混凝土结构伸缩缝最大间距，主要考虑的是由于温差（早期水化热或使用期季节温差）和体积变化（施工期或使用早期的混凝土收缩）等间接作用效应积累的影响。

2. 对于某些间接作用效应较大的不利情况，伸缩缝的间距宜适当减小。如屋面无保温、隔热措施，或室内结构在露天中长期放置，在温度变化和混凝土收缩的共同影响下，结构容易开裂；工程中采用收缩性较大的混凝土（如矿渣水泥混凝土等），则收缩应力较大，结构也容易产生开裂。这些情况下伸缩缝的间距均应比表中规定的数值适当减小。

3. 近年来的许多工程实践表明，采取有效的综合措施，并进行合理的施工，伸缩缝间距可以适当增大。例如：北京昆仑饭店（30 层剪力墙结构）度达 114m；北京京伦饭店（12 层剪力墙结构）达 138m 等。中元国际工程设计研究院设计的北京联想大厦、北京远洋大厦、浙江义乌医院、北京朝阳商业中心、广东佛山医院等工程地上结构长度均已超过100m，北京新东安市场地下结构长度 270m，北京中海紫金苑地下结构长度 306m，由于采取了可靠措施，也都未设水平伸缩缝而效果较好。因此，规范规定：如有充分依据和可靠措施，规范规定的伸缩缝最大间距可适当增大。这里的"有充分依据"，不能简单地理解为"已经有了未发现问题的工程实例"。由于环境条件不同，不能盲目照搬。应对具体工程中各种有利和不利的影响方式和程度，作出有科学依据的分析和判断，并由此确定伸缩缝间距的增减。

（三）设计建议

因为高层建筑，特别是抗震设计的高层建筑，不允许采用装配式结构，故《高规》对装配式结构未作规定，同时对挡土墙、地下室墙壁等类结构也未作规定；《抗规》则未述及伸缩缝间距问题。而《混规》的规定较为全面、具体。

1. 一般情况下，未采取专门措施，建筑结构的伸缩缝最大间距不宜超过《混规》表8.1.1 的规定。注意：表中的装配整体式结构，包括由叠合构件加后浇层形成的结构。

当建筑结构必须设置伸缩缝时，缝应尽量沿结构平面直线通过而不宜采用折线伸缩缝；在竖向，应沿房屋全高设置，基础及地下室若也必须设缝，则应和地上部分的缝对齐。若不设缝，则应在基础顶面伸缩缝处加强连接和构造措施。

抗震设计时，伸缩缝应留有足够的宽度，满足防震缝的要求。非抗震设计时，沉降缝的净缝宽度也应有一个最小宽度的要求，原则上应大于缝两侧结构在风荷载作用下的最大水平侧移之和。当相邻结构的基础存在较大倾斜或沉降差时，宜适当加大缝的宽度，防止因基础倾斜而顶部相碰的可能性。

2. 下列情况，《混规》表 8.1.1 中的伸缩缝最大间距宜适当减小：

（1）位于气候干燥地区、夏季炎热且暴雨频繁地区的结构或经常处于高温作用下的结构；

（2）采用滑模类工艺施工的各类墙体结构；

（3）采用混凝土强度等级较高、水泥用量较多、使用各种掺合料或外加剂以改进混凝土性能而导致收缩量增大的结构；

（4）混凝土材料收缩较大（如泵送混凝土及免振捣混凝土施工的情况），施工期外露时间较长的结构（指跨季节施工，尤其是北方地区跨越冬季施工时，室内结构如果未加封闭和保暖，则低温、干燥、多风都可能引起收缩裂缝）。

3. 当采用下列构造措施和施工措施减少温度和混凝土收缩对结构的影响时，可适当放宽伸缩缝的间距：

（1）混凝土浇筑采用跳仓浇筑、后浇带、控制缝或分段施工等方法；

（2）顶层、底层、山墙和纵墙端开间、楼板等温度变化影响较大的部位提高配筋率；

（3）直接受阳光照射的屋面应加厚屋面隔热保温层，或设置架空通风双层屋面，避免层面结构温度变化过于激烈；

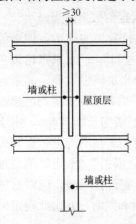

图 1.4.7-1　屋顶层音叉式
伸缩缝示意图

（4）顶层可以局部改变为刚度较小的形式，如剪力墙结构顶层局部改为框架-剪力墙结构；或将结构顶层分为长度较小的几段，如将屋面板标高稍作变化，在结构顶部采用音叉式变形缝等（图 1.4.7-1）。

（5）采用低收缩混凝土材料，在混凝土中掺加适量的微膨胀剂、减水剂，采用收缩小的水泥，减少水泥用量和水灰比，注意石子粒径级配的合理，加强混凝土振捣密实，加强养护等；

（6）采用专门的预加应力措施用于抵消温度、收缩应力；

（7）在适当的位置设置引导缝。这是一种弱化截面的构造措施，通过在一定位置设置引导缝，引导混凝土裂缝在规定的位置产生，并预先做好防渗、止水等措施，或采用建筑手法（线脚、饰条等）加以掩饰。

上述各项构造措施，第（1）、（5）对解决混凝土早期干缩裂缝效果较好，而其余各项对减小混凝土的温度收缩裂缝颇有作用。

4. 需要指出的是：上述各项内容，都是规范规定，都应当"一视同仁"，根据实际工程具体情况执行相关条文。而不能认为只要结构平面尺寸超过规范规定的最大间距，就一定要设伸缩缝。也不能认为只要采取了上述措施，就可任意加大伸缩缝间距，甚至不设缝。而应根据概念和计算慎重考虑各种不利因素对结构内力和裂缝的影响，确定合理的伸缩缝间距。更不能将设置后浇带视为万能，认为只要设置了后浇带就可以不设缝。事实上，后浇带对解决混凝土早期的干缩裂缝作用很大，但对混凝土凝结硬化成为人工石后的温度裂缝作用很小。就是说，仅靠后浇带是不能完全解决问题的，而应该多项措施一起上，综合治理，解决混凝土的收缩裂缝问题。

5. 伸缩后浇带的做法

（1）后浇带应通过建筑物的整个横截面，分开全部墙、梁和楼板，使得两边都可自由收缩。

（2）后浇带可以选择在结构受力影响较小、结构截面简单、施工方便的位置通过。不要求必须在同一截面上，可曲折而行，只要将建筑物分开为两段即可。宜设置在框架梁和楼板的 1/3 跨处；设置在剪力墙洞口上方连梁的跨中或内外墙连接处（图 1.4.7-2），一般每隔 30～40m 设一道。

（3）后浇带宽 800～1000mm 左右，一般钢筋贯通不切断，后浇

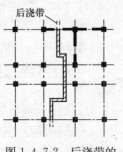

图 1.4.7-2　后浇带的
平面位置

带的保留时间不宜少于两个月，后浇混凝土施工时的温度应尽量与主体混凝土施工时的温度相近或稍低，不应高于主体混凝土施工时的温度；浇筑前将两侧的混凝土凿毛，再浇灌比设计的强度等级高一级的混凝土，振捣密实并加强养护（图 1.4.7-3）。

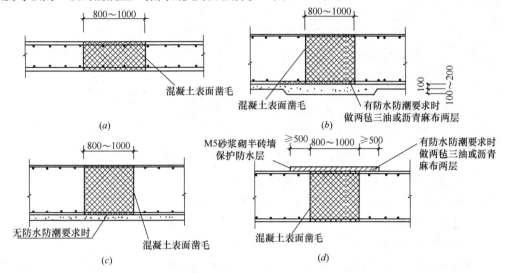

图 1.4.7-3 后浇带构造
（*a*）上部结构楼板及剪力墙；（*b*）地下室底板（有防水防潮要求时）；
（*c*）地下室底板（无防水防潮要求时）；（*d*）侧壁

有条件时，后浇带宜采用掺加微膨胀剂等达到早强、补偿收缩的混凝土进行浇筑。一般也可采用高强混凝土灌筑。

也有在后浇带处将钢筋完全断开，并通过钢筋的搭接实现应力传递，这种后浇带消除约束应力积累的效果更好。对超长结构宜将后浇带处钢筋断开。由于是在同一区段内 100% 搭接，应注意其搭接长度 $1.6l_a$（l_{aE}）与后浇带宽度的关系。后浇带处必须先清洗干净，湿润后再浇灌混凝土。后浇混凝土强度等级应提高一级，并应采用掺加微膨胀剂的补偿收缩混凝土进行浇筑。

（4）由于后浇带混凝土后浇，钢筋搭接，其两侧结构长期处于悬臂状态，所以模板的支撑在本跨不能全部拆除。当框架主梁跨度较大时，梁的钢筋可以直通而不切断，以免搭接长度过长而产生施工困难，也防止悬臂状态下产生不利的内力和变形。

（5）应采取可靠措施加强主楼及裙房的侧向约束，保证施工期间结构的整体稳定性。

八、建筑结构的竖向体型

（一）相关规范的规定

1.《高规》第 3.5.1 条、第 3.5.5 条规定：

第 3.5.1 条

高层建筑的竖向体型宜规则、均匀，避免有过大的外挑和收进。结构的侧向刚度宜下大上小，逐渐均匀变化。

第 3.5.5 条

抗震设计时，当结构上部楼层收进部位到室外地面的高度 H_1 与房屋高度 H 之比大于

0.2时，上部楼层收进后的水平尺寸 B_1 不宜小于下部楼层水平尺寸 B 的 75%（图 3.5.5a、b）；当上部结构楼层相对于下部楼层外挑时，上部楼层水平尺寸 B_1 不宜大于下部楼层的水平尺寸 B 的 1.1 倍，且水平外挑尺寸 a 不宜大于 4m（图 3.5.5c、d）。

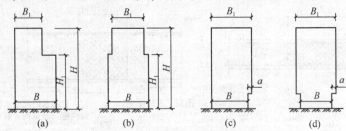

图 3.5.5　结构竖向收进和外挑示意

2. 《抗规》第3.4.3条表3.4.3-2第1款规定：

……除顶层或出屋面小建筑外，局部收进的水平向尺寸大于相邻下一层的 25%。

3. 《混规》未述及。

（二）对规范的理解

1. 建筑物的竖向体型有过大的外挑和收进，在水平荷载（特别是水平地震）作用下，有可能使得某些楼层的变形过分集中，导致楼层侧向刚度突变形成软弱层；同时还有可能导致楼层受剪承载能力突变形成薄弱层；此外，还会造成竖向抗侧力构件不连续，出现严重震害甚至倒塌。顶部收进过多，还可能导致明显的鞭梢效应。

1995 年日本阪神地震、2010 年智利地震震害以及中国建筑科学研究院的试验研究表明：当结构上部楼层相对于下部楼层收进时，收进的部位越高、收进后的平面尺寸越小，结构的高振型反应越明显，不利影响加剧；当上部结构楼层相对于下部楼层外挑时，结构的扭转效应和竖向地震作用效应明显，对抗震不利。因此，规范对其外挑及收进后的平面尺寸加以限制，设计上应考虑竖向地震作用影响。因此对尺寸加以限制。

上述规定中所说的"外挑"，并非是指简单的水平构件外挑，而是指悬挑结构中有竖向结构构件（如框架柱、剪力墙等）的情况。

2. 两本规范在具体规定上有区别：《抗规》对"局部收进的水平向尺寸"过大界定为结构竖向不规则，并在《抗规》第3.4.3条条文说明中补充指出：除了表3.4.3所列的不规则，UBC 的规定中，对竖向不规则尚有……竖向抗侧力构件在平面内收进的尺寸大于构件的长度（如棋盘式布置）等。而《高规》则规定结构设计时宜"避免有过大的外挑和收进"。并对有关部位的细部尺寸，作出了具体的规定。

3. 可以看出，规范对结构竖向体型及相关尺寸的限制，并非简单因为这些竖向体型"不规则"，而是应为如果结构采用了这样的竖向体型，那么，结构楼层侧向刚度比就有可能超过规范规定；在水平荷载（风荷载或地震作用）作用下，抗侧力结构的相邻楼层层间受剪承载力之比就有可能超过规范规定；就有可能产生竖向抗侧力构件的不连续。即结构受力"不规则"，这才是规范规定的目的所在。从这个意义上可以认为：一切可能导致结构楼层侧向刚度比、相邻楼层层间受剪承载力比超过规范规定，竖向抗侧力构件的不连续的竖向体型都是"不规则"的，都是结构设计中应予避免的竖向体型。

4. 笔者认为：建筑物的竖向体型有外挑和收进，有可能导致竖向不规则，但不一定就是竖向不规则。规范强调的是：

（1）建筑物的竖向体型有外挑和收进是否导致结构明显的、实质性的竖向不规则；

（2）设计应通过合理、有效的结构布置和相关构造措施，避免楼层侧向刚度突变、楼层受剪承载能力突变等，避免竖向不规则。

（三）设计建议

1. 高层建筑结构的竖向体型宜规则、均匀，避免有过大的外挑和内收。结构的侧向刚度宜下大上小，逐层均匀变化，不应采用不规则的竖向体型。应以结构在水平荷载（地震作用及风荷载）作用下产生最小的内力和变形为最佳。

2. 对由风荷载控制的高层建筑，由于作用于结构的风荷载标准值是随离地面的高度加高而增大，故宜采用上小下大的梯形或三角形立面（图 1.4.8-1a、b）。其优点是：①缩小了较大风荷载值的受风面积，使楼房下部的风荷载倾覆力矩较大幅度地减小；②从上到下，楼层的侧向刚度和抗倾覆能力增长较快，与风荷载水平剪力和倾覆力矩的增长情况相适应；③楼房周边向内倾斜的竖向承力构件轴力的水平分力，可部分抵消各楼层的风荷载水平剪力。

对位于台风地区的层数很多、体量较大的高层建筑，可结合建筑布局和功能需要，在结构的中、上部，设置穿透房屋全宽的大洞，或每隔若干楼层设置一个透空楼层（图 1.4.8-1c、d），可以显著减小作用于楼房的风荷载。

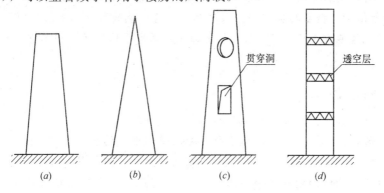

图 1.4.8-1 高层建筑的简单立面形状

3. 抗震设计的高层建筑，其立面形状宜规则、简单，也应该采用矩形、梯形、三角形或双曲线梯形等沿高度均匀变化的简单几何图形。

采用三角形、梯形、双曲线梯形等上小下大的简单立面形状的高层建筑，由于整个建筑的质心位置下降，地震倾覆力矩减小，将取得与抗风同样的经济效果。台阶多次逐渐内收的立面形状，也是较好的立面形状。

抗震设计时，建筑结构竖向收进或外挑后的水平尺寸应满足《高规》的规定。

考虑到收进的部位高不同、收进后的平面尺寸不同，不规则的程度也不同，上海市《超限高层建筑工程抗震设计指南》规定：除顶层或高度小于主楼20%的裙房（辅楼）外，局部收进的水平向尺寸大于相邻下一层的 25% 为不规则；除顶层或高度小于主楼20%的裙房（辅楼）外，局部收进的水平向尺寸大于

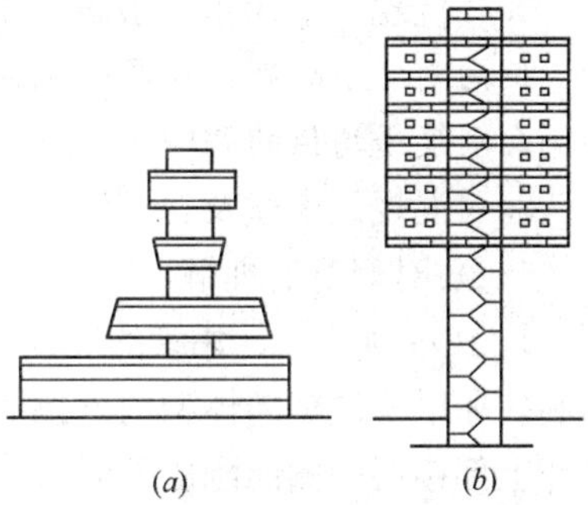

图 1.4.8-2 悬臂式承托结构

63

相邻下一层的 30％为特别不规则。可供参考。

外挑楼层。图 1.4.8-2a 是某工程立面示意图。中央为直径为 4m 的内筒，由放射形径向悬挑反梁支承外挑楼层。这种结构为单悬臂体系，没有多余的超静定次数和多道抗震设防，楼层刚度变化大，对结构抗震不利。图 1.4.8-2b 为倒摆形或水塔形的结构示意图，下部结构刚度远小于上部结构刚度，且上部质量大，对结构抗震不利。这类结构在抗震设计的高层建筑中，应尽量避免使用。

"鸡腿"结构。结构底层全部为柱子，上部为剪力墙，结构竖向抗侧力构件上、下不连续，竖向刚度突变。南斯拉夫斯可比耶地震（1964 年）、罗马尼亚布加勒斯特地震（1977 年）、土耳其地震 Erzincan（1992 年 3 月）、日本阪神地震（1995 年）、中国台湾 9·21 大地震（1999 年）等地震中此类结构大都严重破坏。因此在抗震设计的高层建筑中，不应采用这种结构。

九、楼层侧向刚度

（一）相关规范的规定

1.《高规》第 3.5.2 条规定：

抗震设计时，高层建筑相邻楼层的侧向刚度变化应符合下列规定：

1 对框架结构，楼层与其相邻上层的侧向刚度比 γ_1 可按式（3.5.2-1）计算，且本层与相邻上层的比值不宜小于 0.7，与相邻上部三层刚度平均值的比值不宜小于 0.8。

$$\gamma_1 = \frac{V_i \Delta_{i+1}}{V_{i+1} \Delta_i} \tag{3.5.2-1}$$

式中：γ_1——楼层侧向刚度比；

V_i、V_{i+1}——第 i 层和第 $i+1$ 层的地震剪力标准值（kN）；

Δ_i、Δ_{i+1}——第 i 层和第 $i+1$ 层在地震作用标准值作用下的层间位移（m）。

2 对框架-剪力墙、板柱-剪力墙结构、剪力墙结构、框架-核心筒结构、筒中筒结构，楼层与其相邻上层的侧向刚度比 γ_2 可按式（3.5.2-2）计算，且本层与相邻上层的比值不宜小于 0.9；当本层层高大于相邻上层层高的 1.5 倍时，该比值不宜小于 1.1；对结构底部嵌固层，该比值不宜小于 1.5。

$$\gamma_2 = \frac{V_i \Delta_{i+1}}{V_{i+1} \Delta_i} \frac{h_i}{h_{i+1}} \tag{3.5.2-2}$$

式中：γ_2——考虑层高修正的楼层侧向刚度比。

2.《抗规》第 3.4.3 条表 3.4.3-2 第 1 款规定：

侧向刚度不规则：该层的侧向刚度小于相邻上一层的 70％，或小于其上相邻三个楼层侧向刚度平均值的 80％；······。

3.《混规》未述及。

（二）对规范的理解

1. 在本节"八、建筑的竖向体型"中已经介绍了结构楼层侧向刚度突变对结构抗震不利。那里是说竖向体型的外挑和收进，有可能导致竖向不规则，那么，如果结构楼层与相邻上部楼层的侧向刚度差异大，不满足本条规范的规定，那就是结构竖向不规则，就会使结构变形集中于刚度小的下部楼层而形成结构软弱层，在地震作用下出现严重震害。故规范对结构下层与相邻上部楼层的侧向刚度比作出了限制。这是对结构竖向规则性判别的重要内容。

限制结构楼层的侧向刚度比，防止楼层侧向刚度突变，是结构抗震设计的重要概念。

2. 本条规范对结构下层与相邻上部楼层的侧向刚度比限值的规定，不适用于带转换层结构、带加强层结构、连体结构等复杂结构。这些结构的刚度突变上限（如框支层）在有关章节规定。

3. 2010版《高规》对楼层侧向刚度变化的限制方法进行了修改。中国建筑科学研究院的振动台试验研究表明：规定框架结构楼层与上部相邻楼层的侧向刚度比 γ_1 不宜小于0.7，与上部相邻三层侧向刚度比的平均值不宜小于0.8是合理的。但是，对框架-剪力墙结构、板柱-剪力墙结构、剪力墙结构、框架-核心筒结构、筒中筒结构，这些结构里的剪力墙刚度很大，而楼盖体系对侧向刚度贡献较小，层高变化对结构刚度变化不明显，结构刚度越大，对层高比越不敏感。故可按本条式（3.5.2-2）定义的楼层侧向刚度比作为判定侧向刚度变化的依据，其限制指标也作相应改变，一般情况按不小于0.9控制；层高变化较大时，对刚度变化提出更高的要求，按1.1控制；底部嵌固楼层层间位移角结果较小，因此对底部嵌固楼层与上一层侧向刚度变化作了更严格的规定，按1.5控制。

可以看出：《高规》对结构楼层侧向刚度比的计算方法及楼层侧向刚度比限值的规定，框架结构和其他结构是不一样的；但2010版《抗规》则对各类结构体系均不加区别，规定相同。

4. 注意：《高规》"对结构底部嵌固层，该比值不宜小于1.5"的规定，它不是规定判别结构底部嵌固部位刚度要求的条件，而是指上部结构，结构底部嵌固楼层与其相邻上部楼层的侧向刚度比限值的规定，若地下室顶板为结构嵌固部位，"结构底部嵌固层"就是地上一层。见图1.4.9-1。

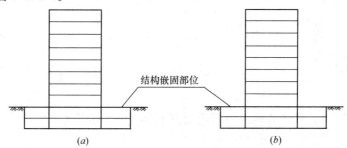

图1.4.9-1　两种不同的刚度比

(a)《高规》式（3.5.2-2）中地上一层对地上二层侧向刚度比；

(b) 判别结构嵌固部位时地下一层对地上一层剪切刚度比

（三）设计建议

1. 无论是判别结构楼层侧向刚度的规则性，还是设计中对结构楼层侧向刚度比的控制，建议按《高规》的规定。

2. 结构楼层侧向刚度的计算，《抗规》是按地震作用下的楼层地震剪力标准值 V_i 与楼层在地震剪力标准值作用下的层间位移 δ_i 之比值计算（图1.4.9-2）。此处 V_i、δ_i 均应采用各振型下地震剪力、位移的平方和开平方（SRSS法）或完全方根组合（CQC法）的计算结果而不是规定的水平力作用下的计算结果。当采用刚性楼板假定计算时，V_i 为楼

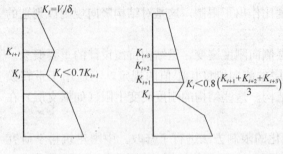

层剪力，δ_i 为楼层质心处的层间位移；当采用弹性楼板假定计算时，$K_i = V_j/\delta_j$，其中 V_j 为本楼层各计算质点的剪力，δ_j 为本楼层各计算质点的层间位移。《高规》对框架结构，其结构楼层侧向刚度的计算和《抗规》方法一致（《高规》公式中的 Δ_i 和《抗规》公式中的 δ_i 都表示层间位移）；但对框架-剪力墙结构、板柱-剪力

图 1.4.9-2 沿竖向的侧向刚度不规则（有软弱层）

墙结构、剪力墙结构、框架-核心筒结构、筒中筒结构，则按地震作用下的楼层地震剪力标准值与在地震剪力标准值作用下的层间位移角之比值计算。注意两本规范楼层侧向刚度的计算公式不同。

3. 对于侧向刚度不规则的判别，《抗规》建议：根据结构特点采用合适的方法，包括楼层标高处产生单位位移所需要的水平力、结构层间位移角的变化等进行综合分析。

4. 为满足规范规定的楼层侧向刚度比的要求，可在结构的竖向布置上采取一些措施，具体见本节"十三、不宜采用同一楼层刚度和承载力同时突变的高层建筑结构"。

十、楼层抗侧力结构的层间受剪承载力

（一）相关规范的规定

1. 《高规》第 3.5.3 条规定：

A 级高度高层建筑的楼层抗侧力结构的层间受剪承载力不宜小于其相邻上一层受剪承载力的 80%，不应小于其相邻上一层受剪承载力的 65%；B 级高度高层建筑的楼层抗侧力结构的层间受剪承载力不应小于其相邻上一层受剪承载力的 75%。

注：楼层抗侧力结构的层间受剪承载力是指在所考虑的水平地震作用方向上，该层全部柱、剪力墙、斜撑的受剪承载力之和。

2. 《抗规》第 3.4.3 条表 3.4.3-2 第 3 款、第 3.4.4 条第 2 款第 3）小款规定：

第 3.4.3 条表 3.4.3-2 第 3 款

楼层承载力突变：抗侧力结构的层间受剪承载力小于相邻上一楼层的 80%。

第 3.4.4 条第 2 款第 3）小款

楼层承载力突变时，薄弱层抗侧力结构的受剪承载力不应小于相邻上一楼层的 65%。

3. 《混规》未述及。

（二）对规范的理解

1. 如果结构楼层与相邻上部楼层抗侧力结构的受剪承载能力差异大，不满足本条规范的规定，那就是楼层抗侧力结构的层间受剪承载力突变，就会形成结构薄弱层，在地震作用下出现严重震害。故规范对结构下层与相邻上部楼层的层间受剪承载力比值作出了限制。《高规》对 B 级高度高层建筑的限制条件比 A 级高度高层建筑的要求更加严格。这是对结构竖向规则性判别的又一重要内容。

限制楼层抗侧力结构的层间受剪承载力比值，防止楼层抗侧力结构层间受剪承载力突变，是结构抗震设计的重要概念。

2. 《抗规》通过对楼层抗侧力结构层间受剪承载力比值的规定给出了结构竖向不规则

的判别条件（图1.4.10）；同时规范又给出了结构层间受剪承载力比值的上限。

3. 本条规范对结构下层与相邻上部楼层抗侧力结构的受剪承载能力比限值的规定，不适用于带转换层结构、带加强层结构、连体结构等复杂结构或其他不规则程度很严重的结构。这些结构的层间受剪承载力突变上限（如框支层）以及薄弱层的判定，一般应由静力或动力结构弹塑性分析计算结果判定。

4. 注意：采用振型分解反应谱法计算结果判定结构的薄弱层，一般只适合于规则结构或不规则程度不严重的结构，对带转换层结构、带加强层结构、连体结构等复杂结构或其他不规则程度很严重的结构，应由静力或动力结构弹塑性分析计算结果判定。

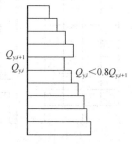

图1.4.10 竖向抗侧力结构屈服抗剪强度非均匀化（有薄弱层）

（三）设计建议

规范规定：楼层受剪承载力应按钢筋混凝土构件实际配筋和材料强度标准值计算。

这对纯弯构件是合适的。但对于偏心受力构件则应注意以下问题：偏心受力构件的受剪承载力不仅与构件的截面尺寸、箍筋配筋量有关，还与作用在构件上的轴向力有关。其他条件相同，同时受有轴向压力，则构件受剪承载力有所提高；受拉，则受剪承载力有所降低。所以，当根据柱子两端实配钢筋的受弯承载力按两端同时屈服的假定失效模式反算柱子的受剪承载力、根据剪力墙的实配钢筋按抗剪设计公式反算剪力墙的受剪承载力时，构件偏心受压，则计算出的构件受剪承载力可能比实际受剪承载力略低，构件偏心受拉，则计算出的构件受剪承载力可能比实际受剪承载力要大。

计算斜撑的受剪承载力时，规范规定可计及轴向力的贡献，应考虑受压屈服的影响。

十一、竖向抗侧力构件的连续性

（一）相关规范的规定

1. 《高规》第3.5.4条规定：

抗震设计时，结构竖向抗侧力构件宜上、下连续贯通。

2. 《抗规》第3.4.3条表3.4.3-2第2款规定：

竖向抗侧力构件不连续：竖向抗侧力构件（柱、抗震墙、抗震支撑）的内力由水平转换构件（梁、桁架等）向下传递。

3. 《混规》未述及。

（二）对规范的理解

1. 结构竖向抗侧力构件上、下不连续，结构受力上缺点是十分明显的。主要是：

（1）竖向荷载下结构传力不直接、传力路径复杂、不合理。

（2）一般需设转换构件，转换构件截面尺寸往往较大，刚度大。加之转换构件上、下部结构竖向构件布置上的变化，会造成上、下部结构竖向刚度和质量变化很大，甚至突变，容易形成下柔上刚的不利结构形式。地震作用下造成地震效应突然增大，易形成结构下部变形过大的软弱层，甚至可能发展成为承载力不足的薄弱层，在大震时倒塌。

（3）转换构件受力不均匀且很复杂，同时，转换构件本身要承受上部若干楼层传下来

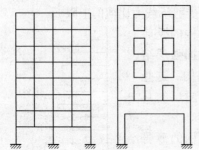

图 1.4.11　竖向抗侧力构件不连续示例

的巨大的集中力，跨度又大，故其内力很大，抗震设计时还应考虑竖向地震效应。除承载能力外，转换构件的挠度及裂缝宽度验算也不容忽视。竖向荷载成为控制设计的一个重要因素。

（4）在转换构件上下一、二层一定范围内，水平力有突变。转换构件邻近的某些构件受力不均匀且很复杂，产生应力集中。

（5）若有较多的竖向抗侧力构件上、下不连续贯通，则成为带转换层结构，对结构抗震更为不利。

2. 因此，《抗规》规定竖向抗侧力构件上、下不连续贯通为竖向不规则结构（图1.4.11），设计中应尽量避免，不可避免时，应采取可靠的加强措施。

3.《抗规》第3.4.3条条文说明指出：除了表3.4.3所列的不规则，UBC的规定中，对平面不规则尚有抗侧力构件上下错位、……。

（三）设计建议

结构竖向抗侧力构件上、下不连续，一般需设转换构件，较多时则形成带转换层结构。带转换层结构以及转换构件的设计，详见本书第八章有关内容。

十二、相邻楼层质量比

（一）相关规范的规定

1.《高规》第3.5.6条规定：

楼层质量沿高度宜均匀分布，楼层质量不宜大于相邻下部楼层质量的1.5倍。

2.《抗规》第3.4.3条条文说明规定：

除了表3.4.3所列的不规则，UBC的规定中，……，对竖向不规则尚有相邻楼层质量比大于150%……。

3.《混规》未述及。

（二）对规范的理解

众所周知，地震作用本质上就是惯性力。对于同一结构在同一次地震，如果相邻楼层质量差异过大，特别是上部楼层质量大于下部楼层质量，头重脚轻，显然，相邻楼层的地震作用就差异过大，就可能导致楼层受剪承载力的差异过大，形成薄弱层，结构竖向不规则。因此，《高规》规定了高层建筑中质量沿竖向分布不规则的限制条件，与美国有关规范的规定一致。

《高规》第3.5.6条为新增条文。

（三）设计建议

《抗规》虽然在第3.4.3条正文中未规定楼层质量大于相邻下部楼层质量的1.5倍为竖向不规则，但在条文说明中指出美国UBC有此规定。因此，笔者认为：这也是结构竖向不规则。工程设计中，在确定是否需要超限审查或抗震性能设计时，可以不计入此类不规则。但结构布置应尽量避免，不可避免时应考虑此类不规则，特别要注意防止由此而导致形成薄弱层。

十三、不宜采用同一楼层刚度和承载力同时突变的高层建筑结构

（一）相关规范的规定

1.《高规》第 3.5.7 条规定：

不宜采用同一楼层刚度和承载力变化同时不满足本规程第 3.5.2 条和 3.5.3 条规定的高层建筑结构。

2.《抗规》、《混规》未述及。

（二）对规范的理解

对于高层建筑结构，如果同一楼层的侧向刚度和受剪承载力变化都突变，那么该楼层极有可能同时是软弱层和薄弱层，结构竖向很不规则，对抗震十分不利，因此应尽量避免，不宜采用。

2010 版《高规》第 3.5.7 条为新增条文。

（三）设计建议

1. 高层建筑结构的竖向体型宜符合《高规》第 3.5.5 条的规定。避免结构竖向体型有过大的收进和外挑。

2. 结构的竖向布置要做到刚度均匀而连续，避免刚度突变，避免薄弱层。抗震设计时，结构的承载力和刚度宜自下而上逐渐减小。构件上下层传力宜直接、连续。

（1）当底层或底部若干层取消部分剪力墙或柱子时，应加大落地剪力墙和下层柱的截面尺寸，尽量减少刚度削弱的程度，避免产生刚度突变，并提高这些楼层的楼板厚度（图 1.4.13a）。

（2）如果建筑功能需要从中间楼层取消部分墙体时，则取消的墙量不宜多于总墙量的 1/4。1995 年日本阪神地震，中间部分楼层破坏是一个显著特点。许多 8～10 层的框架结构在第 4、5 层的部分柱子被压坏，造成上部楼层下落，重叠在一起。原因可能就是中部楼层柱子截面尺寸、材料强度改变或取消了部分剪力墙，在中部楼层产生刚度或承载力突变，形成结构薄弱层、软弱层（图 1.4.13b）。

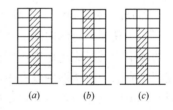

图 1.4.13　对抗震不利的结构竖向布置

（3）如果在顶层取消部分墙、柱而形成空旷房间时，其楼层侧向刚度和承载力可能比其下部楼层相差较多，是不利于抗震的结构。《高规》第 3.5.9 条规定：结构顶层取消部分墙、柱形成空旷房间时，宜进行弹性或弹塑性时程分析补充计算并采取有效的构造措施。如采用弹性或弹塑性时程分析方法进行补充计算、柱子箍筋全长加密配置、大跨度屋面构件要考虑竖向地震产生的不利影响等（图 1.4.13c）。

3. 非结构墙体（特别是砌体填充墙）的不规则、不连续布置也可能引起刚度的突变。在抗震设计的建筑结构中，应充分重视这个问题。此部分内容，详见第四章第一节"二、填充墙及隔墙对结构刚度的影响"相关内容。

4. 避免局部错层的布置方式。高层建筑结构多数是集办公、旅馆、娱乐和商业等多种功能于一体的综合性建筑，其结构设计往往受到建筑使用功能方面诸多因素的制约，而可能不完全符合结构抗震设计的某些规定。当不可避免时，应在错层交接位置采取增加抗剪能力的措施。

当结构属于不利于抗震的结构竖向不规则的建筑时，需要采用能反映真实结构受力特性的计算模型和地震内力分析方法，并应采取有效的抗震构造措施予以加强。

十四、薄弱层的地震剪力放大

（一）相关规范的规定

1.《高规》第3.5.8条规定：

侧向刚度变化、承载力变化、竖向抗侧力构件连续性不符合本规程第3.5.2、3.5.3、3.5.4条要求的楼层，其对应于地震作用标准值的剪力应乘以1.25的增大系数。

2.《抗规》第3.4.4条第2款规定：

平面规则而竖向不规则的建筑，应采用空间结构计算模型，刚度小的楼层的地震剪力应乘以不小于1.15的增大系数，其薄弱层应按本规范有关规定进行弹塑性变形分析，并应符合下列要求……。

3.《混规》未述及。

（二）对规范的理解

刚度变化不符合《高规》第3.5.2条要求的楼层，一般称作软弱层；承载力变化不符合《高规》第3.5.3条要求的楼层，一般称作薄弱层。为了方便，《高规》把软弱层、薄弱层以及竖向抗侧力构件不连续的楼层统称为结构薄弱层。

为防止竖向不规则的建筑结构在地震作用下的倒塌破坏，计算出的结构薄弱层在地震作用标准值作用下的剪力值应增大，这是抗震设计的一个重要概念。

（三）设计建议

《高规》和《抗规》在具体规定上有区别：

1.《高规》对侧向刚度变化、受剪承载力变化、竖向抗侧力构件连续性不符合规范要求的楼层，其对应于地震作用标准值的剪力均应增大。而《抗规》规定刚度小的楼层的地震剪力应增大。楼层中仅有少数竖向抗侧力构件不连续，未必造成竖向刚度突变，按《抗规》规定地震剪力也不一定要增大。笔者认为：对侧向刚度、受剪承载力突变的楼层，以及由于竖向抗侧力构件不连续导致侧向刚度、受剪承载力突变的楼层，地震剪力应增大；而对于仅有少数竖向抗侧力构件不连续，没有造成竖向刚度突变的楼层，地震剪力可不增大，其他相关构造应加强。

2. 2010版《高规》将结构薄弱层在地震作用标准值作用下的剪力增大系数由2001版《高规》的1.15调整为1.25，适当提高安全度要求。而《抗规》的剪力增大系数仍然是1.15。笔者认为：高层建筑结构出现结构薄弱层，对结构抗震性能的影响显然比对多层建筑结构要大。《抗规》既适用于高层建筑又适用于多层建筑的抗震设计。注意《抗规》规定是"乘以不小于1.15的增大系数"。对多层建筑结构，也许乘以1.15的增大系数就可以满足其抗震要求。层数多一些，房屋高一些，增大系数可根据工程具体情况适当加大，如取1.20等；而《高规》仅针对高层建筑，需适当提高安全度要求，应乘以1.25的增大系数。对较高的高层建筑或突变程度较大的高层建筑结构，根据工程具体情况，增大系数也可取大于1.25。

3. 结构薄弱层在地震作用标准值作用下剪力的增大，必须在满足规范关于楼层最小地震剪力系数的前提下进行。若经计算结构薄弱层已经满足楼层最小地震剪力系数的要求，则按规定乘以剪力增大系数即可，若不满足，则首先应改变结构布置或调整结构总剪力和各楼层的水平地震剪力使之满足要求，再对结构薄弱层在地震作用标准值作用下剪力进行增大。

第五节　楼　盖　结　构

一、楼盖选型

（一）相关规范的规定

1.《高规》第3.6.1条、第3.6.2条规定：

第3.6.1条

房屋高度超过50m时，框架-剪力墙结构、筒体结构及本规程第10章所指的复杂高层建筑结构应采用现浇楼盖结构，剪力墙结构和框架结构宜采用现浇楼盖结构。

第3.6.2条

房屋高度不超过50m时，8、9度抗震设计时宜采用现浇楼盖结构；6、7度抗震设计时可采用装配整体式楼盖，……。

2.《抗规》第3.5.4条第5款规定：

多、高层的混凝土楼、屋盖宜优先采用现浇混凝土板。……。

3.《混规》未述及。

（二）对规范的理解

楼板的面内刚度和整体性对传递水平力、保证各抗侧力构件的协同工作至关重要。这在本章第四节"四、楼板开洞和（或）有较大的凹入"中已有说明。楼板开洞或有较大凹入，可能削弱楼板面内刚度、整体性，导致水平力传递中断。而如果采用装配式楼盖，即使楼板不开洞或没有较大凹入，也会削弱楼板面内刚度和整体性，传递水平力的能力不强。同时，预制混凝土板在强烈地震中容易脱落导致人员伤亡的震害，地震中采用装配式楼盖震害的例子很多（图1.5.1）。因此，规范对抗震设计时楼盖的选型作出了规定。

图1.5.1　汶川地震预制装配式楼盖的破坏

从施工角度分类,楼盖可分为整体现浇式、装配整体式、预制装配式。整体现浇式楼盖的面内刚度、整体性最好,装配整体式次之,而预制装配式最差。所谓楼盖的选型,就是从施工的角度,对楼盖的面内刚度、整体性提出要求。

高层建筑,特别是抗震设计的高层建筑,由于作用在楼盖面内的水平荷载大,对楼盖的面内刚度、整体性要求更高。"刚性楼盖"可保证建筑物的空间整体性能和水平力的有效传递。所以,房屋高度超过50m的高层建筑,采用现浇楼盖比较可靠。

框架-剪力墙结构由于框架和剪力墙侧向刚度相差较大,若剪力墙的间距较大,则水平荷载作用下楼板的变形可能较为显著。因此,对框架-剪力墙结构中楼盖,更应保证楼盖有良好的整体性和面内刚度。

《高规》和《抗规》的规定是一致的,《抗规》规定较原则,而《高规》规定较具体。

(三)设计建议

1. 国内外历次震害调查表明:预制装配式楼盖整体性差,传递水平力的能力不强,地震中破坏严重。因此,抗震设计时,多层及高层钢筋混凝土结构宜优先采用现浇楼盖。

2. 房屋高度超过50m时,框架-剪力墙结构、筒体结构及复杂高层建筑结构应采用现浇楼盖结构,剪力墙结构和框架结构宜采用现浇楼盖结构。

3. 房屋高度不超过50m时,8、9度抗震设计时宜采用现浇楼盖结构;6、7度抗震设计时可采用装配整体式楼盖,但应采取构造措施,保证楼板的整体性及刚度,满足刚性楼板的假定,详见本节"二、装配整体式楼盖的构造要求"。

4. 复杂高层建筑结构以及结构转换层、结构的屋顶层、平面复杂或开洞过大的楼层、作为上部结构嵌固部位的地下室楼层以及其他受力复杂的楼层等,应比一般楼层有更高的要求。即对上述楼层应采用现浇楼盖结构以增强其面内刚度和整体性。

建筑结构的楼盖选型可按表1.5.1确定。

5. 采用预应力平板可以减小楼面结构高度,压缩层高并减轻结构自重;大跨度平板可以增加使用空间,容易适应楼面用途改变。预应力平板近年来在高层建筑楼面结构中应用比较广泛。现浇混凝土空心楼盖,一方面整体现浇,板面内刚度大,整体性好;另一方面空心,板自重较轻,近年来在多高层建筑中亦有较多的应用。

普通高层建筑楼盖结构选型 表 1.5.1

结构体系	房 屋 高 度	
	不大于50m	大于50m
框架结构	可采用装配式楼面(灌板缝)	宜采用现浇楼面
剪力墙结构	可采用装配式楼面(灌板缝)	宜采用现浇楼面
框架-剪力墙结构	8、9度宜采用现浇楼面 6、7度可采用装配整体式楼面(灌板缝加现浇面层)	应采用现浇楼面
板柱-剪力墙结构	应采用现浇楼面	—
筒体结构	应采用现浇楼面	应采用现浇楼面

二、装配整体式楼盖的构造要求

（一）相关规范的规定

1.《高规》第3.6.2条规定：

……装配整体式楼盖，且应符合下列规定：

1 无现浇叠合层的预制板，板端搁置在梁上的长度不宜小于50mm。

2 预制板板端宜预留胡子筋，其长度不宜小于100mm。

3 预制空心板孔端应有堵头，堵头深度不宜小于60mm，并应采用强度等级不低于C20的混凝土浇灌密实。

4 楼盖的预制板板缝上缘宽度不宜小于40mm，板缝大于40mm时应在板缝内配置钢筋，并宜贯通整个结构单元。现浇板缝、板缝梁的混凝土强度等级宜高于预制板的混凝土强度等级。

5 楼盖每层宜设置钢筋混凝土现浇层。现浇层厚度不应小于50mm，并应双向配置直径不小于6mm、间距不大于200mm的钢筋网，钢筋应锚固在梁或剪力墙内。

2.《抗规》第3.5.4条第5款、第6.1.7条规定：

第3.5.4条第5款

……。当采用预制装配式混凝土楼、屋盖时，应从楼盖体系和构造上采取措施确保各预制板之间连接的整体性。

第6.1.7条

采用装配整体式楼、屋盖时，应采取措施保证楼、屋盖的整体性及其与抗震墙的可靠连接。装配整体式楼、屋盖采用配筋现浇面层加强时，其厚度不应小于50mm。

3.《混规》第9.6.5条、第9.6.6条规定：

第9.6.5条

采用预制板的装配整体式楼盖、屋盖应采取下列构造措施。

1 预制板侧应为双齿边；拼缝上口宽度不应小于30mm；空心板端孔中应有堵头，深度不宜少于60mm；拼缝中应浇灌强度等级不低于C30的细石混凝土；

2 预制板端宜伸出锚固钢筋互相连接，并宜与板的支承结构（圈梁、梁顶或墙顶）伸出的钢筋及板端拼缝中设置的通长钢筋连接。

第9.6.6条

整体性要求较高的装配整体式楼盖、屋盖，应采用预制构件加现浇叠合层的形式；或在预制板侧设置配筋混凝土后浇带，并在板端设置负弯矩钢筋、板的周边沿拼缝设置拉结钢筋与支座连接。

（二）对规范的理解

根据我国长期的工程实践经验，《混规》提出了加强装配式楼盖（包括屋盖）整体性的构造措施。包括齿槽形板侧、拼筑灌缝、板端互联、与支承结构的连接、板间后浇带、板端负弯矩钢筋等加强楼盖整体性的构造措施。工程实践证明：这些措施对于加强楼盖的整体性是有效的。

加强填缝构造和现浇叠合层混凝土是增强装配式楼板整体性的有效措施。为保证板缝混凝土的浇筑质量，板缝宽度不应过小。在较宽的板缝中放入钢筋，形成板缝梁，能有效地形成现浇与装配结合的整体楼面，效果显著。唐山地震（1976年）和汶川地震（2008年）震害调查表明：提高装配式楼面的整体性，可以减少在地震中预制楼板坠落伤人的震害。

《混规》和《高规》的规定基本一致，《混规》的规定满足一般建筑结构装配整体式楼盖的构造要求；《高规》根据高层建筑的受力特点，进一步强调高层建筑楼盖系统整体性的要求。《抗规》则对装配整体式楼盖的整体性作出原则规定。

2010版《高规》针对目前钢筋混凝土剪力墙结构中采用预制楼板的情况很少，取消了2001版《高规》有关预制板与现浇剪力墙连接的构造要求；预制板在梁上的搁置长度由2010版《高规》的35mm增加到50mm，以进一步防止楼板坠落，保证结构安全。

（三）设计建议

2010版规范对装配整体式楼盖的构造做法作出了十分明确、具体的规定。如对预制板的搁置长度、板端预留胡子筋的长度、板孔堵头深度、板缝宽度及配筋、灌缝混凝土、钢筋网的钢筋直径、间距，对混凝土现浇层的混凝土强度等级、厚度，等等的规定。高层建筑装配整体式楼盖的设计，应符合《高规》的规定。

为形成结构整体受力，《混规》第9.6.7条还对预制墙板及与周边构件的连接构造提出要求：规定装配整体式结构中预制承重墙板沿周边设置的连接钢筋应与支承结构及相邻墙板互相连接，并浇筑混凝土与周边楼盖、墙体连成整体。

工程设计可参考有关国家标准图集。

三、现浇楼盖的构造要求

（一）相关规范的规定

1. 《高规》第3.6.3条、第3.6.4条、第3.6.5条规定：

第3.6.3条

房屋的顶层、结构转换层、大底盘多塔楼结构的底盘顶层、平面复杂或开洞过大的楼层、作为上部结构嵌固部位的地下室楼层应采用现浇楼盖结构。一般楼层现浇楼板厚度不应小于80mm，当板内预埋暗管时不宜小于100mm；顶层楼板厚度不宜小于120mm，宜双层双向配筋；转换层楼板应符合本规程第10章的有关规定；普通地下室顶板厚度不宜小于160mm；作为上部结构嵌固部位的地下室楼层的顶楼盖应采用梁板结构，楼板厚度不宜小于180mm，应采用双层双向配筋，且每层每个方向的配筋率不宜小于0.25%。

第3.6.4条

现浇预应力混凝土楼板厚度可按跨度的1/45～1/50采用，且不宜小于150mm。

第3.6.5条

现浇预应力混凝土板设计中应采取措施防止或减小主体结构对楼板施加预应力的阻碍作用。

2. 《抗规》第6.1.14条第1款、附录E第E.1.1条规定：

第6.1.14条第1款详见本书第三章第三节"三、结构底部嵌固部位的确定"。

附录E第E.1.1条

框支层应采用现浇楼板，厚度不宜小于180mm，混凝土强度等级不宜低于C30，应采用双层双向配筋，且每层每个方向的配筋率不应小于0.25%。

3. 《混规》第9.1.2条、第9.1.5条规定：

第9.1.2条

现浇混凝土板的尺寸宜符合下列规定：

1　板的跨厚比：钢筋混凝土单向板不大于30，双向板不大于40；无梁支承的有柱帽板不大于35，无梁支承的无柱帽板不大于30。预应力板可适当增加；当板的荷载、跨度较大时宜适当减小。

2　现浇钢筋混凝土板的厚度不应小于表9.1.2规定的数值。

表9.1.2　现浇钢筋混凝土板的最小厚度（mm）

板　的　类　别		最　小　厚　度
单向板	屋面板	60
	民用建筑楼板	60
	工业建筑楼板	70
	行车道下的楼板	80
双向板		80
密肋楼盖	面板	50
	肋高	250
悬臂板（根部）	悬臂长度不大于500mm	60
	悬臂长度1200mm	100
无梁楼板		150
现浇空心楼盖		200

第9.1.5条

现浇混凝土空心楼板的体积空心率不宜大于50%。

采用箱形内孔时，顶板厚度不应小于肋间净距的1/15且不应小于50mm。当底板配置受力钢筋时，其厚度不应小于50mm。内孔间肋宽与内孔高度比不宜小于1/4，且肋宽不应小于60mm，对预应力板不应小于80mm。

采用管型内孔时，孔顶、孔底板厚均不应小于40mm，肋宽与内孔径之比不宜小于1/5，且肋宽不应小于50mm，对预应力板不应小于60mm。

(二) 对规范的理解

现浇板的合理厚度应在符合承载能力极限状态和正常使用极限状态要求的前提下，按经济合理的原则选定，并考虑防火、防爆等要求。《混规》考虑结构安全及舒适度的要求根据工程经验，提出了常用混凝土板的跨厚比，并从构造角度提出了现浇板最小厚度的要求。

近年来现浇空心楼盖应用逐渐增多，根据工程经验和国内有关标准，《混规》对现浇空心楼盖的板厚、体积空心率限值等构造做法也提出了建议。

重要的、受力复杂的楼板，应比一般层楼板有更高的要求。屋面板、转换层楼板、大底盘多塔楼结构的底盘屋面板、开口过大的楼板以及作为结构嵌固部位的地下室楼板应采用现浇板并适当加厚。顶层楼板应加厚并采用现浇，可使建筑物顶部约束加强，提高抗风、抗震能力，并可抵抗温度应力的不利影响；转换层楼盖上面是剪力墙或较密的框架柱，下部转换为部分框架、部分落地剪力墙，转换层上部抗侧力构件的剪力要通过转换层楼板进行重分配，传递到落地墙和框支柱上去，因而楼板承受较大的内力，其面内刚度大小对大空间楼层竖向构件的内力分配影响很大，因此要采用现浇楼板并适当加厚，以提高面内刚度和承载能力；作为结构嵌固部位的地下室楼板、大底盘多塔楼结构的底盘屋面板等，同样承受很大的水平力，采用现浇板并适当加厚，可以增强其整体性，有效传递水平力。

（三）设计建议

1. 一般楼层现浇楼板厚度的确定，可查找有关构造设计手册按板的跨厚比确定。一般厚度在 100～140mm 范围内，不应小于 80mm，楼板太薄容易因上部钢筋位置变动而开裂。当板内敷设暗管时，板厚不宜小于 100mm。

2. 顶层楼板加厚可有效地约束整个高层建筑，使其能整体空间工作。其厚度不宜小于 120mm，宜双层双向配筋；普通地下室顶板厚度不宜小于 160mm；作为上部结构嵌固部位的地下室的顶层楼盖应采用梁板结构，楼板厚度不宜小于 180mm，混凝土强度等级不宜低于 C30，应采用双层双向配筋，且每层每方向的配筋不宜小于 0.25%。

3. 转换层楼板要在平面内完成上层结构内力向下层结构的转移，楼板在平面内承受并传递很大的内力，其面内刚度大小对大空间层竖向构件的内力分配影响很大，应加强转换层楼盖的刚度和承载力，楼板应当加厚。转换层楼板厚度不宜小于 180mm，应双层双向配筋，且每层每方向的配筋不宜小于 0.25%，楼板中钢筋应锚固在边梁或墙体内。其混凝土强度等级不应低于 C30，桁架转换结构、箱形转换结构的上下层楼板以及转换厚板的混凝土强度等级均不应低于 C30。带转换层结构的落地剪力墙和筒体外周围的楼板不宜开洞。楼板边缘和较大洞口周边应设置边梁，其宽度不宜小于板厚的 2 倍，纵向钢筋配筋率不应小于 1.0%，钢筋接头宜采用机械连接或焊接。与转换层相邻楼层的楼板也应适当加厚，配筋适当加强。

4. 现浇预应力楼板厚度的确定，必须考虑挠度、受冲切承载力、防火及钢筋防腐蚀等要求。一般可按跨度的 1/50～1/45 采用，板厚不宜小于 150mm，预应力楼板的预应力钢筋保护层厚度不宜小于 30mm。

5. 楼板是与梁、柱和剪力墙等主要抗侧力构件连接在一起的，如果不采取措施，则施加楼板预应力时，一方面压缩了楼板，但同时大部分预应力将会加到主体结构上，致使楼板得不到足够的压应力，而又对梁、柱和剪力墙附加了侧向力、产生附加水平侧移且不安全。为了防止预应力加到主体结构上去，应考虑合理的施工方案，采用板边留缝以张拉和锚固预应力钢筋，或在板中部预留后浇带，待张拉预应力钢筋后再浇筑。

6. 现浇楼板的混凝土强度等级，不应低于 C220，也不宜高于 C40。

7. 现浇板的其他构造要求，可参见有关规范及国家标准图集。

第六节　水平位移限值和舒适度要求

一、结构在风载及多遇地震下弹性水平位移限值

（一）相关规范的规定

1. 《高规》第 3.7.1 条、第 3.7.2 条、第 3.7.3 条规定：

第 3.7.1 条

在正常使用条件下，高层建筑结构应具有足够的刚度，避免产生过大的位移而影响结构的承载力、稳定性和使用要求。

第3.7.2条

正常使用条件下，结构的水平位移应按本规程第 4 章规定的风荷载、地震作用和第 5 章规定的弹性方法计算。

第3.7.3条

按弹性方法计算的风荷载或多遇地震标准值作用下的楼层层间最大水平位移与层高之比 $\Delta u/h$ 宜符合下列规定：

1　高度不大于150m 的高层建筑，其楼层层间最大位移与层高之比 $\Delta u/h$ 不宜大于表3.7.3 的限值。

表 3.7.3　楼层层间最大位移与层高之比的限值

结　构　体　系	$\Delta u/h$ 限值
框架	1/550
框架-剪力墙、框架-核心筒、板柱-剪力墙	1/800
筒中筒、剪力墙	1/1000
除框架结构外的转换层	1/1000

2　高度不小于250m 的高层建筑，其楼层层间最大位移与层高之比 $\Delta u/h$ 不宜大于1/500；

3　高度在150m～250m 之间的高层建筑，其楼层层间最大位移与层高之比 $\Delta u/h$ 的限值可按本条第 1 款和第 2 款的限值线性插入取用。

注：楼层层间最大位移 Δu 以楼层竖向构件最大的水平位移差计算，不扣除整体弯曲变形。抗震设计时，本条规定的楼层位移计算可不考虑偶然偏心的影响。

2. 《抗规》第 5.5.1 条规定：

表 5.5.1 所列各类结构应进行多遇地震作用下的抗震变形验算，其楼层内最大的弹性层间位移应符合下式要求：

$$\Delta u_e \leqslant [\theta_e]h \tag{5.5.1}$$

式中：Δu_e——多遇地震作用标准值产生的楼层内最大的弹性层间位移；计算时，除以弯曲变形为主的高层建筑外，可不扣除结构整体弯曲变形；应计入扭转变形，各作用分项系数均应采用 1.0；钢筋混凝土结构构件的截面刚度可采用弹性刚度；

　　　　$[\theta_e]$——弹性层间位移角限值，宜按表 5.5.1 采用；

　　　　h——计算楼层层高。

表 5.5.1　弹性层间位移角限值

结　构　类　型	$[\theta_e]$
钢筋混凝土框架	1/550
钢筋混凝土框架-抗震墙、板柱-抗震墙、框架-核心筒	1/800
钢筋混凝土抗震墙、筒中筒	1/1000
钢筋混凝土框支层	1/1000
多、高层钢结构	1/250

3.《混规》未述及。

（二）对规范的理解

1. 为保证建筑结构具有必要的刚度，应对其楼层位移加以控制。楼层侧向层间位移的控制实际上是对构件截面大小、刚度大小的一个宏观控制指标。

在正常使用条件下，限制建筑结构层间位移的主要目的有两点：

（1）保证主结构基本处于弹性受力状态，对钢筋混凝土结构来讲，要避免混凝土墙或柱出现裂缝；同时，将混凝土梁等楼面构件的裂缝数量、宽度和高度限制在规范允许范围之内。

（2）保证填充墙、隔墙、幕墙、内外装修等非结构构件的完好，避免产生明显损伤，保证建筑的正常使用功能。

即保证建筑结构在多遇地震下不坏。是结构抗震设计第一阶段"小震不坏"的一个重要内容。

2. 到目前为止，控制层间侧向变形的参数有三种：即层间位移与层高之比（层间位移角）、有害层间位移角、区格广义剪切变形。其中层间位移角应用最广泛，最为工程技术人员所熟知。

（1）层间位移与层高之比（即层间位移角）

$$\theta_i = \frac{\Delta u_i}{h_i} = \frac{u_i - u_{i-1}}{h_i} \quad\quad (1.6.1\text{-}1)$$

（2）有害层间位移角

$$\theta_{id} = \frac{\Delta u_{id}}{h_i} = \theta_i - \theta_{i-1} = \frac{u_i - u_{i-1}}{h_i} - \frac{u_{i-1} - u_{i-2}}{h_{i-1}} \quad\quad (1.6.1\text{-}2)$$

式中，θ_i，θ_{i-1} 为 i 层上、下楼盖的转角，即 i 层、$i-1$ 层的层间位移角。

（3）区格的广义剪切变形（简称剪切变形）

$$\gamma_{ij} = \theta_i - \theta_{i-1,j} = \frac{u_i - u_{i-1}}{h_i} + \frac{v_{i-1,j} - v_{i-1,j-1}}{l_j} \quad\quad (1.6.1\text{-}3)$$

式中，γ_{ij} 为区格 ij 剪切变形，其中脚标 i 表示区格所在层次，j 表示区格序号；$\theta_{i-1,j}$ 为区格 ij 下楼盖的转角，以顺时针方向为正；l_j 为区格 ij 的宽度；$v_{i-1,j-1}$，$v_{i-1,j}$ 为相应节点的竖向位移。

如上所述，从结构受力与变形的相关性来看，采用参数 γ_{ij}（即剪切变形）较符合实际情况；但就结构的宏观控制而言，根据各国规范的规定、震害经验和实验研究结果及工程实例分析，采用参数 θ_i（即层间位移角）作为衡量结构变形能力从而判别是否满足建筑功能要求的指标是合理的，同时也较为简便。

考虑到层间位移控制是一个宏观的侧向刚度指标，为便于设计人员在工程设计中应用，规范采用了层间最大位移与层高之比 $\Delta u/h$，即层间位移角 θ 作为控制指标。

3. 规范给出了不同结构类型的弹性层间位移角限值，主要是依据国内外大量的试验研究和有限元分析的结果，以钢筋混凝土构件（框架柱、抗震墙等）开裂时的层间位移角作为多遇地震下结构弹性层间位移角限值。

框架结构试验结果表明，对于开裂层间位移角，不开洞填充墙框架为 1/2500，开洞填充墙框架为 1/926；有限元分析表明，不带填充墙时为 1/800，不开洞填充墙时为 1/2000。不再区分有填充墙和无填充墙，均按 1/550 采用；对于框架-剪力墙结构的剪力墙，其开裂层间位移角，试验结果为 1/3300～1/1100，有限元分析结果为 1/4000～1/2500，取二者的平均值约为 1/3000～1/1600。2001 版规范统计了我国当时建成的 124 幢钢筋混凝土框架-剪力墙结构、框架-核心筒结构、剪力墙结构、筒中筒结构等高层建筑的结构抗震计算结果，在多遇地震作用下的最大弹性层间位移均小于 1/800，其中 85% 小于 1/1200。因此对框架-剪力墙结构、框架-核心筒结构的弹性位移角限值范围取为 1/800；对剪力墙结构和筒中筒结构，层间弹性位移角限值范围取为 1/1000；对部分框支剪力墙结构的框支层要求较框架-剪力墙结构要严，取 1/1000。

该限值与结构体系和结构材料有关，而与建筑物设防类别、建筑结构设防烈度无关。

（三）设计建议

1. 规范条文规定的适用范围

（1）《高规》规定：既适用于风荷载也适用于多遇地震作用下结构的弹性位移；而《抗规》仅针对多遇地震作用下结构的弹性位移作了规定。

工程设计中，规范规定的层间位移角限值既适用于风荷载也适用于多遇地震作用。

（2）《高规》规定：高度不大于 150m 的常规高度高层建筑的整体弯曲变形相对影响较小，层间位移角 $\Delta u/h$ 的限值按不同的结构体系可由表 3.7.3 在 1/550～1/1000 之间分别取值；当高度超过 150m 时，弯曲变形产生的侧移有较快增长，所以超过 250m 高度的建筑，层间位移角限值按 1/500 作为限值；150～250m 之间的高层建筑结构则按表 3.7.3 规定的限值和 1/500 两者线性插值。但《抗规》对此并未述及。

工程设计中，宜按《高规》规定进行。

（3）2010 版《高规》表 3.7.3 中将 2001 版《高规》的"框支层"改为"除框架外的转换层"，包括了框架-剪力墙结构和筒体结构的托柱或托墙转换以及部分框支剪力墙结构的框支层；《抗规》仍仅对"框支层"作出规定。

工程设计中，宜按《高规》规定进行。

《抗规》还对多、高层钢结构的层间弹性位移角限值作出规定，而《高规》对此并未述及。考虑到本书仅介绍钢筋混凝土结构的设计，故对钢结构就不再赘述了。

2. 关于层间位移角的计算

（1）层间位移角 $\Delta u/h$ 的限值是指最大层间位移与层高之比，第 i 层的 $\Delta u/h$ 指第 i 层和第 $i-1$ 层在楼层平面各处位移差 $\Delta u_i = u_i - u_{i-1}$ 中的最大值。这里，u_i 是各楼层的层间位移。抗震设计时应采用按多遇地震考虑的各振型下位移的平方和开平方（SRSS 法）或完全方根组合（CQC 法）的计算结果而不是"规定的水平力"作用下的计算结果。风荷载作用下的位移应按《建筑结构荷载规范》规定的基本风压标准值计算。由于高层建筑结构在水平力作用下几乎都会产生扭转，所以 Δu 的最大值一般在结构单元的尽端处。

（2）对各类钢筋混凝土结构，层间位移是按多遇地震作用下的弹性变形计算的。即地震作用按多遇地震考虑；结构构件的刚度采用弹性阶段的刚度；内力与位移分析不考虑弹塑性变形。因此所得出的位移相应也是弹性阶段的位移。弹性变形验算属于正常使用极限状态的验算，各作用分项系数均取 1.0。

应当注意：《抗规》在本条条文说明中指出：钢筋混凝土结构构件的刚度，国外规范规定需考虑一定的非线性而取有效刚度，本规范规定与位移限值相配套，一般可取弹性刚度；当计算的变形较大时，宜适当考虑截面开裂的刚度折减，如取 $0.85E_c I_0$。这里"计算的变形较大"并无明确规定，不好操作；同时，在多遇地震下结构的侧向位移计算时，规范规定对连梁的刚度不予折减。笔者认为：结构构件的刚度仍采用弹性阶段的刚度为宜。

（3）《高规》规定：不考虑偶然偏心，即除结构本身的质心和刚心的偏心外，不必人为再加一个偏心去计算。应当注意的是：计算位移比时必须加偶然偏心，而在计算层间位移角时，不必加偶然偏心。

（4）《高规》规定：采用层间位移角 $\Delta u/h$ 作为刚度控制指标，不扣除整体弯曲转角产生的侧移，即在考虑构件轴向变形（刚性楼板假定下梁可不考虑）、弯曲变形、剪切变形、扭转变形的模型下计算出的侧向位移值。

《抗规》规定：计算时，除以弯曲变形为主的高层建筑外，可不扣除结构整体弯曲变形；应计入扭转变形，……。

水平荷载作用下，结构的总层间位移为楼层构件受力变形产生的位移与结构整体弯曲变形产生的层间刚体转动位移之和。从整体上看，建筑结构中的层间刚体转动位移具有以下几点规律：

1）结构整体弯曲对剪切型结构层间位移的影响较小，而对弯曲型结构层间位移的影响较大；

2）楼层整体弯曲变形产生的层间刚体转动位移，是由结构底层逐层向上累积并在结构顶层达到最大；

3）层间刚体转动位移在总层间位移中所占比例随结构高宽比的增大而增大。

《抗规》认为：计算时，一般可不扣除由于结构平面不对称引起的扭转效应和重力 P-Δ 效应所产生的水平相对位移；但对于高度超过 150m 或 $H/B>6$ 的高层建筑，因为以弯曲变形为主的高层建筑结构，这部分位移在计算的层间位移中占有相当的比例，扣除比较合理。

笔者认为：按《抗规》规定设计为宜。即对以弯曲变形为主的高层建筑：

1）"扭转效应"的影响不应扣除。所谓"计入扭转变形"，就是在结构位移计算中应考虑扭转耦联。

2）可以扣除结构整体弯曲所产生的楼层水平绝对位移值。

3）如未扣除，位移角限值可有所放宽：

①高度小于 150m 的剪力墙、筒中筒等弯曲型结构，当弯曲变形的影响明显，某层层间有害位移值小于层间位移值的 50%，即 $\Delta\bar{u}_i/\Delta u_i<0.5$ 时，该层层间位移角限值可放宽至 1/800。建筑物高度在 150~250m 之间时，可在 1/800~1/500 间线性插值。

②高度小于 150m 的框架-剪力墙、框架-核心筒等弯剪型结构，当某层层间有害位移小于层间位移值的 50%，即 $\Delta\bar{u}_i/\Delta u_i<0.5$ 时，该层层间位移角限值可放宽至 1/650，建筑物高度在 150~250m 之间时，可在 1/650~1/500 间线性插值。

层间有害位移 $\Delta\bar{u}_i=u_i-u_{i-1}-\theta_{i-1}h_i=\Delta u_i-\theta_{i-1}h_i$（图 1.6.1）。

式中　u_i、u_{i-1}——第 i 层、第 $i-1$ 层楼层位移；

Δu_i—— 第 i 层楼层层间位移；

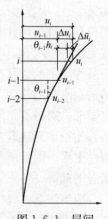

图 1.6.1　层间
有害位移

θ_{i-1}——第 $i-1$ 层楼层位移角；

h_i——第 i 层层高。

对风荷载作用下结构层间弹性位移角的验算，建议参考上述做法。

采取以上 2)、3) 两措施之一后，考虑结构的侧移值较大，建议补充考虑重力 $P\text{-}\Delta$ 效应影响的计算。

二、罕遇地震下需进行薄弱层弹塑性变形验算的建筑结构

（一）相关规范的规定

1.《高规》第 3.7.4 条规定：

高层建筑结构在罕遇地震作用下的薄弱层弹塑性变形验算，应符合下列规定：

1　下列结构应进行弹塑性变形验算：

1）7～9 度时楼层屈服强度系数小于 0.5 的框架结构；

2）甲类建筑和 9 度抗震设防的乙类建筑结构；

3）采用隔震和消能减震设计的建筑结构；

4）房屋高度大于 150m 的结构；

2　下列结构宜进行弹塑性变形验算：

1）本规程表 4.3.4 所列高度范围且不满足本规程第 3.5.2～3.5.6 条规定的竖向不规则高层建筑结构；

2）7 度Ⅲ、Ⅳ类场地和 8 度抗震设防的乙类建筑结构；

3）板柱-剪力墙结构。

注：楼层屈服强度系数为按构件实际配筋和材料强度标准值计算的楼层受剪承载力与按罕遇地震作用计算的楼层弹性地震剪力的比值。

2.《抗规》第 5.5.2 条规定：

结构在罕遇地震作用下薄弱层的弹塑性变形验算，应符合下列要求：

1　下列结构应进行弹塑性变形验算：

1）8 度Ⅲ、Ⅳ类场地和 9 度时，高大的单层钢筋混凝土柱厂房的横向排架；

2）7～9 度时楼层屈服强度系数小于 0.5 的钢筋混凝土框架结构和框排架结构；

3）高度大于 150m 的结构；

4）甲类建筑和 9 度时乙类建筑中的钢筋混凝土结构和钢结构；

5）采用隔震和消能减震设计的结构。

2　下列结构宜进行弹塑性变形验算：

1）本规范表 5.1.2-1 所列高度范围且属于本规范表 3.4.3-2 所列竖向不规则类型的高层建筑结构；

2）7 度Ⅲ、Ⅳ类场地和 8 度时乙类建筑中的钢筋混凝土结构和钢结构；

3）板柱-抗震墙结构和底部框架砌体房屋；

4）高度不大于 150m 的其他高层钢结构；

5）不规则的地下建筑结构及地下空间综合体。

注：楼层屈服强度系数为按钢筋混凝土构件实际配筋和材料强度标准值计算的楼层受剪承载力和按罕遇地震作用标准值计算的楼层弹性地震剪力的比值；对排架柱，指按实际配筋面积、材料强度标准值

和轴向力计算的正截面受弯承载力与按罕遇地震作用标准值计算的弹性地震弯矩的比值。

3.《混规》未述及。

（二）对规范的理解

1. 一般较规则的、设防烈度不高的丙类建筑结构，在经过第一阶段设计（小震不坏、中震可修）后，基本上可避免大震时的破坏倒塌。但是，震害经验表明，如果建筑结构中存在薄弱层或薄弱部位，在强烈地震作用下，由于结构薄弱部位产生了弹塑性变形，结构构件严重破坏甚至引起结构倒塌；属于乙类建筑的生命线工程中的关键部位在强烈地震作用下一旦遭受破坏将带来严重后果，或产生次生灾害或对救灾、恢复重建及生产、生活造成很大影响；采用隔震和消能减震技术的建筑结构，对隔震和消能减震部件应有位移限制要求，在罕遇地震作用下隔震和消能减震部件应能起到降低地震效应和保护主体结构的作用，应进行抗震变形验算，等等。因此，规范规定：对这一类的结构，除应进行第一阶段设计外，还应进行第二阶段设计，即进行罕遇地震下结构的薄弱层弹塑性变形验算。以满足"大震不倒"的设防要求。

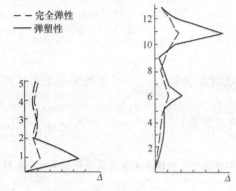

－－完全弹性
——弹塑性

图 1.6.2　结构弹塑性层间变形的分布

"大震不倒"的验算，应该取所验算的结构中变形能力较差构件的变形值。但实际结构是由各类构件组成的具有多道抗震防线的超静定结构体系。罕遇地震下，各构件之间会产生内力重分布，而部分构件达到其极限变形或破坏并不意味整个结构一定会倒塌。同时，计算分析表明：结构的弹塑性层间变形沿高度分布是不均匀的（图 1.6.2），楼层屈服强度相对较低的薄弱层，地震作用下将产生很大的塑性层间变形，而其他各层的层间变形相对较小。因此，控制了结构在罕遇地震作用下薄弱层的弹塑性变形，就可以确保结构大震下的不倒塌。

2. 除 2001 版规范规定的楼层屈服强度系数小于 0.5 的框架结构、甲类建筑和 9 度时乙类建筑中的钢筋混凝土结构和钢结构、采用隔震和消能减震设计的结构应进行结构薄弱层弹塑性变形验算外，2010 版规范还增加高度大于 150m 的结构应验算罕遇地震下结构的弹塑性变形的要求。主要是考虑，150m 以上的高层建筑一般都比较重要，数量相对不是很多，且目前结构弹塑性分析技术和软件已有较大发展和进步，适当扩大结构弹塑性分析范围已具备一定条件。

《抗规》还对 8 度 III、IV 类场地和 9 度时高大的单层工业厂房的横向排架、甲类建筑和 9 度时乙类建筑中的钢结构等也要求进行罕遇地震作用下的抗震变形验算。考虑到本书主要介绍钢筋混凝土结构的设计，故对单层工业厂房排架结构、钢结构等，此处就不再赘述了。

（三）设计建议

1. 罕遇地震下结构的弹塑性变形，直接依赖于结构构件实际的屈服强度（构件屈服承载能力）而不是承载力设计值。因此，规范规定：楼层屈服强度系数为按钢筋混凝土构件实际配筋和材料强度标准值计算的楼层受剪承载力和按罕遇地震作用标准值计算的楼层弹性地震剪力的比值。

需要注意的是：偏心受压的框架柱楼层受剪承载力的计算还应当考虑轴向力的影响。计算斜撑的受剪承载力时，可计及轴向力的贡献，应考虑受压屈服的影响。具体详见本章第四节"十、楼层抗侧力结构的层间受剪承载力"有关说明。

2. 规范对不同的建筑结构的薄弱层弹塑性变形验算提出了不同的要求：规范第 1 款所列的结构应进行弹塑性变形验算，第 2 款所列的结构必要时宜进行弹塑性变形验算，这主要考虑到高层建筑结构弹塑性变形计算的复杂性。如何理解这个"宜"字？笔者认为：不是因为不"应"，而是因为计算复杂。主要看结构的复杂程度和弹塑性变形计算的复杂程度。只要能有计算软件正确计算，应尽可能进行弹塑性变形验算。

三、结构薄弱层（部位）层间弹塑性位移限值

（一）相关规范的规定

1.《高规》第 3.7.5 条规定：

结构薄弱层（部位）层间弹塑性位移应符合下式规定：

$$\Delta u_p \leqslant [\theta_p]h \tag{3.7.5}$$

式中：Δu_p——层间弹塑性位移；

$[\theta_p]$——层间弹塑性位移角限值，可按表 3.7.5 采用；对框架结构，当轴压比小于 0.40 时，可提高 10%；当柱子全高的箍筋构造采用比本规程中框架柱箍筋最小配箍特征值大 30% 时，可提高 20%，但累计提高不宜超过 25%；

h——层高。

表 3.7.5　层间弹塑性位移角限值

结　构　体　系	$[\theta_p]$
框架结构	1/50
框架-剪力墙结构、框架-核心筒结构、板柱-剪力墙结构	1/100
剪力墙结构和筒中筒结构	1/120
除框架结构外的转换层	1/120

2.《抗规》第 5.5.5 条规定：

结构薄弱层（部位）弹塑性层间位移应符合下式要求：

$$\Delta u_p \leqslant [\theta_p]h \tag{5.5.5}$$

式中：$[\theta_p]$——弹塑性层间位移角限值，可按表 5.5.5 采用；对钢筋混凝土框架结构，当轴压比小于 0.40 时，可提高 10%；当柱子全高的箍筋构造比本规范第 6.3.9 条规定的体积配箍率大 30% 时，可提高 20%，但累计不超过 25%。

h——薄弱层楼层高度或单层厂房上柱高度。

表 5.5.5　弹塑性层间位移角限值

结　构　类　型	$[\theta_p]$
单层钢筋混凝土柱排架	1/30

续表 5.5.5

结 构 类 型	$[\theta_p]$
钢筋混凝土框架	1/50
底部框架砌体房屋中的框架-抗震墙	1/100
钢筋混凝土框架-抗震墙、板柱-抗震墙、框架-核心筒	1/100
钢筋混凝土抗震墙、筒中筒	1/120
多、高层钢结构	1/50

3.《混规》未述及。

(二) 对规范的理解

在罕遇地震作用下，结构要进入弹塑性变形状态。为保证结构的大震不倒，规范根据震害经验、试验研究和计算分析结果，提出以构件（梁、柱、墙）和节点达到极限变形时的层间极限位移角作为罕遇地震作用下结构弹塑性层间位移角限值的依据。

国内外许多研究结果表明：不同结构类型的不同结构构件，其弹塑性变形能力是不同的。钢筋混凝土结构的弹塑性变形主要由构件关键受力区的弯曲变形、剪切变形和节点区受拉钢筋的滑移变形等三部分非线性变形组成。影响结构层间极限位移角的因素很多，包括：梁柱的相对强弱关系，配箍率、轴压比、剪跨比、混凝土强度等级、配筋率等。其中轴压比和配箍率是最主要的因素。

钢筋混凝土框架结构的层间位移是楼层梁、柱、节点弹塑性变形的综合结果，美国对36个梁-柱组合试件试验结果表明：极限侧移角的分布为 1/27～1/8，我国对数十榀填充墙框架的试验结果表明：不开洞填充墙和开洞填充墙框架的极限侧移角平均分别为 1/30 和 1/38。规范规定框架的位移角限值为 1/50 是留有安全储备的。

钢筋混凝土结构在罕遇地震作用下，剪力墙要比框架柱先进入弹塑性状态，而且最终破坏也相对集中在剪力墙单元。日本对 176 个带边框柱剪力墙的试验研究表明：剪力墙的极限位移角的分布为 1/333～1/125，国内对 11 个带边框低矮剪力墙试验所得到的极限位移角分布为 1/192～1/112。在上述试验研究结果的基础上，取 1/120 作为剪力墙和筒中筒结构的弹塑性层间位移角限值。考虑到框架-剪力墙结构、板柱-剪力墙和框架-核心筒结构中大部分水平地震作用由剪力墙承担，弹塑性层间位移角限值可比框架结构的框架柱严，但比剪力墙和筒中筒结构要松，故取 1/100。

(三) 设计建议

1. 结构薄弱层（部位）层间弹塑性位移应符合规范的规定。弹塑性层间位移角限值，可按表 3.7.5 采用。应注意：对钢筋混凝土框架结构，当轴压比小于 0.40 时，可提高 10%；当柱子全高的箍筋构造比规范规定的体积配箍率大 30% 时，可提高 20%，但累计不超过 25%，见表 1.6.3。

采取相应构造措施后的框架结构弹塑性层间位移角限值   表 1.6.3

构造措施	①轴压比小于 0.40	②柱子全高箍筋构造比规范规定的体积配箍率大 30%	①、②同时采用
$[\theta_p]$	1/45.5	1/41.7	1/40

2.《高规》表 3.7.5 中有"除框架外的转换层"层间弹塑性位移角限值的规定；《抗

84

《规》仍未述及。工程设计中，宜按《高规》规定验算。

《抗规》对单层钢筋混凝土柱排架、底部框架砌体房屋中的框架-抗震墙、多高层钢结构的层间弹塑性位移角限值作出规定，而《高规》对此并未述及。考虑到本书仅介绍钢筋混凝土结构的设计，故对这些结构此处就不再赘述了。

3. 鉴于甲类建筑在抗震安全性上的特殊要求，其层间位移角限值应专门研究确定。

4. 结构薄弱层（部位）层间弹塑性位移的计算，详见本书第三章第五节"二、结构弹塑性计算分析方法"。

四、房屋风振舒适度要求

（一）相关规范的规定

1. 《高规》第 3.7.6 条规定：

房屋高度不小于 150m 的高层混凝土建筑结构应满足风振舒适度要求。在现行国家标准《建筑结构荷载规范》GB 50009 规定的 10 年一遇的风荷载标准值作用下，结构顶点的顺风向和横风向振动最大加速度计算值不应超过表 3.7.6 的限值。结构顶点的顺风向和横风向振动最大加速度可按现行行业标准《高层民用建筑钢结构技术规程》JGJ 99 的有关规定计算，也可通过风洞试验结果判断确定，计算时结构阻尼比宜取 0.01～0.02。

表 3.7.6　结构顶点风振加速度限值 a_{lim}

使 用 功 能	a_{lim}（m/s^2）
住宅、公寓	0.15
办公、旅馆	0.25

2. 《抗规》、《混规》未述及。

（二）对规范的理解

高层建筑物在风荷载作用下将产生振动，过大的振动加速度将使在建筑物内居住的人们感觉不舒适，甚至不能忍受，两者的关系见表 1.6.4。

舒适度与风振加速度关系表　　　　　　　　　　　表 1.6.4

不舒适的程度	建筑物的加速度
无感觉	$<0.005g$
有感	$0.005g～0.015g$
扰人	$0.015g～0.05g$
十分扰人	$0.05g～0.15g$
不能忍受	$>0.15g$

高层建筑混凝土结构应具有良好的使用条件。对照国外的研究成果和有关标准，《高规》提出了高层混凝土建筑结构满足舒适度的要求。

（三）设计建议

1. 《高规》规定验算风振舒适度要求的房屋高度不小于 150m。房屋高度太低，当然不会出现什么人们感觉不舒适问题。但对非抗震设计的框架结构，最大高度可达 70m，如果在沿海地区，基本风压很大，当结构很柔时，笔者认为此种情况下宜验算。

2. 高层建筑的风振反应加速度包括顺风向最大加速度、横风向最大加速度和扭转角速度。关于顺风向最大加速度和横风向最大加速度的研究工作虽然较多，但各国的计算方法并不统一，互相之间也存在明显的差异。建议可按现行行业标准《高层民用建筑钢结构技术规程》JGJ 99 的相关规定进行计算，也可通过风洞试验结果判断确定。

3. 计算时，基本风压按现行国家标准《建筑结构荷载规范》GB 50009 规定的 10 年一遇的风荷载取值。计算出的或由专门风洞试验确定的结构顶点最大加速度 a_{min} 不应超过规范表 3.7.6 的限值。

基本风压不应乘以 1.1 放大系数。

计算舒适度时结构阻尼比的取值，一般情况下，对混凝土结构取 0.02，对混合结构可根据房屋高度和结构类型取 0.01~0.02。结构高而柔取小值，反之取大值。

五、楼盖结构舒适度要求

（一）相关规范的规定

1.《高规》第 3.7.7 条规定：

楼盖结构应具有适宜的舒适度，楼盖结构的竖向振动频率不宜小于 3Hz，竖向振动加速度峰值不应超过表 3.7.7 的限值。楼盖结构竖向振动加速度可按本规程附录 A 计算。

表 3.7.7 楼盖竖向振动加速度限值

人员活动环境	峰值加速度限值（m/s²）	
	竖向自振频率不大于 2Hz	竖向自振频率不小于 4Hz
住宅，办公	0.07	0.05
商场及室内连廊	0.22	0.15

注：楼盖结构竖向自振频率为 2Hz~4Hz 时，峰值加速度限值可按线性插值选取。

2.《抗规》未述及。

3.《混规》第 3.4.6 条规定：

对混凝土楼盖结构应根据使用功能的要求进行竖向自振频率验算，并宜符合下列要求：

1 住宅和公寓不宜低于 5Hz；

2 办公楼和旅馆不宜低于 4Hz；

3 大跨度公共建筑不宜低于 3Hz。

（二）对规范的理解

楼盖结构舒适度的控制，近 20 年来已引起世界各国广泛关注。英、美等国进行了大量实测研究，颁布了多种版本规程、指南。我国大跨楼盖结构正大量兴起，楼盖结构舒适度控制已成为我国建筑结构设计中又一重要工作内容。

2010 版《高规》、《混规》均新增了控制楼盖竖向振动，满足楼盖结构舒适度的内容。

（三）设计建议

1. 对于钢筋混凝土楼盖结构、钢-混凝土组合楼盖结构（不包括轻钢楼盖结构），一般情况下，楼盖结构竖向频率不宜小于 3Hz，以保证结构具有适宜的舒适度，避免跳跃时周围人群的不舒适。楼盖结构竖向振动加速度不仅与楼盖结构的竖向频率有关，还与建筑使用功能及人员起立、行走、跳跃的振动激励有关。一般住宅、办公、商业建筑楼盖结构的竖向频率小于 3Hz 时，需验算竖向振动加速度。舞厅、健身房、音乐厅等振动激励较为特殊的楼盖结构舒适度控制应符合国家现行有关标准的规定。

《高规》参考国际标准化组织发布的 ISO 2631-2（1989）标准的有关规定，规定了楼盖竖向振动加速度限值以满足楼盖结构舒适度的要求，见规范表 3.7.7；《混规》则提出控制楼盖结构的竖向自振频率的限值以满足楼盖结构舒适度的要求。

2. 楼盖结构的振动加速度可按《高规》附录 A 计算，宜采用时程分析方法，也可采用简化近似方法，该方法参考美国应用技术委员会 1999 年颁布的设计指南 1 "减小楼盖振动"。而《混规》在条文说明中指出：一般楼盖的竖向自振频率可采用简化方法计算。但如何简化不明确。对有特殊要求的工业建筑，可参照现行国家标准《多层厂房楼盖结构抗微振设计规范》进行验算。

第七节　构件承载力设计

一、构件承载力设计表达式

（一）相关规范的规定

1. 《高规》第 3.8.1 条规定：

高层建筑结构构件的承载力应按下列公式验算：

持久设计状况、短暂设计状况　　　$\gamma_0 S_d \leqslant R_d$ 　　　　　　　　　(3.8.1-1)

地震设计状况　　　　　　　　　$S_d \leqslant R_d / \gamma_{RE}$ 　　　　　　　　(3.8.1-2)

式中：γ_0——结构重要性系数，对安全等级为一级的结构构件不应小于 1.1，对安全等级为二级的结构构件不应小于 1.0；

　　　S_d——作用组合的效应设计值，应符合本规程第 5.6.1～5.6.4 条的规定；

　　　R_d——构件承载力设计值；

　　　γ_{RE}——构件承载力抗震调整系数。

2. 《抗规》第 5.4.2 条规定：

结构构件的截面抗震验算，应采用下列设计表达式：

$$S \leqslant R / \gamma_{RE} \qquad\qquad (5.4.2)$$

式中：γ_{RE}——承载力抗震调整系数，除另有规定外，应按表 5.4.2 采用；

　　　R——结构构件承载力设计值。

······。

3. 《混规》第 3.3.2 条规定：

对持久设计状况、短暂设计状况和地震设计状况，当用内力的形式表达时，结构构件应采用下列承载能力极限状态设计表达式：

$$\gamma_0 S \leqslant R \qquad\qquad (3.3.2-1)$$

$$R = R(f_c, f_s, a_k, \cdots) / \gamma_{Rd} \qquad\qquad (3.3.2-2)$$

式中：γ_0——结构重要性系数：在持久设计状况和短暂设计状况下，对安全等级为一级的结构构件不应小于 1.1，对安全等级为二级的结构构件不应小于 1.0，对安全等级为三级的结构构件不应小于 0.9；对地震设计状况下应取 1.0；

S——承载能力极限状态下作用组合的效应设计值：对持久设计状况和短暂设计状况应按作用的基本组合计算；对地震设计状况应按作用的地震组合计算；

R——结构构件的抗力设计值；

$R(\cdot)$——结构构件的抗力函数；

γ_{Rd}——结构构件的抗力模型不定性系数：静力设计取 1.0，对不确定性较大的结构构件根据具体情况取大于 1.0 的数值；抗震设计应用承载力抗震调整系数 γ_{RE} 代替 γ_{Rd}；

f_c、f_s——混凝土、钢筋的强度设计值，应根据本规范第 4.1.4 条及第 4.2.3 条的规定取值；

a_k——几何参数的标准值，当几何参数的变异性对结构性能有明显的不利影响时，应增减一个附加值。

注：公式（3.3.2-1）中的 $\gamma_0 S$ 为内力设计值，在本规范各章中用 N、M、V、T 等表达。

（二）对规范的理解

1. 本条是建筑结构混凝土结构构件承载力设计的原则规定，采用了以概率理论为基础、以可靠指标度量结构构件的可靠度、以分项系数表达的设计方法。

2. 本条仅针对持久设计状况、短暂设计状况和地震设计状况下构件的承载力极限状态设计，与现行国家标准《工程结构可靠性设计统一标准》GB 50153 和《抗规》保持一致。偶然设计状况（如抗连续倒塌设计）以及结构抗震性能设计时的承载力设计应符合规范的有关规定，不作为强制性内容。

3. 按照《工程结构可靠性设计统一标准》GB 50153 的规定，结构重要性系数不再考虑结构设计使用年限的影响，而由可变荷载考虑设计使用年限的调整系数 γ_L 体现（与《建筑结构荷载规范》统一）。

4. 此条为强制性条文。

（三）设计建议

1. 由于高层建筑结构的安全等级一般不低于二级，因此《高规》规定结构重要性系数的取值不应小于 1.0；《混规》考虑到还有多层建筑等，对结构重要性系数的规定较全面。工程设计时按《混规》设计为宜，见表 1.7.1。

结构重要性系数 γ_0　　　　　　　　　　　　　　　表 1.7.1

安全等级		破坏后果	建筑物类型	γ_0
持久设计状况、短暂设计状况	一级	很严重	重要的房屋	≥1.1
	二级	严重	一般的房屋	≥1.0
	三级	不严重	次要的房屋	≥0.9
地震设计状况				≥1.0

2.《混规》提出结构构件的抗力模型不定性系数（构件抗力调整系数）γ_{Rd} 的概念：对静力设计，一般结构构件取 1.0，重要结构构件或不确定性较大的结构构件根据具体情况取大于 1.0 的数值；对抗震设计，采用承载力抗震调整系数 γ_{RE} 代替 γ_{Rd} 的表达形式。

3.《混规》在材料抗力表达式中给出几何参数的标准值 a_k，并规定：当几何参数的变异性对结构性能有明显的不利影响时，需考虑其不利影响，可另增减一个附加值。例如：薄板的截面有效高度的变异性对薄板正截面承载能力有明显影响，在计算截面有效高度时宜考虑施工允许偏差带来的不利影响。这对高层建筑结构也是适用的。

二、钢筋混凝土构件承载力抗震调整系数

（一）相关规范的规定

1. 《高规》第 3.8.2 条规定：

抗震设计时，钢筋混凝土构件的承载力抗震调整系数应按表 3.8.2 采用；型钢混凝土构件和钢构件的承载力抗震调整系数应按本规程第 11.1.7 条的规定采用。当仅考虑竖向地震作用组合时，各类结构构件的承载力抗震调整系数均应取为 1.0。

表 3.8.2　承载力抗震调整系数

构件类别	梁	轴压比小于 0.15 的柱	轴压比不小于 0.15 的柱	剪力墙		各类构件	节点
受力状态	受弯	偏压	偏压	偏压	局部承压	受剪、偏拉	受剪
γ_{RE}	0.75	0.75	0.80	0.85	1.0	0.85	0.85

2. 《抗规》第 5.4.2 条、第 5.4.3 条规定：

第 5.4.2 条

结构构件的截面抗震验算，应采用下列设计表达式：

$$S \leqslant R/\gamma_{RE} \tag{5.4.2}$$

式中：γ_{RE}——承载力抗震调整系数，除另有规定外，应按表 5.4.2 采用；

R——结构构件承载力设计值。

表 5.4.2　承载力抗震调整系数

材　料	结构构件	受力状态	γ_{RE}
钢	柱，梁，支撑，节点板件，螺栓，焊缝	强度	0.75
	柱，支撑	稳定	0.80
砌体	两端均有构造柱、芯柱的抗震墙	受剪	0.9
	其他抗震墙	受剪	1.0
混凝土	梁	受弯	0.75
	轴压比小于 0.15 的柱	偏压	0.75
	轴压比不小于 0.15 的柱	偏压	0.80
	抗震墙	偏压	0.85
	各类构件	受剪、偏拉	0.85

第 5.4.3 条

当仅计算竖向地震作用时，各类结构构件承载力抗震调整系数均应采用 1.0。

3. 《混规》第 11.1.6 条规定：

考虑地震组合验算混凝土结构构件的承载力时，均应按承载力抗震调整系数 γ_{RE} 进行调整，承载力抗震调整系数 γ_{RE} 应按表 11.1.6 采用。

正截面抗震承载力应按本规范第 6.2 节的规定计算，但应在相关计算公式右端项除以

相应的承载力抗震调整系数 γ_{RE}。

当仅计算竖向地震作用时，各类结构构件均承载力抗震调整系数 γ_{RE} 均应取为 1.0。

表 11.1.6 承载力抗震调整系数

结构构件类别	正截面承载力计算					斜截面承载力计算	受冲切承载力计算	局部受压承载力计算
	受弯构件	偏心受压柱		偏心受拉构件	剪力墙	各类构件及框架节点		
		轴压比小于0.15	轴压比不小于0.15					
γ_{RE}	0.75	0.75	0.8	0.85	0.85	0.85	0.85	1.0

注：预埋件锚筋截面计算的承载力抗震调整系数 γ_{RE} 应取为 1.0。

（二）对规范的理解

1. 结构在设防烈度下的抗震验算根本上应该是地震作用下的弹塑性变形验算，为减少验算工作量并符合设计习惯，对大部分结构，均将这种变形验算转换为在众值烈度地震作用下构件承载力验算的形式来表达。

非抗震设计时，结构构件的承载力验算采用式 $\gamma_0 S_d \leqslant R_d$，抗震设计时，采用了与之相似的表达式 $S_d \leqslant R_d / \gamma_{RE}$（见本节"一、构件承载力设计表达式"）。这里作用组合的效应设计值 S_d 取静载、活载、风载、小震下地震作用计算出的内力标准值乘以相应的荷载分项系数（此值大于 1.0），构件承载力设计值（材料抗力）R_d 则取混凝土、钢筋等强度的标准值处以相应的材料系数（此值大于 1.0）。但地震是偶然作用，地震作用可不考虑荷载分项系数；而快速加载（地震作用）下，材料强度比常规静载下有所提高。为了使多遇地震作用组合下的各类构件承载能力具有适宜的安全性水准，就有必要对此表达式进行调整。规范将表达式右端项 R_d 除以承载力抗震调整系数 γ_{RE} 就是为此目的而作的调整。

因此，承载力抗震调整系数 γ_{RE} 的数值，表达了考虑地震作用的偶然性，对考虑地震作用组合的构件承载力安全系数可适当降低，即构件内力设计值的适当折减、材料抗力的适当提高。

2. 大量各类构件的试验研究结果表明：框架梁、框架柱、框支柱以及剪力墙等构件多次反复受力条件下滞回曲线的骨架线与一次单调加载的受力曲线具有足够程度的一致性。故对这些构件的正截面设计可按非抗震设计情况下正截面设计的同样方法完成。只需在承载力计算公式右端除以承载力抗震调整系数 γ_{RE} 即可。但对这些构件斜截面抗剪承载力的计算，则还应对右端项的材料抗力适当折减。

3. 《抗规》第 5.4.2 条为强制性条文。

（三）设计建议

1. 2010 版《混规》补充了受冲切承载力计算的承载力抗震调整系数 γ_{RE}。这是《高规》、《抗规》都未述及的。《抗规》还给出了砌体、结构钢这两种材料结构构件的承载力抗震调整系数 γ_{RE}，而《高规》、《混规》对此并未述及。考虑到本书仅介绍钢筋混凝土结构的设计，故对砌体、结构钢构件的承载力抗震调整系数 γ_{RE} 就不再赘述了。工程设计可按《混规》规定进行。

2. 为了体现"强柱弱梁"、"强剪弱弯"、"强节点"等抗震概念，根据构件不同的受力状态，应采用不同的 γ_{RE} 值，构件的重要性不同，也应采用不同的 γ_{RE} 值。同为正截面承载力，梁的 γ_{RE} 值就比柱子小；同一个构件，受弯的 γ_{RE} 值就比受剪的小。为使框架节点具有强节点和强连接的性能，对其采用较大的 γ_{RE} 值；预埋件锚筋截面计算的承载力抗震调整系数应取 $\gamma_{RE}=1.0$；局部受压计算时承载力抗震调整系数应取 $\gamma_{RE}=1.0$。

抗震设计的框支梁是偏心受拉构件，其正截面承载力计算时，应取承载力抗震调整系数 $\gamma_{RE}=0.85$ 而不能取 0.75；转换梁不仅承担上部结构传来的巨大的竖向荷载，而且还承担由于水平地震作用产生的竖向作用力和竖向地震作用，是结构中非常重要的构件，是实现大震不倒的关键所在，其重要性远大于一般框架梁。建议对其承载力抗震调整系数亦取 $\gamma_{RE}=0.85$；转换桁架、带加强层结构中采用桁架作水平伸臂构件的杆件等，其受力状态各不相同，应根据不同的受力状态按规范规定确定其相应的承载力抗震调整系数；框支柱、转换梁及转换桁架的下柱，正截面承载力计算时，其承载力抗震调整系数也宜调整为 $\gamma_{RE}=0.85$。

第八节 抗 震 等 级

一、上部结构构件的抗震等级

（一）相关规范的规定

1. 《高规》第 3.9.3 条、第 3.9.4 条规定：

第 3.9.3 条

抗震设计时，高层建筑钢筋混凝土结构构件应根据抗震设防分类、烈度、结构类型和房屋高度采用不同的抗震等级，并应符合相应的计算和构造措施要求。A 级高度丙类建筑钢筋混凝土结构的抗震等级应按表 3.9.3 确定。当本地区的设防烈度为 9 度时，A 级高度乙类建筑的抗震等级应按特一级采用，甲类建筑应采取更有效的抗震措施。

注：本规程"特一级和一、二、三、四级"即"抗震等级为特一级和一、二、三、四级"的简称。

表 3.9.3 A 级高度的高层建筑结构抗震等级

结 构 类 型		烈 度						
		6 度		7 度		8 度		9 度
框架结构		三		二		一		
框架-剪力墙结构	高度（m）	≤60	>60	≤60	>60	≤60	>60	≤50
	框架	四	三	三	二	二	一	一
	剪力墙	三		二		一		一
剪力墙结构	高度（m）	≤80	>80	≤80	>80	≤80	>80	≤60
	剪力墙	四	三	三	二	二	一	一
部分框支剪力墙结构	非底部加强部位的剪力墙	四	三	三	二	二	一	——
	底部加强部位的剪力墙	三	二	二	一	一	——	——
	框支框架	二		二		一		——

续表 3.9.3

结 构 类 型			烈 度					
			6 度		7 度		8 度	9 度
筒体结构	框架-核心筒	框架	三		二		一	一
		核心筒	二		二		一	一
	筒中筒	内筒	三		二		一	一
		外筒						
板柱-剪力墙结构	高度		≤35	>35	≤35	>35	≤35	>35
	框架、板柱及柱上板带		三	二	二	一	一	—
	剪力墙		二	二	二	一	一	—

注：1 接近或等于高度分界时，应结合房屋不规则程度及场地、地基条件适当确定抗震等级；

2 底部带转换层的筒体结构，其转换框架的抗震等级应按表中部分框支剪力墙结构的规定采用；

3 当框架-核心筒结构的高度不超过 60m 时，其抗震等级应允许按框架一剪力墙结构采用。

第 3.9.4 条

抗震设计时，B 级高度丙类建筑钢筋混凝土结构的抗震等级应按表 3.9.4 确定。

表 3.9.4　B 级高度的高层建筑结构抗震等级

结 构 类 型		烈 度		
		6 度	7 度	8 度
框架-剪力墙	框架	二	一	一
	剪力墙	二	一	特一
剪力墙	剪力墙	二	一	一
部分框支剪力墙	非底部加强部位剪力墙	二	一	一
	底部加强部位剪力墙	一	一	特一
	框支框架	一	特一	特一
框架-核心筒	框架	二	一	一
	筒体	二	一	特一
筒中筒	外筒	二	一	特一
	内筒	二	一	特一

注：底部带转换层的筒体结构，其转换框架和底部加强部位筒体的抗震等级应按表中部分框支剪力墙结构的规定采用。

2. 《抗规》第 6.1.2 条、第 6.1.3 条第 4 款规定：

第 6.1.2 条

钢筋混凝土房屋应根据设防类别、烈度、结构类型和房屋高度采用不同的抗震等级，并应符合相应的计算和构造措施要求。丙类建筑的抗震等级应按表 6.1.2 确定。

表6.1.2 现浇钢筋混凝土房屋的抗震等级

结构类型		6		7			8			9	
框架结构	高度（m）	≤24	>24	≤24	>24		≤24	>24		≤24	
	框架	四	三	三	二		二	一		一	
	大跨度框架	三	三	二	二	二	一	一	一	一	
框架-抗震墙结构	高度（m）	≤60	>60	≤24	25～60	>60	≤24	25～60	>60	≤24	25～50
	框架	四	三	四	三	二	三	二	一	二	一
	抗震墙	三	三	三	二	二	二	二	二	一	一
抗震墙结构	高度（m）	≤80	>80	≤24	25～80	>80	≤24	25～80	>80	≤24	25～60
	剪力墙	四	三	四	三	二	三	二	一	二	一
部分框支抗震墙结构	高度（m）	≤80	>80	≤24	25～80	>80	≤24	25～80	／	／	／
	抗震墙 一般部位	四	三	四	三	二	三	二	／	／	／
	抗震墙 加强部位	三	二	三	二	一	二	一	／	／	／
	框支层框架	二	二	二	二	二	一	一	／	／	／
框架-核心筒结构	框架	三	三	二	二	二	一	一	一	一	一
	核心筒	二	二	二	二	二	一	一	一	一	一
筒中筒结构	外筒	三	三	二	二	二	一	一	一	一	一
	内筒	三	三	二	二	二	一	一	一	一	一
板柱-抗震墙结构	高度（m）	≤35	>35	≤35	>35		≤35	>35	／	／	／
	框架、板柱的柱	三	二	二	二		一	一	／	／	／
	抗震墙	二	二	二	二		二	一	／	／	／

注：1　建筑场地为Ⅰ类时，除6度外应允许按表内降低一度所对应的抗震等级采取抗震构造措施，但相应的计算要求不应降低；

2　接近或等于高度分界时，应允许结合房屋不规则程度及场地、地基条件确定抗震等级；

3　大跨度框架指跨度不小于18m的框架；

4　高度不超过60m的框架-核心筒结构按框架-抗震墙的要求设计时，应按表中框架-抗震墙结构的规定确定其抗震等级。

第6.1.3条第4款

当甲乙类建筑按规定提高一度确定其抗震等级而房屋的高度超过本规范表6.1.2相应规定的上界时，应采取比一级更有效的抗震构造措施。

注：本章"一、二、三、四级"即"抗震等级为一、二、三、四级"的简称。

3. 《混规》第11.1.3条、第11.1.4条第4款规定：

第11.1.3条

表 11.1.3　混凝土结构的抗震等级

结构类型		设防烈度									
		6		7			8			9	
框架结构	高度(m)	≤24	>24	≤24	>24		≤24	>24		≤24	
	普通框架	四	三	三	二		二	一		一	
	大跨度框架	三		二			一			一	
框架-剪力墙结构	高度(m)	≤60	>60	≤24	>24且≤60	>60	≤24	>24且≤60	>60	≤24	>24且≤50
	框架	四	三	四	三	二	三	二	一	二	一
	剪力墙	三		三	二		二	一		一	
剪力墙结构	高度(m)	≤80	>80	≤24	>24且≤80	>80	≤24	>24且≤80	>80	≤24	24～60
	剪力墙	四	三	四	三	二	三	二	一	二	一
部分框支剪力墙结构	高度(m)	≤80	>80	≤24	>24且≤80	>80	≤24	>24且≤80		—	
	剪力墙 一般部位	四	三	四	三	二	三	二		—	
	剪力墙 加强部位	三	二	三	二	一	二	一		—	
	框支层框架	二		二	一		一			—	
筒体结构	框架-核心筒 框架	三		二			一			一	
	框架-核心筒 核心筒	二		二			一			一	
	筒中筒 内筒	三		二			一			一	
	筒中筒 外筒	三		二			一			一	
板柱-剪力墙结构	高度(m)	≤35	>35	≤35	>35		≤35	>35		—	
	板柱及周边框架	三	二	二	二		一	一		—	
	剪力墙	二	二	二	二		二	一		—	
单层厂房结构	铰接排架	四		三			一			—	

注：1　建筑场地为Ⅰ类时，除 6 度设防烈度外应允许按表内降低一度所对应的抗震等级采取抗震构造措施，但相应的计算要求不应降低；

　　2　接近或等于高度分界时，应允许结合房屋不规则程度及场地、地基条件确定抗震等级；

　　3　大跨度框架指跨度不小于 18m 的框架；

　　4　表中框架结构不包括异形柱框架；

　　5　房屋高度不大于 60m 的框架-核心筒结构按框架-剪力墙结构的要求设计时，应按表中框架-剪力墙结构确定抗震等级。

第 11.1.4 条第 4 款

确定钢筋混凝土房屋结构的抗震等级时，尚应符合下列要求：

甲、乙类建筑按规定提高一度确定其抗震等级时，如其高度超过对应的房屋最大适用高度，则应采取比相应抗震等级更有效的抗震构造措施。

（二）对规范的理解

1. 钢筋混凝土房屋的抗震等级是重要的设计参数。抗震设计时结构构件抗震措施的抗震等级的确定，与设防类别、设防烈度、结构类型、房屋高度有关，其中的抗震构造措施还与场地类别有关。按不同的设防类别、设防烈度、结构类型、房屋高度等规定了钢筋混凝土结构构件的不同的抗震等级，采用相应的计算和构造措施，体现了不同抗震设防类别、不同结构类型、不同设防烈度、同一设防烈度但不同高度的建筑结构对延性要求的不同，以及同一构件在不同的结构类型中的延性要求的不同。实质就是在宏观上控制不同结构构件不同的抗震性能要求。

2. 抗震措施包括抗震构造措施和其他抗震措施两类：

(1) 抗震构造措施：根据抗震概念设计的原则，一般不需计算而对结构和非结构各部分必须采取的各种细部要求。如构件的配筋要求、延性要求、锚固长度等。主要内容见《抗规》第6、7、8各章除第一、二节外的各节，第9、10各章中各节的第（Ⅲ）部分；

(2) 其他抗震措施：除抗震构造措施以外的抗震措施，如结构体系的确定、结构的高宽比、长宽比、结构的平面及竖向布置、相关构件的内力调整等。主要内容见《抗规》第6、7、8各章的第一、二节，第9、10各章中各节的第（Ⅰ）、（Ⅱ）部分。

同一个结构的同一个构件，有些情况下其抗震构造措施和其他抗震措施的抗震等级可能不同。

3. 抗震等级是根据国内外建筑结构的震害、有关科研成果、工程设计经验确定的。

框架-剪力墙结构中，由于剪力墙部分的刚度远大于框架部分的刚度，因此对框架-剪力墙结构中框架部分的抗震能力要求比纯框架结构可适当降低。

在结构受力性质与变形方面，框架-核心筒结构与框架-剪力墙结构基本上是一致的，尽管框架-核心筒结构由于剪力墙组成筒体而大大提高了其抗侧力能力，但其周边的稀柱框架相对较弱，设计上与框架-剪力墙结构基本相同。由于框架-核心筒结构的房屋高度一般较高（大于60m），其抗震等级不再划分高度，而统一取用了较高的规定。

4. 规范的上述规定，给出了设防类别为丙类建筑结构中不同部位应取用的抗震等级，甲类、乙类和丁类建筑结构的抗震等级应按《建筑工程抗震设防分类标准》GB 50223的规定，在规范的上述规定基础上进行调整。

5. 针对B级高度的高层建筑及复杂高层建筑，《高规》还提出了抗震措施的特一级抗震等级，其计算和构造措施比一级更严格。

6. 此条为强制性条文，设计应严格执行。

（三）设计建议

1. 三本规范对抗震等级的规定基本一致，和2001版规范相比，2010版规范的修订有相同之处，但也有一些区别，分述如下：

(1) 修订相同处

1) 在部分框支-剪力墙结构中，将剪力墙的抗震等级由一档划分为加强部位和一般部位两档，以体现同一结构中的同一构件在不同部位因其重要性不同，所需的抗震性能要求不同；

2) 对于房屋高度不超过60m的框架-核心筒结构，其作为筒体结构的空间作用已不明显，总体上更接近于框架-剪力墙结构，因此规范明确规定其抗震等级允许按框架-剪力墙结构采用；注意"允许"二字，即可以按框架-核心筒结构、也允许按框架-剪力墙结构确定其抗震等级。设计人可根据具体工程核心筒的实际情况（如承载能力、变形能力、延性性能、空间性能、房屋高宽比等）确定。

3) 根据近年来的工程经验，适当调整了板柱-剪力墙结构的抗震等级。

(2) 修订不同处

1)《高规》规定：当本地区的设防烈度为9度时，A级高度乙类建筑的抗震等级应按特一级采用，甲类建筑应采取更有效的抗震措施；《抗规》规定：当甲乙类建筑按规定提高一度确定其抗震等级而房屋的高度超过本规范表6.1.2相应规定的上界时，应采取比一级更有效的抗震构造措施；《混规》规定：甲、乙类建筑按规定提高一度确定其抗震等级时，如其高度超过对应的房屋最大适用高度，其抗震构造措施尚应适当提高。显然，《高规》仅规定了9度A级高度乙类、甲类建筑因超高无法查表确定抗震等级问题，而《抗规》、《混规》的规定较为全面。此外，《抗规》、《混规》明确规定此时提高的仅是抗震构造措施的抗震等级，而《高规》则要求提高的是抗震措施的抗震等级，即抗震构造措施和其他抗震措施的抗震等级均提高。

如何确定其抗震等级？笔者认为：对A级高度的甲类建筑9度设防时，应采取比9度设防更有效的措施；乙类建筑9度设防时，抗震等级提升至特一级。B级高度的高度建筑，其抗震等级有更严格的要求，应按《高规》表3.9.4采用；有更高要求时则提升至特一级。此时抗震构造措施和其他抗震措施的抗震等级均提高。

对甲类、乙类的9度多层及8度、7度多高层建筑，则"应采取比一级更有效的抗震构造措施"，即仅将抗震构造措施的抗震等级提高一级或适当提高，不提高其他抗震措施的抗震等级。

例如：结构高度为75m的框架-剪力墙结构，抗震设防烈度为8度（0.20g），设防类别为乙类，根据规定其抗震等级应按9度确定。但规范表中只能确定设防烈度为9度、结构高度为25～50m的框架-剪力墙结构的抗震等级，为一级。结构高度为75m时则无法从表中查得。但本工程结构高度为75m，已超高。故其抗震构造措施的抗震等级可为特一级，而其他抗震措施的抗震等级仍为一级。

又如：某建筑结构，采用剪力墙结构，结构高度70m，抗震设防烈度为8度（0.30g），建筑场地类别为Ⅲ类。根据规定应按抗震设防烈度9度、剪力墙结构、结构高度70m查表确定其抗震等级，表中9度时抗震等级为一级，但最大高度为60m，已超高。故本工程抗震构造措施的抗震等级可为特一级，而其他抗震措施的抗震等级仍为一级。

《混规》指出：抗震构造措施尚应适当提高。即抗震措施的提高幅度，应综合考虑结构高度、场地类别和地基条件、建筑结构的规则性等情况确定，不一定都提高一级。这就是"比9度设防更有效的措施"、"比一级更有效的抗震构造措施"的含义。即经过讨论研究在一级抗震等级的基础上对重要部位和重要构件（不是全部构件）抗震构造措施进行加强，按特一级进行设计。但有关抗震设计的内力调整系数等一般不必提高。

2)《抗规》、《混规》对框架结构、对抗震设防烈度为7、8、9度的框架-剪力墙结构、剪力墙结构，以及部分框支-剪力墙结构，增加24m作为划分抗震等级的一个高度分界，其抗震等级比2001版规范低一级，但四级不再降低，框支层框架不降低。《高规》由于不存在24m的一些建筑，故无需述及。

3) 将2001版规范的"大跨度公共建筑"改为"大跨度框架"，并明确"大跨度框架指跨度不小于18m的框架"。《抗规》、《混规》指的是框架结构中的"大跨度框架"。高层建筑并无此类框架结构。但是，若框架-剪力墙结构、框架-核心筒结构中出现"大跨度框架"，而结构高度又较高，笔者建议：宜在表中查得该结构体系框架部分抗震等级的基础上适当提高。

4)《混规》有单层厂房结构铰接排架的抗震等级。

2. 当剪力墙或框架相对较少时，其抗震等级的确定见本书第六章第一节"二、框架-

剪力墙结构设计原则"。

3. 框架-剪力墙结构、剪力墙结构中跨高比大于 5 的连梁的抗震等级，规范未作明确规定，笔者建议：可偏安全地按相应结构体系中的剪力墙确定。

4. 按规范查表确定的结构构件抗震等级，既适用于结构抗震构造措施也适用于其他抗震措施。

5. 规范规定的抗震等级，是满足结构抗震设计的最低要求，当房屋结构高度接近或等于高度分界时，应允许结合结构的不规则程度及场地、地基条件等确定其抗震等级。

二、主楼与裙房为一个结构单元，裙房部分的抗震等级

（一）相关规范的规定

1.《高规》第 3.9.6 条规定：

抗震设计时，与主楼连为整体的裙房的抗震等级，除应按裙房本身确定外，相关范围不应低于主楼的抗震等级；主楼结构在裙房顶板上、下各一层应适当加强抗震构造措施。裙房与主楼分离时，应按裙房本身确定抗震等级。

2.《抗规》第 6.1.3 条第 2 款规定：

钢筋混凝土房屋抗震等级的确定，尚应符合下列要求：

裙房与主楼相连，除应按裙房本身确定抗震等级外，相关范围不应低于主楼的抗震等级；主楼结构在裙房顶板对应的相邻上下各一层应适当加强抗震构造措施。裙房与主楼分离时，应按裙房本身确定抗震等级。

3.《混规》第 11.1.4 条第 2 款与《抗规》规定一致。

（二）对规范的理解

结构中相同部位的同一类构件应具有相同的抗震性能。主楼与裙房连为整体，则为同一结构单元，规范规定了裙房部分的抗震等级。

（三）设计建议

1. 裙房部分的抗震等级，除按裙房本身确定外，相关范围不应低于主楼的抗震等级（图 1.8.2a）。此"相关范围"，《高规》规定为：一般指主楼周边外延三跨的裙房结构；《抗规》规定为：一般可从主楼周边外延三跨且不小于 20m；《混规》规定为：一般是指主楼周边外扩不少于三跨的裙房范围。

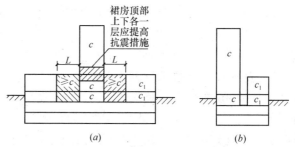

图 1.8.2 裙房部分抗震等级的确定

c—表示主楼部分（结构单元）抗震等级；c_1—表示裙房部分（结构单元）抗震等级；L—相关范围

笔者认为："相关范围"应当与上部结构高度有关。当主楼高度不高，可以取少一些，当主楼高度很高时，根据工程具体情况，也可取四跨甚至五跨。按《混规》取不少于三跨较为合理。

当裙房部分抗震设防类别高于主楼部分（例如裙房为人流密集的大型多层商场乙类建筑，主楼为住宅丙类建筑）时，裙房部分抗震设防烈度应提高一级按其自身的结构类型确定抗震等级，最后取两者的不利情况作为裙房部分构件的抗震等级。

相关部位范围以外可按裙房自身的结构类型确定其抗震等级。

2. 裙房与主楼相连，主楼结构在裙房顶板对应的上、下各一层受刚度与承载力突变影响较大，需要适当加强抗震构造措施。

首先是要加强主楼与裙房的整体性，如适当加大楼板的厚度和配筋率，必要时采用双层双向配筋等；当上、下层刚度变化较大，属于竖向不规则结构时，其薄弱层的地震剪力应按规范乘以不小于1.15的增大系数（图1.8.2a）。

3. 对于偏置裙房，其端部的扭转效应很大，需要加强，建议至少比按裙房自身结构类型确定的抗震等级提高一级。

4. 当主楼和裙房由防震缝分开时，主楼和裙房为各自独立的结构单元，应分别按各自的结构体系、高度等确定其抗震等级（图1.8.2b）。

三、Ⅲ、Ⅳ类建筑场地、7 度（0.15g）或 8 度（0.30g）时，确定构件抗震构造措施时的抗震等级

（一）相关规范的规定

1. 《高规》第3.9.2条规定：

当建筑场地为Ⅲ、Ⅳ类时，对设计基本地震加速度为0.15g和0.30g的地区，宜分别按抗震设防烈度8度（0.20g）和9度（0.40g）时各类建筑的要求采取抗震构造措施。

2. 《抗规》第3.3.3条规定：

建筑场地为Ⅲ、Ⅳ类时，对设计基本地震加速度为0.15g和0.30g的地区，除本规范另有规定外，宜分别按抗震设防烈度8度（0.20g）和9度（0.40g）时各抗震设防类别建筑的要求采取抗震构造措施。

3. 《混规》未述及。

（二）对规范的理解

历次大地震的经验表明，同样或相近的建筑结构，建造于Ⅰ类建筑场地时震害较轻，场地对地震作用有一定的"减弱"效应；而建造于Ⅲ、Ⅳ建筑类场地震害较重，场地对地震作用有一定的"放大"效应。规范对上部结构构件抗震等级的规定，在《高规》表3.9.3、表3.9.4，《抗规》表6.1.2或《混规》表11.1.3中，对设计基本地震加速度为0.15g和0.30g的情况，都未作区别，也未明确规定建筑场地为Ⅱ、Ⅲ、Ⅳ类时构件抗震等级的不同。若建筑结构抗震设防烈度为7度（0.15g）或8度（0.30g），同时又建造在Ⅲ类、Ⅳ类建筑场地上，两个不利因素叠加，仍按《高规》表3.9.3、表3.9.4，《抗规》表6.1.2或《混规》表11.1.3确定抗震等级，有可能偏于不安全。因此，规范对此种情况下构件的抗震构造措施予以适当加强。

（三）设计建议

1. 《高规》、《抗规》完全一致，工程设计应按规范的规定执行。对抗震设防类别为丙类的建筑结构，当建筑场地为Ⅲ、Ⅳ类，设计基本地震加速度为0.15g和0.30g时，宜分别按抗震设防烈度8度（0.20g）和9度（0.40g）时各类建筑的要求采取抗震构造措施。

对抗震设防类别为甲类、乙类的建筑结构，当建筑场地为Ⅲ、Ⅳ类，设计基本地震加速度为0.15g和0.30g时，如何确定其抗震构造措施的抗震等级？笔者认为：首先应按规定提高一度查规范确定结构构件的抗震等级，在此基础上，再根据建筑结构的高度、规

则性等，对结构重要部位的构件采取更有效的抗震构造措施。比如对这些构件可分别按抗震设防烈度 8 度（0.20g）和 9 度（0.40g）时各类建筑的要求采取抗震构造措施。而对其他构件不再提高；或进行抗震性能设计，等等。

2. 应该注意的是：

（1）所"提高"的仅仅是结构构件所采取的抗震构造措施，不应提高其他抗震措施的要求，如按概念设计要求的内力调整措施等。更不必提高结构地震作用的计算。

（2）规范的用语是"宜"而不是"应"，即对结构构件所采取的抗震构造措施，"提高"不是必须的。因此，设计人应根据实际工程的具体情况，如建筑结构的高度、结构体系、规则性等，分析确定是否提高。

四、地下室结构构件的抗震等级

（一）相关规范的规定

1.《高规》第 3.9.5 条规定：

抗震设计的高层建筑，当地下室顶层作为上部结构的嵌固端时，地下一层相关范围的抗震等级应按上部结构采用，地下一层以下抗震构造措施的抗震等级可逐层降低一级，但不应低于四级；地下室中超出上部主楼相关范围且无上部结构的部分，其抗震等级可根据具体情况采用三级或四级。

2.《抗规》第 6.1.3 条第 3 款规定：

钢筋混凝土房屋抗震等级的确定，尚应符合下列要求：

当地下室顶板作为上部结构的嵌固部位时，地下一层的抗震等级应与上部结构相同，地下一层以下抗震构造措施的抗震等级可逐层降低一级，但不应低于四级。地下室中无上部结构的部分，抗震构造措施的抗震等级可根据具体情况采用三级或四级。

3.《混规》第 11.1.4 条第 3 款与《抗规》规定一致。

（二）对规范的理解

带地下室的多层和高层建筑，当地下室顶板可作为上部结构的嵌固部位时，地震作用下结构的屈服部位将发生在地上楼层，同时将影响到地下一层；地面以下结构的地震响应逐渐减小。因此，规范规定了地下室抗震构造措施的抗震等级。

（三）设计建议

1. 抗震设计的多层和高层建筑，当地下室顶板可作为上部结构的嵌固部位时，地下一层相关范围内的抗震等级应按上部结构采用，相关范围内地下一层以下结构抗震构造措施的抗震等级可逐层降低一级，但不应低于四级，详见表 1.8.4。甲、乙类建筑抗震设防烈度为 9 度时应专门研究。

地下室顶层作为上部结构嵌固端地地下室结构的抗震等级　　　　表 1.8.4

地下室层次	确定抗震等级的设防烈度			
	6 度	7 度	8 度	9 度
地下一层	同上部结构	同上部结构	同上部结构	同上部结构
地下二层及以下各层	逐层降低一级，但不应低于四级			

此"相关范围"，《高规》规定为：一般指主楼周边外延 1～2 跨的地下室范围；《抗规》、《混规》对此并未述及。

笔者认为：规定一个相关范围是合适的。同时，"相关范围"应当与上部结构高度有关。究竟取一跨还是取二跨？俗话说："树大根深"，当为多层建筑时，也可取一跨，而当为高层建筑主楼高度又很高时，根据工程具体情况，也可取三跨甚至四跨。

2. 对于地下室顶层确实不能作为上部结构嵌固部位需嵌固在地下其他楼层时，实际嵌固部位所在楼层及其上部的地下室楼层（与地面以上结构对应的部分）的抗震等级，可取为与地上结构相同或根据地下结构的有利情况适当降低（不超过一级）。以下各层可根据具体情况逐层降低一级。

3. 当地下室为大底盘、其上有多个独立的塔楼时，若嵌固部位在地下室顶板，地下一层高层部分及高层部分相关范围以内无上部结构部分的抗震等级应与高层部分底部结构抗震等级相同。地下室中超出上部主楼相关范围且无上部结构的部分，其抗震等级可根据具体情况采用三级或四级（图1.8.4）9度抗震设计时的抗震等级不应低于三级。

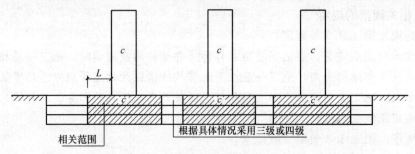

图 1.8.4　地下室结构构件抗震等级的确定

c—抗震等级；L—相关范围

4. 无上部结构的地下建筑结构构件，如地下车库等，其抗震等级可按三级或四级采用。

5. 注意：由于地下一层以下不要求计算地震作用，故地下室结构构件的抗震等级仅是抗震构造措施的抗震等级。即只需满足抗震设计时相应抗震等级的构件配筋要求、延性要求、锚固长度等。而无需进行相关构件的内力调整等。

第九节　特一级构件设计规定

（一）相关规范的规定

1.《高规》第3.10.1条～第3.10.5条规定：

第3.10.1条

特一级抗震等级的钢筋混凝土构件除应符合一级钢筋混凝土构件的所有设计要求外，尚应符合本节的有关规定。

第3.10.2条

特一级框架柱应符合下列规定：

1　宜采用型钢混凝土柱、钢管混凝土柱；

2　柱端弯矩增大系数 η_c、柱端剪力增大系数 η_{vc} 应增大20%；

3　钢筋混凝土柱柱端加密区最小配箍特征值 λ_v 应按本规程表6.4.7规定的数值增加

0.02采用；全部纵向钢筋构造配筋百分率，中、边柱不应小于1.4%，角柱不应小于1.6%。

第3.10.3条

特一级框架梁应符合下列规定：

1 梁端剪力增大系数η_{vb}应增大20%；

2 梁端加密区箍筋构造最小配箍率应增大10%。

第3.10.4条

特一级框支柱应符合下列规定：

1 宜采用型钢混凝土柱、钢管混凝土柱；

2 底层柱下端及与转换层相连的柱上端的弯矩增大系数取1.8，其余层柱端弯矩增大系数η_c应增大20%；柱端剪力增大系数η_{vc}应增大20%；地震作用产生的柱轴力增大系数取1.8，但计算柱轴压比时可不计该项增大；

3 钢筋混凝土柱柱端加密区最小配箍特征值λ_v应按本规程表6.4.7的数值增大0.03采用，且箍筋体积配箍率不应小于1.6%；全部纵向钢筋最小构造配筋百分率取1.6%。

第3.10.5条

特一级剪力墙、筒体墙应符合下列规定：

1 底部加强部位的弯矩设计值应乘以1.1的增大系数，其他部位的弯矩设计值应乘以1.3的增大系数；底部加强部位的剪力设计值，应按考虑地震作用组合的剪力计算值的1.9倍采用，其他部位的剪力设计值，应按考虑地震作用组合的剪力计算值的1.4倍采用；

2 一般部位的水平和竖向分布钢筋最小配筋率应取为0.35%，底部加强部位的水平和竖向分布钢筋的最小配筋率应取为0.40%；

3 约束边缘构件纵向钢筋最小构造配筋率应取为1.4%，配箍特征值宜增大20%；构造边缘构件纵向钢筋的配筋率不应小于1.2%；

4 框支剪力墙结构的落地剪力墙底部加强部位边缘构件宜配置型钢，型钢宜向上、下各延伸一层；

5 连梁的要求同一级。

2.《抗规》、《混规》未述及。

（二）对规范的理解

抗震等级为特一级的构件是高层建筑结构中的关键部位或重要构件。抗震设计时，对承载能力、变形能力、延性性能要求都很高。应采取比一级抗震等级的构件有更严格的构造措施，一般在B级高度的高层建筑和复杂高层建筑结构中会出现。《高规》在本节对其作了规定。

与2001版《高规》相比，2010版《高规》对特一级剪力墙的弯矩设计值和剪力设计值均比一级的要求略有提高，适当增大剪力墙的受弯和受剪承载力；对剪力墙边缘构件及分布钢筋的构造配筋要求适当提高；并明确特一级连梁的要求同一级，取消了2001版《高规》要求连梁设置交叉暗撑的要求。

（三）设计建议

1. 对框架柱、框支柱，一般均要求采用型钢混凝土柱、钢管混凝土柱；对框支梁，必要时也可采用型钢混凝土框支梁，此时相应的框支柱亦应采用型钢混凝土柱；对框支剪力墙结构的落地剪力墙底部加强部位边缘构件宜配置型钢，型钢宜向上、下各延伸一层。

2. 连梁的构造要求同一级抗震等级的规定。

3. 特一级抗震等级的钢筋混凝土构件有关规定详见表 1.9.1。

特一级抗震等级的钢筋混凝土构件构造要求　　　　表 1.9.1

	框架柱	框架梁	框支柱	框支梁	剪力墙
端部弯矩增大系数	1. 框架结构： 2. 其他框架：1.68	—	底层柱下端及与转换层相连的柱上端：1.8 其余层转换柱： 1. 框架结构： 2. 其他框架：1.68		1. 一般剪力墙、筒体墙： 底部加强部位：1.1 其他部位：1.3 2. 部框支剪力墙结构中的落地剪力墙底部加强部位：1.8
端部剪力增大系数	1. 框架结构： 2. 其他框架：1.68	1. 框架结构： 2. 其他框架：1.56			底部加强部位：1.9 其他部位：1.4
地震作用产生的柱轴力增大系数	—	—	1.8，但计算柱轴压比时可不计该项增大		
全部纵向钢筋构造配筋最小百分率	中、边柱：1.4% 角柱：1.6%	—	1.6%	上、下部各0.6%	—
加密区箍筋	柱端最小配箍特征值 λ_v：按《高规》表6.4.7规定数值增加0.02	梁端箍筋最小面积配箍率：在一级基础上增大10%	柱端最小配箍特征值 λ_v：按《高规》表6.4.7规定数值增加0.03且箍筋体积配箍率不应小于1.6%	梁端箍筋最小面积配箍率：1.3f_t/f_{yv}	—
水平和竖向分布钢筋最小配筋率			—		底部加强部位：0.40% 其他部位：0.35%
约束边缘构件	—	—	—	—	纵向钢筋最小配筋率：1.4% 配箍特征值：按《高规》表7.2.15规定数值乘以1.2
边缘构件					纵向钢筋最小构造配筋率：1.2%

注：1. 规范对框架梁端加密区箍筋最小面积配箍率未作规定；

2. 规范规定的"增大20%"等，均指在一级抗震等级的基础上增大；对剪力墙，9度一级和6、7、8度一级要求是不同的，所以，9度特一级和6、7、8度特一级的要求也是不同的；

3. 框架角柱、转换角柱的弯矩和剪力设计值应在按上表规定的内力增大外，再按《高规》第6.2.4条的规定，乘以不小于1.1的增大系数；

4. 没有特别规定的，如柱、剪力墙肢的轴压比，梁、柱箍筋加密区长度、直径、间距；梁端截面混凝土压区高度，梁端截面底面和顶面纵向钢筋截面面积比等，均应按一级抗震等级的规定执行。

第二章 荷载和地震作用

第一节 竖 向 荷 载

一、结构自重、楼（屋）面活荷载及屋面雪荷载

（一）相关规范的规定

1.《高规》第4.1.1条规定：

第4.1.1条

高层建筑的自重荷载、楼（屋）面活荷载及屋面雪荷载等应按现行国家标准《建筑结构荷载规范》GB 50009的有关规定采用。

2.《抗规》、《混规》未述及。

（二）对规范的理解

1.《建筑结构荷载规范》根据《建筑结构可靠度设计统一标准》的规定，按设计基准期50年对住宅、办公室和商店的楼面活荷载作了调查和统计，考虑荷载随空间和时间的变异性，采用适当的概率模型，并考虑工程界普遍的意见，确定了楼面活荷载的标准值。

2.《建筑结构荷载规范》提供的50年重现期的基本雪压值是根据全国672个地点的基本气象台（站）的最大雪压和雪深资料，按规定的方法统计得到的。

《建筑结构荷载规范》规定的楼面活荷载标准值和50年重现期的基本雪压值是在设计基准期50年内具有95%以上保证率的取值。

（三）设计建议

1. 建筑结构的自重荷载、楼（屋）面活荷载及屋面雪荷载等应按现行国家标准《建筑结构荷载规范》GB 50009（以下简称《荷载规范》）的有关规定采用。

2. 建筑楼面均布活荷载的标准值及其组合值系数、频遇值系数和准永久值系数为设计时必须遵守的最低要求。如设计中有特殊需要，活荷载的标准值及其组合值系数、频遇值系数和准永久值系数的取值可以适当提高。

（1）关于楼面均布活荷载的取值，《荷载规范》第5.1.1条条文说明指出：对民用建筑楼面，可根据在楼面上活动的人和设施的不同状况，粗略将其标准值分成以下七个档次：

1）活动的人很少   取2.0kN/m²
2）活动的人较多且有设备   取2.5kN/m²
3）活动的人很多或有较重的设备   取3.0kN/m²
4）活动的人很集中、有时很挤或有较重的设备   取3.5kN/m²
5）活动的性质比较剧烈   取4.0kN/m²
6）储存物品的仓库   取5.0kN/m²
7）有大型的机械设备   取6.0～7.5kN/m²

所以，设计时对《荷载规范》和其他有关规范中未予明确的楼面活荷载标准值的取值，可根据具体工程的实际情况对照上述类别选用；就是规范有规定但不很明确的，也应根据不同情况有所区别。例如：教室走廊是学校的老师和学生每天多次必经之路，如有突发情况更是人群密集，故其活荷载的取值宜适当加大；特别是教室的外走廊，和阳台一样是悬挑构件，应取 3.5kN/m² 为宜。又如：住宅的厨房卫生间活荷载取值。目前住宅厨房卫生间的设备既多又重，整套的厨房设备、冰箱等；卫生间笨重的浴缸甚至更重的按摩浴缸，安装时还要砌砖、填砂，使用时再盛有几十厘米高的水……。而厨房卫生间本身面积很小，这些设备所占面积的比例很大，计算表明活荷载取 2.0kN/m² 是偏于不安全的。建议住宅的厨房卫生间活荷载取值根据具体工程所采用设备所折算的等效荷载确定，或偏于安全取 3.5~4.0kN/m²。

当有特别重要设备时（如医院的核磁共振设备室、银行的保险箱用房等），应根据实际情况另行考虑。

（2）楼面活荷载折减应注意的一些问题

楼面活荷载的折减有几种不同情况，其折减原因也各不相同。

1）《荷载规范》第5.1.2条规定的活荷载折减

原因：作用在楼面上的活荷载，不可能以《荷载规范》表5.1.1中所列出的标准值同时布满在所有的楼面上，因此在设计梁、柱、墙及基础时，应对楼面活荷载的标准值进行折减。

目的：这个折减的目的是用于楼面梁、柱、墙及基础承载力和变形的计算，对象是《荷载规范》第5.1.1条规定的单一楼面活荷载的标准值。

折减系数取值：设计楼面梁、柱、墙及基础时，折减系数按《荷载规范》第5.1.2条规定取值。

应注意的问题：

主裙楼为一个结构单元时，避免裙房部分按主楼的层数取用相应的折减系数；

错层结构时，注意计算楼层与实际楼层的区别，应按结构的实际楼层取用折减系数。

2）《荷载规范》第5.1.1条楼面活荷载的组合值系数和准永久值系数

原因：当有两种或两种以上的活荷载在设计上要求同时考虑时，由于所有活荷载同时达到其最大值的概率极小，因此在进行荷载组合时，除起控制作用的活荷载外，对其他活荷载标准值应乘以组合值系数，即对参与组合的其他活荷载标准值进行折减。

活荷载标准值是在规定设计基准期内的最大荷载值，并没有反映活荷载作为随机过程而具有随时间变异的特性。因此，在正常使用极限状态下，应允许在一个较短的持续时间内小于活荷载标准值，可对活荷载标准值乘以准永久值系数，即对活荷载标准值进行折减。

目的：这个折减的目的同样是用于构件承载力和变形的计算，对于组合值系数，对象是当多个荷载组合时，起控制作用的活荷载不折减，其余活荷载需进行折减。

系数取值：组合值系数和准永久值系数见《荷载规范》表5.1.1。

3）《抗规》第5.1.3条计算重力荷载代表值的各活荷载组合值系数

这也是对各活荷载的折减。原因和《荷载规范》第5.1.1条楼面活荷载的组合值系数相似，但目的是用于计算重力荷载代表值，以便计算结构的地震作用。是参与组合的所有活荷载均应折减（或不计入），组合值系数和前者也有很大区别。组合值系数见《抗震规范》表5.1.3。

1)、2)两种情况折减可以重复折减。

3. 对雪荷载敏感的结构（主要是大跨度、轻型屋盖结构），雪荷载经常是控制性荷载，极端雪荷载作用下容易造成结构整体破坏，后果特别严重，此时基本雪压应适当提高。

由于屋面积雪在风作用下的漂移作用，屋面积雪会呈现不均匀分布的情况。《荷载规范》对高低屋面（如主楼裙房交界处、雨篷等）、有女儿墙及其他突起的屋面、大跨度屋面等屋面积雪的分布系数都作了规定。工程设计中应予注意。

二、直升机平台活荷载

（一）相关规范的规定

1.《高规》第4.1.5条规定：

直升机平台的活荷载应采用下列两款中能使平台产生最大内力的荷载：

1 直升机总重量引起的局部荷载，按由实际最大起飞重量决定的局部荷载标准值乘以动力系数确定。对具有液压轮胎起落架的直升机，动力系数可取1.4；当没有机型技术资料时，局部荷载标准值及其作用面积可根据直升机类型按表4.1.5取用。

表4.1.5 局部荷载标准值及其作用面积

直升机类型	局部荷载标准值（kN）	作用面积（m²）
轻型	20.0	0.20×0.20
中型	40.0	0.25×0.25
重型	60.0	0.30×0.30

2 等效均布活荷载 $5kN/m^2$。

2.《抗规》、《混规》未述及。

（二）对规范的理解

直升机平台的活荷载是根据现行国家标准《荷载规范》的有关规定确定的。

（三）设计建议

《高规》给出部分直升机的有关参数见表2.1.2，供设计时参考。

部分轻型直升机的技术数据　　　　　　　　　　　　　　表2.1.2

机型	生产国	空重（kN）	最大起飞重（kN）	尺寸			
				旋翼直径（m）	机长（m）	机宽（m）	机高（m）
Z-9（直9）	中国	19.75	40.00	11.68	13.29		3.31
SA360 海豚	法国	18.23	34.00	11.68	11.40		3.50
SA315 美洲驼	法国	10.14	19.50	11.02	12.92		3.09
SA350 松鼠	法国	12.88	24.00	10.69	12.99	1.08	3.02
SA341 小羚羊	法国	9.17	18.00	10.50	11.97		3.15
BK-117	德国	16.50	28.50	11.00	13.00	1.60	3.36
BO-105	德国	12.56	24.00	9.84	8.56		3.00
山猫	英、法	30.70	45.35	12.80	12.06		3.66
S-76	美国	25.40	46.70	13.41	13.22	2.13	4.41
贝尔-205	美国	22.55	43.09	14.63	17.40		4.42
贝尔-206	美国	6.60	14.51	10.16	9.50		2.91
贝尔-500	美国	6.64	13.61	8.05	7.49	2.71	2.59
贝尔-222	美国	22.04	35.60	12.12	12.50	3.18	3.51
A109A	意大利	14.66	24.50	11.00	13.05	1.42	3.30

注：直9机主轮距2.03m，前后轮距3.61m。

第二节　风　荷　载

一、主体结构基本风压的取值

（一）相关规范的规定

1.《高规》第 4.2.2 条规定：

基本风压应按照现行国家标准《建筑结构荷载规范》GB 50009 的规定采用。对风荷载比较敏感的高层建筑，承载力设计时应按基本风压的 1.1 倍采用。

2.《抗规》、《混规》未述及。

（二）对规范的理解

基本风压 w_0 是根据全国各气象台站历年来的最大风速记录，按基本风压的标准要求，将不同测风仪高度和时次时距的年最大风速，统一换算为离地 10m 高，自记式风速仪 10min 平均年最大风速（m/s）。根据该风速数据统计分析确定重现期为 50 年的最大风速，作为当地的基本风速 v_0，再按贝努利公式计算确定基本风压 $w_0 = \frac{1}{2}\rho v_0^2$，式中 ρ 为空气密度（t/m³）。详见《荷载规范》附录 E。

《荷载规范》根据全国 672 个地点的基本气象台（站）的最大风速资料，按《荷载规范》附录 E 规定的方法经统计和换算得到 50 年重现期的基本风压值。《荷载规范》同时还提供了重现期为 10 年、100 年的基本风压值。

脉动风可以引起结构的风振，在其他条件相同的情况下，结构越柔（抗侧刚度较小），等效风压越大。由于我国与大多数国家一样，采用风振系数 β_z 综合考虑了结构在风荷载作用下的动力响应，包括风速随时间、空间的变异性和结构的阻尼特性等因素。故《高规》规定：对风荷载比较敏感的高层建筑，承载力设计时应按基本风压的 1.1 倍采用。

（三）设计建议

1. 对风荷载是否敏感，主要与高层建筑的体型、结构体系和自振特性有关，目前尚无实用的划分标准。《高规》在条文说明中指出：一般情况，房屋高度大于 60m 的高层建筑，可认为"对风荷载比较敏感"，这很便于操作。但实际上，50m 高的框架结构可能比 80m 高的筒中筒结构抗侧力刚度要小，对风荷载也许更敏感，因此，《高规》又指出：对于房屋高度不超过 60m 的高层建筑，风荷载取值是否提高，可由设计人员根据实际情况确定。例如：建造在沿海基本风压很大、设防烈度较低、50m 高的框架结构，结构设计受风载控制，其基本风压值宜提高。

高耸结构、自重较轻的钢结构、木结构等，也对风荷载比较敏感，《荷载规范》规定其基本风压值应予提高。

2. 和 2001 版《高规》相比，2010 版《高规》明确规定承载力设计时应按基本风压的 1.1 倍采用。具体有以下几点修订：

（1）取消了对"特别重要"的高层建筑的风荷载增大要求，主要因为对重要的建筑结构，其重要性已经通过结构重要性系数 γ_0 体现在结构作用效应的设计值中；

（2）对于正常使用极限状态设计（如位移计算、位移比计算），其要求可比承载力设计适当降低，一般仍可采用基本风压值或由设计人员根据实际情况确定，不再作为强制性要求；

（3）对风荷载比较敏感的高层建筑结构，风荷载计算时不再强调按 100 年重现期的风压值采用，而是直接按基本风压值增大 10% 采用。

本条的规定，对设计使用年限为 50 年和 100 年的高层建筑结构都是适用的。

二、风载体型系数

（一）相关规范的规定

1.《高规》第 4.2.3 条、第 4.2.8 条规定：

第 4.2.3 条

计算主体结构的风荷载效应时，风荷载体型系数 μ_s 可按下列规定采用：

1　圆形平面建筑取 0.8；

2　正多边形及截角三角形平面建筑，由下式计算：

$$\mu_s = 0.8 + 1.2/\sqrt{n} \tag{4.2.3}$$

式中：n——多边形的边数。

3　高宽比 H/B 不大于 4 的矩形、方形、十字形平面建筑取 1.3；

4　下列建筑取 1.4；

1）V 形、Y 形、弧形、双十字形、井字形平面建筑；

2）L 形、槽形和高宽比 H/B 大于 4 的十字形平面建筑；

3）高宽比 H/B 大于 4，长宽比 L/B 不大于 1.5 的矩形、鼓形平面建筑。

5　在需要更细致进行风荷载计算的场合，风荷载体型系数可按本规程附录 B 采用，或由风洞试验确定。

第 4.2.8 条

檐口、雨篷、遮阳板、阳台等水平构件，计算局部上浮风荷载时，风荷载体型系数 μ_s 不宜小于 2.0。

2.《抗规》、《混规》未述及。

（二）对规范的理解

风荷载体型系数 μ_s 是指风作用在建筑物表面上所引起的实际压力（或吸力）与来流风的速度压的比值，它描述的是建筑物表面在稳定风压作用下静态压力的分布规律，主要与建筑物的体型和尺度有关，也与周围环境和地面粗糙度有关。由于涉及固体与流体相互作用的流体动力学问题，对于不规则形状的固体，问题尤为复杂，无法给出理论上的结果，一般均应由试验确定。鉴于真型实测的方法对结构设计不现实，目前只能采用相似原理，在边界层风洞内对拟建的建筑物模型进行测试。

《荷载规范》表 8.3.1 列出 39 项不同类型的建筑物和各类结构的体型系数，这些都是根据国内外的试验资料和外国规范中的建议性规定整理而成，当建筑物与表中列出的体型类同时可参考应用。《高规》本条及附录 B 主要根据建筑物平面形状规定了高层建筑结构的风荷载体型系数。是对《荷载规范》表 8.3.1 的适当简化和整理，以便于高层建筑结构设计时应用。

通常情况下，作用于建筑物表面的风压分布很不均匀，在角隅、檐口、边棱处和在附属结构的部位（如阳台、雨篷等外挑构件），局部风压会超过主体结构的平均风压。根据风洞试验资料和一些实测结果，并参考国外的风荷载规范，规范对水平外挑构件，取用局部体型系数不宜小于 2.0。

（三）设计建议

1. 当建筑物与《荷载规范》表中列出的体型类同时可参考确定建筑结构的体型系数；高层建筑可按《高规》本条规定确定，也可参考《荷载规范》确定。如需要更细致进行风荷载计算的场合，风荷载体型系数可按《高规》附录 B 采用，或由风洞试验确定。

2. 在设计建筑结构墙面及屋面的角隅、檐口、边棱处和附属结构的部位（如阳台、雨篷等外挑构件）时，应按《荷载规范》规定的局部体型系数计算风荷载值。《荷载规范》细化了局部体型系数的规定，补充了封闭式矩形平面房屋墙面及屋面的分区域局部体型系数，反映了建筑物高宽比和屋面坡度对局部体型系数的影响。

3. 应当指出：规范给出的风荷载体型系数是有局限性的，风洞试验仍应作为抗风设计重要的辅助工具，对于体型复杂、受风荷载控制的结构设计更是如此。

三、风力相互干扰的群体效应

（一）相关规范的规定

1.《高规》第 4.2.4 条规定：

当多栋或群集的高层建筑相互间距较近时，宜考虑风力相互干扰的群体效应。一般可将单栋建筑的体型系数 μ_s 乘以相互干扰增大系数，该系数可参考类似条件的试验资料确定；必要时宜通过风洞试验确定。

2.《抗规》、《混规》未述及。

（二）对规范的理解

对建筑群，尤其是高层建筑群，当房屋相互间距较近时，由于旋涡的相互干扰，房屋某些部位的局部风压会显著增大，设计时应予注意。对比较重要的高层建筑，建议在风洞试验中考虑周围建筑物的干扰因素。

本条和上条所说的风洞试验是指边界层风洞试验。

（三）设计建议

1. 当多个建筑物，特别是群集的高层建筑，相互间距较近时，宜考虑风力相互干扰的群体效应；一般可将各单体结构体型系数 μ_s 乘以相互干扰系数（受扰后的结构风荷载和单体结构风荷载的比值）。相互干扰系数可按下列规定确定：

（1）对矩形平面高层建筑，当单个施扰建筑与受扰建筑高度相近时，根据施扰建筑的位置，对顺风向风荷载可在 1.00～1.10 范围内选取，对横风向风荷载可在 1.00～1.20 范围内选取；

（2）其他情况可比照类似条件的风洞试验资料确定，必要时宜通过风洞试验确定。

2. 除群集的高层建筑，相互间距较近这种情况外，笔者建议：大底盘多塔楼高层建筑结构、连体高层建筑结构也宜考虑风力相互干扰的群体效应。

四、横风向振动效应或扭转风振动效应

（一）相关规范的规定

1.《高规》第4.2.5条、第4.2.6条规定：

第4.2.5条

横风向振动效应或扭转风振效应明显的高层建筑，应考虑横风向风振或扭转风振的影响。横风向风振或扭转风振的计算范围、方法以及顺风向与横风向效应的组合方法应符合现行国家标准《建筑结构荷载规范》GB 50009的有关规定。

第4.2.6条

考虑横风向风振或扭转风振影响时，结构顺风向及横风向的侧向位移应分别符合本规程第3.7.3条的规定。

2.《抗规》、《混规》未述及。

（二）对规范的理解

当建筑物受到风力作用时，不但顺风向可能发生风振，而且在一定条件下也可能发生横风向风振。导致建筑结构横风向风振的主要激励有：尾流激励（旋涡脱落激励）、横风向紊流激励以及气动弹性激励（建筑振动与风之间的耦合效应），其激励特性远比顺风向要复杂。

判断高层建筑是否需要考虑结构横风向振动的影响这一问题比较复杂，与建筑结构的高度、平面形状、竖向体型、高宽比、刚度、自振周期、阻尼比和风速都有一定关系，并要借鉴工程经验及有关资料来判断。结构高宽比较大、结构顶点风速大于临界风速时，可能引起较明显的结构横风向振动，甚至出现横风向振动效应大于顺风向作用效应的情况。

扭转风荷载是由于建筑物各个立面风压的非对称作用产生的，受建筑物平面形状和湍流度等因素的影响较大。判断高层建筑是否需要考虑扭转风振动的影响，主要影响因素是：建筑结构的高度、高宽比、深宽比、自振周期、结构刚度与质量的偏心等。

设计人员注意考虑结构横风向风振或扭转风振对高层建筑尤其是超高层建筑的影响。

横风向风振效应与顺风向风振效应是同时发生的，因此必须考虑两者的效应组合。《高规》规定了对于结构顺风向及横风向的侧向位移控制要求。

（三）设计建议

1.《荷载规范》第8.5.1条条文说明指出：一般而言，建筑高度超过150m或高宽比大于5的高层建筑可出现较为明显的横风向风振效应，并且效应随着建筑高度或建筑物高宽比增加而增加。细长圆形截面构筑物（一般指高度超过30m且高宽比大于4）也可出现较为明显的横风向风振效应。

2. 横风向风振的等效风荷载可按下列规定计算：

（1）对于平面或立面体型较复杂的高层建筑和高耸结构，横风向风振的等效风荷载 w_{Lk} 宜通过风洞试验确定，也可参考有关资料确定；

（2）对于圆形截面的高层建筑及构筑物，其由跨临界强风共振（旋涡脱落）引起的横风向等效风荷载 w_{Lk} 可由《荷载规范》附录 H.1 确定；

（3）对于矩形截面及凹角或削角矩形截面的高层建筑，其横风向等效风荷载 w_{Lk} 可按《荷载规范》附录 H.2 确定。

3.《荷载规范》第8.5.4条、第8.5.5条条文说明指出：建筑高度超过150m，同时满足 $H/\sqrt{BD} \geqslant 3$、$D/B \geqslant 1.5$、$T_{T1}V_H/\sqrt{BD} \geqslant 0.4$ 的高层建筑（T_{T1} 为第1阶扭转周期（s）），扭转风振动效应明显，宜考虑扭转风振动的影响。

截面尺寸和质量沿高度基本相同的矩形截面高层建筑，当其刚度或质量的偏心率（偏心距、回转半径）不大于 0.2，且同时满足 $H/\sqrt{BD} \leqslant 6$，D/B 在 1.5～5.0 范围，可按《荷载规范》附录 H.3 计算扭转风振等效风荷载。

当偏心率大于 0.2 时，高层建筑的弯扭耦合风振效应显著，结构风振响应规律非常复杂，不能直接采用附录 H.3 给出的方法计算扭转风振等效风荷载；大量风洞试验结果表明，风致扭矩与横风向风力具有较强相关性，当 $\dfrac{H}{\sqrt{BD}} > 6$ 或 $\dfrac{T_{T1} v_H}{\sqrt{BD}} > 10$ 时，两者的耦合作用易发生不稳定的气动弹性现象。对于符合上述情况的高层建筑，建议在风洞试验基础上，有针对性地进行专门研究。

4. 按顺风向及横风向等效风荷载作用下计算的结构侧向位移，应分别满足《高规》第 3.7.3 条的规定的限值，不必按矢量和的方向控制结构的层间位移。扭转风振动等效风荷载作用下的结构扭转位移比，不宜大于 1.2。

五、风洞试验

（一）相关规范的规定

1. 《高规》第 4.2.7 条规定：

房屋高度大于 200m 或有下列情况之一时，宜进行风洞试验判断确定建筑物的风荷载：

1 平面形状或立面形状复杂；

2 立面开洞或连体建筑；

3 周围地形和环境较复杂。

2. 《抗规》、《混规》未述及。

（二）对规范的理解

影响建筑物风荷载的因素很多：基本风压的取值、建筑物的体型与尺度、建筑结构的刚度、建筑物周围环境和地面粗糙度等。由于涉及固体与流体相互作用的流体动力学问题，对于不规则形状的固体，问题尤为复杂，无法给出理论上的结果。《荷载规范》提供的风荷载的有关参数，对一般建筑结构是合适的，但对于建筑物的体型很不规则、建筑物周围环境很复杂时，就不一定符合实际。因此，一般均应由试验确定。规范鉴于真型实测的方法对结构设计不现实，目前只能采用相似原理，在边界层风洞内对拟建的建筑物模型进行测试。

《高规》规定了宜进行风洞试验判断确定建筑物风荷载的情况。

（三）设计建议

1. 房屋高度大于 200m 或有下列情况之一时，宜进行风洞试验：

（1）平面形状或立面形状复杂；

（2）立面开洞或连体建筑；

（3）周围地形和环境较复杂。

2. 对风洞试验的结果，当其与规范建议的荷载值存在较大差距时，设计人员应进行分析判断，合理确定建筑物的风荷载取值。

3. 风洞试验虽然是结构抗风设计的重要手段，但必须满足一定的条件才能得出合理可靠的结果。这些条件主要包括：风洞风速范围、静压梯度、流场均匀度和气流偏角等设备的基本性能；测试设备的量程、精度、频响特性等；平均风速剖面、湍流度、积分尺度、功率谱等大气边界层的模拟要求；模型缩尺比、阻塞率、刚度；风洞试验的处理方法等。由住房与城乡建设部立项的行业标准《建筑工程风洞试验方法标准》正在制定中，该标准将对上述条件作出具体规定。在该标准尚未颁布实施之前，可参考国外相关资料确定风洞试验应满足的条件，如美国 ASCE 编制的 Wind Tunnel Studies of Buildings and Structures、日本建筑中心出版的《建筑风洞试验指南》（中国建筑工业出版社，2011，北京）等。

第三节　地　震　作　用

一、地震作用计算有关规定

（一）相关规范的规定

1.《高规》第 4.3.2 条规定：

高层建筑结构的地震作用计算应符合下列规定：

1 一般情况下，应至少在结构两个主轴方向分别计算水平地震作用；有斜交抗侧力构件的结构，当相交角度大于 15°时，应分别计算各抗侧力构件方向的水平地震作用；

2 质量与刚度分布明显不对称的结构，应计算双向水平地震作用下的扭转影响；其他情况，应计算单向水平地震作用下的扭转影响；

3 高层建筑中的大跨度、长悬臂结构，7 度 **(0.15g)**、8 度抗震设计时应计入竖向地震作用；

4 9 度抗震设计时应计算竖向地震作用。

2.《抗规》第 5.1.1 条规定：

各类建筑结构的地震作用，应符合下列规定：

1 一般情况下，应至少在建筑结构的两个主轴方向分别计算水平地震作用，各方向的水平地震作用应由该方向抗侧力构件承担。

2 有斜交抗侧力构件的结构，当相交角度大于 15°时，应分别计算各抗侧力构件方向的水平地震作用。

3 质量和刚度分布明显不对称的结构，应计入双向水平地震作用下的扭转影响；其他情况，应允许采用调整地震作用效应的方法计入扭转影响。

4 8、9 度时的大跨度和长悬臂结构及 9 度时的高层建筑，应计算竖向地震作用。

注：8、9 度时采用隔震设计的建筑结构，应按有关规定计算竖向地震作用。

3.《混规》未述及。

（二）对规范的理解

1. 地震作用可能来自任意方向，在其他条件相同的情况下，结构抗侧力刚度越大，地震作用也越大。抗震设计时，应考虑结构的最大水平地震作用，应考虑对各构件的最不利方向的水平地震作用。

当结构抗侧力构件正交布置时，则抗侧力构件正交的两个主轴方向抗侧力刚度也大。

要求至少在建筑结构的两个主轴方向分别计算水平地震作用，就可保证结构两个主轴方向较大的地震作用，并使两个主轴方向的水平地震作用由两个主轴方向的抗侧力构件承担。

有斜交抗侧力构件的结构，有可能斜交方向的抗侧力刚度大，水平地震作用大，该方向的水平地震作用主要由该方向抗侧力构件承担，因此，应考虑沿此斜交构件方向进行结构水平地震作用的计算。

2. 质量和刚度分布不对称、不均匀的结构是"不规则结构"的一种，包括同一平面内质量、刚度布置不对称，或虽在本层平面内对称，但沿高度分布不对称，等等。此类结构的扭转效应明显。

所谓单向水平地震作用计算，就是一次仅计算结构一个方向的地震作用，这种近似的地震作用计算，不能较好地反映结构的扭转效应。而双向水平地震作用计算，就是一次同时计算结构两个方向的地震作用，能较好地反映结构的扭转效应。

3. 竖向地震作用是客观存在的。如果其值很小，对结构承载力、变形等没有产生什么不利影响，工程上就可以忽略不计，即不必计算其竖向地震作用。但研究表明：抗震设防烈度为9度时，对于较高的高层建筑，其竖向地震作用产生的轴力在结构上部是不可忽略的，如果不计入竖向地震作用，则偏于不安全。同样，高烈度时的大跨度和长悬臂结构也应考虑竖向地震作用。

（三）设计建议

1. 结构应考虑的地震作用方向，一般情况下，应至少在建筑结构的两个主轴方向分别计算水平地震作用；有斜交抗侧力构件的结构，当相交角度大于15°时，应分别计算各抗侧力构件方向的水平地震作用。

应注意以下几点：

（1）如该构件带有翼缘、翼墙等，尚应包括翼缘、翼墙的抗侧力作用；

（2）规范规定的是"有斜交抗侧力构件的结构"而不是"斜交结构"，因此，只要结构中有斜交抗侧力构件，且相交角度大于15°时，就应分别计算各抗侧力构件方向的水平地震作用；

（3）正交结构，当长宽比较大时，PKPM软件会提示：地震最大方向角大于＊＊°，当地震最大方向角大于15°时，应补充计算沿该方向的水平地震作用，以计算出结构的最大地震作用。

2. 何谓"质量与刚度分布明显不对称、不均匀的结构"？规范没有明确规定。笔者建议：在规定的水平力作用下，按考虑偶然偏心计算出的结构扭转位移比大于1.2，可认为是"质量与刚度分布明显不对称、不均匀的结构"，应计算双向水平地震作用下的扭转影响。

当按单向计算结构的水平地震作用时，应按《抗规》第5.2.3条的方法计入扭转影响：

（1）不进行耦联计算时，平行于地震作用方向的两个边榀各构件，其地震作用效应应乘以增大系数；

（2）按扭转耦联计算。

3. 关于大跨度、长悬臂结构的竖向地震作用计算，《高规》和《抗规》有一些区别：

（1）大跨度、长悬臂结构的界定

《高规》条文说明指出：大跨度指跨度大于 24m 的楼盖结构、跨度大于 8m 的转换结构、悬挑长度大于 2m 的悬挑结构。大跨度、长悬臂结构应验算其自身及其支承部位结构的竖向地震效应。

《抗规》条文说明指出：关于大跨度和长悬臂结构，根据我国大陆和台湾地震的经验，9 度和 9 度以上时，跨度大于 18m 的屋架、1.5m 以上的悬挑阳台和走廊等震害严重甚至倒塌；8 度时，跨度大于 24m 的屋架、2m 以上的悬挑阳台和走廊等震害严重。

《高规》的规定没有涉及抗震设防烈度，也未提及悬挑梁是否考虑竖向地震作用；《抗规》的规定考虑到抗震设防烈度的不同，但同样未提及悬挑梁是否考虑竖向地震作用；"悬挑阳台和走廊"，结构做法可能采用挑梁，也可能采用挑板。但显然两者的抗震性能不同。

笔者建议：9 度和 9 度以上时，跨度大于或等于 12m 的屋架、跨度大于或等于 3.0m 的悬挑梁、跨度大于或等于 1.5m 的悬挑板；8 度时，跨度大于或等于 18m 的屋架、跨度大于或等于 4.5m 的悬挑梁、跨度大于或等于 2.0m 的悬挑板；7 度时，跨度大于或等于 24m 的屋架、跨度大于或等于 6.0m 的悬挑梁、跨度大于或等于 2.0m 的悬挑板，可认为是大跨度、长悬臂结构。

（2）除了 8 度外，2010《高规》增加了大跨度、长悬臂结构 7 度（0.15g）时也应计入竖向地震作用的影响。主要原因是：高层建筑由于高度较高，竖向地震作用效应放大比较明显。而《抗规》未述及。

下列情况应考虑竖向地震作用计算或影响：

① 9 度抗震设防的高层建筑结构；

② 7 度（0.15g）、8 度、9 度抗震设防的大跨度或长悬臂结构；

③ 7 度（0.15g）、8 度抗震设防的带转换层结构的转换构件；

④ 7 度（0.15g）、8 度抗震设防的连体结构的连接体，6 度、7 度（0.10g）的高位连体结构（连体位置高度超过 80m）的连接体宜考虑竖向地震作用。

4. 应当注意：9 度时的高层建筑进行竖向地震作用计算，是整个结构单元的计算，即所有主体构件（框架梁、柱、剪力墙等）均应计入竖向地震作用的影响；而大跨度、长悬臂结构的竖向地震作用计算，仅仅是这些构件考虑竖向地震作用的影响。无论是高层建筑还是多层建筑，7 度（0.15g）、8 度、9 度抗震设计时均应计入竖向地震作用。

复杂高层建筑结构构件计算竖向地震作用的规定，见本书第八章有关内容。

5. 此条为强制性条文，必须严格执行。

二、偶然偏心的取值

（一）相关规范的规定

1.《高规》第 4.3.3 条规定：

计算单向地震作用时应考虑偶然偏心的影响。每层质心沿垂直于地震作用方向的偏移值可按下式采用：

$$e_i = \pm 0.05 L_i \qquad (4.3.3)$$

式中：e_i——第 i 层质心偏移值（m），各楼层质心偏移方向相同；

L_i——第 i 层垂直于地震作用方向的建筑物总长度（m）。

2.《抗规》在第3.4.3条、第3.4.4条条文说明中指出：偶然偏心大小的取值，除采用该方向最大尺寸的5％外，也可考虑具体的平面形状和抗侧力构件的布置调整。

3.《混规》未述及。

（二）对规范的理解

单向地震作用计算时考虑偶然偏心，主要原因是：

1. 地震时地面的扭转运动，特别是目前对地面运动扭转分量的强震实测记录很少，地震作用计算中还不能考虑输入地面运动扭转分量；

2. 设计和施工的误差，导致结构实际的刚度和质量或荷载分布相对于计算假定值的偏差，引起结构的扭转效应；

3. 地震过程中结构在弹塑性反应过程中各抗侧力结构刚度退化程度不同等原因引起的扭转反应增大。

（三）设计建议

1. 计算单向地震作用时应考虑偶然偏心的影响。对于平面规则（包括对称）的建筑结构需附加偶然偏心；对于平面布置不规则的结构，除其自身已存在的偏心外，还需附加偶然偏心。

采用底部剪力法计算地震作用时，也应考虑偶然偏心的不利影响。

2. 偶然偏心的取值

采用附加偶然偏心作用计算是一种实用方法。美国、新西兰和欧洲等抗震规范都规定计算地震作用时应考虑附加偶然偏心。

（1）对于正方形和矩形平面，可取各层质量偶然偏心为 $0.05L_i$（L_i 为垂直于地震作用方向的建筑物总长度）来计算单向水平地震作用。实际计算时，可将每层质心沿主轴的同一方向（正向或负向）偏移。

矩形平面边长较长时，偶然偏心距的取值宜比该方向最大尺寸的5％酌情减小。

（2）各楼层垂直于地震作用方向的建筑物总长度 L_i 的取值，当楼层平面有局部突出时，可按回转半径相等的原则，简化为无局部突出的规则平面，以近似确定垂直于地震计算方向的建筑物边长 L_i。如图2.3.2所示平面，当计算 Y 向地震作用时，若 b/B 及 h/H 均不大于1/4，可认为是局部突出；此时用于确定偶然偏心的边长可近似按下式计算：

$$L_i = B + \frac{bh}{H}\left(1 + \frac{3b}{B}\right) \quad (2.3.2)$$

（3）对于其他形状的平面，可取 $e_i = 0.1732r_i$，r_i 为该层楼层平面平行于地震作用方向的回转半径。

（4）计算双向地震作用时，可不考虑偶然偏心的影响。

考虑偶然偏心的单向水平地震作用计算和双向水平地震作用下的扭转影响

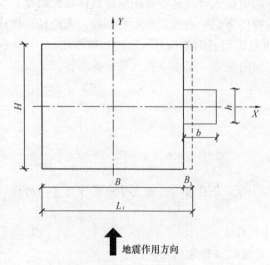

图2.3.2 平面局部突出示例

可不同时考虑，即不叠加。一般可按两者的最不利情况进行结构设计。

三、地震作用计算方法的选用

（一）相关规范的规定

1.《高规》第4.3.4条、第5.1.13条第2款规定：

第4.3.4条

高层建筑结构应根据不同情况，分别采用下列地震作用计算方法：

1　高层建筑结构宜采用振型分解反应谱法；对质量和刚度不对称、不均匀的结构以及高度超过100m的高层建筑结构应采用考虑扭转耦联振动影响的振型分解反应谱法。

2　高度不超过40m、以剪切变形为主且质量和刚度沿高度分布比较均匀的高层建筑结构，可采用底部剪力法。

3　7~9度抗震设防的高层建筑，下列情况应采用弹性时程分析法进行多遇地震下的补充计算：

1）甲类高层建筑结构；

2）表4.3.4所列的乙、丙类高层建筑结构；

3）不满足本规程第3.5.2~3.5.6条规定的高层建筑结构；

4）本规程第10章规定的复杂高层建筑结构。

表4.3.4　采用时程分析法的高层建筑结构

设防烈度、场地类别	建筑高度范围
8度Ⅰ、Ⅱ类场地和7度	>100m
8度Ⅲ、Ⅳ类场地	>80m
9度	>60m

注：场地类别应按现行国家标准《建筑抗震设计规范》GB 50011的规定采用。

第5.1.13条第2款

抗震设计时，B级高度的高层建筑结构、混合结构和本规程第10章规定的复杂高层建筑结构，尚应符合下列规定：

应采用弹性时程分析法进行补充计算。

2.《抗规》第5.1.2条第1、2、3、5、6、7款规定：

各类建筑结构的抗震计算，应采用下列方法：

1　高度不超过40m、以剪切变形为主且质量和刚度沿高度分布比较均匀的结构，以及近似于单质点体系的结构，可采用底部剪力法等简化方法。

2　除1款外的建筑结构，宜采用振型分解反应谱法。

3　特别不规则的建筑、甲类建筑和表5.1.2-1所列高度范围的高层建筑，应采用时程分析法进行多遇地震下的补充计算；

表5.1.2-1　采用时程分析的房屋高度范围

烈度、场地类别	建筑高度范围（m）
8度Ⅰ、Ⅱ类场地和7度	>100
8度Ⅲ、Ⅳ类场地	>80
9度	>60

……。

5 平面投影尺度很大的空间结构，应根据结构形式和支承条件，分别按单点一致、多点、多向单点或多向多点输入进行抗震计算。按多点输入计算时，应考虑地震行波效应和局部场地效应。6度和7度Ⅰ、Ⅱ类场地的支承结构、上部结构和基础的抗震验算可采用简化方法，根据结构跨度、长度不同，其短边构件可乘以附加地震作用效应系数1.15～1.30；7度Ⅲ、Ⅳ类场地和8、9度时，应采用时程分析方法进行抗震验算。

6 建筑结构的隔震和消能减震设计，应采用本规范第12章规定的计算方法。

7 地下建筑结构应采用本规范第14章规定的计算方法。

3.《混规》未述及。

（二）对规范的理解

1. 发生地震时，结构所承受的"地震力"实际上是由于地震地面运动引起的结构动态作用，是一种偶然的、瞬时的间接作用，其大小和方向随时间的变化在不停地变化。地震作用的计算方法，一般有静力弹性方法、静力弹塑性方法、动力弹性方法、动力弹塑性方法。底部剪力法、振型分解反应谱法是静力弹性方法。是假定结构在多遇地震作用下仍处于弹性状态，将影响地震作用大小和分布的各种因素通过加速度反应谱曲线予以综合反映，地震作用计算时利用反应谱曲线得到地震影响系数，进而计算出作用在结构各楼层的拟静力的地震作用（水平和竖向），以这样一个最大的不变的静力代替瞬时的、随时间变化的间接作用，是地震作用计算的基本方法。弹性时程分析法是动力弹性方法，是假定结构在多遇地震作用下仍处于弹性状态，根据结构所在地区的基本烈度、设计分组和场地类别，选用一定数量的比较合适的地震地面运动加速度的记录和人工模拟合成波等时程曲线，通过数值积分求解运动方程，直接求出结构在模拟的地震运动全过程中的位移、速度和加速度的响应。

2. 不同的结构采用不同的分析方法在各国抗震规范中均有体现，振型分解反应谱法和底部剪力法是结构地震作用计算的基本方法、主流方法。弹性时程分析法作为补充、校核计算方法，所谓"补充、校核"，主要指对计算结果的底部剪力、楼层剪力和层间位移进行比较，当时程分析法大于振型分解反应谱法时，对相关部位的构件内力和配筋作相应的调整。

（三）设计建议

1. 无论是高层建筑还是多层建筑，一般均采用振型分解反应谱法（包括不考虑扭转耦联和考虑扭转耦联两种方式）进行结构地震作用计算，底部剪力法的应用范围较小。弹性时程分析法作为补充计算方法，对特别不规则、特别重要的和较高的高层建筑结构才要求采用。在高层建筑结构的计算分析中应用较多。

2. 注意底部剪力法的适用条件：

（1）所谓"以剪切变形为主"，即水平荷载作用下，楼盖出平面外转动产生的侧移占全部水平侧移比例很小，主要是指框架结构；

（2）所谓"质量和刚度沿高度分布比较均匀"，规范未明确规定，笔者认为：质量和刚度沿高度分布可以有变化，但不能突变，宜下大上小，均匀变化：

1）任一楼层的质量不宜小于其上部楼层质量的0.7倍；也不宜大于其上部楼层质量的1.3倍；

2）任一楼层的侧向刚度不宜小于其上部楼层质量的0.7倍；也不宜大于其上部楼层侧向刚度的1.3倍；

（3）所谓"近似于单质点体系"，主要是指楼层数不能太多，平面宜规则，结构地震反应以第一振型为主。

以上3款必须同时满足，方可采用底部剪力法进行计算。

3. 对需要采用弹性时程分析法进行多遇地震下补充计算的结构，《高规》和《抗规》在具体规定上有一些区别：

（1）《高规》规定"不满足本规程第3.5.2～3.5.6条规定的高层建筑结构"，《抗规》则是"特别不规则的建筑"。不满足《高规》第3.5.2～3.5.6条规定不一定是特别不规则的建筑。笔者认为：对高层建筑，只要不满足《高规》第3.5.2～3.5.6条规定就需采用时程分析法进行多遇地震下补充计算，而对多层建筑，则需要是特别不规则的建筑。

（2）《高规》规定："甲类高层建筑结构"，《抗规》则是"甲类建筑"。笔者认为：无论是高层还是多层建筑，只要是甲类建筑，就需采用时程分析法进行多遇地震下补充计算。

（3）《高规》规定本规程第10章规定的复杂高层建筑结构。《抗规》则未述及。

（4）《高规》在第5.1.13条第2款中还规定B级高度的高层建筑结构，混合结构应进行弹性时程分析补充计算。《抗规》未述及。

4.《抗规》还对平面投影尺度很大的空间结构、隔震和消能减震设计的建筑结构、地下建筑结构的计算方法作出了规定。这里就不再赘述了。

四、时程分析法计算要点

（一）相关规范的规定

1.《高规》第4.3.5条规定：

进行结构时程分析时，应符合下列规定：

1 应按建筑场地类别和设计地震分组选取实际地震记录和人工模拟的加速度时程曲线，其中实际地震记录的数量不应少于总数量的2/3，多组时程曲线的平均地震影响系数曲线应与振型分解反应谱法所采用的地震影响系数曲线在统计意义上相符；弹性时程分析时，每条时程曲线计算所得结构底部剪力不应小于振型分解反应谱法计算结果的65%，多条时程曲线计算所得结构底部剪力的平均值不应小于振型分解反应谱法计算结果的80%。

2 地震波的持续时间不宜小于建筑结构基本自振周期的5倍和15s，地震波的时间间距可取0.01s或0.02s。

3 输入地震加速度的最大值可按表4.3.5采用。

表4.3.5 时程分析时输入地震加速度的最大值（cm/s²）

设防烈度	6度	7度	8度	9度
多遇地震	18	35（55）	70（110）	140
设防地震	50	100（150）	200（300）	400
罕遇地震	125	220（310）	400（510）	620

注：7、8度时括号内数值分别用于设计基本地震加速度为0.15g和0.30g的地区，此处g为重力加速度。

4 当取三组时程曲线进行计算时，结构地震作用效应宜取时程法计算结果的包络值与振型分解反应谱法计算结果的较大值；当取七组及七组以上时程曲线进行计算时，结构地震作用效应可取时程法计算结果的平均值与振型分解反应谱法计算结果的较大值。

2.《抗规》第5.1.2条第3款规定：

……；当取三组加速度时程曲线输入时，计算结果宜取时程法的包络值和振型分解反应谱法的较大值；当取七组及七组以上的时程曲线时，计算结果可取时程法的平均值和振型分解反应谱法的较大值。

采用时程分析法时，应按建筑场地类别和设计地震分组选用实际强震记录和人工模拟的加速度时程曲线，其中实际强震记录的数量不应少于总数的2/3，多组时程曲线的平均地震影响系数曲线应与振型分解反应谱法所采用的地震影响系数曲线在统计意义上相符，其加速度时程的最大值可按表5.1.2-2采用。弹性时程分析时，每条时程曲线计算所得结构底部剪力不应小于振型分解反应谱法计算结果的65%，多条时程曲线计算所得结构底部剪力的平均值不应小于振型分解反应谱法计算结果的80%。

表 5.1.2-2   时程分析所用地震加速度时程的最大值（cm/s²）

地震影响	6度	7度	8度	9度
多遇地震	18	35 (55)	70 (110)	140
罕遇地震	125	220 (310)	400 (510)	620

注：括号内数值分别用于设计基本地震加速度为 0.15g 和 0.30g 的地区。

3.《混规》未述及。

（二）对规范的理解

1. 由于结构可能遭受的地震作用极大的不确定性和计算中结构建模的近似性，结构时程法计算中，输入地震波的确定，是时程分析结果能否既反映结构最大可能遭受的地震作用，又能满足工程抗震设计基于安全和功能要求的基础。鉴于不同地震波输入进行时程分析的结果不同，规范规定一般可以根据小样本容量下的计算结果来估计地震效应值。通过大量地震加速度记录输入不同结构类型进行时程分析结果的统计分析，若选用不少于二组实际记录和一组人工模拟的加速度时程曲线作为输入，计算的平均地震效应值不小于大样本容量平均值的保证率在85%以上，而且一般也不会偏大很多。当选用数量较多的地震波，如5组实际记录和2组人工模拟时程曲线，则保证率更高。

2. 之所以要求所选的地震波包括实际地震记录和人工模拟的加速度时程曲线，是因为工程中采用的人工地震波，是用数学的方法将足够多的具有不同周期的正弦波随机地叠加组合形成一个平稳或非平稳的随机时间历程，对这种叠加组合过程不断地迭代修正，使它的反应谱逐步逼近规范的设计反应谱。这样合成的人工地震波具有足够多的周期分量，可以均匀地"激发"结构的各个振型响应。但是，由于人工地震波是"拟合"设计反应谱的加速度时间过程，不具备天然地震波的完全非平稳随机过程特性，特别是缺少强烈变化的短周期成分。因此它只能在设计反应谱的"框架"内激励结构，无法"激发"结构的高振型响应，所以时程分析应以天然地震波为主，同时辅以人工地震波作为地震动输入。

3. 所谓"在统计意义上相符"是指，多组时程波的平均地震影响系数曲线与振型分解反应谱法所用的地震影响系数曲线相比，在对应于结构主要振型的周期点上相差不大于20%。一般情况下，照此原则选择的地震波输入时程分析所得结构底部剪力可满足规范要求。

4. 为了让结构在地震动加速度作用下充分完成响应过程，规范规定了地震波的持续时间。所谓"地震波的持续时间"，从工程实用角度，是取记录最大峰值的10%～15%作为起始峰值和结束峰值，在此之间的时间段为有效持续时间。

（三）设计建议

1. 正确选择输入的地震加速度时程曲线，要满足地震动三要素的要求，即频谱特性、有效峰值和持续时间均要符合规定。

（1）频谱特性可用地震影响系数曲线表征

1）所选取的地震波建筑场地类别和设计地震分组应和拟建工程建筑场地类别和设计地震分组一致，或特征周期应基本一致。即允许有小误差。

2）所选取的地震波包括实际地震记录和人工模拟的加速度时程曲线；数量不应少于三组，其中实际地震记录的数量不应少于总数量的2/3；若选用不少于二组实际记录和一组人工模拟的加速度时程曲线作为输入，计算的平均地震效应值不小于大样本容量平均值的保证率在85%以上，而且一般也不会偏大很多。当选用数量较多的地震波时，如5组实际记录和2组人工模拟时程曲线，则保证率更高。

大量工程实践证明，对于高度不是太高、体型比较规则的高层建筑，地震波的数量基本可以达到控制结构抗震安全的要求，又不致需要进行过多的运算。但是，对于超高、大跨、体型复杂的建筑结构，需要更多的地震波输入进行时程分析，充分反映结构的地震响应。规范规定不少于7组，其中，天然地震波不少于5组，计算结果取平均值。一般情况下，选7条地震波，计算结果取平均值较好。

3）多组时程曲线的平均地震影响系数曲线应与振型分解反应谱法所采用的地震影响系数曲线在统计意义上相符；如前所述，人工地震波是拟合设计反应谱生成的，当拟合精度达到在各个周期点上的反应谱值与规范反应谱值相差小于10%～20%，即可认为"在统计意义上相符"；天然地震波千变万化，但只要所选的天然地震加速度记录的反应谱值在对应于结构主要周期点（而不是各个周期点上）与规范反应谱值相差不大于20%，即可认为"在统计意义上相符"。

4）对选波结果的评估：弹性时程分析时，每条时程曲线（单向或双向水平）计算所得结构主方向底部总剪力不应小于同方向振型分解反应谱法计算结果的65%，且不大于135%；多条时程曲线计算所得结构主方向底部总剪力的平均值不应小于振型分解反应谱法计算结果的80%；且不大于120%。从工程应用角度考虑，可以保证时程分析结果满足最低安全要求。不要求结构主、次两个方向的基底剪力同时满足这个要求。每条时程曲线的两个水平方向记录数据无法区分主、次向，通常可取加速度峰值较大者为主向。这是选波最重要、最根本的要求，满足这一条而其他要求有些差异是可以的。如这一条不满足，即使其他条件都满足，则所选的波也不可用。

（2）加速度的有效峰值按《高规》表4.3.5采用，即以地震影响系数最大值除以放大系数（约2.25）得到；计算输入的加速度曲线的峰值，必要时可比上述有效峰值适当加大。当结构采用三维空间模型等需要双向（二个水平向）或三向（二个水平和一个竖向）

地震波输入时，其加速度最大值通常按 1（水平 1）：0.85（水平 2）：0.65（竖向）的比例调整。选用的实际加速度记录，可以是同一组的三个分量，也可以是不同组的记录，但每条记录均应满足"在统计意义上相符"的要求；人工模拟的加速度时程曲线，也按上述要求生成。

（3）输入的地震加速度时程曲线的有效持续时间，一般从首次达到该时程曲线最大峰值的 10％那一点算起，到最后一点达到最大峰值的 10％为止。不论实际的强震记录还是人工模拟波形，一般为结构基本周期的 5～10 倍，即结构顶点的位移可按基本周期往复 5～10 次。时间短了不能使结构充分振动起来，时间太长则会增加计算时间。

2. 计算结果的分析比较

当取三组时程曲线进行计算时，结构地震作用效应宜取时程法计算结果的包络值与振型分解反应谱法计算结果的较大值；当取七组及七组以上时程曲线进行计算时，结构地震作用效应可取时程法计算结果的平均值与振型分解反应谱法计算结果的较大值。

3. 考虑到 2010 版规范增加了结构抗震性能设计规定，因此规范补充了 6 度时地震加速度时程的最大值，《高规》还补充了设防地震（中震）时地震加速度时程的最大值。

五、计算地震作用时的重力荷载代表值取值

（一）相关规范的规定

1.《高规》第 4.3.6 条规定：

计算地震作用时，建筑结构的重力荷载代表值应取永久荷载标准值和可变荷载组合值之和。可变荷载的组合值系数应按下列规定采用：

1　雪荷载取 0.5；

2　楼面活荷载按实际情况计算时取 1.0；按等效均布活荷载计算时，藏书库、档案库、库房取 0.8，一般民用建筑取 0.5。

2.《抗规》第 5.1.3 条规定：

计算地震作用时，建筑的重力荷载代表值应取结构和构配件自重标准值和各可变荷载组合值之和。各可变荷载的组合值系数，应按表 5.1.3 采用。

表 5.1.3　组合值系数

可变荷载种类		组合值系数
雪荷载		0.5
屋面积灰荷载		0.5
屋面活荷载		不计入
按实际情况计算的楼面活荷载		1.0
按等效均布荷载计算的楼面活荷载	藏书库、档案库	0.8
	其他民用建筑	0.5
起重机悬吊物重力	硬钩吊车	0.3
	软钩吊车	不计入

注：硬钩吊车的吊重较大时，组合值系数应按实际情况采用。

3.《混规》未述及。

（二）对规范的理解

按现行国家标准《建筑结构可靠度设计统一标准》的原则规定，地震发生时恒荷载与其他重力荷载可能的遇合结果总称为"抗震设计的重力荷载代表值 G_E"，即永久荷载标准值与有关可变荷载组合值之和。结构的地震作用计算就按此重力荷载代表值 G_E 进行计算。

考虑到藏书库等活荷载在地震时遇合的概率较大，故按等效楼面均布荷载计算活荷载时，其组合值系数为0.8。

《抗规》表中硬钩吊车的组合值系数，只适用于一般情况，吊重较大时需按实际情况取值。

《高规》、《抗规》规定基本一致。

《抗规》第5.1.3条的强制性条文，应严格执行。

（三）设计建议

1. 屋面活荷载的组合值系数：《荷载规范》规定屋面活荷载有四种情况，故计算抗震设计重力荷载代表值 G_E 时的组合值系数，建议按不同情况分别考虑：

（1）不上人屋面，取0.0（即不计入）；

（2）上人屋面，取0.5；

（3）屋顶花园、屋顶运动场、有机电设备等，建议取值不小于0.5；

（4）当屋顶活荷载按实际情况计算（施工或维修除外）时，取1.0。

2. 根据《荷载规范》表5.1.1第6项次（1）、（2），建议贮藏室的楼面活荷载的组合值系数取0.8，对密集柜书库，建议组合值系数取不小于0.8。

3. 其他情况，计算抗震设计重力荷载代表值 G_E 时的组合值系数按规范规定取用。

六、水平地震作用影响系数（设计反应谱）

（一）相关规范的规定

1.《高规》第4.3.7条、第4.3.8条规定：

第4.3.7条

建筑结构的地震影响系数应根据烈度、场地类别、设计地震分组和结构自振周期及阻尼比确定。其水平地震影响系数最大值 α_{max} 应按表4.3.7-1采用；特征周期应根据场地类别和设计地震分组按表4.3.7-2采用，计算罕遇地震作用时，特征周期应增加0.05s。

注：周期大于6.0s的高层建筑结构所采用的地震影响系数应做专门研究。

表4.3.7-1 水平地震影响系数最大值 α_{max}

地震影响	6度	7度	8度	9度
多遇地震	0.04	0.08（0.12）	0.16（0.24）	0.32
设防地震	0.12	0.23（0.34）	0.45（0.68）	0.90
罕遇地震	0.28	0.50（0.72）	0.90（1.20）	1.40

注：7、8度时括号内数值分别用于设计基本地震加速度为0.15g和0.30g的地区。

表4.3.7-2 特征周期值 T_g（s）

场地类别 设计地震分组	I_0	I_1	II	III	IV
第一组	0.20	0.25	0.35	0.45	0.65
第二组	0.25	0.30	0.40	0.55	0.75
第三组	0.30	0.35	0.45	0.65	0.90

第4.3.8条

高层建筑结构地震影响系数曲线（图4.3.8）的形状参数和阻尼调整应符合下列规定：

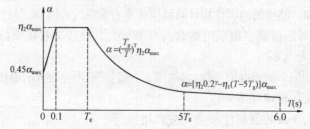

图4.3.8　地震影响系数曲线

α—地震影响系数；α_{max}—地震影响系数最大值；T—结构自振周期；T_g—特征周期；
γ—衰减指数；η_1—直线下降段下降斜率调整系数；η_2—阻尼调整系数

1　除有专门规定外，钢筋混凝土高层建筑结构的阻尼比应取0.05，此时阻尼调整系数 η_2 应取1.0，形状参数应符合下列规定：

1）直线上升段，周期小于0.1s的区段；

2）水平段，自0.1s至特征周期 T_g 的区段，地震影响系数应取最大值 α_{max}；

3）曲线下降段，自特征周期至5倍特征周期的区段，衰减指数 γ 应取0.9；

4）直线下降段，自5倍特征周期至6.0s的区段，下降斜率调整系数 η_1 应取0.02。

2　当建筑结构的阻尼比不等于0.05时，地震影响系数曲线的分段情况与本条第1款相同，但其形状参数和阻尼调整系数 η_2 应符合下列规定：

1）曲线下降段的衰减指数应按下式确定：

$$\gamma = 0.9 + \frac{0.05 - \zeta}{0.3 + 6\zeta} \qquad (4.3.8\text{-}1)$$

式中：γ——曲线下降段的衰减指数；

ζ——阻尼比。

2）直线下降段的下降斜率调整系数应按下式确定：

$$\eta_1 = 0.02 + \frac{0.05 - \zeta}{4 + 32\zeta} \qquad (4.3.8\text{-}2)$$

式中：η_1——直线下降段的斜率调整系数，小于0时应取0。

3）阻尼调整系数应按下式确定：

$$\eta_2 = 1 + \frac{0.05 - \zeta}{0.08 + 1.6\zeta} \qquad (4.3.8\text{-}3)$$

式中：η_2——阻尼调整系数，当 η_2 小于0.55时，应取0.55。

2.《抗规》第5.1.4条未规定设防地震时水平地震影响系数最大值 α_{max} 的取值，其余与《高规》第4.3.7条规定基本一致，《抗规》第5.1.5条与《高规》第4.3.8条规定基本一致。

3.《混规》未述及。

（二）对规范的理解

弹性反应谱理论仍是现阶段抗震设计的最基本理论，规范所采用的设计反应谱以地震影响系数曲线的形式给出。

1. 规范采用的设计反应谱，是根据大量实际地震加速度记录的加速度反应谱进行统计分析并结合工程经验和考虑技术经济条件的综合结果。加速度反应谱通常用以下三个参数来描述：最大地震影响系数 α_{max}，特征周期 T_g 和长周期段反应谱下降曲线的衰减指数 γ。

2. 规范规定了水平地震影响系数最大值和场地特征周期取值。现阶段仍采用抗震设防烈度所对应的水平地震影响系数最大值 α_{max}，多遇地震烈度（小震）和预估罕遇地震烈度（大震）分别对应于 50 年设计基准期内超越概率为 63% 和 2%～3% 的地震烈度。为了与结构抗震性能设计要求相适应，2010 版规范增加了 6 度时地震影响系数最大值，《高规》还补充了设防地震（中震，50 年设计基准期内超越概率为 10%）时地震影响系数最大值的规定。显然，设防烈度越高，水平地震影响系数 α 越大。

3. 同样烈度、同样场地条件的反应谱形状，随着震源机制、震级大小、震中距远近等的变化，有较大的差别，影响因素很多。在继续保留烈度概念的基础上，规范用场地类别和设计地震分组确定的特征周期 T_g 予以反映。场地类别级别越高或覆土层厚度越厚、土质越软，地震分组越大或离震中越远则 T_g 越长，其他条件相同时，水平地震影响系数 α 越大。2010 版规范将计算罕遇地震作用时的特征周期 T_g 值也增大 0.05s。适当提高结构的抗震安全性，也比较符合近年来得到的大量地震加速度资料的统计结果。

根据土层等效剪切波速和场地覆盖层厚度将建筑的场地划分为 Ⅰ、Ⅱ、Ⅲ、Ⅵ 四类，其中 Ⅰ 类分为 I_0 和 I_1 两个亚类，规范中提及 Ⅰ 类场地而未专门注明 I_0 或 I_1 的，均包含这两个亚类。

4. 理论分析和实际地震记录计算地震影响系数的统计结果表明：不同阻尼比的地震影响系数是不同的。随着阻尼比的减小，地震影响系数加大。考虑到不同结构类型建筑的抗震设计需要，提供了不同阻尼比（0.01～0.30）地震影响系数曲线相对于标准的地震影响系数（阻尼比为 0.05）的修正方法。根据实际强震记录的统计分析结果，这种修正可分两段进行：在反应谱平台段（$\alpha = \alpha_{max}$），修正幅度最大；在反应谱上升段（$T < T_g$）和下降段（$T > T_g$），修正幅度变小；在曲线两端（0s 和 6s），不同阻尼比下的 α 系数趋向接近。

5. 在 $T \leq 0.1s$ 的范围内，各类场地的地震影响系数一律采用同样的斜线，使之符合 $T = 0$ 时（刚体）动力不放大的规律；在 $T \geq T_g$ 时，设计反应谱在理论上存在两个下降段，即速度控制段和位移控制段：速度控制段应按 $1/T$ 规律下降，位移控制段应按 $1/T^2$ 指数规律下降。设计反应谱是用来预估建筑结构在其设计基准期内可能经受的地震作用，通常根据大量实际地震记录的反应谱进行统计并结合工程经验判断加以规定。为保持规范的延续性，地震影响系数在 $T \leq 5T_g$ 范围内保持不变，各曲线的递减指数为非整数；在 $T > 5T_g$ 的范围为倾斜下降段，不同场地类别的最小值不同，较符合实际反应谱的统计规律。对于周期大于 6s 的结构，地震影响系数仍专门研究。

6. 2010 版规范保持 2001 版规范地震影响系数曲线的计算表达式不变，只对其参数进行调整，达到以下效果：

（1）阻尼比为 5% 的地震影响系数维持不变，对于钢筋混凝土结构的抗震设计，同 2001 版规范的水平。

（2）基本解决了 2001 版规范在长周期段，不同阻尼比地震影响系数曲线交叉、大阻尼曲线值高于小阻尼曲线值的不合理现象。Ⅰ、Ⅱ、Ⅲ类场地的地震影响系数曲线在周期接近 6s 时，基本交汇在一点上，符合理论和统计规律。

（3）降低了小阻尼（0.02～0.035）的地震影响系数值，最大降低幅度达 18%。略微提高了阻尼比 0.06～0.10 范围的地震影响系数值，长周期部分最大增幅约 5%。

（4）适当降低了大阻尼（0.20～0.30）的地震影响系数值，在 $5T_g$ 周期以内，基本不变；长周期部分最大降幅约 10%，扩大了消能减震技术的应用范围。

7.《抗规》第 5.1.4 条为强制性条文，应严格执行。

（三）设计建议

1. 地震影响系数曲线是以结构周期为自变量的函数，区间是 0～6s，周期大于 6.0s 的高层建筑结构所采用的地震影响系数应作专门研究。以 T=0.1、T_g、$5T_g$ 将曲线分为三段，应注意不同区段函数 α 的解析式不同；水平地震影响 α_{max} 值应按《高规》表 4.3.7-1 取用，注意 7 度、8 度时括号内数值分别用于设计基本地震加速度为 0.15g 和 0.30g 的地区。

2. 关于特征周期 T_g 的取值

一般情况下可按《高规》表 4.3.7-2 取用，当场地类别处于规范表 4.3.7-2 所列的分界线附近时，《抗规》第 4.1.6 条规定：……。当有可靠的剪切波速和覆盖层厚度且其值处于表 4.1.6 所列场地类别的分界线附近时，应允许按插值方法确定地震作用计算所用的特征周期。

所谓分界线附近，是指相差±15% 的范围；注意其条件："当有可靠的剪切波速和覆盖层厚度"，即有充分依据；注意"应允许"，即采用插值法确定地震作用计算所采用的特征周期是一种近似方法，是一种补充手段，也可采用其他方法确定 T_g 值。

《抗规》在第 4.1.6 条条文说明中给出了一种连续化插入方案，见图 2.3.6。该图在场地覆盖层厚度 d_{ov} 和等效剪切波速 v_{se} 平面上用等步长和按线性规则改变步长的方案进行连续化插入，相邻等值线的 T_g 值均相差 0.01s。

3. 各类结构在不同地震作用下的阻尼比见表 2.3.6

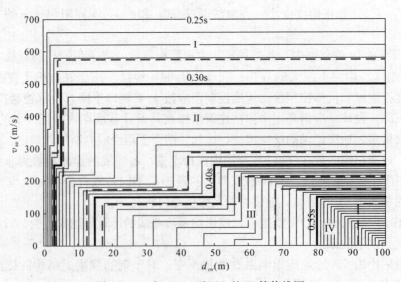

图 2.3.6　在 d_{ov}-v_{se} 平面上的 T_g 等值线图

（用于设计特征周期一组，图中相邻 T_g 等值线的差值均为 0.01s）

各类结构在不同地震作用下的阻尼比 表 2.3.6

结构类型	混凝土结构	预应力混凝土结构		混合结构
		抗侧力结构采用预应力	仅水平构件（梁或板）采用预应力	
小震	0.05	0.03	0.05	0.04
大震	适当加大，宜 0.08	0.05		0.05

七、水平地震作用计算的底部剪力法

（一）相关规范的规定

1.《高规》第 4.3.11 条、附录 C 规定： 、

第 4.3.11 条

采用底部剪力法计算结构的水平地震作用时，可按本规程附录 C 进行。

附录 C

C.0.1　采用底部剪力法计算高层建筑结构的水平地震作用时，各楼层在计算方向可仅考虑一个自由度（图 C），并应符合下列规定：

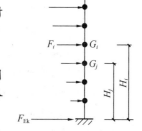

图 C　底部剪力法计算示意图

1　结构总水平地震作用标准值应按下列公式计算：

$$F_{Ek} = \alpha_1 G_{eq} \qquad (C.0.1-1)$$
$$G_{eq} = 0.85 G_E \qquad (C.0.1-2)$$

式中：F_{Ek}——结构总水平地震作用标准值；

α_1——相应于结构基本自振周期 T_1 的水平地震影响系数，应按本规程第 4.3.8 条确定。结构基本自振周期 T_1 可按本附录 C.0.2 条近似计算，并应考虑非承重墙体的影响予以折减；

G_{eq}——计算地震作用时，结构等效总重力荷载代表值；

G_E——计算地震作用时，结构总重力荷载代表值，应取各质点重力荷载代表值之和。

2　质点 i 的水平地震作用标准值可按下式计算：

$$F_i = \frac{G_i H_i}{\sum\limits_{j=1}^{n} G_j H_j} F_{Ek}(1-\delta_n) \quad (i=1,2,\cdots\cdots n) \qquad (C.0.1-3)$$

式中：F_i——质点 i 的水平地震作用标准值；

G_i、G_j——分别为集中于质点 i、j 的重力荷载代表值，应按本规程第 4.3.6 条的规定确定；

H_i、H_j——分别为质点 i、j 的计算高度；

δ_n——顶部附加地震作用系数，可按表 C.0.1 采用。

表 C.0.1 顶部附加地震作用系数 δ_n

T_g (s)	$T_1>1.4T_g$	$T_1\leqslant1.4T_g$
不大于 0.35	$0.08T_1+0.07$	
大于 0.35 但不大于 0.55	$0.08T_1+0.01$	不考虑
大于 0.55	$0.08T_1-0.02$	

注：1 T_g 为场地特征周期；
    2 T_1 为结构基本自振周期，可按本附录第 C.0.2 条计算，也可采用根据实测数据并考虑地震作用影响的其他方法计算。

3 主体结构顶层附加水平地震作用标准值可按下式计算：

$$\Delta F_n = \delta_n F_{Ek} \tag{C.0.1-4}$$

式中：ΔF_n——主体结构顶层附加水平地震作用标准值。

C.0.2 对于质量和刚度沿高度分布比较均匀的框架结构、框架-剪力墙结构和剪力墙结构，其基本自振周期可按下式计算：

$$T_1 = 1.7\Psi_T\sqrt{u_T} \tag{C.0.2}$$

式中：T_1——结构基本自振周期（s）；

    u_T——假想的结构顶点水平位移（m），即假想把集中在各楼层处的重力荷载代表值 G_i 作为该楼层水平荷载，并按本规程第 5.1 节的有关规定计算的结构顶点弹性水平位移；

    Ψ_T——考虑非承重墙刚度对结构自振周期影响的折减系数，可按本规程第 4.3.17 条确定。

C.0.3 高层建筑采用底部剪力法计算水平地震作用时，突出屋面房屋（楼梯间、电梯间、水箱间等）宜作为一个质点参加计算，计算求得的水平地震作用标准值应增大，增大系数 β_n 可按表 C.0.3 采用。增大后的地震作用仅用于突出屋面房屋自身以及与其直接连接的主体结构构件的设计。

表 C.0.3 突出屋面房屋地震作用增大系数 β_n

结构基本自振周期 T_1（s）	G_n/G \ K_n/K	0.001	0.010	0.050	0.100
0.25	0.01	2.0	1.6	1.5	1.5
	0.05	1.9	1.8	1.6	1.6
	0.10	1.9	1.8	1.6	1.5
0.50	0.01	2.6	1.9	1.7	1.7
	0.05	2.1	2.4	1.8	1.8
	0.10	2.2	2.4	2.0	1.8
0.75	0.01	3.6	2.3	2.2	2.2
	0.05	2.7	3.4	2.5	2.3
	0.10	2.2	3.3	2.5	2.3
1.00	0.01	4.8	2.9	2.7	2.7
	0.05	3.6	4.3	2.9	2.7
	0.10	2.4	4.1	3.2	3.0
1.50	0.01	6.6	3.9	3.5	3.5
	0.05	3.7	5.8	3.8	3.6
	0.10	2.4	5.6	4.2	3.7

注：1 K_n、G_n 分别为突出屋面房屋的侧向刚度和重力荷载代表值；K、G 分别为主体结构层侧向刚度和重力荷载代表值，可取各层的平均值；
    2 楼层侧向刚度可由楼层剪力除以楼层层间位移计算。

2. 《抗规》第 5.2.1 条、第 5.2.4 条规定：

第 5.2.1 条

采用底部剪力法时，各楼层可仅取一个自由度，结构的水平地震作用标准值，应按下列公式确定（图 5.2.1）：

$$F_{\mathrm{Ek}} = \alpha_1 G_{\mathrm{eq}} \qquad (5.2.1\text{-}1)$$

$$F_i = \frac{G_i H_i}{\sum\limits_{j=1}^{n} G_j H_j} F_{\mathrm{Ek}}(1-\delta_n)\,(i=1,2,\cdots n) \qquad (5.2.1\text{-}2)$$

$$\Delta F_n = \delta_n F_{\mathrm{Ek}} \qquad (5.2.1\text{-}3)$$

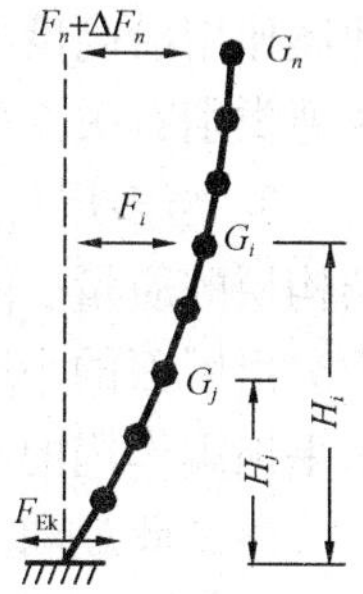

图 5.2.1 结构水平地震作用计算简图

式中　F_{Ek}——结构总水平地震作用标准值；

　　　α_1——相应于结构基本自振周期的水平地震影响系数值，应按本规范第 5.1.4、第 5.1.5 条确定，多层砌体房屋、底部框架砌体房屋，宜取水平地震影响系数最大值；

　　　G_{eq}——结构等效总重力荷载，单质点应取总重力荷载代表值，多质点可取总重力荷载代表值的 85%；

　　　F_i——质点 i 的水平地震作用标准值；

　G_i、G_j——分别为集中于质点 i、j 的重力荷载代表值，应按本规范第 5.1.3 条确定；

　H_i、H_j——分别为质点 i、j 的计算高度；

　　　δ_n——顶部附加地震作用系数，多层钢筋混凝土和钢结构房屋可按表 5.2.1 采用，其他房屋可采用 0.0；

　　　ΔF_n——顶部附加水平地震作用。

表 5.2.1　顶部附加地震作用系数

T_g（s）	$T_1 > 1.4 T_g$	$T_1 \leqslant 1.4 T_g$
$T_g \leqslant 0.35$	$0.08 T_1 + 0.07$	
$0.35 < T_g \leqslant 0.55$	$0.08 T_1 + 0.01$	0.0
$T_g > 0.55$	$0.08 T_1 - 0.02$	

注：T_1 为结构基本自振周期。

第 5.2.4 条

采用底部剪力法时，突出屋面的屋顶间、女儿墙、烟囱等的地震作用效应，宜乘以增大系数 3，此增大部分不应往下传递，但与该突出部分相连的构件应予计入；……。

3. 《混规》未述及。

（二）对规范的理解

底部剪力法基本思路是：结构底部的总剪力等于其总水平地震作用，由反应谱得到，而地震作用沿高度的分布则根据近似的结构侧移假定得到。

底部剪力法视多质点体系为等效单质点系。根据大量的计算分析，规范有如下规定：

1. 引入等效质量系数 0.85，它反映了多质点系底部剪力值与对应单质点系（质量等于多质点系总质量，周期等于多质点系基本周期）剪力值的差异。

2. 水平地震作用沿高度按倒三角形分布，由于按倒三角形分布得到的结构地震剪力在结构上部 1/3 左右的各层往往小于按时程分析法和振型分解反应谱法取前三个振型的计算结果，在周期较长时顶部误差可达 25%。采用顶部附加集中地震力的方法可适当改进地震作用沿高度的分布。通过分析比较，此顶部附加集中地震力大小与结构的自振周期和场地类别有关。故引入依赖于结构自振周期和场地类别的顶点附加集中地震力予以调整。

3. 当多层房屋的顶部有突出屋面的电梯间、水箱等小建筑时，其质量、刚度与相邻结构层的质量、刚度相差很大，刚度突变，质量突变，结构顶部鞭梢效应明显，地震中这种突出屋面的小屋破坏严重（图 1.4.1-5）。同时，这已不满足采用底部剪力法计算结构水平地震作用的相关条件。故规范规定了突出屋面小屋的地震剪力放大。

注意此款和上款中的顶点附加集中地震力调整是两个不同的概念。

（三）设计建议

1. 计算 α_1 的结构基本自振周期 T_1，《高规》规定可按附录 C.0.2 条近似计算，并应考虑非承重墙体影响予以折减，而《抗规》对此并未述及。

目前，不仅在高层建筑。就是在多层建筑中，采用底部剪力法计算结构水平地震作用也已很少，即使用，也是多用于结构的方案设计或初步设计阶段，作为对结构地震剪力的计算估算和宏观了解。因此，笔者认为：按《高规》附录 C.0.2 条近似计算结构基本自振周期 T_1 是简便而可行的。

2. 关于考虑鞭梢效应，突出屋面小屋的地震剪力放大，《高规》根据结构基本自振周期 T_1、突出屋面房屋的侧向刚度和主体结构层侧向刚度比、突出屋面房屋的重力荷载代表值和主体结构层重力荷载代表值之比，给出了突出屋面房屋地震作用增大系数 β_n，见《高规》表 C.0.3。而《抗规》直接规定"乘以增大系数 3"。笔者认为：作为对结构地震剪力的计算估算和宏观了解，《抗规》的规定简便而可行。当然，在计算出屋面小屋的竖向构件承载力，特别是受剪承载力时，建议取《高规》和《抗规》规定的较大值，即取 β_n 不小于 3.0。

如何判别"突出屋面的小建筑"？《抗规》指出一般按其重力荷载小于标准层 1/3 控制。笔者以为，竖向体型内收过大，也可认为是突出屋面的小建筑。

应当指出：对于顶层带有空旷大房间或轻钢结构的房屋，不宜视为突出屋面的小屋并采用底部剪力法乘以增大系数的办法计算地震作用效应，而应视为结构体系一部分，用振型分解法等计算。此时，当计算振型数足够时，突出屋面的小屋的水平地震剪力标准值也可不放大。

3. 采用底部剪力法计算结构水平地震作用时，仍应考虑偶然偏心的不利影响。

八、振型分解反应谱法计算水平地震作用

（一）相关规范的规定

1.《高规》第 4.3.9 条、第 4.3.10 条规定：

第 4.3.9 条

采用振型分解反应谱方法时，对于不考虑扭转耦联振动影响的结构，应按下列规定进行地震作用和作用效应的计算：

1 结构第 j 振型 i 层的水平地震作用的标准值应按下列公式确定：

$$F_{ji} = \alpha_j \gamma_j X_{ji} G_i \tag{4.3.9-1}$$

$$\gamma_j = \frac{\sum\limits_{i=1}^{n} X_{ji} G_i}{\sum\limits_{i=1}^{n} X_{ji}^2 G_i} \quad (i = 1, 2, \cdots\cdots, n; j = 1, 2, \cdots\cdots, m) \tag{4.3.9-2}$$

式中：G_i——i 层的重力荷载代表值，应按本规程第 4.3.6 条的规定确定；

$\qquad F_{ji}$——第 j 振型 i 层水平地震作用的标准值；

$\qquad \alpha_j$——相应于 j 振型自振周期的地震影响系数，应按本规程第 4.3.7～4.3.8 条确定；

$\qquad X_{ji}$——j 振型 i 层的水平相对位移；

$\qquad \gamma_j$——j 振型的参与系数；

$\qquad n$——结构计算总层数，小塔楼宜每层作为一个质点参与计算；

$\qquad m$——结构计算振型数。规则结构可取 3，当建筑较高、结构沿竖向刚度不均匀时可取 5～6。

2 水平地震作用效应，当相邻振型的周期比小于 0.85 时，可按下式计算：

$$S = \sqrt{\sum_{j=1}^{m} S_j^2} \tag{4.3.9-3}$$

式中：S——水平地震作用标准值的效应；

$\qquad S_j$——j 振型的水平地震作用标准值的效应（弯矩、剪力、轴向力和位移等）。

第 4.3.10 条

考虑扭转影响的平面、竖向不规则结构，按扭转耦联振型分解法计算时，各楼层可取两个正交的水平位移和一个转角位移共三个自由度，并应按下列规定计算地震作用和作用效应。确有依据时，可采用简化计算方法确定地震作用。

1 j 振型 i 层的水平地震作用标准值，应按下列公式确定：

$$
\begin{aligned}
F_{xji} &= \alpha_j \gamma_{tj} X_{ji} G_i \\
F_{yji} &= \alpha_j \gamma_{tj} Y_{ji} G_i (i = 1, 2, \cdots\cdots, n; j = 1, 2, \cdots\cdots, m) \\
F_{tji} &= \alpha_j \gamma_{tj} r_i^2 \varphi_{ji} G_i
\end{aligned}
\tag{4.3.10-1}
$$

式中：F_{xji}、F_{yji}、F_{tji}——分别为 j 振型 i 层的 x 方向、y 方向和转角方向的地震作用标准值；

$\qquad X_{ji}$、Y_{ji}——分别为 j 振型 i 层质心在 x、y 方向的水平相对位移；

$\qquad \varphi_{ji}$——j 振型 i 层的相对扭转角；

$\qquad r_i$——i 层转动半径，取 i 层绕质心的转动惯量除以该层质量的商的正二次方根；

$\qquad \alpha_j$——相应于第 j 振型自振周期 T_j 的地震影响系数，应按本规程第 4.3.7～4.3.8 条确定；

$\qquad \gamma_{tj}$——考虑扭转的 j 振型参与系数，可按本规程公式（4.3.10-2）～（4.3.10-4）确定；

$\qquad n$——结构计算总质点数，小塔楼宜每层作为一个质点参加计算；

$\qquad m$——结构计算振型数，一般情况下可取 9～15，多塔楼建筑每个塔楼的振型数不宜小于 9。

当仅考虑 x 方向地震作用时：

$$\gamma_{tj} = \sum_{i=1}^{n} X_{ji}G_i / \sum_{i=1}^{n} (X_{ji}^2 + Y_{ji}^2 + \varphi_{ji}^2 r_i^2)G_i \qquad (4.3.10\text{-}2)$$

当仅考虑 y 方向地震作用时：

$$\gamma_{tj} = \sum_{i=1}^{n} X_{ji}G_i / \sum_{i=1}^{n} (X_{ji}^2 + Y_{ji}^2 + \varphi_{ji}^2 r_i^2)G_i \qquad (4.3.10\text{-}3)$$

当考虑与 x 方向夹角为 θ 的地震作用时：

$$\gamma_{tj} = \gamma_{xj}\cos\theta + \gamma_{yj}\sin\theta \qquad (4.3.10\text{-}4)$$

式中：γ_{xj}、γ_{yj}——分别为由式（4.3.10-2）、（4.3.10-3）求得的振型参与系数。

2　单向水平地震作用下，考虑扭转耦联的地震作用效应，应按下列公式确定：

$$S = \sqrt{\sum_{j=1}^{m} \sum_{k=1}^{m} \rho_{jk}S_jS_k} \qquad (4.3.10\text{-}5)$$

$$\rho_{jk} = \frac{8\sqrt{\zeta_j\zeta_k}(\zeta_j + \lambda_T\zeta_k)\lambda_T^{1.5}}{(1-\lambda_T^2)^2 + 4\zeta_j\zeta_k(1+\lambda_T)^2\lambda_T + 4(\zeta_j^2 + \zeta_k^2)\lambda_T^2} \qquad 4.3.10\text{-}6$$

式中：S——考虑扭转的地震作用标准值的效应；

S_j、S_k——分别为 j、k 振型地震作用标准值的效应；

ρ_{jk}——j 振型与 k 振型的耦联系数；

λ_T——k 振型与 j 振型的自振周期比；

ζ_j、ζ_k——分别为 j、k 振型的阻尼比。

3　考虑双向水平地震作用下的扭转地震作用效应，应按下列公式中的较大值确定：

$$S = \sqrt{S_x^2 + (0.85S_y)^2} \qquad (4.3.10\text{-}7)$$

或

$$S = \sqrt{S_y^2 + (0.85S_x)^2} \qquad (4.3.10\text{-}8)$$

式中：S_x——仅考虑 x 向水平地震作用时的地震作用效应，按式（4.3.10-5）计算；

S_y——仅考虑 y 向水平地震作用时的地震作用效应，按式（4.3.10-5）计算。

2.《抗规》第 5.2.2 条、第 5.2.3 条、第 5.2.4 条规定：

第 5.2.2 条、第 5.2.3 条分别与《高规》第 4.3.9 条、第 4.3.10 条规定基本一致。

《抗规》第 5.2.4 条

……；采用振型分解法时，突出屋面部分可作为一个质点；单层厂房突出屋面天窗架的地震作用效应的增大系数，应按本规范第 9 章的有关规定采用。

3.《混规》未述及。

（二）对规范的理解

1. 抗震计算时，如振型数选取不当，可能导致结构地震作用计算失真。为使高柔建筑结构的计算分析较为可靠，其组合的振型个数应适当增加。振型个数一般可以取振型参与质量达到总质量 90% 所需的振型数。

2. 随机振动理论分析表明，当结构体系的振型密集、两个振型的周期接近时，振型之间的耦联明显。在阻尼比均为 5% 的情况下，当相邻振型的周期比为 0.85 时，耦联系数大约为 0.27，采用平方和开方 SRSS 方法进行振型组合的误差不大；而当周期比为 0.90 时，耦联系数增大一倍，约为 0.50，两个振型之间的互相影响不可忽略。这时，计算地震作用效应不能采用 SRSS 组合方法，而应采用完全方根组合 CQC 方法。见图 2.3.8。

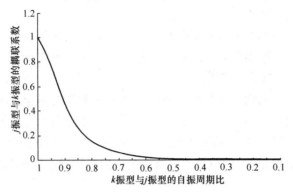

图 2.3.8　不同振型周期比对应的耦联系数

注意：地震作用是指按振型分解反应谱法计算出在各振型下的结构各楼层的地震作用力，地震作用效应是指在地震作用力下结构或构件的效应，包括楼层剪力、弯矩和位移，也包括构件内力（弯矩、剪力、轴力、扭矩等）和变形。两者是不同的。

3. 地震扭转反应是一个极其复杂的问题，实际地震作用本来就是多方向且各方向地震波形状不同并存在相位差。体型复杂的建筑结构，更是存在明显的扭转反应。此时，应考虑双向水平地震作用下的地震效应组合。根据强震观测记录的统计分析，两个水平方向地震加速度的最大值不相等，二者之比约为 1.00∶0.85；而且两个方向的最大值不一定发生在同一时刻，因此采用平方和开方计算两个方向地震作用效应的组合。条文中的 S_x 和 S_y 是指在两个正交的 x 和 y 方向地震作用下，在每个构件的同一局部坐标方向上的地震作用效应，如 x 方向地震作用下在局部坐标 x_i 向的弯矩 M_{xx} 和 y 方向地震作用下在局部坐标 x_i 方向的弯矩 M_{xy}；按不利情况考虑时，则取上述组合的最大弯矩与对应的剪力，或上述组合的最大剪力与对应的弯矩，或上述组合的最大轴力与对应的弯矩等。

考虑结构扭转效应时，一般只能取各楼层质心为相对坐标原点，按多维振型分解法计算，其振型效应彼此耦联，组合用完全二次型方根法，可以由计算机运算。

4. 即使对于平面规则的建筑结构，国外的多数抗震设计规范也考虑由于施工、使用等原因所产生的偶然偏心引起的地震扭转效应及地震地面运动扭转分量的影响。故规范要求规则结构不考虑扭转耦联计算时，应采用增大边榀构件地震内力的简化处理方法。

5. 规范增加了不同阻尼比时耦联系数的计算方法，以供高层钢结构等使用。

（三）设计建议

1. 不考虑扭转耦联振动影响的振型分解反应谱法，适用于可沿结构两个主轴方向分别计算的一般结构，其变形可以是剪切型，也可以是弯曲型或弯曲剪切型。

当建筑结构除了抗侧力构件呈斜交分布外，满足规则结构的其他相关要求，仍可以沿斜交的构件主轴方向采用此方法进行计算分析。

除此以外的情况，应采用考虑扭转耦联振动影响的振型分解反应谱法计算分析。

2. 规范建议的振型数仅是对质量和刚度分布比较均匀的结构而言的。对于质量和刚度分布很不均匀的结构、对于楼板开大洞计算中采用弹性楼板假定的结构、对于高柔结构

（周期较长、高宽比较大），应适当增加振型数。一般振型分解反应谱法所需的振型数不应少于振型参与质量达到总质量 90%时所需要的振型数。更多内容详见本书第三章第一节"八、计算振型数的确定"。

3. 质量和刚度分布明显不对称的结构，应计算双向水平地震作用下的扭转影响，其他情况应计算单向水平地震作用下的扭转影响。双向水平地震作用计算可不考虑偶然偏心。计算结果不叠加，取最不利值。

4. 扭转刚度较小的结构，例如某些核心筒-外稀柱框架结构或类似的结构，第一振型周期为 T_θ，或满足 $T_\theta > 0.75 T_{x1}$，或 $T_\theta > 0.75 T_{y1}$，对较高的高层建筑，$0.75 T_\theta > T_{x2}$，或 $0.75 T_\theta > T_{y2}$，均需考虑地震扭转效应。但如果考虑扭转影响的地震作用效应小于考虑偶然偏心引起的地震效应时，应取后者以策安全。但现阶段，偶然偏心与扭转二者不需要同时参与计算。

5. 规范提出的扭转效应系数法，是一个近似简化计算方法。但物理概念明确：即考虑扭转时结构某榀抗侧力构件按平动分析的层剪力效应的增大。而其数值依赖于各类结构大量算例的统计。当确有依据时，可采用此方法来近似估计结构的扭转效应。

扭转效应系数法的适用范围是：

（1）房屋高度低于 40m 的框架结构；

（2）各层的质心和"计算刚心"接近于两串轴线；

（3）偏心参数 ε 满足 $0.1 < \varepsilon < 0.3$。

边榀框架的扭转效应增大系数 η 为

$$\eta = 0.65 + 4.5\varepsilon$$

$$\varepsilon = e_y s_y / (K_\phi / K_x)$$

式中　e_y、s_y——分别为 i 层刚心和 i 层边榀框架距 i 层以上总质心的距离（y 方向）；

K_x、K_ϕ——分别为 i 层平动刚度和绕质心的扭转刚度。

其他类型结构，如单层厂房也有相应的扭转效应系数。

对单层结构，多采用基于刚心和质心概念的动力偏心距法估算。

九、楼层最小地震剪力系数值

（一）相关规范的规定

1.《高规》第 4.3.12 条规定：

多遇地震水平地震作用计算时，结构各楼层对应于地震作用标准值的剪力应符合下式要求：

$$V_{Eki} \geqslant \lambda \sum_{j=i}^{n} G_j \tag{4.3.12}$$

式中：V_{Eki}——第 i 层对应于水平地震作用标准值的剪力；

　　　λ——水平地震剪力系数，不应小于表 4.3.12 规定的值；对于竖向不规则结构的薄弱层，尚应乘以 1.15 的增大系数；

　　　G_j——第 j 层的重力荷载代表值；

　　　n——结构计算总层数。

表 4.3.12　楼层最小地震剪力系数值

类别	6 度	7 度	8 度	9 度
扭转效应明显或基本周期 小于 3.5s 的结构	0.008	0.016 (0.024)	0.032 (0.048)	0.064
基本周期大于 5.0s 的结构	0.006	0.012 (0.018)	0.024 (0.032)	0.040

注：1　基本周期介于 3.5s 和 5.0s 之间的结构，应允许线性插入取值；

　　2　7、8 度时括号内数值分别用于设计基本地震加速度为 0.15g 和 0.30g 的地区。

2.《抗规》第 5.2.5 条与《高规》规定基本一致。

3.《混规》未述及。

（二）对规范的理解

1. 由于地震影响系数在长周期段下降较快，对于基本周期大于 3.5s 的结构，由此计算所得的水平地震作用下的结构效应可能太小。而对于长周期结构，地震动态作用中的地面运动速度和位移可能对结构的破坏具有更大影响，但是规范所采用的振型分解反应谱法尚无法对此作出估计。出于结构安全的考虑，提出了对结构总水平地震剪力及各楼层水平地震剪力最小值的要求，规定了不同设防烈度下的楼层最小地震剪力系数（即剪重比），当不满足时，结构总剪力和各楼层的水平地震剪力均需要进行适当的调整或改变结构布置使之达到满足要求。

2. 对于扭转效应明显或基本周期小于 3.5s 的结构，剪力系数取 $0.2\alpha_{max}$，保证足够的抗震安全度。

3. 本次修订增加了 6 度区楼层最小地震剪力系数值。

4. 此条为强制性条文，设计中应严格执行。

（三）设计建议

1. 扭转效应是否明显，一般可由考虑耦联的振型分解反应谱法分析结果判断。例如：前三个振型中，两个水平方向的振型参与系数为同一个量级，即存在明显的扭转效应。较为简单的方法是：若楼层最大水平位移（或层间位移）大于楼层平均水平位移（或层间位移）1.2 倍，可认为是扭转效应明显的结构。

2. 当结构底部的总地震剪力略小于本条的规定而中、上部楼层均满足最小值时，可采用下列方法调整（图 2.3.9）：若总地震剪力不足的部分是由地震加速度引起的，则各楼层均需乘以同样大小的增大系数；若不足部分是由地震动位移引起的地震作用，则各楼层 i 均需按底部的剪力系数的差值 $\Delta\lambda_0$ 增加该层的地震剪力—$\Delta F_{Eki} = \Delta\lambda_0 G_{Ei}$；若不足部分是由地震速度引起的地震作用，则增加值应大于 $\Delta\lambda_0 G_{Ei}$，顶部增加值可取动位移作用和加速度作用二者的平均值，中间各层的增加值可近似按线性插值。注意：只要底部总剪力不满足本条要求，则结构各楼层的地震剪力均需调整，不能仅调整不满足的楼层。

3. 应当注意：如果较多楼层的剪力系数不满足规范规定（例如 15% 以上的楼层）、或底部楼层剪力系数小于规范规定的最小剪力系数太多（例如小于 85%），说明结构选型、结构的平面、立面布置等不合理，此时，应对结构的选型和结构布置等重新调整，使调整后的结构方案的计算结果能满足或接近规范规定的最小剪重比要求。而不能仅采用乘以增大系数方法处理。这样的处理虽然表面上解决了地震剪力的大小数值，但结构方案的不合理问题并没有解决。结构可能存在安全隐患，这是设计所不能允许的。

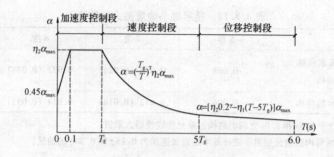

图 2.3.9 地震影响系数曲线

α—地震影响系数；α_{max}—地震影响系数最大值；T—结构自振周期；T_g—特征周期；

γ—衰减指数；η_1—直线下降段下降斜率调整系数；η_2—阻尼调整系数

4. 满足最小地震剪力是结构后续抗震计算的前提，只有调整到符合最小地震剪力要求，才能进行结构相应的地震倾覆力矩、构件内力、位移等的计算分析、调整；就是说，当各层的地震剪力需要调整时，原先计算的倾覆力矩、内力和位移均需作相应调整。

5. 对于存在竖向不规则的结构，突变部位的薄弱楼层，若楼层地震剪力不满足本条要求，则应首先按本条规定进行调整，再按规范相关规定，乘以薄弱层的水平地震剪力放大系数。

6. 当高层建筑计算的楼层剪重比较小（小于0.02）时，虽然结构的层间位移角满足规范要求，但有可能不满足结构的稳定性要求。此时，也应调整并增大结构的抗侧力刚度，使之满足结构的稳定性要求。并对此结构进行地震作用计算，计算结果也应满足规范最小地震剪力的规定。

7. 采用时程分析法时，其计算结果也需符合最小地震剪力的要求。

8. 本条规定不考虑阻尼比的不同，是最低要求，各类结构，包括钢结构、隔震和消能减震结构均需一律遵守。

十、竖向地震作用计算

（一）相关规范的规定

1. 《高规》第4.3.13条、第4.3.14条、第4.3.15条规定：

第4.3.13条

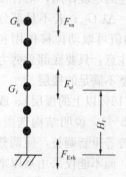

图 4.3.13 结构竖向地震作用计算示意

结构竖向地震作用标准值可采用时程分析方法或振型分解反应谱方法计算，也可按下列规定计算（图4.3.13）：

1 结构总竖向地震作用标准值可按下列公式计算：

$$F_{Evk} = \alpha_{vmax} G_{eq} \qquad (4.3.13-1)$$
$$G_{eq} = 0.75 G_E \qquad (4.3.13-2)$$
$$\alpha_{vmax} = 0.65 \alpha_{max} \qquad (4.3.13-3)$$

式中：F_{Evk}——结构总竖向地震作用标准值；

α_{vmax}——结构竖向地震影响系数最大值；

G_{eq}——结构等效总重力荷载代表值；

G_E——计算竖向地震作用时，结构总重力荷载代表值，应取各质点重力荷载代表值之和。

2 结构质点 i 的竖向地震作用标准值可按下式计算：

$$F_{vi} = \frac{G_i H_i}{\sum\limits_{j=1}^{n} G_j H_j} F_{Evk} \tag{4.3.13-4}$$

式中：F_{vi}——质点 i 的竖向地震作用标准值；

G_i、G_j——分别为集中于质点 i、j 的重力荷载代表值，应按本规程第 4.3.6 条的规定计算；

H_i、H_j——分别为质点 i、j 的计算高度。

3 楼层各构件的竖向地震作用效应可按各构件承受的重力荷载代表值比例分配，并宜乘以增大系数 1.5。

第 4.3.14 条

跨度大于 24m 的楼盖结构、跨度大于 12m 的转换结构和连体结构，悬挑长度大于 5m 的悬挑结构，结构竖向地震作用效应标准值宜采用时程分析方法或振型分解反应谱方法进行计算。时程分析计算时输入的地震加速度最大值可按规定的水平输入最大值的 65% 采用，反应谱分析时结构竖向地震影响系数最大值可按水平地震影响系数最大值的 65% 采用，但设计地震分组可按第一组采用。

第 4.3.15 条

高层建筑中，大跨度结构、悬挑结构、转换结构、连体结构的连接体的竖向地震作用标准值，不宜小于结构或构件承受的重力荷载代表值与表 4.3.15 所规定的竖向地震作用系数的乘积。

表 4.3.15 竖向地震作用系数

设防烈度	7 度	8 度		9 度
设计基本地震加速度	0.15g	0.20g	0.30g	0.40g
竖向地震作用系数	0.08	0.10	0.15	0.20

注：g 为重力加速度。

2.《抗规》第 5.3.1 条、第 5.3.2 条、第 5.3.3 条、第 5.3.4 条规定：

《抗规》第 5.3.1 条与《高规》第 4.3.13 条规定基本一致。

第 5.3.2 条

跨度、长度小于本规范第 5.1.2 条第 5 款规定且规则的平板型网架屋盖和跨度大于 24m 的屋架、屋盖横梁及托架的竖向地震作用标准值，宜取其重力荷载代表值和竖向地震作用系数的乘积；竖向地震作用系数可按表 5.3.2 采用。

表 5.3.2 竖向地震作用系数

结构类型	烈度	场 地 类 别		
		I	II	III、IV
平板型网架、钢屋架	8	可不计算 (0.10)	0.08 (0.12)	0.10 (0.15)
	9	0.15	0.15	0.20
钢筋混凝土屋架	8	0.10 (0.15)	0.13 (0.19)	0.13 (0.19)
	9	0.20	0.25	0.25

注：括号中数值用于设计基本地震加速度为 0.30g 的地区。

第 5.3.3 条

长悬臂构件和不属于本规范第 5.3.2 条的大跨结构的竖向地震作用标准值，8 度和 9 度可分别取该结构、构件重力荷载代表值的 10% 和 20%，设计基本地震加速度为 0.30g 时，可取该结构、构件重力荷载代表值的 15%。

第 5.3.4 条

大跨度空间结构的竖向地震作用，尚可按竖向振型分解反应谱方法计算。其竖向地震影响系数可采用本规范第 5.1.4～5.1.5 条规定的水平地震影响系数的 65%，但特征周期可按设计第一组采用。

3.《混规》未述及。

（二）对规范的理解

1. 竖向地震客观存在，只是在多数情况下其地震作用不大，对结构和构件的承载力和变形等影响很小，工程设计就简化而不考虑了。但是，输入竖向地震加速度波的时程反应分析发现，高层建筑由竖向地震引起的轴向力在结构上部明显大于底部，是不可忽视的。在这种情况下，就必须对结构或构件进行竖向地震作用计算。

2. 竖向地震作用的精确计算比较繁杂，对高度不高、沿竖向质量和刚度较为均匀的结构，可以采用简化方法，原则上与水平地震作用的底部剪力法类似：结构竖向地震的基本周期较短，总竖向地震作用可表示为竖向地震影响系数最大值和等效总重力荷载代表值的乘积；沿高度分布按第一振型考虑，也采用倒三角形分布；在楼层平面内的分布，则按构件所承受的重力荷载代表值分配。只是等效质量系数取 0.75。根据台湾 9·21 大地震的经验，规范要求高层建筑楼层的竖向地震作用效应应乘以增大系数 1.5，使结构总竖向地震作用标准值分别略大于重力荷载代表值的 10% 和 20%。

3. 而对于跨度或悬挑长度不是很大的大跨结构和悬挑结构，为了简化计算，可直接按采用地震作用系数乘以相应的重力荷载代表值作为竖向地震作用标准值（静力法）。

用反应谱法、时程分析法等进行结构竖向地震反应的计算分析研究表明：对一般尺度的平板型网架和大跨度屋架各主要构件，竖向地震内力和重力荷载下的内力之比值，彼此相差一般不太大，此比值随烈度和场地条件而异，且当结构周期大于特征周期时，随跨度的增大，比值反而有所下降。由于在常用的跨度范围内，这个下降还不很大，为简化计算，规范略去了跨度的影响。

4. 建筑结构中的大跨度、悬挑、转换、连体结构的竖向地震作用大小与其所处的位置以及支承结构的刚度都有一定关系，考虑目前高层建筑中较多采用大跨度和长悬挑结构，因此对于跨度较大、所处位置较高的情况，《高规》规定：需要采用时程分析方法或反应谱方法进行竖向地震作用的计算，且计算结果不宜小于静力法的计算结果。

《抗规》规定：空间结构的竖向地震作用，除了可采用简化计算外，还可采用竖向振型的振型分解反应谱方法。

规范同时给出了按时程分析法或反应谱法进行竖向地震作用计算时需要的数据。对于竖向反应谱，现阶段多数规范仍采用水平反应谱的 65%，包括最大值和形状参数。但认为竖向反应谱的特征周期与水平反应谱相比，尤其在远震中距时，明显小于水平反应谱。故规范规定：特征周期均按第一组采用。对处于发震断裂 10m 以内的场地，竖向反应谱的最大值可能接近于水平反应谱，但特征周期小于水平谱。

5.《高规》第 4.3.15 条和《抗规》第 5.3.2 条、第 5.3.3 条在具体内容上有一些区别：

（1）《高规》增加了 7 度（0.15g）竖向地震作用的计算，《抗规》无此规定；

（2）《高规》有悬挑、连接体竖向地震作用的计算，《抗规》有网架、托架竖向地震作用的计算；

（3）《抗规》有场地类别的区别，《高规》无此规定；

《抗规》第 5.3.2 条主要讲屋架，对其他都未涉及，而《高规》4.3.14 重点在大跨度结构。

（三）设计建议

1. 适用范围：

（1）对高度不高、沿竖向质量和刚度较为均匀的 9 度抗震设防的高层建筑结构，可以采用以结构重力荷载代表值为基础的地震影响系数方法。该方法和水平地震的底部剪力法类似（见《高规》第 4.3.13 条）。注意此时是整个结构的所有主体构件都参与计算。

（2）对于跨度或悬挑长度不是很大（即不大于《高规》第 4.3.14 条规定）的大跨结构和悬挑结构，可直接按采用地震作用系数乘以相应的重力荷载代表值作为竖向地震作用标准值（静力法）。

对一般尺度的平板型网架和大跨度屋架各主要构件，亦可以采用此方法。

这种计算只是对结构中的部分构件（大跨度、长悬臂等）进行竖向地震作用计算，此竖向地震作用仅用于这些构件及与其直接连接的主体结构构件的设计。

（3）跨度大于 24m 的楼盖结构、跨度大于 12m 的转换结构和连体结构，悬挑长度大于 5m 的悬挑结构，宜采用时程分析方法或振型分解反应谱方法进行计算。

空间结构的竖向地震作用，除了可采用简化计算外，也可采用竖向振型的振型分解反应谱方法。

2. 竖向地震作用计算时，时程分析计算时输入的竖向地震加速度最大值可按规定的水平输入最大值的 65% 采用，反应谱分析时结构竖向地震影响系数最大值可按水平地震影响系数最大值的 65% 采用，但设计地震分组可按第一组采用。

3. 时程分析方法或振型分解反应谱方法电算结果和近似手算方法（底部剪力法、竖向地震作用系数法）计算结果的对比。两者计算结果应当接近，相差不应很大。如果相差很大，应注意查找原因：方案是否合理？计算模型是否合适？计算操作是否有误？等等。

以判断计算结果的可靠性。

十一、考虑非承重墙体对刚度贡献时的结构自振周期折减

（一）相关规范的规定

1.《高规》第 4.3.16 条、第 4.3.17 条规定：

第 4.3.16 条

计算各振型地震影响系数所采用的结构自振周期应考虑非承重墙体的刚度影响予以折减。

第 4.3.17 条

当非承重墙体为砌体墙时，高层建筑结构的计算自振周期折减系数可按下列规定取值：

    1   框架结构可取 0.6～0.7；

    2   框架-剪力墙结构可取 0.7～0.8；

    3   框架-核心筒结构可取 0.8～0.9；

    4   剪力墙结构可取 0.8～1.0。

对于其他结构体系或采用其他非承重墙体时，可根据工程情况确定周期折减系数。

2.《抗规》第 13.2.1 条第 2 款规定：

对柔性连接的建筑构件，可不计入刚度；对嵌入抗侧力构件平面内的刚性建筑非结构构件，应计入其刚度影响，可采用周期调整等简化方法；一般情况下不应计入其抗震承载力，当有专门的构造措施时，尚可按有关规定计入其抗震承载力。

3.《混规》未述及。

（二）对规范的理解

目前，建筑结构整体计算分析时，一般只考虑主要结构构件（梁、柱、剪力墙和筒体等）的刚度，没有考虑非承重结构构件的刚度。但大量工程实测周期表明：按不考虑非承重结构构件计算的结构周期较实际建筑物自振周期偏长。剪力墙结构中，由于砖墙数量少，其刚度又远小于钢筋混凝土墙的刚度，实测周期比计算周期略小但差别不大；而有实心砖填充墙的框架结构，由于实心砖填充墙的刚度大于框架柱的刚度，其影响十分显著，实测周期约为计算周期的 0.5～0.6 倍。为此，本条规定应考虑非承重墙体的刚度影响：通过对计算的结构自振周期的折减，来反映由于非承重墙体对结构刚度的增大。

考虑到目前黏土砖被限制使用，而其他类型的砌体墙越来越多，2010 版《高规》把"填充砖墙"改为"砌体墙"；增加了框架-核心筒结构周期折减系数的规定；将剪力墙结构的周期折减系数调整为 0.8～1.0。

（三）设计建议

1. 考虑非承重墙体的刚度影响对计算的结构自振周期予以折减，这对所有多高层钢筋混凝土结构都是适用的。但应注意其条件：

（1）对柔性连接的填充墙，可不计入刚度。关于柔性连接填充墙的构造做法，详见有关国家标准图；

（2）是砌体墙而不是刚度很小的轻质砌体填充墙。

2.《抗规》还规定：一般情况下不应计入其抗震承载力，当有专门的构造措施时，尚可按有关规定计入其抗震承载力。这对所有多高层钢筋混凝土结构也都是适用的。

3. 结构自振周期折减等的具体设计建议，详见本书第四章第一节"二、填充墙及隔墙对结构刚度的影响"。

4.《高规》第 4.3.16 条为强制性条文，必须严格执行。

第三章 结构计算分析

第一节 一般规定

一、结构变形和内力计算的弹性方法

（一）相关规范的规定

1. 《高规》第 5.1.3 条规定：

高层建筑结构的变形和内力可按弹性方法计算。框架梁及连梁等构件可考虑塑性变形引起的内力重分布。

2. 《抗规》第 3.6.1 条规定：

除本规范特别规定者外，建筑结构应进行多遇地震作用下的内力和变形分析，此时，可假定结构与构件处于弹性工作状态，内力和变形分析可采用线性静力方法或线性动力方法。

3. 《混规》第 5.1.5 条第 1、2 款规定：

结构分析时，应根据结构类型、材料性能和受力特点等选择下列分析方法：

1 弹性分析方法；

2 塑性内力重分布分析方法。

（二）对规范的理解

结构的静力分析均采用弹性分析的方法。弹性分析的方法是结构分析的最基本最成熟的方法，也是其他分析方法的基础和特例。抗震设计时，由于地震动的不确定性、地震的破坏作用、结构地震破坏机理的复杂性，以及结构计算模型的各种假定与实际情况的差异，迄今为止，依据所规定的地震作用进行结构抗震验算，不论计算理论和工具如何发展，计算怎样严格，计算的结果总还是一种比较粗略的估计，没有必要过分地追求数值上的"精确"。而从工程设计和震害情况看，这样的抗震验算是有成效的，可行的。因此，抗震计算应着重于把方法放在比较合理的基础上，不拘泥于细节，不追求过高的计算精度，力求简单易行，以线性的计算分析方法为基本方法，并反复强调按概念设计进行各种调整。

多遇地震作用下的内力和变形分析是规范对结构地震反应、截面承载力验算和变形验算最基本的要求。按规范"小震不坏"的规定，建筑物当遭受低于本地区抗震设防烈度的多遇地震影响时，一般不受损坏或不需修理可继续使用，与此相应，结构在多遇地震作用下的反应分析的方法，截面抗震验算（按照国家标准《建筑结构可靠度设计统一标准》GB 50068 的基本要求），以及层间弹性位移的验算，都是以线弹性理论为基础，因此，规范规定，当建筑结构进行多遇地震作用下的内力和变形分析时，可假定结构与构件处于弹性工作状态。

结构内力的弹性分析和截面承载能力的极限状态设计相结合，实用上简易可行。按此设计的结构，其承载能力一般偏于安全。少数结构因混凝土开裂部分的刚度减小而发生内力重分布，可能影响其他部分的开裂和变形状况。

（三）设计建议

1. 建筑结构的内力与位移仍按弹性方法计算，框架梁及连梁等构件可考虑局部塑性变形引起的内力重分布。具体连梁刚度折减及梁塑性内力重分布的做法，分别见本章第二节"一、关于连梁刚度的折减"、"三、竖向荷载作用下考虑框架梁端塑性变形内力重分布"。

2. 考虑到混凝土结构开裂后刚度的减小，在截面设计时考虑材料的弹塑性性质，对梁、柱构件可分别取用不同的刚度折减值，且不再考虑刚度随作用效应而变化。在此基础上，结构的内力和变形仍可采用弹性方法进行分析。

3. 考虑塑性内力重分布的分析方法可用于超静定混凝土结构设计。该方法具有充分发挥结构潜力，节约材料，简化设计和方便施工等优点。但应注意：抗弯能力调低部位的变形和裂缝可能相应增大。

二、结构计算分析模型的确定

（一）相关规范的规定

1.《高规》第5.1.4条、第5.1.6条规定：

第5.1.4条

高层建筑结构分析模型应根据结构实际情况确定。所选取的分析模型应能较准确地反映结构中各构件的实际受力状况。

高层建筑结构分析，可选择平面结构空间协同、空间杆系、空间杆-薄壁杆系、空间杆-墙板元及其他组合有限元等计算模型。

第5.1.6条

高层建筑结构按空间整体工作计算分析时，应考虑下列变形：

1 梁的弯曲、剪切、扭转变形，必要时考虑轴向变形；

2 柱的弯曲、剪切、轴向、扭转变形；

3 墙的弯曲、剪切、轴向、扭转变形。

2.《抗规》第3.6.5条、第3.6.6条第1、2款规定：

第3.6.5条

质量和侧向刚度分布接近对称且楼、屋盖可视为刚性横隔板的结构，以及本规范有关章节有具体规定的结构，可采用平面结构模型进行抗震分析。其他情况，应采用空间结构模型进行抗震分析。

第3.6.6条第1、2款规定：

利用计算机进行结构抗震分析，应符合下列要求：

1 计算模型的建立、必要的简化计算与处理，应符合结构的实际工作状况，计算中应考虑楼梯构件的影响。

2 计算软件的技术条件应符合本规范及有关标准的规定，并应阐明其特殊处理的内容和依据。

3.《混规》第5.1.3条、第5.2.1条规定：

第5.1.3条

结构分析的模型应符合下列要求：

1 结构分析采用的计算简图、几何尺寸、计算参数、边界条件、结构材料性能指标以及构造措施等应符合实际工作状况；

2 结构上可能的作用及其组合、初始应力和变形状况等，应符合结构的实际状况；

3 结构分析中所采用的各种近似假定和简化，应有理论、试验依据或经工程实践验证；计算结果的精度应符合工程设计的要求。

第5.2.1条

混凝土结构宜按空间体系进行结构整体分析，并宜考虑结构单元的弯曲、轴向、剪切和扭转等变形对结构内力的影响。

当进行简化分析时，应符合下列规定：

1 体形规则的空间结构，可沿柱列或墙轴线分解为不同方向的平面结构分别进行分析，但应考虑平面结构的空间协同工作。

2 构件的轴向、剪切和扭转变形对结构内力分析影响不大时，可不予考虑。

（二）对规范的理解

高层建筑结构是复杂的三维空间受力体系，计算分析时应根据结构实际情况，对其作合理的简化，选取能较准确地反映结构中各构件的实际受力状况的力学模型，才可能使计算结果真实反映结构的受力情况，从而为设计可靠提供依据。对于平面和立面布置简单规则的框架结构、框架-剪力墙结构宜采用空间分析模型，可采用平面框架空间协同模型；对剪力墙结构、筒体结构和复杂布置的框架结构、框架-剪力墙结构应采用空间分析模型。

目前，国内计算机和结构分析软件应用十分普及，已很少采用简化方法和手算方法，如需要采用简化方法或手算方法，设计人员可参考有关设计手册或书籍。

高层建筑按空间整体工作计算时，理论上杆件的自由度都是相同的：都有弯曲、剪切、扭转及轴向变形；当采用空间杆-薄壁杆系模型时，剪力墙自由度还考虑有翘曲变形。

（三）设计建议

1. 目前，国内常用程序的计算模型多为上述一种或几种计算模型的组合。建筑结构都是空间整体的，根据当今计算技术的发展水平和对结构计算分析的精度要求，应优先采用基于三维空间工作的计算机分析方法及相应软件。单榀平面杆系分析的计算模型主要用于早期的结构计算分析，由于其计算分析模型的缺陷，适用范围有限，目前已很少采用；平面结构空间协同计算模型虽然计算简便，但它只能在一定程度上反映结构整体工作性能的主要特征，不能完全反映结构空间整体的受力性能，故平面结构空间协同计算模型现已较少应用，仅在结构平面、立面布置简单规则的情形下才采用；薄壁杆件模型不适合剪力墙为长墙、矮墙、多肢剪力墙、悬挑剪力墙、框支剪力墙、无楼板约束的剪力墙等情况；膜元模型对剪力墙洞口上下不对齐、不等宽时的计算，可能会造成分析结果失真，等等。因此，设计人员应根据工程的实际情况，按照"适用性、准确性、规范性、完备性"的原则，选择适合本工程的相应计算程序。

复杂结构由于平面或竖向的不规则，结构受力十分复杂。要采用一个完全符合结构实际受力状态的理想模型进行计算分析是十分困难甚至是不可能的。实际工程中，应抓住结构的主要矛盾，关键问题，对实际结构作合理简化，使之尽可能接近实际结构的受力状态，采用与此计算模型一致的计算软件，以使结构计算分析尽可能正确。

常用结构分析软件的计算模型及适用范围　　　　　　　　　表 3.1.2

计算模型分类		计算假定	适用范围
单榀平面框架分析		将结构划分为若干榀正交平面抗侧力结构，在水平力作用下，按单榀平面结构进行计算。 楼板假定在其自身平面内为刚度无限大	平面非常规则的纯框架（剪力墙）结构，且各榀框架（剪力墙）大体相似，一般不用于高层结构
平面结构空间协同分析		将结构划分为若干榀正交或斜交的平面抗侧力结构，在任一方向的水平力作用下，由空间位移协调条件进行各榀结构的水平分配。 楼板假定在其自身平面内为刚度无限大	平面布置较为规则的框架、框架-剪力墙和剪力墙结构等
三维空间分析	剪力墙为开口薄壁杆件模型	采用开口薄壁杆件理论，将整个平面联肢墙或整个空间剪力墙模拟为开口薄壁杆件，每一杆件有两个端点，各有 7 个自由度，前 6 个自由度的含义与空间梁、柱单元相同，第 7 个自由度是用来描述薄壁杆件截面翘曲的。在小变形条件下，杆件截面外形轮廓线在其自身平面内保持刚性，在出平面方向可以翘曲。 楼板假定在其平面内为无限刚，采用薄壁杆件原理计算剪力墙，忽略了剪切变形的影响	框架、框架-剪力墙、剪力墙及筒体结构
	剪力墙为墙板单元模型	梁、柱、斜杆为空间杆件，剪力墙为允许设置内部节点的改进型墙板单元，具有竖向拉压刚度、平面内弯曲刚度和剪切刚度，边柱作为墙板单元的定位和墙肢长度的几何条件，一般墙肢用定位虚柱，带有实际端柱的墙肢直接用端柱截面及其形心作为边柱定位。在单元顶部设置特殊刚性梁，其刚度在墙平面内无限大，平面外为零，既保持了墙板单元的原有特性又使墙板单元在楼层边界上全截面变形协调	框架、框架-剪力墙、剪力墙及筒体结构
	板壳单元模型	用每一节点 6 个自由度的壳元来模拟剪力墙单元，剪力墙既有平面内刚度，又有平面外刚度，楼板既可以按弹性考虑，也可以按刚性考虑	框架、框架-剪力墙、剪力墙、筒体等各类结构
三维空间分析	墙组元模型	在薄壁杆件模型的基础上作了实质性的改进，不但考虑了剪切变形的影响，而且引入节点竖向位移变量代替薄壁杆件模型的形心竖向位移变量，更准确地描述剪力墙的变形状态，是一种介于薄壁杆件单元和连续体有限元之间的分析单元。 沿墙厚方向，纵向应力均匀分布；纵向应变近似定义为：$\varepsilon \approx \sigma_z / E$； 墙组截面形状保持不变	框架、框架-剪力墙、剪力墙及筒体结构

2. 结构整体分析时，一般梁、柱可以仍采用空间杆单元模型；框支柱、转换梁整体分析时亦按空间杆单元；支撑可采用两端铰接的杆单元模型。

剪力墙、框支剪力墙宜采用墙元（壳元）模型；连梁可采用杆单元或墙元（壳元）模型，当连梁跨高比小于2时，宜采用墙元（壳元）模型。

局部有限元分析时，对受力复杂的结构构件和部位，有限单元划分宜选用高精度元或实体单元，同时单元宜进一步细分，以满足计算精度的要求。

在内力与位移的计算中，钢构件、型钢混凝土构件及钢管混凝土构件宜按实际情况直接参与计算，此时，要求计算软件应具有相应的计算单元。对结构中只有少量的钢构件、型钢混凝土构件及钢管混凝土构件时，也可等效为混凝土构件进行计算，比如可采用等刚度的原则。

3. 高层建筑按空间整体工作计算时，根据计算模型的不同，需要考虑杆件的变形可以有所区别：梁应考虑弯曲、剪切、扭转变形，当楼板计算模型假定为弹性楼板时还有轴向变形；柱应考虑弯曲、剪切、轴向、扭转变形；当采用空间杆-薄壁杆系模型时，剪力墙自由度应考虑弯曲、剪切、轴向、扭转变形和翘曲变形；当采用其他有限元模型分析剪力墙时，剪力墙自由度应考虑弯曲、剪切、轴向、扭转变形。

4. 关于"计算中应考虑楼梯构件的影响"，详见本书第四章第一节"四、楼梯间设计"。

三、楼板计算模型的确定

（一）相关规范的规定

1.《高规》第5.1.5条、第5.3.3条规定：

第5.1.5条

进行高层建筑内力与位移计算时，可假定楼板在其自身平面内为无限刚性，设计时应采取相应的措施保证楼板平面内的整体刚度。

当楼板可能产生较明显的面内变形时，计算时应考虑楼板的面内变形影响或对采用楼板面内无限刚性假定计算方法的计算结果进行适当调整。

第5.3.3条

在结构整体计算中，密肋板楼盖宜按实际情况进行计算。当不能按实际情况计算时，可按等刚度原则对密肋梁进行适当简化后再行计算。

对平板无梁楼盖，在计算中应考虑板的面外刚度影响，其面外刚度可按有限元方法计算或近似将柱上板带等效为框架梁计算。

2.《抗规》第3.6.4条规定：

结构抗震分析时，应按照楼、屋盖的平面形状和平面内变形情况确定为刚性、分块刚性、半刚性、局部弹性和柔性等的横隔板，再按抗侧力系统的布置确定抗侧力构件间的共同工作并进行各构件间的地震内力分析。

3.《混规》第5.2.3条规定：

进行结构整体分析时，对于现浇结构或装配整体式结构，可假定楼盖在其自身平面内为无限刚性。当楼盖开有较大洞口或其局部会产生明显的平面内变形时，在结构分析中应考虑其影响。

（二）对规范的理解

按国外的有关规定，楼盖周边两端位移不超过平均位移2倍的情况称为刚性楼盖，超过 2 倍则属于柔性楼盖。现浇钢筋混凝土楼板和有现浇面层的预制装配式楼板，具有很大的面内刚度，水平荷载作用下楼板变形很小。因此，进行结构内力与位移计算时，可视其为水平放置的深梁，近似认为楼板在其自身平面内为刚性楼板。采用这一假设后，结构分析的自由度数目大大减少，可能减小由于庞大自由度系统而带来的计算误差，使计算过程和计算结果的分析大为简化。计算分析和工程实践证明，刚性楼板假定对绝大多数建筑结构的分析具有足够的工程精度。

楼板有效宽度较窄的环形楼面或其他有大开洞楼面、有狭长外伸段楼面、局部变窄产生薄弱连接的楼面、连体结构的狭长连接体楼面等场合，楼板面内刚度有较大削弱且不均匀，楼板的面内变形会使楼层内抗侧刚度较小的构件的位移和受力加大（相对刚性楼板假定而言），计算时应考虑楼板面内变形的影响。根据楼面结构的实际情况，楼板面内变形可全楼考虑、仅部分楼层考虑或仅部分楼层的部分区域考虑。考虑楼板的实际刚度可以采用将楼板等效为剪弯水平梁的简化方法，也可采用有限单元法进行计算。

（三）设计建议

1. 对于一般建筑结构，楼板开有分散布置的小洞（楼梯间、电梯井、管道井等）且楼板厚度满足承载能力和变形要求以及建筑、机电等专业的隔音、隔热、防火、穿管线等要求（一般可按有关构造手册的跨厚比确定板厚）时，结构整体计算时可假定刚性楼板。

采用刚性楼板假定进行结构计算时，设计上应采取必要措施保证楼面的整体刚度。比如，平面体型宜符合《高规》第 4.3.3 条的规定；宜采用现浇钢筋混凝土楼板和有现浇面层的装配整体式楼板；局部削弱的楼面，可采取楼板局部加厚、设置边梁、加大楼板配筋等措施。

密肋板楼盖宜按实际情况进行计算。当不能按实际情况计算时，可按等刚度原则对密肋梁进行适当简化后再行计算。即将密肋梁均匀等效为柱上框架梁，其截面宽度可取被等效的密肋梁截面宽度之和。

对平板无梁楼盖，在计算中应考虑板的面外刚度影响，其面外刚度可按有限元方法计算或近似将柱上板带等效为扁梁计算。当采用近似方法考虑时，其柱上板带可等效为框架梁计算，等效框架梁的截面宽度可取等代框架方向板跨的 3/4 及垂直于等代框架方向板跨的 1/2 两者的较小值。

2. 在下列情况下，楼板变形比较显著，刚性楼板的假定不符合实际情况，应对采用刚性楼板假定的计算结果进行修正，或采用楼板面内为弹性的计算方法：

（1）楼面有很大的开洞或凹入，楼面宽度狭窄。楼面开洞或凹入尺寸大于楼面宽度的一半；楼板开洞总面积超过楼面面积的 30%；在扣除开洞或凹入后，楼板在任一方向的最小净宽小于 5m，且开洞后每一边的楼板净宽度小于 2m。

（2）楼板平面比较狭长，平面上有较长的外伸段。

（3）错层结构。

（4）楼面的整体性较差。

弹性楼板的计算假定，应根据具体工程各层楼板的实际情况，可以是主楼各层楼板、也可是部分楼层楼板为弹性楼板假定，也可以是分块刚性楼板、部分弹性楼板假定。

3. 带转换结构的转换层、带加强层结构的加强层等，宜考虑这些楼层楼板的弹性变形。按弹性楼板假定计算结构的内力和变形。

4. 当需要考虑楼板面内变形而计算中采用刚性楼板假定时，应对所得的计算结果进行适当调整。具体的调整方法和调整幅度与结构体系、构件平面布置、楼板削弱情况等密切相关，不便在条文中具体化。一般可对楼板削弱部位的抗侧刚度相对较小的结构构件，适当增大计算内力，加强配筋和构造措施。

5. 注意：仅当现浇楼盖和装配整体式楼盖，结构整体计算模型中假定其为刚性楼盖（即不考虑楼板参与结构的整体计算，梁的刚度仅按矩形截面计算）时，才需对梁刚度乘以增大系数；当采用梁刚度增大系数法时，应考虑各梁截面尺寸大小的差异，以及各楼层楼板厚度的差异。梁刚度增大系数的取值，应根据梁翼缘尺寸与梁的截面尺寸比例确定，现浇楼盖的边框架梁可取 1.2～1.5，中间框架梁可取 1.5～2.0。有现浇面层的装配整体式楼盖框架梁，其刚度增大系数应适当减小。

对无现浇面层的装配式结构楼面梁，一般不考虑楼板对梁的刚度贡献。当结构整体计算模型中考虑了现浇楼板的面内、面外刚度时（即楼板参与结构整体计算），也不应再考虑梁刚度增大系数。连梁一般也不考虑刚度增大系数。

四、关于楼面活荷载的最不利布置

（一）相关规范的规定

1.《高规》第 5.1.8 条规定：

高层建筑结构内力计算中，当楼面活荷载大于 $4kN/m^2$ 时，应考虑楼面活荷载不利布置引起的结构内力的增大；当整体计算中未考虑楼面活荷载不利布置时，应适当增大楼面梁的计算弯矩。

2.《抗规》未述及。

3.《混规》未述及。

（二）对规范的理解

目前国内钢筋混凝土结构高层建筑由恒载和活载引起的单位面积重力，框架与框架-剪力墙结构约为 12～14kN/m²，剪力墙和筒体结构约为 13～16kN/m²，而其中活载部分约为 2～3kN/m²，只占全部重力的 15%～20%，活载不利分布的影响较小。另一方面，高层建筑结构层数很多，每层的房间也很多，活载在各层间的分布情况极其繁多，难以一一计算。因此规范作出了采用简化方法考虑活载不利分布的影响

如果活荷载较大，其不利分布对梁弯矩的影响会比较明显，计算时应予仔细考虑。

（三）设计建议

1. 根据工程的具体情况，可以有两种考虑方法：

（1）当楼面活荷载大于等于 $4kN/m^2$ 时，结构内力计算中，应通过计算机软件分析，考虑楼面活荷载不利布置引起的结构内力的增大；

也可将未考虑活荷载不利分布计算的框架梁弯矩乘以放大系数予以近似考虑。

（2）当楼面活荷载小于 $4kN/m^2$ 时，一般直接对框架梁弯矩乘以放大系数予以近似考虑。

梁弯矩放大系数可参照以下取值：

一般高层建筑：1.0～1.1；

活荷载较大的高层、一般多层建筑：1.1～1.2；

活荷载较大的多层建筑：1.2～1.3；

活荷载大时可选用较大数值。

2. 直接对框架梁弯矩乘以放大系数时，梁正、负弯矩应同时予以放大。

需要注意的是，对于支承有次梁的框架主梁，应根据主次梁布置的具体情况具体处理。否则，不作分析均按此增大，可能会造成主梁受力甚至配筋不正确。例如：将次梁作为主梁输入，则原来的一根框架主梁被处理成两根（或数根）主梁，增大后的弯矩出现在两根（或数根）主梁每根梁的跨中位置，而不是原来那根框架主梁的跨中位置；而将次梁仍按次梁输入，则程序在导荷时会仅根据主梁围成的板块来处理，这就使得主梁上会产生均布线载或梯形荷载，而没有次梁作用所产生的集中荷载，与框架主梁实际受荷状况不同。

当程序已经考虑按活荷载的最不利布置进行结构内力和位移计算时，则此系数应取1.0（即不放大）。

五、重力荷载作用下，考虑施工过程的结构计算模型

（一）相关规范的规定

1. 《高规》第5.1.9条规定：

高层建筑结构在进行重力荷载作用效应分析时，柱、墙、斜撑等构件的轴向变形宜采用适当的计算模型考虑施工过程的影响；复杂高层建筑及房屋高度大于150m的其他高层建筑结构，应考虑施工过程的影响。

2. 《抗规》未述及。

3. 《混规》未述及。

（二）对规范的理解

高层建筑的结构分析应考虑墙和柱子的轴向变形。由于高层建筑结构是逐层施工形成的，其竖向刚度和重力荷载（如结构自重和施工荷载等）也是逐层施加的。与按结构刚度一次形成、重力荷载一次施加的计算方法存在较大差异。主要是：

（1）由于重力构件受荷面积不同（例如中柱和边柱、核心筒剪力墙和围边框架柱等），导致竖向构件的应力也不同。受荷面积大，应力大，故压缩变形也大，按结构刚度一次形成、重力荷载一次施加的方法计算，由于累积效应，这种竖向压缩变形的差异，会使结构上部数层支承在竖向压缩变形较大的柱或剪力墙上的梁支座负弯矩偏小，甚至出现正弯矩；柱或剪力墙轴向力也会出现异常变化。不符合结构实际受力情况；

（2）框架梁端的固端不平衡弯矩由上、下柱和框架梁共同分配，而实际结构仅由下柱和框架梁共同分配。

房屋越高、构件竖向刚度相差越大，重力荷载效应的差异越大。因此对层数较多的高层建筑在重力荷载下的结构分析，宜考虑这一因素。一般应采用模拟施工进程的结构分析方法。

模拟施工过程的结构分析方法，有结构竖向刚度逐层形成、重力荷载逐层施加、逐层计算的较精确的方法（图3.1.5-1）。也有结构刚度一次形成、重力荷载逐层施加、整体计算的简化方法（图3.1.5-2）。

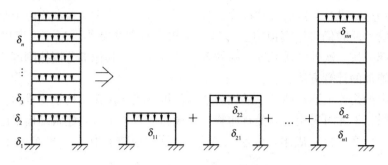

图 3.1.5-1　逐层成刚、逐层加载模型

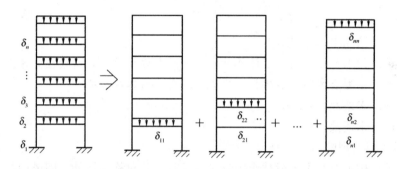

图 3.1.5-2　一次成刚、逐层加载模型

结构刚度一次形成、重力荷载逐层施加、整体计算的方法避免了"一次性加载"带来的结构竖向构件轴向变形差异较大的缺点（即上述第（1）款），但由于该模型采用的结构刚度矩阵是整体结构的刚度矩阵，加载层上部尚未形成的结构过早地进入工作，容易导致下部若干层某些构件的内力与实际受力情况有较大的差异，无法避免上述第（2）款的缺点。

结构竖向刚度逐层形成、重力荷载逐层施加、逐层计算的方法，全程模拟施工进程，既避免了上述第（1）款的缺点，也消除了上述第（2）款的缺点，是较为准确、符合结构实际受力状态的计算方法。

（三）设计建议

设计进应根据实际工程的具体情况采用合适的方法。以使结构在静载作用下框架（框支）柱、剪力墙的竖向变形以及杆件内力更接近实际受力状态。

1. 一般结构考虑

施工过程的影响时，施工过程的模拟可根据需要采用适当的方法考虑。如结构竖向刚度和竖向荷载逐层形成、逐层计算的方法，或结构竖向刚度一次形成、竖向荷载逐层施加的计算方法。

2. 对带转换层结构的高层建筑，由于带转换层结构的高层建筑结构施工过程的复杂性，采用施工模拟计算方法是否符合实际的施工过程，也即施工模拟计算方法是否更接近带转换层结构的高层建筑结构实际受力状态，要根据具体工程具体分析，如不能符合，则应根据结构实际受力情况另行设计算法。一般转换构件都较高，并且和相邻的上部结构若干层共同工作，通常的施工方法是在转换构件底部搭设脚手架，待转换构件及相邻的上部结构若干层均达到设计强度后方才拆模，就是说，这一部分重力荷载实际上是一次施加到转换构件上的。此时仍采用模拟施工过程的结构分析方法就不合适了。可以根据具体情况，对这一部分按一次性形成刚度、施加重力荷载计算，其他部分则按刚度逐层形成、重力荷载逐层施加的计算方法。

需要指出的是：上述模拟施工进程的结构分析方法，仅在结构承受重力荷载（结构自重和施工荷载）下才可采用。当受有活载、风载和地震作用时，建筑结构早已完成、投入使用，不存在什么"分层成刚，分层加载"，也就不应进行什么"模拟施工"的结构分析了。

六、多向风荷载作用的计算

（一）相关规范的规定

1.《高规》第 5.1.10 条规定：

高层建筑结构进行风作用效应计算时，正反两个方向的风作用效应宜按两个方向计算的较大值采用；体型复杂的高层建筑，应考虑风向角的不利影响。

2.《抗规》未述及。

3.《混规》未述及。

（二）对规范的理解

高层建筑结构进行水平风荷载作用效应分析时，除对称结构外，因风荷载体型系数可能不同，结构构件在正反两个方向的风荷载作用下效应一般是不相同的，按两个方向风效应的较大值采用，是为了保证安全的前提下简化计算；体型复杂的高层建筑，应考虑多方向风荷载作用，进行风效应对比分析，增加结构抗风安全性。

（三）设计建议

一般情况下，应按正反两个方向的风荷载作用进行结构的整体计算并取其最大值进行设计。对体型复杂的高层建筑，特别是沿海地区风荷载较大，应考虑多方向风荷载的作用，取其最大风荷载作用方向（最不利情况）计算出的结构内力和位移作为结构的设计依据。

七、抗震设计时，复杂结构及 B 级高度高层建筑结构等的整体分析计算

（一）相关规范的规定

1.《高规》第 5.1.12 条规定：

体型复杂、结构布置复杂以及 B 级高度高层建筑结构，应采用至少两个不同力学模型的结构分析软件进行整体计算。

2.《抗规》第 3.6.6 条第 3 款规定：

复杂结构在多遇地震作用下的内力和变形分析时，应采用不少于两个合适的不同力学模型，并对其计算结果进行分析比较。

3.《混规》未述及。

（二）对规范的理解

体型复杂、结构布置复杂的高层建筑结构的受力情况复杂，B 级高度高层建筑属于超

限高层建筑，采用至少两个不同力学模型的结构分析软件进行整体计算分析，可以相互比较和分析，以保证力学分析结构的可靠性。

复杂结构，是指结构体型复杂、传力途径不合理、难以找到完全符合结构实际受力状态的计算模型的计算程序。这时，只能根据现有各个计算程序自身计算模型的特点，分别对实际工程结构进行不同程度的简化后，再用这些计算程序进行结构计算：从不同的角度、不同的侧面认识结构的受力情况，通过分析、对比，以期对复杂结构的受力和变形情况有正确的了解。在高层建筑中，带加强层的高层建筑结构、带转换层的高层建筑结构、错层结构、连体和立面开洞结构、多塔楼结构、立面较大收进结构等，属于体型复杂的高层建筑结构，其竖向刚度和承载力变化大、受力复杂，易形成薄弱部位；混合结构以及 B 级高度的高层建筑结构的房屋高度大、工程经验不多，因此整体计算分析时应从严要求。重要建筑以及相邻层侧向刚度或承载力相差悬殊的竖向不规则高层建筑结构，也应采用不少于两个合适的不同力学模型进行计算分析。

（三）设计建议

这里的"两个不同力学模型的结构分析软件"，包含两层含义：一是两个或两个以上不同的力学模型；二是比较符合实际工程结构的受力状态。即对复杂结构应采用多个恰当、合适的计算模型，而不是截然不同的、不合理的计算模型。复杂结构应是计算模型复杂的结构，不同的力学模型应属于不同的计算程序，避免单一计算模型带来的模型化误差。这里关键是不同的合适的计算模型。例如对多塔楼结构，就可采用以下计算模型：

（1）底部一个塔通过水平刚臂分成上部若干个不落地分塔的分叉结构；

（2）多个落地塔通过底部的低塔连成的整体结构；

（3）底部按高塔分区，分别归入相应的高塔中，按多个高塔进行联合计算。

八、计算振型数的确定

（一）相关规范的规定

1.《高规》第 5.1.13 条第 1 款规定：

抗震设计时，B 级高度的高层建筑结构、混合结构和本规程第 10 章规定的复杂高层建筑结构，尚应符合下列规定：

宜考虑平扭耦联计算结构的扭转效应，振型数不应小于 15，对多塔楼结构的振型数不应小于塔楼数的 9 倍，且计算振型数应使各振型参与质量之和不小于总质量的 90%；

2.《抗规》第 5.2.2 条及条文说明规定：

对于振型分解法，由于时程分析法亦可利用振型分解法进行计算，故加上"反应谱"以示区别。为使高柔建筑的分析精度有所改进，其组合的振型个数适当增加。振型个数一般可以取振型参与质量达到总质量 90% 所需的振型数。

……。

3.《混规》未述及。

（二）对规范的理解

结构的地震作用计算一般采用振型分解反应谱法，振型分解反应谱法的计算精度与选取的振型数有关。

电算时振型数选取不当会使结构地震作用计算失真。为此对与振型有关的几个概念解释如下：

（1）基本振型：一般指每个主轴方向以平动为主的第一振型。

（2）振型参与系数：每个质点质量与其在某一振型中相应坐标乘积之和与该振型的主质量之比，即为该振型的振型参与系数。振型越高，周期越短，地震力越大，但由于地震反应是各振型的迭代，高振型的振型参与系数小，特别是对规则的建筑物，一般可以忽略高振型的影响。

（3）振型的有效质量：某一振型的某一方向的有效质量为各个质点质量与该质点在该振型中相应方向对应坐标乘积之和的平方。此概念只实用于刚性楼板假定。一个振型有三个方向的有效质量，而且所有振型平动方向的有效质量之和等于各个质点的质量之和，转动方向的有效质量之和等于各个质点的转动惯量之和。

（4）有效质量系数：计算时选取的几个振型的有效质量之和与总质量之比即为有效质量系数。主要用于判断参与振型数是否足够。

（5）振型参与质量：某一振型的主质量乘以该振型的振型参与系数的平方，即为该振型的振型参与质量。

（6）振型参与质量系数：有效质量系数只适用于刚性楼板假定，当考虑楼板的弹性变形时，需要一种更为普遍的方法，不但能够适用于刚性楼板，也应该能够适用于弹性楼板。出于这个目的，从结构变形能的角度对此问题进行研究，提出了一个通用方法来计算各地震方向的有效质量系数即振型参与质量系数，规范是通过控制有效质量振型参与质量系数的大小来决定所取的振型数是否足够。一个结构所有振型的振型参与质量之和等于各个质点的质量之和。如果计算时只取了几个振型，那么这几个振型的振型参与质量之和与总质量之比即为振型参与质量系数。由此可见，有效质量系数与振型参与质量系数概念不同，但都可以用来确定振型叠加法所需的振型数。

（7）结构振动自由度数：即结构振型分析时计入质量的位移自由度数。振型分析计算有两种模型：侧刚模型和总刚模型，两者有不同的结构振动自由度数。在侧刚模型中，考虑耦联时，对于 N 层单塔的结构，结构自由度数为 $3N$ 个，对于多塔结构，按一个塔楼的一个楼层为一个独立层（即独立的刚性楼板），若全部塔楼的独立层总数为 M，其结构自由度数为 $3M$ 个。在总刚模型中，对于 N 层无刚性楼板的结构，每层节点数分别为 m_i，则结构自由度数为 $\sum_{i=1}^{n} 2m_i$，对于 N 层有刚性楼板的结构，每层独立于刚性楼板的节点数分别为 m_i，每层刚性楼板数分别为 k_i，则结构自由度数为 $\sum_{i=1}^{n}(2m_i + 3k_i)$。

结构计算振型数的最大值为结构振动自由度数。《抗规》规定：抗震计算时，不进行扭转耦联计算的结构，水平地震作用标准值的效应，可只取前 2～3 个振型，当基本自振周期大于 1.5s 或房屋高宽比大于 5 时，振型个数应适当增加。《高规》规定：高层建筑地震作用计算振型数应至少取 9；当考虑扭转耦联计算时，振型数不应小于 15；对多塔结构的振型数不应小于塔楼数的 9 倍，且计算振型数应保证振型参与质量不小于总质量的 90％时所需的振型数。

一般情况下，对刚性楼板假定（侧刚模型）：

(1) 不考虑耦联时，选取的振型数小于等于楼层数；

(2) 考虑耦联时，选取的振型数小于等于 3×楼层数。

对弹性楼板假定（总刚模型）：

每层节点数为 m_i，每层刚性楼板数为 k_i，楼层数为 N，则振型数可取 N（$2m_i$ + $3k_i$）。

不管是刚性楼板假定还是弹性楼板假定，计算振型数的取值都应使振型参与质量不小于结构总质量的 90%。计算振型数取少了，不满足要求，即使结构方案合理、布置合理，也会导致地震作用算小了，剪重比不满足规范要求。对错层结构、局部带有夹层结构或楼板开大洞、有较大凹入等按弹性楼板模型计算地震作用时，更容易出现这种情况。为了确保不丧失高振型的影响，振型数宜多取一些，以保证结构的抗震安全性。但同时振型数也不能超过结构的自由度数，否则会造成结构地震作用计算异常。

九、超高、超限、复杂、混合结构等采用弹塑性分析方法补充计算

（一）相关规范的规定

1.《高规》第 5.1.13 条第 3 款规定：

抗震设计时，B 级高度的高层建筑结构、混合结构和本规程第 10 章规定的复杂高层建筑结构，尚应符合下列规定：

宜采用弹塑性静力或弹塑性动力分析方法补充计算。

2.《抗规》第 3.6.2 条规定：

不规则且具有明显薄弱部位可能导致重大地震破坏的建筑结构，应按本规范有关规定进行罕遇地震作用下的弹塑性变形分析。此时，可根据结构特点采用静力弹塑性分析或弹塑性时程分析方法。

当本规范有具体规定时，尚可采用简化方法计算结构的弹塑性变形。

3.《混规》未述及。

（二）对规范的理解

建筑结构，特别是建筑物的体型和抗侧力系统复杂时，将在结构的薄弱部位发生应力集中和弹塑性变形集中，严重时可能会导致重大的破坏甚至有倒塌的危险。按《抗规》第1.0.1 条的规定：当建筑物遭受高于本地区抗震设防烈度的罕遇地震影响时，不致倒塌或发生危及生命的严重破坏，即"大震不倒"。为此，规范提出了罕遇地震作用下对结构抗震薄弱部位采用弹塑性（即非线性）分析方法的要求。

带加强层的高层建筑结构、带转换层的高层建筑结构、错层结构、连体和立面开洞结构、多塔楼结构、立面较大收进结构等，属于体型复杂的高层建筑结构，其竖向刚度和承载力变化大、结构受力复杂，应力集中和弹塑性变形集中现象明显，易形成薄弱部位；混合结构以及 B 级高度的高层建筑结构的房屋高度大、工程经验不多。这些结构在设防烈度地震及罕遇地震下，一些甚至不少构件可能已进入弹塑性状态，有些构件可能已经开裂、出铰，承载能力降低，结构侧移加大，在这种情况下，仍采用构件刚度不变的弹性假定进行结构计算，显然是不符合结构实际受力状态，也是不能满足结构安全要求的。为了满足结构在弹塑性状态的承载能力、变形能力和延性性能，规范要求对上述结构采用弹塑性静力或弹塑性动力分析方法进行补充分析计算。

《抗规》第3.6.2条仅要求"不规则"且"具有明显薄弱部位可能导致重大地震破坏的建筑结构"，应进行"罕遇地震作用下"的弹塑性"变形"分析。相比之下，《高规》要求进行结构弹塑性分析的范围要多很多。但《抗规》在第3.10.4条条文说明中述及结构抗震性能设计的计算时指出：一般情况，应考虑构件在强烈地震下进入弹塑性工作阶段和重力二阶效应。《高规》在第3.11节"结构抗震性能设计"中提出：第3、4、5性能水准的结构均应进行弹塑性计算分析。所以，总体说来，两本规范对需要进行结构弹塑性分析范围的规定是一致的。

（三）设计建议

1. 抗震设计时，B级高度的高层建筑结构、混合结构和本规程第10章规定的复杂高层建筑结构，宜采用弹塑性分析方法补充计算。需要进行抗震性能设计的结构，满足《高规》规定的第3、4、5性能水准要求时应进行弹塑性计算分析。此时，应验算结构在设防烈度地震或预估的罕遇地震作用下的结构层间位移，找出结构的薄弱部位、验算结构构件的承载能力和延性性能等。

2. 需要进行罕遇地震作用下薄弱层弹塑性变形验算的结构见《高规》第3.7.4条。此时，仅仅是验算罕遇地震下薄弱层的弹塑性变形是否满足规范限值。

3. 不同的计算目的，可采用不同的计算方法。对上述第1款规定的结构，应采用静力的非线性分析（推覆分析）和动力的非线性分析（弹塑性时程分析）方法。对第2款规定的结构，可采用简化计算方法。见本章第五节"二、结构弹塑性计算分析方法"。

十、多塔楼结构的计算分析

（一）相关规范的规定

1. 《高规》第5.1.14条规定：

对多塔楼结构，宜按整体模型和各塔楼分开的模型分别计算，并采用较不利的结果进行结构设计。当塔楼周边的裙楼超过两跨时，分塔楼模型宜至少附带两跨的裙楼结构。

2. 《抗规》、《混规》未述及。

（二）对规范的理解

对于大底盘多塔楼结构，如果把大底盘裙房按塔接的形式切开分别计算，则无法考虑地震作用下各塔楼之间的相互不利影响，且大底盘裙房及基础的计算误差较大。因此应首先进行结构的整体计算。

当各塔楼（高层建筑）的质量、刚度等分布悬殊时，整体计算反映出的前若干个振型可能大部分均为某一塔楼（一般为刚度较弱的塔楼）所贡献；而由于耦联振型的存在，判断某一振型反映的是哪一个塔楼的某一主振型比较困难。同时，由于《高规》中增加了对结构第一扭转周期和第一平动周期比值的限制以及最大位移与平均位移比等的限制，为验证各独立单塔的正确性及合理性，还需将多塔结构分开进行计算分析。

总之，多塔楼结构振动形态复杂，整体模型计算有时不容易判断结果的合理性；辅以分塔楼模型计算分析，取二者的不利结果进行设计较为妥当。

（三）设计建议

结构的整体计算在建模时，应根据结构实际情况，选择楼板的计算模型，对大底盘裙房，可考虑为刚性楼板假定，对裙房以上的各个塔楼，可假定楼板平面内为分块刚性楼板。

计算结构的地震作用时（应取足振型数）使由此计算出的振型参与质量不小于结构总质量的 90%，以保证结构地震作用计算的正确、可靠。

多塔结构分开计算时，在裙房的什么位置分较好？回答这个问题，首先要明确分开计算的目的，那就是要算出各塔楼的结构第一扭转周期和第一平动周期的比值以及最大位移与平均位移的比值，以便了解各塔楼扭转效应情况，判断平面是否规则，至于其他并不重要。从这个意义上说，在裙房的什么位置分，其计算结果虽然对底部几层（有裙房部分）误差较大，但对塔楼部分层间位移角、扭转位移比、周期比等的计算结果，还是较为可靠的。因此，取各个塔楼及其影响范围内的裙房分别作为独立的结构单元进行分开计算，是较好的方法，此影响范围可取塔楼向外两跨、水平投影长度等于裙房高度且不大于 20m 三者中的最大值。《高规》规定：当塔楼周边的裙楼超过两跨时，分塔楼模型宜至少附带两跨的裙楼结构。

当各塔楼的结构高度、层数、质量、刚度、体型等比较接近时，也可以各塔楼为界，将裙房均分作为各自独立的结构单元进行分开计算。

大底盘多塔楼高层建筑结构，当各塔楼相互距离很近时，由于旋涡的相互干扰，房屋某些部位的局部风压会显著增大，此时应考虑风力相互干扰的群体效应。一般可将各塔楼的结构体型系数 μ_s 乘以相互干扰增大系数。必要时宜通过风洞试验得出。

大底盘多塔楼结构的其他计算与一般结构相同。

在按整体模型和各塔楼分开的模型分别计算后，应采用两者较不利的计算结果进行结构设计。

值得一提的是，与多塔结构不同，对于由于超长或不规则等原因将建筑结构分为两个或多个独立的结构单元时，最好是将各独立结构单元分开进行计算分析，如一定要合在一起计算，也可按多塔结构模型进行计算。对扭转周期和平动周期比值做控制，计算时应同多塔结构一样切开进行计算分析。但与真正的多塔结构不一样的是，对于整体的配筋计算，多塔结构一定要以不切开的模型计算结果为准，而分缝结果则无此限制。此外，需要特别注意的是，如果分缝结构被处理为多塔结构，则由于其分缝处不是真正的独立迎风面，其风荷载的计算与实际受力状态不符，对于那些对风荷载比较敏感或以风荷载为控制荷载的结构，应注意修改风荷载数据，以计算出正确的风荷载数据文件。

十一、按应力分析的结果校核截面配筋

（一）相关规范的规定

1.《高规》第 5.1.15 条规定：

对受力复杂的结构构件，宜按应力分析的结果校核配筋设计。

2.《抗规》未述及。

3.《混规》第 6.1.2 条规定：

对于二维或三维非杆系结构构件，当按弹性或弹塑性分析方法得到构件的应力设计值分布后，可根据主拉应力设计值的合力在配筋方向的投影确定配筋量、按主拉应力的分布区域确定钢筋布置，并应符合相应的构造要求；当混凝土处于受压状态时，可考虑受压钢筋和混凝土共同作用，受压钢筋配置应符合构造要求。

（二）对规范的理解

目前规范对于构件的截面承载能力配筋计算，一般均采用"内力-杆件"的方法。即假定所有混凝土构件均为杆件，据此求得构件的内力，进行截面的配筋计算。这对一般截面尺寸的梁、柱是可以的，但对受力复杂的结构构件，如竖向布置复杂的剪力墙、加强层构件、转换层构件、错层构件、连接体及其相关构件等，因其受力复杂，截面应力分布非线性。按"内力-杆件"的方法计算截面配筋，不符合构件截面的实际受力状态，可能导致构件承载力存在隐患，偏于不安全。对此，规范规定结构分析时除应进行整体计算外，尚应按有限元等方法对这些构件或相关部位进行更加仔细的局部有限元应力分析，按应力分析结果进行截面的配筋设计校核。以策安全。

（三）设计建议

1. 按应力进行截面设计时，其主应力分布其承载能力极限状态设计应符合《混规》第 3.3.2 条、第 3.3.3 条的规定。宜通过计算配置受拉区的钢筋和验算受压区的混凝土强度。受拉钢筋的配筋量可根据主拉应力的合力进行计算，但一般不考虑混凝土的抗拉设计强度；受拉钢筋的配筋分布可按主拉应力分布图形及方向确定。具体可参考行业标准《水工混凝土结构设计规范》DL/T 5057 的有关规定。受压钢筋可根据计算确定，此时可由混凝土和受压钢筋共同承担受压应力的合力。

2. 受拉钢筋和受压钢筋的配置均应符合相关构造要求。

3.《高规》第 10.2.22 条关于框支梁上部一层墙体的配筋方法，可认为是"按应力进行截面设计"的实际例子。具体参见本书第八章第二节"二十、部分框支剪力墙结构框支梁上部墙体设计"。

十二、对结构分析软件计算结果的分析判断

（一）相关规范的规定

1.《高规》第 5.1.16 条规定：

对结构分析软件的计算结果，应进行分析判断，确认其合理、有效后方可作为工程设计的依据。

2.《抗规》第 3.6.6 条第 4 款规定：

利用计算机进行结构抗震分析，应符合下列要求：

所有计算机计算结果，应经分析判断确认其合理、有效后方可用于工程设计。

3.《混规》第 5.1.6 条规定：

结构分析所采用的计算软件应经考核和验证，其技术条件应符合本规范和国家现行有关标准的要求。

应对分析结果进行判断和校核，在确认其合理、有效后方可应用于工程设计。

（二）对规范的理解

根据《建筑工程设计文件编制深度规定》，要求在使用计算机进行结构抗震分析时，应对软件的功能有切实的了解，计算模型的选取必须符合结构的实际工作情况，计算软件的技术条件应符合本规范及有关标准的规定；此外，还应对软件产生的计算结果从力学概念和工程经验等方面加以分析判断，确认其合理性和可靠性后，方可在设计中应用。

（三）设计建议

计算结果的分析和判断内容很多，一般可参考以下各方面进行分析：

1. 合理性的判断

根据结构类型分析其动力特性和位移特性，判断其合理性。

（1）刚度、周期、质量和地震力

结构刚度大周期小，周期大小与刚度的平方根成反比，与结构质量的平方根成正比。周期小、质量大，则结构的地震作用大。

按正常设计，非耦联计算地震作用时，结构周期大致在以下范围内，即：

框架结构 $\qquad T_1 = 0.12 \sim 0.15N$；

框剪结构 $\qquad T_1 = 0.08 \sim 0.12N$；

剪力墙结构 $\qquad T_1 = 0.04 \sim 0.08N$；

筒中筒结构 $\qquad T_1 = 0.06 \sim 0.10N$；

$$T_2 = (1/3 \sim 1/5) T_1;$$

$$T_3 = (1/5 \sim 1/7) T_1;$$

其中，N 为结构计算层数（对于 40 层以上的建筑，上述近似周期的范围可能有较大差别）。

如果周期偏离上述数值太大，应当考虑本工程刚度是否合适，必要时可调整结构截面尺寸等。如果结构截面尺寸和布置正常，无特殊情况而计算周期相差太大，应检查输入数据有无错误。

一般建筑结构单位面积的重力荷载代表值，对框架结构约为 $12 \sim 14 \text{kN/m}^2$，对框架-剪力墙结构约为 $13 \sim 15 \text{kN/m}^2$，对剪力墙结构约为 $14 \sim 16 \text{kN/m}^2$，多层建筑时取小值。如计算结果与此相差很大，则需考虑电算数据输入是否正确。

各层对应于地震作用标准值的剪力与本层重力荷载代表值的比（楼层最小地震剪力系数 λ）也应在合理范围内。

（2）振型曲线

无论何种结构体系，正常计算结果的振型曲线应为连续光滑曲线。除坐标原点外，第一振型曲线与纵轴无交点，第二振型曲线与纵轴只有一个交点，第三振型曲线与纵轴只有两个交点，且交点位置也在一个确定的范围内等（图 3.1.12-1）。如不符合上述特点，则应查找出错原因。当沿竖向有非常明显的刚度和质量突变时，振型曲线可能有不光滑的畸变点。

（3）位移曲线

不同的结构体系，其结构侧向位移曲线不同。对于框架结构等剪切型变形的结构体系，其最大层间位移角一般在结构的底层，曲线向左、向上凹；对于剪力墙结构等弯曲型变形的结构体系，其最大层间位移角一般在结构的顶层，曲线向右、向下凹；而对于框架-剪力墙结构等弯剪型变形的结构体系，其最大层间位移角一般在结构的中部，曲线开始向右、向下凹，中间有一拐点接着向左、向上凹（图 3.1.12-2）。

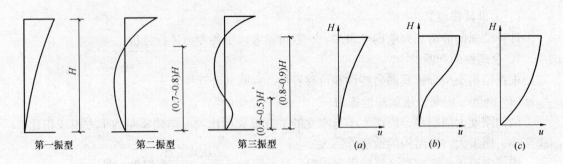

图 3.1.12-1 振型曲线

图 3.1.12-2 位移特征曲线

(a) 剪力墙结构；(b) 框架-剪力墙结构；

(c) 框架结构

2. 渐变性的判断

竖向刚度、质量变化较均匀的结构，在较均匀变化的外力作用下，其内力、位移等计算结果自上而下也应均匀变化，不应有较大的突变。而对带转换层、大底盘塔楼等结构，当结构竖向刚度、质量有突变时，在突变处，其内力、层间位移角等肯定也有很大变化。不符合这个规律的，肯定有错，应检查结构构件截面尺寸或输入数据（荷载、平面尺寸等）是否正确、合理。

3. 平衡性的判断

结构在任一节点（或杆件截面）处应处于力的平衡状态，即结构的平衡分析。进行平衡性判断时，应注意以下几点：

（1）平衡分析应在结构各种荷载工况作用下的内力调整之前进行，抗震设计时对结构或构件的各种内力调整、竖向荷载下模拟施工进程的结构分析计算结果等，均不能进行平衡分析。

（2）平衡分析只能对同一结构在单一荷载工况（静载、活载、风荷载或地震作用等；X 方向左震和 X 方向右震应算两种不同的荷载工况）条件下进行，平衡分析时必须考虑同一荷载工况作用下的全部内力。

（3）平衡校核应是在结构的节点（或杆件截面）处所有作用其上的外荷载和内力条件下的平衡。

（4）经过 SRSS 和 CQC 法组合后的地震作用效应不能进行平衡分析，当需要进行平衡校核时，可利用第一振型的地震作用进行平衡分析。

4. 电算结果需注意的几个限值

除上述的要求外，对于一般抗震设计的建筑结构，还需注意以下一些计算结果是否满足规范的要求，如：剪力墙或框架柱的轴压比、结构楼层侧向的刚度比、楼层层间位移角、楼层最小地震剪力系数（剪重比）、位移比、周期比、相邻楼层质量比、结构刚重比等。

5. 构件配筋的分析、判断

对钢筋混凝土结构而言，除对整体分析结构进行判断和调整外，对构件的配筋的合理性进行分析判断是最后一步，但也是最重要的一步。

构件配筋分析包括如下内容：

（1）一般构件的配筋值是否符合构件的受力特征；

（2）特殊构件（如转换梁、大悬臂梁、转换柱、跃层柱、特别荷载作用的部位）应参考工程经验，分析其内力、配筋是否合理、正常。

（3）竖向构件的加强部位（如角柱、转换柱、底层框架柱、底层剪力墙等）的配筋是否得到正确反映。

6. 结构分析应以结构的实际受力状态为依据。结构的计算结果应有相应的构造措施加以保证。这是工程设计人员根据计算结果绘制施工图时必须十分注意的。

7. 对结构分析软件计算结果的分析判断的其他问题，可参见《多层及高层钢筋混凝土结构设计释疑及工程实例》（中国建筑工业出版社，2012）。

第二节　计　算　参　数

一、连梁刚度的折减

（一）相关规范的规定

1. 《高规》第 5.2.1 条规定

高层建筑结构地震作用效应计算时，可对剪力墙连梁刚度予以折减，折减系数不宜小于 0.5。

2. 《抗规》第 6.2.13 条第 2 款规定：

抗震墙地震内力计算时，连梁的刚度可折减，折减系数不宜小于 0.5。

3. 《混规》未述及。

（二）对规范的理解

高层建筑结构构件均采用弹性刚度参与整体分析，但抗震设计的框架-剪力墙或剪力墙结构中的连梁相对剪力墙墙肢刚度较小，水平荷载作用下，由于两端的变位差很大，故承受的弯矩和剪力往往较大，连梁截面设计困难，往往出现超筋现象。抗震设计时，在保证连梁具有足够的承受其所属面积竖向荷载能力的前提下，将连梁作为耗能构件，允许其适当开裂（降低刚度）而把内力转移到剪力墙墙体及其他构件上。就是在内力计算中，对连梁刚度进行折减。

（三）设计建议

1. 在计算地震作用下的构件承载力时，连梁刚度应进行折减。考虑到连梁的耗能作用，故连梁的刚度折减系数取值应根据抗震设防烈度、结构抗侧力刚度、连梁数量综合考虑。通常，设防烈度为 6、7 度连梁刚度折减系数可取 0.7，8、9 度时可取 0.5，折减系数不宜小于 0.5，以保证连梁承受竖向荷载的能力。

对没有地震作用效应参与组合的工况（如重力荷载、风荷载作用效应计算），不考虑连梁刚度折减。

2. 对框架-剪力墙结构中一端与柱相连、一端与剪力墙相连的梁以及跨高比大于 5 的连梁，受力机理类似于框架梁，竖向荷载效应比水平风载或水平地震作用效应更为明显，此时应慎重考虑梁刚度的折减问题，必要时可不进行梁刚度折减，以保证连梁在正常使用阶段的裂缝及挠度满足使用要求。

3. 计算结构侧向位移时，无论是竖向荷载还是水平荷载作用下，连梁刚度均不折减。计算结构的扭转位移时，连梁刚度也不折减。

二、梁的刚度增大

(一) 相关规范的规定

1.《高规》第 5.2.2 条规定：

在结构内力与位移计算中，现浇楼盖和装配整体式楼盖中，梁的刚度可考虑翼缘的作用予以增大。近似考虑时，楼面梁刚度增大系数可根据翼缘情况取 1.3～2.0。

对于无现浇面层的装配式楼盖，不宜考虑楼面梁刚度的增大。

2.《抗规》未述及。

3.《混规》第 5.2.4 条规定：

对现浇楼盖和装配整体式楼盖，宜考虑楼板作为翼缘对梁刚度和承载力的影响。梁受压区有效翼缘计算宽度 b_f' 可按表 5.2.4 所列情况中的最小值取用；也可采用梁刚度增大系数法近似考虑，刚度增大系数应根据梁有效翼缘尺寸与梁截面尺寸的相对比例确定。

表 5.2.4　受弯构件受压区有效翼缘计算宽度 b_f'

	情　　况		T 形、I 形截面		倒 L 形截面
			肋形梁（板）	独立梁	肋形梁（板）
1	按计算跨度 l_0 考虑		$l_0/3$	$l_0/3$	$l_0/6$
2	按梁（肋）净距 s_n 考虑		$b+s_n$	—	$b+s_n/2$
3	按翼缘 高度 h_f' 考虑	$h_f'/h_0 \geqslant 0.1$	—	$b+12h_f'$	$b+5h_f'$
		$0.1 > h_f'/h_0 \geqslant 0.05$	$b+12h_f'$	$b+6h_f'$	$b+5h_f'$
		$h_f'/h_0 < 0.05$	$b+12h_f'$	b	$b+5h_f'$

注：1　表中 b 为梁的腹板厚度；

2　肋形梁在梁跨内设有间距小于纵肋间距的横肋时，可不考虑表中情况 3 的规定；

3　加腋的 T 形、I 形和倒 L 形截面，当受压区加腋的高度 h_h 不小于 h_f' 且加腋的长度 b_h 不大于 $3h_h$ 时，其翼缘计算宽度可按表中情况 3 的规定分别增加 $2b_h$（T 形、I 形截面）和 b_h（倒 L 形截面）；

4　独立梁受压区的翼缘板在荷载作用下经验算沿纵肋方向可能产生裂缝时，其计算宽度应取腹板宽度 b。

(二) 对规范的理解

当按刚性楼盖模型、楼板不参与结构整体计算时，梁的刚度仅按矩形截面计算。但在现浇楼盖和装配整体式楼盖中，楼板和梁是连成一起形成 T 形或 Γ 形截面梁工作的，部分楼板作为梁的翼缘对梁的刚度有贡献，提高了楼面梁的刚度，结构分析时应予以考虑。一般采用将现浇楼盖和装配整体式楼盖中矩形截面梁乘以刚度增大系数来近似考虑此刚度的贡献。

(三) 设计建议

1. 当采用梁刚度放大系数法时，应考虑各梁截面尺寸大小的差异，以及各楼层楼板厚度的差异。梁刚度增大系数的取值，应根据梁翼缘尺寸与梁的截面尺寸比例确定，现浇楼板和装配整体式楼板不同，边框梁和中间框架梁也不同。通常，现浇楼面的边框架梁可取 1.5，中框架梁可取 2.0；有现浇面层的装配式楼面梁的刚度增大系数可适当减小。当框架梁截面较小而楼板较厚或者梁截面较大而楼板较薄时，梁刚度增大系数可能会超出 1.5～2.0 的范围，此时应根据"梁翼缘尺寸与梁的截面尺寸比例"酌情确定。

2. 注意：仅当现浇楼盖和装配整体式楼盖，结构整体计算模型中假定其为刚性楼盖（即不考虑楼板参与结构的整体计算，梁的刚度仅按矩形截面计算）时，才需对梁刚度乘以增大系数。

对无现浇面层的装配式结构楼面梁，一般不考虑楼板对梁的刚度贡献。当结构整体计算模型中考虑了现浇楼板的面内、外刚度时，也不应再考虑额外的梁刚度增大系数。无梁楼盖按等带框架法计算时，等带梁不应考虑梁刚度增大系数。连梁一般也不考虑刚度增大系数。

三、竖向荷载作用下考虑框架梁端塑性变形内力重分布

（一）相关规范的规定

1.《高规》第 5.2.3 条规定：

在竖向荷载作用下，可考虑框架梁端塑性变形内力重分布对梁端负弯矩乘以调幅系数进行调幅，并应符合下列规定：

1　装配整体式框架梁端负弯矩调幅系数可取为 0.7～0.8；现浇框架梁端负弯矩调幅系数可取为 0.8～0.9；

2　框架梁端负弯矩调幅后，梁跨中弯矩应按平衡条件相应增大；

3　应先对竖向荷载作用下框架梁的弯矩进行调幅，再与水平作用产生的框架梁弯矩进行组合；

4　截面设计时，框架梁跨中截面正弯矩设计值不应小于竖向荷载作用下按简支梁计算的跨中弯矩设计值的 50％。

2.《抗规》未述及。

3.《混规》第 5.1.5 条第 2 款、第 5.4.1 条、第 5.4.2 条、第 5.4.3 条规定：

第 5.1.5 条第 2 款

结构分析时，应根据结构类型、材料性能和受力特点等选择下列分析方法：

……；

塑性内力重分布分析方法；

……。

第 5.4.1 条

混凝土连续梁和连续单向板，可采用塑性内力重分布方法进行分析。

重力荷载作用下的框架、框架-剪力墙结构中的现浇梁以及双向板等，经弹性分析求得内力后，可对支座或节点弯矩进行适度调幅，并确定相应的跨中弯矩。

第 5.4.2 条

按考虑塑性内力重分布分析方法设计的结构和构件，应选用符合本规范第 4.2.4 条规定的钢筋，并应满足正常使用极限状态要求且采取有效的构造措施。

对于直接承受动力荷载的构件，以及要求不出现裂缝或处于三 a、三 b 类环境情况下的结构，不应采用考虑塑性内力重分布的分析方法。

第 5.4.3 条

钢筋混凝土梁支座或节点边缘截面的负弯矩调幅幅度不宜大于 25％；弯矩调整后的梁端截面相对受压区高度不应超过 0.35，且不宜小于 0.10。

钢筋混凝土板的负弯矩调幅幅度不宜大于 20％。

预应力混凝土梁的弯矩调幅幅度应符合本规范第 10.1.8 条的规定。

（二）对规范的理解

一般情况下，梁（包括框架梁）支座负弯矩往往大于跨中正弯矩，竖向荷载作用下梁支座首先出现裂缝，导致梁的塑性变形内力重分布。通过弯矩调幅可以使梁支座弯矩减小，相应增加跨中弯矩，使梁上下配筋均匀一些，达到节约材料、方便施工和保证施工质量的目的。

《混规》还规定了考虑塑性内力重分布构件的使用环境；强调应进行构件的变形和裂缝宽度验算；对钢筋的伸长率的要求及预应力混凝土梁的弯矩调幅幅度等。

（三）设计建议

为保证梁（包括框架梁）正常使用状态下的性能要求和结构安全，一般情况下装配整体式框架梁弯矩调幅系数取 0.7～0.8，现浇框架梁取 0.8～0.9。考虑钢筋混凝土的塑性变形能力有限，调幅的幅度应该加以限制。梁端负弯矩调幅后，梁跨中正弯矩应按平衡条件相应增大。

截面设计时，为保证梁跨中截面底钢筋不至于过少，其正弯矩设计值不应小于竖向荷载作用下按简支梁计算的跨中弯矩之半。

梁端弯矩调幅仅对竖向荷载产生的弯矩进行，其余荷载或作用产生的弯矩不调幅。截面设计时，应先对竖向荷载作用下的梁端进行弯矩调幅，再与其他荷载或作用产生的弯矩进行组合。

预应力混凝土梁的弯矩调幅幅度应符合《混规》第 10.1.8 条的规定。

采用支座负弯矩调幅的梁的钢筋，一、二、三级抗震等级设计的框架和斜撑构件，应满足《混规》第 11.2.3 条钢筋在最大拉力下的总伸长率实测值不应小于 9% 的要求；其他情况，应满足《混规》第 4.2.4 条对钢筋在最大拉力下的总伸长率要求；并应满足非抗震设计时《混规》规定的梁的挠度和裂缝宽度的限值。

非抗震设计时，对直接承受动力荷载的构件，以及要求不出现裂缝或处于三 a、三 b 类环境情况下的结构，不应考虑塑性调幅。

悬挑梁的梁端负弯矩不应调幅。

四、框架梁的计算扭矩折减

（一）相关规范的规定

1.《高规》第 5.2.4 条规定：

高层建筑结构楼面梁受扭计算时应考虑现浇楼盖对梁的约束作用。当计算中未考虑现浇楼盖对梁扭转的约束作用时，可对梁的计算扭矩予以折减。梁扭矩折减系数应根据梁周围楼盖的约束情况确定。

2.《抗规》、《混规》未述及。

（二）对规范的理解

楼板不参与结构整体计算时（采用刚性楼板计算模型），框架梁为空间杆单元，一般不考虑楼面梁受楼板的约束作用，梁有较大的扭转变形和扭矩。而实际结构楼面梁受楼板（有时还有次梁）的约束作用，无约束的独立梁极少。故中间梁几乎没有扭矩，边梁的扭矩也不大。计算模型与结构实际受力不符，梁的扭转变形和扭矩计算值过大。因此在截面设计时应对梁的计算扭矩予以适当折减。计算分析表明，梁扭矩折减系数与楼盖（楼板和梁）的约束作用和梁的位置等密切相关。折减系数的变化幅度较大，《高规》未给出具体的折减系数，设计人员应根据具体情况进行确定。

（三）设计建议

梁的扭矩折减系数的确定，关键是看梁两侧有无楼板（有时还有次梁）的约束以及约束程度的强弱。一般中间梁扭矩折减系数可取 0.4，边梁扭矩折减系数应根据梁板的边界约束情况确定：若为梁板刚接，则梁扭矩不应折减，即折减系数应取为 1.0；若为梁板铰接，建议折减系数可取为不小于 0.5，即不应过小，以避免因抗扭强度不足而造成梁的裂缝等。

两侧均无楼板的独立梁，扭矩不应折减，即折减系数应取为 1.0。

独立梁一侧无楼板，另一侧有悬挑次梁或悬挑板（图 3.2.4），是一个不合理的平面布置，设计中应尽量避免。不可避免时，梁扭矩不应折减，即折减系数应取为 1.0。并采取加大梁抗扭承载力的措施，如设计为宽扁梁、在梁另一侧设置一定宽度的板带、适当加大梁的抗扭配筋等。

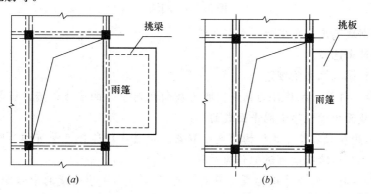

图 3.2.4　独立梁一侧布置悬挑次梁或悬挑板
（a）挑梁；（b）挑板

当结构整体计算模型中考虑了现浇楼板的面内、外刚度时（采用弹性楼板模型），梁的扭矩折减系数应取 1.0。

第三节　计算简图处理

一、节点偏心及框架梁、柱节点区刚域的处理

（一）相关规范的规定

1.《高规》第 5.3.2 条、第 5.3.4 条规定：

第 5.3.2 条

楼面梁与竖向构件的偏心以及上、下层竖向构件之间的偏心宜按实际情况计入结构的整体计算。当结构整体计算中未考虑上述偏心时，应采用柱、墙端附加弯矩的方法予以近似考虑。

第 5.3.4 条

在结构整体计算中，宜考虑框架或壁式框架梁、柱节点区的刚域（图 5.3.4）影响，梁端截面弯矩可取刚域端截面的弯矩计算值。刚域的长度可按下列公式计算：

$$l_{b1} = a_1 - 0.25h_b \qquad (5.3.4\text{-}1)$$

$$l_{b2} = a_2 - 0.25h_b \qquad (5.3.4\text{-}2)$$

$$l_{c1} = c_1 - 0.25b_c \qquad (5.3.4\text{-}3)$$

$$l_{c2} = c_2 - 0.25b_c \qquad (5.3.4\text{-}4)$$

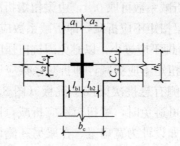

图 5.3.4　刚域

当计算的刚域长度为负值时，应取为零。

2.《抗规》未述及。

3.《混规》第 5.2.2 条规定：

1　梁、柱、杆等一维构件的轴线宜取为截面几何中心的连线，墙、板等二维构件的中轴面宜取为截面中心线组成的平面或曲面；

2　现浇结构和装配整体式结构的梁柱节点、柱与基础连接处等可作为刚接；非整体浇筑的次梁两端及板跨两端可近似作为铰接；

3　梁、柱等杆件的计算跨度或计算高度可按其两端支承长度的中心距或净距确定，并应根据支承节点的连接刚度或支承反力的位置加以修正；

4　梁、柱等杆件间连接部分的刚度远大于杆件中间截面的刚度时，在计算模型中可作为刚域处理。

（二）对规范的理解

确定结构的计算简图时，一般将框架梁、柱等杆件的轴线取为控制截面几何中心的连线，壁式框架梁、柱轴线可取为剪力墙连梁和墙肢的形心线，剪力墙、板等构件的中轴面取为控制截面中心线组成的平面或曲面。由于相邻构件截面尺寸的差异或相互位置的偏置，会使相邻构件产生偏心，对结构件的内力与位移计算结果产生不利影响，计算中应予以考虑。

当构件截面相对其跨度较大时，构件交点处会形成相对的刚性节点区域。在刚性区段内，构件不发生弯曲和剪切变形，但仍保留轴向变形和扭转变形。刚域尺寸的合理确定，会在一定程度上影响结构整体分析的精度。《高规》给出了计算刚域长度的近似公式。这种算法在实际工程中已有多年应用基本满足工程设计要求。

《混规》还对梁柱节点、柱与基础连接处的约束情况作出规定：计算简图宜根据结构的实际形状、构件的受力和变形状况、构件间的连接和支承条件以及各种构造措施等，作合理的简化后确定。例如：支座或柱底的固定端应有相应的构造和配筋作保证；有地下室的建筑底层柱，其固定端的位置还取决于底板（梁）的刚度；节点连接构造的整体性决定连接处是按刚接还是按铰接考虑等。

（三）设计建议

1. 实际工程中，往往存在以下三种构件偏心：

（1）上、下柱截面尺寸不同，且柱边一侧（或两侧）对不齐造成上、下柱偏心，边柱和角柱这种情况较多；

（2）剪力墙上、下截面形状不同或变截面造成偏心；

（3）楼面梁布置与柱形心不重合造成梁柱偏心。

目前，一般计算分析软件都可自动考虑这个偏心（或设置刚性域），如没有考虑，设计人员可采用在柱端或墙端附加偏心距的方法近似考虑。当偏心距较大时，除应在计算中考虑此偏心距外，还应采取有效的构造措施，尽量减小构件的偏心。参见第四章第一节"六、关于梁柱偏心"。

2. 目前，国内外计算分析软件对构件节点刚域的考虑方法不尽相同，但以考虑刚域影响者居多。国外的某些软件，在结构整体分析时可由用户确定杆端刚域的大小，但计算内力输出时，不论用户是否考虑杆端刚域，仅输出杆件净跨内各截面的内力，不输出节点内（不论是否为刚域）各截面的内力。国内有些软件的杆件内力输出常常与计算跨度一致，不考虑刚域时，杆件内力为轴线截面的内力；考虑刚域时，杆件内力为刚域端部的内力。因此，在使用不同的软件时，应注意不同的假定和内力设计值的取用。

例如，当构件截面尺寸不大时，一般不考虑刚域，由此计算出的梁端内力（弯矩、剪力）较大，但实际上梁端弯矩、剪力设计值的控制截面在柱边，比梁端弯矩、剪力的计算值小（图 3.3.1-1）。因此，按不考虑刚域计算出的梁端弯矩、剪力值应换算到设计控制截面处的相应值。一般可采用对中心线处的弯矩设计值乘以 0.85～0.95 的折减系数后进行配筋计算。但应注意：这里的内力设计值折

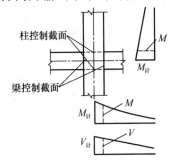

图 3.3.1-1 梁、柱端设计
控制截面

减和本章第二节"三、竖向荷载作用下考虑框架梁端塑性变形内力重分布"的弯矩调幅不是一个概念，具体做法也不尽相同。

框架柱的内力设计值、梁的剪力设计值也有类似情况，考虑到差值不大，特别是抗震设计时，考虑到"强柱弱梁"、"强剪弱弯"，工程设计中，一般都不予折减。

3. 关于结构力学计算模型的简化，补充以下两个例子：

（1）底部大空间时相应部分地下室顶板及基础梁的计算假定

底部大空间（抽柱或剪力墙开大洞）的高层建筑，若其相应位置的地下室无大空间的功能要求，往往设置柱子以减小地下室顶板、基础底板的跨度，降低梁高。此时，如何确定此部分的计算模型，使结构分析尽可能符合实际受力状态，是一个需要认真考虑的问题。

某框架-剪力墙结构，地上 7 层，地下 1 层，结构高度 31.0m，柱网 8.1m×8.1m。因建筑功能需要，地上一层平面中部抽去两根柱子形成大空间，转换梁跨度 19.8m，而地下室仍保留这两根柱子。在计算基础梁的内力和配筋时，如果习惯地按倒梁法将其简化成三跨连续梁计算，是不妥的。为了正确、合理地计算出地下结构的内力及配筋，我们取其中

典型的一榀抽柱框架，选择两个不同的计算模型（图 3.3.1-2），用中国建筑科学研究院 PKPM 系列中的 PK 程序进行分析比较，梁的弯矩包络图见图 3.3.1-3。

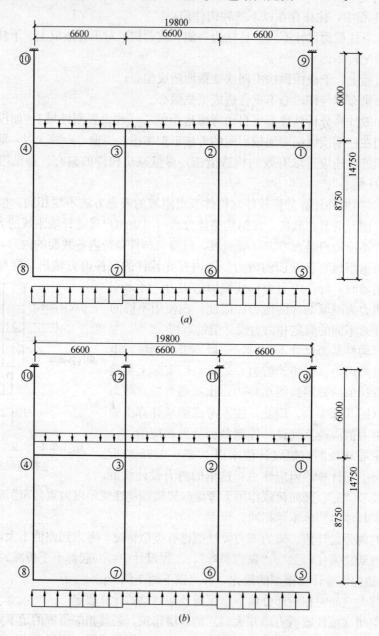

图 3.3.1-2 计算简图
(a) 模型一；(b) 模型二

计算模型一和结构实际受力状态接近，计算模型二和按三跨连续梁的倒梁法模型接近。

可以看出：根据计算模型二，地下室基础梁的弯矩图形如同一根 3 跨跨度为 6.6m 的连续梁，跨中最大正弯矩出现在两边跨，为 1120.9kN·m，最大负弯矩出现在两中间支座，为 1161.9kN·m；而根据计算模型一，地下室基础梁的弯矩图形类似一根单跨跨度为 19.6m 的大梁，跨中正弯矩达 8466.4kN·m，中间"支座"（有柱子处）正弯矩也达 7946.5kN·m，根本不出现负弯矩。由于同样的原因，地下室顶板梁的弯矩差异也很大。由于实际结构的中间两根柱子没有与上部结构的柱子直通，并不能起到作为结构固定支座的作用，因而②点、③点均有向上的位移。这种情况下，计算模型二将这两点作为固定支座，认为没有向上的位移是不符合结构实际受力状态的，显然是不合适的。

内力的很大差异必然导致构件配筋的很大差异。例如：根据计算模型一，地下室基础梁的上部纵向受拉钢筋面积约为 14923mm²，下部纵向受拉钢筋面积仅构造配置即可；而根据计算模型二，地下室基础梁的上、下部纵向受拉钢筋面积均为构造配

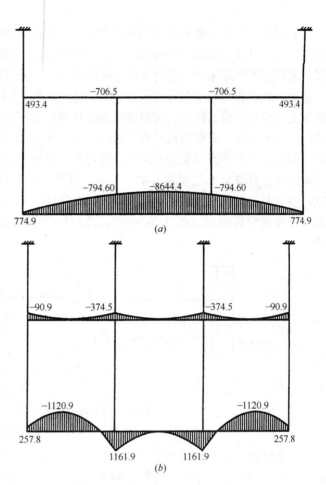

图 3.3.1-3　梁弯矩包络图（kN·m）
(a) 模型一；(b) 模型二

置（4413mm²），两者的上部纵向受拉钢筋配筋面积相差 3.38 倍！按计算模型二计算出的配筋严重不足，承载力不满足要求，会导致结构不安全。地下室顶板梁的纵向受拉钢筋配置与实际结构受力差异也很大。

可见不符合实际受力状态的计算模型的简化会给结构设计带来很大的安全隐患。

（2）梁与剪力墙体连接时计算模型的简化

梁与剪力墙体在其平面内的连接，可以有刚接和铰接两种方式。其中梁的配筋构造参见图 3.3.1-4。

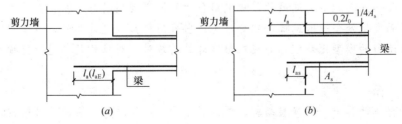

图 3.3.1-4　梁与剪力墙平面内连接构造示意
(a) 刚接；(b) 铰接

需要指出的是：梁与剪力墙在其平面外的连接采用刚接还是铰接，关键是看两者的线刚度比。若梁截面很高，墙截面较薄，梁的线刚度比墙肢（暗柱）的线刚度大很多，则梁、墙是刚接不起来的，若将梁墙按刚接设计，会使剪力墙平面外产生较大的弯矩，使暗柱超筋，超过剪力墙平面外的抗弯能力，造成墙体开裂、出铰甚至破坏。计算简图与结构实际受力状态不符。因此，梁墙刚接时应使梁柱线刚度接近，特别是梁的线刚度不能比柱的线刚度大很多。而梁墙按铰接设计（要求铰出在梁端），理论上认为墙平面外不承担弯矩，但实际上或多或少也会产生平面外弯矩，梁越高，墙平面外承担的弯矩越大，也可能会造成墙体开裂而不是梁端开裂、出铰。同样是计算简图与结构实际受力状态不符。所以，当梁截面较高难以满足梁墙铰接时，这种情况下，一般可采取减小梁端截面高度的措施。如做成变截面梁（图 3.3.1-5a），通过构造措施实现梁、墙铰接（图 3.3.1-5b）或刚接。

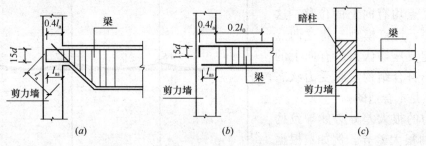

图 3.3.1-5　梁与剪力墙平面外连接构造示意
(a) 铰接（一）；(b) 铰接（二）；(c) 刚接（墙内设暗柱，平面图）

一般情况下，当梁高大于 2 倍墙厚时，梁端弯矩对墙平面外的安全不利，因此应设法增大剪力墙墙肢抵抗平面外弯矩的能力。设计中可根据节点弯矩的大小、墙肢的厚度（平面外刚度）等具体情况，按《高规》第 7.1.6 条采取合适的措施，减小梁端部弯矩对墙的不利影响，并选取合理的计算简图。

对于弧形梁或空间曲梁，即使考虑现浇楼板的作用，其自身也存在较大的扭矩。因此，不论其与剪力墙或框架柱在哪个方向连接，均不能定义为铰接。

二、复杂结构及复杂平面和立面的剪力墙结构的局部补充计算

（一）相关规范的规定

1. 《高规》第 5.3.6 条、第 5.3.5 条、第 10.1.5 条规定：

第 5.3.6 条

复杂平面和立面的剪力墙结构，应采用合适的计算模型进行分析。当采用有限元模型时，应在截面变化处合理地选择和划分单元；当采用杆系模型计算时，对错洞墙、叠合错洞墙可采取适当的模型化处理，并应在整体计算的基础上对结构局部进行更细致的补充计算分析。

第 5.3.5 条

在结构整体计算中，转换层结构、加强层结构、连体结构、竖向收进结构（含多塔楼结构），应选用合适的计算模型进行分析。在整体计算中对转换层、加强层、连接体等做简化处理的，宜对其局部进行更细致的补充计算分析。

第 10.1.5 条

复杂高层建筑结构的计算分析应符合本规程第 5 章的有关规定。复杂高层建筑结构中的受力复杂部位，尚宜进行应力分析，并按应力进行配筋设计校核。

2.《抗规》未明确述及。

3.《混规》第 5.1.1 条规定：

混凝土结构应进行整体作用效应分析，必要时尚应对结构中受力状况特殊部位进行更详细的分析。

（二）对规范的理解

剪力墙结构、框架-剪力墙结构中复杂立面和平面的剪力墙，有的上下开洞不规则（错洞墙或叠合错洞墙等），有的平面形状上下不一致，受力复杂，墙体应力既有水平方向正应力 σ_x，也有垂直方向正应力 σ_y，还有剪应力 τ，且都是非线性分布，同时应力集中现象明显，墙体开洞越复杂，平面形状越复杂，其非线性分布和应力集中程度也越严重。不但用杆单元模型计算不能得到剪力墙的真实应力分布，就是用网格剖分较大的有限元计算，也难以反映剪力墙的真实应力分布。

与复杂剪力墙类似，复杂高层建筑结构，如带转换层结构、带加强层结构、连体结构、错层结构、竖向体型收进、悬挑结构等，其结构中的复杂部位（剪力墙或其他构件），同样是受力复杂，应力分布非线性。

显然，按一般的计算模型进行结构的整体计算，对上述复杂剪力墙或结构中复杂部位（剪力墙或其他构件）的设计是缺乏可靠的依据，甚至是偏于不安全的。

（三）设计建议

1. 复杂高层建筑结构、带有复杂剪力墙的结构（如转换构件、转换构件上的剪力墙、错层结构的错层部位、错洞剪力墙、连体结构中的连接体以及与其相邻的主体结构等），其计算分析一般宜分两步走：

第一步：结构的内力与位移整体计算

此时，除应对整体采用合适的计算模型外，尚应根据工程实际情况和计算软件的分析模型，对其局部（即复杂高层建筑结构的复杂部分、复杂剪力墙）进行适当的和必要的简化处理，但不应改变结构的整体变形和受力特点。

第二步：把整体计算中经简化处理的局部结构（或结构构件）及其相邻构件的内力作为外荷载，对作简化处理的局部结构（或结构构件）进行更精细的补充计算分析（比如有限元分析），以取得局部结构（或结构构件）详细的应力分布情况，保证局部构件计算分析结果的可靠性。

局部有限元计算时，单元网格的剖分，应根据构件应力分布的复杂程度不同而有所区别。一般复杂剪力墙、框支剪力墙框支梁以上 2～4 层的剪力墙平面元边长可取为 300～500mm，框支梁、框支柱宜采用实体单元，边长可取为 250～300mm。受力越复杂的部位，单元网格的剖分宜更细一些，见图 3.3.2。

2. 结构中的重要部位、形状突变部位以及内力和变形有异常变化的部位（例如较大圆孔周围、节点及其附近、支座和集中荷载附近等），必要时应另作更详细的局部分析。

此外，《混规》还指出：对构件内力和变形有异常变化的部位（例如较大圆孔周围、节点及其附近、支座和集中荷载附近等），必要时应另作更详细的局部分析。

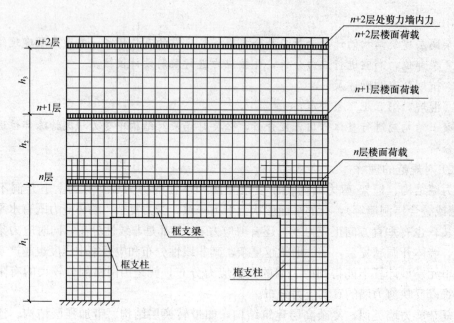

图 3.3.2　框支剪力墙局部计算时单元网格的剖分举例

3. 结构设计,在满足建筑功能要求的前提下,应当是受力越简单越好。因此,如有可能,对开洞很复杂的剪力墙、复杂高层建筑结构等,采取增设结构洞等措施,使之受力简单、明确、合理(见本书第五章第一节"一、剪力墙结构的布置"、"二、较长的剪力墙宜设置结构洞"、第八章第二节"一、带转换层建筑结构的转换结构形式"等)。

三、结构底部嵌固部位的确定

(一)相关规范的规定

1.《高规》第5.3.7条、第12.2.1条规定:

第5.3.7条

高层建筑结构整体计算中,当地下室顶板作为上部结构嵌固部位时,地下一层与首层侧向刚度比不宜小于2。

第12.2.1条

高层建筑地下室顶板作为上部结构的嵌固部位时,应符合下列规定:

1　地下室顶板应避免开设大洞口,其混凝土强度等级应符合本规程第3.2.2条的有关规定,楼盖设计应符合本规程第3.6.3条的有关规定;

2　地下一层与相邻上层的侧向刚度比应符合本规程第5.3.7条的规定;

3　地下室顶板对应于地上框架柱的梁柱节点设计应符合下列要求之一:

1)地下一层柱截面每侧的纵向钢筋面积除应符合计算要求外,不应少于地上一层对应柱每侧纵向钢筋面积的1.1倍;地下一层梁端顶面和底面的纵向钢筋应比计算值增大10%采用;

2)地下一层柱每侧的纵向钢筋面积不小于地上一层对应柱每侧纵向钢筋面积的1.1倍且地下室顶板梁柱节点左右梁端截面与下柱上端同一方向实配的受弯承载力之和不小于地上一层对应柱下端实配的受弯承载力的1.3倍。

4 地下室与上部对应的剪力墙墙肢端部边缘构件的纵向钢筋截面面积不应小于地上一层对应的剪力墙墙肢边缘构件的纵向钢筋截面面积。

2.《抗规》第6.1.14条规定：

地下室顶板作为上部结构的嵌固部位时，应符合下列要求：

1 地下室顶板应避免开设大洞口；地下室在地上结构相关范围的顶板应采用现浇梁板结构，相关范围以外的地下室顶板宜采用现浇梁板结构；其楼板厚度不宜小于180mm，混凝土强度等级不宜小于C30，应采用双层双向配筋，且每层每个方向的配筋率不宜小于0.25%。

2 结构地上一层的侧向刚度，不宜大于相关范围地下一层侧向刚度的0.5倍；地下室周边宜有与其顶板相连的抗震墙。

3 地下室顶板对应于地上框架柱的梁柱节点除应满足抗震计算要求外，尚应符合下列规定之一：

1) 地下一层柱截面每侧纵向钢筋不应小于地上一层柱对应纵向钢筋的1.1倍，且地下一层柱上端和节点左右梁端实配的抗震受弯承载力之和应大于地上一层柱下端实配的抗震受弯承载力的1.3倍；

2) 地下一层梁刚度较大时，柱截面每侧的纵向钢筋面积应大于地上一层对应柱每侧纵向钢筋面积的1.1倍；同时梁端顶面和底面的纵向钢筋面积均应比计算增大10%以上；

4 地下一层抗震墙墙肢端部边缘构件纵向钢筋的截面面积，不应少于地上一层对应墙肢端部边缘构件纵向钢筋的截面面积。

3.《混规》未述及。

（二）对规范的理解

钢筋混凝土多高层建筑在进行结构计算分析之前，必须首先确定结构嵌固端所在的位置。嵌固部位的正确选取是高层建筑结构计算模型中的一个重要假定，它直接关系到结构计算模型与结构实际受力状态的符合程度，构件内力及结构侧移等计算结果的准确性。所谓嵌固部位也就是预期塑性铰出现的部位，确定嵌固部位可通过刚度和承载力调整迫使塑性铰在预期部位出现。

规范对结构底部嵌固部位的规定，都是为了使结构在荷载作用下，所确定的部位能够满足"嵌固"的计算假定：

1. 地下室结构的布置应保证地下室顶板及地下室各层楼板有足够的平面内整体刚度和承载力，能将上部结构的地震作用传递到所有的地下室抗侧力构件上；

2. 地下一层应有较大的侧向刚度，以便和土的侧向约束一道，共同抵抗上部结构传来的水平力，不产生侧移；

3. 框架柱或剪力墙墙肢的嵌固端屈服时，地下一层对应的框架柱或剪力墙墙肢不屈服；

4. 当框架柱嵌固在地下室顶板时，位于地下室顶板的梁柱节点应按首层柱的下端为"弱柱"设计。即地震时首层柱底屈服、出现塑性铰。

《高规》、《抗规》的规定基本一致。但《抗规》强调：这里所指地下室应为完整的地下室，在山（坡）地建筑中出现地下室各边填埋深度差异较大时，宜单独设置支挡结构。这是地下室顶板作为结构嵌固部位的首要条件，是非常重要的。此外，在计算地下室结构楼层侧向刚度时,可考虑地上结构以外的地下室相关部位的结构,《高规》规定"相关部位"一般指地上结构外扩不超过三跨的地下室范围。并指出楼层侧向刚度比可按《高规》附录 E.0.1 条公式计算。而《抗规》规定"相关范围"一般可从地上结构(主楼、有裙房时含裙房)周边外延不大于 20m。

(三)设计建议

1. 有地下室的建筑

(1)有地下室的建筑,当地下室顶板与室外地坪的高差不太大(一般宜小于本层层高的 1/3)时,宜将上部结构的嵌固部位设在地下室顶板,此时应满足下列条件:

1)地下室顶板应避免开设大洞口;地下室在地上结构相关范围的顶板应采用现浇梁板结构,相关范围以外的地下室顶板宜采用现浇梁板结构;其楼板厚度不宜小于 180mm,若柱网内设置多个次梁时,板厚可适当减小;混凝土强度等级不宜小于 C30,应采用双层双向配筋,且每层每个方向的配筋率不宜小于 0.25%。

这里所指地下室应为完整的地下室,在山(坡)地建筑中出现地下室各边填埋深度差异较大时,宜单独设置支挡结构。

2)地下室结构应能承受上部结构屈服超强及地下室本身的地震作用,结构地上一层的侧向刚度,不宜大于相关范围地下一层侧向刚度的 0.5 倍;地下室周边宜有与其顶板相连的剪力墙。

上述所说的"相关范围"'一般可从地上结构(主楼、有裙房时含裙房)周边外延不超过三跨范围内的地下室结构。

一般情况下,地下室外墙(挡土墙)可参与地下室楼层剪切刚度的计算,但当地下室外墙与上部结构相距较远(相关范围以外),则在确定结构底部嵌固部位时,地下室外墙不宜参与地下室楼层剪切刚度的计算。

3)地下室顶板结构应为梁板体系,楼面框架梁应有足够的抗弯刚度,地下室顶板部位的梁柱节点的左右梁端截面实际受弯承载力之和不宜小于上下柱端实际承载力之和,即"强梁弱柱"。

地下室顶板对应于地上框架柱的梁柱节点应符合下列规定之一:

①地下一层柱截面每侧的纵向钢筋面积,除应满足计算要求外,不应少于地上一层对应柱每侧纵向钢筋面积的 1.1 倍;同时梁端顶面和底面的纵向钢筋面积均应比计算增大 10%;

②地下一层柱截面每侧纵向钢筋大于地上一层柱对应纵向钢筋的 1.1 倍,且地下一层柱上端和节点左右梁端实配的受弯承载力之和应大于地上一层柱下端实配的受弯承载力的 1.3 倍。

4)地下一层剪力墙墙肢端部边缘构件纵向钢筋的截面面积,不应少于地上一层对应墙肢端部边缘构件纵向钢筋的截面面积。

结构底部的嵌固部位对地下室的层数无特别要求。

(2)上部为多个塔楼,地下室连成一片时,除应满足上述第①、③、④款外,还应满足以下两条:

1)大底盘地下室的整体刚度与上部所有塔楼的总体侧向刚度比应满足上述第②款的要求;

2) 每栋塔楼地上一层的侧向刚度，不宜大于塔楼相关范围内（可取塔楼周边向外扩出与地下室高度相等的水平长度且不小于20m）的地下室侧向刚度的0.65倍。

如何考虑大底盘地下室竖向构件的侧向刚度，涉及的因素较多，是一个较为复杂的问题。工程界提出了好几种方法，本文仅介绍其中的一种。有兴趣的读者可参考有关文献。

（3）若由于地下室大部分顶板标高降低较多、开大洞、地下室顶板标高与室外地坪的高差大于本层层高的1/3或地下一层为车库（墙体少）等原因，不能满足地下室顶板作为结构嵌固部位的要求时：

对有多层地下室建筑：

1）可将结构嵌固部位置于地下一层底板，此时除应满足上述第1.（1）中的第1）、3）、4）款规范所要求的其他条件外（但部位相应由地下室顶板改为地下一层底板），还应满足下列条件：

①地上一层楼层剪切刚度应小于地下一层楼层剪切刚度；

②地下一层楼层剪切刚度应小于地下二层楼层剪切刚度，且地上一层楼层剪切刚度不应大于相关范围内地下二层楼层剪切刚度的0.5倍。

2）当地下二层为箱形基础或全部为防空地下室时，则箱形基础或人防顶板可作为结构嵌固部位。

对单层地下室建筑：

1）地下室为箱形基础，则箱形基础顶板可作为结构嵌固部位。

2）地下室全部为防空地下室时，其墙体及顶板通常具有作为结构嵌固端的刚度，此时可取其顶板作为上部结构的嵌固部位。否则，宜将嵌固部位设在基础顶面（即地下一层底板面）。

（4）主体结构嵌固部位下部楼层的侧向刚度与上部楼层的侧向刚度比 γ 可按下列方法计算：

1）主体结构计算时的楼层剪力与该楼层层间位移的比：

$$\gamma = \frac{V_1 \Delta u_2}{V_2 \Delta u_1} \tag{3.3.3-1}$$

式中　　γ——主体结构嵌固部位下部楼层的侧向刚度与上部楼层的侧向刚度比，采用电算程序计算时，不考虑回填土对地下室约束的相对刚度系数；

　　V_1、V_2——主体结构嵌固部位下部楼层及上部楼层的楼层剪力标准值；

　　Δu_1、Δu_2——主体结构嵌固部位下部楼层及上部楼层在楼层剪力标准值作用下的层间位移。

2）近似按高规附录 E 规定的楼层等效剪切刚度比：

$$\gamma = \frac{G_0 A_0}{G_1 A_1} \times \frac{h_1}{h_0} \tag{3.3.3-2}$$

式中　G_0、G_1——分别为主体结构嵌固部位下部楼层与上部楼层的混凝土剪变模量；

　　　　h_i——第 i 层层高（$i=0,1$）；

A_0、A_1 分别为主体结构嵌固部位下部楼层与上部楼层的折算受剪截面面积，按下式计算：

$$A_i = A_{w,i} + \sum_{j=1}^{} C_{i,j} A_{ci,j} (i = 0,1)$$ (3.3.3-3)

$$G_{i,j} = 2.5(h_{ci,j}/h_i)^2 (i = 0,1)$$ (3.3.3-4)

式中　$A_{w,i}$——第 i 层全部剪力墙在计算方向的有效截面面积（不包括翼缘面积）；

$A_{ci,j}$——第 i 层第 j 根柱的截面面积；

$h_{ci,j}$——第 i 层第 j 根柱沿计算方向的截面高度；

$C_{i,,j}$——第 i 层第 j 根柱截面面积折算系数，当计算值大于 1 时取等于 1。

2. 无地下室建筑

(1) 若埋置深度较浅，可取基础顶面作为上部结构的嵌固部位。

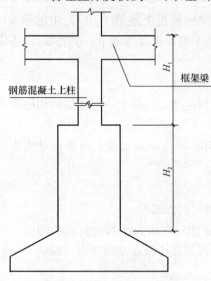

图 3.3.3　现浇"高杯口"基础

(2) 若埋置深度较深，对多层剪力墙或砌体结构，当设有刚性地坪时，可取室外地面以下 500mm 处作为上部结构的嵌固部位。对上部结构为抗侧力刚度较柔的框架结构，采用柱下独立基础，基础又埋置较深时，可按《建筑地基基础设计规范》GB 50007—2011 第 8.2.5 条做成"高杯口"基础，符合相应规定，此时可将"高杯口"基础的顶面作为上部结构的嵌固部位。

需要指出的是：所谓"符合相应规定"，主要有以下两点：

1) 对基础短柱和上柱（框架柱）刚度比的要求。

考虑到抗震设计时一般均采用现浇结构（即上柱和基础短柱整体现浇），参考《建筑地基基础设计规范》第 8.2.5 条的规定，笔者建议如下

（图 3.3.3），仅供设计参考：

①基础短柱的高度，$H_2 \leqslant 5\mathrm{m}$；

②$(E_2 J_2 / L_2) / (E_1 J_1 / L_1) \geqslant 5$

式中：E_1——钢筋混凝土上柱的弹性模量（kPa）；

J_1——钢筋混凝土上柱对其截面短轴的惯性矩（$\mathrm{m^4}$）；

E_2——短柱的钢筋混凝土弹性模量（kPa）；

J_2——短柱对其截面短轴的惯性矩（$\mathrm{m^4}$）。

2) 满足《建筑地基基础设计规范》表 8.2.5 对杯壁厚度及构造配筋等要求。

有的设计认为只要将底层框架柱埋入地下部分的截面尺寸适当加大，即作为"基础短柱"，例如：底层框架柱截面尺寸 500mm×500mm，埋入地下部分每侧放大 50mm，截面尺寸 600mm×600mm，作为高杯口基础的"基础短柱"，将此"基础短柱"顶面确定为嵌固部位，这是不合适的。

还需要指出的是：多层框架结构无地下室采用独立基础，由于基础埋置较深，设计时在底层地面以下靠近地面设置拉梁层，将拉梁层作为上部结构的嵌固部位是不妥的。拉梁层的设置将框架底层柱一分为二，使底层柱的配筋较为合理经济，但结构底部的嵌固部位

应在基础顶面。

3. 确定地下室顶板为嵌固部位时，地下一层与地上一层的刚度比要求可否放宽？对此，笔者看法如下：

(1)《建筑地基基础设计规范》GB 50007—2011 第 8.4.25 条规定：

采用筏形基础带地下室的高层和低层建筑、地下室四周外墙与土层紧密接触且土层为非松散填土、松散粉细砂土、软塑流塑黏性土，上部结构为框架、框剪或框架-核心筒结构，当地下一层顶板作为上部结构嵌固部位时，应符合下列规定：

1 地下一层的结构侧向刚度大于或等于与其相连的上部结构底层楼层侧向刚度的 1.5 倍。

2 地下一层结构顶板应采用梁板式楼盖，板厚不应小于 180mm，其混凝土强度等级不宜小于 C30；楼面应采用双层双向配筋，且每层每个方向的配筋率不宜小于 0.25%。

3 地下室外墙和内墙边缘的板面不应有大洞口，以保证将上部结构的地震作用或水平力传递到地下室抗侧力构件中。

4 当地下室内、外墙与主体结构墙体之间的距离符合表 8.4.25 的要求时，该范围内的地下室内、外墙可计入地下一层的结构侧向刚度，但此范围内的侧向刚度不能重叠使用于相邻建筑。当不符合上述要求时，建筑物的嵌固部位可设在筏形基础的顶面，此时宜考虑基侧土和基底土对地下室的抗力。

表 8.4.25 地下室墙与主体结构墙之间的最大距离 d

抗震设防烈度 7 度、8 度	抗震设防烈度 9 度
$d < 30m$	$d < 20m$

上述规定与《抗规》、《高规》基本一致，但对刚度比，则明确规定：地下一层的结构侧向刚度大于或等于与其相连的上部结构底层楼层侧向刚度的 1.5 倍。

(2)上海市工程建设规范《建筑抗震设计规程》DGJ 08-9-2003 认为：上海市设有地下室的高层建筑一般都采用桩筏基础，当桩与筏板连接埋深不小于 1/20 结构高度，每根桩与筏板有可靠连接，基础周边的桩应能承受可能产生的拔力时，桩基础对地下一层的嵌固作用是非常明显的。故第 6.1.19 条指出：在这种情况下，地下室结构楼层的侧向刚度不宜小于相邻上部楼层的 1.5 倍。

(3)《建筑抗震设计规范 (GB 50011—2010) 统一培训教材》指出：

地上结构与地下室的刚度比，按有效数字控制，即不大于 0.54；相当于地下室的刚度大于地上结构的 1.85 倍。

(4)《抗规》、《高规》对刚度比的规定，用语是"宜"，而不是"应"。

综上所述，笔者建议：

一般情况下，宜满足两倍刚度的要求；差别不大时，可按有效数字控制，即地下一层刚度宜大于地上一层刚度的 1.85 倍；当地下室周边土层对地下一层有很好的嵌固作用（如室内外高差很小，室外采用刚性地坪等）或采用桩筏基础桩基对地下一层有明显的嵌固作用（符合上述第 2 款上海《建筑抗震设计规程》第 6.1.19 条规定）时，允许进一步放宽，即地下一层的侧向刚度不应小于地上一层侧向刚度的 1.5 倍。

第四节　重力二阶效应及结构稳定

一、建筑结构考虑重力二阶效应的判别

（一）相关规范的规定

1.《高规》第5.4.1条、第5.4.2条规定：

第5.4.1条

当高层建筑结构满足下列规定时，弹性计算分析时可不考虑重力二阶效应的不利影响。

1　剪力墙结构、框架-剪力墙结构、板柱剪力墙结构、筒体结构：

$$EJ_d \geqslant 2.7H^2 \sum_{i=1}^{n} G_i \tag{5.4.1-1}$$

2　框架结构：

$$D_i \geqslant 20 \sum_{j=i}^{n} G_j / h_i \quad (i = 1, 2, \cdots, n) \tag{5.4.1-2}$$

式中：EJ_d——结构一个主轴方向的弹性等效侧向刚度，可按倒三角形分布荷载作用下结构顶点位移相等的原则，将结构的侧向刚度折算为竖向悬臂受弯构件的等效侧向刚度；

H——房屋高度；

G_i、G_j——分别为第i、j楼层重力荷载设计值，取1.2倍的永久荷载标准值与1.4倍的楼面可变荷载标准值的组合值；

h_i——第i楼层层高；

D_i——第i楼层的弹性等效侧向刚度，可取该层剪力与层间位移的比值；

n——结构计算总层数。

第5.4.2条

当高层建筑结构不满足本规程第5.4.1条的规定时，结构弹性计算时应考虑重力二阶效应对水平力作用下结构内力和位移的不利影响。

2.《抗规》第3.6.3条规定：

当结构在地震作用下的重力附加弯矩大于初始弯矩的10%时，应计入重力二阶效应的影响。

注：重力附加弯矩指任一楼层以上全部重力荷载与该楼层地震平均层间位移的乘积；初始弯矩指该楼层地震剪力与楼层层高的乘积。

3.《混规》第5.3.4条规定：

当结构的二阶效应可能使作用效应显著增大时，在结构分析中应考虑二阶效应的不利影响。

……。

（二）对规范的理解

所谓重力二阶效应，一般包括两部分：一是结构在水平风荷载或水平地震作用下产生

侧移变位后，重力荷载由于该侧移而引起的二阶效应，即重力 P-Δ 效应；二是由于构件自身挠曲引起的挠曲二阶效应，即挠曲 P-δ 效应。分析表明：对一般高层建筑，由于构件的长细比不大，其挠曲二阶效应的影响相对很小，而由于结构侧移和重力荷载引起的重力 P-Δ 效应相对较为明显，会使结构的位移和内力加大，当位移较大时甚至会导致结构整体失稳。因此，规范的上述规定，主要是判别在什么情况下应考虑重力二阶效应，以控制、验算结构在风荷载或水平地震作用下，重力荷载产生的 P-Δ 效应对结构性能降低的影响以及由此可能引起的结构整体失稳。不讨论由于构件自身挠曲引起的挠曲二阶效应，即挠曲 P-δ 效应问题。

高层建筑只要有水平侧移，就会引起重力荷载作用下的侧移二阶效应，其大小与结构侧移和重力荷载大小直接相关，而结构侧移又与结构侧向刚度和水平作用大小密切相关。在水平力作用下，带有剪力墙或筒体的高层建筑结构的变形形态为弯剪型，框架结构的变形形态为剪切型。计算分析表明，重力荷载在水平作用位移效应上引起的二阶效应有时比较严重。对混凝土结构，随着结构刚度的降低，重力二阶效应的不利影响呈非线性增长。而一般结构重力荷载较大，则结构的重力二阶效应不可忽视。因此，应对结构的弹性刚度和重力荷载作用的关系加以限制。分析研究表明：当弯剪型结构的刚重比大于 2.7、剪切型结构的刚重比大于 20 时，重力 P-Δ 导致的内力和位移增量在 5% 左右，即使考虑实际刚度折减 50% 时，结构内力增量也控制在 10% 以内。因此，《高规》规定：如果结构满足式（5.4.1-1）或式（5.4.1-2）规定时，结构的重力二阶效应相对较小，弹性计算分析时可不考虑重力二阶效应的不利影响。

《抗规》根据结构在地震作用下重力附加弯矩 M_a 对初始弯矩 M_0 的比值大小来判别是否考虑重力二阶效应的影响，规定当楼层稳定系数 $\theta_i \leqslant 0.1$ 时，可不考虑重力二阶效应的不利影响。可见，虽然《高规》用结构的刚重比来判别是否考虑重力二阶效应的影响，但两本规范的规定实际上是一致的。

稳定系数 θ_i 按下式计算：

$$\theta_i = (M_a/M_0) = \Sigma G_i \Delta u_i / (V_i h_i) \tag{3.4.1-1}$$

式中 θ_i——稳定系数；

ΣG_i——i 层以上全部重力荷载计算值；

Δu_i——第 i 层楼层质心处的弹性或弹塑性层间位移；

V_i——第 i 层地震剪力计算值；

h_i——第 i 层层间高度。

对框架结构，注意到楼层等效弹性侧向刚度可表示为：

$$D_i = V_i / \Delta u_i \tag{3.4.1-2}$$

则式（3.4.1-1）中 $\dfrac{\Delta u_i \sum\limits_{j=i}^{n} G_j}{V_i h_i}$ 可表示为 $\dfrac{\sum\limits_{j=i}^{n} G_j}{h_i} \cdot \dfrac{1}{D_i}$

故 $\theta_i = \dfrac{\Delta u_i \sum\limits_{j=i}^{n} G_j}{V_i h_i} \leqslant 0.1$ 即为 $\dfrac{\sum\limits_{j=i}^{n} G_j}{h_i} \leqslant 0.1 D_i$

故有 $D_i \geqslant 10 \sum\limits_{j=i}^{n} G_j / h_i$

考虑到剪切型结构（框架结构）实际刚度折减 50%，即有

$$D_i \geqslant 20 \sum_{j=i}^{n} G_j / h_i \qquad (3.4.1-3)$$

与《高规》式（5.4.1-2）完全一致。

《混规》仅提出：当结构的二阶效应可能使作用效应显著增大时，在结构分析中应考虑二阶效应的不利影响。

（三）设计建议

1. 刚度计算

（1）对剪力墙结构、框架-剪力墙结构、板柱剪力墙结构、筒体结构：

结构的弹性等效侧向刚度 EJ_d，可近似按倒三角形分布荷载作用下结构顶点位移相等的原则，将结构的侧向刚度折算为竖向悬臂受弯构件的等效侧向刚度。假定倒三角形分布荷载的最大值为 q，在该荷载作用下结构顶点质心的弹性水平位移为 u，房屋高度为 H，则结构的弹性等效侧向刚度 EJ_d 可按下式计算：

$$EJ_d = \frac{11qH^4}{120u} \qquad (3.4.1-4)$$

（2）对框架结构

$$D_i = V_i / \Delta u_i \qquad (3.4.1-5)$$

式中　D_i——第 i 楼层的弹性等效侧向刚度，可取该层剪力与层间位移的比值确定；

Δu_i——第 i 层楼层质心处的弹性或弹塑性层间位移；

V_i——第 i 层地震剪力计算值；

注意两种刚度在定义及计算上的不同。

2. 上述规定中，重力二阶效应的计算均建立在基础不发生转动（即结构嵌固部位没有初始转角）的假定条件下，事实上建筑物的地基基础或多或少都有可能发生倾斜，根据《建筑地基基础设计规范》第 5.3.4 条表 5.3.4 的规定，多层和高层建筑的整体倾斜允许值在 0.002～0.004 之间，最大限值约为 1/500。则由基础倾斜产生的重力二阶效应与水平力作用下结构重力二阶效应值相当，有时甚至比水平力作用下结构的重力二阶效应更大。因此，在重力二阶效应计算中不考虑基础的倾斜是不全面的，完全按《高规》规定的刚重比也偏于不安全。建议对房屋高度较高（高于 100m）、地基刚度较小、基础整体性较差的高层建筑应适当考虑基础倾斜对结构重力二阶效应的影响，在刚重比计算控制时应留有适当的余地。

3. 混凝土结构在水平力作用下，如果侧向刚度不满足《高规》第 5.4.1 条的规定，应考虑重力二阶效应（$P\text{-}\Delta$ 效应）对结构构件的不利影响。但重力二阶效应产生的内力、位移增量宜控制在一定范围，不宜过大。考虑二阶效应后计算的位移仍应满足《高规》第 3.7.3 条的规定。

4. 规范的上述规定是考虑重力二阶效应影响的下限，其上限则受弹性层间位移角限值控制。对混凝土结构，弹性位移角限值较小，上述稳定系数一般均在 0.1 以下，即均能满足《高规》式（5.4.1-1）或式（5.4.1-2）的规定，故可不考虑弹性阶段重力二阶效应影响。

5. 注意：按《高规》刚重比判别是否需考虑结构的二阶效应时，当结构的设计水平

力较小，例如，对抗震设计的结构，计算的楼层剪重比（楼层剪力与其上各层重力荷载代表值之和的比值）小于0.02，或对非抗震设计的结构，风荷载设计值较小，虽然结构侧移能满足规范规定的结构水平位移限值的要求，但结构的抗侧刚度可能依然偏小，此时直接按式（3.4.1-1）的要求判别是否需考虑结构的二阶效应为好。

6.《高规》式（5.4.1-1）、式（5.4.1-2）中有关构件刚度的折减同本节"二、高层建筑结构重力二阶效应的计算"。

二、建筑结构重力二阶效应的计算

（一）相关规范的规定

1.《高规》第5.4.3条规定：

高层建筑结构的重力二阶效应可采用有限元方法进行计算；也可采用对未考虑重力二阶效应的计算结果乘以增大系数的方法近似考虑。近似考虑时，结构位移增大系数 F_1、F_{1i} 以及结构构件弯矩和剪力增大系数 F_2、F_{2i} 可分别按下列规定计算，位移计算结果仍应满足本规程第3.7.3条的规定。

对框架结构，可按下列公式计算：

$$F_{1i} = \frac{1}{1 - \sum_{j=i}^{n} G_j/(D_i h_i)} \quad (i = 1, 2, \cdots, n) \tag{5.4.3-1}$$

$$F_{2i} = \frac{1}{1 - 2\sum_{j=i}^{n} G_j/(D_i h_i)} \quad (i = 1, 2, \cdots, n) \tag{5.4.3-2}$$

对剪力墙结构、框架-剪力墙结构、筒体结构，可按下列公式计算：

$$F_1 = \frac{1}{1 - 0.14 H^2 \sum_{i=1}^{n} G_i/(EJ_d)} \tag{5.4.3-3}$$

$$F_2 = \frac{1}{1 - 0.28 H^2 \sum_{i=1}^{n} G_i/(EJ_d)} \tag{5.4.3-4}$$

2.《抗规》第3.6.3条规定（略）。

3.《混规》第5.3.4条、附录B第B.0.1条、第B.0.2条、第B.0.3条、第B.0.5条规定：

第5.3.4条

……。

混凝土结构的重力二阶效应可采用有限元分析方法计算，也可采用本规范附录B的简化方法。当采用有限元分析方法时，宜考虑混凝土构件开裂对构件刚度的影响。

第B.0.1条

在框架结构、剪力墙结构、框架-剪力墙结构及筒体结构中，当采用增大系数法近似计算结构因侧移产生的二阶效应（P-Δ 效应）时，应对未考虑 P-Δ 效应的一阶弹性分析所得的柱、墙肢端弯矩和梁端弯矩以及层间位移分别按公式（B.0.1-1）和公式（B.0.1-2）乘以增大系数 η_s：

$$M = M_{ns} + \eta_s M_s \tag{B.0.1-1}$$

$$\Delta = \eta_s \Delta_1 \tag{B.0.1-2}$$

式中：M_s ——引起结构侧移的荷载或作用所产生的一阶弹性分析构件端弯矩设计值；

M_{ns} ——不引起结构侧移荷载产生的一阶弹性分析构件端弯矩设计值；

Δ_1 ——一阶弹性分析的层间位移；

η_s ——P-Δ 效应增大系数，按第 B.0.2 条或第 B.0.3 条确定，其中，梁端 η_s 取为相应节点处上、下柱端或上、下墙肢端 η_s 的平均值。

第 B.0.2 条

在框架结构中，所计算楼层各柱的 η_s 可按下列公式计算：

$$\eta_s = \frac{1}{1 - \dfrac{\sum N_j}{D H_0}} \tag{B.0.2}$$

式中：D ——所计算楼层的侧向刚度。在计算结构构件弯矩增大系数与计算结构位移增大系数时，应分别按本规范第 B.0.5 条的规定取用结构构件刚度；

N_j ——所计算楼层第 j 列柱轴力设计值；

H_0 ——所计算楼层的层高。

第 B.0.3 条

剪力墙结构、框架-剪力墙结构、筒体结构中的 η_s 可按下列公式计算：

$$\eta_s = \frac{1}{1 - 0.14 \dfrac{H^2 \sum G}{E_c J_d}} \tag{B.0.3}$$

式中：$\sum G$ ——各楼层重力荷载设计值之和；

$E_c J_d$ ——与所设计结构等效的竖向等截面悬臂受弯构件的弯曲刚度，可按该悬臂受弯构件与所设计结构在倒三角形分布水平荷载下顶点位移相等的原则计算。在计算结构构件弯矩增大系数与计算结构位移增大系数时，应分别按本规范第 B.0.5 条规定取用结构构件刚度；

H ——结构总高度。

第 B.0.5 条

当采用本规范第 B.0.2 条、第 B.0.3 条计算各类结构中的弯矩增大系数 η_s 时，宜对构件的弹性抗弯刚度 $E_c I$ 乘以折减系数：对梁，取 0.4；对柱，取 0.6；对剪力墙肢及核心筒壁墙肢，取 0.45；当计算各结构中位移的增大系数 η_s 时，不对刚度进行折减。

注：当验算表明剪力墙肢或核心筒壁墙肢各控制截面不开裂时，计算弯矩增大系数 η_s 时的刚度折减系数可取为 0.7。

（二）对规范的理解

重力二阶效应（P-Δ 效应）的考虑方法很多，一般可根据楼层重力和楼层在水平力作用下产生的层间位移，计算出等效的荷载向量，利用结构力学方法求解重力二阶效应。重力二阶效应可采用有限元分析计算，也可按简化的弹性方法近似考虑。

方法之一是：考虑结构材料的裂缝和非线性、荷载的持续作用、混凝土的收缩和徐变等因素，对结构进行弹塑性分析。这在理论上是最符合结构实际受力的重力二阶效应分析方法。但是，弹塑性阶段结构刚度的衰减是十分复杂的，而且，结构的刚度降低使得计算的结构地震作用会随之减小，构件之间的内力将会重新分配；又加上地震加速度峰值随时间的不断变化（动力分析），结构计算十分复杂。同时，结构位移控制条件也不明确，因规范规定的弹性位移和弹塑性位移的控制条件相差很大。

　　另一个方法是简化的弹性近似计算方法——增大系数法。即将不考虑重力二阶效应的结构初始内力和位移乘以考虑重力二阶效应影响的增大系数，作为考虑二阶效应后的内力和位移，该方法对弹性或弹塑性计算同样适用。

　　《高规》采用的是第二个方法。即在位移计算时不考虑结构刚度的折减，以便于规范的弹性层间位移角限值条件一致；在内力增大系数计算时，结构构件的弹性刚度考虑0.5倍的折减系数，结构内力增量控制在20％以内。按此假定，考虑重力二阶效应的结构位移可采用未考虑重力二阶效应的结构位移乘以位移增大系数，但位移限制条件不变；考虑重力二阶效应的结构构件（梁、柱、剪力墙）端部的弯矩和剪力值，可采用未考虑重力二阶效应的结构构件内力乘以内力增大系数。结构位移增大系数 F_1、F_{1i} 以及结构构件的弯矩和剪力增大系数 F_2、F_{2i}，可分别按《高规》式（5.4.3-1）～式（5.4.3-4）近似计算。

　　《抗规》采用的也是增大系数法。《抗规》第3.6.3条条文说明指出：

　　弹性分析时，可将结构初始内力乘以考虑重力二阶效应影响的增大系数，作为简化方法考虑重力二阶效应的不利影响。增大系数 F_i 可近似表示为：

$$F_i = \frac{1}{1-\theta_i} \qquad (3.4.2)$$

　　该方法来源于美国规范 UBC，适合于剪切型结构（如框架结构），计算时宜考虑对结构弹性刚度进行50％的折减。

　　由本节"一、高层建筑结构考虑重力二阶效应的判别"中的对规范的理解分析可知：

$\theta_i = \dfrac{\Delta u_i \sum\limits_{j=i}^{n} G_j}{V_i h_i} = \dfrac{\sum\limits_{j=i}^{n} G_j}{h_i} \cdot \dfrac{1}{D_i}$，故式（3.4.2）和《高规》式（5.4.3-1）也是完全一致的。

　　《抗规》在第3.6.3条条文说明中还指出：

　　当在弹塑性分析时，宜采用考虑所有受轴向力的结构和构件的几何刚度的计算机程序进行重力二阶效应分析，亦可采用其他简化分析方法。

　　《混规》附录B采用的增大系数法和《高规》完全一致。只是公式的符号表示不同，含义一样。但《混规》仅给出了弯矩的增大系数法，《高规》则给出了弯矩、剪力的增大系数法。同时，《混规》还提出了另一种方法，即简化的弹性有限元法。

　　（三）设计建议

　　1. 一般情况下，可采用增大系数法考虑重力二阶效应的影响。当结构很高或受力很复杂时，可对结构进行弹塑性分析来考虑重力二阶效应的影响。

　　2. 增大系数法中，《高规》给出了结构层间位移、结构构件（梁、柱、剪力墙）的弯矩、剪力增大系数；《混规》给出了结构层间位移、结构构件（梁、柱、剪力墙）的弯矩增大系数；而《抗规》仅给出了结构构件（梁、柱、剪力墙）的弯矩、剪力增大系数；《高规》的规定较全，设计应按《高规》进行。即：考虑重力 $P\text{-}\Delta$ 效应的结构位移可采用未考虑重力二阶效应的位移乘以位移增大系数，但位移限制条件不变。考虑重力 P-Δ 效应的结构构件（梁、柱、剪力墙）内力（弯矩、剪力）可采用未考虑重力二阶效应的内力乘以内力增大系数。

注意：乘以位移增大系数后的结构位移，仍应满足规范规定的位移限制条件。

对结构构件的刚度折减，因规范规定的位移限值是按弹性方法计算的，故结构位移增大系数计算时，不考虑结构刚度的折减。内力增大系数计算时，考虑结构刚度的折减，以适当提高结构构件承载力的安全储备。三本规范的规定一致。但对具体的折减系数，《混规》规定：梁、柱、墙的弹性抗弯刚度应分别乘以 0.4、0.6、0.45 的折减系数，当验算表明剪力墙肢或核心筒壁墙肢各控制截面不开裂时，计算弯矩增大系数时的刚度折减系数可取为 0.7；《高规》为简化计算，折减系数近似取 0.5；《抗规》和《高规》相同。笔者认为：折减系数按《混规》规定取用较好。

三、高层建筑结构的整体稳定性要求

（一）相关规范的规定

1.《高规》第 5.4.4 条规定：

高层建筑结构的整体稳定性应符合下列规定：

1　剪力墙结构、框架-剪力墙结构、筒体结构应符合下式要求：

$$EJ_d \geqslant 1.4H^2 \sum_{i=1}^{n} G_i \tag{5.4.4-1}$$

2　框架结构应符合下式要求：

$$D_i \geqslant 10 \sum_{j=i}^{n} G_j / h_i \quad (i = 1, 2, \cdots, n) \tag{5.4.4-2}$$

2.《抗规》未述及。

3.《混规》未述及。

（二）对规范的理解

结构整体稳定性是高层建筑结构设计的基本要求。研究表明，高层建筑混凝土结构仅在竖向重力荷载作用下产生整体失稳的可能性很小。高层建筑结构的稳定设计主要是控制在风荷载或水平地震作用下，重力荷载产生的二阶效应（简称重力 P-Δ 效应）不致过大，以免引起结构的失稳、倒塌。结构的刚度和重力荷载之比（简称刚重比）是影响重力 P-Δ 效应的主要参数。如果结构的刚重比满足本条式（5.4.4-1）或式（5.4.4-2）的规定，则在考虑结构弹性刚度折减 50% 的情况下，重力 P-Δ 效应仍可控制在 20% 之内，结构的稳定具有适宜的安全储备。若结构的刚重比进一步减小，则重力 P-Δ 效应将会呈非线性关系急剧增长，直至引起结构的整体失稳。

（三）设计建议

1. 混凝土结构在水平力作用下，如钢结构的刚重比不满足《高规》式（5.4.1-1）或式（5.4.1-2）的要求，则应考虑重力二阶效应对结构构件的不利影响，且考虑重力二阶效应后计算的层间位移角仍应满足规范的规定。但如果结构的刚重比不满足《高规》式（5.4.4-1）或式（5.4.4-2）的要求，则应调整并增大结构的侧向刚度，以保证结构的整体稳定性。

2. 控制结构有足够的侧向刚度，有两个容易判断的指标：一是结构的层间位移角应满足规范的规定，二是结构的楼层剪力与该层及其以上各层重力荷载代表值的比值（即楼层剪重比）应满足规范规定的最小值。一般情况下，满足了以上规定，可基本保证结构的整体稳定性，且重力二阶效应的影响较小。但是应注意：按《高规》刚重比判别是否需考虑结构的二阶效应时，当结构的设计水平力较小，例如，对抗震设计的结构，计算的楼层剪重比小于0.02，或对非抗震设计的结构，风荷载设计值较小，虽然结构侧移能满足规范规定的结构水平位移限值的要求，但结构的抗侧刚度可能依然偏小，有可能不满足结构整体稳定性的要求。此时应调整结构楼层地震剪力或风荷载作用下的楼层剪力，并增大结构的侧向刚度，以保证结构的整体稳定性。

3. 《高规》式（5.4.4-1）、式（5.4.4-2）中有关参数的取值及计算同本节"一、高层建筑结构考虑重力二阶效应的判别"。

第五节　结构弹塑性分析及薄弱层弹塑性变形验算

一、结构弹塑性计算分析原则

（一）相关规范的规定

1. 《高规》第5.5.1条规定：

高层建筑混凝土结构进行弹塑性计算分析时，可根据实际工程情况采用静力或动力时程分析方法，并应符合下列规定：

1　当采用结构抗震性能设计时，应根据本规程第3.11节的有关规定预定结构的抗震性能目标；

2　梁、柱、斜撑、剪力墙、楼板等结构构件，应根据实际情况和分析精度要求采用合适的简化模型；

3　构件的几何尺寸、混凝土构件所配的钢筋和型钢、混合结构的钢构件应按实际情况参与计算；

4　应根据预定的结构抗震性能目标，合理取用钢筋、钢材、混凝土材料的力学性能指标以及本构关系。钢筋和混凝土材料的本构关系可按现行国家标准《混凝土结构设计规范》GB 50010 的有关规定采用；

5　应考虑几何非线性影响；

6　进行动力弹塑性计算时，地面运动加速度时程的选取、预估罕遇地震作用时的峰值加速度取值以及计算结果的选用应符合本规程第4.3.5条的规定；

7　应对计算结果的合理性进行分析和判断。

2. 《抗规》第3.10.4条第2、3款规定：

建筑结构的抗震性能化设计的计算应符合下列要求：

2　弹性分析可采用线性方法，弹塑性分析可根据性能目标所预期的结构弹塑性状态，分别采用增加阻尼的等效线性化方法以及静力或动力非线性分析方法。

3　结构非线性分析模型相对于弹性分析模型可有所简化，但二者在多遇地震下的线性分析结果应基本一致；应计入重力二阶效应、合理确定弹塑性参数，应依据构件的实际截面、配筋等计算承载力，可通过与理想弹性假定计算结果的对比分析，着重发现构件可能破坏的部位及其弹塑性变形程度。

3. 《混规》第5.5.1条、第5.5.2条、第5.5.3条规定：

第5.5.1条

重要或受力复杂的结构，宜采用弹塑性分析方法对结构整体或局部进行验算。结构的弹塑性分析宜遵循下列原则：

1 应预先设定结构的形状、尺寸、边界条件、材料性能和配筋等；

2 材料的性能指标宜取平均值，并宜通过试验分析确定，也可按本规范附录C的规定确定；

3 宜考虑结构几何非线性的不利影响；

4 分析结果用于承载力设计时，宜考虑抗力模型不定性系数对结构的抗力进行适当调整。

第5.5.2条

混凝土结构的弹塑性分析，可根据实际情况采用静力或动力分析方法。结构的基本构件计算模型宜按下列原则确定：

1 梁、柱、杆等杆系构件可简化为一维单元，宜采用纤维束模型或塑性铰模型；

2 墙、板等构件可简化为二维单元，宜采用膜单元、板单元或壳单元；

3 复杂的混凝土结构、大体积混凝土结构、结构的节点或局部区域需作精细分析时，宜采用三维块体单元。

第5.5.3条

构件、截面或各种计算单元的受力-变形本构关系宜符合实际受力情况。某些变形较大的构件或节点进行局部精细分析时，宜考虑钢筋与混凝土间的粘结-滑移本构关系。

钢筋、混凝土材料的本构关系宜通过试验分析确定，也可按本规范附录C采用。

（二）对规范的理解

如前所述，对重要的建筑结构、超高层建筑结构、复杂高层建筑结构应进行弹塑性计算分析，以分析结构的薄弱部位，验证结构的抗震性能。

结构抗震性能目标的设定，应根据工程的重要性、破坏后的危害性及修复的难易程度，这部分内容可见规范的有关规定。

结构或构件的不同的性能要求，其承载能力、变形能力和延性性能的要求不同，弹塑性分析的地震作用和变形计算的方法也不同，需分别处理。地震作用下构件弹塑性变形计算时，必须依据其实际的承载力——取材料强度标准值、实际截面尺寸（含钢筋截面）、轴向力等计算，考虑地震强度的不确定性，构件材料动静强度的差异等因素的影响。

结构弹塑性变形往往比弹性变形大很多，应考虑构件在强烈地震下进入弹塑性工作阶段和重力二阶效应。以使结构结构计算更符合结构的实际受力状态，提高结构受力性能的可靠性。

与弹性静力分析计算相比，结构的弹塑性分析具有更大的不确定性，不仅与上述因素有关，还与分析软件的计算模型以及结构阻尼选取、构件破损程度的衡量、有限元的划分等有关，存在较多的人为因素和经验因素。因此，弹塑性计算分析首先要了解分析软件的适用性，选用适合于所设计工程的软件，然后对计算结果的合理性进行分析判断。工程设计中有时会遇到计算结果出现不合理或怪异现象，需要结构工程师与软件编制人员共同研究解决。

（三）设计建议

结构的弹塑性分析，涉及的问题面很广，需要考虑的因素很多，虽然三本规范的规定在侧重点上、文字表述上有所不同，但总体说来基本一致。主要有以下几点：

1. 建立结构弹塑性计算模型时，可根据结构构件的性能和分析进度要求，采用恰当的分析模型。如梁、柱、斜撑可采用一维单元；墙、板可采用二维或三维单元。结构的几何尺寸、钢筋、型钢、钢构件等应按实际设计情况采用，不应简单采用弹性计算软件的分析结果。

2. 结构材料（钢筋、型钢、混凝土等）的性能指标（如弹性模量、强度取值等）以及本构关系，与预定的结构或结构构件的抗震性能目标有密切关系，应根据实际情况合理选用。

（1）从工程的角度，参照 IBC 的规定，建议在设防烈度地震下，混凝土构件的初始刚度宜取长期刚度，一般可按 $0.85E_c$ 简化计算。

（2）材料强度可分别取用设计值、标准值、抗拉极限值或实测值、实测平均值等，与结构抗震性能目标有关。

（3）当预期的弹塑性变形不大时，可用等效阻尼等模型简化估算。一般情况下，钢筋混凝土结构、预应力混凝土结构和钢-混凝土组合结构的阻尼比可按表 3.5.1-1 取用。

钢筋混凝土结构、预应力混凝土结构和钢-混凝土组合结构的阻尼比　表 3.5.1-1

结构类型	钢筋混凝土结构	预应力混凝土结构		钢-混凝土组合结构
		框架结构	其他结构且仅采用混凝土梁或板时	
多遇地震	0.05	0.03	0.05	0.04
罕遇地震	适当加大，宜取 0.08	0.05		0.05

（4）结构材料的本构关系直接影响弹塑性分析结果，选择时应特别注意；钢筋和混凝土的本构关系，可参考《混规》附录 C 的相应规定。

3. 结构竖向构件在设防地震、罕遇地震作用下的层间弹塑性变形按不同控制目标进行复核时，地震层间剪力计算、地震作用效应调整、构件层间位移计算和验算方法，应符合下列要求：

（1）地震层间剪力和地震作用效应调整，应根据整个结构不同部位进入弹塑性阶段程度的不同，采用不同的方法。构件总体上处于开裂阶段或刚刚进入屈服阶段，可取等效刚度和等效阻尼，按等效线性方法估算；构件总体上处于承载力屈服至极限阶段，宜采用静力或动力弹塑性分析方法估算；构件总体上处于承载力下降阶段，应采用计入下降段参数的动力弹塑性分析方法估算。构件的承载力计算，详见本书第一章第一节"二、结构抗震性能设计"式（1.1.2-1）～式（1.1.2-4）及相关内容。

（2）构件层间弹塑性变形计算时，应依据其实际的承载力，并应按规范的规定计入重力二阶效应；风荷载和重力荷载作用下的变形不参与地震组合。构件层间弹塑性变形的验算，详见本书第一章第一节"二、结构抗震性能设计"式（1.1.2-5）及相关内容。

4. 鉴于目前的弹塑性参数、分析软件对构件裂缝的闭合状态和残余变形、结构自身阻尼系数、施工图中构件实际截面、配筋与计算书取值的差异等的处理，还需要进一步研究和改进，为了判断弹塑性计算结果的可靠程度，可借助于理想弹性假定的计算结果，从下列几方面进行综合分析：

(1) 结构弹塑性模型一般要比多遇地震下反应谱计算时的分析模型有所简化，但在弹性阶段的主要计算结果应与多遇地震分析模型的计算结果基本相同，两种模型的嵌固端、主要振动周期、振型和总地震作用应一致。弹塑性阶段，结构构件和整个结构实际具有的抵抗地震作用的承载力是客观存在的，在计算模型合理时，不因计算方法、输入地震波形的不同而改变。若计算得到的承载力明显异常，则计算方法或参数存在问题，需仔细复核、排除。

(2) 整个结构客观存在的、实际具有的最大受剪承载力（底部总剪力）应控制在合理的、经济上可接受的范围，不需要接近更不可能超过按同样阻尼比的理想弹性假定计算的大震剪力，如果弹塑性计算的结果超过，则该计算的承载力数据需认真检查、复核，判断其合理性。

(3) 进入弹塑性变形阶段的薄弱部位会出现一定程度的塑性变形集中，该楼层的层间位移（以弯曲变形为主的结构宜扣除整体弯曲变形）应大于按同样阻尼比的理想弹性假定计算的该部位大震的层间位移；如果明显小于此值，则该位移数据需认真检查、复核，判断其合理性。

(4) 薄弱部位可借助于上下相邻楼层或主要竖向构件的屈服强度系数（其计算方法参见规范第5.5.2条的说明）的比较予以复核，不同的方法、不同的波形，尽管彼此计算的承载力、位移、进入塑性变形的程度差别较大，但发现的薄弱部位一般相同。

(5) 影响弹塑性位移计算结果的因素很多，现阶段，其计算值的离散性，与承载力计算的离散性相比较大。注意到常规设计中，考虑到小震弹性时程分析的波形数量较少，而且计算的位移多数明显小于反应谱法的计算结果，需要以反应谱法为基础进行对比分析；大震弹塑性时程分析时，由于阻尼的处理方法不够完善，波形数量也较少（建议尽可能增加数量，如不少于7条；数量较少时宜取包络），不宜直接把计算的弹塑性位移值视为结构实际弹塑性位移，同样需要借助小震的反应谱法计算结果进行分析。建议按下列方法确定其层间位移参考数值：用同一软件、同一波形进行弹性和弹塑性计算，得到同一波形、同一部位弹塑性位移（层间位移）与小震弹性位移（层间位移）的比值，然后将此比值取平均或包络值，再乘以反应谱法计算的该部位小震位移（层间位移），从而得到大震下该部位的弹塑性位移（层间位移）的参考值。

二、结构弹塑性计算分析方法

(一) 相关规范的规定

1.《高规》第5.5.2条、第5.5.3条规定：

第5.5.2条

在预估的罕遇地震作用下，高层建筑结构薄弱层(部位)弹塑性变形计算可采用下列方法：

1 不超过12层且层侧向刚度无突变的框架结构可采用本规程第5.5.3条规定的简化计算法；

2 除第1款以外的建筑结构可采用弹塑性静力或动力分析方法。

第 5.5.3 条

结构薄弱层（部位）的弹塑性层间位移的简化计算，宜符合下列规定：

1 结构薄弱层（部位）的位置可按下列情况确定：

1）楼层屈服强度系数沿高度分布均匀的结构，可取底层；

2）楼层屈服强度系数沿高度分布不均匀的结构，可取该系数最小的楼层（部位）和相对较小的楼层，一般不超过 2～3 处。

2 弹塑性层间位移可按下列公式计算：

$$\Delta u_p = \eta_p \Delta u_e \qquad (5.5.3\text{-}1)$$

或
$$\Delta u_p = \mu \Delta u_y = \frac{\eta_p}{\xi_y} \Delta u_y \qquad (5.5.3\text{-}2)$$

式中 Δu_p——弹塑性层间位移（mm）；

Δu_y——层间屈服位移（mm）；

μ——楼层延性系数；

Δu_e——罕遇地震作用下按弹性分析的层间位移（mm）。计算时，水平地震影响系数最大值应按本规程表 4.3.7-1 采用；

η_p——弹塑性位移增大系数，当薄弱层（部位）的屈服强度系数不小于相邻层（部位）该系数平均值的 0.8 时，可按表 5.5.3 采用；当不大于该平均值的 0.5 时，可按表内相应数值的 1.5 倍采用；其他情况可采用内插法取值；

ξ_y——楼层屈服强度系数。

表5.5.3　结构的弹塑性位移增大系数 η_p

ξ_y	0.5	0.4	0.3
η_p	1.8	2.0	2.2

2.《抗规》第 5.1.2 条第 4 款、第 5.5.3 条、第 5.5.4 条规定：

第 5.1.2 条第 4 款

各类建筑结构的抗震计算，应采用下列方法：

计算罕遇地震下结构的变形，应按本规范第 5.5 节规定，采用简化的弹塑性分析方法或弹塑性时程分析法。

《抗规》第 5.5.3 条、第 5.5.4 条规定与《高规》第 5.5.2 条、第 5.5.3 条基本一致。

3.《混规》未述及。

（二）对规范的理解

1. 目前，规范对结构的弹塑性分析方法主要有三种：

（1）动力弹塑性分析，即弹塑性时程分析。通过对选用的地震波的数值积分，了解地震过程中每一时刻结构不同部位、不同构件的受力和变形情况，是较为准确的分析方法。

（2）静力弹塑性分析，即静力推覆方法（pushover 法）。沿结构高度施加按一定形式分布的模拟地震作用的等效侧力，并从小到大逐步增加侧力的强度，使结构由弹性工作状态逐步进入弹塑性工作状态，最终达到并超过规定的弹塑性位移。这是目前较为实用的简化的弹塑性分析技术。

（3）弹塑性分析简化的近似方法。

对建筑结构在罕遇地震作用下薄弱层（部位）弹塑性变形计算，12层以下且层刚度无突变的框架结构及单层钢筋混凝土柱厂房可采用规范的简化方法计算；下列结构，宜采用三维的静力弹塑性（如 pushover 方法）或动力弹塑性分析方法；有时尚可采用塑性内力重分布的分析方法等。

（1）B级高度及复杂高层建筑、特别不规则的建筑、甲类建筑和《高规》第4.3.4条表4.3.4所列高度范围内的高层建筑结构；

（2）需要进行超限审查或抗震性能设计的建筑结构；

（3）高度不超过150m的高层建筑可采用静力弹塑性分析方法；超过200m，应采用弹塑性时程分析法；高度在150～200m之间，可视结构不规则程度选择静力或时程分析法；高度超过300m的结构或新型结构或特别复杂的结构，应由两个不同单位进行独立的计算校核。

2. 钢筋混凝土框架结构及高大单层钢筋混凝土柱厂房等结构，在大地震中往往受到严重破坏甚至倒塌。实际震害分析及试验研究表明，除了这些结构刚度相对较小而变形较大外，更主要的是存在承载力验算所没有发现的薄弱部位——其承载力本身虽满足设计地震作用下抗震承载力的要求，却比相邻部位要弱得多。对于单层厂房，这种破坏多发生在8度Ⅲ、Ⅳ类场地和9度区，破坏部位是上柱，因为上柱的承载力一般相对较小且其下端的支承条件不如下柱。对于底部框架-抗震墙结构，则底部是明显的薄弱部位。

迄今，各国规范的变形估计公式有三种：一是按假想的完全弹性体计算；二是将额定的地震作用下的弹性变形乘以放大系数，即 $\Delta u_\mathrm{p} = \eta_\mathrm{p} \Delta u_\mathrm{e}$；三是按时程分析法等专门程序计算。我国规范采用第二种方法。理由是：

根据数千个1～15层剪切型结构采用理想弹塑性恢复力模型进行弹塑性时程分析的计算结果，获得如下统计规律：

（1）多层结构存在"塑性变形集中"的薄弱层是一种普遍现象，其位置，对屈服强度系数 ξ_y 分布均匀的结构多在底层，分布不均匀结构则在 ξ_y 最小处和相对较小处，单层厂房往往在上柱。

（2）多层剪切型结构薄弱层的弹塑性变形与弹性变形之间有相对稳定的关系：

对于屈服强度系数 ξ_y 均匀的多层结构，其最大的层间弹塑变形增大系数 η_p 可按层数和 ξ_y 的差异用表格形式给出；对于 ξ_y 不均匀的结构，其情况复杂，在弹性刚度沿高度变化较平缓时，可近似用均匀结构的 η_p 适当放大取值；对其他情况，一般需要用静力弹塑性分析、弹塑性时程分析法或内力重分布法等予以估计。

3. 罕遇地震作用下结构薄弱层（部位）弹塑性变形验算的简化计算方法，《高规》、《抗规》规定一致。此外，《抗规》还有关于单层钢筋混凝土柱厂房的规定；同时规定：规则结构可采用弯剪层模型或平面杆系模型，属于《抗规》第3.4节规定的不规则结构应采用空间结构模型。

《抗规》关于钢框架等的有关规定，此处略。

4. 关于弹塑性分析方法的有关内容，将在设计建议中一并介绍。

（三）设计建议

1. 采用简化的近似方法应注意：

计算结构楼层或构件的屈服强度系数时，实际承载力应取截面的实际配筋和材料强度标准值计算，钢筋混凝土梁柱的正截面受弯实际承载力公式如下：

梁：
$$M^a_{byk} = f_{yk} A^a_{sb} (h_{b0} - a'_s) \quad (3.5.2\text{-}1)$$

柱： 轴向力满足 $N_G / (f_{ck} b_c h_c) \leqslant 0.5$ 时，

$$M^a_{cyk} = f_{yk} A^a_{sc} (h_0 - a'_s) + 0.5 N_G h_c (1 - N_G / f_{ck} b_c h_c) \quad (3.5.2\text{-}2)$$

式中，N_G 为对应于重力荷载代表值的柱轴压力（分项系数取 1.0）。

注：上角 a 表示"实际的"。

关于竖向构件楼层受剪承载力的计算，还应考虑轴向力的影响。详见本书第一章第四节"十、楼层抗侧力结构的层间受剪承载力"中的设计建议。

2. 动力弹塑性分析方法

（1）优缺点

1）理论基础严格，可反映地震过程中每一时刻结构不同部位、不同构件的受力和变形情况，从而可直观有效地判断结构屈服机制、薄弱部位，预测结构破坏模式。但计算工作量大，耗时和资源巨大，数值分析技术要求高；分析所需的恢复力滞回模型不十分成熟，而采用不同恢复力滞回模型会计算结果差异较大。

2）地震作用的复杂性主要表现在地震波具有随机性，对于峰值加速度相同而波形不同的地震波，结构地震反应差别很大，这就给时程分析选波带来很大困难：要选多少条波，选什么波得到的结构变形才具备代表性。

3）由于对结构构件的应力-应变非线性特征的模拟困难，（恢复力模型、屈服关系模型、弹塑性位移和位移角的算法、阻尼系数的确定及处理、数值积分方法等）使得计算十分复杂。

（2）结构弹塑性计算分析注意点

见本节"一、结构弹塑性计算分析原则"。

（3）结构在罕遇地震下结构最大层间位移角的计算

工程设计重点是把握"度"，即通过分析计算，找出结构的薄弱层、薄弱部位，了解结构塑性铰出现的位置，从而判断结构设计的可靠性、合理性，对不足之处提出调整方案。

1）选波，详见本书第二章第三节"四、时程分析法计算要点"；

2）由计算得每条地震波下结构各楼层平均和最大层间位移角，进而得多条地震波下结构各楼层平均层间位移角的均值；

3）确定结构的薄弱层，得到多条地震波作用下的楼层平均层间位移角的均值；

4）将薄弱层层间位移角均值与规范限值比较，确定是否满足规范要求。

3. 静力推覆方法（pushover 法）

静力推覆方法可类比于弹性分析中常用的"只采用一个参与振型的振型分解反应谱法"。

（1）优缺点

1）了解结构"在某种侧向力作用下"弹塑性反应的全过程，记录在各级加载下结构开裂、屈服、塑性铰的形成等破坏过程，了解结构传力途径的改变、各构件内力的重分配、结构破坏机构的形成，以此发现结构抗震的薄弱环节和部位、结构的地震破坏机制，并能较简单地估算结构在不同强度（水准）的地震作用下的目标位移和变形需求，也可暴露在弹性阶段无法揭示的设计薄弱环节；

2）避开了弹塑性时程分析中的选波难题；

3）近似方法，无法考虑地震动的持续时间、能量耗散、损伤累积、材料的动态性能等；

4）如结构反应以第一振型为主，pushover 法与动力时程法符合很好，但对高阶振型效应不能忽略的结构会导致误差，误差大小与高阶振型效应大小相关；

5）水平加载模式的选择直接影响结构抗震性能评估结果。

（2）计算步骤

1）计算结构在竖向荷载下的结构内力；

2）在结构每层质心处，按高度施加按某种模式分布的水平力，确定其大小的原则是：水平力产生的内力与竖向荷载作用下的内力叠加后，恰好使一个或一批构件开裂或屈服；

3）对开裂或屈服的杆件刚度进行修改后，再增加下一级荷载，又使得一个或一批构件开裂或屈服。

4）不断重复 1）～3）步骤，将每一步得到的构件内力和变形累加起来，得到结构构件在每一步的内力和变形，逐步跟踪截面或构件发生屈服的顺序；

5）当结构达到某一目标位移或结构发生破坏（成为机构）时，停止施加水平力；

6）达到目标位移时结构的内力和变形可作为设计地震下结构的强度和变形需求，通过对强度和变形需求与相应构件或楼层的容许值进行比较，评估结构在设计地震下抗震性能。

（3）水平加载模式（图 3.5.2-1）

应能代表设计地震作用下结构各楼层惯性力的分布。分为固定模式和自适应模式两种。

1）固定模式又可分为均匀模式和模态模式

① 均匀模式（图 3.5.2-1a）：假定各楼层加速度相同，作用在各楼层上的水平侧向力和该楼层的质量成正比；

② 模态模式：又可分为振型组合模式和第一振型模式。

振型组合模式（图 3.5.2-1b）：根据振型分解反应谱法求得各楼层水平剪力，据此求各楼层水平侧向力。采用此方法要求所需考虑的振型数的参与质量达到总质量的 90％，采用的地震动反应谱要合适，结构的第一自振周期大于 1.0；

第一振型模式（图 3.5.2-1c）：当第一振型的参与质量超过总质量的 75％时，可采用此简化方法

2）自适应模式：利用加载前一步中得到的结构的自振周期和振型，根据振型分解反应谱法求各楼层水平剪力，再由各楼层水平剪力反算各层水平荷载，作为下一步水平荷载模式。在结构进入非线性后，每一步加载前均需重新计算各楼层水平荷载模式。

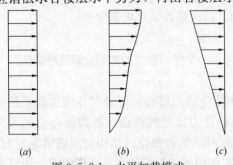

图 3.5.2-1　水平加载模式

（a）均匀模式；（b）振型组合模式；

（c）第一振型模式（倒三角形）

（4）结构的目标位移

通常将设计地震作用下结构顶层质心处的位移作为位移目标。确定位移目标后，将结构按水平加载模式推覆至目标位移，就可对此状态时的结构抗震性能进行评估。

结构目标位移可以通过计算在设计地震下等效单自由度体系的位移需求获得。

1）反应谱法：设计地震以地震反应谱的形

式给出时可采用该方法。分为位移系数法和能力谱法两种。

① 位移系数法：以弹性位移作为预测弹塑性最大位移反应的基准线，再乘以若干修正系数

② 能力谱法：

a. 结构的基底剪力-顶层位移关系曲线称结构的能力曲线（图 3.5.2-2）。用逐步推覆分析可求得结构能力曲线。当基本周期不大于 1s 时，施加的水平力可按第一振型；大于 1s 时，施加的水平力应采用高振型。

在施加水平力的过程中，有可能部分构件丧失抗侧能力，若承载力退化达 20％，可重新建立能力曲线。如此，可形成多道能力曲线，最后由于失稳或过大变形丧失重力荷载承载力。结构的总能力曲线为锯齿形（图 3.5.2-3）。

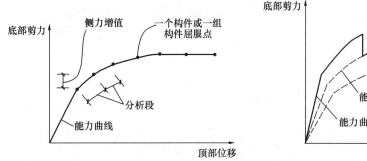

图 3.5.2-2　能力曲线

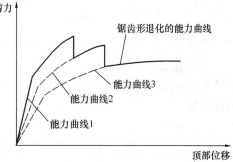

图 3.5.2-3　总体承载力退化的能力曲线

b. 由此可转化为等效单自由度体系的荷载-位移关系曲线，进一步转化为谱加速度-谱位移关系曲线，也称能力谱曲线（图 3.5.2-4）。

c. 地震需求谱曲线也可由加速度反应谱转化得到（通过对弹性反应谱根据阻尼比的大小、不同的延性系数进行修正获得弹塑性反应谱）。

d. 结构的能力谱曲线和地震需求谱曲线放在同一坐标中，若两曲线没有交点，说明结构抗震能力不足；有交点，则交点对应的位移即为等效单自由度体系在设计地震作用下的谱位移，通过转换可得原结构的目标位移。

能力谱法求解过程如图 3.5.2-5 所示。

2）弹塑性动力时程分析法：

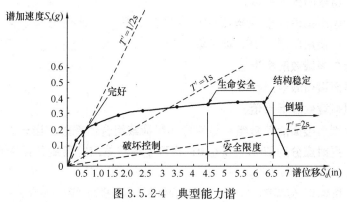

图 3.5.2-4　典型能力谱

T'—对应于谱位移的有效周期。

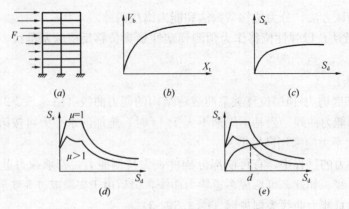

图 3.5.2-5 能力谱法

(a) 推覆分析；(b) 能力曲线；(c) 能力谱曲线；(d) 地震需求谱曲线；(e) 目标移位确定

设计地震以加速度时程形式给出。

通过对已选定的恢复力模型的等效单自由度体系进行弹塑性动力时程分析，得到体系在设计地震作用下的最大位移反应，即为设计地震作用下的位移需求，通过转换可得原结构的目标位移。

第六节 荷载组合和地震作用组合的效应

（一）相关规范的规定

1.《高规》第5.6.1条、第5.6.2条、第5.6.3条、第5.6.4条、第5.6.5条规定：

第5.6.1条

持久设计状况和短暂设计状况下，当荷载与荷载效应按线性关系考虑时，荷载基本组合的效应设计值应按下式确定：

$$S_d = \gamma_G S_{Gk} + \gamma_L \psi_Q \gamma_Q S_{Qk} + \psi_w \gamma_w S_{wk} \qquad (5.6.1)$$

式中：S_d——荷载组合的效应设计值；

γ_G——永久荷载分项系数；

γ_Q——楼面活荷载分项系数；

γ_w——风荷载的分项系数；

γ_L——考虑结构设计使用年限的荷载调整系数，设计使用年限为50年时取1.0，设计使用年限为100年时取1.1；

S_{Gk}——永久荷载效应标准值；

S_{Qk}——楼面活荷载效应标准值；

S_{wk}——风荷载效应标准值；

ψ_Q、ψ_w——分别为楼面活荷载组合值系数和风荷载组合值系数，当永久荷载效应起控制作用时应分别取0.7和0.0；当可变荷载效应起控制作用时应分别取1.0和0.6或0.7和1.0。

注：对书库、档案库、储藏室、通风机房和电梯机房，本条楼面活荷载组合值系数取0.7的场合应取为0.9。

第 5.6.2 条

持久设计状况和短暂设计状况下，荷载基本组合的分项系数应按下列规定采用：

1 永久荷载的分项系数 γ_G：当其效应对结构承载力不利时，对由可变荷载效应控制的组合应取 1.2，对由永久荷载效应控制的组合应取 1.35；当其效应对结构承载力有利时，应取 1.0；

2 楼面活荷载的分项系数 γ_Q：一般情况下应取 1.4。

3 风荷载的分项系数 γ_w 应取 1.4。

第 5.6.3 条

地震设计状况下，当作用与作用效应按线性关系考虑时，荷载和地震作用基本组合的效应设计值应按下式确定：

$$S_d = \gamma_G S_{GE} + \gamma_{Eh} S_{Ehk} + \gamma_{Ev} S_{Evk} + \psi_w \gamma_w S_{wk} \tag{5.6.3}$$

式中：S_b——荷载和地震作用组合的效应设计值；

S_{GE}——重力荷载代表值的效应；

S_{Ehk}——水平地震作用标准值的效应，尚应乘以相应的增大系数、调整系数；

S_{Evk}——竖向地震作用标准值的效应，尚应乘以相应的增大系数、调整系数；

γ_G——重力荷载分项系数；

γ_w——风荷载分项系数；

γ_{Eh}——水平地震作用分项系数；

γ_{Ev}——竖向地震作用分项系数；

ψ_w——风荷载的组合值系数，应取 0.2。

第 5.6.4 条

地震设计状况下，荷载和地震作用基本组合的分项系数应按表 5.6.4 采用。当重力荷载效应对结构的承载力有利时，表 5.6.4 中 γ_G 不应大于 1.0。

表 5.6.4　地震设计状况时荷载和作用的分项系数

参与组合的荷载和作用	γ_G	γ_{Eh}	γ_{Ev}	γ_w	说　　明
重力荷载及水平地震作用	1.2	1.3	—	—	抗震设计的高层建筑结构均应考虑
重力荷载及竖向地震作用	1.2	—	1.3	—	9 度抗震设计时考虑；水平长悬臂和大跨度结构 7 度(0.15g)、8 度、9 度抗震设计时考虑
重力荷载、水平地震及竖向地震作用	1.2	1.3	0.5	—	9 度抗震设计时考虑；水平长悬臂和大跨度结构 7 度(0.15g)、8 度、9 度抗震设计时考虑
重力荷载、水平地震作用及风荷载	1.2	1.3	—	1.4	60m 以上的高层建筑考虑
重力荷载、水平地震作用、竖向地震作用及风荷载	1.2	1.3	0.5	1.4	60m 以上的高层建筑，9 度抗震设计时考虑；水平长悬臂和大跨度结构 7 度(0.15g)、8 度、9 度抗震设计时考虑
	1.2	0.5	1.3	1.4	水平长悬臂结构和大跨度结构，7 度(0.15g)、8 度、9 度抗震设计时考虑

注：1　g 为重力加速度；

2　"—"表示组合中不考虑该项荷载或作用效应。

第 5.6.5 条

非抗震设计时，应按本规程第 5.6.1 条的规定进行荷载组合的效应计算。抗震设计时，应同时按本规程第 5.6.1 条和 5.6.3 条的规定进行荷载和地震作用组合的效应计算；按本规程第 5.6.3 条计算的组合内力设计值，尚应按本规程的有关规定进行调整。

2.《抗规》第 5.4.1 条规定与《高规》第 5.6.3 条、第 5.6.4 条规定基本一致。

3.《混规》未述及。

（二）对规范的理解

1. 本节是对建筑结构承载能力极限状态设计时作用组合效应的基本要求，主要根据现行国家标准《工程结构可靠性设计统一标准》GB 50153 以及《建筑结构荷载规范》GB 50009（以下简称《荷规》）的有关规定制定。

和 2001 版规范相比，2010 版规范主要修改如下：

（1）增加了考虑设计使用年限的可变荷载（楼面活荷载）调整系数；

（2）仅规定了持久、短暂、地震设计状况下，作用基本组合时的作用效应设计值的计算公式，对偶然作用组合、标准组合不作强制性规定；

（3）明确了本节规定不适用于作用和作用效应呈非线性关系的情况；

（4）增加了竖向地震作为主要可变作用的组合工况；

（5）《高规》表 5.6.4 中增加了 7 度（0.15g）时，也要考虑水平地震、竖向地震作用同时参与组合的情况。

2.《高规》第 5.6.1 条、第 5.6.2 条、第 5.6.3 条、第 5.6.4 条和《抗规》第 5.4.1 条均为强制性条文，应严格执行。

（三）设计建议

1. 非抗震设计时，建筑结构所受荷载，除了永久荷载外，还有楼面和屋面活荷载、风荷载、雪荷载、吊车荷载、屋面积灰荷载以及偶然荷载等。但多高层民用建筑结构，一般情况下仅承受永久荷载、楼面和屋面活荷载、风荷载。故《高规》式（5.6.1）和《荷规》荷载效应的基本组合攻势有所区别：《高规》是《荷规》特殊情况。笔者建议：非抗震设计时，一般多高层民用建筑结构可按《高规》式（5.6.1）和式（5.6.2）进行荷载效应基本组合，而其他建筑结构应按《荷规》进行荷载效应基本组合。

多高层民用建筑结构按《高规》式（5.6.1）进行荷载效应基本组合时，持久设计状况和短暂设计状况作用基本组合的效应，当永久荷载效应起控制作用时，永久荷载分项系数取 1.35，此时参与组合的可变作用（如楼面活荷载、风荷载等）应考虑相应的组合值系数；持久设计状况和短暂设计状况的作用基本组合的效应，当可变荷载效应起控制作用（永久荷载分项系数取 1.2）的场合，如风荷载作为主要可变荷载、楼面活荷载作为次要可变荷载时，其组合值系数分别取 1.0、0.7，对书库、档案库、储藏室、通风机房和电梯机房等楼面活荷载较大且相对固定的情况，其楼面活荷载组合值系数应由 0.7 改为 0.9；持久设计状况和短暂设计状况的作用基本组合的效应，当楼面活荷载作为主要可变荷载、风荷载作为次要可变荷载时，其组合值系数分别取 1.0 和 0.6。有关荷载分项系数、楼面活荷载、风荷载组合值系数可按表 3.6.1-1 取用。

2. 抗震设计时荷载及地震作用效应的基本组合，首先应对地震作用效应标准值乘以相应的调整系数、增大系数（如薄弱层剪力增大、楼层最小地震剪力系数（剪重比）调整、框支柱地震轴力的调整、转换构件地震内力放大、框架-剪力墙结构和筒体结构有关地震剪力调整等），然后再进行效应组合。

有关荷载分项系数、楼面活荷载、风荷载组合值系数　　表 3.6.1-1

荷载作用情况		γ_G	γ_Q	γ_w	荷载作用情况		ψ_Q	ψ_w
可变荷载效应起控制作用	永久荷载效应对结构承载力不利	1.2	1.4	1.4	风荷载为主要可变荷载	书库、档案库、储藏室、通风机房和电梯机房	0.9	1.0
	永久荷载效应对结构承载力有利	1.0				其他	0.7	
永久荷载效应起控制作用	永久荷载效应对结构承载力不利	1.35			楼面活荷载为主要可变荷载		1.0	0.6
					书库、档案库、储藏室、通风机房和电梯机房		0.9	0.0
	永久荷载效应对结构承载力有利	1.0			其他		0.7	

对抗震设计的建筑结构，应同时计算持久设计状况和短暂设计状况的荷载效应和地震作用效应组合。取两种组合的最不利情况设计（即构件在此情况下配筋最多、承载能力最大）。所以，如果出现抗震设计的结构，其中某构件（或某截面）承载力配筋由非抗震设计效应的基本组合控制，也可能是正常的。

同一构件的不同截面或不同设计要求，可能对应不同的组合工况，应分别进行验算。

《抗规》明确规定：重力荷载代表值的效应，可按《抗规》第5.1.3条采用，但有吊车时，尚应包括悬吊物重力标准值的效应；重力荷载分项系数，一般情况应采用1.2，当重力荷载效应对构件承载能力有利时，不应大于1.0。

笔者建议：抗震设计时，一般高层民用建筑结构可按《高规》式(5.6.3)和式(5.6.4)进行荷载效应基本组合，而其他情况的建筑结构应按《抗规》进行荷载效应基本组合。

3. 荷载的偶然作用组合、标准组合，详见《建筑结构荷载规范》GB 50009 的有关规定。

4. 可变荷载考虑设计使用年限的调整系数 γ_L 应按下列规定采用：

(1) 楼面和屋面活荷载考虑设计使用年限的调整系数 γ_L 按表 3.6.1-2 采用。

楼面和屋面活荷载考虑设计使用年限的调整系数 γ_L　　表 3.6.1-2

结构设计使用年限（年）	5	50	100
γ_L	0.9	1.0	1.1

注：1. 当设计使用年限不为表中数值时，调整系数 γ_L 可按线性内插确定；

　　2. 对于荷载标准值可控制的活荷载，设计使用年限调整系数 γ_L 取 1.0。

(2) 对雪荷载和风荷载，应取重现期为设计使用年限，按《荷规》第 E.3.3 条的规定确定基本雪压和基本风压，或按有关规范的规定采用。

5. 注意：上述《高规》、《抗规》、《荷规》规定的荷载效应基本组合公式均仅适用于作用和作用效应呈线性关系的情况。如果结构上的作用和作用效应不能以线性关系表述，则作用组合的效应应符合现行国家标准《工程结构可靠性设计统一标准》GB 50153 的有关规定。

第四章 框架结构设计

第一节 一般规定

一、关于单跨框架结构

（一）相关规范的规定

1. 《高规》第6.1.2条规定：

抗震设计的框架结构不应采用单跨框架。

2. 《抗规》第6.1.5条规定：

……。

甲、乙类建筑以及高度大于24m的丙类建筑，不应采用单跨框架结构；高度不大于24m的丙类建筑不宜采用单跨框架结构。

3. 《混规》未述及。

（二）对规范的理解

1. 单跨框架结构的抗侧刚度小，耗能力弱，结构超静定次数少，一旦某根柱子出现塑性铰（在强震时不可避免），出现连续倒塌的可能性很大。震害表明：单跨框架结构，尤其是层数较多的单跨框架结构高层建筑，震害比较严重，甚至房屋倒塌。

图4.1.1-1 单跨框架结构倒塌震害（一）

1999年9月21日我国台湾集集地震（7.3级），台中客运站震害就是一例：16层单跨框架结构彻底倒塌。原因是单跨框架结构抗侧力刚度差，结构体系无多道防线；澜沧-耿马地震中一单跨框架结构完全倒塌（图4.1.1-1）；另一9层单跨框架结构整体倒塌（图4.1.1-2）。

因此规范规定，抗震设计的高层建筑不应采用冗余度低的单跨框架结构，多层建筑不宜采用单跨框架结构。

2. 《高规》将2002版条文中的"不宜"改为"不应"，从严要求；《抗规》根据抗震设防类别划分：甲、乙类建筑一律不应，丙类建筑则高层不应，多层不宜；住建部建质［2010］109号文中规定单跨框架结构的高层建筑为特别不规则的高层建筑，属于超限高层建筑，要进行抗震设防专项审查。

（三）设计建议

1. 如何判定单跨框架结构？笔者认为：仅当结构在其一个主轴方向采用两根柱子形成单跨框架（特别是底层）的框架结构，可称为单跨框架结构。对于仅一个主轴方向的局

 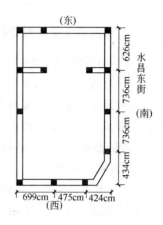

图 4.1.1-2 单跨框架结构倒塌震害（二）

部范围为单跨的框架结构，当多跨部分承担的剪力或倾覆力矩大于等于结构总剪力或倾覆力矩的50%时，可不判定为单跨框架结构。当结构某些楼层有局部布置为单跨框架，虽然结构受力、抗震性能不好，但不宜判定为单跨框架结构，见图4.1.1-3。

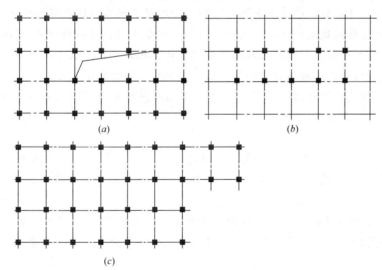

图 4.1.1-3 局部单跨框架举例
(a) 底层；(b) 顶层；(c) 标准层

2. 工程设计中，对单跨框架结构应严格执行规范规定。如建筑及其他专业功能允许，在单跨结构中增设剪力墙，使其成为框架-剪力墙结构，有剪力墙作为第一道防线，结构的抗震能力将大大加强。当然，如因建筑及其他专业功能需要，只能做单跨框架结构，则应按住建部建质〔2010〕109号文件的规定进行抗震设防专项审查，按专家组的审查意见设计。

3. 高度不大于24m的丙类建筑采用单跨框架结构时（如一、二层的连廊采用单跨框架），应注意加强。如适当提高框架抗震等级，加强底层柱的承载力和延性，加强节点连接等。

4. 对带有单跨框架的框架结构，其单跨框架部分的抗震措施，也应按上述第3款加强。

二、填充墙及隔墙对结构刚度的影响

（一）相关规范的规定

1.《高规》第 6.1.3 条规定：

框架结构的填充墙及隔墙宜选用轻质墙体。抗震设计时，框架结构如采用砌体填充墙，其布置应符合下列规定：

1　避免形成上、下层刚度变化过大。

2　避免形成短柱。

3　减少因抗侧刚度偏心而造成的结构扭转。

2.《抗规》第 3.7.4 条、第 13.2.1 条、第 13.3.2 条第 2 款规定：

第 3.7.4 条

框架结构的围护墙和隔墙，应估计其设置对结构抗震的不利影响，避免不合理设置而导致主体结构的破坏。

第 13.2.1 条

建筑结构抗震计算时，应按下列规定计入非结构构件的影响：

1　地震作用计算时，应计入支承于结构构件的建筑构件和建筑附属机电设备的重力。

2　对柔性连接的建筑构件，可不计入刚度；对嵌入抗侧力构件平面内的刚性建筑非结构构件，应计入其刚度影响，可采用周期调整等简化方法；一般情况下不应计入其抗震承载力，当有专门的构造措施时，尚可按有关规定计入其抗震承载力。

3　支承非结构构件的结构构件，应将非结构构件地震作用效应作为附加作用对待，并满足连接件的锚固要求。

第 13.3.2 条第 2 款

非承重墙体的材料、选型和布置，应根据烈度、房屋高度、建筑体型、结构层间变形、墙体自身抗侧力性能的利用等因素，经综合分析后确定，并应符合下列要求：

……。

2. 刚性非承重墙体的布置，应避免使结构形成刚度和强度分布上的突变；当围护墙非对称均匀布置时，应考虑质量和刚度的差异对主体结构抗震不利的影响。

3.《混规》未述及。

（二）对规范的理解

填充墙、隔墙的设计，是框架结构抗震设计中一个十分重要的、不容忽视的内容。填充墙、隔墙的设计，主要有两类问题：一是填充墙、隔墙对结构整体刚度的影响；二是填充墙、隔墙与主体结构的拉结，墙体的稳定等。一般设计对第二类问题较为重视，而对第一类问题则考虑不够，特别是对填充墙、隔墙的布置，往往认为是建筑专业的事，更容易忽视。事实上，填充墙、隔墙对建筑物的震害影响极大。历次地震灾害都表明：地震作用下，建筑物填充墙、隔墙的开裂、破坏、倒塌并不少见；而有些主体结构的震害也是由于填充墙、隔墙的不合理设计引起的。因此，切不可等闲视之。

填充墙、隔墙对结构整体刚度的影响，主要有以下一些问题：

1. 填充墙、隔墙对结构刚度的贡献没有得到真实的反映。

当填充墙、隔墙与主体结构构件刚性连接时，其对结构的整体刚度是有贡献的，有时甚至很大。不考虑填充墙、隔墙对结构整体刚度的贡献，结构实际受到的地震作用就大于计算值，会使结构抗震设计偏于不安全。一般程序计算时用周期折减系数来反映这个贡献的大小，根据不同的结构体系取用不同的折减系数。但是这仅是对填充墙、隔墙作用的大致估算。实际工程中，并非框架结构就一定有填充墙、隔墙（比如采用框架结构的地上车库，一般就没有填充墙、隔墙），而剪力墙结构也不一定就没有填充墙、隔墙（比如住宅剪力墙结构，一般仅分户墙为剪力墙，户内的其他墙体多为隔墙，分户剪力墙较长时，还会在其上开设结构洞并砌筑填充墙）。另外，填充墙材料不同，取用的周期折减系数也应有所不同。

2. 填充墙、隔墙的平面及竖向布置不当可能会引起结构实际受力时的偏心扭转过大或上下楼层侧向刚度突变。

比如：实际工程中，由于功能需要，平面的一部分需要大开间，而另一部分需要小开间，因此将填充墙、隔墙仅布置在结构平面的一侧，这就可能会使结构产生不容忽视的偏心。又比如：由于功能需要，结构某一楼层或几个楼层无填充墙、隔墙，而其他楼层则布置较多的填充墙、隔墙，可能会使结构的上下层刚度差异过大，甚至形成薄弱层，等等。意大利一五层框架结构的旅馆，底层为大堂、餐厅等，隔墙较少，而上部2～5层为客房，隔墙很多，地震时底层完全破坏，上部4层落下压在底层上。2008年我国汶川地震，某建筑底层为车库无填充墙而上部有很多填充墙，结构下柔上刚，地震中底层完全破坏（图4.1.2-1）。

图 4.1.2-1　汶川地震某下柔上刚结构底层完全破坏

3. 边框架外墙设带形窗，框架柱中部无填充墙，当柱上下两端设置的刚性填充墙的约束使框架柱中部形成短柱（柱中部净高与柱截面高度之比不大于4）时，会造成剪切破坏，汶川地震中出现了不少由于填充墙形成的框架短柱剪切破坏的震害（图4.1.2-2）。

框架结构如采用砌体填充墙，当布置不当时，常能造成结构竖向刚度变化过大；或形成短柱；或形成较大的刚度偏心。由于填充墙是由建筑专业布置，结构图纸上不予给出，容易被忽略。国内、外皆有由此而造成的震害例子。本条目的是提醒结构工程师注意防止砌体（尤其是砖砌体）填充墙对结构设计的不利影响。

本条明确了结构专业所需考虑的非结构构件的影响，包括如何在结构设计中计入相关的重力、刚度、承载力和必要的相互作用。结构构件设计时仅计入支承非结构部位的集中作用并验算连接件的锚固。

图 4.1.2-2   汶川地震某 3 层框架结构，因填充墙不合理砌筑导致短柱破坏

《抗规》第 3.7.4 条为强制性条文，应严格执行。

（三）设计建议

1. 应根据不同的结构类型、不同的材料及填充墙、隔墙数量的多少选用较为符合实际结构刚度的周期折减系数。周期折减系数取值参见表 4.1.2。

周期折减系数   表 4.1.2

结构类型	填充墙较多	填充墙较少
框架结构	0.6～0.7	0.7～0.8
框架-剪力墙结构	0.7～0.8	0.8～0.9
框架-核心筒结构	0.8～0.9	0.9～1.0
剪力墙结构	0.8～1.0	0.9～1.0

注：1. 表中填充墙是指砌体填充墙；
　　2. 对于其他结构体系或采用其他非承重墙体时，可根据工程情况确定周期折减系数。

2. 填充墙、隔墙的平面和竖向布置，宜均匀、对称，尽可能减少因填充墙、隔墙的偏心布置而加大结构的扭转效应，避免形成上下层刚度差异过大。

目前尚没有关于填充墙、隔墙刚度计算的好方法，因而难以较准确地计算由此产生的结构偏心或上下层刚度差异值等。因此，设计中应当从概念设计出发，从计算和构造两个方面来考虑：

（1）结构分析时，若填充墙、隔墙的平面布置很不均匀，偏心较大，可根据情况设定一个较为合理的偏心距来反映平面布置的不均匀；若上下层填充墙、隔墙数量变化很大，可根据情况指定柔弱的下层为薄弱层；并取按此计算的结果和不考虑这些因素的计算结果两者中的最不利情况作为设计依据；

（2）采取切实可靠的构造措施来减小由于填充墙布置的不均匀、不对称而产生的结构偏心或上下层刚度差异过大所造成的不利影响。

3. 关于这类短柱的抗剪承载力设计，笔者认为应考虑两个方面的问题：

（1）宜按柱子的净高（即楼层高减去上下填充墙高后的高度）计算其剪力设计值；

（2）应按《抗规》第6.3.9条的规定，柱箍筋全高加密。

三、填充墙及隔墙自身的稳定性

（一）相关规范的规定

1.《高规》第6.1.5条第1、2、3款规定：

抗震设计时，砌体填充墙及隔墙应具有自身稳定性，并应符合下列规定：

1 砌体的砂浆强度等级不应低于M5，当采用砖及混凝土砌块时，砌块的强度等级不应低于MU5；采用轻质砌块时，砌块的强度等级不应低于MU2.5。墙顶应与框架梁或楼板密切结合。

2 砌体填充墙应沿框架柱全高每隔500mm左右设置2根直径6mm的拉筋，6度时拉筋宜沿墙全长贯通7、8、9度时拉筋应沿墙全长贯通。

3 墙长大于5m时，墙顶与梁（板）宜有钢筋拉结；墙长大于8m或层高的2倍时，宜设置间距不大于4m的钢筋混凝土构造柱；墙高超过4m时，墙体半高处（或门洞上皮）宜设置与柱连接且沿墙全长贯通的钢筋混凝土水平系梁。

2.《抗规》第3.7.3条、第13.3.2条、第13.3.4条第1、2、3、4款规定：

第3.7.3条

附着于楼、屋面结构上的非结构构件，以及楼梯间的非承重墙体，应与主体结构有可靠的连接或锚固，避免地震时倒塌伤人或砸坏重要设备。

第13.3.2条

非承重墙体的材料、选型和布置，应根据烈度、房屋高度、建筑体型、结构层间变形、墙体自身抗侧力性能的利用等因素，经综合分析后确定，并应符合下列要求：

1 非承重墙体宜优先采用轻质墙体材料；采用砌体墙时，应采取措施减少对主体结构的不利影响，并应设置拉结筋、水平系梁、圈梁、构造柱等与主体结构可靠拉结。

2 刚性非承重墙体的布置，应避免使结构形成刚度和强度分布上的突变；当围护墙非对称均匀布置时，应考虑质量和刚度的差异对主体结构抗震不利的影响。

3 墙体与主体结构应有可靠的拉结，应能适应主体结构不同方向的层间位移；8、9度时应具有满足层间变位的变形能力，与悬挑构件相连接时，尚应具有满足节点转动引起的竖向变形的能力。

4 外墙板的连接件应具有足够的延性和适当的转动能力，宜满足在设防地震下主体结构层间变形的要求。

5 砌体女儿墙在人流出入口和通道处应与主体结构锚固；非出入口无锚固的女儿墙高度，6~8度时不宜超过0.5m，9度时应有锚固。防震缝处女儿墙应留有足够的宽度，缝两侧的自由端应予以加强。

第13.3.4条第1、2、3、4款

钢筋混凝土结构中的砌体填充墙，尚应符合下列要求：

1 填充墙在平面和竖向的布置，宜均匀对称，宜避免形成薄弱层或短柱。

2 砌体的砂浆强度等级不应低于M5；实心块体的强度等级不宜低于MU2.5，空心块体的强度等级不宜低于 MU3.5；墙顶应与框架梁密切结合。

3 填充墙应沿框架柱全高每隔 500mm～600mm 设 2φ6 拉筋，拉筋伸入墙内的长度，6、7 度时宜沿墙全长贯通，8、9 度时应全长贯通。

4 墙长大于 5m 时，墙顶与梁宜有拉结；墙长超过 8m 或层高 2 倍时，宜设置钢筋混凝土构造柱；墙高超过 4m 时，墙体半高宜设置与柱连接且沿墙全长贯通的钢筋混凝土水平系梁。

3.《混规》未述及。

（二）对规范的理解

填充墙、隔墙的另一个破坏是其自身的倒塌。历次地震，这类震害量大面广，十分严重。根据汶川地震的震害调查情况来看，加强填充墙、隔墙与主体结构的可靠拉结，保证填充墙及隔墙自身的稳定性与整体性，是十分重要和必要的。

2010 版规范明确规定了用于填充墙的砌块强度等级，提高了砌体填充墙与主体结构的拉结要求、构造柱设置要求以及楼梯间砌体墙构造要求。

（三）设计建议

1. 结构的填充墙及隔墙应尽可能选用轻质墙体材料以减轻自重。如在可能时，将一部分砌体填充墙改为轻钢龙骨石膏板墙；将黏土空心砖填充墙改为石膏空心板墙等。

2. 填充墙、隔墙与主体结构应有可靠拉结，应能适应主体结构不同方向的层间位移；8、9 度时应具有满足层间变位的变形能力，与悬挑构件相连接时，尚应满足节点转动引起的变形能力。

3. 抗震设计时，砌体填充墙及隔墙应具有自身的稳定性，并应符合下列要求：

1）砌体填充墙应沿框架柱的高度每隔 500mm 左右设置 2φ6 的拉筋，拉筋伸入填充墙内的长度，6 度时宜沿墙全长贯通，7、8、9 度时应沿墙全长贯通。

2）墙长大于 5m，墙顶与梁（板）宜有钢筋拉结；墙长超过 8m 或层高 2 倍时，宜设置间距不大于 4m 的钢筋混凝土构造柱；墙高超过 4m 时，墙体半高处（或门窗洞口上皮）宜设置与柱连接且沿墙全长贯通的钢筋混凝土水平系梁。

3）砌体砂浆强度等级不应低于 M5，当采用砖及混凝土砌块时，砌块的强度等级不宜低于 MU5，采用轻质砌块时，砌块的强度等级不应低于 MU2.5。墙顶应与框架梁或楼板密切结合。

4）砌体女儿墙在人流出入口和通道处应与主体结构有可靠锚固；非出入口无锚固的女儿墙高度，6～8 度时不宜超过 0.5m，9 度时应有可靠锚固。防震缝处的女儿墙应留有足够的宽度，缝两侧的自由端应予以加强。

5）楼梯两侧的填充墙和人流通道的围护墙，尚应设置间距不大于层高的钢筋混凝土构造柱并采用钢丝网砂浆面层加强。

四、楼梯间设计

（一）相关规范的规定

1.《高规》第 6.1.4 条、第 6.1.5 条第 4 款规定：

第 6.1.4 条

抗震设计时，框架结构的楼梯间应符合下列规定：

1　楼梯间的布置应尽量减小其造成的结构平面不规则。

2　宜采用现浇钢筋混凝土楼梯，楼梯结构应有足够的抗倒塌能力。

3　宜采取措施减小楼梯对主体结构的影响。

4　当钢筋混凝土楼梯与主体结构整体连接时，应考虑楼梯对地震作用及其效应的影响，并应对楼梯构件进行抗震承载力验算。

第 6.1.5 条第 4 款

楼梯间采用砌体填充墙时，应设置间距不大于层高且不大于 4m 的钢筋混凝土构造柱，并宜采用钢丝网砂浆面层加强。

2.《抗规》第 3.6.6 条第 1 款、第 6.1.15 条、第 13.3.4 条第 5 款规定：

第 3.6.6 条第 1 款

计算模型的建立、必要的简化计算与处理，应符合结构的实际工作状况，计算中应考虑楼梯构件的影响。

第 6.1.15 条

楼梯间应符合下列要求：

1　宜采用现浇钢筋混凝土楼梯。

2　对于框架结构，楼梯间的布置不应导致结构平面特别不规则；楼梯构件与主体结构整浇时，应计入楼梯构件对地震作用及其效应的影响，应进行楼梯构件的抗震承载力验算；宜采取构造措施，减少楼梯构件对主体结构刚度的影响。

3　楼梯间两侧填充墙与柱之间应加强拉结。

第 13.3.4 条第 5 款

楼梯间和人流通道的填充墙，尚应采用钢丝网砂浆面层加强。

3.《混规》未述及。

（二）对规范的理解

楼梯及楼梯间的设计，过去一直采用这样的方法：（1）结构整体计算不考虑楼梯的影响，将楼梯间视为有楼层平板，按梯板的实际情况确定荷载；（2）将梯段板、平台板单独取出来，考虑静载和活荷载满布，按单跨简支板进行内力和配筋计算。汶川震害调查发现楼梯间出现了大量破坏，包括踏步板的折断，楼梯间角柱的破坏以及楼梯间填充墙体的倒塌等。这说明：应采用更符合楼梯间结构构件实际受力状态的计算方法和构造措施进行设计，以保证地震作用下楼梯间的安全、可靠。

事实上，钢筋混凝土楼梯自身的刚度对结构地震作用和地震反应有着一定的影响，楼梯构件、踏步斜板、斜梁在地震作用下将作为斜向构件参加抗侧力工作，使结构整体刚度加大、楼层平面内的刚度分布不均匀，结构整体分析的结果有很大变化，其影响的程度与结构的刚度、楼梯数量、楼梯平面位置等情况有关。地震作用下，楼梯梯板沿梯板方向处于非常复杂的受力状态，承受很大的轴向力及不可忽略的剪力、弯矩，为拉（压）弯剪复合受力，在平面内尚存在弯矩与扭矩。

2008 年汶川地震震害进一步表明，框架结构中的楼梯梯及周边构件破坏严重。震害调查中发现框架结构中的楼梯梯板破坏严重，被拉断的情况非常普遍，支承梯段板的受力柱、梯段梁等甚至周边框架短柱亦有破坏；楼梯间填充墙倒塌严重。

计算和分析表明：（1）梯段板的斜撑作用使其对结构的整体刚度有所贡献；对框架结

构的整体刚度影响比框架-剪力墙结构、剪力墙结构大；（2）斜向的梯段板使得水平地震作用在楼梯间的传递路径复杂，楼梯间较为空旷，竖向构件整体协同工作性能较差；（3）梯段板及平台板有可能使个别框架柱成为短柱，承担了比其他框架柱更大的剪力，地震时率先遭受破坏；（4）水平地震作用下，梯段板及平台板一般处于偏心受压或偏心受拉状态；（5）楼梯间填充墙较其他部位的填充墙地震时更容易破坏、倒塌。

楼梯是建筑物的竖向交通要道，遇有地震等突发事件时更是人员疏散的重要通道。楼梯间（包括楼梯板）的破坏会延误人员撤离及救援工作，从而造成严重伤亡。因此，楼梯间结构应有足够的抗倒塌能力和抗震能力。

2010 版规范增加了楼梯间的抗震设计要求。注意到地震中楼梯的梯板具有斜撑的受力状态，增加了楼梯构件参与结构整体计算的要求；规定楼梯构件应进行抗震设计的承载力计算及满足相关抗震构造措施；加强填充墙的抗震构造措施及填充墙设置钢丝网面层加强的要求等。

（三）设计建议

对于抗震设计时楼梯间的设计，笔者提出如下一些建议，供参考：

1. 楼梯间的布置应尽量减小其造成的结构平面不规则。对剪力墙结构、框架-剪力墙结构等，楼梯间宜设置剪力墙，但不应造成较大的扭转效应。

2. 宜采用现浇钢筋混凝土楼梯，楼梯间四角宜设框架柱，楼梯结构应有足够的防倒塌能力。

3. 结构整体计算时，应按实际情况考虑梯段板、平台板等楼梯构件的影响。根据对结构整体影响的大小区别对待。并不要求一律参与整体结构计算。对于框架结构，当楼梯构件与主体结构整体现浇时，梯板起支撑作用，对结构刚度、承载力、规则性的影响较大，应参与抗震计算；当采取措施，如梯板滑动支承于平台板（图 4.1.4-1b），楼梯构件对结构刚度等影响较小，是否参与结构整体计算差别不大。对剪力墙结构、框架-剪力墙结构，楼梯构件对结构刚度等影响较小，也可不参与结构整体计算。

4. 楼梯间的结构布置应尽可能避免出现短柱，梯段板和休息平台板不宜采用折板式做法，宜在两者之间设置受力小柱作为支承点，有条件时可将此小柱直通，伸入上层框架梁内，可起到吊柱作用，防止梯板破坏、倒塌。平台板可采用悬挑板，见图 4.1.4-1(a)。

5. 楼梯构件的抗震等级同框架结构构件。

6. 宜按偏心受压或偏心受拉构件进行梯段板的承载力计算，并应双层配筋。当梯段板不作为斜撑参与结构整体计算时，可按水平地震作用系数乘以梯段板重力荷载代表值近似考虑其水平地震作用（作用在梯段板面内的轴向力）。水平地震作用系数建设按表4.1.4 取用。梯段板、平台板及平台梁纵向受力钢筋应满足抗震设计时锚固长度的要求。设防烈度为 7 度及以上或板跨大于等于 4m 时，宜考虑竖向地震作用。

水平地震作用系数   表 4.1.4

设防烈度	7 度		8 度		9 度
计算基本地震加速度	0.10g	0.15g	0.20g	0.30g	0.40g
水平地震作用系数	0.05	0.08	0.10	0.15	0.20

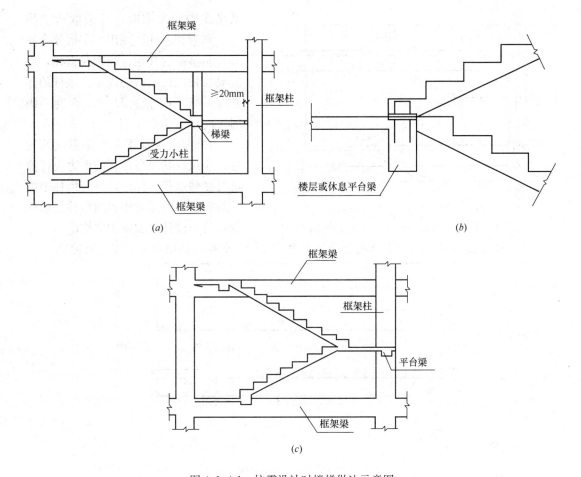

图 4.1.4-1　抗震设计时楼梯做法示意图

（*a*）建议采用的做法；（*b*）建议采用的做法；（*c*）不宜采用的做法

7. 当采用折板式楼梯时，应考虑地震附加弯矩对水平段受力的影响，见图 4.1.4-2 。必要时可加大水平段板厚及配筋。

8. 加强楼梯间填充墙与主体结构构件的拉结。四角及梯段上下端对应墙体处设构造柱。附着于楼、屋面结构上的非结构构件，以及楼梯间的非承重墙体，应采取与主体结构可靠连

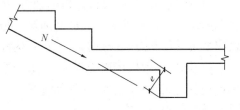

图 4.1.4-2　水平地震引起的梯段折板附加弯矩

接或锚固等措施避免地震时倒塌伤人或砸坏重要设备的措施。

9. 框架结构楼梯抗震措施

（1）楼梯与框架整体连接（图 4.1.4-3）。

1）楼梯梯板的厚度应计算确定，且不宜小于 140mm。

2）楼梯梯板两侧应设置边缘构件，边缘构件的宽度取 1.5 倍板厚，边缘构件的纵向钢筋，当抗震等级为一、二级可采用 6 Φ 12，当抗震等级为三、四级可采用 4 Φ 12；且不应小于梯板纵向受力钢筋直径。箍筋可采用 ϕ6@200。见图 4.1.4-4。

3）楼梯间的框架柱轴力与剪力明显加大，应严格控制柱的轴压比。当现有柱截面无

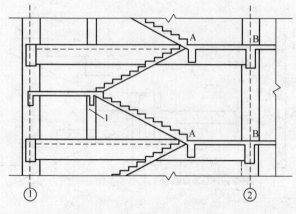

图 4.1.4-3　楼梯平台与框架整体连接构造

法满足轴压要求时，可采取构造措施，如附加芯柱、采用井字形复合箍并控制箍筋的肢距、间距及直径，以提高柱轴压比限值的规定。该柱的体积配箍率不应小于1.2%，9度一级时不应小于1.5%。

4）对由于设置平台梁形成的短柱，应按取其净高计算的剪力设计值进行受剪承载力计算，并应沿柱全高箍筋加密。注意对楼梯间角柱、边柱的承载力设计并加强构造措施。

5）框架梁 A-B 段的弯矩和剪力明显加大，②轴线梁端箍筋加密区范围应延伸 A 点。

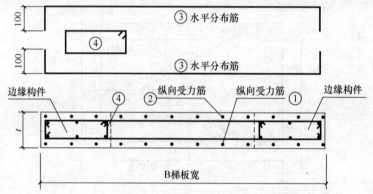

图 4.1.4-4　梯板配筋
（水平分布筋与箍筋放在同一层上，交错插空放置）

6）休息平台的梯梁传递板的轴力、剪力与弯矩处于复杂受力状态，上下梯板接缝处极易剪切破坏，箍筋应全长加密加粗。与梯梁垂直的休息平台梁，直接传递踏步板的地震效应处于受压状态，应按偏压（拉）构件的要求计算配筋。

7）休息平台板传递梯板的轴力，受力复杂，板宜与梯板同厚，也应双层双向配筋。平台两侧边梁跨度较小，当为短梁时，易脆性破坏，应加强。

（2）楼梯休息平台与框架柱脱开
（图 4.1.4-5、图 4.1.1-1a）

楼梯休息平台与框架柱脱开后楼梯对主体结构的刚度影响，和楼梯与主体结构整体连接相比不很显著，但下列楼梯构件的受力状况却有所改善。

1）①轴线框架柱的轴力明显减小，不用按短柱设计。

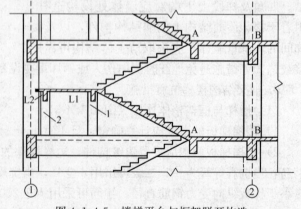

图 4.1.4-5　楼梯平台与框架脱开构造

2）平台短柱2的地震效应要比短柱1小得多，为能分担短柱的水平力，短柱1、2应取相同的配筋构造。

3）休息平台边梁的内力也大幅度减少，但仍应按偏压（拉）计算。

（3）采用楼梯梯段斜板上端与楼层梁或休息平台整体连接，楼梯梯段斜下端做成滑动支座，如图4.1.4-6所示，即采用楼梯构件与框架主体结构脱开的方式。楼梯的刚度将不会对主体结构造成影响。设有滑动支座的楼梯在布置不规则时（如仅设置在结构一段），也不会增加主体结构的扭转效应，这种构造是减少楼梯对主体结构刚度影响的最好办法。但由于地震动具有明显的不确定性和复杂性，结构计算模型的各种假定与实际地震动的差异，滑动支座的楼梯抗震构造尚应进一步认证并采取以下构造措施：

1）滑动支座滑动面上下均应放置长度与梯板宽度相同的预埋钢板，为减少钢板间的摩擦，钢板间应放置石墨粉、聚四氟乙烯薄膜、聚四氟乙烯涂料或其他减少摩擦效应的材料，在使用期间应采取措施，防止钢板锈蚀（图4.1.4-6）。也可在滑动面上直接铺设四氟乙烯板（四氟板）或放置滑动性能好的其他材料。

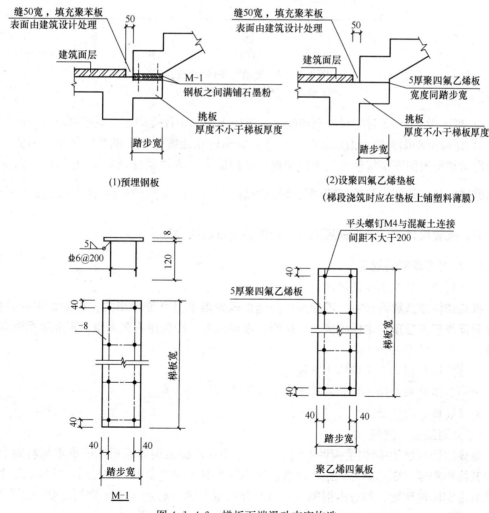

图4.1.4-6 梯板下端滑动支座构造

2）梯板两侧边应设置加强钢筋（图 4.1.4-7），当抗震等级为一、二级时为 2Φ16，当抗震等级为三、四级时为 2Φ14，且不应小于梯板纵向钢筋的直径。

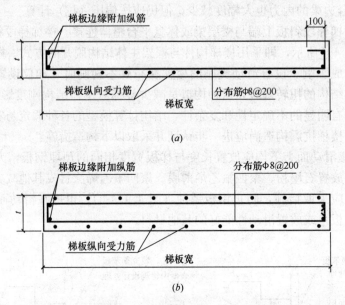

图 4.1.4-7 滑动支座梯板配筋
(a) 梯板单层配筋；(b) 梯板双层配筋

3）当梯板 L≥4m 时应双向双层配筋，纵向主筋应由计算确定，板厚宜≥140mm。

4）梯板滑动端当地面面层较厚时，会影响梯板在地震作用下的自由滑动。为此，在梯板滑动端与地面面层接触处留出供梯板滑动的缝隙（内填柔性材料）。建筑设计尚应对此缝隙进行装饰处理。缝隙的宽度与楼层的高度有关，可按 $\frac{H}{100}$ 控制，且不宜小于 50mm。

五、抗震设计时，不应采用部分由砌体墙承重的混合形式

（一）相关规范的规定

1.《高规》第 6.1.6 条规定：

框架结构按抗震设计时，不应采用部分由砌体墙承重之混合形式。框架结构中的楼、电梯间及局部出屋顶的电梯机房、楼梯间、水箱间等，应采用框架承重，不应采用砌体墙承重。

2.《抗规》第 7.1.7 条第 1 款规定：

……。不应采用砌体墙和混凝土墙混合承重的结构体系。

3.《混规》未述及。

（二）对规范的理解

砌体结构与框架-结构是两种不同的结构体系，两种结构体系所用的承重材料完全不同，其抗侧刚度、变形能力、结构延性、抗震性能等，相差很大。如在同一结构单元中采用部分由砌体墙承重、部分由框架承重的混合承重形式，必然会导致建筑物受力不合理、变形不协调，对建筑物的抗震性能产生很不利的影响。

同时，地震作用下，突出屋面的电梯机房、楼梯间、水箱间和设备间等受到的是经过下部主体结构放大后的地震加速度，高振型下会产生显著的鞭梢效应，水平地震作用远大于在地面时的作用。地震剪力大，变形大，更需要有承载能力高、延性好的结构体系和承重材料。而此种混合承重形式正好相反，突出屋面的小塔楼采用了比下部结构更差的结构体系和承重材料。显然，地震作用下会加剧突出屋面小塔楼破坏和倒塌的可能性。汶川地震就有这样的震害，见图 4.1.5。

图 4.1.5　汶川地震某 5 层框架结构屋顶小塔楼倾倒

（三）设计建议

框架结构抗震设计时，不应采用部分由砌体墙承重、部分由框架承重的混合承重形式。框架结构中的楼、电梯间及局部突出屋面的电梯机房、楼梯间、水箱间和设备间等，均应采用框架承重，不应采用砌体墙承重，屋顶设置的水箱和其他设备应可靠地支承在框架主体上。应尽可能上下柱直通，应适当提高突出屋面的底层柱的承载能力。当需要采用托柱转换时，转换柱、梁应适当加强。

此条为强制性条文，应认真遵照执行。

六、关于梁柱偏心

（一）相关规范的规定

1.《高规》第 6.1.7 条规定：

框架梁、柱中心线宜重合。当梁柱中心线不能重合时，在计算中应考虑偏心对梁柱节点核心区受力和构造的不利影响，以及梁荷载对柱子的偏心影响。

梁、柱中心线之间的偏心距，9 度抗震设计时不应大于柱截面在该方向宽度的 1/4；非抗震设计和 6～8 度抗震设计时不宜大于柱截面在该方向宽度的 1/4，如偏心距大于该方向柱宽的 1/4 时，可采取增设梁的水平加腋（图 6.1.7）等措施。设置水平加腋后，仍须考虑梁柱偏心的不利影响。

1 梁的水平加腋厚度可取梁截面高度，其水平尺寸宜满足下列要求：

$$b_x/l_x \leqslant 1/2 \qquad (6.1.7\text{-}1)$$

$$b_x/b_b \leqslant 2/3 \qquad (6.1.7\text{-}2)$$

$$b_b + b_x + x \geqslant b_c/2 \qquad (6.1.7\text{-}3)$$

式中：b_x——梁水平加腋宽度（mm）；

l_x——梁水平加腋长度（mm）；

b_b——梁截面宽度（mm）；

b_c——沿偏心方向柱截面宽度（mm）；

x——非加腋侧梁边到柱边的距离（mm）。

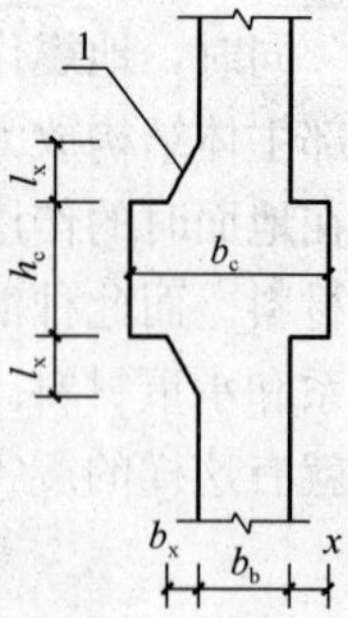

图 6.1.7　水平加腋梁
1—梁水平加腋

2 梁采用水平加腋时，框架节点有效宽度 b_j 宜符合下式要求：

1）当 $x=0$ 时，b_j 按下式计算：

$$b_j \leqslant b_b + b_x \qquad (6.1.7\text{-}4)$$

2）当 $x \neq 0$ 时，b_j 取（6.1.7-5）和（6.1.7-6）二式计算的较大值，且应满足公式（6.1.7-7）的要求：

$$b_j \leqslant b_b + b_x + x \qquad (6.1.7\text{-}5)$$

$$b_j \leqslant b_b + 2x \qquad (6.1.7\text{-}6)$$

$$b_j \leqslant b_b + 0.5h_c \qquad (6.1.7\text{-}7)$$

式中：h_c——柱截面高度（mm）。

2.《抗规》第 6.1.5 条规定：

框架结构和框架-抗震墙结构中，框架和抗震墙均应双向设置，柱中线与抗震墙中线、梁中线与柱中线之间偏心距大于柱宽的 1/4 时，应计入偏心的影响。

……。

3.《混规》未述及。

（二）对规范的理解

框架梁中线与柱中线之间、柱中线与剪力墙中线之间有较大偏心距时，在地震作用下可能导致核心区受剪面积不足，对框架柱带来不利的扭转效应。当偏心距超过 1/4 柱宽时，除应按偏心考虑进行结构分析外，还应采取有效的构造措施。如采用水平加腋梁及加强柱的箍筋等。

9 度抗震设计时，由于地震作用很大，过大的偏心更容易导致柱的破坏，故规范规定，不应采用梁柱偏心较大的结构。

实际工程中，框架梁、柱中心线不重合、产生偏心的情况较多。根据国内外试验研究的结果，采用水平加腋方法，能明显改善梁柱节点的承受反复荷载性能。

（三）设计建议

1. 梁水平加腋后，梁的水平加腋厚度、水平尺寸、框架节点有效宽度 b_j 应符合《高规》第 6.1.7 条的规定。

2. 梁端水平加腋框架节点核心区截面抗震验算应按《抗规》附录 D 进行。在验算梁

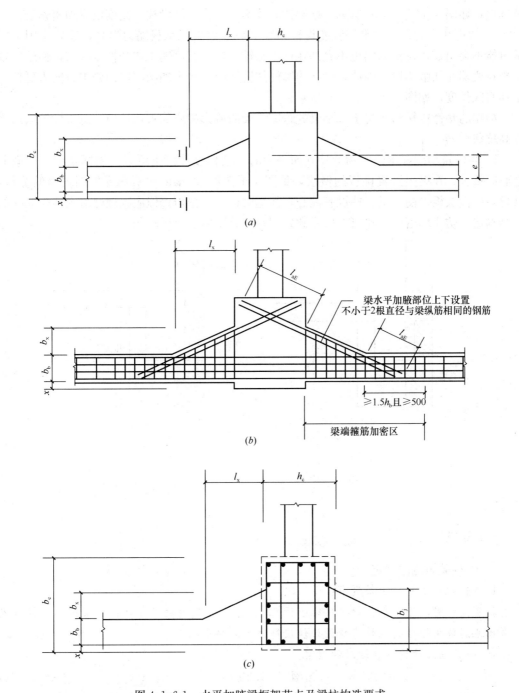

图 4.1.6-1　水平加腋梁框架节点及梁柱构造要求

（a）水平加腋梁平面尺寸示意图；（b）水平加腋梁框架节点配筋；（c）水平加腋梁框架柱配筋

的剪压比和受剪承载力时，一般不计入加腋部分的有利影响。当考虑加腋部分截面时，应分别对柱边和图 4.1.6-1 中 1-1 截面进行验算。

3. 梁端水平加腋配筋构造如图 4.1.6-1（b）所示。水平加腋梁距柱边 $x=0$ 时，沿计算方向不少于总面积 3/4 计算需要的柱内纵向钢筋应设置在节点核心区截面有效宽度 b_j

范围内，如图 4.1.6-1（c）所示。框架柱应按不同抗震等级沿柱全高度设置加密箍筋。

4. 值得注意的是：水平加腋使得框架梁梁端截面增大，承载能力提高，地震作用下梁端可能不会出铰，设计当然也不允许在柱头出铰，这就有可能造成塑性铰转移，使塑性铰出现在梁端非加腋梁段。因此，梁端的箍筋加密区应自水平加腋区段向跨中方向再延伸一个加密区长度，如图 4.1.6-1（b）所示。

梁端的塑性铰转移相当于减小梁的跨度，梁的剪力相应加大，故应注意塑性铰区适当提高抗剪配筋。

5. 当建筑功能要求建筑物的外立面平齐时，结构设计时也可以采用框架梁、柱截面中心线重合、在梁上设置挑板的做法，见图 4.1.6-2。由梁的挑板承受外围护墙的重量，其弯矩由楼层板平衡，梁、柱没有偏心，甚至梁也没有扭矩。但应处理好填充墙与梁柱的拉结构造，防止塌落等，建筑上应注意处理好此处墙体的冷桥问题。

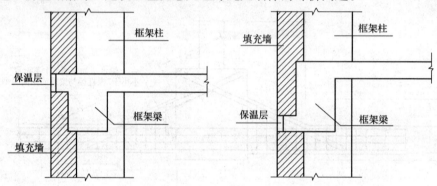

图 4.1.6-2　梁上挑板构造示意图

第二节　截　面　设　计

一、强柱弱梁

（一）相关规范的规定

1. 《高规》第 6.2.1 条规定：

抗震设计时，除顶层、柱轴压比小于 0.15 者及框支梁柱节点外，框架的梁、柱节点处考虑地震作用组合的柱端弯矩设计值应符合下列要求：

1　一级框架结构及 9 度时的框架：

$$\sum M_c = 1.2 \sum M_{bua} \tag{6.2.1-1}$$

2　其他情况：

$$\sum M_c = \eta_c \sum M_b \tag{6.2.1-2}$$

式中：$\sum M_c$ ——节点上、下柱端截面顺时针或逆时针方向组合弯矩设计值之和。上、下柱端的弯矩设计值，可按弹性分析的弯矩比例进行分配；

$\sum M_b$ ——节点左、右梁端截面逆时针或顺时针方向组合弯矩设计值之和。当抗震等级为一级且节点左、右梁端均为负弯矩时，绝对值较小的弯矩应取零；

ΣM_{bua} ——节点左、右梁端逆时针或顺时针方向实配的正截面抗震受弯承载力所对应的弯矩值之和，可根据实际配筋面积（计入受压钢筋和梁有效翼缘宽度范围内的楼板钢筋）和材料强度标准值并考虑承载力抗震调整系数计算；

η_c ——柱端弯矩增大系数。对框架结构，二、三级分别取 1.5 和 1.3；对其他结构中的框架，一、二、三、四级分别取 1.4、1.2、1.1 和 1.1。

2. 《抗规》第 6.2.2 条规定：

一、二、三、四级框架的梁柱节点处，除框架顶层和柱轴压比小于 0.15 者及框支梁与框支柱的节点外，柱端组合的弯矩设计值应符合下式要求：

$$\Sigma M_c = \eta_c \Sigma M_b \tag{6.2.2-1}$$

一级的框架结构和 9 度的一级框架可不符合上式要求，但应符合下式要求：

$$\Sigma M_c = 1.2 \Sigma M_{bua} \tag{6.2.2-2}$$

式中：ΣM_c ——节点上下柱端截面顺时针或反时针方向组合的弯矩设计值之和，上下柱端的弯矩设计值，可按弹性分析分配；

ΣM_b ——节点左右梁端截面反时针或顺时针方向组合的弯矩设计值之和，一级框架节点左右梁端均为负弯矩时，绝对值较小的弯矩应取零；

ΣM_{bua} ——节点左右梁端截面反时针或顺时针方向实配的正截面抗震受弯承载力所对应的弯矩值之和，根据实配钢筋面积（计入梁受压筋和相关楼板钢筋）和材料强度标准值确定；

η_c ——框架柱端弯矩增大系数；对框架结构，一、二、三、四级可分别取 1.7、1.5、1.3、1.2；其他结构类型中的框架，一级可取 1.4，二级可取 1.2，三、四级可取 1.1。

当反弯点不在柱的层高范围内时，柱端截面组合的弯矩设计值可乘以上述柱端弯矩增大系数。

3. 《混规》第 11.4.1 条与《抗规》规定一致。

（二）对规范的理解

钢筋混凝土结构在强地震作用下，某些构件会进入非弹性。允许结构某些部位或构件屈服（出现塑性铰）而不产生构件的局部脆性破坏，可通过结构的变形来吸收和耗散能量，从而降低结构的地震反应，提高结构的抗倒塌能力。

钢筋混凝土结构的抗地震倒塌能力与其破坏机制密切相关。框架结构的屈服机制有两类：楼层屈服机制和整体屈服机制。其他屈服机制可由这两类机制组合而成。

试验研究表明，梁端屈服型框架（整体屈服机制）有较大的内力重分布和能量消耗能力，极限层间位移大，抗震性能较好；柱端屈服型框架（楼层屈服机制）容易形成倒塌机制。在强震作用下结构构件不存在承载力储备，梁端受弯承载力即为实际可能达到的最大弯矩，柱端实际可能达到的最大弯矩也与其偏压下的受弯承载力相等。因此，在框架的设计中，有目的地增大框架柱端的弯矩设计值，实现"强柱弱梁"，是提高框架的延性、提高结构抗震性能的重要措施。

为了实现"强柱弱梁"，规范对一级框架结构和 9 度设防的框架，采用梁端实配钢筋面积和材料强度标准值计算的抗震受弯承载力所对应的弯矩值的调整、验算方法，此时"水涨船高"，节点处梁端实际受弯承载力 M^a_{by} 和柱端实际受弯承载力 M^a_{cy} 之间总是满足下列不等式：$\Sigma M_{cy}^a > \Sigma M_{by}^a$；对其他情况，则采用直接增大柱端弯矩设计值的方法。考虑到框架结构抗侧力刚度小，抗震性能较差，故直接增大柱端弯矩设计值时，框架结构的柱端弯矩增大系数比相同抗震等级的其他框架要大。

2010版规范对弯矩放大系数作了调整，提高了框架结构的弯矩放大系数，并补充了四级框架柱的弯矩增大系数。高层建筑因无四级框架结构，故《高规》对抗震等级为四级的框架结构未作规定。

但是，由于地震的复杂性、楼板的影响、构件内力及配筋计算的误差、实际配筋比计算配筋超过较多以及钢筋屈服强度的超强等，难以通过精确的承载力计算真正实现"强柱弱梁"。规范中的 η_c 是考虑框架梁端实配钢筋不超过计算配筋10%的前提下，将承载力不等式转为内力设计值的关系式，并使不同抗震等级的柱端弯矩设计值有不同程度的差异。但是，考虑10%的框架梁端钢筋超配并没有正确反映目前我国建筑工程设计的实际情况，这种规定只是在一定程度上减缓柱端的屈服。

（三）设计建议

1. 一级框架结构及9度设防的一级框架，当楼板与梁整体现浇时，板内配筋对梁的抗弯承载力有相当影响，因此规范规定：在计算梁端实际配筋面积时，应计入梁受压钢筋和梁有效翼缘宽度范围内的楼板钢筋。

梁端实际抗震受弯承载力可按下式计算：

$$M_{bua} = f_{yk} A_s^a (h_0 - a_s') / \gamma_{RE} \tag{4.2.1}$$

式中　f_{yk} ——纵向钢筋的抗拉强度标准值；

A_s^a ——梁纵向钢筋实际配筋面积，当楼板与梁整体现浇时，应计入有效翼缘宽度范围内的纵筋，有效翼缘宽度可取梁两侧各6倍板厚。

2. 一级框架结构及9度设防的一级框架，只需满足实配要求，即使采用增大系数的方法使柱端弯矩更大，也不必按此弯矩值设计。

3. 当框架梁是按最小配筋的构造要求配筋时，为避免出现因梁的实际受弯承载力与弯矩设计值相差太多而无法实现"强柱弱梁"的情况，宜采用实配反算的方法进行框架柱的受弯承载力设计。此时上述公式中的实配系数1.2可适当降低，但不应低于1.1。

其他如：当框架梁端由静载作用下的裂缝或挠度控制时，其纵向受力钢筋实配大于抗震设计时的承载力配筋；当框架梁下部钢筋由跨中正弯矩或梁另一端正弯矩控制时，设计将跨中正弯矩或梁另一端正弯矩计算配筋全部伸入支座内锚固，使得框架梁此端钢筋超配等，总之，当框架梁实配钢筋比计算配筋超过较多而无法实现"强柱弱梁"时，建议采用实配反算的方法进行框架柱的受弯承载力设计。

4. 在规定的"其他情况"按节点左、右端弯矩设计值直接乘放大系数时，也应考虑楼板作为梁有效翼像宽度范围内的楼板配筋对梁承载能力的贡献。笔者建议此时可酌情再乘以1.05~1.2的放大系数。

5. 当框架底部若干层的柱反弯点不在楼层内时，说明这些层的框架梁相对较弱。为避免在竖向荷载和地震共同作用下变形集中，压屈失稳，《抗规》规定：柱端弯矩也应乘以增大系数。对于轴压比小于0.15的柱，包括顶层柱在内，因其具有比较大的变形能力，可不满足上述"强柱弱梁"的要求。

二、强底层柱底

（一）相关规范的规定

1.《高规》第 6.2.2 条规定：

抗震设计时，一、二、三级框架结构的底层柱底截面的弯矩设计值，应分别采用考虑地震作用组合的弯矩值与增大系数 1.7、1.5、1.3 的乘积。底层框架柱纵向钢筋应按上、下端的不利情况配置。

2.《抗规》第 6.2.3 条规定：

一、二、三、四级框架结构的底层，柱下端截面组合的弯矩设计值，应分别乘以增大系数 1.7、1.5、1.3 和 1.2。底层柱纵向钢筋应按上下端的不利情况配置。

3.《混规》第 11.4.2 条与《抗规》规定一致。

（二）对规范的理解

结构的底层柱或剪力墙对整个结构延性起控制作用。在强震作用下，如果底层柱或剪力墙下端截面过早屈服，梁铰不能充分发展，将影响整个结构的变形和耗能能力，影响整个结构的抗地震倒塌能力。另外，随着底层梁塑性铰的出现，底层柱或剪力墙下端截面弯矩有增大趋势。所以，理想的梁铰机制一方面要防止塑性铰在竖向构件及其他重要构件（如水平转换构件等）上出现，另一方面要迫使塑性铰发生在水平构件特别是次要构件上，并尽量推迟塑性铰在某些关键部位（如框架底层柱底、剪力墙底层墙底）的出现。

为此，为了避免框架结构柱下端过早屈服，提高抗震安全度，规范规定将框架结构底层柱下端弯矩设计值乘以增大系数，以加强底层柱下端的实际受弯承载力，推迟塑性铰的出现。

2010 版规范进一步提高了框架结构底层柱底弯矩放大系数的取值，一、二、三级时的放大系数分别由 2002 版规范的 1.5、1.25、1.15 调整为 1.7、1.5、1.3，并增加了四级时的放大系数，取为 1.2。高层建筑因无四级框架结构，故《高规》未规定抗震等级为四级时的放大系数。

（三）设计建议

1. 规范规定的底层框架柱底弯矩增大系数，只适用于框架结构。对其他结构，因其主要抗侧力构件为剪力墙，故对其框架部分的嵌固端截面，可不作底层框架柱底弯矩增大的要求。

2. 什么位置是底层柱底截面？笔者认为可分两种情况：

（1）有地下室时为地下室顶板以上的框架柱截面（图 4.2.2a）；

（2）无地下室时，当基础埋置较浅时，取为基础顶框架柱截面（图 4.2.2b）；当基础埋置较深，在地面以下 0.5m 左右设置基础拉梁时，应取基础拉梁顶框架柱截面（图 4.2.2c）。

3. 设置有少量剪力墙的框架结构（框架部分承受的地震倾覆力矩大于结构总地震倾覆力矩的 80%），应按上述规定将底层框架柱下端弯矩设计值乘以增大系数。

4. 当仅用插筋满足柱嵌固端截面弯矩增大的要求时，可能造成塑性铰向底层柱的上部转移，对抗震不利。规范规定：底层框架柱纵向钢筋应按上、下端的不利情况配置。

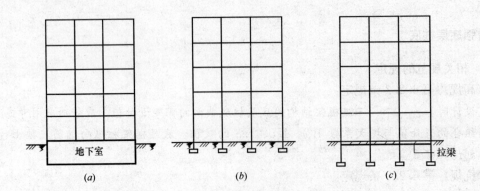

图 4.2.2　框架底层柱底截面位置示意

(a) 有地下室时；(b) 无地下室基础浅埋无拉梁；(c) 无地下室基础深埋有拉梁

三、框架柱、框支柱的强剪弱弯

(一) 相关规范的规定

1.《高规》第 6.2.3 条规定：

抗震设计的框架柱、框支柱端部截面的剪力设计值，一、二、三、四级时应按下列公式计算：

1　一级框架结构和 9 度时的框架：

$$V = 1.2(M_{cua}^t + M_{cua}^b)/H_n \qquad (6.2.3\text{-}1)$$

2　其他情况：

$$V = \eta_{vc}(M_c^t + M_c^b)/H_n \qquad (6.2.3\text{-}2)$$

式中：M_c^t、M_c^b——分别为柱上、下端顺时针或逆时针方向截面组合的弯矩设计值，应符合本规程第 6.2.1 条、6.2.2 条的规定；

M_{cua}^t、M_{cua}^b——分别为柱上、下端顺时针或逆时针方向实配的正截面抗震受弯承载力所对应的弯矩值，可根据实配钢筋面积、材料强度标准值和重力荷载代表值产生的轴向压力设计值并考虑承载力抗震调整系数计算；

H_n——柱的净高；

η_{vc}——柱端剪力增大系数。对框架结构，二、三级分别取 1.3、1.2；对其他结构类型的框架，一、二级分别取 1.4 和 1.2，三、四级均取 1.1。

2.《抗规》第 6.2.5 条规定：

一、二、三、四级的框架柱和框支柱组合的剪力设计值应按下式调整：

$$V = \eta_{vc}(M_c^t + M_c^b)/H_n \qquad (6.2.5\text{-}1)$$

一级的框架结构和 9 度的一级框架可不按上式调整，但应符合下式要求：

$$V = 1.2(M_{cua}^t + M_{cua}^b)/H_n \qquad (6.2.5\text{-}2)$$

式中：　　V——柱端截面组合的剪力设计值；框支柱的剪力设计值尚应符合本规范第 6.2.10 条的规定；

H_n——柱的净高；

M_c^t、M_c^b——分别为柱的上下端顺时针或反时针方向截面组合的弯矩设计值，应符合本规范第 6.2.2、6.2.3 条的规定；框支柱的弯矩设计值尚应符合本规

214

范第 6.2.10 条的规定；

M_{cua}^t、M_{cua}^b——分别为偏心受压柱的上下端顺时针或反时针方向实配的正截面抗震受弯承载力所对应的弯矩值，根据实配钢筋面积、材料强度标准值和轴压力等确定；

η_{vc}——柱剪力增大系数；对框架结构，一、二、三、四级可分别取 1.5、1.3、1.2、1.1；对其他结构类型的框架，一级可取 1.4，二级可取 1.2，三、四级可取 1.1。

3. 《混规》第 11.4.3 条与《抗规》规定一致。

（二）对规范的理解

钢筋混凝土梁、柱、剪力墙的破坏形态有两种：弯曲破坏和剪切破坏。发生弯曲破坏时，构件的纵向受力钢筋屈服后形成塑性铰，故具有塑性变形能力，构件表现出较好的延性。而当发生剪切破坏时，构件的破坏形态是脆性的或延性极小，不能满足构件抗震时的延性要求。因此，抗震设计时，要有目的地增大框架柱的剪力设计值，防止梁、柱和剪力墙底部在弯曲屈服前出现剪切破坏，实现"强剪弱弯"。这是提高框架的延性、提高结构抗震性能的又一重要措施。

为了实现"强剪弱弯"，规范对一级框架结构和 9 度设防的框架，采用分别按柱上、下端实配钢筋的正截面抗震受弯承载力所对应的弯矩值，反算出柱端的剪力设计值的方法，此时"水涨船高"，框架柱的实际受剪承载力总是比受弯承载力强；对其他情况，则采用直接增大框架柱剪力设计值的方法。考虑到框架结构抗侧力刚度小，抗震性能较差，故直接增大框架柱剪力设计值时，框架结构的框架柱剪力增大系数比相同抗震等级的其他框架要大。

2010 版规范对剪力放大系数作了调整，提高了框架结构的要求，二、三级时柱端剪力增大系数 η_{vc} 由 2002 规范的 1.2、1.1 分别提高到 1.3、1.2；对其他结构的框架，扩大了进行"强剪弱弯"设计的范围，要求四级框架柱也要增大，要求同三级。高层建筑因无四级框架结构，故《高规》对抗震等级为四级的框架结构未作规定。

（三）设计建议

1. 在按柱端实际配筋计算框架柱放大后的剪力设计值时，对称配筋矩形截面大偏心受压柱按柱端实际配筋考虑承载能力抗震调整系数的正截面受弯承载力 M_{cua} 可按下列公式计算：

由 $\sum x = 0$ 的条件，得出

$$N = \frac{1}{\gamma_{RE}} \alpha_1 f_c bx \qquad (4.2.3-1)$$

由 $\sum M = 0$ 的条件，得出

$$Ne = N[\eta e_i + 0.5(h_0 - a_s')] = \frac{1}{\gamma_{RE}}[\alpha_1 f_{ck} bx(h_0 - 0.5x) + f_{yk}A_s^{a'}(h_0 - a_s')] \qquad (4.2.3-2)$$

用以上二式消去 x，并取 $h = h_0 + a_s$，$a_s = a_s'$，可得

$$M_{cua} = \frac{1}{\gamma_{RE}}\left[0.5\gamma_{RE}Nh\left(1 - \frac{\gamma_{RE}N}{\alpha_1 f_{ck}bh}\right) + f_{yk}'A_s^{a'}(h_0 - a_s')\right] \qquad (4.2.3-3)$$

式中 N——重力荷载代表值产生的柱轴向压力设计值；

f_{ck} ——混凝土轴心受压强度标准值;

f'_{yk} ——普通受压钢筋强度标准值;

$A_s^a{}'$ ——普通受压钢筋实配截面面积。

对其他配筋形式或截面形状的框架柱,其正截面受弯承载力 M_{cua} 可参照上述方法确定。

2. 一级的框架结构及 9 度的一级框架,只需满足实配要求,而即使增大系数为偏保守也可不满足。同样,二、三、四级框架结构的框架柱,也可采用实配方法而不采用增大系数的方法,使之较为经济又合理。

四、角柱的内力调整

(一) 相关规范的规定

1.《高规》第 6.2.4 条规定:

抗震设计时,……。一、二、三、四级框架角柱经按本规程第 6.2.1～6.2.3 条调整后的弯矩、剪力设计值应乘以不小于 1.1 的增大系数。

2.《抗规》第 6.2.6 条、《混规》第 11.4.5 条与《高规》规定一致。

(二) 对规范的理解

抗震设计的框架,考虑到角柱承受双向地震作用,扭转效应对内力影响较大,且受力复杂。历次震害中,角柱震害相对较重。因此,在设计中应予以适当加强,当结构内力计算按两个主轴方向分别考虑地震作用时,角柱弯矩设计值、剪力设计值应适当加大。

2010 版规范将框架角柱弯矩设计值、剪力设计值的调整范围由 2002 版规范的一、二、三级扩大到一、二、三、四级。

(三) 设计建议

此要求对所有的框架角柱均适用。即无论是框架结构中的框架角柱,还是其他结构中的框架角柱,抗震设计时框架角柱弯矩设计值、剪力设计值均应乘以 1.1 的放大系数。

关于角柱的定义,详见本章第四节"五、小偏心受拉柱纵向钢筋的配筋率"中有关内容。

五、框架梁的强剪弱弯

(一) 相关规范的规定

1.《高规》第 6.2.5 条规定:

抗震设计时,框架梁端部截面组合的剪力设计值,一、二、三级应按下列公式计算;四级时可直接取考虑地震作用组合的剪力计算值。

1　一级框架结构及 9 度时的框架:

$$V = 1.1(M_{bua}^l + M_{bua}^r)/l_n + V_{Gb} \qquad (6.2.5-1)$$

2　其他情况:

$$V = \eta_{vb}(M_b^l + M_b^r)/l_n + V_{Gb} \qquad (6.2.5-2)$$

式中: M_b^l、M_b^r ——分别为梁左、右端逆时针或顺时针方向截面组合的弯矩设计值。当抗震等级为一级且梁两端弯矩均为负弯矩时,绝对值较小一端的弯矩应取零;

M_{bua}^l、M_{bua}^r ——分别为梁左、右端逆时针或顺时针方向实配的正截面抗震受弯承载力所对应的弯矩值,可根据实配钢筋面积(计入受压钢筋,包括有效翼缘宽度范围内的楼板钢筋)和材料强度标准值并考虑承载力抗震调整系数计算;

l_n ——梁的净跨;

V_{Gb} ——梁在重力荷载代表值(9 度时还应包括竖向地震作用标准值)作用下,按简支梁分析的梁端截面剪力设计值;

η_{vb} ——梁剪力增大系数,一、二、三级分别取 1.3、1.2 和 1.1。

2.《抗规》第 6.2.4 条、《混规》第 11.3.2 条与《高规》规定一致。

(二)对规范的理解

钢筋混凝土梁、柱、剪力墙、剪力墙连梁的破坏形态有两种:弯曲破坏和剪切破坏。发生弯曲破坏时,构件的纵向受力钢筋屈服后形成塑性铰,故具有塑性变形能力,构件表现出较好的延性。而当发生剪切破坏时,构件的破坏形态是脆性的或延性极小,不能满足构件抗震时的延性要求。因此,抗震设计时,要有目的地增大构件的剪力设计值,防止构件在弯曲屈服前出现剪切破坏,实现"强剪弱弯"。这是提高框架的延性、提高结构抗震性能的又一重要措施。

对框架梁而言,在地震作用下结构应呈现梁铰型延性机构,为减少梁端塑性铰区发生脆性剪切破坏的可能性,规范对框架梁提出了梁端的斜截面受剪承载力应高于正截面受弯承载力的要求。

梁端斜截面受剪承载力的提高,首先是在剪力设计值确定中,应考虑梁端弯矩的增大。规范规定:对一级抗震等级的框架结构及 9 度时的其他结构中的框架梁,要求梁左、右端取用考虑承载力抗震调整系数的实际抗震受弯承载力进行受剪承载力验算。

对其他情况的一级和所有二、三级抗震等级的框架梁的剪力设计值的确定,则根据不同抗震等级,直接取用梁端考虑地震作用组合的弯矩设计值的平衡剪力值,乘以不同的增大系数。

(三)设计建议

1. 一级抗震等级的框架结构及 9 度时的其他结构中的框架梁端的弯矩增大,按本节"一、强柱弱梁"中的"(三)设计建议"的第 1 款计算。

2. 注意:框架柱、框支柱和框架梁都有"强剪弱弯"的要求,但在直接乘以增大系数时,其增大系数是有区别的:

(1)框架柱、框支柱在一、二、三、四级抗震等级下,剪力设计值均需增大,而框架梁仅一、二、三级抗震等级下,剪力设计值需增大,四级抗震等级时可直接取考虑地震作用组合的剪力计算值,不再增大;

(2)框架结构中的框架柱比其他框架中的框架柱增大系数大,但框架结构中的框架梁和其他框架中的框架梁增大系数取相同值。

六、框架梁、柱剪压比限值

(一)相关规范的规定

1.《高规》第 6.2.6 条规定:

框架梁、柱，其受剪截面应符合下列要求：

1 持久、短暂设计状况

$$V \leqslant 0.25\beta_c f_c bh_0 \qquad (6.2.6-1)$$

2 地震设计状况

跨高比大于 2.5 的梁及剪跨比大于 2 的柱：

$$V \leqslant \frac{1}{\gamma_{RE}}(0.2\beta_c f_c bh_0) \qquad (6.2.6-2)$$

跨高比不大于 2.5 的梁及剪跨比不大于 2 的柱：

$$V \leqslant \frac{1}{\gamma_{RE}}(0.15\beta_c f_c bh_0) \qquad (6.2.6-3)$$

框架柱的剪跨比可按下式计算：

$$\lambda = M^c / (V^c h_0) \qquad (6.2.6-4)$$

式中：V —— 梁、柱计算截面的剪力设计值；

λ —— 框架柱的剪跨比；反弯点位于柱高中部的框架柱，可取柱净高与计算方向 2 倍柱截面有效高度之比值；

M^c —— 柱端截面未经本规程第 6.2.1、6.2.2、6.2.4 条调整的组合弯矩计算值，可取柱上、下端的较大值；

V^c —— 柱端截面与组合弯矩计算值对应的组合剪力计算值；

β_c —— 混凝土强度影响系数；当混凝土强度等级不大于 C50 时取 1.0；当混凝土强度等级为 C80 时取 0.8；当混凝土强度等级在 C50 和 C80 之间时可按线性内插取用；

b —— 矩形截面的宽度，T 形截面、工形截面的腹板宽度；

h_0 —— 梁、柱截面计算方向有效高度。

2.《抗规》第 6.2.9 条、《混规》第 11.3.3 条、第 11.4.6 条与《高规》规定一致。

（二）对规范的理解

1. 规定构件的受剪截面控制条件（即剪压比 μ_N），其目的首先是防止构件截面发生斜压破坏，其次是限制在使用阶段可能发生的斜裂缝宽度。抗震设计时对此提出更加严格的要求。

2. 不满足构件的受剪截面控制条件，剪力墙的剪压比值（名义剪应力）过高，会使构件在早期出现斜裂缝，抗剪钢筋不能充分发挥作用，构件抗剪超筋，即使配置很多抗剪钢筋，也是不能满足构件抗剪承载力要求的，会过早产生剪切破坏。

（三）设计建议

1. V 是经过各种内力设计值调整后的构件剪力设计值。

2. 剪压比 μ_N 的计算式：

永久、短暂设计状况：$\mu_N = V/(\beta_c f_c bh_0)$

其值当 $b/h_w \leqslant 4$ 时取 0.25；当 $b/h_w \geqslant 6$ 时取 0.20；当 $4 < b/h_w < 6$ 时，按线性内插法确定。

式中 b —— 矩形截面的宽度，T 形截面或 I 形截面的腹板宽度；

h_w —— 截面的腹板高度，矩形截面，取有效高度；T 形截面，取有效高度减去翼缘高度；I 形截面，取腹板净高。

地震设计状况： $\qquad \mu_N = \gamma_{RE} V / (\beta_c f_c b h_0)$

3. 抗震设计时，构件剪跨比的限值，对框架梁根据跨高比确定，对框架柱、框支柱根据剪跨比确定。

4. 计算跨高比时，梁的计算跨度可取梁的支座中心线之间的距离和 $1.15 l_n$（l_n 为净跨）两者中的较小值。

5. 剪跨比可按下式计算：$\lambda = M^c / (V^c h_0)$。注意：$M^c$ 是构件端截面未经任何内力调整的组合弯矩计算值，可取上、下端的较大值；而 V^c 是构件端截面与组合弯矩计算值对应的组合剪力计算值（图 4.2.6）。

对框架柱或框支柱，当反弯点位于柱高中部时，可按柱净高与计算方向 2 倍柱截面有效高度的比值计算。

圆形截面柱的截面高度可按面积相等的原则取等效后正方形柱的截面边长，为 $0.886d$，d 为圆形截面柱的直径。

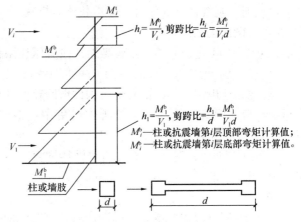

图 4.2.6 剪跨比计算简图

七、偏心受压柱斜截面承载力的计算

（一）相关规范的规定

1.《高规》第 6.2.8 条：

矩形截面偏心受压框架柱，其斜截面受剪承载力应按下列公式计算：

1 持久、短暂设计状况

$$V \leqslant \frac{1.75}{\lambda + 1} f_t b h_0 + f_{yv} \frac{A_{sv}}{s} h_0 + 0.07N \qquad (6.2.8\text{-}1)$$

2 地震设计状况

$$V \leqslant \frac{1}{\gamma_{RE}} \left(\frac{1.05}{\lambda + 1} f_t b h_0 + f_{yv} \frac{A_{sv}}{s} h_0 + 0.056N \right) \qquad (6.2.8\text{-}2)$$

式中：λ——框架柱的剪跨比；当 $\lambda < 1$ 时，取 $\lambda = 1$；当 $\lambda > 3$ 时，取 $\lambda = 3$；

$\quad$ N——考虑风荷载或地震作用组合的框架柱轴向压力设计值，当 N 大于 $0.3 f_c A_c$ 时，取 $0.3 f_c A_c$。

2.《抗规》未述及。

3.《混规》第 6.3.12 条、第 11.4.7 条与《高规》规定基本一致。

（二）对规范的理解

试验研究表明：由于轴向压力能阻滞斜裂缝的出现和开展，增加了混凝土剪压区高度，从而提高了混凝土所承担的剪力，故轴向压力对构件的受剪承载力起有利作用。

但轴向压力对构件的受剪承载力的有利作用是有限度的，当轴压比在 0.3～0.5 的范围时，受剪承载力达到最大值；若再增加轴向压力，反而会导致受剪承载能力的降低，并转变为带有斜裂缝的正截面小偏心受压破坏，故应对轴向压力的受剪承载力提高幅度予以限制。

抗震设计时应能保证框架柱在罕遇地震下框架出现非弹性变形过程中不致过早发生剪切破坏，因此，抗震设计时斜截面承载力的计算，规范在非抗震设计时斜截面承载力计算公式的基础上，将公式右端"材料抗力"中混凝土项乘以 0.6、轴压力项乘以 0.8 的折减系数，箍筋项则维持不变即可。即承载能力折减。

（三）设计建议

1. 剪跨比可按上述"六、框架梁、柱剪压比限值"中"（三）设计建议第 4 款"计算，但应注意：此处当计算值 $\lambda < 1$ 时，取 $\lambda = 1$；当 $\lambda > 3$ 时，取 $\lambda = 3$。

《混规》还规定了其他偏心受压构件剪跨比的计算方法：当承受均布荷载时，取 1.5；当承受符合《混规》第 6.3.4 条所述的集中荷载时，取为 a/h_0，且当 λ 小于 1.5 时取 1.5，当 λ 大于 3 时取 3。

2. 规范通过在上述不等式右端"材料抗力"加上一项来反映轴向压力对构件受剪承载力的贡献，即"$+0.07$（$+0.056N$）N"。但应注意：当 N 大于 $0.3f_cA_c$ 时，取 $0.3f_cA_c$。

3. 2010 版《混规》将非抗震设计时计算公式的适用范围由 2001 版的矩形截面柱扩大到 T 形和 I 形截面柱，抗震设计时计算公式仍仅适用于矩形截面柱。但 2010 版《高规》无论是抗震还是非抗震设计，其计算公式仍仅适用于矩形截面柱。

八、偏心受拉柱斜截面承载力的计算

（一）相关规范的规定

1.《高规》第 6.2.9 条规定：

当矩形截面框架柱出现拉力时，其斜截面受剪承载力应符合下列公式计算：

1 持久、短暂设计状况

$$V \leqslant \frac{1.75}{\lambda + 1} f_t b h_0 + f_{yv} \frac{A_{sv}}{s} h_0 - 0.2N \tag{6.2.9-1}$$

2 地震设计状况

$$V \leqslant \frac{1}{\gamma_{RE}} \left(\frac{1.05}{\lambda + 1} f_t b h_0 + f_{yv} \frac{A_{sv}}{s} h_0 - 0.2N \right) \tag{6.2.9-2}$$

式中 N——与剪力设计值 V 对应的轴向拉力设计值，取绝对值；

λ——框架柱的剪跨比。

当公式（6.2.9-1）右端的计算值或公式（6.2.9-2）右端括号内的计算值小于 $f_{yv} \frac{A_{sv}}{s} h_0$ 时，应取等于 $f_{yv} \frac{A_{sv}}{s} h_0$，且 $f_{yv} \frac{A_{sv}}{s} h_0$ 值不应小于 $0.36 f_t b h_0$。

2.《抗规》未述及。

3.《混规》第 6.3.14 条、第 11.4.8 条与《高规》规定基本一致。

（二）对规范的理解

在轴向拉力作用下，构件上可能产生横贯全截面、垂直于杆轴的初始垂直裂缝；施加横向荷载后，构件顶部裂缝闭合而底部裂缝加宽，且斜裂缝可能直接穿过初始垂直裂缝向上发展，也可能沿初始垂直裂缝延伸再斜向发展。斜裂缝呈现宽度较大、倾角较大，斜裂缝末端剪压区高度减小，甚至没有剪压区，从而截面的受剪承载力要比受弯构件的受剪承载力有明显的降低。

抗震设计时应能保证框架柱在罕遇地震下框架出现非弹性变形过程中不致过早发生剪切破坏，因此，抗震设计时斜截面承载力的计算，规范在非抗震设计时斜截面承载力计算公式的基础上，将公式右端"材料抗力"中混凝土项乘以 0.6 的折减系数，箍筋项则维持不变，由于轴向拉力对构件抗剪不利，故轴向拉力项不乘折减系数，即承载能力折减。

（三）设计建议

1. 剪跨比可按上述第六条"（三）设计建议第 4 款"计算，但应注意：此处当计算值 $\lambda < 1$ 时，取 $\lambda = 1$；当 $\lambda > 3$ 时，取 $\lambda = 3$；

《混规》还规定了其他偏心受压构件剪跨比的计算方法：当承受均布荷载时，取 1.5；当承受符合《混规》第 6.3.4 条所述的集中荷载时，取为 a/h_0，且当 λ 小于 1.5 时取 1.5，当 λ 大于 3 时取 3。

2. 规范通过在上述不等式右端"材料抗力"减去一项来反映轴向压力对构件受剪承载力的降低，即"$-0.2N$"。但这并不意味着轴向拉力很大，构件抗剪承载能力很低，甚至完全丧失承载力。因此，规范还规定了受拉截面总受剪承载力设计值的下限值和箍筋的最小配箍特征值，即当公式（6.2.9-1）右端的计算值或公式（6.2.9-2）右端括号内的计算值小于 $f_{yv}\dfrac{A_{sv}}{s}h_0$ 时，应取等于 $f_{yv}\dfrac{A_{sv}}{s}h_0$，且 $f_{yv}\dfrac{A_{sv}}{s}h_0$ 值不应小于 $0.36f_tbh_0$。

3. 2010 版《混规》将非抗震设计时计算公式的适用范围由 2001 版的矩形截面柱扩大到 T 形和 I 形截面柱，抗震设计时计算公式仍仅适用于矩形截面柱。但 2010 版《高规》无论是抗震还是非抗震设计，其计算公式仍仅适用于矩形截面柱。

第三节　框架梁构造要求

一、框架梁的截面尺寸

（一）相关规范的规定

1.《高规》第 6.3.1 条规定：

框架结构的主梁截面高度可按计算跨度的（1/10～1/18）确定；梁净跨与截面高度之比不宜小于 4。梁的截面宽度不宜小于梁截面高度的 1/4，也不宜小于 200mm。

当梁高较小或采用扁梁时，除应验算其承载力和受剪截面要求外，尚应满足刚度和裂缝的有关要求。在计算梁的挠度时，可扣除梁的合理起拱值；对现浇梁板结构，宜考虑梁受压翼缘的有利影响。

2.《抗规》第 6.3.1 条、6.3.2 条规定：

第 6.3.1 条

梁的截面尺寸，宜符合下列各项要求：

1　截面宽度不宜小于 200mm；

2　截面高宽比不宜大于 4；

3　净跨与截面高度之比不宜小于 4。

第 6.3.2 条

梁宽大于柱宽的扁梁应符合下列要求：

1 采用扁梁的楼、屋盖应现浇，梁中线宜与柱中线重合，扁梁应双向布置。扁梁的截面尺寸应符合下列要求，并应满足现行有关规范对挠度和裂缝宽度的规定：

$$b_b \leqslant 2b_c \tag{6.3.2-1}$$

$$b_b \leqslant b_c + h_b \tag{6.3.2-2}$$

$$h_b \geqslant 16d \tag{6.3.2-3}$$

式中：b_c——柱截面宽度，圆形截面取柱直径的 0.8 倍；

b_b、h_b——分别为梁截面宽度和高度；

d——柱纵筋直径。

2 扁梁不宜用于一级框架结构。

3.《混规》第 11.3.5 条规定：

框架梁截面尺寸应符合下列要求：

1 截面宽度不宜小于 200mm；

2 截面高度与宽度的比值不宜大于 4；

3 净跨与截面高度的比值不宜小于 4。

（二）对规范的理解

1. 为保证框架梁对框架节点的约束作用，提高节点核心区的抗剪承载力；同时，为减少框架梁塑性铰区段在地震反复荷载作用下平面外屈曲失稳破坏的可能性，则梁截面宽度不宜太小，框架梁截面宽度和截面高度之比不宜过小。

2. 梁净跨与梁高之比小于 4 时，荷载作用下的受力和变形类似于深梁。作用剪力与作用弯矩比值偏高，适应较大塑性变形的能力较差，故需对梁的跨高比作出规定。

3. 框架梁的截面尺寸还应能满足在荷载作用下，梁的挠度、裂缝宽度满足规范规定的限值。《高规》提出的按计算跨高比确定梁的截面高度是传统的经验方法，在梁跨度不大、一般荷载作用下，按此方法估算出的梁的截面尺寸，可以满足规范规定的梁的挠度和裂缝宽度限值要求。

4.《抗规》有对扁梁的较为详细的规定，而《高规》对扁梁仅提了原则要求，《混规》对此则未述及。

（三）设计建议

1. 规定梁截面高跨比为 1/10～1/18 是可行的。在选用时，上限 1/10 可适用于荷载较大的情况。当设计人员确有可靠依据且工程上有需要时，梁的高跨比也可小于 1/18。这虽然是《高规》的规定，但对多层建筑同样适用。

2. 非抗震设计时，扁梁截面高度可取梁计算跨度的 1/16～1/22，跨度较大时宜取较大值，跨度较小时宜取较小值，且不宜小于 2.5 倍板的厚度。截面宽高比不宜大于 3。并应满足有关规范对梁挠度和裂缝宽度的规定。

3. 在工程中，如果梁承受的荷载较大，可以选择较大的高跨比。在计算挠度时，可考虑梁受压区有效翼缘的作用，并可将梁的合理起拱值从其计算所得挠度中扣除。

4. 规范的规定是梁的截面尺寸的最低要求，工程设计时，确定梁的截面尺寸，还受到结构层高及建筑净空高度、梁的承载力、梁的挠度及裂缝宽度、结构刚度、梁纵向受力钢筋的肢距等诸多因素的影响，应综合考虑、确定。

5. 表 4.3.1-1、表 4.3.1-2 给出了现浇钢筋混凝土梁的跨高比建议值及国外一些国家规范规定的梁的跨高比参考值。应当注意：按计算跨高比确定梁的截面高度是传统的经验方法，在梁跨度不大、一般荷载作用下，按此方法估算出的梁的截面尺寸，可以满足规范规定的梁的挠度和裂缝宽度限值要求。当梁跨度大和（或）荷载较大时，应验算梁的挠度、裂缝宽度是否满足规范规定的限值，由此确定梁的截面高度。

采用宽扁梁时，梁的自重加大，而刚度较小，对结构的抗侧刚度贡献也小。并可能使框架柱、剪力墙等竖向抗侧力构件配筋加大，框架梁自身配筋也将加大，从结构设计来看，经济性可能不是很好。但采用宽扁梁时可以有效降低层高而满足楼层净空高度的要求，整个工程的综合经济性能较好。同时，宽扁梁的梁截面高度小，容易形成梁铰机制，截面宽度大，可以更好地约束节点核心区混凝土，改善节点的延性，于抗震有利。

因此，是否采用宽扁梁、或加大梁的宽度而减小梁的高度，也应根据结构层高及建筑净空高度、梁的承载力、梁的挠度及裂缝宽度、结构刚度、梁纵向受力钢筋的肢距等诸多因素的影响，综合考虑、确定。

现浇钢筋混凝土梁截面高度与跨度的比值 表 4.3.1-1

项次	梁的种类		梁截面高度	常用跨度 (m)	适用范围	备 注
1	现浇整体楼盖	普通主梁	$l/10 \sim l/15$	≤9	民用建筑框架结构、框-剪结构、框-筒结构	
		框架扁梁	$l/16 \sim l/22$			
		次梁	$l/12 \sim l/15$			
2	独立梁	简支梁	$l/8 \sim l/12$	≤12	混合结构	
		连续梁	$l/12 \sim l/15$			
3	悬臂梁		$l/5 \sim l/6$	≤4		
4	井字梁		$l/15 \sim l/20$	≤15	长宽比小于1.5的楼屋盖	梁距小于3.6m且周边应有边梁
5	框支梁		$l/6$ $(l/8)$	≤9	框支剪力墙结构	括号内数值为非抗震设计
6	底层框架梁		$l/10$	≤7	底部框架上部为多层砌体砖房结构	

注：1. l 为梁的计算跨度；

　　2. 梁的跨度大于或等于9m时，表中数值应乘以系数1.2；

　　3. 对于墙梁应按《砌体结构设计规范》GB 50003—2001 第7.3节的规定确定。

国外部分国家梁截面高度与跨度的比值 表 4.3.1-2

规 范	钢筋屈服强度	支承情况		
		简支梁	一端连续梁	两端连续梁
美国 ACI 318—99	420MPa	1/16	1/18.5	1/21
	其他钢筋 f_{yk}	上面的数字相应乘以（$0.4 + f_{yk}/700$）		
新西兰 DZ 3101—94	300MPa	1/20	1/23	1/26
	430MPa	1/17	1/19	1/22

6. 预应力梁的截面高度与跨度比参见《全国民用建筑工程设计技术措施（混凝土结构）》2009 的相关规定。

二、框架梁端截面混凝土受压区高度

（一）相关规范的规定

1.《高规》第 6.3.2 条第 1 款规定：

抗震设计时，计入受压钢筋作用的梁端截面混凝土受压区高度与有效高度之比值，一级不应大于 0.25，二、三级不应大于 0.35。

2.《抗规》第 6.3.3 条第 1 款、《混规》第 11.3.1 条与《高规》规定一致。

（二）对规范的理解

1. 本款是抗震设计时满足框架梁延性要求的抗震构造措施之一。

2. 梁的变形能力主要取决于梁端的塑性转动量，而梁的塑性转动量与截面混凝土相对受压区高度 x/h_0 有关。x/h_0 越小，梁的延性越好。当相对受压区高度 x/h_0 为 $0.25 \sim 0.35$ 范围时，梁的位移延性系数可达到 $3 \sim 4$。

（三）设计建议

1. 因为梁端有箍筋加密区，箍筋间距较密，可保证很好地发挥受压纵向钢筋的作用。所以，在计算梁端相对受压区高度 x/h_0 时，宜按梁端截面实际受拉和受压纵向钢筋的面积进行计算。在满足框架梁端的受压与受拉纵向钢筋的比例 A'_s/A_s 不小于 0.5（一级）或 0.3（二、三级）的情况下，一般受压区高度 x 不大于 $0.25\,h_0$（一级）或 $0.35\,h_0$（二、三级）的条件较易满足。

2. 计算梁端截面纵向受拉钢筋时，应采用框架梁与柱交界面的组合弯矩设计值，并应计入受压纵向钢筋。

3. 本款三规范说法一致，且均为强制性条文，应严格遵守。

三、框架梁纵筋受拉钢筋最小配筋率

（一）相关规范的规定

1.《高规》第 6.3.2 条第 2 款规定：

纵向受拉钢筋的最小配筋百分率 ρ_{min}（%），非抗震设计时，不应小于 0.2 和 $45f_t/f_y$ 二者的较大值；抗震设计时，不应小于表 6.3.2-1 规定的数值。

表 6.3.2-1　梁纵向受拉钢筋最小配筋百分率 ρ_{min}（%）

抗震等级	位　　置	
	支座（取较大值）	跨中（取较大值）
一级	0.40 和 $80f_t/f_y$	0.30 和 $65f_t/f_y$
二级	0.30 和 $65f_t/f_y$	0.25 和 $55f_t/f_y$
三、四级	0.25 和 $55f_t/f_y$	0.20 和 $45f_t/f_y$

2.《抗规》对此未述及。

3.《混规》第 8.5.1 条、第 11.3.6 条第 1 款与《高规》规定一致。

（二）对规范的理解

1. 规定框架梁的纵筋受拉钢筋最小配筋率要求，目的是防止框架梁在荷载作用下，由于钢筋配置过少导致一拉就裂、一裂就坏的少筋梁脆性破坏。抗震设计时，是满足框架梁延性要求的抗震构造措施之一。

2. 梁的纵筋受拉钢筋最小配筋率的取值采用双控方案。即一方面规定具体数值（规定值），另一方面使用与混凝土抗拉强度设计值和钢筋抗拉强度设计值相关的特征值参数（计算值）进行控制。

（三）设计建议

1. 抗震设计时，框架梁的纵筋受拉钢筋最小配筋率应根据不同的抗震等级、不同的位置（支座或跨中）确定，而非抗震设计时，则一律取为 0.2 和 $45 f_t/f_y$ 二者的较大值。

2. 当混凝土强度等级取 C35 及以上时，建议取用高强度钢筋以减少用钢量，笔者曾按 C35、C30 混凝土，500MPa、400MPa、335MPa 级钢筋对此作一简单计算，列于表 4.3.3。

采用不同强度钢筋时框架梁最小配筋率计算值　　　　　表 4.3.3

配筋位置				支　座				跨　中			
钢筋强度				500	400	335	规定值	500	400	335	规定值
抗震等级	一级	混凝土强度	C35	0.306	0.350	0.419	0.400	0.249	0.284	0.340	0.300
	二级		C35	0.249	0.284	0.340	0.300	0.211	0.240	0.288	0.250
	二级		C30	0.227	0.258	0.310	0.300	0.192	0.219	0.262	0.250
	三、四级		C30	0.192	0.219	0.262	0.250	0.157	0.179	0.215	0.200

可见此时采用 400 级钢筋是较为经济合理的。

3. 本款两规范规定均为强制性条文，应严格执行。

四、框架梁端截面底面和顶面纵向钢筋截面面积的比值

（一）相关规范的规定

1.《高规》第 6.3.2 条第 3 款规定：

抗震设计时，梁端截面的底面和顶面纵向钢筋截面面积的比值，除按计算确定外，一级不应小于 0.5，二、三级不应小于 0.3。

2.《抗规》第 6.3.3 条第 2 款、《混规》第 11.3.6 条第 2 款与《高规》规定一致。

（二）对规范的理解

本款是抗震设计时满足框架梁延性要求的又一抗震构造措施。

梁端底面和顶面纵向钢筋的比值，对梁的变形能力有较大影响。提高梁端下部纵向受力钢筋的数量，可增加梁端在负弯矩作用下的塑性转动能力，有助于改善梁端塑性铰区的延性性能。同时，由于地震作用的随机性，在较强地震下梁端可能出现较大的正弯矩，该正弯矩有可能明显大于考虑常遇地震作用下的梁端组合正弯矩。若梁端下部纵向受力钢筋配置过少，将可能发生下部纵向钢筋的过早屈服或破坏，从而影响承载力和变形能力的正常发挥。因此，在梁端箍筋加密区内，下部纵向受力钢筋不宜过少，下部和上部钢筋的截面面积应符合一定的比例。

（三）设计建议

1. 抗震设计中，若内力组合及配筋计算后梁端截面的底部和顶部纵向受力钢筋截面面积比值不符合规范规定，应调整钢筋截面面积的比值，使之既满足承载力要求，又满足梁端截面的底部和顶部纵向受力钢筋截面面积比值的要求。

2. 应注意：当按上款调整后梁的实配钢筋反算出的梁端抗弯承载力较计算值大很多时（一般为大 10%），建议在进行强柱弱梁的内力调整时按实配反算梁抗弯承载力的方法进行。

3. 本款三规范说法一致，且均为强制性条文，应严格遵守。

五、框架梁端纵向受拉钢筋的最大配筋率

（一）相关规范的规定

1. 《高规》第 6.3.3 条第 1 款规定：

梁的纵向钢筋配置，尚应符合下列规定：

抗震设计时，梁端纵向受拉钢筋的配筋率不宜大于 2.5%，不应大于 2.75%；当梁端受拉钢筋的配筋率大于 2.5% 时，受压钢筋的配筋率不应小于受拉钢筋的一半。

2. 《抗规》第 6.3.4 条第 1 款规定：

梁端纵向受拉钢筋的配筋率不宜大于 2.5%。……。

3. 《混规》第 11.3.7 条规定：

梁端纵向受拉钢筋的配筋率不宜大于 2.5%。……。

（二）对规范的理解

抗震设计时，控制框架梁端纵向受拉钢筋的最大配筋率目的主要是满足框架梁的延性要求。具体有以下两点：

1. 地震作用下，如果梁端出现破坏，应保证是具有较高延性的适筋破坏；

2. 不应使框架梁柱节点纵向受拉钢筋设置过于密集，防止由于梁端纵向受力钢筋滑移失锚而破坏。

框架梁的延性性能随其配筋率提高而降低。但提高框架梁的延性性能还有其他措施：限制计入受压钢筋作用的梁端混凝土受压区高度，保证梁端截面的底面和顶面纵向钢筋截面面积的比值，以及其他抗震构造措施等。抗震设计时，只要框架梁端混凝土受压区高度 x 满足《高规》第 6.3.2 条第 1 款的规定，梁端截面的底面和顶面纵向钢筋截面面积的比值满足《高规》第 6.3.2 条第 3 款的规定，即使配筋率较大，梁端仍具有较好的延性；但是，较大的配筋率可能会使梁端纵向受拉钢筋过于密集，造成混凝土对钢筋的握裹力不足，导致在地震反复荷载作用下，框架梁由于梁端纵向受力钢筋滑移失锚而破坏（这也是一种脆性破坏）。此外，较大的梁端纵向受拉钢筋配筋率，也给梁的"强剪弱弯"增加难度。

根据国内、外试验资料，受弯构件当配置不少于受拉钢筋 50% 的受压钢筋时，其延性可以与低配筋率的构件相当。新西兰规范规定：当受弯构件的压区钢筋大于拉区钢筋 50% 时，受拉钢筋配筋率不大于 2.5% 的规定可适当放松。当受压钢筋不少于受拉钢筋的 75% 时，其受拉钢筋的配筋率可提高 30%，即可放宽到 3.25%。

考虑到根据近年来工程应用情况，2010 版《高规》不再将框架梁支座纵向受力钢筋最大配筋率作为强制性条文，并规定：当受压钢筋不少于受拉钢筋的 50% 时，受拉钢筋的配筋率可提高至 2.75%。

但是注意：2010 版《抗规》、《混规》仅规定："梁端纵向受拉钢筋的配筋率不宜大于 2.5%"，而没有《高规》的"不应大于 2.75%"。可见《抗规》、《混规》的规定和《高规》有些许区别。

（三）设计建议

高层建筑，特别是设防烈度高又较为复杂的高层建筑，梁端纵向受拉钢筋可能配置较多，如果强制规定配筋率必须小于 2.5%，则可能不满足承载力的要求，而为了满足承载力的要求，不得不加大梁的截面尺寸或采用其他措施。但其实这都是不必要的，因为如上所述，只要抗震措施合适，即使配筋率较大，梁端仍具有较好的延性。所以，工程设计时，一般情况下，应尽可能使梁端纵向受拉钢筋的配筋率不大于 2.5%。对由于设防烈度高或荷载较大等导致少数框架梁端弯矩设计值偏大，可放宽到 2.75%。

笔者认为：配筋率放宽到 2.75% 只能是少数框架梁。如较多的框架梁端配筋率超过 2.5%，则应根据工程的实际情况，通过调整结构布置、构件截面尺寸等使之配筋率不大于 2.5%。当然，也可以采用型钢梁等。

注意：对顶层端节点，框架梁端纵向受拉钢筋的配筋率不适用此条规定，而只能按《混规》第 9.3.8 条的规定取为 $A_s \leqslant \dfrac{0.35\beta_c f_c b_b h_0}{f_y}$。具体理由及做法见本章第五节"六、顶层端节点框架梁柱纵向受力钢筋的搭接"。抗震设计时，亦不宜超过《混规》第 9.3.8 条规定的配筋率。

框架梁端较为合理经济的配筋率一般为 1.0%~2.0%。

六、沿框架梁全长顶面、底面的配筋构造

（一）相关规范的规定

1.《高规》第 6.3.3 条第 2 款规定：

沿梁全长顶面和底面应至少各配置两根纵向配筋，一、二级抗震设计时钢筋直径不应小于 14mm，且分别不应小于梁两端顶面和底面纵向配筋中较大截面面积的 1/4；三、四级抗震设计和非抗震设计时钢筋直径不应小于 12mm。

2.《抗规》第 6.3.4 条第 1 款、《混规》第 11.3.7 条与《高规》规定一致。

（二）对规范的理解

梁的配筋应根据梁在各种荷载工况下的弯矩包络图计算。地震作用过程中框架梁的反弯点位置可能有变化，梁跨中上部很可能会出现负弯矩。沿梁全长配置一定数量的通长钢筋可以保证梁各个部位都具有适当的承载力。

（三）设计建议

1. 沿梁全长顶面、底面的配筋，除了应满足一、二级不应少于 2φ14，三、四级不应少于 2φ12 外，还应特别注意"分别不应少于梁顶面、底面两端纵向配筋中较大截面面积的 1/4"。

2. 这里的"两根通长的纵向钢筋"，不是架立钢筋而是受力钢筋，但并不是要求这两根钢筋不能截断，而是强调沿梁全长顶面和底面各截面必须有一定数量的配筋。在满足一定数量的配筋前提下，梁跨中部分顶面的纵向钢筋直径允许小于支座处的纵向钢筋直径，不同直径的纵向钢筋可以按规范要求进行可靠的连接。

七、抗震设计时框架梁端箍筋加密区的长度、箍筋最大间距和最小直径

（一）相关规范的规定

1.《高规》第6.3.2条第4款规定：

抗震设计时，梁端箍筋的加密区长度、箍筋最大间距和最小直径应符合表6.3.2-2的要求；当梁端纵向钢筋配筋率大于2%时，表中箍筋最小直径应增大2mm。

表6.3.2-2 梁端箍筋加密区的长度、箍筋最大间距和最小直径

抗震等级	加密区长度(取较大值) （mm）	箍筋最大间距(取最小值) （mm）	箍筋最小直径 （mm）
一	$2.0h_b$，500	$h_b/4$，$6d$，100	10
二	$1.5h_b$，500	$h_b/4$，$8d$，100	8
三	$1.5h_b$，500	$h_b/4$，$8d$，150	8
四	$1.5h_b$，500	$h_b/4$，$8d$，150	6

注：1 d 为纵向钢筋直径，h_b 为梁截面高度；

    2 一、二级抗震等级框架梁，当箍筋直径大于12mm、肢数不少于4且肢距不大于150mm时，箍筋加密区最大间距应允许适当放松，但不应大于150mm。

2.《抗规》第6.3.3条第3款、《混规》第11.3.6条第3款与《高规》规定一致。

（二）对规范的理解

本款也是抗震设计时满足框架梁延性要求的抗震构造措施。

处于三向受压状态下的混凝土，不仅可提高其受压能力，还可提高其变形能力。

箍筋的作用有四个方面：其一是抗剪；其二是和纵向钢筋构成骨架，便于构件的绑扎和混凝土的浇捣，方便施工；其三是减小受压钢筋的长度，防止纵向受压钢筋屈曲破坏；其四是约束混凝土，提高延性。抗震设计时，梁端加密区箍筋在发挥其他作用的同时，其主要作用是约束混凝土提高延性。规范规定梁端箍筋加密，目的是从构造上对框架梁塑性铰区的受压混凝土提供更好的约束，并有效地约束纵向受力钢筋，防止纵向受力钢筋在保护层混凝土剥落后过早压屈，以保证梁端具有足够的塑性铰转动能力。就是说，梁端箍筋加密根本目的并不是梁的抗剪承载力要求，而是约束混凝土、提高梁的延性、提高结构抗震性能的要求。

根据试验和震害经验，梁端的破坏主要集中于1.5～2.0倍梁高的长度范围内；当箍筋间距小于$6d$～$8d$（d为纵向钢筋直径）时，混凝土压溃前受压钢筋一般不致压屈，延性较好。因此规定了箍筋加密区的最小长度、箍筋最大间距和最小直径，限制了箍筋最大肢距；当纵向受拉钢筋的配筋率超过2%时，箍筋的最小直径相应增大。

（三）设计建议

1.因为箍筋的作用是约束混凝土提高延性，故即使抗剪承载力计算不需要规范规定的这么多，也必须按规定配置。同时，也不能采用加大箍筋直径、加大箍筋间距的配置方式。

2.需要注意的是：当梁端纵向受拉钢筋配筋率大于2%时，为了更好地从构造上对框架梁塑性铰区的受压混凝土提供约束，并有效约束纵向受压钢筋，保证梁端具有足够的塑性铰转动能力，此时表中箍筋最小直径应增大2mm。例如，一级抗震的框架梁，当梁端

的纵向受拉钢筋配筋率为2.1%时，梁端加密区箍筋的最小直径应取为12mm，而不应是表中的10mm。

3. 2010版规范还增加了表6.3.2-2的注2，给出了可适当放松梁端加密区箍筋的间距的条件。主要考虑当箍筋直径较大且肢数较多时，适当放宽箍筋间距要求，仍然可以满足梁端的抗震性能要求，同时箍筋直径大、间距过密时不利于混凝土的浇筑，难以保证混凝土的质量。

4. 本款三规范说法一致，且均为为强制性条文，应严格遵守。

八、抗震设计时框架梁箍筋最小配箍率

（一）相关规范的规定

1.《高规》第6.3.5条第1、2款规定：

抗震设计时，框架梁的箍筋尚应符合下列构造要求：

1 沿梁全长箍筋的面积配筋率应符合下列规定：

一级 $\rho_{sv} \geq 0.30 f_t / f_{yv}$ (6.3.5-1)

二级 $\rho_{sv} \geq 0.28 f_t / f_{yv}$ (6.3.5-2)

三、四级 $\rho_{sv} \geq 0.26 f_t / f_{yv}$ (6.3.5-3)

式中：ρ_{sv} ——框架梁沿梁全长箍筋的面积配筋率。

2 在箍筋加密区范围内的箍筋肢距：一级不宜大于200mm和20倍箍筋直径的较大值，二、三级不宜大于250mm和20倍箍筋直径的较大值，四级不宜大于300mm；

2.《抗规》第6.3.4条第3款规定：

梁端加密区的箍筋肢距，一级不宜大于200mm和20倍箍筋直径的较大值，二、三级不宜大于250mm和20倍箍筋直径的较大值，四级不宜大于300mm。

《抗规》无沿梁全长箍筋面积配筋率的规定。

3.《混规》第11.3.8条、第11.3.9条规定与《高规》规定一致。

（二）对规范的理解

1. 框架梁在竖向均布荷载作用下，支座截面剪力固然较大，但在水平地震作用下，跨中截面的剪力也不小；加之有次梁或有较大集中力或为变截面梁、箍筋配置有变化的梁等，框架梁跨中截面受剪承载力的问题亦应重视。规范规定了沿梁全长箍筋面积最小配筋率的要求，就是为了防止框架梁在水平和竖向荷载作用下出现"一剪就裂、一裂就坏"的少筋破坏。

2. 抗震设计时沿梁全长箍筋的面积配筋率是在非抗震设计要求的基础上适当加大后给出的。

3. 规范规定了梁端加密区的箍筋肢距，目的是为了更好地约束混凝土，同时防止纵向受力钢筋的屈曲失稳（在地震反复荷载作用下，梁上、下部纵向受力钢筋都将受压）。

（三）设计建议

1. 如上所述，规范规定的沿梁全长箍筋面积最小配筋率是强度要求。在梁全长范围内，若梁的斜截面抗剪计算配筋小于最小配筋，应按最小配筋率配置；在梁端加密区，除应满足上述第七条梁端箍筋加密区的箍筋最大间距和最小直径要求外，还必须满足最小配筋率的要求。

计算梁斜截面受剪承载力的控制截面，除选取梁支座边缘处截面外，尚应选取有次梁或有较大集中力处截面作为剪力设计值的计算截面。对变截面梁、箍筋配置有变化的梁等，尚应按《混规》第6.3.2条的规定，确定若干个剪力设计值的计算截面，由此计算各截面的抗剪承载力。

2.《高规》第5款还规定：框架梁非加密区箍筋最大间距不宜大于加密区箍筋间距的2倍。抗震设计的等截面梁，将支座附近的箍筋直径不变间距加大一倍配置在跨中（支座附近配箍满足受剪承载力和抗震构造要求），一般可满足跨中截面受剪承载力和抗震构造要求。但是，当框架梁跨中有次梁或有较大集中力时，其截面剪力设计值往往与支座处接近或差别不大，仍将支座附近的箍筋间距加大一倍配置在此处，有可能造成此处截面抗剪承载力不足。注意《高规》是最低要求，设计时还应根据梁的具体受力情况配置。此时，应选取有次梁或有较大集中力处截面作为剪力设计值的计算截面计算其斜截面受剪承载力并满足配箍构造要求。

3. 关于箍筋肢距的要求，规范在抗震设计时的规定比非抗震设计时要严。非抗震设计时箍筋肢距的要求详见本节第十条。

九、抗震设计时梁、柱端加密区箍筋的构造

（一）相关规范的规定

1.《高规》第6.3.5条第3、4款、第6.4.8条第1款规定：

第6.3.5条第3、4款抗震设计时，框架梁的箍筋尚应符合下列构造要求：

3 箍筋应有135°弯钩，弯钩端头直段长度不应小于10倍的箍筋直径和75mm的较大值；

4 在纵向钢筋搭接长度范围内的箍筋间距，钢筋受拉时不应大于搭接钢筋较小直径的5倍，且不应大于100mm；钢筋受压时不应大于搭接钢筋较小直径的10倍，且不应大于200mm；

第6.4.8条第1款

抗震设计时，柱箍筋应符合下列规定：

箍筋应为封闭式，其末端应做成135°弯钩且弯钩末端平直段长度不应小于10倍的箍筋直径，且不应小于75mm；

2.《抗规》无此规定。

3.《混规》第11.1.8条规定：

箍筋宜采用焊接封闭箍筋、连续螺旋箍筋或连续复合螺旋箍筋。当采用非焊接封闭箍筋时，其末端应做成135°弯钩，弯钩端头平直段长度不应小于箍筋直径的10倍；在纵向钢筋搭接长度范围内的箍筋间距不应大于搭接钢筋较小直径的5倍，且不宜大于100mm。

（二）对规范的理解

1. 箍筋对抗震设计的混凝土构件具有重要的约束作用，采用封闭箍筋、连续螺旋箍筋或连续复合螺旋箍筋可以有效提高对构件混凝土和纵向钢筋的约束效果，改善构件的抗震延性。对于绑扎钢筋，试验研究和震害经验表明，对箍筋末端的构造要求是保证地震作用下箍筋对混凝土和纵向钢筋起到有效约束作用的必要条件。同时，《混规》也提出"箍筋宜采用焊接封闭箍筋"，主要是倡导和适应工厂化加工配送钢筋的需求。

《高规》第6.4.8条条文说明认为：原规程JGJ 3—91曾规定：当柱内全部纵向钢筋

的配筋率超过3%时，应将箍筋焊成封闭箍。考虑到此种要求在实施时，常易将箍筋与纵筋焊在一起，使纵筋变脆，于抗震不利；同时每个箍皆要求焊接，费时费工，增加造价，于质量无益而有害。目前，国际上主要结构设计规范，皆无类似规定。因此本规程对柱纵向钢筋配筋率超过3%时，未作必须焊接的规定。

可见两者的规定是有区别的。

关于绑扎搭接箍筋，《混规》要求"弯钩端头平直段长度不应小于箍筋直径的10倍"，而《高规》还有"且不应小于75mm"的规定。事实上，抗震设计时箍筋的直径一般不会小于8mm，10d即为80mm，大于75mm，自然满足。故两者的说法其实是一致的。

2. 搭接接头区域的配箍构造措施对保证搭接钢筋传力至关重要。为了防止构件保护层的混凝土劈裂时纵向受力钢筋突然失锚，规范规定了在纵向钢筋搭接长度范围内的箍筋间距等要求。但两本规范的规定有区别：《高规》对纵向受拉钢筋和纵向受压钢筋的箍筋间距要求不同，受压钢筋箍筋间距可放宽要求；而《混规》一律按纵向受拉钢筋的规定从严要求。

（三）设计建议

1. 用作约束混凝土提高延性的箍筋，采用封闭箍筋是必须的。问题在于如何形成封闭箍筋。采用绑扎搭接箍筋，做成带135°弯钩、箍筋末端的直段长度不小于10d的封闭箍筋，是抗震设计及纵向钢筋配筋率大于3%时非抗震设计的箍筋构造的做法之一。

2. 采用焊接封闭箍筋是抗震设计及纵向钢筋配筋率大于3%时非抗震设计的箍筋构造的又一做法，此时应特别注意避免出现箍筋与纵筋焊接在一起的情况。

3. 在地震反复荷载作用下，梁的上下部或柱的两侧纵向受力钢筋将会处于受拉、受压的反复变化中，因此，搭接接头区域的箍筋间距，建议统一按"不应大于搭接钢筋较小直径的5倍，且不宜大于100mm"较好。当纵向受力钢筋直径不同时，箍筋间距按较小直径钢筋确定，箍筋直径按较大直径钢筋确定。

4. 非抗震设计时规范对搭接接头区域的配箍构造亦有规定，详见《混规》第8.3.1条、第8.4.6条。

十、非抗震设计时框架梁箍筋构造要求

（一）相关规范的规定

1.《高规》第6.3.4条第2、3、4、6款规定：

非抗震设计时，框架梁箍筋配筋构造应符合下列规定：

2 截面高度大于800mm的梁，其箍筋直径不宜小于8mm；其余截面高度的梁不应小于6mm；在受力钢筋搭接长度范围内，箍筋直径不应小于搭接钢筋最大直径的0.25倍；

3 箍筋间距不应大于表6.3.4的规定；在纵向受拉钢筋的搭接长度范围内，箍筋间距尚不应大于搭接钢筋较小直径的5倍，且不应大于100mm；在纵向受压钢筋的搭接长度范围内，箍筋间距尚不应大于搭接钢筋较小直径的10倍，且不应大于200mm；

4 承受弯矩和剪力的梁，当梁的剪力设计值大于0.7$f_t bh_0$时，其箍筋的面积配筋率应符合下式规定：

$$\rho_{sv} \geqslant 0.24 f_t / f_{yv} \tag{6.3.4-1}$$

表 6.3.4　非抗震设计梁箍筋最大间距（mm）

V \ h_b (mm)	$V>0.7f_tbh_0$	$V\leqslant 0.7f_tbh_0$
$h_b\leqslant 300$	150	200
$300<h_b\leqslant 500$	200	300
$500<h_b\leqslant 800$	250	350
$h_b>800$	300	400

6　当梁中配有计算需要的纵向受压钢筋时，其箍筋配置尚应符合下列规定：

1）箍筋直径不应小于纵向受压钢筋最大直径的 1/4；

2）箍筋应做成封闭式；

3）箍筋间距不应大于 $15d$ 且不应大于 400mm；当一层内的受压钢筋多于 5 根且直径大于 18mm 时，箍筋间距不应大于 $10d$（d 为纵向受压钢筋的最小直径）；

4）当梁截面宽度大于 400mm 且一层内的纵向受压钢筋多于 3 根时，或当梁截面宽度不大于 400mm 但一层内的纵向受压钢筋多于 4 根时，应设置复合箍筋。

2.《抗规》无此规定。

3.《混规》第 9.2.9 条规定：

梁中箍筋的配置应符合下列规定：

1　按承载力计算不需要箍筋的梁，当截面高度大于 300mm 时，应沿梁全长设置构造箍筋；当截面高度 $h=150\text{mm}\sim 300\text{mm}$ 时，可仅在构件端部 $l_0/4$ 范围内设置构造箍筋，l_0 为跨度。但当在构件中部 $l_0/2$ 范围内有集中荷载作用时，则应沿梁全长设置箍筋。当截面高度小于 150mm 时，可以不设置箍筋。

2　截面高度大于 800mm 的梁，箍筋直径不宜小于 8mm；对截面高度不大于 800mm 的梁，不宜小于 6mm。梁中配有计算需要的纵向受压钢筋时，箍筋直径尚不应小于 $d/4$，d 为受压钢筋最大直径。

3　梁中箍筋的最大间距宜符合表 9.2.9 的规定；当 V 大于 $0.7f_tbh_0+0.05N_{p0}$ 时，箍筋的配筋率 ρ_{sv} $[\rho_{sv}=A_{sv}/(bs)]$ 尚不应小于 $0.24f_t/f_{yv}$。

表 9.2.9　梁中箍筋的最大间距（mm）

梁高 h	$V>0.7f_tbh_0+0.05N_{p0}$	$V\leqslant 0.7f_tbh_0+0.05N_{p0}$
$150<h\leqslant 300$	150	200
$300<h\leqslant 500$	200	300
$500<h\leqslant 800$	250	350
$h>800$	300	400

4　当梁中配有按计算需要的纵向受压钢筋时，箍筋应符合以下规定：

1）箍筋应做成封闭式，且弯钩直线段长度不应小于 $5d$，d 为箍筋直径。

2）箍筋的间距不应大于 $15d$，并不应大于 400mm。当一层内的纵向受压钢筋多于 5 根且直径大于 18mm 时，箍筋间距不应大于 $10d$，d 为纵向受压钢筋的最小直径。

3）当梁的宽度大于 400mm 且一层内的纵向受压钢筋多于 3 根时，或当梁的宽度不大于 400mm 但一层内的纵向受压钢筋多于 4 根时，应设置复合箍筋。

（二）对规范的理解

1. 按承载力计算不需要箍筋、截面高度又不大于 300mm 的梁，为什么要设置箍筋？而且梁高越小，箍筋间距还越密？这是因为：理论分析说明，梁受剪破坏产生的剪切裂缝大致和梁底面成 45°角，当梁高很小而箍筋间距又较大时，则箍筋可能不会与剪切斜裂缝相交，即虽然配置了箍筋，但不能抗剪，没有任何作用，等同无腹筋（箍筋）梁。这当然是不可以的。

2. 为了满足对梁核心部分混凝土维持有效的约束，使其能够承载受力，避免梁在荷载作用下因无腹筋（箍筋）而出现"一剪就裂、一裂就坏"的少筋破坏。规范规定：即使计算不需要箍筋时，梁中仍需按构造要求配置箍筋，并规定了不同情况下的配箍范围；此外，无论是计算配箍还是构造配箍，对其箍筋最小直径、最大间距也作了具体规定。

3. 为了防止梁中纵向受压钢筋屈曲失稳，需要对纵筋在两个方向都加以约束以减小纵筋在两个方向的长度。当梁截面较宽、配置受压钢筋根数较多时，如仅设置双肢箍，则除两侧外梁截面中间位置的纵筋只能受到一个方向的约束，仍可能受压而屈曲失稳。因此，规范规定此时应设置复合箍筋，并规定了箍筋的间距要求。

（三）设计建议

1. 对截面高度不大于 300mm 的梁的构造箍筋设置问题，虽然《高规》未作规定，但无论是高层建筑还是多层建筑，都有此类梁。比如楼梯间休息平台梁、一些楼板开洞而设置的次梁以及其他短跨次梁等。作为构造配箍，这类梁箍筋直径不必取大，但间距应密一些。

2. 非抗震设计时梁箍筋最大间距的表中，《混规》有 $0.05N_{P_0}$ 一项，这是考虑当采用预应力梁时预压应力对梁的抗剪承载力有所提高。不采用预应力梁，这一项当然也就没有了。

3. 注意：仅受弯、剪的梁，其箍筋最小配筋率为 $0.24f_t/f_{yv}$，配筋率计算公式为 ρ_{sv} $= A_{sv}/(bs)$。受有弯、剪、扭的梁，其箍筋最小配筋率为 $0.28f_t/f_{yv}$，具体详见以下第十一条。

4. 开口箍不利于纵向钢筋的定位，且不能约束混凝土，故除小过梁外，一般不应采用开口箍。

十一、非抗震设计时承受弯、剪、扭的框架梁受扭箍筋、受扭纵筋的配筋率

（一）相关规范的规定

1. 《高规》第 6.3.4 条第 5 款规定：

非抗震设计时，框架梁箍筋配筋构造应符合下列规定：

承受弯矩、剪力和扭矩的梁，其箍筋面积配筋率和受扭纵向钢筋的面积配筋率应分别符合公式（6.3.4-2）和（6.3.4-3）的规定；

$$\rho_{sv} \geqslant 0.28f_t/f_{yv} \qquad (6.3.4\text{-}2)$$

$$\rho_{tl} \geqslant 0.6\sqrt{\frac{T}{Vb}}f_t/f_y \qquad (6.3.4\text{-}3)$$

当 $T/(Vb)$ 大于 2.0 时，取 2.0。

式中：T、V——分别为扭矩、剪力设计值；

ρ_{tl}、b——分别为受扭纵向钢筋的面积配筋率、梁宽。

2.《抗规》无此规定。

3.《混规》第9.2.10条、第9.2.5条规定：

第9.2.10条

在弯剪扭构件中，箍筋的配筋率 ρ_{sv} 不应小于 $0.28f_t/f_{yv}$。

箍筋间距应符合本规范表9.2.9的规定，其中受扭所需的箍筋应做成封闭式，且应沿截面周边布置。当采用复合箍筋时，位于截面内部的箍筋不应计入受扭所需的箍筋面积。受扭所需箍筋的末端应做成135°弯钩，弯钩端头平直段长度不应小于10d，d为箍筋直径。

在超静定结构中，考虑协调扭转而配置的箍筋，其间距不宜大于 $0.75b$，此处 b 按本规范第6.4.1条的规定取用，但对箱形截面构件，b 均应以 b_h 代替。

第9.2.5条

梁内受扭纵向钢筋的最小配筋率 $\rho_{tl,min}$ 应符合下列规定：

$$\rho_{tl,min} = 0.6\sqrt{\frac{T}{Vb}}\frac{f_t}{f_y} \tag{9.2.5}$$

当 $T/(Vb) > 2.0$ 时，取 $T/(Vb) = 2.0$。

式中：$\rho_{tl,min}$——受扭纵向钢筋的最小配筋率，取 $A_{stl}/(bh)$；

b——受剪的截面宽度，按本规范第6.4.1条的规定取用，对箱形截面构件，b 应以 b_h 代替；

A_{stl}——沿截面周边布置的受扭纵向钢筋总截面面积。

沿截面周边布置受扭纵向钢筋的间距不应大于200mm及梁截面短边长度；除应在梁截面四角设置受扭纵向钢筋外，其余受扭纵向钢筋宜沿截面周边均匀对称布置。受扭纵向钢筋应按受拉钢筋锚固在支座内。

在弯剪扭构件中，配置在截面弯曲受拉边的纵向受力钢筋，其截面面积不应小于按本规范第8.5.1条规定的受弯构件受拉钢筋最小配筋率计算的钢筋截面面积与按本条受扭纵向钢筋配筋率计算并分配到弯曲受拉边的钢筋截面面积之和。

（二）对规范的理解

1. 规定梁的受扭箍筋和受扭纵筋的最小配筋率，目的是防止梁"一扭就裂、一裂就坏"。

2. 作用在梁上的扭矩使梁截面内产生封闭的、沿截面周边分布的剪力流，所以，受扭所需的箍筋应做成封闭式，且应沿截面周边布置。采用复合箍筋时，位于截面内部的箍筋几乎不抗扭，故不应计入受扭所需的箍筋面积。和上述同样的道理，受扭纵向钢筋除应在梁截面四角设置外，其余受扭纵向钢筋也宜沿截面周边均匀对称布置。

3. 规范对于同时受有弯、剪、扭的梁的承载力计算及配箍构造，采用的办法是：分别计算，相应叠加，配置在各自所在的位置上。

（三）设计建议

1. 正确理解"分别计算，相应叠加，配置在各自所在的位置上"，是受有弯、剪、扭的梁设计的关键所在。所谓"分别计算"，就是纵向钢筋截面面积应按受弯构件的正截面受弯承载力和剪扭构件的受扭承载力分别计算确定。箍筋截面面积应按剪扭构件的受剪承载力和受扭承载力分别计算确定。所谓"相应叠加，配置在各自所在的位置上"，就是将各计算配筋，根据其配筋部位相应叠加。具体来说，梁的受弯纵筋应配置在梁截面的下部、上部（单筋梁）或上部和下部（双筋梁）。梁受扭纵筋的配置，除应在梁截面四角设置受扭纵筋外，其余受扭纵向钢筋则宜沿梁截面周边均匀对称布置，间距不应大于200mm和梁截面短边长度。有的设计分别计算梁的配筋，简单地将两者相加，全部配置在梁的下部显然是错误的。

例如：框架边梁，截面尺寸 $b \times h = 200mm \times 400mm$，经计算梁的受弯纵筋 $A_s = 715.8mm^2$，受扭纵筋 $A_{stl} = 318.6mm^2$，受剪箍筋 $A_{sv}/s = 0.37mm^2/mm$，受扭箍筋 $A_{st1}/s = 0.2mm^2/mm$。根据以上规定，梁的受扭纵筋应在梁截面的上、中、下部各配置 2 根，即上部 $318.6/3 = 106.2mm^2$，考虑到满足框架梁顶面钢筋的构造要求，用 2 Φ 14 （$A_s = 308mm^2$）；中部用 2 Φ 10 （$A_s = 157.1mm^2$）；下部纵筋 $715.8 + 106.2 = 822mm^2$，用 2 Φ 25 （$A_s = 981.8mm^2$），箍筋则将受剪箍筋和受扭箍筋相加，即 $0.37 + 0.2 = 0.57mm^2/mm$，用 2 Φ 8@150 （$A_{sv}/s + A_{st1}/s = 0.67mm^2/mm$），最后纵向受力钢筋配筋如图 4.3.11 所示。

2. 抗震设计时，同时受有弯、剪、扭的框架梁，其沿梁全长箍筋面积最小配筋率如何确定？《混规》第 9.2.10 条规定：在弯剪扭构件中，箍筋的配筋率 ρ_{sv} 不应小于 $0.28f_t/f_{yv}$。但此条是针对非抗震设计的。而规范的上述规定虽然针对抗震设计，但仅是受弯剪的梁。当为抗震设计的弯、剪、扭框架梁时，笔者认为：梁的最小箍筋配筋率宜根据工程实际情况适当加大（即比 $0.28f_t/f_{yv}$ 适当加大）。并应满足相应抗震等级下梁端箍筋加密区

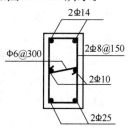

图 4.3.11 梁配筋图

的最小配箍率和最小直径、最大间距等构造要求，梁的非加密区的最小配箍率也应取相应抗震等级下的最小配筋率和 $0.28f_t/f_{yv}$ 两者中的大值并应满足梁的最小直径、最大间距等构造要求。

3. 还需注意的是：

（1）一般框架梁均为双筋梁，当配有受压钢筋时，分配在梁上部的受扭纵筋应和受压钢筋叠加后配置并满足相关的构造要求；

（2）受扭箍筋应做成封闭式，且应沿截面周边布置；受扭所需箍筋的末端应做成 135°弯钩，弯钩端头平直段长度不应小于 $10d$ （d 为箍筋直径）；当采用复合箍筋时，位于截面内部的箍筋不应计入受扭所需的箍筋面积，这和弯、剪构件的箍筋配筋率计算是有区别的；

（3）混凝土规范未述及抗震设计梁的受扭配筋计算，因此，当为抗震设计时，受扭配筋应在原计算的基础上适当放大。

4.《高规》对抗扭配筋的构造做法未作规定，但上述规定，不仅适用高层建筑的梁，同样适用多层建筑的梁。

第四节　框架柱构造要求

一、框架柱的截面尺寸

（一）相关规范的规定

1.《高规》第 6.4.1 条规定：

柱截面尺寸宜符合下列规定：

1 矩形截面柱的边长，非抗震设计时不宜小于250mm，抗震设计时，四级不宜小于300mm，一、二、三级时不宜小于400mm；圆柱直径，非抗震和四级抗震设计时不宜小于350mm，一、二、三级时不宜小于450mm；

2 柱剪跨比宜大于2。

3 柱截面高宽比不宜大于3。

2.《抗规》第6.3.5条规定：

柱的截面尺寸，宜符合下列各项要求：

1 截面的宽度和高度，四级或不超过2层时不宜小于300mm，一、二、三级且超过2层时不宜小于400mm；圆柱的直径，四级或不超过2层时不宜小于350mm，一、二、三级且超过2层时不宜小于450mm。

2 剪跨比宜大于2。

3 截面长边与短边的边长比不宜大于3。

3.《混规》第11.4.11条规定和《抗规》规定一致。

（二）对规范的理解

1. 柱子截面尺寸的确定，应当满足：

（1）尽可能不出现短柱（柱剪跨比宜大于2）；

（2）若为矩形截面柱时，轴向压力下柱短边方向不应失稳（柱截面高宽比不宜大于3）；

（3）抗震设计时还应满足柱轴压比、剪压比等的要求。

2. 根据汶川地震的经验，考虑到抗震安全性，2010版规范提高了抗震设计时对柱截面最小尺寸的要求，以有利于实现"强柱弱梁"。

（三）设计建议

1. 规范以上规定是柱子的最小截面尺寸。《高规》的规定仅适用于抗震和非抗震设计的高层建筑结构，而《抗规》和《混规》的规定仅适用于抗震设计的高层及多层建筑结构。

2. 工程设计中，框架柱截面尺寸的确定，可按下述方法估算：

（1）各类结构的框架柱和框支柱截面尺寸，可根据柱的受荷面积计算由竖向荷载产生的轴向力标准值 N，按下式估算柱截面面积 A_c，然后再确定柱边长。

$$A_c = \zeta N / (\mu f_c) \tag{4.4.1-1}$$

式中 ζ——为轴向力放大系数，按表4.4.1-1取用。

μ——轴压比，按抗规表6.3.6取用。

轴向力放大系数 ζ　　　　　　　　　　　　　　　　表 4.4.1-1

		框支柱	框架角柱	框剪结构框架柱	其 他 柱
抗震设计	一　级	1.6	1.6	1.4	1.5
	二　级	1.6	1.6	1.4	1.5
	三　级	1.5	1.6	1.4	1.5
	四　级	1.4	1.5	1.3	1.3
非抗震设计		1.3	1.5	1.3	1.3

（2）框架柱的截面宜满足 $l_0/b_c \leqslant 30$；$l_0/h_c \leqslant 25$；（l_0 为柱的计算长度；b_c、h_c 分别为柱截面宽度和高度）。框架柱的剪跨比 λ 宜大于 2。抗震设计时，异形柱的剪跨比（λ）不应小于 1.5。

（3）框架柱和框支柱的受剪截面应符合下列条件：

非抗震设计

$$V_c \leqslant 0.25\beta_c f_c b_c h_{c0} \tag{4.4.1-2}$$

抗震设计

剪跨比 $\lambda > 2$ 的框架柱 $\qquad V_c \leqslant \dfrac{1}{\gamma_{RE}}(0.2\beta_c f_c b_c h_{c0}) \tag{4.4.1-3}$

框支柱和剪跨比 $\lambda \leqslant 2$ 的框架柱 $\qquad V_c \leqslant \dfrac{1}{\gamma_{RE}}(0.15\beta_c f_c b_c h_{c0}) \tag{4.4.1-4}$

二、柱轴压比

（一）相关规范的规定

1.《高规》第 6.4.2 条规定：

抗震设计时，钢筋混凝土柱轴压比不宜超过表 6.4.2 的规定；对于 IV 类场地上较高的高层建筑，其轴压比限值应适当减小。

表 6.4.2　柱轴压比限值

结构类型	抗震等级			
	一	二	三	四
框架结构	0.65	0.75	0.85	—
板柱-剪力墙、框架-剪力墙、框架-核心筒、筒中筒结构	0.75	0.85	0.90	0.95
部分框支剪力墙结构	0.60	0.70	—	

注：1　轴压比指柱考虑地震作用组合的轴压力设计值与柱全截面面积和混凝土轴心抗压强度设计值乘积的比值；

2　表内数值适用于混凝土强度等级不高于 C60 的柱。当混凝土强度等级为 C65～C70 时，轴压比限值应比表中数值降低 0.05；当混凝土强度等级为 C75～C80 时，轴压比限值应比表中数值降低 0.10；

3　表内数值适用于剪跨比大于 2 的柱。剪跨比不大于 2 但不小于 1.5 的柱，其轴压比限值应比表中数值减小 0.05；剪跨比小于 1.5 的柱，其轴压比限值应专门研究并采取特殊构造措施；

4　当沿柱全高采用井字复合箍，箍筋间距不大于 100mm、肢距不大于 200mm、直径不小于 12mm，或当沿柱全高采用复合螺旋箍，箍筋螺距不大于 100mm、肢距不大于 200mm、直径不小于 12mm，或当沿柱全高采用连续复合螺旋箍，且螺距不大于 80mm、肢距不大于 200mm、直径不小于 10mm 时，轴压比限值可增加 0.10；

5　当柱截面中部设置由附加纵向钢筋形成的芯柱，且附加纵向钢筋的截面面积不小于柱截面面积的 0.8% 时，柱轴压比限值可增加 0.05；当本项措施与注 4 的措施共同采用时，柱轴压比限值可比表中数值增加 0.15，但箍筋的配箍特征值仍可按轴压比增加 0.10 的要求确定；

6　调整后的柱轴压比限值不应大于 1.05。

2.《抗规》第 6.3.6 条规定：

柱轴压比不宜超过表 6.3.6 的规定；建造于 IV 类场地且较高的高层建筑，柱轴压比限值应适当减小。

表 6.3.6　柱轴压比限值

结构类型	抗震等级			
	一	二	三	四
框架结构	0.65	0.75	0.85	0.90
框架-抗震墙，板柱-抗震墙、框架-核心筒及筒中筒	0.75	0.85	0.90	0.95
部分框支抗震墙	0.6	0.7	—	

注：1　轴压比指柱组合的轴压力设计值与柱的全截面面积和混凝土轴心抗压强度设计值乘积之比值；对本规范规定不进行地震作用计算的结构，可取无地震作用组合的轴力设计值计算；

2　表内限值适用于剪跨比大于2、混凝土强度等级不高于C60的柱；剪跨比不大于2的柱，轴压比限值应降低0.05；剪跨比小于1.5的柱，轴压比限值应专门研究并采取特殊构造措施；

3　沿柱全高采用井字复合箍且箍筋肢距不大于200mm、间距不大于100mm、直径不小于12mm，或沿柱全高采用复合螺旋箍、螺旋间距不大于100mm、箍筋肢距不大于200mm、直径不小于12mm，或沿柱全高采用连续复合矩形螺旋箍、螺旋净距不大于80mm、箍筋肢距不大于200mm、直径不小于10mm，轴压比限值均可增加0.10；上述三种箍筋的最小配箍特征值均应按增大的轴压比由本规范表6.3.9确定；

4　在柱的截面中部附加芯柱，其中另加的纵向钢筋的总面积不少于柱截面面积的0.8%，轴压比限值可增加0.05；此项措施与注3的措施共同采用时，轴压比限值可增加0.15，但箍筋的体积配箍率仍可按轴压比增加0.10的要求确定；

5　柱轴压比不应大于1.05。

3.《混规》第11.4.16条规定和《抗规》规定一致，但表注和《高规》一致，即比《抗规》多注2："表内数值适用于混凝土强度等级不高于C60的柱。当混凝土强度等级为C65～C70时，轴压比限值应比表中数值降低0.05；当混凝土强度等级为C75～C80时，轴压比限值应比表中数值降低0.10。"

（二）对规范的理解

1. 轴压比是衡量柱子延性的重要参数。柱轴压比小，延性好；轴压比大，延性差。限制柱子的轴压比就是希望在地震作用下，如果柱屈服，则出现大偏心受压的延性破坏而不要出现小偏心受压等的脆性破坏。因此，抗震设计时，限制柱子的轴压比是保证框架柱和框支柱的塑性变形能力和延性要求、保证框架的抗倒塌能力的重要措施之一。

2. 不同结构体系中的柱对延性的要求不同，故根据不同的情况提出了不同的柱轴压比限值。框支柱以及框架结构的柱抗震能力较差，应从严控制其轴压比；框架-剪力墙、板柱-剪力墙及筒体结构中，框架属于第二道防线，其中框架的柱与框架结构的柱相比，其重要性相对较低，因此可适当放宽其轴压比限值。2010版规范仍以2001版规范的限值为依据适当调整，将框架结构的轴压比限值减小了0.05；框架-剪力墙、板柱-剪力墙及筒体结构中三级抗震等级框架的柱轴压比限值也减小0.05；抗震等级为四级的框架柱也有延性要求，故增加了四级框架的柱的轴压比限值。

3. 试验研究结果表明：采用螺旋箍筋、连续复合矩形螺旋箍筋等配筋方式，能在一般复合箍筋的基础上进一步提高对核心混凝土的约束效应，改善柱的延性性能。有试验报告，相同柱截面、相同配筋、配箍率、箍距及箍筋肢距，采用连续复合螺旋箍比一般复合箍筋可提高柱的极限变形角25%。故规范规定：当配置复合螺旋箍筋、螺旋箍筋或连续复合矩形螺旋箍筋，且配箍量达到一定程度时，可适当放宽柱设计轴压比的上限控制条件。

4. 分析研究和工程经验都表明：在钢筋混凝土柱中设置核心柱不仅能提高柱的受压承载能力，还可提高柱的变形能力和延性；在压、弯、剪作用下，当柱出现弯、剪裂缝，在大变形情况下芯柱可以有效地减小柱的压缩，保持柱的外形和截面承载力，防止倒塌；特别对于承受高轴向压力的短柱，更有利于提高变形能力，延缓倒塌，类似于型钢混凝土柱中型钢的作用。故规范规定：在设置核心柱、且核心柱的纵向钢筋配筋量达到一定程度时，也可适当放宽柱设计轴压比的上限控制条件。

（三）设计建议

1. 规范条文中所说的"较高的高层建筑"，是指高于 40m 的框架结构或高于 60m 的其他结构体系的混凝土房屋建筑。

2. 表中的轴压比限值，仅适用于剪跨比大于 2 且混凝土强度等级为 C60 及以下的柱。

当混凝土强度等级为 C60 及以下，但剪跨比不大于 2 但不小于 1.5 时，规范规定其柱轴压比限值应比表中数值减小 0.05；剪跨比小于 1.5 的柱，轴压比限值应专门研究并采取特殊构造措施。

当剪跨比大于 2 但混凝土强度等级为 C65～C70 时，《高规》和《混规》规定其柱轴压比限值应比表中数值降低 0.05；当混凝土强度等级为 C75～C80 时，轴压比限值应比表中数值降低 0.10；而《抗规》对此未作规定。抗震设计时，这种情况很少，出现时，可按《高规》和《混规》规定轴压比限值。

3. 计算柱的轴压比时应注意：

（1）计算柱轴压比时柱子的轴力，指柱有地震效应组合的柱轴向压力设计值；对按规定不进行地震作用计算的结构，可取无地震作用组合的轴力设计值计算；

（2）利用箍筋对混凝土进行约束，可以提高混凝土的轴心抗压强度和混凝土的受压极限变形能力。但在此混凝土的轴心抗压强度仍取无箍筋约束的混凝土轴心抗压强度设计值，不考虑箍筋约束对混凝土轴心抗压强度的提高作用。

4. 当采用配置复合螺旋箍筋、螺旋箍筋或连续复合矩形螺旋箍筋方式放宽柱轴压比限值时，应满足规范规定的构造要求（箍筋直径、间距肢数等）；矩形截面柱采用连续矩形复合螺旋箍是一种非常有效的提高延性的措施，采用连续复合矩形螺旋箍可按圆形复合螺旋箍对待。

5. 当采用设置配筋芯柱的方式放宽柱轴压比限值时，芯柱纵向钢筋配筋量应符合本条表注的有关规定，其截面宜符合下列规定（图 4.4.2）：

（1）当柱截面为矩形时，配筋芯柱也可采用矩形截面，其边长不宜小于柱截面相应边长的 1/3；

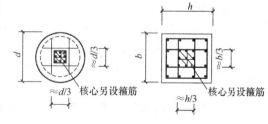

图 4.4.2 芯柱尺寸示意图

（2）当柱截面为正方形时，配筋芯柱可正方形或圆形，其边长或直径不宜小于柱截面边长的 1/3；

（3）当柱截面为圆形时，配筋芯柱宜采用圆形，其直径不宜小于柱截面直径的 1/3。

6. 按上述第 4、5 两款放宽轴压比的上限控制条件后，应注意：

（1）由于轴压比直接影响柱的截面设计，规范规定应控制轴压比最大值。即无论何种情况下，柱轴压比不应大于 1.05。

（2）箍筋加密区的最小体积配箍率应按放宽后的设计轴压比确定，且沿柱全高采用相同的配箍特征值。

三、框架柱纵筋最小配筋率

（一）相关规范的规定

1. 《高规》第 6.4.3 条第 1 款规定：

柱纵向钢筋和箍筋配置应符合下列要求：

柱全部纵向钢筋的配筋率，不应小于表 6.4.3-1 的规定值，且柱截面每一侧纵向钢筋配筋率不应小于 0.2%；抗震设计时，对Ⅳ类场地上较高的高层建筑，表中数值应增加 0.1；

表 6.4.3-1 柱纵向受力钢筋最小配筋百分率（%）

柱 类 型	抗震等级				非抗震
	一级	二级	三级	四级	
中柱、边柱	0.9 (1.0)	0.7 (0.8)	0.6 (0.7)	0.5 (0.6)	0.5
角柱	1.1	0.9	0.8	0.7	0.5
框支柱	1.1	0.9	—	—	0.7

注：1 表中括号内数值适用于框架结构；
　　2 采用 335MPa 级、400MPa 级纵向受力钢筋时，应分别按表中数值增加 0.1 和 0.05 采用；
　　3 当混凝土强度等级高于 C60 时，上述数值应增加 0.1 采用。

2. 《抗规》第 6.3.7 条第 1 款规定：

柱的钢筋配置，应符合下列各项要求：

柱纵向受力钢筋的最小总配筋率应按表 6.3.7-1 采用，同时每一侧配筋率不应小于 0.2%；对建造于Ⅳ类场地且较高的高层建筑，最小总配筋率应增加 0.1%。

表 6.3.7-1 柱截面纵向钢筋的最小总配筋率（百分率）

类别	抗 震 等 级			
	一	二	三	四
中柱和边柱	0.9 (1.0)	0.7 (0.8)	0.6 (0.7)	0.5 (0.6)
角柱、框支柱	1.1	0.9	0.8	0.7

注：1 表中跨号内数值用于框架结构的柱；
　　2 钢筋强度标准值小于 400MPa 时，表中数值应增加 0.1，钢筋强度标准值为 400MPa 时，表中数值应增加 0.05；
　　3 混凝土强度等级高于 C60 时，上述数值应相应增加 0.1。

3. 《混规》第 11.4.12 条第 1 款规定和《抗规》规定一致。

（二）对规范的理解

1. 规定柱子纵向受力钢筋的最小配筋率，是抗震设计时柱子满足延性要求的抗震构造措施之一。主要作用是：考虑到实际地震作用在大小及作用方向上的随机性，经计算确定的配筋仍可能在结构中造成某些估计不到的薄弱构件或薄弱截面；通过规定纵向受力钢筋最小配筋率，可以对这些薄弱部位进行补救，以提高结构整体地震反应能力的可靠性。

此外，与非抗震情况相同，纵向受力钢筋最小配筋率可保证柱截面开裂后抗弯刚度不致削弱过多。另外，纵向受力钢筋最小配筋率使设防烈度不高的地区一部分框架柱的抗弯能力在"强柱弱梁"措施基础上有进一步提高，这也相当于对"强柱弱梁"措施的某种补充。

2. 当采用 C60 以上强度等级的混凝土时，考虑到高强混凝土对柱抗震性能的不利影响，规范规定上述表中数值应增加 0.1 采用。

3. 2010 版规范适当调高了柱的最小配筋率：

(1) 表中数值是以 500MPa 级钢筋为基准的，故与 2001 版规范相比，对 335MPa 及 400MPa 级钢筋的最小配筋率均略有提高。

(2) 提高了框架结构柱纵向钢筋的最小总配筋率的要求。对框架结构的边柱和中柱的最小配筋百分率也提高了 0.1，适当增大了安全度。

4. 表中的数据是钢筋混凝土柱纵向钢筋和箍筋配置的最低构造要求，必须满足。

(三) 设计建议

1. 规定中"较高的高层建筑"，是指高于 40m 的框架结构或高于 60m 的其他结构体系的混凝土房屋建筑。

例如：某对建造在 Ⅳ 类场地上 68m 的框架-剪力墙结构，抗震等级为一级的框架角柱，柱混凝土强度等级 C50，纵向受力钢筋采用 HRB400 级，则由《高规》表 6.4.3-1 可查得一级框架角柱最小配筋率为 1.1%。因为是建造在 Ⅳ 类场地上较高的高层建筑，故其最小配筋百分率应按表 6.4.3-1 中的数值增加 0.1% 采用，又因为采用 HRB400 级钢筋，最小配筋百分率还应再增加 0.05%。即柱的最小配筋百分率应为 1.25%。

2. 注意：表中数值是柱全部纵向钢筋的配筋率，为防止柱每侧的配筋过少，规范规定同时还应满足柱截面每一侧纵向钢筋配筋率不应小于 0.2%。

又如：建造在 Ⅱ 类场地上的框架－剪力墙结构某中柱，抗震等级为四级，截面尺寸 $b \times h = 600mm \times 600mm$，采用 C40 级混凝土，HRB400 级钢筋，若计算表明该柱正截面为构造配筋，则根据表 6.4.3-1，其全截面最小配筋率应为 $\rho_{min} = 0.5\%$，故钢筋面积为 $A_s = 0.005bh = 0.005 \times 600^2 = 1800mm^2$，若截面每侧配置 4 根纵筋，全截面共 12 根，则每根钢筋的截面面积为 $1800/12 = 150mm^2$，用 $12\phi14$ 即可（$12 \times 153.9 > 1800$）。但每侧钢筋配筋率 $4 \times 153.9/600^2 = 0.171 < 0.2$，不满足上述第 2 款的要求，应加大。可用 $12\phi16$ 即每侧 $4\phi16$（$4 \times 201.1/600^2 = 0.223 > 0.2$）即可。

3. 当柱为构造配筋、配筋量较少时，考虑纵向钢筋的肢距等要求，建议采用 400 级钢筋，当柱为计算配筋、配筋量较多时，应采用 500 级钢筋。

4. 《高规》关于非抗震设计时柱纵筋最小配筋率的规定与《混规》第 8.5.1 条有关规定完全一致。均为强制性条文，应严格执行。

四、框架柱纵向钢筋的最大配筋率

(一) 相关规范的规定

1. 《高规》第 6.4.4 条第 3、4 款规定：

柱的纵向钢筋配置，尚应满足下列规定：

3 全部纵向钢筋的配筋率，非抗震设计时不宜大于 5%、不应大于 6%，抗震设计时不应大于 5%。

4 一级且剪跨比不大于2的柱，其单侧纵向受拉钢筋的配筋率不宜大于1.2%。

2.《抗规》第6.3.8条第3款规定：

柱的纵向钢筋位置，尚应符合下列规定：

柱总配筋率不应大于5%；剪跨比不大于2的一级框架的柱，每侧纵向钢筋配筋率不宜大于1.2%。

3.《混规》第11.4.13条、第9.3.1条第1款规定：

第11.4.13条

……。

框架柱、框支柱中全部纵向受力钢筋配筋率不应大于5%。……。当按一级抗震等级设计，且柱的剪跨比不大于2时，柱每侧纵向钢筋的配筋率不宜大于1.2%。

第9.3.1条第1款

柱中纵向钢筋的配置应符合下列规定：

纵向受力钢筋直径不宜小于12mm；全部纵向钢筋的配筋率不宜大于5%；

……。

（二）对规范的理解

柱子的配筋率过大，会造成柱截面尺寸过小而轴压比偏大，过分依赖钢筋的抗力使构件的受力性能不好。

在荷载长期持续作用下，由于混凝土的徐变将迫使钢筋的压缩变形随之增大，应力也相应增大，而混凝土的压应力却相应地在减小，这就产生了钢筋与混凝土之间应力的重分布。荷载越大，应力重分布越大，同时这种重分布的大小还和纵筋的配筋率ρ'有关。ρ'愈大，钢筋越强，阻止混凝土徐变就愈多，混凝土的压应力降低也愈多。如在荷载持续过程中突然卸载，构件回弹，由于混凝土除变变形的大部分不可恢复，会使柱中钢筋受压而混凝土受拉，若柱的配筋率过大，还可能将混凝土拉裂，若柱中纵筋和混凝土之间有很强粘结应力时，则能同时产生纵向裂缝，这种裂缝更为危险。

此外，为了避免纵筋配置过多，造成施工不便，也需控制柱纵向受力钢筋配筋率不宜过大。

柱净高与柱截面高度的比值为3~4的短柱，试验分析表明：此类框架柱易发生粘结性剪切破坏和对角斜拉型剪切破坏。

抗震设计时，若柱子的配筋率过大，除会出现以上问题外，还会使框架柱缺乏较好的变形能力和延性，抗震性能不好。

（三）设计建议

1.《抗规》仅规定抗震设计时柱总配筋率不应大于5%；《混规》仅规定抗震设计时框架柱中全部纵向受力钢筋配筋率不应大于5%，非抗震设计时不宜大于5%。而《高规》规定较全面："全部纵向钢筋的配筋率，非抗震设计时不宜大于5%、不应大于6%，抗震设计时不应大于5%"。设计时宜按《高规》进行。

2.《混规》还规定抗震设计时框支柱中全部纵向受力钢筋配筋率不应大于5%；《高规》第10.2.11条第7款规定："抗震设计时，（转换）柱内全部纵向钢筋配筋率不宜大于4%"。笔者认为：考虑到转换柱所受轴力一般很大，柱截面应力较高。故柱内全部纵向钢筋配筋率，取非抗震设计时不宜大于5%、不应大于6%，抗震设计时不宜大于4%、不应大于5%为宜。

3. 柱子的全截面配筋率超过5%，一般有以下原因：

（1）截面尺寸偏小或混凝土强度等级偏低；

（2）柱子的弯矩大轴力小，多层或高层建筑的顶层边柱以及大跨度单层结构边柱有时会出现这种情况；

（3）其他原因。

设计时可根据上述具体情况采取有针对性的措施，如：

（1）加大柱截面尺寸或提高混凝土强度等级；

（2）配置高强度钢筋；

（3）设置型钢混凝土柱；

（4）改变传力途径（方式），减少构件内力；

（5）改变梁柱连接方式（如设计成梁柱铰接）等。

因此，规范规定柱子的全截面配筋率非抗震设计时不宜大于5％，不应大于6％，为此，对一级抗震等级且剪跨比不大于2的柱，规定每侧纵向钢筋配筋率不宜大于1.2％，并应沿柱全长采用复合箍筋。对其他抗震等级虽未作出规定，但也宜适当控制。

五、小偏心受拉柱纵向钢筋的配筋率

（一）相关规范的规定

1.《高规》第6.4.4条第5款规定：

柱的纵向钢筋配置，尚应满足下列规定：

边柱、角柱及剪力墙端柱考虑地震作用组合产生小偏心受拉时，柱内纵筋总截面面积应比计算值增加25％。

2.《抗规》第6.3.8条第4款规定、《混规》第11.4.13条规定与《高规》规定一致。

（二）对规范的理解

当框架柱在地震作用组合下处于小偏心受拉状态时，柱的纵筋总截面面积应比计算值增加25％，是为了避免柱的受拉纵筋屈服后再受压时，由于包兴格效应导致纵筋压屈。

（三）设计建议

1. 应注意：规范中所说的角柱是指位于建筑物角部、与正交的两个方向各只有一根框架梁与之相连接的柱。因此，位于建筑平面凸角处的框架柱一般为角柱，而位于建筑平面凹角处的框架柱，若柱的四边各有一根框架梁与之相连接，则一般不应视为角柱，不必按角柱设计（图4.4.5）。

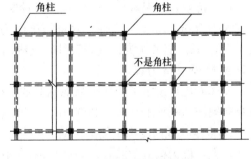

图4.4.5 框架角柱示意

2. 当抗震设防烈度较高、而建筑物平面尺寸较长时，由于结构竖向荷载不大，而水平地震作用下结构端部竖向构件产生的拉力较大，一般可能会使边柱、角柱处于偏心受拉状态。

六、柱纵向钢筋的肢距

（一）相关规范的规定

1.《高规》第6.4.4条第2款规定：

柱的纵向钢筋配置，尚应满足下列规定：

截面尺寸大于 400mm 的柱，一、二、三级抗震设计时其纵向钢筋间距不宜大于 200mm；抗震等级为四级和非抗震设计时，柱纵向钢筋间距不宜大于 300mm；柱纵向钢筋净距均不应小于 50mm；

2. 《抗规》第 6.3.8 条第 2 款规定：

柱的纵向钢筋配置，尚应符合下列规定：

截面边长大于 400mm 的柱，纵向钢筋间距不宜大于 200mm。

3. 《混规》第 11.4.13 条、第 9.3.1 条第 2、3、4、5 款规定：

第 11.4.13 条

……。截面尺寸大于 400mm 的柱，纵向钢筋的间距不宜大于 200mm。……。

第 9.3.1 条

柱中纵向钢筋的配置应符合下列规定：

2   柱中纵向钢筋的净间距不应小于 50mm，且不宜大于 300mm；

3   偏心受压柱的截面高度不小于 600mm 时，在柱的侧面上应设置直径不小于 10mm 的纵向构造钢筋，并相应设置复合箍筋或拉筋；

4   圆柱中纵向钢筋不宜少于 8 根，不应少于 6 根；且宜沿周边均匀布置；

5   在偏心受压柱中，垂直于弯矩作用平面的侧面上的纵向受力钢筋以及轴心受压柱中各边的纵向受力钢筋，其中距不宜大于 300mm。

注：水平浇筑的预制柱，纵向钢筋的最小净间距可按本规范第 9.2.1 条关于梁的有关规定取用。

（二）对规范的理解

纵向受力钢筋的肢距过密，影响混凝土的浇筑密实，甚至影响钢筋和混凝土之间的粘结力；过疏则难以对柱子芯部混凝土形成较好的约束。同样，柱侧构造钢筋及相应的复合箍筋或拉筋也是为了对柱子芯部混凝土形成较好的约束。

（三）设计建议

1. 《抗规》、《混规》均规定抗震设计时，截面边长大于 400mm 的柱，纵向钢筋间距不宜大于 200mm，而《高规》对抗震等级为四级和非抗震设计时，柱纵向钢筋间距不宜大于 300mm。笔者认为：抗震设计时柱纵向钢筋间距均不宜大于 200mm、非抗震设计时不宜大于 300mm 为宜。

2. 《混规》规定了圆柱中纵向钢筋的最少根数，笔者认为：还应同时满足抗震设计时柱纵向钢筋间距均不宜大于 200mm、非抗震设计时不宜大于 300mm。

3. 框架柱纵向受力钢筋的配置，应结合配筋量、间距等因素综合考虑。当柱子截面尺寸较大，仅为构造配筋时，为满足纵向钢筋的间距要求，一般可在截面四角配置直径较大的受力钢筋，而在每侧面上设置直径较小的纵向受力钢筋，并满足间距要求，同时设置相应的复合箍筋或拉筋。

4. 当截面为长宽比较大的长矩形柱时，因一个方向偏心受压明显，应在两长边侧面上设置直径不小于 10mm 的纵向构造钢筋，并满足间距要求，同时设置相应的复合箍筋或拉筋（图 4.4.6）。一般此类柱多为单层工业厂房铰接排架柱。

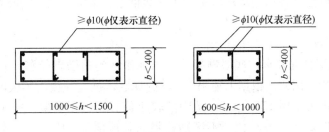

图 4.4.6 矩形截面柱的纵向构造钢筋

七、框架柱加密区的箍筋间距和直径

（一）相关规范的规定

1. 《高规》第 6.4.3 条第 2 款规定：

柱纵向钢筋和箍筋配置应符合下列要求：

抗震设计时，柱箍筋在规定的范围内应加密，加密区的箍筋间距和直径，应符合下列要求：

1）箍筋的最大间距和最小直径，应按表 6.4.3-2 采用；

表 6.4.3-2 柱端箍筋加密区的构造要求

抗震等级	箍筋最大间距（mm）	箍筋最小直径（mm）
一级	6d 和 100 的较小值	10
二级	8d 和 100 的较小值	8
三级	8d 和 150（柱根 100）的较小值	8
四级	8d 和 150（柱根 100）的较小值	6（柱根 8）

注：1 d 为柱纵向钢筋直径（mm）；

2 柱根指框架柱底部嵌固部位。

2）一级框架柱的箍筋直径大于 12mm 且箍筋肢距不大于 150mm 及二级框架柱箍筋直径不小于 10mm 且肢距不大于 200mm 时，除柱根外最大间距应允许采用 150mm；三级框架柱的截面尺寸不大于 400mm 时，箍筋最小直径应允许采用 6mm；四级框架柱的剪跨比不大于 2 或柱中全部纵向钢筋的配筋率大于 3% 时，箍筋直径不应小于 8mm；

3）剪跨比不大于 2 的柱，箍筋间距不应大于 100mm。

2. 《抗规》第 6.3.7 条第 2 款规定、《混规》第 11.4.12 条第 2、3、4 款规定与《高规》规定基本一致。仅表注 3 多了框支柱，改为**"框支柱和剪跨比不大于 2 的框架柱，箍筋间距不应大于 100mm"。**

（二）对规范的理解

1. 和框架梁端的箍筋加密道理一样，抗震设计时柱箍筋在柱端规定的范围内加密也是为了约束混凝土、提高柱端塑性铰区的变形能力，是满足柱子延性要求的重要抗震构造措施之一。

2. 考虑到当箍筋直径较大、肢数较多、肢距较小时，箍筋的间距过小会造成钢筋过密，不利于混凝土的浇筑施工及保证混凝土的浇筑质量；适当放宽箍筋间距要求，仍然可以满足柱端的抗震性能要求。故规范增加了一级框架柱端加密区箍筋间距可以适当放松的规定。

（三）设计建议

1. 考虑强底层柱底要求，底层框架柱柱根加密区的箍筋直径和间距比其他柱端箍筋加密间距要求要严。例如：根据上述第2）款的规定，抗震等级为三级的框架柱，其他部位加密区箍筋间距可采用 150mm 和 8d 中的较小值。而底层框架柱柱根加密区箍筋间距应采用 100mm 和 8d 中的较小值。不区别柱根和其他部位，将三、四级框架柱加密区箍筋间距一律采用 150mm，不符合上述规定。

还应注意：箍筋的间距放宽后，柱的体积配箍率仍需满足规范的相关要求。计算体积配箍率时，应扣除重叠部分的箍筋体积；

2. 剪跨比不大于 2 的柱地震作用下易发生脆性的剪切破坏，故规范规定：剪跨比不大于 2 的柱，箍筋间距不应大于 100mm，四级框架柱的剪跨比不大于 2，箍筋直径不应小于 8mm；柱中全部纵向钢筋的配筋率大于 3% 时，说明柱截面应力较大，为了更好地约束柱芯部混凝土，箍筋直径不应小于 8mm；

3. 非抗震设计时，柱子箍筋直径和间距应满足表 4.4.7 的规定。

柱中箍筋直径和间距 表 4.4.7

箍筋	纵向受力钢筋配筋率		纵向钢筋搭接区
	$\rho \leqslant 3\%$	$\rho > 3\%$	
直径	$\geqslant d/4$ 及 6mm	$\geqslant 8$mm	$\geqslant d/4$
间距	$\leqslant 400$mm（$\leqslant 250$）；$\leqslant$ 柱截面短边尺寸（柱肢厚度）；$\leqslant 15d$	$\leqslant 200$mm $\leqslant 10d$	受拉时：$\leqslant 5d$ 及 $\leqslant 100$mm 受压时：$\leqslant 10d$ 及 $\leqslant 200$mm 当受压钢筋 $d > 25$mm 时，应在搭接接头两个端面外 100mm 范围内各设置 2 个箍筋

注：1. 表中 d 为纵向受力钢筋直径，选用箍筋直径时，取纵向钢筋的最大直径；选用箍筋间距时，取纵向钢筋的最小直径；

2. 表中括号内数值仅用于异形柱；

3. 框支柱宜采用复合螺旋箍或井字复合箍，箍筋体积配箍率不宜小于 0.8%，箍筋直径不宜小于 10mm，箍筋间距不宜大于 150mm。

八、框架柱箍筋加密区的范围

（一）相关规范的规定

1.《高规》第 6.4.6 条规定：

抗震设计时，柱箍筋加密区的范围应符合下列规定：

1 底层柱的上端和其他各层柱的两端，应取矩形截面柱之长边尺寸（或圆形截面柱之直径）、柱净高之 1/6 和 500mm 三者之最大值范围；

2 底层柱刚性地面上、下各 500mm 的范围；

3 底层柱柱根以上 1/3 柱净高的范围；

4 剪跨比不大于 2 的柱和因填充墙等形成的柱净高与截面高度之比不大于 4 的柱全高范围；

5 一、二级框架角柱的全高范围；

6 需要提高变形能力的柱的全高范围。

2.《抗规》第 6.3.9 条第 1 款规定、《混规》第 11.4.14 条规定与《高规》规定基本相同。仅《高规》多第 6 款："需要提高变形能力的柱的全高范围"。

（二）对规范的理解

框架柱端箍筋加密区长度的规定是根据试验结果和震害经验作出的。该长度相当于柱端潜在塑性铰区的范围再加上一定的安全余量。

地震时框架角柱处于复杂的受力状态，同时双向受力作用十分明显，结构的扭转效应对内力影响较大，其弯矩和剪力都比其他柱要大。剪跨比不大于 2 的柱以及因填充墙等形成的柱净高与截面高度之比不大于 4 的柱，地震作用下易发生脆性的剪切破坏，箍筋应予柱的全高范围加密。

（三）设计建议

1. 应特别注意的是：当结构嵌固部位不在地下室顶板而位于地下一层底板时，柱在 ±0.00 柱高处上下两端也应按柱根要求进行箍筋加密（加密区为本层柱净高 1/3 的范围），而且要求更高。

2. 错层处框架柱应全高范围箍筋加密。

3. 对结构中有越层柱的情况，当结构中某根柱子周边均无楼层梁时，柱高应取越层柱的实际几何长度（即二层或三层楼层高度）、当柱子一个方向与楼层梁相连，另一个方向无楼层梁时，则无楼层梁方向的柱高仍应为二层或三层楼层高度。柱箍筋加密区的范围应以此柱高按规范第 1 款确定。

4. 当室内外有高差时，室外地坪以上部分的柱段应全高范围箍筋加密，室外地坪以下部分的柱段可按规范第 1 款规定的范围箍筋加密。

5. 注意底层柱柱根部位加密范围要求从严。是"柱根以上 1/3 柱净高的范围"均需加密，而不是"柱净高之 1/6 和 500mm 三者之最大值"。

6. 关于刚性地面，规范对此没有明确规定。参考建筑构造做法，地面做法中有 200～300mm 厚的钢筋混凝土结构层或素混凝土层，一般可认为是刚性地面。

九、框架柱加密区箍筋体积配箍率

（一）相关规范的规定

1.《高规》第 6.4.7 条、第 10.2.10 条第 3 款规定：

第 6.4.7 条

柱加密区范围内箍筋的体积配筋率，应符合下列规定：

1 柱箍筋加密区箍筋的体积配筋率，应符合下式要求：

$$\rho_v \geqslant \lambda_v f_c / f_{yv} \qquad (6.4.7)$$

式中：ρ_v ——柱箍筋的体积配箍率；

λ_v ——柱最小配箍特征值，宜按表 6.4.7 采用；

f_c ——混凝土轴心抗压强度设计值。当柱混凝土强度等级低于 C35 时，应按 C35 计算；

f_{yv} ——柱箍筋或拉筋的抗拉强度设计值。

表 6.4.7 柱端箍筋加密区最小配箍特征值 λ_v

抗震等级	箍筋形式	柱 轴 压 比								
		≤0.30	0.40	0.50	0.60	0.70	0.80	0.90	1.00	1.05
一	普通箍、复合箍	0.10	0.11	0.13	0.15	0.17	0.20	0.23	—	—
	螺旋箍、复合或连续复合螺旋箍	0.08	0.09	0.11	0.13	0.15	0.18	0.21		
二	普通箍、复合箍	0.08	0.09	0.11	0.13	0.15	0.17	0.19	0.22	0.24
	螺旋箍、复合或连续复合螺旋箍	0.06	0.07	0.09	0.11	0.13	0.15	0.17	0.20	0.22
三	普通箍、复合箍	0.06	0.07	0.09	0.11	0.13	0.15	0.17	0.20	0.22
	螺旋箍、复合或连续复合螺旋箍	0.05	0.06	0.07	0.09	0.11	0.13	0.15	0.18	0.20

注：普通箍指单个矩形箍或单个圆形箍；螺旋箍指单个连续螺旋箍筋；复合箍指由矩形、多边形、圆形箍或拉筋组成的箍筋；复合螺旋箍指由螺旋箍与矩形、多边形、圆形箍或拉筋组成的箍筋；连续复合螺旋箍指全部螺旋箍由同一根钢筋加工而成的箍筋。

2 对一、二、三、四级框架柱，其箍筋加密区范围内箍筋的体积配箍率尚且分别不应小于0.8%、0.6%、0.4%和0.4%。

3 剪跨比不大于2的柱宜采用复合螺旋箍或井字复合箍，其体积配箍率不应小于1.2%；设防烈度为9度时，不应小于1.5%。

4 计算复合螺旋箍筋的体积配箍率时，其非螺旋箍筋的体积应乘以换算系数0.8。

第10.2.10条第3款

转换柱设计应符合下列要求：

抗震设计时，转换柱的箍筋配箍特征值应比普通框架柱要求的数值增加0.02采用，且箍筋体积配箍率不应小于1.5%。

2.《抗规》第6.3.9条第3款规定、《混规》第11.4.17条规定与《高规》规定基本一致。

（二）对规范的理解

1. 在柱端箍筋加密区内配值一定数量的箍筋（用体积配筋率度量）是使框架柱具有必要的延性和塑性耗能能力的另一项重要措施。框架柱的弹塑性变形能力，主要与柱的抗震等级、轴压比和箍筋对混凝土的约束程度有关。轴压比大的柱，要求的箍筋约束程度高；柱子的抗震等级越高，抗震性能要求也相应提高；都需要有更高的配箍率，方能使柱子具有大体上相同的变形能力，满足柱子抗震时的延性要求。

2. 箍筋对混凝土的约束程度，主要与箍筋形式、体积配箍率、箍筋抗拉强度以及混凝土轴心抗压强度等因素有关，而体积配箍率、箍筋强度及混凝土强度三者又可以用配箍特征值表示，混凝土强度等级越高，配箍率越高；而箍筋强度越高，配箍率则可相应降低。

3. 箍筋最小配箍特征值，还与箍筋形式有关。配箍特征值相同时，螺旋箍、复合螺旋箍及连续复合螺旋箍的约束程度，比普通箍和复合箍对混凝土的约束更好。

因此，规范规定，在抗震等级相同的情况下，轴压比大的柱，其配箍特征值大于轴压比低的柱；轴压比相同的柱，采用普通箍或复合箍时的配箍特征值，大于采用螺旋箍、复合螺旋箍或连续复合螺旋箍时的配箍特征值。

4. 为了避免配箍率过小，规范还规定了最小体积配箍率。普通箍筋的体积配箍率随轴压比增大而增加的对应关系举例如下：采用符合抗震性能要求的 HRB335 级钢筋且混凝土强度等级大于 C35，抗震等级为一、二、三级柱轴压比分别小于 0.6、0.5 和 0.4 时，最小体积配箍率取规定的体积配箍率具体数值——分别为 0.8%、0.6% 和 0.4%，轴压比分别超过 0.6、0.5 和 0.4。但在最大轴压比范围内，轴压比每增加 0.1，体积配箍率增加 $0.02 (f_c/f_y) \approx 0.0011 (f_c/16.7)$；超过最大轴压比范围，轴压比每增加 0.1，体积配箍率增加 $0.03 (f_c/f_y) = 0.0001 f_c$。

（三）设计建议

1. 应注意：规范对框架柱的体积配箍率采用双控，即取计算体积配箍率和规定的体积配箍率具体数值两者的较大值；还应注意：当剪跨比 $\lambda \leq 2$ 时，宜采用复合螺旋箍或井字复合箍，其箍筋体积配筋率不应小于 1.2%；9 度设防烈度时，不应小于 1.5%；框支柱宜采用复合螺旋箍或井字复合箍，其最小配箍特征值应按《混规》表 11.4.17 中的数值增加 0.02 采用，且体积配箍率不应小于 1.5%。

2. 《混规》第 11.4.17 条表 11.4.17 注 3 规定：混凝土强度等级高于 C60 时，箍筋宜采用复合箍、复合螺旋箍或连续复合矩形螺旋箍，当轴压比不大于 0.6 时，其加密区的最小配箍特征值宜按表中数值增加 0.02；当轴压比大于 0.6 时，宜按表中数值增加 0.03。但《高规》、《抗规》均无此规定。工程设计时，当采用 C60 及以上强度等级的混凝土时，应按此规定确定框架柱的最小配箍特征值。

3. 复合箍筋的重叠部分箍筋对混凝土的约束情况比较复杂，如何换算有待进一步研究。因此，在计算箍筋的体积配箍率时，规范规定"应扣除重叠部分的箍筋体积"，这是偏于安全的；另外，计算箍筋的体积配箍率时，根据《混规》第 4.2.3 条的规定，各强度等级的箍筋应分别取用其强度设计值，其抗拉强度设计值不再受 360MPa 的限制。

4. 根据《抗规》第 3.1.2 条、第 5.1.6 条第 2 款的规定，对抗震设防烈度为 6 度的一般建筑结构可不进行地震作用计算和截面抗震验算，故无法确定框架柱有地震作用效应组合的轴向压力设计值，也就无法确定其轴压比。建议此时框架柱轴向压力可取为无地震作用组合的轴向压力设计值乘以一个放大系数，此放大系数可取 1.0～1.05。对于抗震设防烈度为 6 度的不规则建筑、建造于Ⅳ类场地上较高的高层建筑，因规范已明确规定应进行地震作用计算和截面抗震验算，故轴向压力应取考虑地震作用效应组合的轴向压力设计值。

5. 《抗规》第 6.3.9 条第 3 款第 2）小款规定："框支柱宜采用复合螺旋箍或井字复合箍，其最小配箍特征值应比表 6.3.9 内数值增加 0.02，且体积配箍率不应小于 1.5%。"《混规》第 11.4.17 条第 3 款与此规定一致。这与上述《高规》第 10.2.10 条第 3 款的规定有区别：《高规》里的转换柱，既包括框支柱，也包括其他转换柱（例如托柱转换的柱等），范围比《抗规》、《混规》要广。设计时应按《高规》规定，对所有转换柱均宜采用复合螺旋箍或井字复合箍，其最小配箍特征值应比普通框架柱的数值增加 0.02 采用，且箍筋体积配筋率不应小于 1.5%。

十、梁、柱纵向钢筋搭接长度范围内箍筋的构造

（一）相关规范的规定

1.《高规》第 6.3.5 条第 4 款、第 6.4.9 条款 6 款规定：

第 6.3.5 条第 4 款

抗震设计时，框架梁的箍筋尚应符合下列构造要求：

在纵向钢筋搭接长度范围内的箍筋间距，钢筋受拉时不应大于搭接钢筋较小直径的 5 倍，且不应大于 100mm；钢筋受压时不应大于搭接钢筋较小直径的 10 倍，且不应大于 200mm。

第 6.4.9 条第 6 款

非抗震设计时，柱中箍筋应符合下列规定：

柱内纵向钢筋采用搭接做法时，搭接长度范围内箍筋直径不应小于搭接钢筋较大直径的 1/4；在纵向受拉钢筋的搭接长度范围内的箍筋间距不应大于搭接钢筋较小直径的 5 倍，且不应大于 100mm；在纵向受压钢筋的搭接长度范围内的箍筋间距不应大于搭接钢筋较小直径的 10 倍，且不应大于 200mm。当受压钢筋直径大于 25mm 时，尚应在搭接接头端面外 100mm 的范围内各设置两道箍筋。

2.《抗规》第 6.3.8 条第 5 款规定：

柱的纵向钢筋配置，尚应符合下列规定：

柱纵向钢筋的绑扎接头应避开柱端的箍筋加密区。

3.《混规》第 11.1.8 条、第 8.3.1 条第 3 款、第 8.3.4 条、第 8.4.6 条规定：

第 11.1.8 条

……；（抗震设计时）在纵向钢筋搭接长度范围内的箍筋间距不应大于搭接钢筋较小直径的 5 倍，且不宜大于 100mm。

第 8.3.1 条第 3 款

（非抗震设计时）当锚固钢筋的保护层厚度不大于 $5d$ 时，锚固长度范围内应配置横向构造钢筋，其直径不应小于 $d/4$；对梁、柱等杆状构件间距不应大于 $5d$，对板、墙等平面构件间距不应大于 $10d$，且均不应小于 100mm，此处 d 为锚固钢筋的直径。

第 8.3.4 条

……。

受压钢筋锚固长度范围内的横向构造钢筋应符合本规范第 8.3.1 条的有关规定。

第 8.4.6 条

在梁、柱类构件的纵向受力钢筋搭接长度范围内的横向构造钢筋应符合本规范第 8.3.1 条的要求；当受压钢筋直径大于 25mm 时，尚应在搭接接头两个端面外 100mm 的范围内各设置两道箍筋。

（二）对规范的理解

搭接接头区域的配箍构造措施对保证搭接钢筋传力至关重要。为了防止构件保护层的混凝土劈裂时纵向受力钢筋突然失锚，规范规定了在纵向钢筋搭接长度范围内的箍筋直径、间距等要求。但两本规范的规定有区别：《高规》对纵向受拉钢筋和纵向受压钢筋的箍筋间距要求不同，受压钢筋箍筋间距可放宽要求；而《混规》一律按纵向受拉钢筋的规

定从严要求。

根据工程经验，为防止粗钢筋在搭接端头的局部产生挤压裂缝，提出了在受压搭接接头端面外 100mm 的范围内各设置两道箍筋的要求。

（三）设计建议

1. 在地震反复荷载作用下，梁的上下部或柱的两侧纵向受力钢筋将会处于受拉、受压的反复变化中，因此，搭接接头区域的箍筋间距，建议统一按"不应大于搭接钢筋较小直径的 5 倍，且不宜大于 100mm"较好。当纵向受力钢筋直径不同时，箍筋间距按较小直径钢筋确定，箍筋直径按较大直径钢筋确定。

2. 其余未述及处均按上述规范规定设计。

十一、柱箍筋的其他构造要求

（一）相关规范的规定

1.《高规》第 6.4.8 条第 2、3 款规定：

抗震设计时，柱箍筋设置尚应符合下列规定：

2 箍筋加密区的箍筋肢距，一级不宜大于 200mm，二、三级不宜大于 250mm 和 20 倍箍筋直径的较大值，四级不宜大于 300mm。每隔一根纵向钢筋宜在两个方向有箍筋约束；采用拉筋组合箍时，拉筋宜紧靠纵向钢筋并勾住封闭箍筋。

3 柱非加密区的箍筋，其体积配箍率不宜小于加密区的一半；其箍筋间距，不应大于加密区箍筋间距的 2 倍，且一、二级不应大于 10 倍纵向钢筋直径，三、四级不应大于 15 倍纵向钢筋直径。

2.《抗规》第 6.3.9 条第 2、4 款规定：

柱的箍筋配置，尚应符合下列要求：

2 柱箍筋加密区的箍筋肢距，一级不宜大于 200mm，二、三级不宜大于 250mm，四级不宜大于 300mm。至少每隔一根纵向钢筋宜在两个方向有箍筋或拉筋约束；采用拉筋复合箍时，拉筋宜紧靠纵向钢筋并钩住箍筋。

4 柱箍筋非加密区的箍筋配置，应符合下列要求：

1）柱箍筋非加密区的体积配箍率不宜小于加密区的 50%。

2）箍筋间距，一、二级框架柱不应大于 10 倍纵向钢筋直径，三、四级框架柱不应大于 15 倍纵向钢筋直径。

3.《混规》第 11.4.15 条、第 11.4.18 条的规定和《高规》规定一致。

（二）对规范的理解

1. 对箍筋肢距作出限制的目的是：

（1）更好地约束塑性铰区内的混凝土，提高延性；

（2）在两个方向有效约束纵向受压钢筋，减小其长度，防止纵向受压钢筋的屈曲失稳。

2. 考虑到框架柱在整个层高范围内剪力不变以及可能的扭转影响，为避免箍筋非加密区的受剪承载能力突然降低很多，导致柱的中段出现受剪破坏，对非加密区的最小箍筋量也作了规定。

(三) 设计建议

1. 当截面尺寸较大、箍筋肢距较多时，通常需要一个沿周边的大封闭箍筋，再加上若干个尺寸大小不等的封闭箍筋或拉筋，由于箍筋之间没有很牢靠的连接，小箍筋无法勾住大箍筋，会造成大箍筋的长边无肢长度过长，柱核心混凝土受压而向外水平变形，会使封闭箍筋中边长较大的钢筋段产生较大变形，起不到应有的约束混凝土的作用，故对柱核心混凝土的约束效果未必最好；而对于封闭箍筋与两端为135°弯钩的拉筋组成的复合箍，由于拉筋紧靠纵向钢筋并勾住了封闭箍筋，将会使箍筋边长变短，从而钢筋段变形较小，约束效果较好；约束效果最好的是拉筋同时钩住主筋和箍筋，其次是拉筋紧靠纵向钢筋并勾住箍筋；当拉筋间距符合箍筋肢距的要求，纵筋与箍筋有可靠拉结时，拉筋也可紧靠箍筋并勾住纵筋。

2. 常见框架柱箍筋形式举例如图 4.4.11 所示。

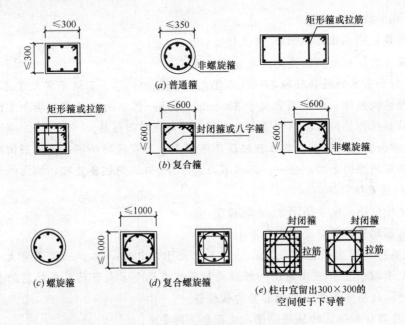

图 4.4.11　柱箍筋形式示例

3. 当采用菱形、八字形等与外围箍筋不平行的箍筋形式（图 4.4.11b、d、e）时，箍筋肢距的计算，应考虑斜向箍筋的作用。

4. 箍筋加密区的箍筋肢距，《高规》规定"二、三级不宜大于 250mm 和 20 倍箍筋直径的较大值"，但《抗规》、《混规》取消了"20 倍箍筋直径"的条件。当箍筋直径大于 14mm 时，两者的箍筋肢距有区别，建议按《抗规》、《混规》规定取箍筋肢距二、三级时不宜大于 250mm，这是偏于安全的。

5. 柱非加密区的箍筋间距，《高规》规定"不应大于加密区箍筋间距的 2 倍，且一、二级不应大于 10 倍纵向钢筋直径，三、四级不应大于 15 倍纵向钢筋直径。"但《抗规》、《混规》没有"不应大于加密区箍筋间距的 2 倍"这个条件，两者也是有区别的。当纵向受力钢筋直径大于 20mm 时，两者的箍筋间距有区别，按《抗规》、《混规》规定的箍筋肢距偏大。建议按《高规》规定，箍筋肢距按双控为宜。

十二、非抗震设计时柱箍筋的构造要求

（一）相关规范的规定

1.《高规》第 6.4.9 条第 1、2、3、4、5 款规定：

非抗震设计时，柱中箍筋应符合下列规定：

1 周边箍筋应为封闭式；

2 箍筋间距不应大于 400mm，且不应大于构件截面的短边尺寸和最小纵向受力钢筋直径的 15 倍；

3 箍筋直径不应小于最大纵向钢筋直径的 1/4，且不应小于 6mm；

4 当柱中全部纵向受力钢筋的配筋率超过 3% 时，箍筋直径不应小于 8mm，箍筋间距不应大于最小纵向钢筋直径的 10 倍，且不应大于 200mm；箍筋末端应做成 135°弯钩且弯钩末端平直段长度不应小于 10 倍箍筋直径；

5 当柱每边纵筋多于 3 根时，应设置复合箍筋。

2.《抗规》无此规定。

3.《混规》第 9.3.2 条规定：

柱中的箍筋应符合下列规定：

1 箍筋直径不应小于 $d/4$，且不应小于 6mm，d 为纵向钢筋的最大直径；

2 箍筋间距不应大于 400mm 及构件截面的短边尺寸，且不应大于 $15d$，d 为纵向钢筋的最小直径；

3 柱及其他受压构件中的周边箍筋应做成封闭式；对圆柱中的箍筋，搭接长度不应小于本规范第 8.3.1 条规定的锚固长度，且末端应做成 135°弯钩，弯钩末端平直段长度不应小于 $5d$，d 为箍筋直径；

4 当柱截面短边尺寸大于 400mm 且各边纵向钢筋多于 3 根时，或当柱截面短边尺寸不大于 400mm 但各边纵向钢筋多于 4 根时，应设置复合箍筋；

5 柱中全部纵向受力钢筋的配筋率大于 3% 时，箍筋直径不应小于 8mm，间距不应大于 $10d$，且不应大于 200mm。箍筋末端应做成 135°弯钩，且弯钩末端平直段长度不应小于 $10d$，d 为纵向受力钢筋的最小直径；

6 在配有螺旋式或焊接环式箍筋的柱中，如在正截面受压承载力计算中考虑间接钢筋的作用时，箍筋间距不应大于 80mm 及 $d_{cor}/5$，且不宜小于 40mm，d_{cor} 为按箍筋内表面确定的核心截面直径。

（二）对规范的理解

1. 柱中配置箍筋的作用是为了承担剪力和扭矩，箍筋和纵向受力钢筋形成骨架，便于钢筋的绑扎和混凝土的浇捣，并与纵筋一起形成对柱芯部混凝土的围箍约束。为此对柱的配箍提出一系列构造要求，包括箍筋直径、间距、数量、形式等。

2. 为保持对柱中混凝土的围箍约束作用，柱周边箍筋应做成封闭式。对圆柱及配筋率较大的柱，还对箍筋提出了更严格的要求：末端应做成 135°弯钩，弯钩末端平直段长度不应小于 $5d$（或 $10d$），且应勾住纵筋。对纵筋较多的情况，为防止纵向受压钢筋屈曲失稳，还提出应设置复合箍筋。

3. 采用焊接封闭环式箍筋、连续螺旋箍筋或连续复合螺旋箍筋，都可以有效地增强

对柱芯部混凝土的围箍约束而提高承载力。当考虑其间接配筋的作用时，要求箍筋对混凝土应有较好的约束效果，故对其配筋的最大间距作出限制。但间距也不能太密，以免影响混凝土的浇筑施工。

（三）设计建议

1.《混规》第9.3.2条第3款对圆柱中箍筋构造的规定、第6款对配有螺旋式或焊接环式箍筋柱的箍筋间距的规定，虽然《高规》并未述及，但无论是高层还是多层，只要采用此类柱子，都应满足这个构造要求。

2. 由于高层建筑框架柱截面短边尺寸一般大于400mm，故《高规》第6.4.9条第5款和《混规》第9.3.2条第4款规定是一致的。

第五节 框架梁柱节点构造要求

一、框架梁柱节点核心区抗震验算

（一） 相关规范的规定

1.《高规》第6.2.7条、第10.2.12条规定：

第6.2.7条

抗震设计时，一、二、三级框架的节点核心区应进行抗震验算；四级框架节点可不进行抗震验算。各抗震等级的框架节点均应符合构造措施的要求。

第10.2.12条规定：

抗震设计时，转换梁、柱的节点核心区应进行抗震验算，节点应符合构造措施的要求。转换梁、柱的节点核心区应按本规程第6.4.10条的规定设置水平箍筋。

2.《抗规》第6.2.14条、附录D规定：

第6.2.14条

框架节点核芯区的抗震验算应符合下列要求：

1 一、二、三级框架的节点核芯区应进行抗震验算；四级框架节点核芯区可不进行抗震验算，但应符合抗震构造措施的要求。

2 核芯区截面抗震验算方法应符合本规范附录D的规定。

附录D

D.1 一般框架梁柱节点

D.1.1 一、二、三级框架梁柱节点核芯区组合的剪力设计值，应按下列公式确定：

$$V_j = \frac{\eta_{jb} \sum M_b}{h_{b0} - a_s'} \left(1 - \frac{h_{b0} - a_s'}{H_c - h_b} \right) \tag{D.1.1-1}$$

一级框架结构和9度的一级框架可不按上式确定，但应符合下式：

$$V_j = \frac{1.15 \sum M_{bua}}{h_{b0} - a_s'} \left(1 - \frac{h_{b0} - a_s'}{H_c - h_b} \right) \tag{D.1.1-2}$$

式中：V_j —— 梁柱节点核芯区组合的剪力设计值；

　　　h_{b0} —— 梁截面的有效高度，节点两侧梁截面高度不等时可采用平均值；

　　　a'_s —— 梁受压钢筋合力点至受压边缘的距离；

　　　H_c —— 柱的计算高度，可采用节点上、下柱反弯点之间的距离；

　　　h_b —— 梁的截面高度，节点两侧梁截面高度不等时可采用平均值；

　　　η_{jb} —— 强节点系数，对于框架结构，一级宜取 1.5，二级宜取 1.35，三级宜取 1.2；对于其他结构中的框架，一级宜取 1.35，二级宜取 1.2，三级宜取 1.1；

　　$\sum M_b$ —— 节点左右梁端反时针或顺时针方向组合弯矩设计值之和，一级框架节点左右梁端均为负弯矩时，绝对值较小的弯矩应取零；

　　$\sum M_{bua}$ —— 节点左右梁端反时针或顺时针方向实配的正截面抗震受弯承载力所对应的弯矩值之和，可根据实配钢筋面积（计入受压筋）和材料强度标准值确定。

D.1.2　核芯区截面有效验算宽度，应按下列规定采用：

1　核芯区截面有效验算宽度，当验算方向的梁截面宽度不小于该侧柱截面宽度的 1/2 时，可采用该侧柱截面宽度，当小于柱截面宽度的 1/2 时可采用下列二者的较小值：

$$b_j = b_b + 0.5h_c \qquad (D.1.2\text{-}1)$$

$$b_j = b_c \qquad (D.1.2\text{-}2)$$

式中：b_j —— 节点核芯区的截面有效验算宽度；

　　　b_b —— 梁截面宽度；

　　　h_c —— 验算方向的柱截面高度；

　　　b_c —— 验算方向的柱截面宽度。

2　当梁、柱的中线不重合且偏心距不大于柱宽的 1/4 时，核芯区的截面有效验算宽度可采用上款和下式计算结果的较小值。

$$b_j = 0.5(b_b + b_c) + 0.25h_c - e \qquad (D.1.2\text{-}3)$$

式中：e —— 梁与柱中线偏心距。

D.1.3　节点核芯区组合的剪力设计值，应符合下列要求：

$$V_j \leqslant \frac{1}{\gamma_{RE}}(0.30\eta_j f_c b_j h_j) \qquad (D.1.3)$$

式中：η_j —— 正交梁的约束影响系数；楼板为现浇、梁柱中线重合、四侧各梁截面宽度不小于该侧柱截面宽度的 1/2，且正交方向梁高度不小于框架梁高度的 3/4 时，可采用 1.5，9 度的一级宜采用 1.25；其他情况均采用 1.0；

　　　h_j —— 节点核芯区的截面高度，可采用验算方向的柱截面高度；

　　　γ_{RE} —— 承载力抗震调整系数，可采用 0.85。

D.1.4　节点核芯区截面抗震受剪承载力，应采用下列公式验算：

$$V_j \leqslant \frac{1}{\gamma_{RE}}\left(1.1\eta_j f_t b_j h_j + 0.05\eta_j N\frac{b_j}{b_c} + f_{yv}A_{svj}\frac{h_{b0} - a'_s}{s}\right) \qquad (D.1.4\text{-}1)$$

9度的一级

$$V_j \leqslant \frac{1}{\gamma_{RE}} \left(0.9\eta_j f_t b_j h_j + f_{yv} A_{svj} \frac{h_{b0} - a'_s}{s} \right)$$ (D.1.4-2)

式中：N——对应于组合剪力设计值的上柱组合轴向压力较小值，其取值不应大于柱的截面面积和混凝土轴心抗压强度设计值的乘积的 50%，当 N 为拉力时，取 $N = 0$；

f_{yv}——箍筋的抗拉强度设计值；

f_t——混凝土轴心抗拉强度设计值；

A_{svj}——核芯区有效验算宽度范围内同一截面验算方向箍筋的总截面面积；

s——箍筋间距。

D.2 扁梁框架的梁柱节点

D.2.1 扁梁框架的梁宽大于柱宽时，梁柱节点应符合本段的规定。

D.2.2 扁梁框架的梁柱节点核芯区应根据梁纵筋在柱宽范围内、外的截面面积比例，对柱宽以内和柱宽以外的范围分别验算受剪承载力。

D.2.3 核芯区验算方法除应符合一般框架梁柱节点的要求外，尚应符合下列要求：

1 按本规范式（D.1.3）验算核芯区剪力限值时，核芯区有效宽度可取梁宽与柱宽之和的平均值；

2 四边有梁的约束影响系数，验算柱宽范围内核芯区的受剪承载力时可取 1.5；验算柱宽范围以外核芯区的受剪承载力时宜取 1.0；

3 验算核芯区受剪承载力时，在柱宽范围内的核芯区，轴向力的取值可与一般梁柱节点相同；柱宽以外的核芯区，可不考虑轴力对受剪承载力的有利作用；

4 锚入柱内的梁上部钢筋宜大于其全部截面面积的 60%。

D.3 圆柱框架的梁柱节点

D.3.1 梁中线与柱中线重合时，圆柱框架梁柱节点核芯区组合的剪力设计值应符合下列要求：

$$V_j \leqslant \frac{1}{\gamma_{RE}} (0.30\eta_j f_c A_j)$$ (D.3.1)

式中：η_j——正交梁的约束影响系数，按本规范第 D.1.3 条确定，其中柱截面宽度按柱直径采用；

A_j——节点核芯区有效截面面积，梁宽（b_b）不小于柱直径（D）之半时，取 $A_j = 0.8D^2$；梁宽（b_b）小于柱直径（D）之半且不小于 0.4D 时，取 $A_j = 0.8D(b_b + D/2)$。

D.3.2 梁中线与柱中线重合时，圆柱框架梁柱节点核芯区截面抗震受剪承载力应采用下列公式验算：

$$V_j \leqslant \frac{1}{\gamma_{RE}} \left(1.5\eta_j f_t A_j + 0.05\eta_j \frac{N}{D^2} A_j + 1.57 f_{yv} A_{sh} \frac{h_{b0} - a'_s}{s} + f_{yv} A_{svj} \frac{h_{b0} - a'_s}{s} \right)$$

$$\text{(D.3.2-1)}$$

9 度的一级

$$V_j \leqslant \frac{1}{\gamma_{RE}} \left(1.2\eta_j f_t A_j + 1.57 f_{yv} A_{sh} \frac{h_{b0} - a'_s}{s} + f_{yv} A_{svj} \frac{h_{b0} - a'_s}{s} \right) \quad \text{(D.3.2-2)}$$

式中：A_{sh}——单根圆形箍筋的截面面积；

A_{svj}——同一截面验算方向的拉筋和非圆形箍筋的总截面面积；

D——圆柱截面直径；

N——轴向力设计值，按一般梁柱节点的规定取值。

3.《混规》第 11.6.1、11.6.2、11.6.3、11.6.4、11.6.5、11.6.6 条规定：

第 11.6.1 条

一、二、三级抗震等级的框架应进行节点核心区抗震受剪承载力验算；四级抗震等级的框架节点可不进行计算，但应符合抗震构造措施的要求。框支柱中间层节点的抗震受剪承载力验算方法及抗震构造措施与框架中间层节点相同。

第 11.6.2 条

一、二、三级抗震等级的框架梁柱节点核心区的剪力设计值 V_j，应按下列规定计算：

1 顶层中间节点和端节点

1) 一级抗震等级的框架结构和 9 度设防烈度的一级抗震等级框架：

$$V_j = \frac{1.15 \sum M_{bua}}{h_{b0} - a'_s} \tag{11.6.2-1}$$

2) 其他情况：

$$V_j = \frac{\eta_{jb} \sum M_b}{h_{b0} - a'_s} \tag{11.6.2-2}$$

2 其他层中间节点和端节点

1) 一级抗震等级的框架结构和 9 度设防烈度的一级抗震等级框架：

$$V_j = \frac{1.15 \sum M_{bua}}{h_{b0} - a'_s} \left(1 - \frac{h_{b0} - a'_s}{H_c - h_b} \right) \tag{11.6.2-3}$$

2) 其他情况：

$$V_j = \frac{\eta_{jb} \sum M_b}{h_{b0} - a'_s} \left(1 - \frac{h_{b0} - a'_s}{H_c - h_b} \right) \tag{11.6.2-4}$$

式中：$\sum M_{bua}$——节点左、右两侧的梁端反时针或顺时针方向实配的正截面抗震受弯承载力所对应的弯矩值之和，可根据实配钢筋面积（计入纵向受压钢筋）和材料强度标准值确定；

$\sum M_b$——节点左、右两侧的梁端反时针或顺时针方向组合弯矩设计值之和，一级抗震等级框架节点左右梁端均为负弯矩时，绝对值较小的弯矩应取零；

η_{jb}——节点剪力增大系数，对于框架结构，一级取 1.50，二级取 1.35，三级取 1.20；对于其他结构中的框架，一级取 1.35，二级取 1.20，三级取 1.10；

h_{b0}、h_b——分别为梁的截面有效高度、截面高度，当节点两侧梁高不相同时，取其平均值；

H_c——节点上柱和下柱反弯点之间的距离；

a'_s——梁纵向受压钢筋合力点至截面近边的距离。

第 11.6.3 条

框架梁柱节点核心区的受剪水平截面应符合下列条件：

$$V_j \leqslant \frac{1}{\gamma_{RE}} (0.3\eta_j \beta_c f_c b_j h_j) \tag{11.6.3}$$

式中：h_j——框架节点核心区的截面高度，可取验算方向的柱截面高度 h_c；

b_j——框架节点核心区的截面有效验算宽度，当 b_b 不小于 $b_c/2$ 时，可取 b_c；当 b_b 小于 $b_c/2$ 时，可取 $(b_b+0.5h_c)$ 和 b_c 中的较小值；当梁与柱的中线不重合且偏心距 e_0 不大于 $b_c/4$ 时，可取 $(b_b+0.5h_c)$、$(0.5b_b+0.5b_c+0.25h_c-e_0)$ 和 b_c 三者中的最小值。此处，b_b 为验算方向梁截面宽度，b_c 为该侧柱截面宽度；

η_j——正交梁对节点的约束影响系数：当楼板为现浇、梁柱中线重合、四侧各梁截面宽度不小于该侧柱截面宽度 1/2，且正交方向梁高度不小于较高框架梁高度的 3/4 时，可取 η_j 为 1.50，但对 9 度设防烈度宜取 η_j 为 1.25；当不满足上述条件时，应取 η_j 为 1.00。

第 11.6.4 条

框架梁柱节点的抗震受剪承载力应符合下列规定：

1 9 度设防烈度的一级抗震等级框架

$$V_j \leqslant \frac{1}{\gamma_{RE}} \left(0.9\eta_j f_t b_j h_j + f_{yv} A_{svj} \frac{h_{b0}-a'_s}{s}\right) \tag{11.6.4-1}$$

2 其他情况

$$V_j \leqslant \frac{1}{\gamma_{RE}} \left(1.1\eta_j f_t b_j h_j + 0.05\eta_j N \frac{b_j}{b_c} + f_{yv} A_{svj} \frac{h_{b0}-a'_s}{s}\right) \tag{11.6.4-2}$$

式中：N——对应于考虑地震组合剪力设计值的节点上柱底部的轴向力设计值；当 N 为压力时，取轴向压力设计值的较小值，且当 N 大于 $0.5f_c b_c h_c$ 时，取 $0.5f_c b_c h_c$；当 N 为拉力时，取为 0；

A_{svj}——核心区有效验算宽度范围内同一截面验算方向箍筋各肢的全部截面面积；

h_{b0}——框架梁截面有效高度，节点两侧梁截面高度不等时取平均值。

第 11.6.5 条

圆柱框架的梁柱节点，当梁中线与柱中线重合时，其受剪水平截面应符合下列条件：

$$V_j \leqslant \frac{1}{\gamma_{RE}} (0.3\eta_j \beta_c f_c A_j) \tag{11.6.5}$$

式中：A_j——节点核心区有效截面面积；当梁宽 $b_b \geqslant 0.5D$ 时，取 $A_j = 0.8D^2$；当 $0.4D \leqslant b_b < 0.5D$ 时，取 $A_j = 0.8D(b_b + 0.5D)$；

D——圆柱截面直径；

b_b——梁的截面宽度；

η_j——正交梁对节点的约束影响系数，按本规范第 11.6.3 条取用。

第 11.6.6 条

圆柱框架的梁柱节点，当梁中线与柱中线重合时，其抗震受剪承载力应符合下列规定：

1 9 度设防烈度的一级抗震等级框架

$$V_j \leqslant \frac{1}{\gamma_{RE}} \left(1.2 \eta_j f_t A_j + 1.57 f_{yv} A_{sh} \frac{h_{b0} - a'_s}{s} + f_{yv} A_{svj} \frac{h_{b0} - a'_s}{s} \right) \tag{11.6.6-1}$$

2 其他情况

$$V_j \leqslant \frac{1}{\gamma_{RE}} \left(1.5 \eta_j f_t A_j + 0.05 \eta_j \frac{N}{D^2} A_j + 1.57 f_{yv} A_{sh} \frac{h_{b0} - a'_s}{s} + f_{yv} A_{svj} \frac{h_{b0} - a'_s}{s} \right) \tag{11.6.6-2}$$

式中：h_{b0}——梁截面有效高度；

A_{sh}——单根圆形箍筋的截面面积；

A_{svj}——同一截面验算方向的拉筋和非圆形箍筋各肢的全部截面面积。

（二）对规范的理解

1. 框架梁柱节点核心区的抗震验算是实现"强节点弱构件"、提高结构延性的重要措施之一。

节点核心区是保证框架承载力和抗倒塌能力的关键部位。框架梁柱节点受力比较复杂，容易发生非延性破坏。而框架梁柱节点的破坏必将引起与节点相连接的所有构件倒塌、破坏。因此，抗震设计时应确保节点具有足够的承载力，使其不在与之相连的框架梁端、柱端之前率先失效、破坏。

转换梁、柱的节点受力更大、更复杂，因此，规范提出了核心区转换梁、柱的节点核心区应进行抗震验算，节点应符合构造措施的要求。

2. 2002 版规范规定对抗震等级为三、四级的框架节点可不进行抗震验算进行满足抗震构造措施即可。根据近几年进行的框架结构非线性动力反应分析结果以及对框架结构的震害调查表明：对三级抗震等级的框架节点，仅满足抗震构造措施尚显不足。因此，2010 版规范增加了对抗震等级为三级的框架节点进行抗震受剪承载力的验算要求，并要求满足相应抗震构造措施。

3. 规范除有普通框架梁柱节点的节点核心区验算方法外，还提供了梁宽大于柱宽的框架和圆柱框架的节点核心区验算方法。

圆柱的计算公式依据国外资料和国内试验结果提出。

（三）设计建议

1.《高规》未提供框架梁柱节点核心区承载力验算方法。但在条文说明中指出：节点核心区的验算可按现行国家标准《混凝土结构设计规范》GB 50010 的有关规定执行。

2. 注意：《高规》要求对所有的转换梁、柱节点均应进行抗震验算并采取相应抗震构造措施，而《混规》仅对框支层中间层节点提出此要求。转换包括托墙转换（框支转换）、托柱转换、斜撑转换等，所以《高规》的规定范围广一些。工程设计按《高规》规定进行为好。

3. 在具体验算方法上，《抗规》和《混规》有区别：框架梁柱节点核心区组合的剪力设计值计算，《混规》对顶层和中间层节点核心区取不同的计算公式，而《抗规》对顶层和中间层节点核心区计算公式相同。

4.《抗规》有扁梁框架的梁柱节点核心区抗震验算，而《混规》无此规定。

梁宽大于柱宽时，按柱宽范围内和范围外分别计算。

二、框架梁柱节点核心区的箍筋构造

（一）相关规范的规定

1.《高规》第6.4.10条规定：

框架节点核心区应设置水平箍筋，且应符合下列规定：

1 非抗震设计时，箍筋配置应符合本规程第6.4.9条的有关规定，但箍筋间距不宜大于250mm；对四边有梁与之相连的节点，可仅沿节点周边设置矩形箍筋。

2 抗震设计时，箍筋的最大间距和最小直径宜符合本规程第6.4.3条有关柱箍筋的规定。一、二、三级框架节点核心区配箍特征值分别不宜小于0.12、0.10和0.08，且箍筋体积配箍率分别不宜小于0.6%、0.5%和0.4%。柱剪跨比不大于2的框架节点核心区的体积配箍率不宜小于核心区上、下柱端体积配箍率中的较大值。

2.《抗规》第6.3.10条规定与《高规》第6.4.10条第2款规定一致。

3.《混规》第9.3.9条、第8.4.6条、第11.6.8条规定：

第9.3.9条

在框架节点内应设置水平箍筋，箍筋应符合本规范第9.3.2条柱中箍筋的构造规定，但间距不宜大于250mm。对四边均有梁的中间节点，节点内可只设置沿周边的矩形箍筋。当顶层端节点内有梁上部纵向钢筋和柱外侧纵向钢筋的搭接接头时，节点内水平箍筋应符合本规范第8.4.6条的规定。

第8.4.6条

在梁、柱类构件的纵向受力钢筋搭接长度范围内的横向构造钢筋应符合本规范第8.3.1条的要求；当受压钢筋直径大于25mm时，尚应在搭接接头两个端面外100mm的范围内各设置两道箍筋。

《混规》第11.6.8条规定与《高规》第6.4.10条第2款规定一致。

（二）对规范的理解

1. 非抗震设计时，根据我国工程经验并参考国外有关规范，应在节点内设置水平箍筋。当节点四周有梁时，由于梁的约束作用，除四角以外的节点周边柱纵向受力钢筋已经不存在过早压曲的危险，故可不设置复合箍筋。但框架梁柱端节点和中间节点有所不同：有的边没有梁，故仍存在该侧柱纵向受力钢筋过早压曲的危险，因此框架梁柱端节点箍筋构造要求较中间节点要严，即按非抗震设计时框架柱中箍筋的有关规定设计。

2. 抗震设计时，规范通过规定箍筋的最小配箍特征值和最小体积配箍率两个指标，以使框架梁、柱纵向钢筋有可靠的锚固，更好地约束节点核心区的混凝土，提高节点核心区混凝土的变形能力和延性性能，满足节点抗震要求。

（三）设计建议

1. 抗震设计和非抗震设计时框架节点内设置水平箍筋的要求差别较大。但应注意：非抗震设计时，当顶层端节点内有梁上部纵向钢筋和柱外侧纵向钢筋的搭接接头时，为保证搭接钢筋传力性能，节点内水平箍筋应符合《混规》第8.4.6条的规定。

2. 规范未给出四级框架节点核心区配箍特征值和箍筋体积配箍率，工程设计中建议四级框架节点核心区配箍特征值取不小于0.08，且箍筋体积配箍率取不小于0.4%。

3. 注意：柱剪跨比不大于2的框架节点核心区的配箍特征值还与核心区上、下柱端配箍特征值有关。此时节点核心区的体积配箍率往往由短柱柱端的体积配箍率控制。算例如下：

某框架抗震等级为一级，框架梁、柱混凝土强度等级为C30。某节点核心区上柱轴压比为0.45，下柱轴压比为0.60，下柱剪跨比为1.9。节点核心区的箍筋配置构造如图4.5.2所示，箍筋采用HPB300级。计算此节点核心区的体积配箍率。

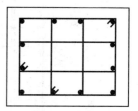

图4.5.2 节点核心区箍筋配置

具体计算如下：

因为下柱剪跨比为1.9<2.0，故先计算柱端的体积配箍率：

由图4.5.2知所配箍筋为井字复合箍，一级抗震，柱轴压比为0.60（不利情况），查《高规》表6.4.7，柱端箍筋加密区配箍特征值 $\lambda_v = 0.15 > 0.12$。

根据《高规》式（6.4.7），注意到当混凝土强度等级低于C35时，应按C35计算，故有

$$\rho_v = \lambda_v f_c / f_{yv} = 0.15 \times 16.7 / 270 = 0.93\%$$

但根据《高规》第6.4.7条第3款规定，当采用井字复合箍时，其柱端的体积配箍率不应小于1.2%。即此柱的柱端体积配箍率应为1.2%。

根据《高规》第6.4.10条第2款规定，柱剪跨比不大于2的框架节点核心区的配箍特征值不宜小于核心区上、下柱端配箍特征值中的较大值。因此，此节点核心区的体积配箍率亦应为1.2%。

三、中间层端节点框架梁柱纵向受力钢筋的锚固

（一）相关规范的规定

1. 《高规》第6.5.4条第3、4、5款、第6.5.5条第3、4款规定：

第6.5.4条第3、4、5款

非抗震设计时，框架梁、柱的纵向钢筋在框架节点区的锚固和搭接（图6.5.4）应符合下列要求：

3 梁上部纵向钢筋伸入端节点的锚固长度，直线锚固时不应小于 l_a，且伸过柱中心线的长度不宜小于5倍的梁纵向钢筋直径；当柱截面尺寸不足时，梁上部纵向钢筋应伸至节点对边并向下弯折，弯折水平段的投影长度不应小于 $0.4 l_{ab}$，弯折后竖直投影长度不应小于15倍纵向钢筋直径。

4 当计算中不利用梁下部纵向钢筋的强度时，其伸入节点内的锚固长度应取不小于12倍的梁纵向钢筋直径。当计算中充分利用梁下部钢筋的抗拉强度时，梁下部纵向钢筋

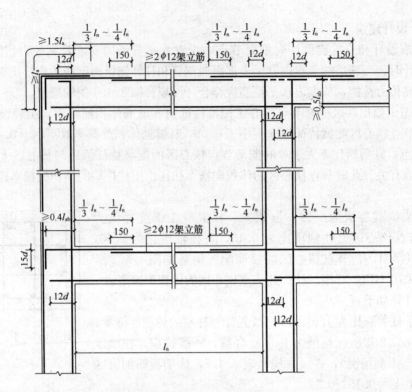

图 6.5.4　非抗震设计时框架梁、柱纵向钢筋在节点区的锚固示意

可采用直线方式或向上 90° 弯折方式锚固于节点内，直线锚固时的锚固长度不应小于 l_a；弯折锚固时，弯折水平段的投影长度不应小于 $0.4 l_{ab}$，弯折后竖直投影长度不应小于 15 倍纵向钢筋直径。

5　当采用锚固板锚固措施时，钢筋锚固构造应符合现行国家标准《混凝土结构设计规范》GB 50010 的有关规定。

第 6.5.5 条第 3、4 款

抗震设计时，框架梁、柱的纵向钢筋在框架节点区的锚固和搭接（图 6.5.5）应符合下列要求：

3　梁上部纵向钢筋伸入端节点的锚固长度，直线锚固时不应小于 l_{aE}，且伸过柱中心线的长度不应小于 5 倍的梁纵向钢筋直径；当柱截面尺寸不足时，梁上部纵向钢筋应伸至节点对边并向下弯折，锚固段弯折前的水平投影长度不应小于 $0.4 l_{abE}$，弯折后的竖直投影长度应取 15 倍的梁纵向钢筋直径。

4　梁下部纵向钢筋的锚固与梁上部纵向钢筋相同，但采用 90° 弯折方式锚固时，竖直段应向上弯入节点内。

2.《抗规》未述及。

3.《混规》第 9.3.4 条、第 11.6.7 条第 2 款规定：

第 9.3.4 条

梁纵向钢筋在框架中间层端节点的锚固应符合下列要求：

1　梁上部纵向钢筋伸入节点的锚固：

1) 当采用直线锚固形式时，锚固长度不应小于 l_a，且应伸过柱中心线，伸过的长度

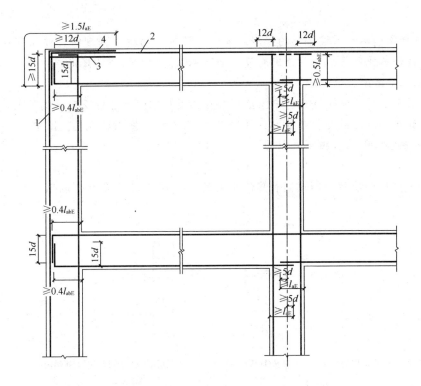

图 6.5.5 抗震设计时框架梁、柱纵向钢筋在节点区的锚固示意
1—柱外侧纵向钢筋；2—梁上部纵向钢筋；3—伸入梁内的柱外侧纵向钢筋；
4—不能伸入梁内的柱外侧纵向钢筋，可伸入板内

不宜小于 $5d$，d 为梁上部纵向钢筋的直径。

2）当柱截面尺寸不满足直线锚固要求时，梁上部纵向钢筋可采用本规范第 8.3.3 条钢筋端部加机械锚头的锚固方式。梁上部纵向钢筋宜伸至柱外侧纵向钢筋内边，包括机械锚头在内的水平投影锚固长度不应小于 $0.4l_{ab}$（图 9.3.4a）。

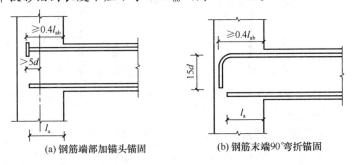

(a) 钢筋端部加锚头锚固　　　　　　(b) 钢筋末端90°弯折锚固

图 9.3.4　梁上部纵向钢筋在中层端节点内的锚固

3）梁上部纵向钢筋也可采用 90°弯折锚固的方式，此时梁上部纵向钢筋应伸至柱外侧纵向钢筋内边并向节点内弯折，其包含弯弧在内的水平投影长度不应小于 $0.4l_{ab}$，弯折钢筋在弯折平面内包含弯弧段的投影长度不应小于 $15d$（图 9.3.4b）。

2　框架梁下部纵向钢筋伸入端节点的锚固：

1）当计算中充分利用该钢筋的抗拉强度时，钢筋的锚固方式及长度应与上部钢筋的

规定相同。

2）当计算中不利用该钢筋的强度或仅利用该钢筋的抗压强度时，伸入节点的锚固长度应分别符合本规范第9.3.5条中间节点梁下部纵向钢筋锚固的规定。

第11.6.7条第2款

对于框架中间层中间节点、中间层端节点、顶层中间节点以及顶层端节点，梁、柱纵向钢筋在节点部位的锚固和搭接，应符合图11.6.7的相关构造规定。图中 l_{lE} 按本规范第11.1.7条规定取用，l_{abE} 按下式取用：

$$l_{abE} = \zeta_{aE} l_{ab} \tag{11.6.7}$$

式中：ζ_{aE}——纵向受拉钢筋锚固长度修正系数，按第11.1.7条规定取用。

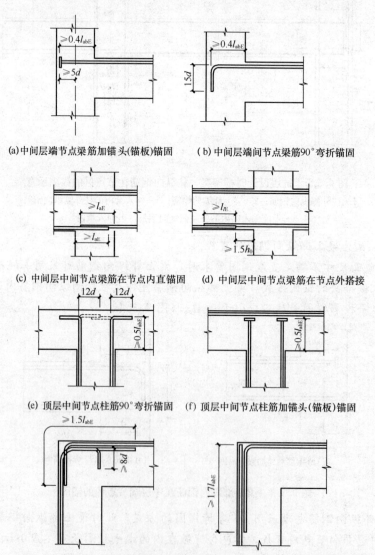

(a)中间层端节点梁筋加锚头(锚板)锚固　　(b)中间层端间节点梁筋90°弯折锚固

(c)中间层中间节点梁筋在节点内直锚固　　(d)中间层中间节点梁筋在节点外搭接

(e)顶层中间节点柱筋90°弯折锚固　　(f)顶层中间节点柱筋加锚头(锚板)锚固

(g)钢筋在顶层端节点外侧和梁端顶部弯折搭接　　(h)钢筋在顶层端节点外侧直线搭接

图11.6.7　梁和柱的纵向受力钢筋在节点区的锚固和搭接

（二）对规范的理解

当柱截面高度不足以容纳直线锚固段时，可采用带 90°弯折段的锚固方式。试验研究表明：当水平投影长度不小于 $0.4l_{ab}$ 或于 $0.4l_{abE}$、弯弧－垂直段投影长度为 $15d$ 时，已能可靠保证梁筋的锚固强度和抗滑移刚度。2010 版规范还增加了采用钢筋端部加锚头的机械锚固方法，以提高锚固效果，减少锚固长度。钢筋端部加锚头的机械锚固做法详见《混规》第 8.3.3 条。

（三）设计建议

1. 当采用弯折锚固做法时，规范强调梁的上部纵向受力钢筋应伸到柱对边再向下弯折；当采用机械锚固做法时，规范要求梁的纵向受力钢筋应伸到柱对边柱纵向钢筋的内侧。

2. 当梁的纵向受力钢筋锚固满足《混规》图 9.3.4 或图 11.6.7（a）、（b）的构造要求，但 $0.4l_{aE}$（抗震设计）或 $0.4l_a$（非抗震设计）加 $15d$ 之和小于 l_{aE}（抗震设计）或 l_a（非抗震设计）时，是否必须再将钢筋延长向外伸出一段长度使之大于或等于 l_{aE}（抗震设计）或 l_a（非抗震设计）呢？考虑柱子传来的轴向压力对锚固有利，此种情况下不必强求 $0.4l_{aE}$（抗震设计）或 $0.4l_a$（非抗震设计）加 $15d$ 之和不小于 l_{aE}（抗震设计）或 l_a（非抗震设计），而只要包含弯弧在内的水平投影长度不应小于 l_{aE}（抗震设计）或 l_a（非抗震设计），弯折钢筋在弯折平面内包含弯弧段的投影长度不应小于 $15d$ 即可。

3. 当框架梁柱的节点区因柱截面尺寸较小或为圆柱或梁柱斜交时，可能会出现中间层端节点处梁上部纵向受力钢筋弯折前水平投影长度小于 $0.4l_a$（或 $0.4l_{aE}$）（图 4.5.3-1）的情况。不符合规范规定。

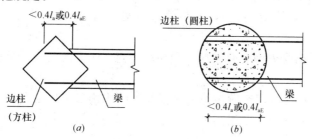

图 4.5.3-1 梁柱节点钢筋锚固不满足规范要求举例
（a）梁柱斜交；（b）梁与圆柱相交

出现上述问题时，建议采用下列方法中的一种或几种：

（1）调整梁的纵向受力钢筋布置，使直径较大的钢筋放在梁的中部，直径较小的钢筋放在梁的两侧；

（2）加大柱的截面尺寸；

（3）在柱的内边平面内设置暗梁或在柱外侧增设与梁同高的墩头，如图 4.5.3-2（a）、（b）所示；

（4）将梁柱节点区局部加大，按宽扁梁构造设计此节点区，如图 4.5.3-2（c）所示；

（5）改变柱子方向，使柱子与梁正交；

（6）对个别节点，也可按框架梁铰接在框架柱上进行设计。

4. 梁下部纵向受力钢筋在节点处应满足下列锚固要求：

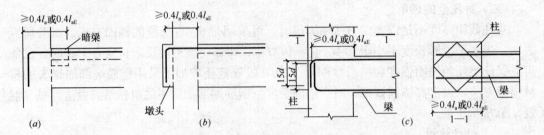

图 4.5.3-2 使梁柱节点钢筋锚固满足规范要求做法举例
(*a*) 设暗梁；(*b*) 柱外侧增设墩头；(*c*) 节点局部加大

(1) 当计算中不利用该钢筋的强度时，其伸入支座或节点的锚固长度为：

带肋钢筋　　　　　　　　　　　$l_a \geqslant 12d$

光面钢筋（带钩）　　　　　　　$l_a \geqslant 15d$

(2) 当计算中充分利用该钢筋的抗拉强度时，梁下部纵向受力钢筋锚入节点内的做法，与梁上部纵向受力钢筋的锚固要求相同。但当采用弯折锚固时，钢筋竖直段应向上弯折，见《高规》图 6.5.5。

5. 当框架中间层端节点有悬臂梁外伸，且悬臂顶面与框架梁顶面处在同一标高时，可将需要用作悬臂梁负弯矩钢筋使用的部分框架梁钢筋直接伸入悬臂梁，其余框架梁钢筋仍按中间层端节点的做法锚固在端节点内。当在其他标高处有悬臂梁或短悬臂（牛腿）自框架柱伸出时，悬臂梁或短悬臂（牛腿）的负弯矩钢筋亦应按框架梁上部纵向受力钢筋在中间层端节点处的锚固规定锚入框架柱内，即包含弯弧在内的水平投影长度不应小于 l_{aE}（抗震设计）或 l_a（非抗震设计），弯折钢筋在弯折平面内包含弯弧段的投影长度取为 15*d*。

6. 框架柱的纵向受力钢筋应贯穿中间层端节点，柱纵向受力钢筋接头应设在节点区以外。

7. 中国有色工程设计研究院主编的《混凝土结构构造手册（第四版）》（中国建筑工业出版社，2012 年）在第一章第六节"钢筋的锚固与连接、钢筋的绑扎搭接接头"中特别说明：

注：为了更好地理解和执行《混凝土结构设计规范》GB 50010—2010 有关锚固长度的规定，确保结构的安全度，本手册对规范中支座锚固长度的标注作了局部调整。

1. 对框架梁柱节点及机械锚固中的锚固长度的标注，规范用符号 l_{ab}（l_{abE}）的地方，手册均改用 l_a（l_{aE}）标注。

2. 凡在锚固长度 l_a（l_{aE}）的前面已标有具体的数值，如 $0.4l_a(l_{aE})$、$0.5l_a(l_{aE})$、$0.6l_a$、$0.35l_a(l_{aE})$、$1.5l_a(l_{aE})$、$1.7l_a(l_{aE})$ 等，在取用锚固长度修正系数 ζ_a 时，为了不降低结构的安全度，不应再取用小于 1 的系数，即不考虑混凝土结构设计规范 8.3.2 条 4、5 款的修正。而应根据具体工程条件按混凝土结构设计规范 8.3.2 条 1~3 款的规定，取用大于 1 的修正系数。

3. 手册中其他支座锚固长度的标注，如主次梁连接等也均按上述条款处理。

笔者认为以上说明是合理的、可靠的。故在本书中对锚固长度的柱注均按以上说明作了相应调整。

四、中间层中间节点框架梁柱纵向受力钢筋的锚固或搭接

（一）相关规范的规定

1.《高规》第 6.5.4 条第 4、5 款（见本节第三条）、第 6.5.5 条（见本节第三、五、六条）规定。

2.《抗规》未述及。

3.《混规》第 9.3.5 条、第 11.6.7 条第 2 款规定：

第 9.3.5 条

框架中间层中间节点或连续梁中间支座，梁的上部纵向钢筋应贯穿节点或支座。梁的下部纵向钢筋宜贯穿节点或支座。当必须锚固时，应符合下列锚固要求：

1 当计算中不利用该钢筋的强度时，其伸入节点或支座的锚固长度对带肋钢筋不小于 $12d$，对光面钢筋不小于 $15d$，d 为钢筋的最大直径；

2 当计算中充分利用钢筋的抗压强度时，钢筋应按受压钢筋锚固在中间节点或中间支座内，其直线锚固长度不应小于 $0.7l_a$；

3 当计算中充分利用钢筋的抗拉强度时，钢筋可采用直线方式锚固在节点或支座内，锚固长度不应小于钢筋的受拉锚固长度 l_a（图 9.3.5a）；

4 当柱截面尺寸不足时，宜按本规范第 9.3.4 条第 1 款的规定采用钢筋端部加锚头的机械锚固措施，也可采用 90°弯折锚固的方式；

5 钢筋可在节点或支座外梁中弯矩较小处设置搭接接头，搭接长度的起始点至节点或支座边缘的距离不应小于 $1.5h_0$（图 9.3.5b）。

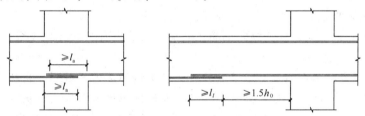

(a) 下部纵向钢筋在节点中直线锚固　　(b) 下部纵向钢筋在节点或支座范围外的搭接

图 9.3.5　梁下部纵向钢筋在中间节点或中间支座范围的锚固与搭接

第 11.6.7 条第 2 款规定见本节第三条。

（二）对规范的理解

1. 框架梁下部纵向受力钢筋可以直线锚固，可以贯穿中间节点，也可以采用机械锚固。但由于设计、施工不便，规范不提倡梁下部的纵向受力钢筋在节点中弯折锚固的做法。

2. 当梁下部钢筋根数较多，分别从两侧锚入中间节点时，将造成节点下部钢筋过分拥挤。为此，可将中间节点下部梁纵向受力钢筋贯穿节点，并在节点以外梁弯矩较小的 $1.5h_0$ 以外处搭接，以避让梁端塑性铰区和箍筋加密区。

（三）设计建议

1. 非抗震设计时，由于节点两侧的梁端负弯矩相差不大，节点两侧的梁端上部纵向受力钢筋受拉且拉力接近，故梁上部纵向受力钢筋贯穿中间节点即可，没有更高的锚固要

求。该钢筋自节点或支座边缘伸向跨中的截断位置，应符合《混规》第 9.2.3 条的规定。但抗震设计时对钢筋的锚固要求很高，原因及做法详见本节第七条。

2. 当中间层中间节点左、右跨梁的上表面不在同一标高时，左、右跨梁的上部纵向受力钢筋可分别锚固在节点内。当中间层中间节点左、右梁支座负弯矩钢筋配置量相差较大时，除左、右数量相同的钢筋贯穿节点外，其余上部钢筋可按中间层端节点的做法锚固在节点内。

3. 框架柱的纵向受力钢筋应贯穿中间层中间节点，柱纵向受力钢筋接头应设在节点区以外。

五、顶层中间节点框架梁柱纵向受力钢筋的锚固

（一）相关规范的规定

1.《高规》第 6.5.4 条第 1 款、第 6.5.5 条第 1 款规定：

第 6.5.4 条第 1 款

非抗震设计时，框架梁、柱的纵向钢筋在框架节点区的锚固和搭接（图 6.5.4）应符合下列要求：

1　顶层中节点柱纵向钢筋和边节点柱内侧纵向钢筋应伸至柱顶；当从梁底边计算的直线锚固长度不小于 l_a 时，可不必水平弯折，否则应向柱内或梁、板内水平弯折，当充分利用柱纵向钢筋的抗拉强度时，其锚固段弯折前的竖直投影长度不应小于 $0.5l_{ab}$，弯折后的水平投影长度不宜小于 12 倍的柱纵向钢筋直径。此处，l_{ab} 为钢筋基本锚固长度，应符合现行国家标准《混凝土结构设计规范》GB 50010 的有关规定。

第 6.5.5 条第 1 款

抗震设计时，框架梁、柱的纵向钢筋在框架节点区的锚固和搭接（图 6.5.5）应符合下列要求：

1　顶层中节点柱纵向钢筋和边节点柱内侧纵向钢筋应伸至柱顶。当从梁底边计算的直线锚固长度不小于 l_{aE} 时，可不必水平弯折，否则应向柱内或梁内、板内水平弯折，锚固段弯折前的竖直投影长度不应小于 $0.5l_{abE}$，弯折后的水平投影长度不宜小于 12 倍的柱纵向钢筋直径。此处，l_{abE} 为抗震时钢筋的基本锚固长度，一、二级取 $1.15l_{ab}$，三、四级分别取 $1.05l_{ab}$ 和 $1.00l_{ab}$。

2.《抗规》未述及。

3.《混规》第 9.3.6 条、第 11.6.7 条第 2 款规定：

第 9.3.6 条

柱纵向钢筋应贯穿中间层的中间节点或端节点，接头应设在节点区以外。

柱纵向钢筋在顶层中节点的锚固应符合下列要求：

1　柱纵向钢筋应伸至柱顶，且自梁底算起的锚固长度不应小于 l_a。

2　当截面尺寸不满足直线锚固要求时，可采用 90°弯折锚固措施。此时，包括弯弧在内的钢筋垂直投影锚固长度不应小于 $0.5l_{ab}$，在弯折平面内包含弯弧段的水平投影长度不宜小于 12d（图 9.3.6a）。

3　当截面尺寸不足时，也可采用带锚头的机械锚固措施。此时，包含锚头在内的竖向锚固长度不应小于 $0.5l_{ab}$（图 9.3.6b）。

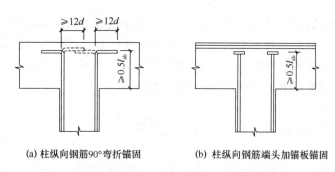

(a) 柱纵向钢筋90°弯折锚固　　　(b) 柱纵向钢筋端头加锚板锚固

图 9.3.6　顶层节点中柱纵向钢筋在节点内的锚固

4　当柱顶有现浇楼板且板厚不小于 100mm 时，柱纵向钢筋也可向外弯折，弯折后的水平投影长度不宜小于 12d。

第 11.6.7 条第 2 款（见本节第三条）

（二）对规范的理解

当顶层节点高度不足以容纳柱纵向受力钢筋直线锚固段时，可采用带 90°弯折段的锚固方式。试验研究表明：当充分利用柱纵向钢筋的受拉强度时，其锚固条件不如水平钢筋，因此在柱纵向钢筋弯折前的竖向锚固长度不应小于 $0.5l_{ab}$，弯折后的水平投影长度不宜小于 12d，以保证受力可靠。2010 版规范增加了采用钢筋端部加锚头的机械锚固方法，以提高锚固效果，减少锚固长度。

（三）设计建议

1. 当顶层中间节点采用直锚时，规范强调柱纵向受力钢筋应伸至柱顶。当采用弯锚时，柱纵向受力钢筋既可在柱顶向节点内弯折，也可在有现浇板且板厚大于 100mm 时向节点外板中弯折，锚固于板内。

2. 顶层中间节点框架梁下部纵向受力钢筋的锚固构造要求同中间层中间节点，详见本节第四条。框架梁上部纵向受力钢筋的锚固构造要求详见本节第七条。

六、顶层端节点框架梁柱纵向受力钢筋的搭接

（一）相关规范的规定

1.《高规》第 6.5.4 条第 2 款、第 6.5.5 条第 2 款规定：

第 6.5.4 条第 2 款

非抗震设计时，框架梁、柱的纵向钢筋在框架节点区的锚固和搭接（图 6.5.4）应符合下列要求：

顶层端节点处，在梁宽范围以内的柱外侧纵向钢筋可与梁上部纵向钢筋搭接，搭接长度不应小于 $1.5l_a$；在梁宽范围以外的柱外侧纵向钢筋可伸入现浇板内，其伸入长度与伸入梁内的相同。当柱外侧纵向钢筋的配筋率大于 1.2% 时，伸入梁内的柱纵向钢筋宜分两批截断，其截断点之间的距离不宜小于 20 倍的柱纵向钢筋直径。

第 6.5.5 条第 2 款

抗震设计时，框架梁、柱纵向钢筋在框架节点区的锚固和搭接（图 6.5.5）应符合下列要求：

顶层端节点处，柱外侧纵向钢筋可与梁上部纵向钢筋搭接，搭接长度不应小于

$1.5l_{aE}$，且伸入梁内的柱外侧纵向钢筋截面面积不宜小于柱外侧全部纵向钢筋截面面积的65%；在梁宽范围以外的柱外侧纵向钢筋可伸入现浇板内，其伸入长度与伸入梁内的相同。当柱外侧纵向钢筋的配筋率大于1.2%时，伸入梁内的柱纵向钢筋宜分两批截断，其截断点之间的距离不宜小于20倍的柱纵向钢筋直径。

2.《抗规》未述及。

3.《混规》第9.3.7条、第11.6.7条第2款规定：

第9.3.7条

顶层端节点柱外侧纵向钢筋可弯入梁内作梁上部纵向钢筋；也可将梁上部纵向钢筋与柱外侧纵向钢筋在节点及附近部位搭接，搭接可采用下列方式：

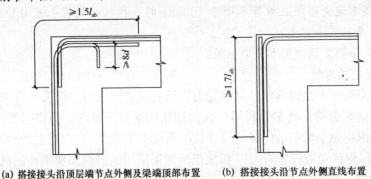

(a) 搭接接头沿顶层端节点外侧及梁端顶部布置   (b) 搭接接头沿节点外侧直线布置

图9.3.7　顶层端节点梁、柱纵向钢筋在节点内的锚固与搭接

1　搭接接头可沿顶层端节点外侧及梁端顶部布置，搭接长度不应小于$1.5l_{ab}$（图9.3.7a）。其中，伸入梁内的柱外侧钢筋截面面积不宜小于其全部面积的65%；梁宽范围以外的柱外侧钢筋宜沿节点顶部伸至柱内边锚固。当柱外侧纵向钢筋位于柱顶第一层时，钢筋伸至柱内边后宜向下弯折不小于$8d$后截断（图9.3.7a），d为柱纵向钢筋的直径；当柱外侧纵向钢筋位于柱顶第二层时，可不向下弯折。当现浇板厚度不小于100mm时，梁宽范围以外的柱外侧纵向钢筋也可伸入现浇板内，其长度与伸入梁内的柱纵向钢筋相同。

2　当柱外侧纵向钢筋配筋率大于1.2%时，伸入梁内的柱纵向钢筋应满足本条第1款规定且宜分两批截断，截断点之间的距离不宜小于$20d$，d为柱外侧纵向钢筋的直径。梁上部纵向钢筋应伸至节点外侧并向下弯至梁下边缘高度位置截断。

3　纵向钢筋搭接接头也可沿节点柱顶外侧直线布置（图9.3.7b），此时，搭接长度自柱顶算起不应小于$1.7l_{ab}$。当梁上部纵向钢筋的配筋率大于1.2%时，弯入柱外侧的梁上部纵向钢筋应满足本条第1款规定的搭接长度，且宜分两批截断，其截断点之间的距离不宜小于$20d$，d为梁上部纵向钢筋的直径。

4　当梁的截面高度较大，梁、柱纵向钢筋相对较小，从梁底算起的直线搭接长度未延伸至柱顶即已满足$1.5l_{ab}$的要求时，应将搭接长度延伸至柱顶并满足搭接长度$1.7l_{ab}$的要求；或者从梁底算起的弯折搭接长度未延伸至柱内侧边缘即已满足$1.5l_{ab}$的要求时，其弯折后包括弯弧在内的水平段的长度不应小于$15d$，d为柱纵向钢筋的直径。

5　柱内侧纵向钢筋的锚固应符合本规范第9.3.6条关于顶层中节点的规定。

第11.6.7条第2款（见本节第三条）。

（二）对规范的理解

1. 框架顶层端节点处的梁、柱端均主要受负弯矩作用，相当于 90°的折梁。其主要问题是纵向受力钢筋的搭接传力问题。可将柱外侧纵向钢筋的相应部分弯入梁内作梁上部纵向钢筋使用，也可将梁上部纵向钢筋与柱外侧纵向钢筋在顶层端节点及其附近部位搭接。

2. 需要说明的是：在顶层端节点处，节点外侧钢筋不是锚固受力而是搭接受力。故不能采用将柱子纵向受力钢筋伸至柱顶，梁上部纵向受力钢筋锚入节点的做法。这种做法无法保证梁、柱纵向受力钢筋在节点区的搭接传力，使梁、柱端无法发挥出所需的正截面受弯承载力。

3. 近几年进行的框架结构非线性动力反应分析表明：顶层节点的延性需求比中间层节点较小。框架的震害也显示出顶层的震害比其他楼层的震害要轻。因此，同时也是为了方便施工，2010 版规范取消了 2002 版规范顶层端节点梁柱负弯矩钢筋在节点外侧搭接时柱筋在节点顶部向内水平弯折 $12d$ 的要求，改为梁柱负弯矩钢筋在节点外侧直线搭接。

（三）设计建议

1. 关于顶层端节点，《高规》仅规定了一种构造做法，而《混规》则提供了两种构造做法。第一种做法适用于梁上部纵向钢筋和柱外侧钢筋数量不多的民用建筑框架，其优点是梁上部纵向钢筋不伸入柱内，有利于在梁底标高设置柱混凝土施工缝。但当梁上部和柱外侧钢筋数量过多时，柱外侧纵向受力钢筋伸入梁内与梁上部纵向钢筋搭接，造成梁端支座负弯矩钢筋密集，影响纵向受力钢筋与混凝土的粘结性能；同时，也会造成节点顶部钢筋拥挤，不利于自上而下浇筑混凝土。此时，宜改用梁、柱筋直线搭接，接头位于柱顶部外侧的第二种做法。工程设计中，应根据具体情况选择更合适的构造做法。

2. 2010 版规范增加了梁柱截面较大而钢筋相对较细时钢筋的搭接连接方法。即：当梁的截面高度较大，梁、柱钢筋相对较小，从梁底算起的直线搭接长度未延伸至柱顶即已满足 $1.5l_a$ 的要求时，应将搭接长度延伸至柱顶并满足搭接长度 $1.7l_a$ 的要求（这实际上就是第二种搭接做法）。或者从梁底算起的弯折搭接长度未延伸至柱内侧边缘即已满足 $1.5l_a$ 的要求时，其弯折后包括弯弧在内的水平段的长度不应小于 $15d$，d 为柱纵向钢筋的直径。

例如：某 3 层框架结构，抗震等级为二级，柱网尺寸 8.1m×8.1m，顶层边柱截面尺寸 650mm×650mm，配 12ϕ18 钢筋，梁高 750mm。由于柱纵向受力钢筋直径 18mm，根据规范的规定：$1.5l_{aE}=1.5×37×18=999$mm，故钢筋从梁底算起的弯折搭接长度未延伸至柱内侧边缘即已满足 $1.5l_a$ 的要求，且钢筋水平锚固长度仅为 $999-750=249$mm＜270mm＝$15d$。设计时应将钢筋弯折后的水平锚固长度延长为 300mm 后截断。当然这种情况并不多见。此例中梁柱截面尺寸偏大，特别是梁，跨高比为 10.8，其次，纵向受力钢筋最大直径仅 18mm，偏小，因而造成了这种情况。

3. 上述两种做法搭接接头面积百分率均可为 100% 。

4. 顶层端节点内侧柱纵向受力钢筋在节点区的锚固做法与顶层中间节点处柱纵向受力钢筋做法相同，详见本节第五条；顶层端节点梁下部纵向受力钢筋和中间层端节点处梁下部纵向受力钢筋做法相同，详见本节第三条。

本节第三、四、五、六条综述：

1. 框架梁柱纵向受力钢筋在节点区的锚固或搭接构造是保证混凝土对钢筋有很好的

粘结力、使钢筋和混凝土共同工作、保证强节点的重要措施。

2. 两本规范的规定基本一致,《高规》从整个框架的配筋构造出发,不仅分别规定了非抗震设计和抗震设计时,框架梁柱纵向受力钢筋在节点区的锚固及钢筋搭接要求,还规定了梁纵向受力钢筋在非节点区的钢筋搭接要求。而《混规》重点强调非抗震设计和抗震设计时,框架梁柱纵向受力钢筋在节点区的锚固及钢筋搭接要求。

3. 《高规》图6.5.4中梁顶面2根直径12mm的钢筋是构造钢筋;当相邻梁的跨度相差较大时,梁端负弯矩钢筋的延伸长度(截断位置),应根据实际受力情况另行确定。此外,《高规》图6.5.5中梁顶面跨中钢筋,一般并不需要由支座全部贯通整跨长,符合弯矩包络图的要求且满足《高规》第6.3.3条第2款规定的构造要求即可。

4. 抗震和非抗震设计,钢筋在节点区的锚固或搭接构造区别不大,主要是锚固或搭接长度不同:非抗震设计时为 l_a、l_l,而抗震设计时则为 l_{aE}、l_{lE}。两者关系见《混规》第8.3.1条、第8.4.4条、第11.1.7的相关规定。

5. 值得注意的是,试验研究表明:当梁上部和柱外侧钢筋配筋率过高时,将引起顶层端节点核心区混凝土的斜压破坏,故《混规》第9.3.8条对顶层端节点处梁上部纵向钢筋的截面面积 A_s 作了限制:

顶层端节点处梁上部纵向钢筋的截面面积 A_s 应符合下列规定:

$$A_s \leqslant 0.35\beta_c f_c b_b h_0 / f_y \tag{4.5.6}$$

式中 b_b——梁腹板宽度;

h_0—— 梁截面有效高度。

将式(4.5.6)稍作变换即得顶层端节点处梁上部纵向钢筋的最大配筋率:

$$\rho_{max} = A_s / (b_b h_0) \leqslant 0.35\beta_c f_c / f_y$$

若取梁的混凝土强度等级为C30,钢筋级别为 HRB400 级,则 $f_c = 14.3\text{N/mm}^2$,$f_y = 360 \text{ N/mm}^2$,$\beta_c = 1.0$,则有

$$\rho_{max} = 0.35 \times 1.0 \times 14.3/360 = 1.39\%$$

应当说,这个配筋率是不算高的,如采用 HRB500 级钢筋,则配筋率将更低。这还只是非抗震设计时的要求,抗震设计时顶层端节点处梁上部纵向钢筋的配筋可能更多,应注意验算是否满足此最大配筋率的规定。特别是采用第一种做法,即使顶层端节点处梁上部纵向钢筋的配筋率未超过此最大配筋率,但当柱外侧钢筋弯折进入梁端时,梁上部纵向钢筋的配筋率实际上很有可能超过此最大配筋率。设计中应特别注意。

试验研究表明:当梁上部纵向钢筋与柱外侧纵向钢筋在顶层端节点角部的弯弧处半径过小时,弯弧内的混凝土可能发生局部受压破坏;在框架角节点钢筋弯弧以外,可能形成保护层很厚的素混凝土区域。故《混规》第9.3.8条还规定:

梁上部纵向钢筋与柱外侧纵向钢筋在节点角部的弯弧内半径,当钢筋直径不大于25mm 时,不宜小于 $6d$;大于 25mm 时,不宜小于 $8d$。钢筋弯弧外的混凝土中应配置防裂、防剥落的构造钢筋。

七、抗震设计时贯穿框架中间层中间节点梁纵向受力钢筋的长度

(一)相关规范的规定

1. 《高规》第6.3.3条第3款规定:

一、二、三级抗震等级的框架梁内贯通中柱的每根纵向钢筋的直径，对矩形截面柱，不宜大于柱在该方向截面尺寸的1/20；对圆形截面柱，不宜大于纵向钢筋所在位置柱截面弦长的1/20。

2.《抗规》第6.3.4条第2款规定与《高规》规定一致。

3.《混规》第11.6.7条第1款规定：

框架梁和框架柱的纵向受力钢筋在框架节点区的锚固和搭接应符合下列要求：

框架中间层中间节点处，框架梁的上部纵向钢筋应贯穿中间节点。贯穿中柱的每根梁纵向钢筋直径，对于9度设防烈度的各类框架和一级抗震等级的框架结构，当柱为矩形截面时，不宜大于柱在该方向截面尺寸的1/25，当柱为圆形截面时，不宜大于纵向钢筋所在位置柱截面弦长的1/25；对一、二、三级抗震等级，当柱为矩形截面时，不宜大于柱在该方向截面尺寸的1/20，对圆柱截面，宜大于纵向钢筋所在位置柱截面弦长的1/20。

（二）对规范的理解

国内足尺节点试验表明：当非弹性变形较大时，仍不能避免梁端的钢筋屈服区向节点内渗透，贯穿节点的梁筋粘结退化与滑移加剧，从而使框架刚度和耗能性能进一步退化。为此规范提出了限制梁柱节点中的梁筋相对直径的要求，主要是防止梁在反复荷载作用时钢筋滑移。并由2001版规范的仅对一、二级抗震等级框架中间节点的规定扩大到对一、二、三级抗震等级框架中间节点均作出规定，要求从严。

对贯穿框架中间层中间节点梁的纵向受力钢筋直径与长度的比值（相对直径）的限制条件，2002版《混规》主要是根据梁、柱配置335MPa级纵向钢筋的节点试验结果并参考国外规范的相关规定，从不致给设计中选用梁筋直径造成过大限制的偏松角度制定的。为方便应用，原规定没有体现钢筋强度及混凝土强度对梁粘结性能的影响，仅限制了贯穿节点梁筋的相对直径。当梁柱纵筋采用400MPa级和500MPa级钢筋后，梁筋的粘结退化将明显提前、加重。为保证高烈度区罕遇地震下使用高强钢筋的节点中梁筋的粘结性能不致过度退化，2010版《混规》将9度设防烈度的各类框架和一级抗震等级框架结构中的梁柱节点中的梁筋相对直径的限制条件作了偏严格的调整。

但是注意：《抗规》、《高规》仅对"一、二、三级抗震等级的框架梁"规定了相对直径的限制条件，而没有提及"9度设防烈度的各类框架和一级抗震等级的框架结构"；此外，《抗规》、《高规》对"框架梁内贯通中柱的每根纵向钢筋直径"都有要求，即对框架所有中间节点都有要求，而《混规》仅对"框架中间层中间节点"有要求，并未提及顶层中间节点。

（三）设计建议

1. 笔者认为：无论是框架梁柱中间层节点还是顶层节点，在地震反复荷载作用下都有可能产生钢筋滑移，故都应有此要求。

2. 9度时抗震设防烈度高，相应地震作用较大，而框架结构抗侧力刚度小，地震作用下侧移较大，都很容易产生钢筋滑移，应有更严的要求。故《混规》提出了"对于9度设防烈度的各类框架和一级抗震等级的框架结构，……，不宜大于柱在该方向截面尺寸的1/25，……。"此时，设计宜按《混规》执行。

3. 一般情况下，当采用正方形或矩形截面柱且柱外侧面与梁外侧面平行时，规范的上述规定是比较容易满足的。但当采用圆形截面柱、正方形或矩形截面柱与梁斜交，而梁截面宽度又较大时，满足以上要求则较为困难。

为了满足规范规定的构造要求，可采用下列方法中的一种或几种：

（1）调整梁的纵向受力钢筋布置，使直径较大的钢筋放在梁的中部，直径较小的钢筋放在梁的两侧；

（2）加大柱的截面尺寸；

（3）将梁柱节点区局部加大，按宽扁梁构造设计此节点区，如图 4.5.7 所示；

（4）改变柱子方向，使柱子与梁正交。

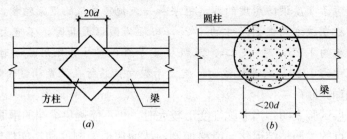

图 4.5.7　梁柱节点钢筋锚固不满足规范要求举例

（a）梁柱斜交；（b）梁与圆柱相交

第五章　剪力墙结构设计

第一节　一　般　规　定

一、剪力墙结构的布置

（一）相关规范的规定

1.《高规》第7.1.1条规定：

剪力墙结构应具有适宜的侧向刚度，其布置应符合下列规定：

1　平面布置宜简单、规则，宜沿两个主轴方向或其他方向双向布置，两个方向的侧向刚度不宜相差过大。抗震设计时，不应采用仅单向有墙的结构布置；

2　宜自下到上连续布置，避免刚度突变；

3　门窗洞口宜上下对齐、成列布置，形成明确的墙肢和连梁；宜避免造成墙肢宽度相差悬殊的洞口设置；抗震设计时，一、二、三级剪力墙的底部加强部位不宜采用上下洞口不对齐的错洞墙，全高均不宜采用洞口局部重叠的叠合错洞墙。

2.《抗规》第3.4.2条、第3.5.3条第3款、第6.1.5条、第6.1.9条第3款规定：

第3.4.2条

建筑设计应重视其平面、立面和竖向剖面的规则性对抗震性能及经济合理性的影响，宜择优选用规则的形体，其抗侧力构件的平面布置宜规则对称、侧向刚度沿竖向宜均匀变化、竖向抗侧力构件的截面尺寸和材料强度宜自下而上逐渐减小，避免侧向刚度和承载力突变。

……。

第3.5.3条第3款

结构体系尚应符合下列各项要求：

结构在两个主轴方向的动力特性宜相近。

第6.1.5条

框架结构和框架-抗震墙结构中，框架和抗震墙均应双向设置，柱中线与抗震墙中线、梁中线与柱中线之间偏心距大于柱宽的1/4时，应计入偏心的影响。

……。

第6.1.9条第3款

抗震墙结构和部分框支抗震墙结构中的抗震墙设置，应符合下列要求：

墙肢的长度沿结构全高不宜有突变；抗震墙有较大洞口时，以及一、二级抗震墙的底部加强部位，洞口宜上下对齐。

3.《混规》未述及。

（二）对规范的理解

1. 建筑结构应有较好的空间工作性能，剪力墙应双向布置以形成空间结构。特别是抗震设计时，应避免单向布置剪力墙，并尽可能使两个方向的抗侧力刚度接近。

2. 剪力墙的抗侧刚度较大，如果在某一层或几层切断剪力墙，易造成结构楼层侧向刚度突变。抗震设计时，则有可能导致受剪承载力突变，形成结构的软弱层或薄弱层。因此，剪力墙从上到下宜连续设置。

3. 剪力墙一般都会开洞。剪力墙洞口的布置，会明显影响剪力墙在水平荷载和竖向荷载下的力学性能。特别是错洞剪力墙和叠合错洞剪力墙以及其他不规则开洞的剪力墙，无论是在水平荷载还是在竖向荷载的作用下，其应力分布都是十分复杂的，容易形成剪力墙的薄弱部位，常规计算无法获得其实际内力，构造比较复杂和困难。错洞墙的洞口错开，洞口之间距离较大（图 5.1.1a），而叠合错洞墙的洞口错开距离较小，甚至叠合（图 5.1.1c、d），不仅墙肢不规则受力复杂，而且洞口之间易形成薄弱部位，叠合错洞墙比错洞墙更为不利。

剪力墙底部加强部位，是塑性铰出现及保证剪力墙安全的重要部位，更应严格要求，设计中予以加强。

（三）设计建议

1. 平面布置

剪力墙宜沿主轴方向布置。对一般的矩形、L 形、T 形等平面宜沿两个轴线方向布置；对三角形、Y 形平面宜沿三个轴线方向布置；对正多边形、圆形及弧形平面可沿径向及环向布置。应避免仅单向有墙的结构布置方式，并宜使两个方向抗侧力刚度接近。内外剪力墙应尽量拉通、对直。

所谓"两个方向抗侧力刚度接近"，也即"结构在两个方向的动力特性接近"，一般可控制两个方向的结构周期、层间位移角等相差不宜超过 20%。这个要求，对其他结构体系的平面布置也是适用的。

为充分发挥剪力墙的抗侧力刚度和承载能力，增大剪力墙结构的可利用空间，剪力墙间距不宜太密，侧向刚度不宜过大。否则，刚度大，自重大，抗震设计时地震作用加大，不经济。

剪力墙的平面布置应尽可能均匀、对称、周边化，尽量使结构的刚度中心和质量中心重合，以减少扭转，加大结构的抗扭刚度。

所谓"均匀"，一是剪力墙的平面位置、间距尽可能均匀；二是指剪力墙的截面尺寸大小尽可能均匀，剪力墙墙肢截面宜简单、规则、均匀，尽可能采用"T"、"L"、"I"、"["形等截面墙体。避免小墙肢，也避免墙肢过长。各片落地剪力墙底部承担的水平剪力不宜相差悬殊。

短肢剪力墙较多的剪力墙结构应特别强调短肢剪力墙布置的均匀性，避免将短肢剪力墙集中布置在一处。若短肢剪力墙布置过于集中，虽然所承受的地震倾覆力矩占结构底部总地震倾覆力矩比例不是很大，也有可能造成结构的严重破坏；避免将短肢剪力墙集中布置在结构的一个方向上，对平面布置正交的剪力墙结构，当 L 形剪力墙的短肢（墙肢截面高度与厚度之比为 4~8）均在一个方向，且由这些墙肢所承受的该方向地震倾覆力矩占结构底部总地震倾覆力矩在 30%~50% 时，则显然结构两个方向的抗侧力刚度差异很大，肯定会使结构产生过大的扭转导致结构破坏，是不允许的。

框架柱中线与剪力墙中线、框架梁中线与框架柱中线宜对齐，避免偏心。当其偏心距大于柱宽 1/4 时，应计入偏心影响，并按第四章第一节"六、关于梁柱偏心"采取相关减少偏心的措施。

不宜将楼面主梁支承在剪力墙之间的连梁或其他楼面梁上。因为由于剪力墙中的连梁面外刚度小，一方面主梁端部达不到约束要求，连梁没有足够的抗扭刚度去抵抗平面外弯矩；另一方面因为连梁本身剪切应变较大，再增加主梁传来的内力更容易使连梁产生裂缝。设计中应尽可能避免。

2. 竖向布置

剪力墙沿竖向宜均匀、连续，避免刚度突变，避免形成软弱层、薄弱层，结构承载力和刚度宜自下而上逐渐减小。

（1）当在底部若干层取消部分墙体时，应加大落地剪力墙截面尺寸，满足《高规》附录E关于转换层上、下结构侧向刚度的规定；当中间楼层取消部分墙体时，则取消墙量不宜多于总墙量的1/4，当顶层取消部分墙体时，取消墙量不宜多于总墙量的1/3，开洞后楼层侧向刚度宜符合《高规》对剪力墙结构楼层侧向刚度比的有关规定。

（2）墙厚和混凝土强度等级沿竖向宜逐渐减小，且两者不宜在同一楼层改变；墙肢长度不宜突变。

3. 洞口布置

（1）剪力墙上的门窗洞口宜上下对齐、成列布置，形成明确的墙肢和连梁，且各墙肢的刚度不宜相差悬殊。

（2）抗震设计时，一、二和三级剪力墙不宜采用错洞布置，如无法避免，则宜控制错洞墙洞口间的水平距离不小于2m，设计时应仔细计算分析，并在洞口周边采取有效构造措施（图5.1.1b、c、d）。一、二、三级抗震设计的剪力墙所有部位（底部加强部位及以上部

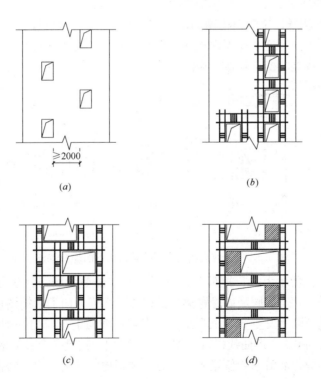

(a)

(b)

(c)

(d)

图5.1.1 剪力墙洞口不对齐时的构造措施

（a）一般错洞墙；（b）底部局部错洞墙；（c）叠合错洞墙构造之一；（d）叠合错洞墙构造之二

位）均不宜采用叠合错洞墙，当无法避免叠合错洞布置时，应按有限元方法仔细计算分析并在洞口周边采取加强措施（图 5.1.1c、d），或采用其他轻质材料填充，将叠合洞口转化为规则洞口（图 5.1.1d），其中阴影部分表示轻质填充墙体的剪力墙结构或壁式框架结构。

错洞墙或叠合错洞墙的内力和位移计算均应符合《高规》第 5 章的有关规定。若在结构整体计算中采用杆系、薄壁杆系模型或对洞口作了简化处理的其他有限元模型时，应对不规则开洞墙的计算结果进行分析、判断，并进行补充计算和校核。目前除了平面有限元方法外，尚没有更好的简化方法计算错洞墙。采用平面有限元方法得到应力后，可不考虑混凝土的抗拉作用，按应力进行配筋，并加强构造措施。

二、较长的剪力墙宜设置结构洞

（一）相关规范的规定

1. 《高规》第 7.1.2 条规定：

剪力墙不宜过长，较长剪力墙宜设置跨高比较大的连梁，将其分成长度较均匀的若干墙段，各墙段的高度与墙段长度之比不宜小于 3，墙段长度不宜大于 8m。

2. 《抗规》第 6.1.9 条第 2 款规定：

抗震墙结构和部分框支抗震墙结构中的抗震墙设置，应符合下列要求：

较长的抗震墙宜设置跨高比大于 6 的连梁形成洞口，将一道抗震墙分成长度较均匀的若干墙段，各墙段的高宽比不宜小于 3。

3. 《混规》未述及。

（二）对规范的理解

1. 首先举一个例子，说明由于剪力墙洞口大小、位置及数量的不同，在水平荷载作用下其受力特点也不同。这主要表现在两个方面：一是各墙肢截面上正应力的分布；二是沿墙肢高度方向上弯矩的变化规律，见图 5.1.2-1。

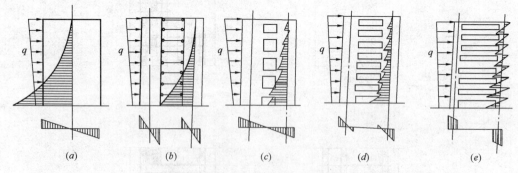

图 5.1.2-1　剪力墙在水平荷载作用下的受力特点

图 5.1.2-1（a）所示为一长矩形截面的不开洞整体剪力墙，计算分析表明：水平荷载作用下墙肢的受力状态如同竖向悬臂梁"沿墙肢的高度方向上弯矩图形下大上小"外包线为光滑的抛物线，既不发生突变也不出现反弯点，截面上正应力一端受拉，一端受压，呈线性分布，合力为 0。变形曲线以弯曲型为主。显然，这是一个独立的剪力墙墙肢。

如果将上面的剪力墙沿中间位置上下对齐、规则均匀开洞，洞口开得较大，连梁刚度很小，而墙肢的刚度又相对较大时，计算分析表明：水平荷载作用下两个墙肢的受力状态都如同竖向悬臂梁，沿墙肢高度方向上弯矩图形下大上小，外包线为光滑的抛物线，既不

278

发生突变也不出现反弯点，各墙肢截面上正应力一端受拉，一端受压，呈线性分布，合力为 0，如图 5.1.2-1（b）所示。说明此时连梁的约束作用很弱，犹如铰接于墙肢上的连杆，每个墙肢相当于一个独立悬臂梁，墙肢变形曲线以弯曲型为主。这种情况下，可以认为开洞后的墙肢为独立的剪力墙墙肢，连梁为弱连梁。

如果将图 5.1.2-1（a）所示的剪力墙仍沿中间位置上下对齐、规则均匀开洞，但洞口开得较小，连梁刚度较大，而墙肢的刚度又相对较小时，计算分析表明：水平荷载作用下两个墙肢沿高度方向上的弯矩图形虽然也是下大上小，但外包线不再是光滑的抛物线，而是锯齿形——弯矩图有突变（但基本上无反弯点），说明水平荷载产生的弯矩并非由墙肢独立承担，连梁也承担了一部分，两个墙肢截面上的正应力，一个完全受压，一个完全受拉，均接近直线分布，两个墙肢截面上的合力为 0，如图 5.1.2-1（c）所示。说明此时连梁的约束作用很强，墙的整体性很好。水平荷载作用产生的弯矩主要由墙肢的轴力（一对力偶）承担，墙肢自身的弯矩很小。变形曲线仍以弯曲型为主。这种情况下，可以认为开洞后的墙肢为非独立的剪力墙墙肢，连梁为强连梁。

如图 5.1.2-1（d）所示的剪力墙开洞大小，介于图 5.1.2-1（b）和图 5.1.2-1（c）之间，计算分析表明：水平荷载作用下墙肢沿高度方向弯矩图有突变，并在少数楼层有反弯点存在，两个墙肢截面上的正应力，一个以受压为主，一个以受拉为主，均接近直线分布，两个墙肢截面上的合力为 0。说明此时连梁对墙肢虽有一定的约束作用，但墙肢的局部弯矩较大，变形曲线为弯曲型。

如果将剪力墙洞口开大，以致使连梁与墙肢的刚度接近，则两个墙肢的弯矩图不仅在楼层处有突变，而且在大多数楼层中都出现反弯点，如图 5.1.2-1（e）所示。可见，由于连梁对墙肢的约束作用，使墙肢弯矩产生突变，突变值的大小主要取决于连梁与墙肢的相对刚度比。整个开洞剪力墙的内力与水平荷载作用下框架的内力相似，变形曲线以剪切型为主。

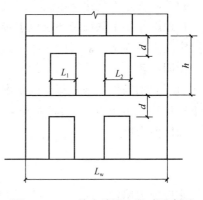

图 5.1.2-2　剪力墙洞口尺寸示意图

2. 各层剪力墙的截面相同时，根据开洞情况的不同（图 5.1.2-2），可以分为七类。各类剪力墙可按以下条件进行判别：

（1）整体墙

无洞墙或开有很小管道孔洞的剪力墙。

（2）整体小洞口墙

$$\frac{洞口面积}{墙面积} \leqslant 16\%$$

$$d \geqslant 0.2h$$

$$\sum_{i=1}^{m} l_i < 15\% L_w$$

$$\alpha > 10$$

α——整体系数，按式（5.1.2-1）或式（5.1.2-2）计算。

洞口净距及洞边至墙边尺寸大于洞口长边尺寸。

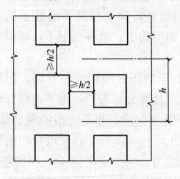

图 5.1.2-3　壁式框架

（3）小开口墙

$$\frac{洞口面积}{墙面积} \leqslant 25\%$$

$$d \geqslant 0.2h$$

$$\alpha \geqslant 10$$

$$I_A/I \leqslant \zeta$$

ζ 取值与整体系数 α、楼层数 N 有关，见表 5.1.2-2。

（4）壁式框架（图 5.1.2-3）

$$\alpha \geqslant 10$$

$$I_A/I > \zeta$$

（5）联肢墙

$$1 < \alpha < 10$$

$$\frac{洞口面积}{墙面积} > 25\%$$

（6）大开口墙

$\alpha \leqslant 1$，连梁跨高比 $\geqslant 2.5$。

（7）弱梁联肢墙

$\alpha < 1$，连梁跨高比 > 2.5。

在地震作用下联肢墙各层以上连梁总约束弯矩小于该层地震倾覆力矩的 20% 时，该连梁定义为弱连梁。

说明：

（1）判别条件主要根据开洞情况由剪力墙的整体系数 α 确定。剪力墙的整体系数 α 可按下式计算并参照表 5.1.2-1 取值：

双肢剪力墙：

$$\alpha = H\sqrt{\frac{12I_b a^2}{h(I_1 + I_2)L_b^3} \frac{I}{I_A}} \tag{5.1.2-1}$$

多肢剪力墙：

$$\alpha = H\sqrt{\frac{12}{\tau h \sum\limits_{j=1}^{m+1} I_j} \sum\limits_{j=1}^{m} \frac{I_{bj} a_j^2}{L_{bj}^3}} \tag{5.1.2-2}$$

式中　I_1、I_2——墙肢 1、2 的截面平均惯性矩（按层高加权平均）；

　　　τ——系数，3～4 肢墙取 0.8，5～7 肢墙取 0.85；

　　　m——洞口列数；

　　　h——平均层高；

　　　H——剪力墙总高度；

　　a_j、(a)——第 j 列洞口两侧墙肢（双肢剪力墙为 a）轴线距离；

　　L_{bj}、(L_b)——第 j 列连梁的计算跨度（双肢墙为 L_b），取为洞口宽度加梁高的 1/2；

　　　I_j——第 j 墙肢的惯性矩（按层高加权平均）；

I——剪力墙对组合截面形心的惯性矩（按层高加权平均）；

$$I_A = I - \sum_{j=1}^{m+1} I_j \tag{5.1.2-3}$$

I_{bj}、(I_b)——第 j 列连梁（双肢墙为 I_b）的等效惯性矩（考虑剪切变形影响）；

$$I_{bj} = \frac{I_{bj0}}{1 + \dfrac{30\mu I_{bj0}}{A_{bj} L_{bj}^2}} \tag{5.1.2-4}$$

I_{bj0}、(I_{b0})——第 j 列连梁（双肢墙为 I_{b0}）的截面惯性矩；

A_{bj}——第 j 列连梁的截面面积；

μ——梁截面形状系数，矩形截面 $\mu = 1.2$，T 形截面可近似取 $\mu = A/A'$；

A'——连梁腹板面积；

A——连梁截面面积。

剪力墙整体性系数 α 表 5.1.2-1

剪力墙类别	连梁类别	整体性系数 α
铰接墙、弱联肢墙	铰接、弱	<1
大开口墙		
联肢墙	较弱	$1\sim2$
	一般	$2\sim3.5$
	较强	$3.5\sim10$
壁式框架 小开口墙 整体小洞口墙		$\geqslant10$

（2）利用整体系数 α 对开洞剪力墙进行分类，一般情况下是可以的，但也有例外：对开洞很小的剪力墙，其 α 很大，整体性很强，但对开洞很大的剪力墙，如果开洞后连梁截面很高，刚度很大，而墙肢刚度相对较小，此时计算出的 α 也很大，即墙肢的整体性也很强。但如果所开的大洞使得开洞后的连梁、墙肢线刚度接近（当然两者的刚度均较大），则水平荷载作用下很可能会在墙肢和连梁上都出现反弯点。这就和水平荷载作用下的整体墙、整体小开口墙、联肢墙等不同，而显示出框架的受力特点了。

墙肢是否出现反弯点，与墙肢惯性矩比值 I_A/I、整体系数 α、楼层数 N 等多种因素有关。根据分析，当 $I_A/I \zeta$（表 5.1.2-2）时，即可认为墙肢出现了反弯点，显示出框架的受力特点，即可判定为壁式框架。而当 $I_A I \leqslant \zeta$ 时，可判定为小开口墙。

ζ 值 表 5.1.2-2

n α	8	10	12	16	20	$\geqslant30$
$10\sim12$	0.87	0.93	0.95	0.89	1	1
$14\sim16$	0.85	0.90	0.94	0.98	1	1
$18\sim20$	0.83	0.88	0.91	0.95	0.97	1
$22\sim24$	0.82	0.87	0.90	0.93	0.96	0.99
$26\sim28$	0.82	0.86	0.89	0.93	0.95	0.98
$\geqslant30$	0.81	0.86	0.88	0.92	0.95	0.98

注：n 为总层数。

3. 墙肢的长度过长，结构整体计算中这类墙肢承受了很大的楼层剪力，而其他小的墙肢承受的剪力很小，一旦地震特别是超烈度地震时，这类墙肢容易首先遭到破坏，而小的墙肢又无足够配筋，使整个结构可能形成被各个击破的局面，致使房屋倒塌；此外，若墙肢的高宽比小于2，有可能成为矮墙。这类墙肢的延性差，地震作用下容易造成脆性的剪切破坏，于抗震不利。而细高的剪力墙（高宽比大于3）容易设计成具有延性的弯曲破坏剪力墙。同时，当墙段长度（即墙段截面高度）很长时，受弯后产生的裂缝宽度会较大。

因为24m以上的民用建筑（除住宅建筑）为高层建筑，24/3＝8m，故《高规》规定开洞后的墙段长度不宜大于8m，而《抗规》对此未作规定。

（三）设计建议

1. 较长的剪力墙宜设置结构洞应同时满足以下三个条件：

（1）开洞后每个独立墙段总高度与其截面高度之比（高宽比）不宜小于3；

（2）开洞后形成的连梁应为跨高比大于6的弱连梁（图5.1.2-4）；

上述两款，无论是高层建筑还是多层建筑，都应满足。

（3）对高层建筑，每个独立墙段墙肢的截面高度（即墙肢长度）不宜大于8m。对多层建筑，则应由墙段的高宽比控制，但肯定比8m要小。

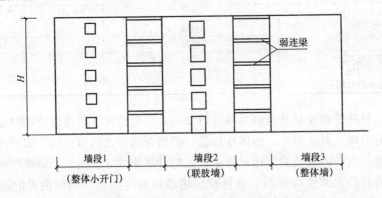

图5.1.2-4 剪力墙开结构洞

需要指出的是：有的设计对过长的剪力墙肢，仅在其间开一个较小的洞口（例如开1000mm×1000mm的洞口）这是否就是开结构洞呢？回答是否定的。因为这样的开洞并没有使原来较长的剪力墙肢分成为长度较小的独立墙肢，而仍然是长剪力墙肢，只不过开有小洞，但其在水平荷载下仍然是较长剪力墙肢的受力特点，这是达不到规范要求的设置结构洞的目的的。

2. 如果说上述剪力墙开洞是结构设计为了满足建筑的功能要求，"被动"地对墙体开洞并采取相应的设计措施，那么，为了使结构设计更合理、经济，结构设计也可以"主动"对墙体开洞。通过开设结构洞，可以改变剪力墙的受力性能，提高墙肢的延性，改善结构的抗震性能。

（1）截面高度不太长的墙肢，当结构抗侧力刚度很大时，宜开设结构洞。

剪力墙结构的延性，除了与墙肢的延性密切相关外，连梁的耗能作用也至关重要。开设结构洞，一方面减小了墙肢的刚度（结构抗侧力刚度过大会产生过大的地震作用），另一方面增加了结构的耗能杆件（连梁），从而提高了结构的耗能能力，提高了结构的抗震性能。

墙肢截面高度不太长时，可以通过开设结构洞将剪力墙设计为整体小开口墙、联肢墙等。此时联肢墙的墙肢尺寸不宜相差太大，连梁的截面应有足够的高度，跨高比不宜太大。

为了使剪力墙具有较高的延性，宜采用整体系数 $\alpha = 2 \sim 3.5$，如果要求较大的刚度和耗能能力，则以采用 $\alpha = 3.5 \sim 10.0$ 为宜。对于剪力墙较多、刚度较大、延性要求不高的剪力墙结构，可采用 $\alpha \geqslant 10.0$ 的小开口墙，也可以混合采用小开口墙作为第一道防线，联肢墙作为第二道防线。

此外，还可以通过开设结构洞，改善结构或墙肢的受力性能。例如：图 5.1.1 （d）就是通过加大开洞使原来受力很不合理的叠合错洞墙变为上、下洞口对齐受力合理的联肢墙；当建筑物底部需要大空间、上部需要小空间时，若结构的抗侧力刚度满足要求设计，也可在剪力墙底部开大洞（满足建筑功能要求），而在剪力墙上部开小洞（结构洞），形成联肢墙，以减小结构上下楼层侧向刚度的突变。

需要注意的是：

1）开结构洞的前提是在结构或墙肢的刚度和承载能力都有富余的情况下，目的是为了更有利于结构的受力和抗需而采取的措施。不能将普通剪力墙开洞成为短肢剪力墙，不能不根据结构的实际情况盲目开洞；

2）开洞后应做好填充墙的设计，避免填充墙的破坏，处理好填充墙的裂缝问题。

（2）《高规》在第 7.1.1 条条文说明中指出：所指的剪力墙结构是以剪力墙及因剪力墙开洞形成的连梁组成的结构，其变形特点为弯曲型变形，目前有些项目采用了大部分由跨高比较大的框架梁联系的剪力墙形成的结构体系，这样的结构虽然剪力墙较多，但受力和变形特性接近框架结构，当层数较多时对抗震是不利的，宜避免。因此，笔者建议：

1）剪力墙开洞后形成的连梁，其截面高度宜"级配合理"。

这里的"级配合理"是个比喻，意指开洞后形成的连梁截面高度大小有一定的比例。也即连梁的线刚度大小有一定的比例。不要全部为强连梁，否则结构刚度过大，致使地震作用过大，无必要。同时，大震下，连梁梁端开裂、出铰乃至退出工作，结构可能因刚度削弱过多而抗侧能力不足导致破坏、倒塌；也不要全部为弱连梁，这样的结构虽然剪力墙较多，但连梁耗能能力太小，结构的受力和变形特点接近框架，于抗震不利。连梁截面高度"级配合理"，这样，开洞后形成了既有独立墙肢又有联肢墙、既有弱连梁又有强连梁，结构的抗侧力刚度适当，承载能力适当，耗能能力也适当。地震作用下，首先是剪力墙肢之间线刚度相对较小的弱连梁进入耗能状态，大震下，弱连梁逐渐退出工作，仅作为连杆传递水平力，而线刚度相对较大的强连梁继续耗能，实现"强弱适当，多道防线"，从而使得结构具有较高的延性性能。

2）剪力墙开洞后宜在洞口顶部设连梁，当建筑布置要求设置无连梁的剪力墙时，其数量一级抗震等级不应超过全部剪力墙的数量的 20%，二级抗震等级不应超过全部剪力墙的数量的 30%。此类剪力墙不应采用短肢剪力墙，其底部加强部位的墙肢轴压比，一级不应小于 0.4，二级不应小于 0.5。墙肢两端应设置约束边缘构件，应加强墙肢上楼板板带的配筋和构造措施，如设置联系墙肢的暗梁，以保证板带在竖向荷载作用下具有足够的抗弯承载力。

3. 剪力墙开转角窗

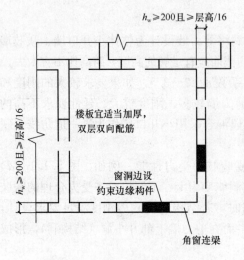

$h_w \geqslant 200$且$\geqslant$层高/16

楼板宜适当加厚，双层双向配筋

窗洞边设约束边缘构件

$h_w \geqslant 200$且$\geqslant$层高/16

角窗连梁

图 5.1.2-5　剪力墙转角窗的构造

8 度及 8 度以下设防 A 级高度的高层建筑在角部剪力墙上开设转角窗时，应采取下列措施（图 5.1.2-5）：

（1）洞口应上下对齐，洞口宽度不宜过大，过梁高度不宜过小；

（2）洞口附近应避免采用短肢剪力墙和单片剪力墙，宜采用"T"、"L"、"匚"形等截面的墙体，墙厚宜适当加大，并不应小于200mm。并应沿墙肢全高按要求设置约束边缘构件；

（3）宜提高洞口两侧墙肢的抗震等级，并按提高后的抗震等级满足轴压比限值的要求；

（4）加强转角窗上转角梁的配筋及构造；

（5）转角处楼板应局部加厚，配筋宜适当加大，并配置双层的直通受力钢筋；必要时，可于转角处板内设置连接两侧墙体的暗梁；

（6）结构电算时，转角梁的负弯矩调幅系数、扭矩折减系数均应取 1.0。抗震设计时，应考虑扭转耦联影响。

三、两类不同的连梁

（一）相关规范的规定

1.《高规》第 7.1.3 条规定：

跨高比小于 5 的连梁应按本章的有关规定设计，跨高比不小于 5 的连梁宜按框架梁设计。

2.《抗规》、《混规》未述及。

（二）对规范的理解

剪力墙开洞后形成的连梁，根据跨高比不同，其受力及破坏状态，可分为两种情况：

1. 当连梁的跨高比小于 5 时，连梁跨度较小、截面高度较大，其承受的竖向荷载往往不大，梁的弯矩、剪力均较小，对配筋不起控制作用；而水平荷载作用下梁的弯矩很大，因而剪力也很大，且沿梁长基本均匀分布，对剪切变形十分敏感，容易出现剪切斜裂缝，其中跨高比不大于 2.5 的连梁这种情况更为明显。

2. 当连梁的跨高比不小于 5 时，连梁跨度较大而截面高度较小，梁的刚度小，水平荷载作用下梁的弯矩小，对配筋不起控制作用；而梁承受的竖向荷载所属面积较大，梁的弯矩、剪力往往均较大，梁很可能会因为竖向荷载作用下梁的抗弯、抗剪承载力不足而破坏。

既然两者的受力及破坏状态差别很大，当然它们的设计方法也应有区别。

（三）设计建议

1. 跨高比小于 5 的连梁，其剪力设计值的计算、受剪截面控制条件、斜截面受剪承载力、配筋构造要求，应按规范规定的连梁设计（见《高规》第七章第 7.2.21～7.2.27 条）。

此连梁的抗震等级与所连接的剪力墙的抗震等级相同。

2. 对一端与剪力墙在平面内相连，另一端与框架柱相连的梁，当跨高比小于 5 时，也应按规范规定的连梁设计。

3. 跨高比不小于 5 的连梁，其剪力设计值的计算、受剪截面控制条件、斜截面受剪承载力、配筋构造要求，应按规范规定的框架梁设计（见《高规》第六章有关规定）。

此梁的抗震等级建议取与所连接的剪力墙的抗震等级相同。这是偏于安全的。

四、剪力墙底部加强部位范围的确定

（一）相关规范的规定

1.《高规》第 7.1.4 条、第 10.2.2 条规定：

第 7.1.4 条

抗震设计时，剪力墙底部加强部位的范围，应符合下列规定：

1 底部加强部位的高度，应从地下室顶板算起；

2 底部加强部位的高度可取底部两层和墙体总高度的 1/10 二者的较大值，部分框支剪力墙结构底部加强部位的高度应符合本规程第 10.2.2 条的规定；

3 当结构计算嵌固端位于地下一层底板或以下时，底部加强部位宜延伸到计算嵌固端。

第 10.2.2 条

带转换层的高层建筑结构，其剪力墙底部加强部位的高度应从地下室顶板算起，宜取至转换层以上两层且不宜小于房屋高度的 1/10。

2.《抗规》第 6.1.10 条规定：

抗震墙底部加强部位的范围，应符合下列规定：

1 底部加强部位的高度，应从地下室顶板算起。

2 部分框支抗震墙结构的抗震墙，其底部加强部位的高度，可取框支层加框支层以上两层的高度及落地抗震墙总高度的 1/10 二者的较大值。其他结构的抗震墙，房屋高度大于 24m 时，底部加强部位的高度可取底部两层和墙体总高度的 1/10 二者的较大值；房屋高度不大于 24m 时，底部加强部位可取底部一层。

3 当结构计算嵌固端位于地下一层的底板或以下时，底部加强部位尚宜向下延伸到计算嵌固端。

3.《混规》第 11.1.5 条与《抗规》规定一致。

（二）对规范的理解

抗震设计的剪力墙结构要求"强底层墙底"，即控制剪力墙在其底部嵌固端以上屈服，出现塑性铰。设计时，将墙体底部可能出现塑性铰的高度范围作为底部加强部位，在此范围内采取增加边缘构件箍筋和墙体水平钢筋等必要的抗震加强措施，使之具有较大的弹塑性变形能力，保证剪力墙底部出现塑性铰后具有足够大的延性，避免脆性的剪切破坏，提高整个结构的抗地震倒塌能力。

部分框支剪力墙结构传力不直接、不合理，结构竖向刚度变化很小，甚至是突变，地震作用下易使框支剪力墙结构在转换层附近的刚度、内力和传力途径发生突变，易形成薄弱层。转换层下部的框支结构构件易于开裂和屈服，转换层上部的墙体易于破坏。随着转换层位置的增高，结构传力路径更复杂、内力变化更大。根据抗震概念设计的原则，这些部位都应予以加强。

一般情况下单个塑性铰发展高度约为墙肢截面高度，故底部加强部位与墙肢总高度和墙肢截面高度有关，不同墙肢截面高度的剪力墙肢加强部位高度不同。为了简化设计，规范改为底部加强部位的高度仅与墙肢总高度相关。

此外，《抗规》、《混规》还补充了高度不超过 24m 的多层建筑的底部加强部位高度的规定。

（三）设计建议

1. 应特别注意底部加强部位高度的起算位置。所谓底部，是指基础顶面呢，还是指嵌固端，还是指室外地坪，还是指地下室顶板？过去一些设计对此认识不清，2010 版规范对此明确规定：底部加强部位的高度，应一律从地下室顶板向上算起。

2. 这里所说的剪力墙包括落地剪力墙和转换构件上部的剪力墙两者。即两者的底部加强部位高度取相同值。有的设计仅对落地剪力墙按《高规》第 10.2.2 条规定确定底部加强部位高度、或仅对框支剪力墙按《高规》第 10.2.2 条规定确定底部加强部位高度，对落地剪力墙则按墙肢总高度的 1/10 和底部两层二者的较大值确定底部加强部位高度，都是不对的。

3. 房屋高度不大于 24m 时，底部加强部位可取底部一层。

4. 当计算嵌固端位于地面以下时，还需向下延伸，是否必须都延伸到计算嵌固端？笔者认为：应根据实际工程的具体情况分析确定。俗话说："树大根深"，当地下室层数较多，计算嵌固端位于地下三层甚至在基础底板顶面，而上部结构的层数又不很多时，应无必要一直延伸到地下三层或基础底板顶面（计算嵌固端），一般仅需延伸至地下一层或地下二层底板即可，但加强部位的高度仍从地下室顶板算起。

5. 和 2001 版规范相比，2010 版规范将"墙体总高度的 1/8"改为"墙体总高度的 1/10"。

6. 有裙房时，主楼与裙房顶对应的相邻上下各一层应适当加强抗震构造。此时，加强部位的高度也可以延伸至裙房以上一层。

五、楼面梁不宜支承在剪力墙或核心筒的连梁上

（一）相关规范的规定

1.《高规》第 7.1.5 条规定：

楼面梁不宜支承在剪力墙或核心筒的连梁上。

2.《抗规》第 6.5.3 条、第 6.7.3 条规定：

第 6.5.3 条

楼面梁与抗震墙平面外连接时，不宜支承在洞口连梁上；……。

第 6.7.3 条

楼面大梁不宜支承在内筒连梁上。……。

3.《混规》未述及。

（二）对规范的理解

楼面梁支承在连梁上时，由于连梁截面宽度较小，一方面不能有效约束楼面梁，同时也会使连梁产生扭转，对连梁受力十分不利。

抗震设计时，试验表明，在往复荷载作用下，锚固在连梁内的楼面梁纵向受力钢筋有可能产生滑移，与楼面梁连接的连梁混凝土有可能拉脱。

还需特别注意的是：连梁作为剪力墙抗震第一道防线，在地震作用特别是强震下，可能率先开裂、出铰甚至破坏，楼面梁支承在连梁上，势必造成楼面梁也连续破坏。

（三）设计建议

1. 尽量避免楼面梁特别是楼面主梁支承在剪力墙连梁上。应多和建筑及其他专业协商、沟通，或者将此处的墙洞移位，或者将楼面梁移位，成为楼面梁支承在剪力墙上。

2. 若有楼板次梁等截面较小的梁支承在连梁上，不可避免时，次梁与连梁的连接可按铰接处理，铰出在次梁端部。

六、剪力墙与其平面外相交楼面梁刚接时的设计

（一）相关规范的规定

1. 《高规》第7.1.6条规定：

当剪力墙或核心筒墙肢与其平面外相交的楼面梁刚接时，可沿楼面梁轴线方向设置与梁相连的剪力墙、扶壁柱或在墙内设置暗柱，并应符合下列规定：

1 设置沿楼面梁轴线方向与梁相连的剪力墙时，墙的厚度不宜小于梁的截面宽度；

2 设置扶壁柱时，其截面宽度不应小于梁宽，其截面高度应计入墙厚；

3 墙内设置暗柱时，暗柱的截面高度可取墙的厚度，暗柱的截面宽度可取梁宽加2倍墙厚；

4 应通过计算确定暗柱或扶壁柱的竖向钢筋（或型钢），竖向钢筋的总配筋率不宜小于表7.1.6的规定；

表7.1.6 暗柱、扶壁柱纵向钢筋的构造配筋率

设计状况	抗震设计				非抗震设计
	一级	二级	三级	四级	
配筋率（%）	0.9	0.7	0.6	0.5	0.5

注：采用400MPa、335MPa级钢筋时，表中数值宜分别增加0.05和0.10。

5 楼面梁的水平钢筋应伸入剪力墙或扶壁柱，伸入长度应符合钢筋锚固要求。钢筋锚固段的水平投影长度，非抗震设计时不宜小于$0.4l_{ab}$，抗震设计时不宜小于$0.4l_{abE}$；当锚固段的水平投影长度不满足要求时，可将楼面梁伸出墙面形成梁头，梁的纵筋伸入梁头后弯折锚固（图7.1.6），也可采取其他可靠的锚固措施；

6 暗柱或扶壁柱应设置箍筋，箍筋直径，一、二、三级时不应小于8mm，四级抗震及非抗震时不应小于6mm，且均不应小于纵向钢筋直径的1/4；箍筋间距，一、二、三级时不应大于150mm，四级及非抗震时不应大于200mm。

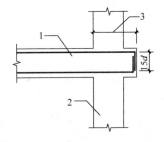

图7.1.6 楼面梁伸出墙面
形成梁头

1—楼面梁；2—剪力墙；3—楼面梁钢筋锚固水平投影长度

2. 《抗规》第6.5.3条规定：

楼面梁与抗震墙平面外连接时，……；沿梁轴线方向宜设置与梁连接的抗震墙，梁的纵筋应锚固在墙内；也可在支承梁的位置设置扶壁柱或暗柱，并应按计算确定其截面尺寸和配筋。

3. 《混规》未述及。

（二）对规范的理解

1. 剪力墙的特点是平面内刚度和承载力很大，而平面外刚度和承载力都相对很小。当剪力墙墙肢与平面外方向的楼面梁连接时，或多或少会产生平面外弯矩，一般情况下设计并不验算墙的平面外承载力。当梁的截面高度较高时，梁端弯矩对墙平面外的安全不利，会使剪力墙平面外产生较大的弯矩，甚至超过剪力墙平面外的抗弯能力，造成墙体开裂甚至破坏。此时应设置其他构件平衡梁的弯矩或设法增大剪力墙墙肢抵抗平面外弯矩的能力。设计中可根据节点弯矩的大小、墙肢的厚度（平面外刚度）等具体情况确定梁、墙是刚接还是铰接，并据此采取相应的设计计算和构造措施，以保证剪力墙平面外的安全。

2. 规范本条所规定的措施，是指在楼面梁与剪力墙刚性连接的情况下，应采取措施增大墙肢抵抗平面外弯矩的能力。在措施中强调了对墙内暗柱或墙扶壁柱进行承载力的验算，增加了暗柱、扶壁柱竖向钢筋总配筋率的最小要求和箍筋配置要求，并强调了楼面梁水平钢筋伸入墙内的锚固要求。

3. 对剪力墙与其平面外相交楼面梁刚接时的设计规定，《高规》、《抗规》的概念是一致的。但《抗规》的规定较原则，而《高规》的规定较为具体，设计中应把握概念，灵活应用。

（三）设计建议

1. 当剪力墙或核心筒墙肢与其平面外相交的楼面梁刚接时，可沿楼面梁轴线方向设置与梁相连的剪力墙、扶壁柱或在墙内设置暗柱，并应符合下列规定：

（1）设置沿楼面梁轴线方向与梁相连的剪力墙时，墙的厚度不宜小于梁的宽度。

（2）设置扶壁柱时，其宽度不应小于梁宽，墙厚可计入扶壁柱的截面高度。

（3）墙内设置暗柱。

（4）应通过计算确定暗柱或扶壁柱的竖向钢筋（或型钢）。

在上述措施中，（1）、（2）两种措施中沿梁轴线方向上的剪力墙、扶壁柱的设计内力由结构整体计算可得，此两种措施可以使剪力墙平面外不承受弯矩，效果最好。但也许会影响建筑的功能使用要求，难以做到。措施（3）满足了建筑的功能使用要求，但如何较准确合理地计算剪力墙暗柱的承载力，使墙体平面外具有足够的抗弯承载力，不致因平面外弯矩过大而造成墙体开裂破坏，是一个十分重要的问题。根据有关文献，笔者建议，暗柱的承载力计算可按以下方法进行：

墙内暗柱的截面高度可取墙的厚度，暗柱的截面宽度不应小于梁宽加 2 倍墙厚、不宜大于墙厚的 4 倍；暗柱弯矩设计值取为 $0.6\eta_c M_b$，此处 M_b 为与墙平面外连接的梁端弯矩设计值，η_c 为暗柱柱端弯矩设计值增大系数，剪力墙或核心筒为一、二、三、四级抗震等级时分别取 1.4、1.2、1.1 和 1.1；暗柱轴向压力设计值取暗柱从属面积下的重力荷载代表值。计算出的设计值，轴力对暗柱正截面承载力有利时可取梁上截面，且作用分项系数可取 1.0；轴力对暗柱正截面承载力不利时可取梁下截面，且作用分项系数可取 1.25；按偏心受压柱计算配筋。若钢筋混凝土暗柱不能满足承载力要求，可在剪力墙暗柱内设置型钢，按型钢混凝土柱计算其承载力。

（5）纵向受力钢筋应对称配置，竖向钢筋全截面的最小配筋率不宜小于《高规》表7.1.6 的规定。这个配筋率既不同于剪力墙边缘构件的配筋率，也不同于剪力墙小墙肢（柱）的最小配筋率。

（6）楼面梁的水平钢筋应伸入剪力墙或扶壁柱，伸入长度应符合钢筋锚固要求。当锚固段的水平投影长度不满足要求时，可按《高规》第 7.1.6 条第 6 款提供的做法，也可采取其他可靠的锚固措施。

（7）暗柱或扶壁柱应设置箍筋，箍筋应符合柱箍筋的构造要求。抗震设计时，箍筋加密区的范围及其构造要求应符合相同抗震等级的柱的要求，暗柱或扶壁柱的抗震等级应与剪力墙或核心筒的抗震等级相同。

2. 对截面较小的楼面梁，也可通过支座弯矩调幅或变截面梁实现梁端铰接或半刚接设计，以减小墙肢平面外弯矩。但这种方法应在梁出现裂缝不会引起结构其他不利影响的情况下采用。此时，应在墙、梁相交处设置构造暗柱，暗柱的截面宽尺寸同上述第一款的要求，暗柱配筋按剪力墙相应抗震等级构造边缘构件设置；应相应加大楼面梁的跨中弯矩，楼面梁的纵向受力钢筋锚入暗柱内的构造要求按铰接梁、柱节点构造。

七、小墙肢宜按柱设计

（一）相关规范的规定

1. 《高规》第 7.1.7 条规定：

当墙肢的截面高度与厚度之比不大于 4 时，宜按框架柱进行截面设计。

2. 《抗规》第 6.4.6 条规定：

抗震墙的墙肢长度不大于墙厚的 3 倍时，应按柱的有关要求进行设计；矩形墙肢的厚度不大于 300mm 时，尚宜全高加密箍筋。

3. 《混规》第 9.4.1 条规定：

竖向构件截面长边、短边（厚度）比值大于 4 时，宜按墙的要求进行设计。

······。

（二）对规范的理解

剪力墙与柱都是偏心受压构件，其压弯破坏状态以及计算原理基本相同，但是其截面配筋构造有很大不同，因此柱截面和墙截面的配筋计算方法也各不相同。为此，要设定是按框架柱还是按剪力墙进行截面设计的分界点。根据工程经验并参考国外有关规范的规定，考虑到剪力墙设置边缘构件和分布钢筋的方便，《高规》规定：剪力墙墙肢截面的高厚比 h_w/b_w 宜大于 4。当墙肢截面的高厚比 h_w/b_w 不大于 4 时，宜按框架柱进行截面设计。

《混规》的规定与《高规》基本一致。

《抗规》与上述规定有所区别：当墙肢长度小于墙厚的 3 倍时，要求按框架柱进行设计。

（三）设计建议

一般剪力墙厚度不大，有可能小于 200mm，即使 4 倍墙厚也就是 800mm。如果是矩形截面，其抗侧刚度、承载能力都是很小的，是比短肢剪力墙抗侧力刚度更弱、抗震性能更差的独立小墙肢，甚至等同于"异形柱"。注意到《抗规》对柱最小截面尺寸的规定：截面的宽度和高度，四级或不超过 2 层时不宜小于 300mm，一、二、三级且超过 2 层时不宜小于 400mm；圆柱的直径，四级或不超过 2 层时不宜小于 350mm，一、二、三级且超过 2 层时不宜小于 450mm。笔者认为：抗震设计时，当墙肢截面的高厚比 h_w/b_w 不大于 4 时，宜分两种情况进行设计：

1. 当剪力墙墙肢截面的厚度大于 300mm、墙肢截面的高厚比 h_w/b_w 不大于 4 时，宜按框架柱进行截面设计。此框架柱抗震等级按相应框架-剪力墙结构的框架部分确定。柱

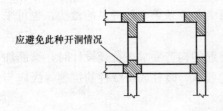

应避免此种开洞情况

图 5.1.7　剪力墙开洞形成的小墙肢

的箍筋宜全高加密。

2. 当剪力墙墙肢截面的厚度不大于 300mm、墙肢截面的高厚比 h_w/b_w 不大于 4 时（图 5.1.7），应按不参与结构抗侧的偏心受压柱进行设计（建模时柱头点铰或不输入此柱的相关信息等）。设计轴力取重力荷载代表值下的从属面积计算出的设计值，设计弯矩取设计轴力与此柱所在楼层层间位移限值的乘积。底部加强部位纵向钢筋的配筋率不应小于 1.2%，一般部位不应小于 1.0%，箍筋宜沿墙肢全高加密。

需要说明的是：笔者在这里提出的"墙肢截面的厚度不大于 300mm、墙肢截面的高厚比 h_w/b_w 不大于 4"的界定不一定准确。宜根据工程的具体情况、墙肢的抗侧力刚度、承载能力的大小判定。

3. 还需说明的是：无论这两种情况中的哪一种情况，剪力墙结构中有这样的"柱子"，对结构受力、抗震都是不利的，应尽可能避免。若无法避免、而结构中这样的"柱子"极少时（占结构总地震倾覆力矩比例小于 10%），对有框架柱的剪力墙结构，除框架柱应进行适当的内力调整外，剪力墙地震剪力标准值也宜乘以适当的增大系数，抗震构造措施的抗震等级宜适当提高。具体调整方法建议参考《抗规》第 6.7.1 条第 2 款框架-核心筒结构的内力调整方法进行；对仅有不参与结构抗侧的偏压柱的剪力墙结构，柱的配筋应适当加大，剪力墙应承担结构的全部地震剪力和倾覆力矩。

八、短肢剪力墙的设计

（一）相关规范的规定

1.《高规》第 7.1.8 条、第 7.2.2 条规定：

第 7.1.8 条

抗震设计时，高层建筑结构不应全部采用短肢剪力墙；B 级高度高层建筑以及抗震设防烈度为 9 度的 A 级高度高层建筑，不宜布置短肢剪力墙，不应采用具有较多短肢剪力墙的剪力墙结构。当采用具有较多短肢剪力墙的剪力墙结构时，应符合下列规定：

1　在规定的水平地震作用下，短肢剪力墙承担的底部倾覆力矩不宜大于结构底部总地震倾覆力矩的 50%；

2　房屋适用高度应比本规程表 3.3.2-1 规定的剪力墙结构的最大适用高度适当降低，7 度、8 度（0.2g）和 8 度（0.3g）时分别不应大于 100m、80m 和 60m。

注：1　短肢剪力墙是指截面厚度不大于 300mm、各肢截面高度与厚度之比的最大值大于 4 但不大于 8 的剪力墙；

2　具有较多短肢剪力墙的剪力墙结构是指，在规定的水平地震作用下，短肢剪力墙承担的底部倾覆力矩不小于结构底部总地震倾覆力矩的 30% 的剪力墙结构。

第 7.2.2 条

抗震设计时，短肢剪力墙的设计应符合下列规定：

1　短肢剪力墙截面厚度除应符合本规程第 7.2.1 条的要求外，底部加强部位尚不应小于 200mm、其他部位尚不应小于 180mm。

2 一、二、三级短肢剪力墙的轴压比，分别不宜大于 0.45、0.50、0.55，一字形截面短肢剪力墙的轴压比限值应相应减少 0.1。

3 短肢剪力墙的底部加强部位应按本节 7.2.6 条调整剪力设计值，其他各层一、二、三级时剪力设计值应分别乘以增大系数 1.4、1.2 和 1.1。

4 短肢剪力墙边缘构件的设置应符合本规程第 7.2.14 条的规定。

5 短肢剪力墙的全部竖向钢筋的配筋率，底部加强部位一、二级不宜小于 1.2%，三、四级不宜小于 1.0%；其他部位一、二级不宜小于 1.0%，三、四级不宜小于 0.8%。

6 不宜采用一字形短肢剪力墙，不宜在一字形短肢剪力墙上布置平面外与之相交的单侧楼面梁。

2.《抗规》、《混规》未述及。

（二）对规范的理解

1. 厚度不大的剪力墙开设较大洞口时，会形成短肢剪力墙。短肢剪力墙沿建筑高度可能有较多楼层的墙肢会出现反弯点，受力特点接近异形柱，又承担较大轴力与剪力，和普通的剪力墙（肢较长）相比，由于墙肢长度不长、厚度不厚，刚度小，其承载能力、变形能力及延性性能均较差。因此，《高规》规定对短肢剪力墙应加强，限制其数量，在某些情况下还要限制建筑结构高度。

2. 由于短肢剪力墙性能较差，如结构中这样的墙肢较多，结构的整体抗震性能当然比一般剪力墙结构要差。加之地震区应用经验不多，为安全起见，《高规》规定在高层住宅结构中短肢剪力墙布置不宜过多，不应采用全部为短肢剪力墙的结构。当采用具有较多短肢剪力墙的剪力墙结构，此时房屋的最大适用高度应适当降低。B 级高度高层建筑及 9 度抗震设防的 A 级高度高层建筑，不宜布置短肢剪力墙，不应采用具有较多短肢剪力墙的剪力墙结构。

《高规》还对短肢剪力墙的墙肢形状、厚度、轴压比、纵向钢筋配筋率、边缘构件等作了相应规定。

（三）设计建议

1. 短肢剪力墙的判定有三条：

（1）墙肢截面高度与厚度之比为 4~8，对 L 形、T 形、I 字形、十字形等截面的剪力墙，则应每个方向墙肢截面高度与厚度之比均为 4~8；

（2）墙肢截面厚度不能过厚。上述第（1）款墙肢截面高厚比中的厚度应是满足规范规定的最小厚度。如果由于非结构原因使墙肢加厚，导致墙肢截面高厚比在 4~8 之间，应具体分析，不应简单判定为短肢剪力墙。《高规》规定：短肢剪力墙截面厚度不大于 300mm。《全国民用建筑工程设计技术措施（2009）结构（结构体系）》认为：当墙肢厚度不小于层高的 1/12 且不小于 400mm 时，即使墙肢截面高度与厚度之比在 5~8 之间，也不应简单判定为短肢剪力墙；《广东省实施〈高层建筑混凝土结构技术规程〉（JGJ 3—2002）补充规定》DBJ/T 15—46—2005 规定：剪力墙截面高度与厚度之比大于 4、小于 8 时为短肢剪力墙。当剪力墙截面厚度不小于层高的 1/15，且不小于 300mm，高度与厚度之比大于 4 时仍属一般剪力墙。以上规定虽然具体数值不尽相同，但概念是一致的。笔者认为：不能孤立地就根据 300mm 墙厚来判别短肢剪力墙。比如：对高度很高的高层建筑，可规定其最小厚度不大于 350mm，而墙肢高度与厚度比在 4~8 之间时，宜判定为短肢剪力墙。

（3）墙肢两侧均与弱连梁相连或一端与弱连梁相连（连梁的跨高比 L_n/h 大于5）、一端为自由端，见图5.1.8。

例如，图5.1.8（a）、（b）中应为短肢剪力墙，而图5.1.8（c）中的剪力墙虽然一个方向墙肢截面高度与厚度之比为4～8，但另一个方向墙肢截面高度与厚度之比大于8，故不应判定为短肢剪力墙，图5.1.8（d）中剪力墙因其两侧均与较强的连梁相连，也不应判定为短肢剪力墙。

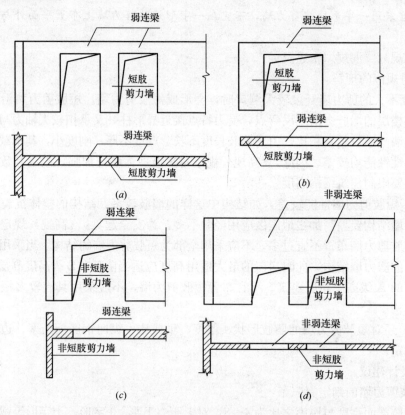

图5.1.8 短肢剪力墙判别举例

由剪力墙开洞后所形成的联肢墙、壁式框架等，虽然其墙肢的截面高度与厚度之比也很可能为4～8，但这些墙肢不是独立墙肢，它们并不是各自独立发挥作用，而是和连梁一起共同工作，有着较大的抗侧力刚度。故由联肢墙、壁式框架等构成的结构不应判定为短肢剪力墙较多的剪力墙结构，不应按短肢剪力墙较多的剪力墙结构进行设计。

在筒中筒结构中，虽然外框筒的墙肢截面高度与厚度之比可能为4～8，但这些墙肢也不是独立墙肢，它们并不是各自独立发挥作用，而是和裙梁（强连梁）一起，构成了抗侧力刚度很大的外框筒。因此，也不应判定为短肢剪力墙较多的剪力墙结构，不必遵守短肢剪力墙较多的剪力墙结构的有关规定，而应按筒中筒结构的有关规定进行设计。

2. 较多短肢剪力墙的剪力墙结构

虽然短肢剪力墙性能较差，但剪力墙结构中仅有极少数、个别短肢剪力墙，对整个剪力墙结构的抗震性能影响并不大。而若结构中短肢剪力墙过多，则此结构的抗震性能大大降低，由于普通剪力墙很少，抗震能力不足，一旦普通剪力墙出现问题，结构中的短肢剪力墙很可能就会随之破坏。因此，《高规》规定：在规定的水平地震作用下，当短肢剪力墙承担的倾覆力矩大于或等于结构底部总倾覆力矩的30%而小于50%时，称为具有较多短肢剪力墙的剪力墙结构。

3. 在规定的水平地震作用下，短肢剪力墙承担的底部倾覆力矩不大于结构底部总地震倾覆力矩的30%，虽然不称之为具有较多短肢剪力墙的剪力墙结构，但其结构的最大适用高度宜适当降低，层间位移角、位移比宜适当从严，结构的平、立面布置宜尽可能规则。对结构中的短肢剪力墙构件，应满足《高规》第7.2.2条的要求。

具有较多短肢剪力墙的剪力墙结构，结构布置时应布置钢筋混凝土筒体（或一般剪力墙），形成短肢剪力墙与筒体（或一般剪力墙）共同抵抗水平力的剪力墙结构。并应满足《高规》第7.1.8条、第7.2.2条的相关规定。

不应采用在规定的水平地震作用下，短肢剪力墙承担的底部倾覆力矩大于结构底部总地震倾覆力矩的50%的结构。

4.《高规》第7.1.8条是对短肢剪力墙构件的具体规定。不论结构中短肢剪力墙较多还是不多，只要结构中有短肢剪力墙，则所有短肢剪力墙都要求满足相应规定。2010版《高规》虽然对短肢剪力墙的抗震等级不再提高，但降低了轴压比限值。目的是为了防止短肢剪力墙承受的楼面面积范围过大、或房屋高度太大，过早压坏引起楼板坍塌的危险。

一字形短肢剪力墙延性及平面外稳定均十分不利，因此规定不宜采用一字形短肢剪力墙，不宜布置单侧楼面梁与之平面外垂直连接或斜交，同时要求短肢剪力墙尽可能设置翼缘。

5. 采用短肢剪力墙较多的多层剪力墙结构，笔者建议在对短肢剪力墙的定义中宜将墙厚改为不大于200mm，其余均可按高规上述有关规定设计。

第二节　截面设计及构造

一、剪力墙的截面厚度

（一）相关规范的规定

1.《高规》第7.2.1条、第8.2.2条第1款规定：

第7.2.1条

剪力墙的截面厚度应符合下列规定：

1 应符合本规程附录D的墙体稳定验算要求。

2 一、二级剪力墙：底部加强部位不应小于200mm，其他部位不应小于160mm；一字形独立剪力墙底部加强部位不应小于220mm，其他部位不应小于180mm。

3 三、四级剪力墙：不应小于160mm，一字形独立剪力墙的底部加强部位尚不应小于180mm。

4 非抗震设计时不应小于160mm。

5 剪力墙井筒中，分隔电梯井或管道井的墙肢截面厚度可适当减小，但不宜小于 160mm。

第 8.2.2 条第 1 款

带边框剪力墙的构造应符合下列规定：

带边框剪力墙的截面厚度应符合本规程附录 D 的墙体稳定计算要求，且应符合下列规定：

1）抗震设计时，一、二级剪力墙的底部加强部位不应小于 200mm；

2）除本款 1）项以外的其他情况下不应小于 160mm。

2.《抗规》第 6.4.1 条、第 6.5.1 条第 1 款、第 6.6.2 条第 1 款规定：

第 6.4.1 条

抗震墙的厚度，一、二级不应小于 160mm 且不宜小于层高或无支长度的 1/20，三、四级不应小于 140mm 且不宜小于层高或无支长度的 1/25；无端柱或翼墙时，一、二级不宜小于层高或无支长度的 1/16，三、四级不宜小于层高或无支长度的 1/20。

底部加强部位的墙厚，一、二级不应小于 200mm 且不宜小于层高或无支长度的 1/16，三、四级不应小于 160mm 且不宜小于层高或无支长度的 1/20；无端柱或翼墙时，一、二级不宜小于层高或无支长度的 1/12，三、四级不宜小于层高或无支长度的 1/16。

第 6.5.1 条第 1 款

框架-抗震墙结构的抗震墙厚度和边框设置，应符合下列要求：

抗震墙的厚度不应小于 160mm 且不宜小于层高或无支长度的 1/20，底部加强部位的抗震墙厚度不应小于 200mm 且不宜小于层高或无支长度的 1/16。

第 6.6.2 条第 1 款

板柱-抗震墙的结构布置，尚应符合下列要求：

抗震墙厚度不应小于 180mm，且不宜小于层高或无支长度的 1/20；房屋高度大于 12m 时，墙厚不应小于 200mm。

3.《混规》第 9.4.1 条、第 9.4.5 条、第 11.7.12 条第 1、2 款规定：

第 9.4.1 条

……。

支撑预制楼（屋面）板的墙其厚度不宜小于 140mm；对剪力墙结构尚不宜小于层高的 1/25，对框架-剪力墙结构尚不宜小于层高的 1/20。

当采用预制板时，支承墙的厚度应满足墙内竖向钢筋贯通的要求。

第 9.4.5 条

对于房屋高度不大于 10m 且不超过 3 层的墙，其截面厚度不应小于 120mm，其水平与竖向分布钢筋的配筋率均不宜小于 0.15%。

第 11.7.12 条第 1、2 款

剪力墙的墙肢截面厚度应符合下列规定：

1 剪力墙结构：一、二级抗震等级时，一般部位不应小于 160mm，且不宜小于层高或无支长度的 1/20；三、四级抗震等级时，不应小于 140mm，且不宜小于层高或无支长度的 1/25。一、二级抗震等级的底部加强部位，不应小于 200mm，且不宜小于层高或无支长度的 1/16，当墙端无端柱或翼墙时，墙厚不宜小于层高或无支长度的 1/12。

2 框架-剪力墙结构：一般部位不应小于 160mm，且不宜小于层高或无支长度的 1/20；

底部加强部位不应小于200mm，且不宜小于层高或无支长度的1/16。

（二）对规范的理解

规范规定剪力墙截面的最小厚度要求，首要目的是为了保证剪力墙平面外的刚度和稳定性能，也是高层建筑剪力墙截面厚度的最低构造要求。剪力墙截面厚度除应满足上述条文规定的稳定要求外，尚应满足剪力墙受剪截面限制条件、剪力墙正截面受压承载力要求以及剪力墙轴压比限值要求。

试验表明，有边缘构件约束的矩形截面抗震墙与无边缘构件约束的矩形截面抗震墙相比，极限承载力约提高40%，极限层间位移角约增加一倍，对地震能量的消耗能力增大20%左右，且有利于墙板的稳定。对一、二级抗震墙底部加强部位，当无端柱或翼墙时，墙厚需适当增加。

考虑到一般剪力墙井筒内分隔空间的墙，不仅数量多，而且无肢长度不大，为了减轻结构自重，《高规》规定其墙厚可适当减小。同时，《高规》、《混规》还规定了非抗震设计时墙厚不应小于160mm。

但三本规范对最小墙厚的具体规定上也有区别：

1. 《高规》要求先验算稳定性，然后规定了最小墙厚的具体数值；而《抗规》、《混规》并未要求验算墙体的稳定性。

2010版《高规》的这个要求，比2001版《高规》要严。比如：某抗震等级为一级的剪力墙结构某底部加强部位剪力墙墙肢，按2001版《高规》第7.2.2条第1款由层高初定墙厚为200mm，若是墙度不满足此要求，则可按第4款验算其稳定性。经验算后若墙厚180mm就可满足稳定性要求，则最终墙厚可取为180mm。但按2010版《高规》，还必须取200mm墙厚。

2. 2010版《高规》对2001版《高规》作了修改，不再规定墙厚与层高或剪力墙无支长度比值的限制要求。主要原因是：①本条第2、3、4款规定的剪力墙截面的最小厚度是高层建筑的基本要求；②剪力墙平面外稳定与该层墙体顶部所受的轴向压力的大小密切相关，如不考虑墙体顶部轴向压力的影响，单一限制墙厚与层高或无支长度的比值，则会形成高度相差很大的房屋其底部楼层墙厚的限制条件相同或一幢高层建筑中底部楼层墙厚与顶部楼层墙厚的限制条件相近等不够合理的情况；③本规程附录D的墙体稳定验算公式能合理地反映楼层墙体顶部轴向压力以及层高或无支长度对墙体平面外稳定的影响，并具有适宜的安全储备。而2010版《抗规》、《混规》保留墙厚与层高之比的要求，但由2001版的"应"改为"宜"，适当放松要求。并增加无支长度的相应规定。

3. 《高规》规定一、二级抗震设计无端柱或翼墙的底部加强部位一字形独立剪力墙，墙厚不应小于220mm，《抗规》、《混规》无此规定；《抗规》有板柱-剪力墙结构剪力墙厚度的规定，而《高规》、《抗规》未明确提及（《高规》将板柱-剪力墙墙厚要求同框架-剪力墙一样）；《抗规》、《混规》规定三、四级及非抗震时墙厚为140mm，《混规》规定非抗震时高度不大于10m且不超过3层房屋的墙肢，其厚度不应小于120mm，而《高规》最小厚度为160mm，具体数值有区别。其原因主要是考虑高层建筑和多层建筑底层墙肢所受的轴向压力有区别。

（三）设计建议

1. 设计人员可利用计算机软件或按《高规》附录D进行墙体稳定验算；

2. 在满足稳定性的前提下，可按表 5.2.1 初步选定剪力墙截面的最小厚度。初步设计时，建议按层高或无肢长度的分数倍数初选墙肢厚度。

剪力墙截面最小厚度　　　　　　　　　表 5.2.1

剪力墙部位				最小厚度(mm，取较大值)	
				有端柱或翼墙	无端柱或翼墙
抗震设计	剪力墙结构	一、二级抗震	底部加强部位	$H/16$(不宜)，200(不应)	$h/12$(不宜)，220(不应)
			其他部位	$H/20$(不宜)，160(不应)	$h/16$(不宜)，180(不应)
		三、四级抗震	底部加强部位	$H/20$(不宜)，160(不应)	$h/16$(不宜)，160(不应)
			其他部位	$H/25$(不宜)，140(不应)	$h/20$(不宜)，160(不应)
	框架-剪力墙结构	一、二级抗震	底部加强部位	$H/16$(不宜)，200(不应)	
			其他部位	$H/20$(不宜)，160(不应)	
		三、四级抗震	底部加强部位	$H/20$(不宜)，160(不应)	
			其他部位	$H/20$(不宜)，160(不应)	
	板柱剪力墙结构	结构高度大于12mm		200(不应)	
		结构高度不大于12m		180(不宜) $H/20$(不宜)	
非抗震设计	剪力墙结构			$H/25$(不宜)，140(不应)	同左
	框-剪结构			$H/20$(不宜)，160(不应)	同左

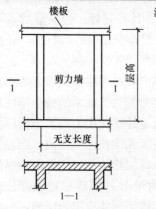

图 5.2.1　剪力墙层高与无肢长度

注：1. 表中符号 H 为层高或无支长度二者中的较小值，h 为层高。无支长度是指沿剪力墙长度方向没有平面外横向支承墙的长度，见图 5.2.1；

2. 短肢剪力墙截面厚度，底部加强部位不应小于 200mm，其他部位不应小于 180mm；

3. 部分框支剪力墙结构框支梁上部的剪力墙墙体厚度不宜小于 200mm；

4. 带边框剪力墙的墙厚要求同有端柱式翼墙时的规定；

5. 剪力墙电梯井筒内分隔空间的墙肢数量多而长度不大，两端嵌固情况好，故电梯井或管井的墙体厚度可适当减小，但不宜小于 160mm；

6. 当采用预制楼板时，确定墙的厚度时还应考虑预制板在墙上的搁置长度以及墙内竖向钢筋贯通等构造要求；

7. 非抗震设计时，多层剪力墙结构的墙肢截面厚度可适当减小，一般不宜小于 140mm。对房屋高度不大于 10m 且不超过 3 层，厚度不应小于 120mm。

3. 注意：以上仅是满足稳定性要求的墙体最小厚度，工程设计时，剪力墙截面厚度除应满足上述条文规定的稳定要求外，尚应满足剪力墙受剪截面限制条件、剪力墙轴压比限值以及剪力墙正截面承载力等要求。

二、抗震设计时双肢剪力墙的内力调整

（一）相关规范的规定

1. 《高规》第 7.2.4 条、第 10.2.18 条规定：

第 7.2.4 条

抗震设计的双肢剪力墙，其墙肢不宜出现小偏心受拉；当任一墙肢为偏心受拉时，另一墙肢的弯矩设计值及剪力设计值应乘以增大系数 1.25。

第 10.2.18 条

……。落地剪力墙墙肢不宜出现偏心受拉。

2.《抗规》第 6.2.7 条第 2、3 款规定：

抗震墙各墙肢截面组合的内力设计值，应按下列规定采用：

2 部分框支抗震墙结构的落地抗震墙墙肢不应出现小偏心受拉。

3 双肢抗震墙中，墙肢不宜出现小偏心受拉；当任一墙肢为偏心受拉时，另一墙肢的剪力设计值、弯矩设计值应乘以增大系数 1.25。

3.《混规》未述及。

（二）对规范的理解

剪力墙在竖向荷载和水平地震作用下，一般处于偏心受压受力状态。当墙肢出现大偏心受拉时，墙肢极易出现裂缝，使其刚度退化，剪力将在墙肢中重新分配。而当双肢剪力墙偏心受拉时，一旦出现某个墙肢为全截面受拉开裂，则其刚度退化严重，大部分地震作用将转移到受压墙肢，因此，必须适当加大受压墙肢按弹性计算的弯矩和剪力设计值以提高墙肢的承载能力。

如果剪力墙墙肢在多遇地震下出现小偏心受拉，该墙肢可能会出现水平通缝而严重削弱其抗剪能力，抗侧刚度也严重退化，墙肢在设防地震、罕遇地震下的抗震能力可能大大丧失；同时，多遇地震下为偏心受压的墙肢在设防地震下转化为偏心受拉，墙肢的抗震能力发生了实质性的改变。因此，应尽可能避免出现墙肢小偏心受拉情况。

（三）设计建议

1. 设计中应调整剪力墙的平面布置，尽可能避免出现墙肢偏心受拉的情况。

2. 注意，在地震作用的反复荷载下，两个墙肢都会出现偏心受拉的情况，因此，双肢剪力墙墙肢出现小偏心受拉时，无论是小偏心受拉还是大偏心受拉，两个墙肢的剪力设计值、弯矩设计值，都应乘以增大系数。增大系数宜根据混凝土受拉区大小确定，但不应小于 1.25。考虑到落地剪力墙的重要性，增大系数宜适当加大。

3. 对部分框支剪力墙结构落地剪力墙墙肢，《高规》、《抗规》的规定有所区别。笔者建议：落地剪力墙墙肢不应出现小偏心受拉，不宜出现大偏心受拉。

三、抗震设计时剪力墙底部加强部位的剪力调整

（一）相关规范的规定

1.《高规》第 7.2.6 条规定：

底部加强部位剪力墙截面的剪力设计值，一、二、三级时应按式（7.2.6-1）调整，9 度一级剪力墙应按式（7.2.6-2）调整；二、三级的其他部位及四级时可不调整。

$$V = \eta_{vw} V_w \qquad\qquad (7.2.6\text{-}1)$$

$$V = 1.1 \frac{M_{wua}}{M_w} V_w \qquad\qquad (7.2.6\text{-}2)$$

式中：V——底部加强部位剪力墙截面剪力设计值；

V_w——底部加强部位剪力墙截面考虑地震作用组合的剪力计算值；

M_{wua}——剪力墙正截面抗震受弯承载力，应考虑承载力抗震调整系数 γ_{RE}、采用实配纵筋面积、材料强度标准值和组合的轴力设计值等计算，有翼墙时应计入墙两

297

侧各一倍翼墙厚度范围内的纵向钢筋；

M_w——底部加强部位剪力墙底截面弯矩的组合计算值；

η_{vw}——剪力增大系数，一级为 1.6，二级为 1.4，三级为 1.2。

2.《抗规》第 6.2.8 条、《混规》第 11.7.2 条与《高规》规定基本一致。

(二) 对规范的理解

钢筋混凝土剪力墙的破坏形态有两种：弯曲破坏和剪切破坏。发生弯曲破坏时，剪力墙的纵向受力钢筋屈服后形成塑性铰，故具有塑性变形能力，剪力墙表现出较好的延性。而当发生剪切破坏时，剪力墙的破坏形态是脆性的或延性极小，不能满足剪力墙抗震时的延性要求。因此，抗震设计时，要有目的地增大剪力墙的剪力设计值，防止剪力墙底部在弯曲屈服前出现剪切破坏，实现"强剪弱弯"。这是提高剪力墙的延性、提高结构抗震性能的又一重要措施。

为了实现"强剪弱弯"，同时方便设计，规范对 9 度设防的一级剪力墙底部加强部位要求用实际抗弯配筋计算的墙肢抗弯承载力反算其设计剪力，即按实际配筋面积和材料强度标准值计算的剪力墙受剪承载力大于其弯曲时实际达到的剪力值。此时"水涨船高"，剪力墙的实际受剪承载力总是比受弯承载力强；对一、二、三级剪力墙底部加强部位的剪力设计值则是由计算组合剪力乘以增大系数得到，按一、二、三级的不同要求，增大系数不同。该系数同样考虑了材料实际强度和钢筋实际面积这两个因素的影响，同时还考虑了剪力墙轴向力的影响。

规范规定底部加强部位剪力墙 9 度一级、一、二、三级时应调整剪力设计值，而二、三级的其他部位及四级时可不调整，目的是保证"强底层墙底"。抗震等级为一级的剪力墙底部加强部位以上部位的内力调整见下述第四款。

(三) 设计建议

1. 由实配抗弯能力反算剪力设计值，比较符合实际情况。因此，在某些情况下，一、二、三级抗震剪力墙均可按此方法计算设计剪力，得到比较符合强剪弱弯要求而较为经济的抗剪配筋。

2. 注意实配时，有翼墙时应计入剪力墙两侧各一倍翼墙厚度范围内的纵向受力钢筋面积。

3. 剪力墙的弯矩设计值是经有关规定调整后的取值。

四、抗震设计时剪力墙底部加强部位以上部位的内力调整

(一) 相关规范的规定

1.《高规》第 7.2.5 条规定：

一级剪力墙的底部加强部位以上部位，墙肢的组合弯矩设计值和组合剪力设计值应乘以增大系数，弯矩增大系数可取为 1.2，剪力增大系数可取为 1.3。

2.《抗规》第 6.2.7 条第 1 款规定：

抗震墙各墙肢截面组合的内力设计值，应按下列规定采用：

一级抗震墙的底部加强部位以上部位，墙肢的组合弯矩设计值应乘以增大系数，其值可采用 1.2，剪力相应调整。

3.《混规》第 11.7.1 条与《抗规》规定一致。

（二）对规范的理解

结构的底层剪力墙（框架柱）对整个结构延性起控制作用。在强地震作用下，如果底层墙（柱）下端截面屈服过早，剪力墙连梁（框架梁）铰不能充分发展，将影响整个结构的变形和耗能能力。另外，随着底层梁塑性铰的出现，底层墙（柱）下端截面弯矩有增大的趋势。所以，理想的整体屈服机制一方面要防止塑性铰在竖向构件及其他重要构件（例如水平转换构件等）上出现，另一方面要迫使塑性铰发生在水平构件特别是次要构件上，同时还要尽量推迟塑性铰在某些关键部位（例如剪力墙的根部、框架柱的根部等）的出现。

在强地震作用下，一级抗震等级的剪力墙，应按照设计意图控制塑性铰出现部位，保证其塑性铰出现在墙肢的底部加强部位，其他部位则应保证不出现塑性铰。由于从剪力墙底部截面向上的纵向受拉钢筋中高应力区向整个塑性铰区高度的扩展，也导致塑性铰区以上墙肢各截面的作用弯矩应有所增大。因此规范规定增大一级抗震等级剪力墙底部加强部位以上部位墙肢的弯矩设计值和剪力设计值。

89版规范要求底部加强部位的组合弯设计值均按墙底截面的设计值采用，以上一般部位的组合弯矩设计值按线性变化，对于较高的房屋，会导致与加强部位相邻一般部位的弯矩取值过大。2001规范改为：底部加强部位的弯矩设计值均取墙底部截面的组合弯矩设计值，底部加强部位以上，均采用各墙肢截面的组合弯矩设计值乘以增大系数，但增大后与加强部位紧邻一般部位的弯矩有可能小于相邻加强部位的组合弯矩。2010版规范改为：仅剪力墙底部加强部位以上乘以增大系数。主要有两个目的：一是使墙肢的塑性铰在底部加强部位范围内得到发展，而不是将塑性铰集中在底层，甚至集中在底截面以上不大的范围内出现，从而减轻墙肢底截面附近的破坏程度，使墙肢有较大的塑性变形能力；二是避免底部加强部位紧邻的上层墙肢屈服而底部加强部位不屈服（图5.2.4）。

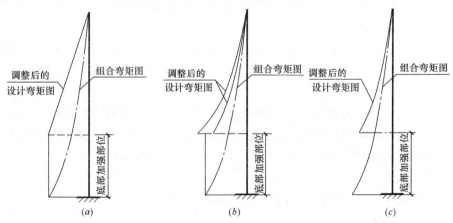

图 5.2.4　抗震墙截面组合弯矩的调整
(a) 89规范；(b) 2001规范；(c) 2010规范

（三）设计建议

1. 规范增加一级抗震等级剪力墙底部加强部位以上部位墙肢的设计弯矩和设计剪力。目的是尽量推迟塑性铰在剪力墙的根部、框架柱的根部等关键部位的出现。因此，要正确把握放大系数的"度"，要根据具体工程的实际情况放大系数的取值，真正达到上述两个目的。

2.《高规》和《抗规》、《混规》对剪力增大系数的取值有区别:《高规》规定剪力增大系数可取为 1.3,而《抗规》、《混规》规定剪力作相应调整。

五、剪力墙墙肢的剪压比限值

(一)相关规范的规定

1.《高规》第 7.2.7 条规定:

剪力墙墙肢截面剪力设计值应符合下列规定:

1　永久、短暂设计状况

$$V \leqslant 0.25\beta_c f_c b_w h_{w0} \qquad (7.2.7-1)$$

2　地震设计状况

剪跨比 λ 大于 2.5 时　　$V \leqslant \dfrac{1}{\gamma_{RE}}(0.20\beta_c f_c b_w h_{w0})$　　(7.2.7-2)

剪跨比 λ 不大于 2.5 时　　$V \leqslant \dfrac{1}{\gamma_{RE}}(0.15\beta_c f_c b_w h_{w0})$　　(7.2.7-3)

剪跨比可按下式计算:

$$\lambda = M^c/(V^c h_{w0}) \qquad (7.2.7-4)$$

式中:V ——剪力墙墙肢截面的剪力设计值;

h_{w0} ——剪力墙截面有效高度;

β_c ——混凝土强度影响系数,应按本规程第 6.2.6 条采用;

λ ——剪跨比,其中 M^c、V^c 应取同一组合的、未按本规程有关规定调整的墙肢截面弯矩、剪力计算值,并取墙肢上、下端截面计算的剪跨比的较大值。

2.《抗规》第 6.2.9 条、《混规》第 11.7.3 条与《高规》规定一致。

(二)对规范的理解

1. 规定剪力墙的受剪截面控制条件(即剪压比 μ_N),其目的首先是防止剪力墙截面发生斜压破坏,其次是限制在使用阶段可能发生的斜裂缝宽度。抗震设计时对此提出更加严格的要求。

2. 不满足受剪截面控制条件,剪力墙的剪压比值(名义剪应力)过高,会使剪力墙在早期出现斜裂缝,抗剪钢筋不能充分发挥作用,剪力墙抗剪超筋,即使配置很多抗剪钢筋,也是不能满足剪力墙抗剪承载力要求的,会过早产生剪切破坏。

(三)设计建议

1. V 是经过各种内力设计值调整后的剪力墙剪力设计值。

2. 剪压比 μ_N 的计算式:

永久、短暂设计状况:　　　　$\mu_N = V/(\beta_c f_c b h_{w0})$

其值当 $b/h_w \leqslant 4$ 时取 0.25;当 $b/h_w \geqslant 6$ 时取 0.20;当 $4 < b/h_w < 6$ 时,按线性内插法确定。

式中　b ——矩形截面的宽度,T 形截面或 I 形截面的腹板宽度;

h_w ——截面的腹板高度,矩形截面,取有效高度;T 形截面,取有效高度减去翼缘高度;I 形截面,取腹板净高。

地震设计状况： $\mu_N = \gamma_{RE} V / (\beta_c f_c b h w_0)$

3. 抗震设计时，剪力墙墙肢剪压比的取值是根据剪跨比确定的。

4. 剪跨比可按下式计算：$\lambda = M^c / (V^c h_0)$。注意：$M^c$ 是剪力墙端截面未经任何内力调整的组合弯矩计算值，可取上、下端的较大值；而 V^c 是剪力墙端截面与组合弯矩计算值对应的组合剪力计算值（见第四章第二节图 4.2.6）。

六、偏心受压剪力墙的斜截面受剪承载力计算

（一）相关规范的规定

1. 《高规》第 7.2.10 条规定：

偏心受压剪力墙的斜截面受剪承载力应符合下列规定：

1 永久、短暂设计状况

$$V \leqslant \frac{1}{\lambda - 0.5} \left(0.5 f_t b_w h_{w0} + 0.13 N \frac{A_w}{A} \right) + f_{yh} \frac{A_{sh}}{s} h_{w0} \qquad (7.2.10\text{-}1)$$

2 地震设计状况

$$V \leqslant \frac{1}{\gamma_{RE}} \left[\frac{1}{\lambda - 0.5} \left(0.4 f_t b_w h_{w0} + 0.1 N \frac{A_w}{A} \right) + 0.8 f_{yh} \frac{A_{sh}}{s} h_{w0} \right] \qquad (7.2.10\text{-}2)$$

式中：N ——剪力墙截面轴向压力设计值，N 大于 $0.2 f_c b_w h_w$ 时，应取 $0.2 f_c b_w h_w$；

    A ——剪力墙全截面面积；

    A_w ——T 形或 I 形截面剪力墙腹板的面积，矩形截面时应取 A；

    λ ——计算截面的剪跨比，λ 小于 1.5 时应取 1.5，λ 大于 2.2 时应取 2.2，计算截面与墙底之间的距离小于 $0.5 h_{w0}$ 时，λ 应按距墙底 $0.5 h_{w0}$ 处的弯矩值与剪力值计算；

    s ——剪力墙水平分布钢筋间距。

2. 《抗规》未述及。

3. 《混规》第 6.3.21 条、第 11.7.4 条与《高规》规定一致。

（二）对规范的理解

剪切破坏有剪拉破坏、斜压破坏、剪压破坏三种形式。剪力墙截面设计时，是通过构造措施（剪力墙的墙体水平和竖向分布钢筋的最小配筋率和最小直径、最大间距等）防止发生剪拉破坏和斜压破坏，通过计算确定墙中需要配置的水平钢筋数量，防止发生剪压破坏。

试验研究表明：由于轴向压力能阻滞斜裂缝的出现和开展，增加了混凝土剪压区高度，从而提高了混凝土所承担的剪力，故轴向压力对构件的受剪承载力起有利作用。

偏压构件中，轴压力有利于受剪承载力，但压力增大到一定程度后，对抗剪的有利作用减小，因此要对轴力的取值加以限制。

剪力墙的反复和单调加载受剪承载力对比试验表明：反复加载时的受剪承载力比单调加载时约降低 15%～20%。因此，将非抗震设计时受剪承载力计算公式中右端材料抗力各项均乘以 0.8 的折减系数，作为抗震设计时偏心受压剪力墙墙肢的斜截面受剪承载力计算公式。

（三）设计建议

1. 剪跨比可按第四章第二节第六条"（三）设计建议第 4 款"计算，但应注意：此处

当计算值 $\lambda < 1.5$ 时，取 $\lambda = 1.5$；当 $\lambda > 2.2$ 时，取 $\lambda = 2.2$；当计算截面与墙底之间的距离小于 $0.5h_{w0}$ 时，λ 应按距墙底 $0.5h_{w0}$ 处的弯矩值与剪力值计算。

2. 规范通过在上述不等式右端"材料抗力"加上一项来反映轴向压力对构件受剪承载力的贡献，即"$+0.13NA_w/A$（$+0.10NA_w/A$）"。但应注意：当 N 大于 $0.2f_cb_wh_w$ 时，应取 $0.2f_cb_wh_w$。

3. 上述计算公式适用于矩形、T 形和 I 形截面剪力墙肢，但计算时公式的截面参数仅取矩形截面的 b_w、h_w。

七、偏心受拉剪力墙的斜截面受剪承载力计算

（一）相关规范的规定

1.《高规》第 7.2.11 条规定：

偏心受拉剪力墙的斜截面受剪承载力应符合下列规定：

1　永久、短暂设计状况

$$V \leqslant \frac{1}{\lambda - 0.5}\left(0.5f_tb_wh_{w0} - 0.13N\frac{A_w}{A}\right) + f_{yh}\frac{A_{sh}}{s}h_{w0} \qquad (7.2.11\text{-}1)$$

上式右端的计算值小于 $f_{yh}\dfrac{A_{sh}}{s}h_{w0}$ 时，应取等于 $f_{yh}\dfrac{A_{sh}}{s}h_{w0}$。

2　地震设计状况

$$V \leqslant \frac{1}{\gamma_{RE}}\left[\frac{1}{\lambda - 0.5}\left(0.4f_tb_wh_{w0} - 0.1N\frac{A_w}{A}\right) + 0.8f_{yh}\frac{A_{sh}}{s}h_{w0}\right] \qquad (7.2.11\text{-}2)$$

上式右端方括号内的计算值小于 $0.8f_{yh}\dfrac{A_{sh}}{s}h_{w0}$ 时，应取等于 $0.8f_{yh}\dfrac{A_{sh}}{s}h_{w0}$。

2.《抗规》未述及。

3.《混规》第 6.3.22 条、第 11.7.5 条与《高规》规定一致。

（二）对规范的理解

剪切破坏有剪拉破坏、斜压破坏、剪压破坏等三种形式。剪力墙截面设计时，是通过构造措施（剪力墙的墙体水平和竖向分布钢筋的最小配筋率和最小直径、最大间距等）防止发生剪拉破坏和斜压破坏，通过计算确定墙中需要配置的水平钢筋数量，防止发生剪压破坏。

在轴向拉力作用下，构件上可能产生横贯全截面、垂直于杆轴的初始垂直裂缝；施加横向荷载后，构件顶部裂缝闭合而底部裂缝加宽，且斜裂缝可能直接穿过初始垂直裂缝向上发展，也可能沿初始垂直裂缝延伸再斜向发展。斜裂缝呈现宽度较大、倾角较大，斜裂缝末端剪压区高度减小，甚至没有剪压区，从而截面的受剪承载力要比受弯构件的受剪承载力有明显的降低。规范考虑了轴向拉力对受剪承载力的不利影响。

对偏心受拉剪力墙未做过反复和单调加载受剪承载力的对比试验。规范根据受力特点，参照一般偏心受拉构件受剪性能规律及偏心受压剪力墙的受剪承载力计算公式，给出了偏心受拉剪力墙的受剪承载力计算公式。

（三）设计建议

1. 剪跨比可按第四章第二节第六条"（三）设计建议第 4 款"计算，但应注意：此处当计算值 $\lambda < 1.5$ 时，取 $\lambda = 1.5$；当 $\lambda > 2.2$ 时，取 $\lambda = 2.2$；当计算截面与墙底之间的距

离小于 $0.5h_{w0}$ 时，λ 应按距墙底 $0.5h_{w0}$ 处的弯矩值与剪力值计算。

2. 规范通过在上述不等式右端"材料抗力"减去一项来反映轴向压力对构件受剪承载力的降低，即"$-0.13NA_w/A$（$-0.10NA_w/A$）"。但这并不意味着轴向拉力很大，构件抗剪承载能力很低，甚至完全丧失承载力。因此，规范还规定了计算公式中右端的计算值小于 $f_{yh}\dfrac{A_{sh}}{s}h_{w0}$（$0.8f_{yh}\dfrac{A_{sh}}{s}h_{w0}$）时，应取等于 $f_{yh}\dfrac{A_{sh}}{s}h_{w0}$（$0.8f_{yh}\dfrac{A_{sh}}{s}h_{w0}$）。

3. 上述计算公式适用于矩形、T 形和 I 形截面剪力墙肢，但计算时公式的截面参数仅取矩形截面的 b_w、h_w。

八、剪力墙水平施工缝抗滑移验算

（一）相关规范的规定

1.《高规》第 7.2.12 条规定：

抗震等级为一级的剪力墙，水平施工缝的抗滑移应符合下式要求：

$$V_{wj} \leqslant \frac{1}{\gamma_{RE}}(0.6f_y A_s + 0.8N) \tag{7.2.12}$$

式中：V_{wj}——剪力墙水平施工缝处剪力设计值；

$\quad\quad A_s$——水平施工缝处剪力墙腹板内竖向分布钢筋和边缘构件中的竖向钢筋总面积（不包括两侧翼墙），以及在墙体中有足够锚固长度的附加竖向插筋面积；

$\quad\quad f_y$——竖向钢筋抗拉强度设计值；

$\quad\quad N$——水平施工缝处考虑地震作用组合的轴向力设计值，压力取正值，拉力取负值。

2.《抗规》第 3.9.7 条规定：

混凝土墙体、框架柱的水平施工缝，应采取措施加强混凝土的结合性能。对于抗震等级一级的墙体和转换层楼板与落地混凝土墙体的交接处，宜验算水平施工缝截面的受剪承载力。

3.《混规》第 11.7.6 条与《高规》规定一致。

（二）对规范的理解

按一级抗震等级设计的剪力墙，水平施工缝处，由于混凝土结合不良，可能形成抗震薄弱部位，要防止水平施工缝处发生滑移。规范根据剪力墙水平缝剪摩擦理论以及对剪力墙施工缝滑移问题的试验研究，参照国外有关规范，提出一级抗震墙要进行水平施工缝处的受剪承载力验算。并依据试验资料，考虑穿过施工缝处的钢筋处于复合受力状态，其强度采用 0.6 的折减系数，考虑轴向压力的摩擦作用和轴向拉力的不利影响，提出相应计算公式。

（三）设计建议

1. 公式(7.2.12)中，水平施工缝处考虑地震作用组合的轴向力设计值 N 的计算，压力取正值，拉力取负值。其中，重力荷载的分项系数，受压时为有利，取 1.0；受拉时取 1.2。

2. 如果所配置的端部和分布竖向钢筋不够，则可设置附加插筋，附加插筋在上、下层剪力墙中都要有足够的锚固长度。水平施工缝处的竖向钢筋配置数量需满足受剪要求。

3.《抗规》对于对转换层楼板与落地混凝土墙体的交接处，要求"宜验算水平施工缝截面的受剪承载力"。对于其他抗震等级的混凝土墙体、框架柱的水平施工缝，也要求

"应采取措施加强混凝土的结合性能"。

九、剪力墙墙肢轴压比限值

（一）相关规范的规定

1. 《高规》第 7.2.13 条规定：

重力荷载代表值作用下，一、二、三级剪力墙墙肢的轴压比不宜超过表 7.2.13 的限值。

表 7.2.13　剪力墙墙肢轴压比限值

抗震等级	一级（9度）	一级（6、7、8度）	二、三级
轴压比限值	0.4	0.5	0.6

注：墙肢轴压比是指重力荷载代表值作用下墙肢承受的轴压力设计值与墙肢的全截面面积和混凝土轴心抗压强度设计值乘积之比值。

2. 《抗规》第 6.4.2 条与《高规》规定一致。

3. 《混规》第 11.7.16 条规定：

一、二、三级抗震等级的剪力墙，其底部加强部位的墙肢轴压比不宜超过表 11.7.6 的限值。

表 11.7.16　剪力墙墙肢轴压比限值

抗震等级（设防烈度）	一级（9度）	一级（6、7、8度）	二、三级
轴压比限值	0.4	0.5	0.6

注：剪力墙墙肢轴压比指在重力荷载代表值作用下墙的轴压力设计值与墙的全截面面积和混凝土轴心抗压强度设计值乘积的比值。

（二）对规范的理解

轴压比是影响剪力墙在地震作用下塑性变形能力的重要因素，是衡量柱子延性的重要参数。清华大学及国内外研究单位的试验表明，相同条件的剪力墙，轴压比低的，其延性大，轴压比高的，其延性小；虽然通过设置约束边缘构件，可以提高高轴压比剪力墙的塑性变形能力，但轴压比大于一定值后，即使设置约束边缘构件，在强震作用下，剪力墙可能因混凝土压溃而丧失承受重力荷载的能力。因此，规程规定了剪力墙的轴压比限值。2010 版规范将剪力墙的轴压比的控制范围，由抗震等级一、二级扩大到三级，由剪力墙底部加强部位扩大到全高，而不仅仅是底部加强部位。

（三）设计建议

1. 抗震设计时，剪力墙在重力荷载代表值作用下，墙肢的最大轴压比 $\mu_N = N/(Af_c)$ 不宜超过表 5.2.9 的限值，此处 N—重力荷载代表值作用下剪力墙墙肢的轴向压力设计值；A—剪力墙墙肢截面面积；f_c—混凝土轴心抗压强度设计值；h_w—墙肢截面高度；b_w—墙肢截面宽度。对短肢剪力墙墙肢轴压比限值更严。

剪力墙墙肢轴压比限值　　　　　　　　　　表 5.2.9

类别		特一级、一级（9度）	一级（6、7、8度）	二级	三级
普通剪力墙		0.40	0.50	0.60	0.60
短肢剪力墙	有翼缘或端柱		0.45	0.50	0.55
	无翼缘或端柱		0.35	0.40	0.45

2. 计算墙肢轴压力设计值时，不计入地震作用组合，但应取分项系数 1.2。

框架柱和剪力墙墙肢轴压比的定义式一样，都是 $N/(f_cA)$，但式中的 N 取值不同。框架柱轴压比中的 N 是考虑地震作用组合的轴压力设计值，而为了简化设计计算，剪力墙墙肢轴压比中的 N 是重力荷载代表值作用下剪力墙墙肢轴向压力设计值（重力荷载乘以分项系数后的最大轴压力设计值），不考虑地震作用组合。

建筑的重力荷载代表值应取结构和构配件自重标准值和各可变荷载组合值之和。各可变荷载的组合值系数，应按《抗规》表 5.1.3 采用。对一般情况下的民用建筑，重力荷载代表值作用下剪力墙墙肢轴向压力设计值可近似按下式计算：

$$N = 1.20(S_{Gk} + 0.5S_{Qk})\tag{5.2.9}$$

式中 N——重力荷载代表值作用下剪力墙墙肢轴向压力设计值；

  S_{Gk}——按永久荷载标准值 G_k 计算的荷载效应值；

  S_{Qk}——按可变荷载标准值 Q_k 计算的荷载效应值。

需要说明的是：截面受压区高度不仅与轴向压力有关，还与截面形状有关，在相同的轴向压力作用下，带翼缘的剪力墙受压区高度较小，延性相对较好，而矩形截面最为不利。规范为简化起见，对 I 形、T 形、L 形、矩形截面均未作区分，设计中，对矩形截面剪力墙墙肢应从严控制其轴压比。

3. 《混规》和《高规》、《抗规》的规定有区别：《高规》、《抗规》将轴压比的控制范围，由剪力墙底部加强部位扩大到全高，而《混规》仍仅对剪力墙底部加强部位规定轴压比限值。《高规》、《抗规》的规定更全面。不过，一般情况下，底部加强部位轴压比限值满足规范要求，其上部也自然满足要求。

4. 如何确定四级抗震等级的剪力墙轴压比？规范未作具体规定，笔者建议：对普通剪力墙可取 0.7；对短肢剪力墙可分别取 0.60（有翼缘或端柱）、0.50（无翼缘或端柱）。

十、剪力墙边缘构件的设置

（一）相关规范的规定

1. 《高规》第 7.2.14 条规定

剪力墙两端和洞口两侧应设置边缘构件，并应符合下列规定：

1 一、二、三级剪力墙底层墙肢底截面的轴压比大于表 7.2.14 的规定值时，以及部分框支剪力墙结构的剪力墙，应在底部加强部位及相邻的上一层设置约束边缘构件，约束边缘构件应符合本规程第 7.2.15 条的规定；

2 除本条第 1 款所列部位外，剪力墙应按本规程第 7.2.16 条设置构造边缘构件；

3 B 级高度高层建筑的剪力墙，宜在约束边缘构件层与构造边缘构件层之间设置 1～2 层过渡层，过渡层边缘构件的箍筋配置要求可低于约束边缘构件的要求，但应高于构造边缘构件的要求。

表 7.2.14 剪力墙可不设约束边缘构件的最大轴压比

等级或烈度	一级（9 度）	一级（6、7、8 度）	二、三级
轴压比	0.1	0.2	0.3

2. 《抗规》第 6.4.5 条、《混规》第 11.7.17 条第 1、2、3 款与《高规》规定基本

一致。

（二）对规范的理解

试验表明，有边缘构件约束的矩形截面剪力墙与无边缘构件约束的矩形截面剪力墙相比，极限承载力约提高40%，极限层间位移角约增加一倍，对地震能量的消耗能力增大20%左右。可见，在剪力墙墙肢两端设置边缘构件是提高墙肢的承载能力、抗震延性性能和塑型耗能能力的重要措施。

剪力墙墙肢的塑性变形能力和抗地震倒塌能力，除了与截面形状、纵向配筋与墙两端的约束范围、约束范围内的箍筋配箍特征值有关外，更主要的是与截面相对受压区高度内的压应力即相对受压区的轴压比有关。当截面相对受压区高度或轴压比较小时，即使不设边缘构件，剪力墙也具有较好的延性和耗能能力；当截面相对受压区高度或轴压比大到一定值时，就需设置边缘构件，使墙肢端部成为箍筋约束混凝土，具有较大的受压变形能力；当轴压比更大时，即使有约束边缘构件，在强烈地震作用下，剪力墙也有可能压溃、丧失承担竖向荷载的能力。

边缘构件分为约束边缘构件和构造边缘构件两种。当对承载能力、变形能力和延性性能有较高要求时，应设置约束边缘构件，否则，可设置构造边缘构件。即"缺得多，补得多；缺得少，补得少"。剪力墙肢的底部加强部位在罕遇地震作用下有可能进入屈服后变形状态。该部位也是防止结构在罕遇地震作用下发生倒塌的关键部位。为了保证该部位有良好的抗震延性性能和塑型耗能能力，规范规定应设置约束边缘构件；考虑到底部加强部位以上相邻层的抗震墙，其轴压比可能仍较大，将约束边缘构件向上延伸一层；其他部位则可设置构造边缘构件。

2010版规范将设置约束边缘构件的要求扩大至三级剪力墙。

《高规》对B级高度的高层建筑，考虑到其高度较高，为避免边缘构件配筋急剧减少的不利情况，规定了约束边缘构件与构造边缘构件之间宜设置过渡层的要求。

（三）设计建议

1. 根据规范规定，设置约束边缘构件有两种情况：

对一般剪力墙墙肢，条件有三：

（1）抗震等级为一、二、三级；

（2）剪力墙底层墙肢底截面的轴压比大于《高规》表7.2.14的规定值；

（3）底部加强部位及相邻的上一层。

此三条必须同时满足，缺一不可。

此外，部分框支剪力墙结构的剪力墙，应在底部加强部位及相邻的上一层设置约束边缘构件。

2. 特殊情况举例

（1）如果一剪力墙结构，抗震等级为二级，绝大部分剪力墙底层墙肢底截面的轴压比大于《高规》表7.2.14的规定值，仅有极少数剪力墙墙肢底层墙肢底截面的轴压比小于《高规》表7.2.14的规定值。按规定，绝大部分剪力墙底部加强部位及相邻的上一层需设置约束边缘构件。但这极少数墙肢是否可以设置构造边缘构件？

根据规范的规定，这极少数墙肢设置构造边缘构件应是可以的。但是，为什么会出现极少数墙肢轴压比很小？是否有必要？墙肢是否偏厚？这极少数墙肢是否会出现偏心受拉？首先应当分析、考虑这些问题；看看结构的平、立面布置是否合理，墙肢的厚度是否合理，等等。其次，即使上述问题不存在，笔者建议也宜设置约束边缘构件。

（2）如果地下室顶板为结构的嵌固部位，当上部结构剪力墙底部加强部位及相邻的上一层设置约束边缘构件时，地下一层是否必须设置约束边缘构件？

根据规范的规定，地下一层不是必须设置约束边缘构件的。但是，根据《抗规》第6.1.14 条第 4 款规定：地下一层抗震墙墙肢端部边缘构件纵向钢筋的截面面积，不应少于地上一层对应墙肢端部边缘构件纵向钢筋的截面面积。既然地下一层剪力墙边缘构件纵向钢筋已经和上部结构剪力墙约束边缘构件一样，只要箍筋稍稍加强即可，所以，实际工程中，地下一层一般也按设置约束边缘构件设计。

（3）"其他部位"是否仅需设置构造边缘构件即可？

一般情况下设置构造边缘构件，但不排除特殊情况。比如：框架—核心筒结构的核心筒、筒中筒结构的内筒，底部加强部位以上的全高范围内宜按转角墙的要求设置约束边缘构件；开有转角窗的剪力墙肢宜沿墙肢全高范围设置约束边缘构件；当墙肢轴压比较大（接近规定的轴压比上限值）而又不可避免时，宜设置约束边缘构件；根据具体工程的实际情况，在结构的受力复杂部位、重要部位、关键部位等，笔者认为：也可设置约束边缘构件。

3.《高规》提出：B 级高度高层建筑的剪力墙，宜在约束边缘构件层与构造边缘构件层之间设置 1～2 层过渡层，过渡层边缘构件的箍筋配置要求可低于约束边缘构件的要求，但应高于构造边缘构件的要求。

十一、剪力墙约束边缘构件的构造要求

（一）相关规范的规定

1.《高规》第 7.2.15 条规定：

剪力墙的约束边缘构件可为暗柱、端柱和翼墙（图 7.2.15），并应符合下列规定：

1 约束边缘构件沿墙肢的长度 l_c 和箍筋配箍特征值 λ_v 应符合表 7.2.15 的要求，其体积配箍率 ρ_v 应按下式计算：

$$\rho_v = \lambda_v \frac{f_c}{f_{yv}} \tag{7.2.15}$$

式中：ρ_v ——箍筋体积配箍率。可计入箍筋、拉筋以及符合构造要求的水平分布钢筋，计入的水平分布钢筋的体积配箍率不应大于总体积配箍率的 30%；

λ_v ——约束边缘构件配箍特征值；

f_c ——混凝土轴心抗压强度设计值；混凝土强度等级低于 C35 时，应取 C35 的混凝土轴心抗压强度设计值；

f_{yv} ——箍筋、拉筋或水平分布钢筋的抗拉强度设计值。

表 7.2.15 约束边缘构件沿墙肢的长度 l_c 及其配箍特征值 λ_v

项　目	一级（9 度）		一级（6、7、8 度）		二、三级	
	$\mu_N \leqslant 0.2$	$\mu_N > 0.2$	$\mu_N \leqslant 0.3$	$\mu_N > 0.3$	$\mu_N \leqslant 0.4$	$\mu_N > 0.4$
l_c（暗柱）	$0.20h_w$	$0.25h_w$	$0.15h_w$	$0.20h_w$	$0.15h_w$	$0.20h_w$

续表 7.2.15

项目	一级（9度）		一级（6、7、8度）		二、三级	
	$\mu_N \leqslant 0.2$	$\mu_N > 0.2$	$\mu_N \leqslant 0.3$	$\mu_N > 0.3$	$\mu_N \leqslant 0.4$	$\mu_N > 0.4$
l_c（翼墙或端柱）	$0.15h_w$	$0.20h_w$	$0.10h_w$	$0.15h_w$	$0.10h_w$	$0.15h_w$
λ_v	0.12	0.20	0.12	0.20	0.12	0.20

注：1 μ_N 为墙肢在重力荷载代表值作用下的轴压比，h_w 为墙肢的长度；

　　2 剪力墙的翼墙长度小于翼墙厚度的3倍或端柱截面边长小于2倍墙厚时，按无翼墙、无端柱查表；

　　3 l_c 为约束边缘构件沿墙肢的长度（图7.2.15）。对暗柱不应小于墙厚和400mm的较大值；有翼墙或端柱时，不应小于翼墙厚度或端柱沿墙肢方向截面高度加300mm。

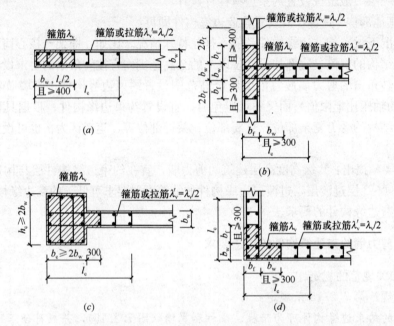

图 7.2.15　剪力墙的约束边缘构件

(a) 暗柱；(b) 有翼墙；(c) 有端柱；(d) 转角墙（L形墙）

2　剪力墙约束边缘构件阴影部分（图7.2.15）的竖向钢筋除应满足正截面受压（受拉）承载力计算要求外，其配筋率一、二、三级时分别不应小于1.2%、1.0%和1.0%，并分别不应少于8φ16、6φ16和6φ14的钢筋（φ表示钢筋直径）；

3　约束边缘构件内箍筋或拉筋沿竖向的间距，一级不宜大于100mm，二、三级不宜大于150mm；箍筋、拉筋沿水平方向的肢距不宜大于300mm，不应大于竖向钢筋间距的2倍。

2.《抗规》第6.4.5条第2款、《混规》第11.7.18条与《高规》规定一致。

（二）对规范的理解

1. 规范对剪力墙约束边缘构件的构造做法，作出如下规定：

（1）约束边缘构件的截面尺寸

约束边缘构件主要是约束受压区的混凝土，所以约束边缘构件的几何尺寸与偏心受压的剪力墙截面受压区高度有关。而截面受压区高度不仅与轴向压力有关，而且与截面形状有关，在相同的轴向压力作用下，带翼缘或带端柱的剪力墙，其受压区高度显然小于一字形截面剪力墙。因此，带翼缘或带端柱的剪力墙的约束边缘构件沿墙的长度，要小于一字形截面剪力墙。

（2）约束边缘构件的纵向钢筋

约束边缘构件内配置纵向钢筋，目的是为了保证剪力墙肢和筒壁墙肢底部所需的延性和塑性耗能能力；同时，也是为了对剪力墙肢和筒壁墙肢底部的抗弯能力作必要的加强，以便在连肢剪力墙和连肢筒壁墙肢中使塑性铰首先在各层洞口连梁中形成，而使剪力墙和筒壁墙肢底部的塑性铰推迟形成。

（3）约束边缘构件的箍筋

和框架柱端的箍筋加密道理一样，抗震设计时剪力墙约束边缘构件设置箍筋并间距加密也是为了约束混凝土、提高墙肢的变形能力、耗能能力，满足墙肢的延性要求。

2. 2010 版规范在确定约束边缘构件的 l_c 及其配箍特征值 λ_v 时，较 2001 版规范有所修订：

（1）将轴压比分为两级，轴压比较大一级的约束边缘构件要求与 2001 版规范相同，较小一级的则有所降低；

（2）规定可计入符合构造要求的水平分布钢筋的约束作用；

（3）取消了计算配箍特征值时，箍筋（拉筋）抗拉强度设计值不大于 360MPa 的规定。

（三）设计建议

1. 规范为简单起见，采用仅与墙肢长度 h_w 挂钩的办法，即用 h_w 乘以约束边缘构件长度系数来确定。既满足设计精度的要求，又简单方便，是可行的。根据规范规定，要正确计算约束边缘构件沿墙肢的长度 l_c，应确定好两个参数：一是约束边缘构件的长度系数，二是剪力墙墙肢截面的长度 h_w。

约束边缘构件的长度系数，可由以下三个因素查表初步确定：

（1）抗震等级（注意：9 度一级和 6、7、8 度一级的区别）；

（2）轴压比（注意：分为两级）；

（3）有无翼墙或端柱（注意：翼墙长度小于翼墙厚度的 3 倍或端柱截面边长小于 2 倍墙厚时，视为无翼墙、无端柱，见图 5.2.11-1）；若在墙肢的中部（中和轴附近）有端柱或平面外的墙肢时，并不能对墙肢端部产生约束作用，不是翼墙或端柱。

l_c 长度的最后确定，对暗柱不应小于墙厚和 400mm 的较大值；有翼墙或端柱时，不应小于翼墙厚度或端柱沿墙肢方向截面高度加 300mm，见《高规》图 7.2.15。

剪力墙墙肢截面长度的 h_w 的取值，与墙肢的受力状态有关。例如：对整截面的单

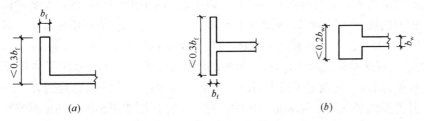

图 5.2.11-1　计算 l_c 时视为无翼墙或端柱的剪力墙

（a）视为无翼墙剪力墙；（b）视为无端柱剪力墙

片墙，其受力状态如同竖向悬臂梁，沿墙肢的高度方向上弯矩既不发生突变也不出现反弯点，截面上正应力呈直线分布，墙肢一端受拉，一端受压，如图 5.1.2-1（a）所示。故 h_w 应取剪力墙整个墙肢截面的长度。当为整体小开口墙或双肢墙时，连梁刚度很大，其约束作用很强，墙肢的整体性很好。水平荷载作用产生的弯矩主要由墙肢的轴力承担，墙肢自身弯矩很小，截面上正应力接近直线分布，洞口一端的墙肢受拉或以受拉为主，另一端的墙肢受压或以受压为主，如图 5.1.2-1（c）、5.1.2-1（d）所示。此时应取剪力墙体整个截面的长度（即各墙肢长度加洞口长度之和）来计算 l_c，若仅按各自墙肢的截面长度来计算 l_c，显然就不能达到真正约束墙肢端部的受压区混凝土的目的，可能会造成整个墙体的外侧墙端应当约束的压区混凝土未能很好地约束，使墙体的抗震设计存在隐患。

因此，笔者建议：

（1）整截面的单片墙或与弱连梁相连的墙肢（图 5.1.2-1b），其 h_w 应取整个墙肢的截面长度；

（2）像整体小开口墙或双肢墙这类连梁刚度很大、约束作用很强、墙肢整体性很好的墙体，并非独立墙肢，计算墙体两端约束边缘构件长度 l_c 的 h_w 值的取值，应按整个墙体的截面长度取用而不能仅按各自墙肢的截面长度。对较长的剪力墙开设结构洞形成的开洞墙、对开有转角窗的剪力墙（一般其连梁较强）以及其他与强连梁相连的剪力墙，应特别注意 h_w 的取值，一般应按整个墙体截面的长度取用。

（3）虽然开洞后形成强连梁与墙肢相连的开洞剪力墙的中和轴附近墙肢可不设约束边缘构件，但考虑连梁作为结构抗震设计的第一道防线，较强地震作用下退出工作后各墙肢将成为独立墙肢，故除墙体两端约束边缘构件外，开洞后的其他各墙肢仍应设置约束边缘构件或构造边缘构件，其长度 l_c 应按各墙肢的截面长度 h_w 来计算。

2. 约束边缘构件的纵向钢筋应配置在阴影部分，非阴影部分仅配置竖向分布钢筋。阴影部分的纵向钢筋除应满足正截面受压（受拉）承载力计算要求外，还应满足约束边缘构件最小配筋率的要求。承受集中荷载的端柱还要符合框架柱的配筋要求。

当采用 335MPa 级、400MPa 级纵向钢筋时，宜分别按规范规定的最小配筋率数值增加 0.1 和 0.05 采用。

在由最小配筋率计算约束边缘构件的纵向钢筋面积时，当有翼墙或端柱时，无论翼墙长度是否小于翼墙厚度的 3 倍或端柱截面边长小于 2 倍墙厚，均应按实际截面面积计算。

规范还规定了钢筋的最少根数和最小直径："一、二、三级时……分别不应少于 $8\phi16$、$6\phi16$ 和 $6\phi14$ 的钢筋（ϕ 表示钢筋直径）"。当阴影部分尺寸较大，为了使纵筋肢距不致过大而增加根数，此时钢筋直径是否可以根据等强代换的原则减小？笔者认为：在满足配筋面积的前提下，增加钢筋根数可相应减小钢筋直径。但直径不宜减小过多，一般减小 2mm 为宜，如直径 16mm 减为 14mm，直径 14mm 减为 12mm，等等。

3. 为了更好地约束混凝土，规范对约束边缘构件的箍筋不仅规定了体积配箍率（根据配箍特征值计算），还规定了最大间距。注意：约束边缘构件无论是阴影部分还是非阴影部分，其箍筋的竖向间距要求是一样的。有的设计根据非阴影部分的配箍特征值是阴影部分的一半，就简单地将非阴影部分箍筋的直径、水平间距（肢距）取和阴影部分相同，而竖向间距取阴影部分的一倍，这样做就达不到很好地约束混凝土的目的，是不合适的。

如箍筋过密，建议采用以下做法：

规范规定，约束边缘构件的配箍特征值，阴影部分不小于 λ_v，非阴影部分不小于 $\lambda_v/2$，箍筋或拉筋的竖向间距，一级不宜大于 100mm，二、三级不宜大于 150mm。这样的配箍特征值和间距要求，有时是很不小的。若在墙体水平筋之外再按要求配置箍筋或拉筋，往往会造成箍筋或拉筋过密，竖向间距过密。特别是对约束边缘构件的非阴影部分，设计和施工上难度都较大。

根据约束混凝土、提高延性的目的，中国建筑设计研究院结构专业设计研究院主编的国家标准图集（04SG330）给出了两种箍筋或拉筋的配置方式：

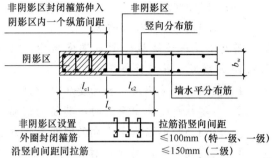

图 5.2.11-2　非阴影区考虑墙水平分布筋作用时的拉筋做法

（1）外圈设置封闭箍筋，该封闭箍筋伸入阴影区域内一倍纵向钢筋间距，并箍住该纵向钢筋（图 5.2.11-2），封闭箍筋内设置拉筋；

（2）当水平分布筋的锚固及布置同时满足下列条件时，水平分布筋可取代相同位置（相同标高）处的封闭箍筋（图 5.2.11-3）：

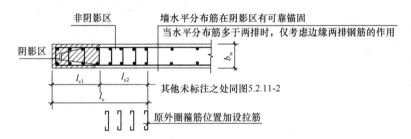

图 5.2.11-3　非阴影区考虑墙水平分布筋作用时的拉筋做法

1）当墙内水平分布筋在阴影区域内有可靠锚固时；

2）当墙内水平分布筋的强度等级及截面面积均不小于封闭箍筋时；

3）当墙内水平分布钢筋的位置（标高）与箍筋位置（标高）相同时。

当墙体的水平分布钢筋伸入约束边缘构件，在墙端有 90° 弯折后延伸到另一排分布钢筋并钩住其竖向钢筋，满足锚固要求；内、外排水平分布钢筋之间设置足够的拉筋，从而形成复合箍，可以起到有效约束混凝土的作用，代替一部分约束边缘构件非阴影部分的箍筋或拉筋。另一部分则应配置密闭箍筋或拉筋，两部分之和满足配箍特征值的要求。这样做既可达到约束混凝土、提高延性的目的，又不致造成非阴影部分的水平方向钢筋过密、施工难以摆放的问题。

约束边缘构件的体积配箍率可计入此部分分布钢筋，考虑水平钢筋同时为抗剪受力钢筋，且竖向间距往往大于约束边缘构件的箍筋间距，需要另增一道封闭箍筋，故计入的水平分布钢筋的配箍特征值不宜大于 0.3 倍总配箍特征值。

十二、剪力墙构造边缘构件的构造要求

（一）相关规范的规定

1.《高规》第 7.2.16 条规定：

剪力墙构造边缘构件的范围宜按图 7.2.16 中阴影部分采用，其最小配筋应满足表 7.2.16 的规定，并应符合下列规定：

1 竖向配筋应满足正截面受压（受拉）承载力的要求；

2 当端柱承受集中荷载时，其竖向钢筋、箍筋直径和间距应满足框架柱的相应要求；

3 箍筋、拉筋沿水平方向的肢距不宜大于 300mm、不应大于竖向钢筋间距的 2 倍；

4 抗震设计时，对于连体结构、错层结构以及 B 级高度高层建筑结构中的剪力墙（筒体），其构造边缘构件的最小配筋应符合下列要求

1）竖向钢筋最小量应比表 7.2.16 中的数值提高 $0.001A_c$ 采用；

2）箍筋的配筋范围宜取图 7.2.16 中阴影部分，其配箍特征值 λ_v 不宜小于 0.1。

5 非抗震设计的剪力墙，墙肢端部应配置不少于 $4\phi12$ 的纵向钢筋，箍筋直径不应小于 6mm、间距不宜大于 250mm。

表 7.2.16 剪力墙构造边缘构件的最小配筋要求

抗震等级	底部加强部位			其他部位		
	竖向钢筋最小量（取较大值）	箍筋		竖向钢筋最小量（取较大值）	拉筋	
		最小直径（mm）	沿竖向最大间距（mm）		最小直径（mm）	沿竖向最大间距（mm）
一	$0.010A_c$，$6\phi16$	8	100	$0.008A_c$，$6\phi14$	8	150
二	$0.008A_c$，$6\phi14$	8	150	$0.006A_c$，$6\phi12$	8	200
三	$0.006A_c$，$6\phi12$	6	150	$0.005A_c$，$4\phi12$	6	200
四	$0.005A_c$，$4\phi12$	6	200	$0.004A_c$，$4\phi12$	6	250

注：1 A_c 为构造边缘构件的截面面积，即图 7.2.16 剪力墙截面的阴影部分；

2 符号 ϕ 表示钢筋直径；

3 其他部位的转角处宜采用箍筋。

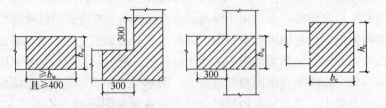

图 7.2.16 剪力墙的构造边缘构件范围

2.《抗规》第 6.4.5 条第 1 款规定：

抗震墙两端和洞口两侧应设置边缘构件，边缘构件包括暗柱、端柱和翼墙，并应符合下列要求：

对于抗震墙结构，底层墙肢底截面的轴压比不大于表6.4.5-1规定的一、二、三级抗震墙及四级抗震墙，墙肢两端可设置构造边缘构件，构造边缘构件的范围可按图6.4.5-1采用，构造边缘构件的配筋除应满足受弯承载力要求外，并宜符合表6.4.5-2的要求。

表6.4.5-1 抗震墙设置构造边缘构件的最大轴压比

抗震等级或烈度	一级（9度）	一级（7、8度）	二、三级
轴压比	0.1	0.2	0.3

表6.4.5-2 抗震墙构造边缘构件的配筋要求

抗震等级	底部加强部位			其他部位		
	纵向钢筋最小量（取较大值）	箍筋		纵向钢筋最小量（取较大值）	拉筋	
		最小直径（mm）	沿竖向最大间距（mm）		最小直径（mm）	沿竖向最大间距（mm）
一	$0.010A_c$，6ϕ16	8	100	$0.008A_c$，6ϕ14	8	150
二	$0.008A_c$，6ϕ14	8	150	$0.006A_c$，6ϕ12	8	200
三	$0.006A_c$，6ϕ12	6	150	$0.005A_c$，4ϕ12	6	200
四	$0.005A_c$，4ϕ12	6	200	$0.004A_c$，4ϕ12	6	250

注：1 A_c为边缘构件的截面积；
　　2 其他部位的拉筋，水平间距不应大于纵筋间距的2倍；转角处宜采用箍筋；
　　3 当端柱承受集中荷载时，其纵向钢筋、箍筋直径和间距应满足柱的相应要求。

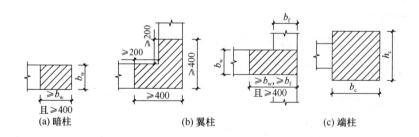

(a) 暗柱　　　　　　　　(b) 翼柱　　　　　　　　(c) 端柱

图6.4.5-1 抗震墙的构造边缘构件范围

3.《混规》第9.4.8条、第11.7.19条与《高规》规定基本一致。

第9.4.8条

剪力墙墙肢两端应配置竖向受力钢筋，并与墙内的竖向分布钢筋共同用于墙的正截面受弯承载力计算。每端的竖向受力钢筋不宜少于4根直径为12mm或2根直径为16mm的钢筋；并宜沿该竖向钢筋方向配置直径不小于6mm，间距为250mm的箍筋或拉筋。

第11.7.19条与《抗规》规定一致。

（二）对规范的理解

和约束边缘构件一样，剪力墙构造边缘构件的构造做法同样有构造边缘构件的几何尺寸、构造边缘构件的纵向钢筋、构造边缘构件的箍筋三个方面的规定。只是要求适当放宽。

考虑到连体结构、错层结构以及 B 级高度高层建筑结构中的剪力墙（筒体）墙肢受力复杂，《高规》还明确规定这些结构中的剪力墙（筒体）墙肢构造边缘构件应比一般剪力墙有更高的要求，而《抗规》、《混规》对此均未述及。

《高规》、《混规》有非抗震设计时剪力墙墙肢端部的配筋构造规定。

（三）设计建议

1. 构造边缘构件的截面尺寸：对翼柱的具体尺寸，《高规》和《抗规》、《混规》有区别：《高规》规定出墙外 300mm，而《抗规》、《混规》规定出墙外 200mm，大于等于 b_w，大于等于 b_f 且总长不小于 400mm。似乎《高规》规定的尺寸要大一些。因为《抗规》、《混规》既管多层建筑又管高层建筑，而《高规》仅管高层建筑，所以这个区别应是情理之中的。工程设计时，建议对多层建筑按《抗规》取值，对高层建筑，则按《高规》规定。

在加强部位与一般部位的过渡区（可大体取加强部位以上与加强部位的高度相同的范围），边缘构件的长度需逐步过渡。

2. 剪力墙构造边缘构件中的纵向钢筋应配置在阴影部分，其面积即为 A_c。纵向钢筋除应满足正截面受压（受拉）承载力计算要求外，还应满足构造边缘构件最小配筋率的要求。承受集中荷载的端柱还要符合框架柱的配筋要求。

规范还规定了钢筋的最少根数和最小直径。同样，当阴影部分尺寸较大，为了使纵筋肢距不致过大而增加根数，此时钢筋直径可根据等强代换的原则适当减小。在满足配筋面积的前提下，增加钢筋根数可相应减小钢筋直径。但直径不宜减小过多，一般减小 2mm 为宜，如直径 16mm 减为 14mm，直径 14mm 减为 12mm，等等。但直径不应小于 12mm。

构造边缘构件中的纵向钢筋宜采用高强钢筋。

3. 构造边缘构件可配置箍筋与拉筋结合的横向钢筋。

十三、剪力墙墙肢分布钢筋最小配筋率

（一）相关规范的规定

1.《高规》第 7.2.17 条、第 7.2.19 条规定：

第 7.2.17 条

剪力墙竖向和水平分布钢筋的配筋率，一、二、三级时均不应小于 0.25%，四级和非抗震设计时均不应小于 0.20%。

第 7.2.19 条

房屋顶层剪力墙、长矩形平面房屋的楼梯间和电梯间剪力墙、端开间纵向剪力墙以及端山墙的水平和竖向分布钢筋的配筋率均不应小于 0.25%，间距均不应大于 200mm。

2.《抗规》第 6.4.3 条第 1 款规定：

抗震墙竖向、横向分布筋的配筋，应符合下列要求：

一、二、三级抗震墙的竖向和横向分布钢筋最小配筋率均不应小于 0.25%，四级抗震墙分布钢筋最小配筋率不应小于 0.20%。

注：高度小于 24m 且剪压比很小的四级抗震墙，其竖向分布筋的最小配筋率应允许按 0.15% 采用。

3. 《混规》第 9.4.4 条、第 9.4.5 条、第 11.7.14 条第 1 款规定：

第 9.4.4 条

……。

墙水平分布钢筋的配筋率 $\rho_{sh}\left(\dfrac{A_{sh}}{bs_v}，s_v\right.$ 为水平分布钢筋的间距$\left.\right)$ 和竖向分布钢筋的配筋

率 $\rho_{sv}\left(\dfrac{A_{sv}}{bs_h}，s_h\right.$ 为竖向分布钢筋的间距$\left.\right)$ 不宜小于 0.20%；重要部位的墙，水平和竖向分布钢筋的配筋率宜适当提高。

墙中温度、收缩应力较大的部位，水平分布钢筋的配筋率宜适当提高。

第 9.4.5 条

对于房屋高度不大于 10m 且不超过 3 层的墙，其截面厚度不应小于 120mm，其水平与竖向分布钢筋的配筋率均不宜小于 0.15%。

第 11.7.14 条第 1 款

剪力墙的水平和竖向分布钢筋的配筋应符合下列规定：

一、二、三级抗震等级的剪力墙的水平和竖向分布钢筋配筋率均不应小于 0.25%；四级抗震等级剪力墙不应小于 0.2%；

注：对高度小于 24m 且剪压比很小的四级抗震等级剪力墙，其竖向分布筋最小配筋率应允许按 0.15%采用。

（二）对规范的理解

剪力墙是结构体系的主要抗侧力构件和承重构件。即使混凝土墙体具有正截面抗弯能力，理论计算不需配置钢筋，为了防止混凝土墙体在受弯裂缝出现后立即达到极限抗弯承载力导致破坏，必须配置一定量的竖向分布钢筋。同时，由于混凝土的收缩及温度变化，也将在墙体内产生较大的剪应力。为了防止斜裂缝出现后发生脆性的剪拉破坏，也必须配置一定量的水平分布钢筋。因此，规范规定了剪力墙竖向和水平分布钢筋的最小配筋百分率。

房屋顶层墙、长矩形平面房屋的楼电梯间墙、山墙和纵墙的端开间等是温度应力可能较大的部位，应当适当增大其分布钢筋配筋量，以抵抗温度应力的不利影响。

《抗规》、《混规》还规定了高度小于 24m 的四级抗震墙的竖向分布筋的最小配筋率。

（三）设计建议

1. 以上关于剪力墙竖向和水平分布钢筋的最小配筋百分率的规定，是专门针对高层剪力墙结构以及多层剪力墙结构、框架-剪力墙结构中的剪力墙肢，见表 5.2.13。其他结构（如框架-核心筒结构、部分框支-剪力墙结构、高层框架-剪力墙结构等）中剪力墙肢的竖向和水平分布钢筋的最小配筋百分率都比此要高。详见有关章节。

2. 参考美国 ACI 318 规定，当抗震结构混凝土剪力墙的设计剪力小于 $A_{cv}\sqrt{f_c'}$（A_{cv} 为腹板截面面积，该设计剪力对应的剪压比小于 0.02）时，腹板的竖向分布钢筋允许降到同非抗震的要求。因此，2010 版《抗规》、《混规》规定：高度小于 24m 且剪压比很小的四级抗震墙，其竖向分布钢筋的最小配筋率应允许按 0.15%采用。所谓"剪压比很小"就是指剪压比小于 0.02，并注意：规范仅规定竖向分布钢筋最小配筋率应允许按 0.15%采用，而水平分布钢筋最小配筋率应按 0.20%采用。

剪力墙分布钢筋的最小配筋率、最小直径、最大间距 表 5.2.13

情况	抗震等级	最小配筋率（％）	最小直径（mm）	最大间距（mm）
一般剪力墙	一、二、三级	0.25	8	300
	四级、非抗震	0.20	8	300
	特一级	底部加强部位：0.40 其他部位：0.35	8	300
1. 房屋顶层 2. 长矩形平面房屋的楼、电梯间 3. 端开间纵向剪力墙 4. 端山墙	抗震及非抗震	0.25	8	200
高度不超过 24m 的四级剪力墙	抗震	竖向分布钢筋：0.15 水平分布钢筋：0.20		
高度不大于 10m 且不超过 3 层的剪力墙	非抗震	竖向分布钢筋：0.15 水平分布钢筋：0.20		

3. 根据《混规》规定：非抗震设计时，结构高度不大于 10m 且不超过 3 层房屋中的剪力墙，其竖向和水平分布钢筋的最小配筋百分率不宜小于 0.15％。但高度为 10～24m 房屋中的剪力墙，未见规定其最小配筋百分率。笔者建议：竖向和水平分布钢筋的最小配筋百分率不宜小于 0.20％。

4. 抗震设计时剪力墙分布钢筋最小配筋率是强制性条文，应严格执行。

十四、剪力墙墙肢分布钢筋构造

（一）相关规范的规定

1.《高规》第 7.2.3 条、第 7.2.18 条规定：

第 7.2.3 条

高层剪力墙结构的竖向和水平分布钢筋不应单排配置。剪力墙截面厚度不大于 400mm 时，可采用双排配筋；大于 400mm、但不大于 700mm 时，宜采用三排配筋；大于 700mm 时，宜采用四排配筋。各排分布钢筋之间拉筋的间距不应大于 600mm，直径不应小于 6mm。

第 7.2.18 条

剪力墙的竖向和水平分布钢筋的间距均不宜大于 300mm，直径不应小于 8mm。剪力墙的竖向和水平分布钢筋的直径不宜大于墙厚的 1/10。

2.《抗规》第 6.4.4 条规定：

抗震墙竖向和横向分布钢筋的配置，尚应符合下列规定：

1 抗震墙的竖向和横向分布钢筋的间距不宜大于 300mm，……。

2 抗震墙厚度大于 140mm 时，其竖向和横向分布钢筋应双排布置，双排分布钢筋间拉筋的间距不宜大于 600mm，直径不应小于 6mm。

3 抗震墙竖向和横向分布钢筋的直径，均不宜大于墙厚的 1/10 且不应小于 8mm；竖向钢筋直径不宜小于 10mm。

3.《混规》第 9.4.2 条、第 9.4.4 条、第 11.7.13 条、第 11.7.15 条规定：

第 9.4.2 条

厚度大于 160mm 的墙应配置双排分布钢筋网；结构中重要部位的剪力墙，当其厚度不大于 160mm 时，也宜配置双排分布钢筋网。

双排分布钢筋网应沿墙的两个侧面布置，且应采用拉筋连系；拉筋直径不宜小于 6mm，间距不宜大于 600mm。

第 9.4.4 条

墙水平及竖向分布钢筋直径不宜小于 8mm，间距不宜大于 300mm。可利用焊接钢筋网片进行墙内配筋。

……。

第 11.7.13 条

剪力墙厚度大于 140mm 时，其竖向和水平向分布钢筋不应少于双排布置。

第 11.7.15 条

剪力墙水平和竖向分布钢筋的间距不宜大于 300mm，直径不宜大于墙厚的 1/10，且不应小于 8mm；竖向分布钢筋直径不宜小于 10mm。

（二）对规范的理解

剪力最小墙厚有 120mm，如果墙体仅配置单排钢筋，则钢筋保护层（墙体素混凝土）厚度约为 50mm 多，混凝土表面难免出现收缩裂缝，同时剪力墙平面外实际上都承受一定的弯矩。而单排钢筋，由于施工误差造成的偏心，不但不能承担此弯矩，反而在轴向压力作用下，加大平面外的弯矩。因此，剪力墙的竖向和横向分布钢筋应至少采用双排布置。对高层建筑，当剪力墙厚度超过 400mm 时，如果仅采用双排配筋，则墙体中部形成大面积的素混凝土，会使剪力墙截面应力分布不均匀。因此，可根据具体的墙厚，采用三排或四排配筋。

如上所述，墙体中的分布钢筋，除具有抗剪、抗弯作用外，还能防止由于干缩、温度等引起的墙体裂缝。而剪力墙中配置直径过大的分布钢筋，容易产生墙面裂缝。因此，在等强配筋的情况下，配置直径小而间距较密的分布钢筋为好。规范对此作了具体规定。

（三）设计建议

三本规范对此规定基本一致，具体工程设计，笔者建议如下：

1. 剪力墙结构的竖向和水平分布钢筋不应单排配置。剪力墙截面厚度不大于 400mm 时，可采用双排配筋；大于 400mm、但不大于 700mm 时，宜采用三排配筋；大于 700mm 时，宜采用四排配筋。当采用三排及以上配置方式时，截面设计所需要的配筋可分布在各排中，靠墙面的配筋可略大，见表 5.2.14。

宜采用的分布钢筋配置方式　　　　　　　　　　　　　表 5.2.14

截面厚度（mm）	配筋方式	截面厚度（mm）	配筋方式
$b_w \leq 400$	双排	$b_w > 700$	四排
$400 < b_w \leq 700$	三排		

2. 剪力墙的竖向和水平分布钢筋的间距均不宜大于 300mm，直径不应小于 8mm。剪力墙的竖向和水平分布钢筋的直径不宜大于墙厚的 1/10。

3. 在各排配筋之间应设置拉筋互相联系。拉筋的间距不应大于 600mm，直径不应小于 6mm。抗震设计时，对剪力墙底部加强部位，约束边缘构件以外的拉筋间距宜适当加密。

4.《混规》规定：非抗震设计时，可利用焊接钢筋网片进行墙内配筋。

十五、剪力墙连梁的强剪弱弯

（一）相关规范的规定

1.《高规》第 7.2.21 条规定：

连梁两端截面的剪力设计值 V 应按下列规定确定：

1 非抗震设计以及四级剪力墙的连梁，应分别取考虑水平风荷载、水平地震作用组合的剪力设计值。

2 一、二、三级剪力墙的连梁，其梁端截面组合的剪力设计值应按式（7.2.21-1）确定，9 度时一级剪力墙的连梁应按式（7.2.21-2）确定。

$$V = \eta_{vb} \frac{M_b^l + M_b^r}{l_n} + V_{Gb} \qquad (7.2.21\text{-}1)$$

$$V = 1.1(M_{bua}^l + M_{bua}^r)/l_n + V_{Gb} \qquad (7.2.21\text{-}2)$$

式中：M_b^l、M_b^r——分别为连梁左右端截面顺时针或逆时针方向的弯矩设计值；

　　　M_{bua}^l、M_{bua}^r——分别为连梁左右端截面顺时针或逆时针方向实配的抗震受弯承载力所对应的弯矩值，应按实配钢筋面积（计入受压钢筋）和材料强度标准值并考虑承载力抗震调整系数计算；

　　　　　　l_n——连梁的净跨；

　　　　　V_{Gb}——在重力荷载代表值作用下按简支梁计算的梁端截面剪力设计值；

　　　　　η_{vb}——连梁剪力增大系数，一级取 1.3，二级取 1.2，三级取 1.1。

2.《抗规》第 6.2.4 条与《高规》规定一致。

3.《混规》第 11.7.8 条规定：

筒体及剪力墙洞口连梁的剪力设计值 V_{wb} 应按下列规定计算：

1 9 度设防烈度的一级抗震等级框架

$$V_{wb} = 1.1 \frac{M_{bua}^l + M_{bua}^r}{l_n} + V_{Gb} \qquad (11.7.8\text{-}1)$$

2 其他情况

$$V_{wb} = \eta_{vb} \frac{M_b^l + M_b^r}{l_n} + V_{Gb} \qquad (11.7.8\text{-}2)$$

式中：M_{bua}^l、M_{bua}^r——分别为连梁左、右端顺时针或逆时针方向实配的受弯承载力所对应的弯矩值，应按实配钢筋面积（计入受压钢筋）和材料强度标准值并考虑承载力抗震调整系数计算；

　　　M_b^l、M_b^r——分别为考虑地震组合的剪力墙及筒体连梁左、右梁端弯矩设计值，应分别按顺时针方向和逆时针方向计算 M_b^l 与 M_b^r 之和，并取其较大值；对一级抗震等级，当两端弯矩均为负弯矩时，绝对值较小的弯矩值应取零；

l_n——连梁净跨；

V_{Gb}——考虑地震组合时的重力荷载代表值产生的剪力设计值，可按简支梁计算确定；

η_{vb}——连梁剪力增大系数，对于普通箍筋连梁，一级抗震等级取 1.3，二级取 1.2，三级取 1.1，四级取 1.0；配置有对角斜筋的连梁 η_{vb} 取 1.0。

（二）对规范的理解

剪力墙连梁的破坏形态有两种：弯曲破坏和剪切破坏。发生弯曲破坏时，连梁的纵向受力钢筋屈服后形成塑性铰，故具有塑性变形能力，表现出较好的延性。而当发生剪切破坏时，连梁的破坏形态是脆性的或延性极小，不能满足抗震时的延性要求。因此，抗震设计时，要有目的地增大连梁的剪力设计值，防止构件在弯曲屈服前出现剪切破坏，实现"强剪弱弯"。这是提高连梁延性、提高结构抗震性能的又一重要措施。

对剪力墙连梁而言，在地震作用下结构应呈现梁铰型延性机构，为减少梁端塑性铰区发生脆性剪切破坏的可能性，规范对剪力墙连梁提出了梁端的斜截面受剪承载力应高于正截面受弯承载力的要求。

梁端斜截面受剪承载力的提高，首先是在剪力设计值确定中，应考虑梁端弯矩的增大。规范规定：对一级抗震等级的框架结构及 9 度时的其他结构中的连梁，要求梁左、右端取用考虑承载力抗震调整系数的实际抗震受弯承载力进行受剪承载力验算。

对其他情况的一级和所有二、三级抗震等级的连梁的剪力设计值的确定，则根据不同抗震等级，直接取用梁端考虑地震作用组合的弯矩设计值的平衡剪力值，乘以不同的增大系数。

国内外进行的连梁抗震受剪性能试验表明：配置有斜向钢筋的连梁，可以在不降低或有限降低连梁相对作用剪力（即不折减或有限折减连梁刚度）的条件下提高连梁的延性，使该类连梁发生剪切破坏时，其延性能力能够达到地震作用时剪力墙对连梁的延性需求。

（三）设计建议

1. 一级抗震等级的框架结构及 9 度时的其他结构中的连梁端的弯矩增大，按第四章第二节"一、强柱弱梁"中的"（三）设计建议"的第 1 款计算。

2. 连梁的抗震等级应取与剪力墙相同。

3. 注意：配置有斜向钢筋的连梁，不管抗震等级如何，连梁剪力增大系数 η_{vb} 一律取 1.0。

十六、剪力墙连梁的剪压比限值

（一）相关规范的规定

1.《高规》第 7.2.22 条规定：

连梁截面剪力设计值应符合下列规定：

1　永久、短暂设计状况

$$V \leqslant 0.25\beta_c f_c b_b h_{b0} \qquad (7.2.22\text{-}1)$$

2 地震设计状况

跨高比大于2.5的连梁 $\qquad V \leqslant \dfrac{1}{\gamma_{RE}}(0.20\beta_c f_c b_b h_{b0})$ (7.2.22-2)

跨高比不大于2.5的连梁 $\quad V \leqslant \dfrac{1}{\gamma_{RE}}(0.15\beta_c f_c b_b h_{b0})$ (7.2.22-3)

式中：V——按本规程第7.2.21条调整后的连梁截面剪力设计值；

$\quad b_b$——连梁截面宽度；

$\quad h_{b0}$——连梁截面有效高度；

$\quad \beta_c$——混凝土强度影响系数，见本规程第6.2.6条。

2. 《抗规》第6.2.9条与《高规》规定一致。

3. 《混规》第11.7.9条与《高规》规定一致。

（二）对规范的理解

1. 规定剪力墙连梁的受剪截面控制条件（即剪压比 μ_N），其目的首先是防止连梁截面发生斜压破坏，其次是限制在使用阶段可能发生的斜裂缝宽度。抗震设计时对此提出更加严格的要求。

2. 不满足受剪截面控制条件，剪力墙连梁的剪压比值（名义剪应力）过高，会使连梁在早期出现斜裂缝，抗剪钢筋不能充分发挥作用，连梁抗剪超筋，即使配置很多抗剪钢筋，也是不能满足连梁抗剪承载力要求的，会过早产生剪切破坏。

3. 根据清华大学及国内外的有关试验研究得到：连梁截面的平均剪应力大小对连梁破坏性能影响较大，尤其在小跨高比条件下，如果平均剪应力过大，在箍筋充分发挥作用之前，连梁就会发生剪切破坏。因此对小跨高比连梁，本条对截面平均剪应力及本规程第7.2.23条对斜截面受剪承载力验算提出更加严格的要求。

（三）设计建议

1. V 是经过各种内力设计值调整后的构件剪力设计值。

2. 剪压比 μ_N 的计算式：

永久、短暂设计状况： $\qquad \mu_N = V/(\beta_c f_c b_b h_{b0})$

其值当 $b_b/h_w \leqslant 4$ 时取0.25；当 $b_b/h_w \geqslant 6$ 时取0.20；当 $4 < b_b/h_w < 6$ 时，按线性内插法确定。

式中：b——矩形截面的宽度，T形截面或I形截面的腹板宽度；

$\quad h_w$——截面的腹板高度，矩形截面，取有效高度；T形截面，取有效高度减去翼缘高度；I形截面，取腹板净高。

地震设计状况： $\qquad \mu_N = \gamma_{RE} V/(\beta_c f_c b_b h_{b0})$

3. 抗震设计时，剪力墙连梁剪压比的取值根据跨高比确定。

计算跨高比时，梁的跨度可取为梁的净跨，这是偏于安全的。

4. 配置斜向交叉钢筋时，连梁剪压比的控制见本书第七章第二节"三、核心筒连梁、外框筒梁和内筒连梁的设计"。

十七、剪力墙连梁的斜截面受剪承载力

（一）相关规范的规定

1. 《高规》第7.2.23条规定：

连梁的斜截面受剪承载力应符合下列规定：

1 永久、短暂设计状况

$$V \leqslant 0.7 f_t b_b h_{b0} + f_{yv} \frac{A_{sv}}{s} h_{b0} \tag{7.2.23-1}$$

2 地震设计状况

跨高比大于 2.5 的连梁　　　$V \leqslant \frac{1}{\gamma_{RE}} \left(0.42 f_t b_b h_{b0} + f_{yv} \frac{A_{sv}}{s} h_{b0} \right) \tag{7.2.23-2}$

跨高比不大于 2.5 的连梁　　$V \leqslant \frac{1}{\gamma_{RE}} \left(0.38 f_t b_b h_{b0} + 0.9 f_{yv} \frac{A_{sv}}{s} h_{b0} \right) \tag{7.2.23-3}$

式中：V——按 7.2.21 条调整后的连梁截面剪力设计值。

2.《抗规》未述及。

3.《混规》第 6.3.23 条、第 11.7.9 条与《高规》规定一致。

（二）对规范的理解

1. 实验研究表明：大剪跨构件承载能力低，小剪跨构件承载能力相对较高。连梁属小剪跨构件，故剪力墙连梁的斜截面受剪承载力计算，采用和普通框架梁一致的截面承载力计算方法。

2. 根据清华大学及国内外的有关试验研究得到：连梁截面的平均剪应力大小对连梁破坏性能影响较大，尤其在小跨高比条件下，如果平均剪应力过大，在箍筋充分发挥作用之前，连梁就会发生剪切破坏。因此对小跨高比连梁，本条对截面平均剪应力及对斜截面受剪承载力验算提出更加严格的要求。

（三）设计建议

1. 剪力墙连梁的斜截面抗剪配筋有两种方式：

（1）仅配置普通箍筋；

（2）配置普通箍筋外另配置斜向交叉钢筋；

（3）仅配置集中对角斜筋或对角暗撑。

第（2）、（3）两款的配筋设计详见本书第七章第二节"三、核心筒连梁、外框筒梁和内筒连梁的设计"。

2. 仅配置普通箍筋时，不同的跨高比其受剪承载力计算公式是不同的。

3. 虽然配置斜向交叉钢筋可以改善连梁的抗剪性能，但由于施工比较困难，故对于非抗震设计或跨高比较大的连梁，剪压比满足《高规》式（7.2.7-2）或式（7.2.7-3）的规定，一般均采用仅配置普通箍筋的配筋方式。

十八、剪力墙连梁正截面受弯承载力

（一）相关规范的规定

1.《高规》未述及。

2.《抗规》未述及。

3.《混规》第 11.7.7 条规定：

筒体及剪力墙洞口连梁，当采用对称配筋时，其正截面受弯承载力应符合下列规定：

$$M_b \leqslant \frac{1}{\gamma_{RE}} \left[f_y A_s (h_0 - a_s') + f_{yd} A_{sd} z_{sd} \cos\alpha \right] \tag{11.7.7}$$

式中：M_b——考虑地震组合的剪力墙连梁梁端弯矩设计值；

$\quad f_y$——纵向钢筋抗拉强度设计值；

$\quad f_{yd}$——对角斜筋抗拉强度设计值；

$\quad A_s$——单侧受拉纵向钢筋截面面积；

$\quad A_{sd}$——单侧对角斜筋截面面积，无斜筋时取 0；

$\quad z_{sd}$——计算截面对角斜筋至截面受压区合力点的距离；

$\quad \alpha$——对角斜筋与梁纵轴线夹角；

$\quad h_0$——连梁截面有效高度。

（二）对规范的理解

剪力墙及筒体的洞口连梁因跨度通常不大，竖向荷载相对较小，主要承受水平地震作用产生的弯矩和剪力。其中弯矩作用的反弯点位于跨中，沿梁全跨长各截面所受的剪力基本相等。在地震反复作用下，连梁通常采用上、下纵向受力钢筋基本相等的配筋方式，在受弯承载力极限状态下，梁截面的混凝土受压区高度很小，如忽略截面中构造钢筋的作用，正截面受弯承载力计算时截面的内力臂可近似取为截面有效高度 h_0 与 a'_s 的差值。

（三）设计建议

1. 这里所说的连梁是指跨高比小于 5 的连梁。

2. 抗震设计时，此类连梁宜采用上、下纵向受力钢筋基本相等的配筋方式。此时，梁的混凝土压区高度很小，延性较好。非抗震设计时，若梁的水平荷载小而竖向荷载较大，建议按深受弯构件设计。

3. 在配置有斜向交叉钢筋的连梁中，受弯承载力中应考虑穿过连梁端截面顶部和底部的斜向钢筋在梁端截面中的水平分量的抗弯作用。

十九、连梁纵向受力钢筋的配筋率

（一）相关规范的规定

1.《高规》第 7.2.24 条、第 7.2.25 条规定：

第 7.2.24 条

跨高比（l/h_b）不大于 1.5 的连梁，非抗震设计时，其纵向钢筋的最小配筋率可取为 0.2%；抗震设计时，其纵向钢筋的最小配筋率宜符合表 7.2.24 的要求；跨高比大于 1.5 的连梁，其纵向钢筋的最小配筋率可按框架梁的要求采用。

表 7.2.24　跨高比不大于 1.5 的连梁纵向钢筋的最小配筋率（%）

跨高比	最小配筋率（采用较大值）
$l/h_b \leqslant 0.5$	$0.20, 45f_t/f_y$
$0.5 < l/h_b \leqslant 1.5$	$0.25, 55f_t/f_y$

第 7.2.25 条

剪力墙结构连梁中，非抗震设计时，顶面及底面单侧纵向钢筋的最大配筋率不宜大于 2.5%；抗震设计时，顶面及底面单侧纵向钢筋的最大配筋率宜符合表 7.2.25 的要求。如不满足，则应按实配钢筋进行连梁强剪弱弯的验算。

表 7.2.25　连梁纵向钢筋的最大配筋率（%）

跨高比	最大配筋率
$l/h_b \leqslant 1.0$	0.6
$1.0 < l/h_b \leqslant 2.0$	1.2
$2.0 < l/h_b \leqslant 2.5$	1.5

2.《抗规》未述及。

3.《混规》第 9.4.7 条、第 11.7.11 条第 1 款规定：

第 9.4.7 条

墙洞口上、下两边的水平钢筋除应满足洞口连梁正截面受弯承载力的要求外，尚不应少于两根直径不小于 12mm 的钢筋。对于计算分析中可忽略的洞口，洞边钢筋截面面积分别不宜小于洞口截断的水平分布钢筋总截面面积的一半。……。

第 11.7.11 条第 1 款

剪力墙及筒体洞口连梁的纵向钢筋、斜筋及箍筋的构造应符合下列要求：

1　连梁沿上、下边缘单侧纵向钢筋的最小配筋率不应小于 0.15%，且配筋不宜少于 $2\phi12$；……。

（二）对规范的理解

1. 规定连梁的纵筋钢筋最小配筋率，目的是防止连梁在荷载作用下，由于钢筋配置过少导致一拉就裂、一裂就坏的少筋梁脆性破坏。抗震设计时，是满足连梁延性要求的抗震构造措施之一。

2. 为了实现连梁的强剪弱弯，本节"十五、剪力墙连梁的强剪弱弯"规定了对剪力设计值放大、"十六、剪力墙连梁的剪压比限值"规定了连梁剪压比的限值，两条规定共同使用，目的就是限制连梁的受弯配筋。但由于"十五、剪力墙连梁的强剪弱弯"是采用乘以增大系数的方法获得剪力设计值，与连梁正截面受弯的实际配筋量无关，故容易使设计人员忽略受弯钢筋数量的限制，特别是在计算配筋值很小而按构造要求配置受弯钢筋时，容易忽略强剪弱弯的要求。故《高规》规定连梁的纵筋钢筋最大配筋率，防止连梁弯钢筋配置过多，出现连梁的强弯弱剪破坏。

（三）设计建议

1. 关于连梁的纵筋钢筋最小配筋率，两规范有如下区别：

（1）《高规》对抗震设计和非抗震设计时的最小配筋率均有规定；而《混规》仅对抗震设计时的最小配筋率作出规定；非抗震设计时则规定：尚不应少于两根直径不小于 12mm 的钢筋。

（2）抗震设计时，《高规》对最小配筋率的规定分 3 档：跨高比不大于 0.5、大于 0.5 但不大于 1.5 和跨高比大于 1.5；而《混规》未作区分。

（3）《高规》的纵筋钢筋最小配筋率比《混规》的大。

（4）《高规》规定：跨高比大于 1.5 的连梁，其纵向钢筋的最小配筋率可按框架梁的要求采用。意思不十分明确：是按跨中截面还是支座截面？有无抗震等级的区别？

笔者建议：连梁的水平纵筋钢筋最小配筋率可按表 5.2.19-1 取用。

跨高比	最小配筋率（采用较大值）	
	非抗震设计	抗震设计
$l/h_b \leqslant 0.5$	0.20，$45f_t/f_y$	0.20，$45f_t/f_y$
$0.5 < l/h_b \leqslant 1.5$	0.20，$45f_t/f_y$	0.20，$45f_t/f_y$
$l/h_b > 1.5$	按框架梁的要求采用	按框架梁的要求采用

所谓"按框架梁的要求采用"，笔者理解：配筋方式采用对称配筋，上、下水平纵向多少钢筋均全跨直通。最小配筋率：非抗震设计时可取 0.20 和 $45f_t/f_y$ 两者的较大值；抗震设计时可按《高规》第 6.3.2 条表 6.3.2-1 中支座一列的数值取用；且连梁沿上、下边单侧水平纵筋配筋不宜少于 $2\phi12$。

2.《高规》有连梁的纵筋受拉钢筋最大配筋率的规定，而《混规》无此规定。

（1）水平纵筋钢筋配筋率不宜超过表 5.2.19-2 的规定。

连梁水平纵筋钢筋最大配筋率（%）　　　　　　　　表 5.2.19-2

跨高比	最小配筋率	
	非抗震设计	抗震设计
$l/h_b \leqslant 1.0$	2.5	0.60
$1.0 < l/h_b \leqslant 2.0$	2.5	1.2
$2.0 < l/h_b \leqslant 2.5$	2.5	1.5
$l/h_b > 2.5$	2.5	2.5

（2）跨高比较小的连梁抗弯刚度大，水平地震作用下，即使计算时对连梁刚度进行了折减，但梁端弯矩仍较大，如设计时就按此弯矩设计值配置纵向钢筋而不注意连梁剪压比的要求（此时连梁剪压比往往不满足规范规定），很容易造成强弯弱剪。此时应采取措施（具体见本节"二十一、连梁不满足剪压比时的处理措施"），首先应满足连梁剪压比的要求。

（3）如连梁剪压比满足规范规定而连梁水平纵筋钢筋实际配筋超过表中最大配筋率规定，则应按连梁实配钢筋进行连梁强剪弱弯的验算。

二十、连梁的配筋构造

（一）相关规范的规定

1.《高规》第 7.2.27 条、第 9.3.7 条规定：

第 7.2.27 条

连梁的配筋构造（图 7.2.27）应符合下列规定：

1　连梁顶面、底面纵向水平钢筋伸入墙肢的长度，抗震设计时不应小于 l_{aE}，非抗震设计时不应小于 l_a，且均不应小于 600mm。

2　抗震设计时，沿连梁全长箍筋的构造应符合本规程第 6.3.2 条框架梁梁端箍筋加密区的箍筋构造要求；非抗震设计时，沿连梁全长的箍筋直径不应小于 6mm，间距不应大于 150mm。

3 顶层连梁纵向水平钢筋伸入墙肢的长度范围内应配置箍筋，箍筋间距不宜大于 150mm，直径应与该连梁的箍筋直径相同。

4 连梁高度范围内的墙肢水平分布钢筋应在连梁内拉通作为连梁的腰筋。连梁截面高度大于 700mm 时，其两侧面腰筋的直径不应小于 8mm，间距不应大于 200mm；跨高比不大于 2.5 的连梁，其两侧腰筋的总面积配筋率不应小于 0.3%。

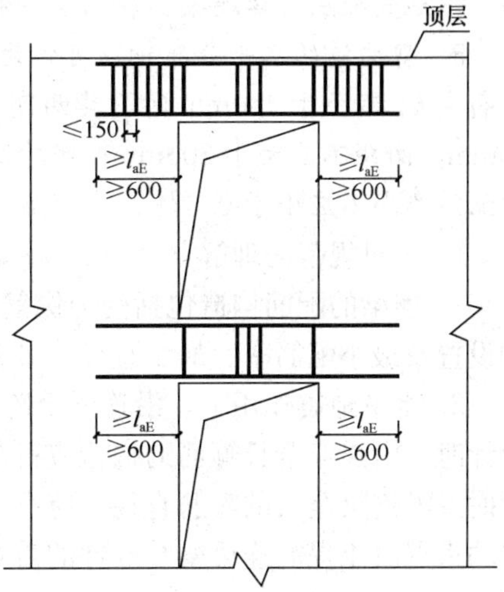

第 9.3.7 条
外框筒梁和内筒连梁的构造配筋应符合下列要求：

1 非抗震设计时，箍筋直径不应小于 8mm；抗震设计时，箍筋直径不应小于 10mm；

2 非抗震设计时，箍筋间距不应大于 150mm；抗震设计时，箍筋间距沿梁长不变，且不应大于 100mm，当梁内设置交叉暗撑时，箍筋间距不应大于 200mm；

3 框筒梁上、下纵向钢筋的直径均不应小于 16mm，腰筋的直径不应小于 10mm，腰筋间距不应大于 200mm。

2.《抗规》第 6.4.7 条规定：

……。

顶层连梁的纵向钢筋伸入墙体的锚固长度范围内，应设置箍筋。

3.《混规》第 9.4.7 条、第 11.7.11 条第 2、3、4、5 款规定：

第 9.4.7 条

墙洞口连梁应沿全长配置箍筋，箍筋直径应不小于 6mm，间距不宜大于 150mm。在顶层洞口连梁纵向钢筋伸入墙内的锚固长度范围内，应设置间距不大于 150mm 的箍筋，箍筋直径宜与跨内箍筋直径相同。同时，门窗洞边的竖向钢筋应满足受拉钢筋锚固长度的要求。

……。纵向钢筋自洞口边伸入墙内的长度不应小于受拉钢筋的锚固长度。

第 11.7.11 条第 2、3、4、5 款

剪力墙及筒体洞口连梁的纵向钢筋、斜筋及箍筋的构造应符合下列要求：

2 ……。

除集中对角斜筋配筋连梁以外，其余连梁的水平钢筋及箍筋形成的钢筋网之间应采用拉筋拉结，拉筋直径不宜小于 6mm，间距不宜大于 400mm。

3 沿连梁全长箍筋的构造宜按本规范第 11.3.6 条和第 11.3.8 条框架梁梁端加密区箍筋的构造要求采用；……。

4 连梁纵向受力钢筋、交叉斜筋伸入墙内的锚固长度不应小于 l_{aE}，且不应小于 600mm；顶层连梁纵向钢筋伸入墙体的长度范围内，应配置间距不大于 150mm 的构造箍

图 7.2.27 连梁配筋构造示意
注：非抗震设计时图中 l_{aE} 取 l_a

筋，箍筋直径应与该连梁的箍筋直径相同。

5 剪力墙的水平分布钢筋可作为连梁的纵向构造钢筋在连梁范围内贯通。当梁的腹板高度 h_w 不小于 450mm 时，其两侧面沿梁高范围设置的纵向构造钢筋的直径不应小于 10mm，间距不应大于 200mm；对跨高比不大于 2.5 的连梁，梁两侧的纵向构造钢筋的面积配筋率尚不应小于 0.3%。

（二）对规范的理解

1. 连梁的配筋构造包括受力纵筋的锚固，箍筋的设置及最小直径、最大间距，腰筋的设置及最小配筋率、最小直径、最大间距等。

2. 水平地震作用下，沿连梁全跨长各截面所受的剪力基本相等，故规范提出了抗震设计时，沿连梁全长箍筋的构造应符合框架梁梁端箍筋加密区的箍筋构造要求；非抗震设计时，沿连梁全长的箍筋直径不应小于 6mm，间距不应大于 150mm。这不仅是抗震设计时约束混凝土提高连梁梁端延性的需要，也是保证连梁抗剪承载力的需要。

（三）设计建议

1. 可以看出：《高规》和《混规》的规定基本一致。但也有一些区别：

（1）《高规》规定连梁截面高度大于 700mm 时，其两侧面腰筋的直径不应小于 8mm，间距不应大于 200mm；而《混规》则规定：抗震设计时，当梁的腹板高度 h_w 不小于 450mm 时，其两侧面沿梁高范围设置的纵向构造钢筋的直径不应小于 10mm。笔者建议：当梁的腹板高度 h_w 不小于 450mm 时，其两侧面沿梁高范围应设置纵向构造钢筋，纵向构造钢筋的直径，抗震设计时不应小于 10mm，非抗震设计时不应小于 8mm，间距均不应大于 200mm。

（2）《混规》还规定了连梁水平钢筋及箍筋形成的钢筋网应采用拉筋拉结及其最小直径、最大间距。建议设计中按此规定执行。

（3）《高规》对外框筒梁和内筒连梁的构造配筋要求比一般剪力墙连梁要求更严，且为强制性条文。建议设计中按此规定执行。

2. 本条中"连梁配筋构造"，仅指配置梁顶、底面水平纵向受力钢筋和垂直箍筋的连梁配筋构造。配置斜向交叉钢筋连梁的配筋构造，详见本书第七章第二节"三、核心筒连梁、外框筒梁和内筒连梁的设计"。

二十一、连梁不满足剪压比时的处理措施

（一）相关规范的规定

1.《高规》第 7.2.26 条规定：

剪力墙的连梁不满足本规程第 7.2.22 条的要求时，可采取下列措施：

1 减小连梁截面高度或采取其他减小连梁刚度的措施。

2 抗震设计剪力墙连梁的弯矩可塑性调幅；内力计算时已经按本规程第 5.2.1 条的规定降低了刚度的连梁，其弯矩值不宜再调幅，或限制再调幅范围。此时，应取弯矩调幅后相应的剪力设计值校核其是否满足本规程第 7.2.22 条的规定；剪力墙中其他连梁和墙肢的弯矩设计值宜视调幅连梁数量的多少而相应适当增大。

3 当连梁破坏对承受竖向荷载无明显影响时，可按独立墙肢的计算简图进行第二次多遇地震作用下的内力分析，墙肢截面应按两次计算的较大值计算配筋。

2.《抗规》第6.4.7条规定：

跨高比较小的高连梁，可设水平缝形成双连梁、多连梁或采取其他加强受剪承载力的构造。

……。

3.《混规》未述及。

（二）对规范的理解

剪力墙连梁对剪切变形十分敏感，其名义剪应力（剪压比）限制比较严，在很多情况下设计计算会出现连梁剪压比不满足规范规定（连梁箍筋超筋）的情况，规范给出了一些处理方法。

（三）设计建议

根据规范的规定，当连梁剪压比不满足规范规定时，建议采用以下处理措施：

1. 减小连梁截面高度 h 或采取其他减小连梁刚度的措施（如《抗规》提出的设水平缝形成双连梁、多连梁等）。

这种做法的目的是通过减小连梁的截面高度，进而降低连梁抗弯刚度，减小连梁弯矩，减小连梁剪力设计值。但根据连梁剪压比的控制公式 $V \leqslant (\mu_v \beta_c f_c b h_0)/\gamma_{RE}$，如果不等式右端的 h_0 减小很多而左端的 V 减小很少，则仍不能满足剪压比限值的要求。故此方法可以一试，但不一定有效。

2. 对剪力墙连梁的弯矩进行塑性调幅。

连梁塑性调幅有两种方法，一是按照《高规》第5.2.1条的方法，在内力计算前就将连梁刚度进行折减；二是在内力计算之后，将连梁弯矩和剪力组合值乘以折减系数。两种方法的效果都是减小连梁内力和配筋。无论用什么方法，连梁调幅后的弯矩、剪力设计值不应低于使用状况下的值，也不宜低于比设防烈度低一度的地震作用组合所得的弯矩、剪力设计值，其目的是避免在正常使用条件下或较小的地震作用下在连梁上出现裂缝。因此建议一般情况下，可掌握调幅后的弯矩不小于调幅前按刚度不折减计算的弯矩（完全弹性）的0.8倍（6～7度）和0.5倍（8～9度），并不小于风荷载作用下的连梁弯矩。

这种做法实际上就是不减小连梁的截面高度而减小连梁剪力设计值。用弯矩调幅后对应的剪力设计值进行剪压比限值验算。但如果塑性调幅后仍不能满足剪压比限值的要求（设计时结构计算中常有这种情况），则此方法也就没有效果了。

3. 配置交叉斜向钢筋利用交叉斜筋抗剪；或同时配置普通垂直箍筋，两者共同抗剪。

此方法在第七章第二节"三、核心筒连梁、外框筒梁和内筒连梁的设计"中已有介绍。

采用增设交叉斜筋配筋的方法，剪压比限值放宽，剪力设计值不再放大（对多层建筑结构），又有交叉斜筋帮助抗剪，一般情况下，此方法是较为有效的。

4. 采用钢板混凝土连梁。

此方法见《高层建筑钢-混凝土混合结构设计规程》（CECS 230：2008）。

（1）钢板混凝土连梁的剪力设计值，应符合下列规定：

1）无地震作用组合和四级时，应取组合的剪力设计值。

2) 特一、一、二、三级时应按公式 (5.2.21-1) 计算:

$$V_b = \eta_{vb} \frac{M_b^l + M_b^r}{l_n} + V_{Gb} \qquad (5.2.21\text{-}1)$$

3) 9度时及特一级时尚应按公式 (5.2.21-2) 计算。

$$V_b = 1.1 \frac{M_{bua}^l + M_{bua}^r}{l_n} + V_{Gb} \qquad (5.2.21\text{-}2)$$

式中　$M_b^l + M_b^r$ ——分别为连梁左、右端顺时针或反时针方向考虑地震作用组合的弯矩设计值。对一级抗震等级且两端均为负弯矩时,绝对值较小一端的弯矩应取零;

$M_{bua}^l + M_{bua}^r$ ——分别为梁左、右端顺时针或反时针方向实配的正截面抗震受弯承载力所对应的弯矩值。计算时应采用实际截面、实配钢板和钢筋面积,并取钢材的屈服强度和钢筋及混凝土材料强度标准值,同时考虑承载力抗震调整系数;

l_n ——连梁的净跨;

V_{Gb} ——在重力荷载代表值作用下,按简支梁计算的连梁端截面剪力设计值;

η_{vb} ——连梁剪力增大系数,特一级取 1.4,一级取 1.3,二级取 1.2,三级取 1.1。

(2) 钢板混凝土连梁的截面限制条件,应符合下列规定:

根据《高层建筑钢-混凝土混合结构设计规程》的规定,钢板混凝土连梁的截面限制条件,抗震设计取 $\mu_v = 0.20$,该值似偏小;笔者认为可适当放宽。建议按钢骨混凝土梁取用。

1) 无地震作用组合时

$$V \leqslant 0.45\beta_c f_c b_b h_{b0} \qquad (5.2.21\text{-}3)$$

$$V_{cu}^{rc} \leqslant 0.25\beta_c f_c b_b h_{b0} \qquad (5.2.21\text{-}4)$$

$$\frac{f_{ssv} t_w h_w}{\beta_c f_c b h_{b0}} \geqslant 0.1 \qquad (5.2.21\text{-}5)$$

2) 有地震作用组合时

$$V \leqslant (0.36\beta_c f_c b_b h_{b0}/\gamma_{RE} \qquad (5.2.21\text{-}6)$$

$$V_{cu}^{rc} \leqslant (0.20\beta_c f_c b_b h_{b0}/\gamma_{RE} \qquad (5.2.21\text{-}7)$$

$$\frac{f_{ssv} t_w h_w}{\beta_c f_c b h_{b0}} \geqslant 0.1 \qquad (5.2.21\text{-}8)$$

式中　β_c ——混凝土强度影响系数。当混凝土强度等级不超过 C50 时,取 $\beta_c = 1.0$;当混凝土强度等级为 C80 时,取 $\beta_c = 0.8$;其间按线性内插法确定 β_c 值;

t_w、h_w ——分别为钢骨腹板的厚度和钢骨腹板的高度,h_w、t_w 应计入与受剪方向一致的所有钢骨板材的面积;

f_{ssv} ——为钢骨腹板的抗剪强度设计值。

(3) 钢板混凝土连梁的斜截面受剪承载力应符合下列规定:

1) 无地震作用组合时

$$V_{b} \leqslant 0.7 f_{t} b h_{b0} + f_{yv} \frac{A_{sv}}{s} h_{b0} + 0.35 f_{ssv} t_{w} h_{w} \qquad (5.2.21-9)$$

同时要求
$$V_{b} \leqslant f_{yv} \frac{A_{sv}}{s} h_{b0} + f_{ssv} t_{w} h_{w} \qquad (5.2.21-10)$$

2）有地震作用组合时

$$V_{b} \leqslant \frac{1}{\gamma_{RE}} \Big[0.42 f_{t} b h_{b0} + f_{yv} \frac{A_{sv}}{s} h_{b0} + 0.35 f_{ssv} t_{w} h_{w} \Big] \qquad (5.2.21-11)$$

式中　V_{b}——连梁剪力设计值；

f_{t}——混凝土轴心抗拉强度设计值，按《混规》的规定采用；

f_{yv}——箍筋的抗拉强度设计值，按《混规》的规定采用；

b——连梁截面的宽度；

h_{b0}——连梁截面的有效高度；

A_{sv}——配置在同一截面内各肢箍筋的全部截面面积；

s——沿构件长度方向的箍筋间距；

t_{w}——钢板的厚度；

h_{w}——钢板的高度；

f_{ssv}——钢板的抗剪强度设计值；

γ_{RE}——受剪承载力抗震调整系数，取 0.85。

（4）钢板混凝土连梁的配筋及钢板设置构造应符合下列要求：

1）纵向受力钢筋、腰筋和箍筋的构造要求应符合《高规》的规定。

2）钢板混凝土连梁内的钢板，厚度不应小于 6mm，高度不宜超过梁高的 0.7 倍，钢板宜采用 Q235B 级钢材。

3）钢板的表面应设置抗剪连接件，可采用焊接栓钉，也可在钢板两侧分别焊接两根直径不小于 12mm 的通长钢筋。采用栓钉时（5.2.21-1a），应符合《高层建筑钢-混凝土混合结构设计规程》6.3.3 的要求；焊接钢筋时，可采用断续角焊缝（图 5.2.21-1b）。

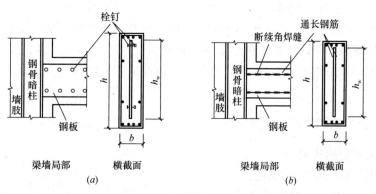

图 5.2.21-1　钢板混凝土连梁钢板表面的抗剪连接件
（a）焊栓钉；（b）焊接带肋钢筋

4）钢板在墙肢内应可靠锚固。如果在墙肢内设置有钢骨暗柱，连梁钢板的两端与钢骨暗柱可采用焊接或螺栓连接。如果墙肢内无钢骨暗柱，钢板在墙肢中的埋置长度不应小于 500mm 与钢板高度 h_{w} 二者中的较大值，在距离墙肢表面 75mm 处以及钢板端部焊接

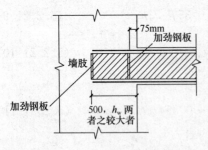

图 5.2.21-2 钢板埋置在墙肢中的锚固

加劲钢板,其厚度不小于 16mm,宽度不小于 100mm 与墙肢厚度的 0.4 倍二者中的较小值(图 5.2.21-2)。

图 5.2.21-2 中钢板锚入墙内,墙肢端部有边缘构件,边缘构件有水平箍筋,箍筋和钢板如何构造值得研究。笔者建议:此时,剪力墙端部边缘构件的水平箍筋可部分焊接在钢板上、部分在钢板中开孔以使箍筋穿过。

5. 当连梁破坏对承受竖向荷载无明显影响时,可按独立墙肢的计算简图进行第二次多遇地震作用下的内力分析,墙肢截面按两次计算的较大值计算配筋。

当以上措施都不能解决问题时,可考虑在地震作用下连梁退出工作。此时,在地震作用下超筋连梁已剪切破坏,不再能约束墙肢,因此可考虑此连梁不参与结构计算,而按独立墙肢进行第二次多遇地震下的结构整体内力分析,即超筋连梁两端可点铰,作为两端铰接梁参与结构整体内力分析。它相当于剪力墙的第二道防线,这种情况往往使墙肢的内力及配筋加大,可保证墙肢的安全。墙肢截面配筋按两次计算的较大值包络设计。

第二次结构计算由于没有连梁的约束,位移会加大,但是大震作用下不必按小震作用要求限制其位移。保证构件的承载能力即可。

此时超筋连梁的设计,可按此连梁在非抗震设计时竖向荷载及水平风荷载作用下计算其弯矩设计值,求出正截面抗弯配筋面积,实际配筋面积尚不应小于抗震设计时连梁的正截面最小配筋率的规定;再根据正截面抗弯实际配筋反算其剪力值,并按超筋连梁的抗震等级乘以相应的剪力放大系数得出剪力设计值,最后根据此剪力设计值进行斜截面抗剪配筋并不小于抗震设计时连梁的斜截面最小配箍率的规定。

由于结构体系的原因,有些连梁不能通过在连梁上开洞、弯矩进行塑性调幅等方式满足其抗剪要求,而必须采用跨高比很小的强连梁,以便和墙肢构成框筒或联肢墙。如:在筒中筒结构中,必须采用跨高比很小的裙梁和剪力墙肢构成抗侧力刚度很大的外框筒;框架-核心筒结构的核心筒以及为了满足结构的抗侧移要求或结构耗能能力及延性性能,也需要采用跨高比很小的强连梁,此时,不能采用减小连梁截面高度、弯矩进行塑性调幅等的做法。

二十二、剪力墙和连梁开洞规定

(一)相关规范的规定

1.《高规》第 7.2.28 条规定:

剪力墙开小洞口和连梁开洞应符合下列规定:

1 剪力墙开有边长小于 800mm 的小洞口、且在结构整体计算中不考虑其影响时,应在洞口上、下和左、右配置补强钢筋,补强钢筋的直径不应小于 12mm,截面面积应分别不小于被截断的水平分布钢筋和竖向分布钢筋的面积(图 7.2.28a);

2 穿过连梁的管道宜预埋套管,洞口上、下的截面有效高度不宜小于梁高的 1/3,且不宜小于 200mm;被洞口削弱的截面应进行承载力验算,洞口处应配置补强纵向钢筋和箍筋（图 7.2.28b），补强纵向钢筋的直径不应小于 12mm。

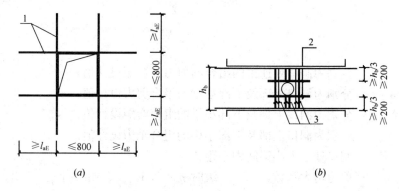

图 7.2.28　洞口补强配筋示意

(a) 剪力墙洞口；(b) 连梁洞口

1—墙洞口周边补强钢筋；2—连梁洞口上、下补强纵向箍筋；

3—连梁洞口补强箍筋；非抗震设计时图中 l_{aE} 取 l_a

2.《抗规》未述及。

3.《混规》第 9.4.7 条规定：

……。同时，门窗洞边的竖向钢筋应满足受拉钢筋锚固长度的要求。

墙洞口上、下两边的水平钢筋除应满足洞口连梁正截面受弯承载力的要求外，尚不应少于 2 根直径不小于 12mm 的钢筋。对于计算分析中可忽略的洞口，洞边钢筋截面面积分别不宜小于洞口截断的水平分布钢筋总截面面积的一半。纵向钢筋自洞口边伸入墙内的长度不应小于受拉钢筋的锚固长度。

（二）对规范的理解

当开洞较小，在整体计算中不考虑其影响时，应将切断的分布钢筋集中在洞口边缘补足，以保证剪力墙截面的承载力。这是强度补强。

连梁是剪力墙中的薄弱部位，应重视连梁中开洞后的截面抗剪验算和加强措施。规范对开洞连梁的洞边钢筋及其锚固距等构造提出了要求。

（三）设计建议

1. 剪力墙开有边长小于 800mm 的小洞口、且在结构整体计算中不考虑其影响时，可按《高规》第 7.2.28 条第 1 款构造；

2. 连梁开洞应满足《高规》第 7.2.28 条第 2 款的规定；

3. 连梁开洞后被洞口削弱的截面的承载力验算计算，建议按以下方法进行（图 5.2.22）：

$$V_1 = \frac{h_1^3}{h_1^3 + h_2^3} \eta_v V_b \quad (5.2.22\text{-}1)$$

$$V_2 = \frac{h_2^3}{h_1^3 + h_2^3} \eta_v V_b \quad (5.2.22\text{-}2)$$

$$M_1 = V_1 \frac{l_n}{2} \quad (5.2.22\text{-}3)$$

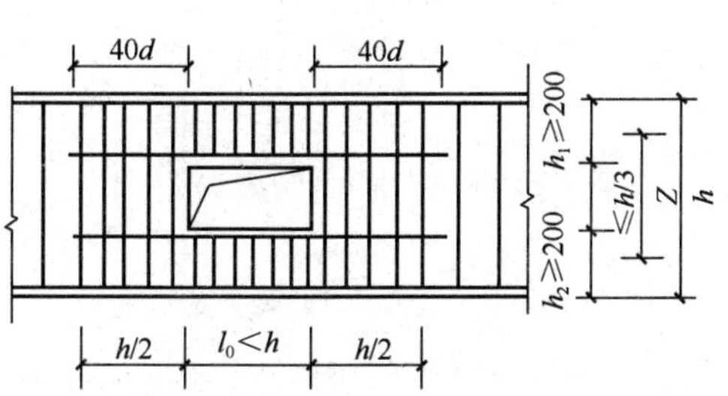

图 5.2.22　开有洞口的梁

$$M_2 = V_2 \frac{l_n}{2} \tag{5.2.22-4}$$

$$N_1 = N_2 = \frac{M_b}{Z} \tag{5.2.22-5}$$

式中 V_b、M_b——分别为洞口处连梁的组合的剪力和弯矩设计值；

V_1、V_2——分别为洞口上部及下部小梁的组合剪力设计值；

M_1、M_2——分别为洞口上部及下部小梁的组合弯矩设计值；

N_1、N_2——分别为洞口上部及下部小梁的组合轴力设计值；

Z——洞口处上下小梁间中心距；

η_v——剪力增大系数，一、二级时 $\eta_v = 1.5$，三、四级时 $\eta_v = 1.2$。

4. 连梁截面，以及连梁或框架梁上洞口处小梁截面，应符合下列公式要求（图 5.2.22）：

$$当\ l_0/h > \genfrac{}{}{0pt}{}{2.5（连梁）}{1.5（小梁）}\ 时，V_b \leqslant \frac{1}{\gamma_{RE}}(0.2\beta_c f_c b_b h_{b0})$$

$$当\ l_0/h \leqslant \genfrac{}{}{0pt}{}{2.5（连梁）}{1.5（小梁）}\ 时，V_b \leqslant \frac{1}{\gamma_{RE}}(0.15\beta_c f_c b_b h_{b0})$$

式中 V_b——连梁或洞口处上、下小梁组合的剪力设计值；

b_b——连梁或洞口处上、下小梁的截面宽度；

h_{b0}——连梁或洞口处上、下小梁的截面有效高度；

l_0、h——连梁或洞口处小梁净跨和截面高度。

第六章　框架-剪力墙结构设计

第一节　一　般　规　定

一、框架-剪力墙结构、板柱-剪力墙结构设计的一般规定

（一）相关规范的规定

1.《高规》第8.1.1条规定：

框架-剪力墙结构、板柱-剪力墙结构的结构布置、计算分析、截面设计及构造要求除应符合本章的规定外，尚应分别符合本规程第3、5、6和7章的有关规定。

2.《抗规》第6.5.4条、第6.6.1条规定：

第6.5.4条

框架-抗震墙结构的其他抗震构造措施，应符合本规范第6.3节、6.4节的有关要求。

注：设置少量抗震墙的框架结构，其抗震墙的抗震构造措施，可仍按本规范第6.4节对抗震墙的规定执行。

第6.6.1条

板柱-抗震墙结构的抗震墙，其抗震构造措施应符合本节规定，尚应符合本规范第6.5节的有关规定；柱（包括抗震墙端柱）和梁的抗震构造措施应符合本规范第6.3节的有关规定。

3.《混规》未述及。

（二）对规范的理解

1. 板柱结构由水平构件板和竖向构件柱组成，内部无梁，特点是建筑平面布置灵活，可以在满足建筑楼层净空高度的要求下减小楼层高度。

纯板柱和框架相比，缺少了框架梁，而以柱上板带代替框架梁，可以看成是框架的一种特殊情况。竖向荷载作用下，由于没有梁，作用在板上的荷载直接传到柱上，使柱头对板有一个很大的冲切力容易造成柱头对板的冲切破坏。所以，竖向荷载作用下柱头对板的冲切破坏是板柱的最重要破坏特征之一。

水平荷载作用下，由于没有梁，纯板柱的抗侧力刚度比有梁框架的抗侧力刚度小，板柱节点的抗震性能不如梁柱节点的抗震性能，楼板对柱的约束弱，不像框架梁那样，既能较好地约束框架节点，做到强节点，又能使塑性铰出现在梁端，做到强柱弱梁。因此，水平荷载特别是水平地震作用下，结构会发生较大的侧移，结构的承载能力低，延性差，结构抗震性能差。此外，水平地震作用产生的不平衡弯矩要有板柱节点传递，在柱边将产生较大的附加剪应力，当剪应力很大而又缺乏有效的抗剪措施时，加大了发生冲切破坏的可能性，甚至导致结构的连续破坏。墨西哥地震等震害表明，板柱框架破坏严重，其板与柱的连接节点为薄弱点。

因此，纯板柱结构无论是在竖向荷载还是在水平荷载作用下，其结构抗侧力刚度小、承载能力低、抗震性能差。

2. 板柱-剪力墙结构则是在纯板柱中增设剪力墙（或筒体），通过楼板使两者协同工作，共同承受外荷载，抵抗地震作用，形成板柱-剪力墙结构。水平地震作用下，其受力特点与框架-剪力墙结构类似，变形特征属弯剪型，以弯曲变形为主。地震作用下，由于剪力墙承担了结构几乎全部水平地震剪力和绝大部分倾覆力矩，控制结构的水平侧移，大大提高结构的延性和抗震性能，是板柱-剪力墙结构最主要的抗侧力构件。

由于这个原因，《高规》将板柱-剪力墙结构和框架-剪力墙结构合为一章。但由于板柱部分结构延性差，抗震性能不好，很难起到结构第二道防线的作用，因此，板柱-剪力墙结构的承载能力、抗震性能比框架-剪力墙结构要差。和框架-剪力墙结构的设计也有诸多不同，《高规》又专门列出相关条文以规定两种结构设计所需要遵守的有关要求。

（三）设计建议

1. 抗震设计时构件组合内力设计值的调整，板柱-剪力墙结构中的框架柱、板柱按框架-剪力墙结构中的框架柱进行；板柱-剪力墙结构中的框架梁、柱上板带按框架-剪力墙结构中的框架梁进行。

2. 框架-剪力墙结构、板柱-剪力墙结构除应遵守本章关于结构布置、计算分析、截面设计及构造要求的规定外，还应遵守规范关于计算分析的有关规定、最大适用高度、高宽比的规定以及对框架与剪力墙的有关规定。但应注意：抗震设计时，框架-剪力墙结构、板柱-剪力墙结构中的框架和框架结构中的框架，其截面设计和构造要求等都是有区别的。框架-剪力墙结构、板柱-剪力墙结构中的剪力墙和其他结构中的剪力墙，其截面设计和构造要求等也都是有区别的。例如：相同抗震等级的框架-剪力墙结构中的框架柱和框架结构中的框架柱，其组合内力设计值的调整、轴压比限值、最小配筋率等都是不同的；相同抗震等级的框架-剪力墙结构中的剪力墙和其他结构中的剪力墙，其满足稳定性要求的最小墙厚、墙体水平及竖向分布钢筋的最小配筋率等也都是不同的。详见各有关规定。

3. 带边框剪力墙的端柱在剪力墙平面内方向的组合内力设计值不必调整，平面外方向的组合内力设计值按框架-剪力墙结构中的框架柱调整。

二、框架-剪力墙结构设计原则

（一）相关规范的规定

1. 《高规》第8.1.3条规定：

抗震设计的框架-剪力墙结构，应根据在规定的水平力作用下结构底层框架部分承受的地震倾覆力矩与结构总地震倾覆力矩的比值，确定相应的设计方法，并应符合下列规定：

1 框架部分承受的地震倾覆力矩不大于结构总地震倾覆力矩的10%时，按剪力墙结构进行设计，其中的框架部分应按框架-剪力墙结构的框架进行设计；

2 当框架部分承受的地震倾覆力矩大于结构总地震倾覆力矩的10%但不大于50%时，按框架-剪力墙结构进行设计；

3 当框架部分承受的地震倾覆力矩大于结构总地震倾覆力矩的50%但不大于80%时，按框架-剪力墙结构进行设计，其最大适用高度可比框架结构适当增加，框架部分的抗震等级和轴压比限值宜按框架结构的规定采用；

4 当框架部分承受的地震倾覆力矩大于结构总地震倾覆力矩的80%时，按框架-剪力墙结构进行设计，但其最大适用高度宜按框架结构采用，框架部分的抗震等级和轴压比限值应按框架结构的规定采用。当结构的层间位移角不满足框架-剪力墙结构的规定时，可按本规程第3.11节的有关规定进行结构抗震性能分析和论证。

2.《抗规》第6.1.3条第1款、第6.2.13条第4款规定：

第6.1.3条第1款

钢筋混凝土房屋抗震等级的确定，尚应符合下列要求：

1 设置少量抗震墙的框架结构，在规定的水平力作用下，底层框架部分所承担的地震倾覆力矩大于结构总地震倾覆力矩的50%时，其框架的抗震等级应按框架结构确定，抗震墙的抗震等级可与其框架的抗震等级相同。

注：底层指计算嵌固端所在的层。

第6.2.13条第4款

钢筋混凝土结构抗震设计时，尚应符合下列要求：

设置少量抗震墙的框架结构，其框架部分的地震剪力值，宜采用框架结构模型和框架-抗震墙结构模型二者计算结果的较大值。

3.《混规》第11.1.4条第1款规定：

确定钢筋混凝土房屋结构构件的抗震等级时，尚应符合下列要求：

对框架-剪力墙结构，在规定的水平地震力作用下，框架底部所承担的倾覆力矩大于结构底部总倾覆力矩的50%时，其中框架的抗震等级应按框架结构确定。

（二）对规范的理解

1. 框架和剪力墙的抗侧力刚度、承载能力差别较大，由框架和剪力墙组成的框架-剪力墙结构，在规定的水平力作用下，结构底层框架部分承受的地震倾覆力矩占结构总地震倾覆力矩的比值不同，其结构性能也很不相同。结构设计时，应据此比值确定该结构相应的适用高度和构造措施，计算模型及分析均按框架-剪力墙结构进行实际输入和计算分析。《高规》将其分为四种情况，设计方法各不相同。

2. 对于《高规》的第1、2两种情况的设计规定，《高规》和《抗规》是完全一致的。但对于《高规》的第3、4两种情况的设计规定，《抗规》与其有较明显的区别：

（1）《抗规》明确"底层框架部分所承担的地震倾覆力矩大于结构总地震倾覆力矩的50%时仍属于框架结构范畴"，不再像《高规》细分为第3、4两种情况。但是实际上，少墙框架结构的设计与剪力墙部分所承担的结构总地震倾覆力矩的比例有很大关系，尽管少墙框架结构中剪力墙部分所承担的结构总地震倾覆力矩比例小于50%，但比例不同，设计也应所区别。

（2）以《抗规》的规定和《高规》第3种情况比较：

1)《抗规》删除了"最大适用高度可比框架结构适当增加"的规定，似可理解为最大适用高度可按框架结构取用，但《高规》认为"其最大适用高度不宜再按框架-剪力墙结构的要求执行，但可比框架结构的要求适当提高，提高的幅度可视剪力墙承担的地震倾覆力矩来确定"；

2)《抗规》规定"抗震墙的抗震等级可与其框架的抗震等级相同"，但《高规》规定

"剪力墙部分的抗震等级和轴压比按框架-剪力墙结构的规定采用"；

3）《抗规》认为"层间位移角限值需按底层框架部分承担倾覆力矩的大小，在框架结构和框架-抗震墙结构两者的层间位移角限值之间适当内插"，而《高规》对此未述及。

（三）设计建议

由框架和剪力墙两部分所组成的结构，根据在规定的水平力作用下结构底层框架部分承受的地震倾覆力矩与结构总地震倾覆力矩的比值不同，可分为4种情况，其设计方法也各不相同：

1. 当框架部分承受的地震倾覆力矩不大于结构底部总地震倾覆力矩的10％时，表明结构中框架部分承担的地震作用较小，结构的地震作用绝大部分由剪力墙部分承担，工作性能接近纯剪力墙结构，应按剪力墙结构设计。此时结构中剪力墙部分的抗震等级可按剪力墙结构的规定确定，结构最大适用高度仍按剪力墙结构的规定确定。计算分析时按框架-剪力墙结构进行。关于内力调整，建议剪力墙宜承担结构的全部地震剪力，框架部分承担的地震剪力可在计算值基础上适当放大。其侧向位移控制指标按剪力墙结构的规定确定，框架部分的设计应符合本章框架-剪力墙结构中框架部分的相关规定。

对于这种少框架的剪力墙结构，由于框架部分承担的地震倾覆力矩很少，内力调整时，要求其达到结构底部地震总剪力的20％和按侧向刚度分配的框架部分按楼层地震剪力中最大值1.5倍二者较大值，则调整的内力放大系数必然很大，很可能使框架柱超筋，实际上框架部分很难起到结构抗震第二道防线的作用。此时也可采用类似第七章框架-核心筒结构的内力调整的办法。即当框架部分楼层地震剪力标准值的最大值小于结构底部总地震剪力标准值的10％时，各层框架部分承担的地震剪力标准值应增大到结构底部总地震剪力标准值的15％，其各层剪力墙或核心筒墙体的地震剪力标准值应根据具体情况适当放大，墙体的抗震构造措施应适当加强。

2. 当框架部分承受的地震倾覆力矩大于结构底部总地震倾覆力矩的10％但不大于50％时，属于典型的框架-剪力墙结构，按本章框架-剪力墙结构的规定进行设计。

3. 当框架部分承受的地震倾覆力矩大于结构底部总地震倾覆力矩的50％但不大于80％时，表明结构中剪力墙的数量偏少，框架承担较大的地震作用，按本章框架-剪力墙结构进行设计。此时，框架部分的抗震等级宜按框架结构确定，柱轴压比限值宜按框架结构的规定采用；其最大适用高度和高宽比限值可比框架结构适当增加，增加的幅度可根据剪力墙数量及所受的地震倾覆力矩的比例确定。建议这种情况的房屋最大适用高度按表6.1.2-1取用，供参考。

房屋最大适用高度（m） 表6.1.2-1

框架所承担的地震倾覆力矩的比值（％）		≤50	60	70	80	90	100
抗震设防烈度	6	130	115	100	85	75	60
	7	120	105	95	80	65	55
	8	100	90	75	65	55	45
	9	60	50	45	40	30	25

注：中间情况按线性插值。

剪力墙部分的抗震等级一般可按框架-剪力墙结构确定，当结构高度较低时，也可随框架。抗震设计时，地震作用所产生的对结构的总地震倾覆力矩是由框架和剪力墙两部分共同承担的。若框架承担的部分大于结构总地震倾覆力矩的 50%，说明框架部分已居于较主要地位，应加强框架部分的抗震能力，提高其抗震构造措施的抗震等级。如某 6 层框架-剪力墙结构，结构高度 22m，抗震设防烈度为 8 度，丙类建筑，若框架部分承受的地震倾覆力矩大于结构总地震倾覆力矩的 50%，根据《抗规》第 6.1.2 条表 6.1.2 查框架-剪力墙结构一栏，框架部分的抗震等级应为三级，剪力墙部分的抗震等级为二级。若查框架结构一栏，框架的抗震等级也为二级，可见这种情况下剪力墙部分没有必要采用更高的抗震等级，可与修正后的框架部分抗震等级一样，即按二级即可。

4. 当框架部分承受的地震倾覆力矩大于结构总地震倾覆力矩的 80% 时，表明结构中剪力墙的数量极少，按本章框架-剪力墙结构设计。但此时框架部分的抗震等级和轴压比按框架结构的规定采用，剪力墙部分的抗震等级和轴压比按框架-剪力墙结构的规定采用，房屋的最大适用高度宜按框架结构采用。框架梁、柱的组合内力设计值应按框架结构调整，框架梁、柱的最小配筋率等亦应按框架结构取用。

对于这种少墙的框架-剪力墙结构，由于其抗震性能较差，不主张采用，以避免剪力墙受力过大，过早破坏。仅在框架结构层向位移角不满足规范规定时，可能采用（设置少量剪力墙，增加结构刚度）。此时宜采取措施将剪力墙减薄、开竖缝、开结构洞、配置适量单排钢筋等措施，减小剪力墙的作用；宜增大与剪力墙相连的框架柱的配筋，并采取措施确保在剪力墙破坏后竖向荷载的有效传递。

此外，也可以在结构中增设少量的钢筋混凝土（或钢）支撑，在一些框架柱上增设翼墙。

上述做法，不仅可以有效减小结构的水平侧移值，还可以将这类剪力墙、支撑、框架柱翼墙作为结构的第一道防线，首先承担地震力，吸收地震能量，提高结构的抗震性能，避免结构在强烈地震下的破坏和倒塌。例如我国台湾某学校沿平面走廊方向框架柱上设置了钢筋混凝土翼墙，在 9.21 大地震中完好无损（图 6.1.2）。

在第 3、第 4 两种情况下，抗震设计时的结构计算分析应按框架结构模型和框架-剪力墙结构模型二者计算结果的较大值。为避免剪力墙过早破坏，结构的层间位移角限值等相关控制指标偏于安全应按框架-剪力墙结构采用。建议采用分级控制值，即层间位移角的控制值根据底层框架部分所承担的地震倾覆力矩占结构总地震倾覆力矩的比值，在框架结构和框架-剪力墙结构两者的层间位移角限值之间偏于安全线性插值确定。表 6.1.2-2 给出了一些地震倾覆力矩比值的层间位移角控制值，供参考。地震倾覆力矩比值为中间数值时，可线性插值。

层间位移角的控制值 表 6.1.2-2

框架所承担的地震倾覆力矩的比值（%）	≤50	60	70	80	90	100
层间位移角的控制值	1/800	1/750	1/700	1/650	1/600	1/550

实际工程中，情况 4 是很难做到的。剪力墙设置过少（剪力墙部分承受的地震倾覆力矩不大于结构底部总地震倾覆力矩的 20%），虽然能满足结构层间位移限值的要求，但可能墙体配筋超筋严重；而为了使剪力墙不超筋，增加剪力墙数量时，则剪力墙部分承受的

(a)

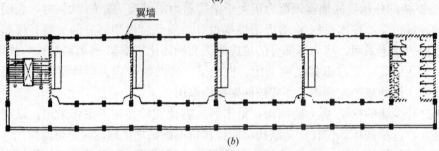

翼墙

(b)

图 6.1.2　集集地震中设置了钢筋混凝土翼墙的学校完好

(a) 实景照片；(b) 平面图

地震倾覆力矩很可能就大于结构底部总地震倾覆力矩的 20%，甚至大于 40%、接近 50%，成为情况 3。在情况 3 时，除了按规定对框架部分加强抗震措施外，剪力墙部分也应按框架-剪力墙结构的剪力墙部分进行抗震设计，其抗震等级不宜随框架部分的抗震等级，剪力墙也不宜减薄、开竖缝、开结构洞、配置少量单排钢筋等。

5. 在规定的水平力作用下结构底层框架部分承受的地震倾覆力矩，应按下式计算：

$$M_c = \sum_{i=1}^{n} \sum_{j=1}^{m} V_{ij} h_i \tag{6.1.2}$$

式中　M_c——框架部分承担的在规定的水平力作用下的地震倾覆力矩，所谓"规定的水平力"一般是指采用振型组合后的楼层地震剪力换算的水平作用力；

　　n——房屋层数；

　　m——框架第 i 层的柱根数；

　　V_{ij}——第 i 层第 j 根框架柱的计算地震剪力；

　　h_i——第 i 层层高。

由上式可知，M_c 是整个结构框架部分承受的地震倾覆力矩而不是某一层框架部分承受的地震倾覆力矩。对于单塔或多塔结构，塔楼为框架-剪力墙结构时，可取裙房顶标高处来计算塔楼的 M_c。

三、抗震设计时框架-剪力墙结构框架部分的内力调整

（一）相关规范的规定

1. 《高规》第 8.1.4 条规定：

抗震设计时，框架-剪力墙结构对应于地震作用标准值的各层框架总剪力应符合下列规定：

1 满足式（8.1.4）要求的楼层，其框架总剪力不必调整；不满足式（8.1.4）要求的楼层，其框架总剪力应按 $0.2V_0$ 和 $1.5V_{f,max}$ 二者的较小值采用；

$$V_f \geqslant 0.2V_0 \tag{8.1.4}$$

式中：V_0 —— 对框架柱数量从下至上基本不变的结构，应取对应于地震作用标准值的结构底层总剪力；对框架柱数量从下至上分段有规律变化的结构，应取每段底层结构对应于地震作用标准值的总剪力；

V_f —— 对应于地震作用标准值且未经调整的各层（或某一段内各层）框架承担的地震总剪力；

$V_{f,max}$ —— 对框架柱数量从下至上基本不变的结构，应取对应于地震作用标准值且未经调整的各层框架承担的地震总剪力中的最大值；对框架柱数量从下至上分段有规律变化的结构，应取每段中对应于地震作用标准值且未经调整的各层框架承担的地震总剪力中的最大值。

2 各层框架所承担的地震总剪力按本条第1款调整后，应按调整前、后总剪力的比值调整每根框架柱和与之相连框架梁的剪力及端部弯矩标准值，框架柱的轴力标准值可不予调整；

3 按振型分解反应谱法计算地震作用时，本条第1款所规定的调整可在振型组合之后、并满足本规程第4.3.12条关于楼层最小地震剪力系数的前提下进行。

2.《抗规》第6.2.13条第1款规定：

钢筋混凝土结构抗震计算时，尚应符合下列要求：

侧向刚度沿竖向分布基本均匀的框架-抗震墙结构和框架-核心筒结构，任一层框架部分承担的剪力值，不应小于结构底部总地震剪力的20%和按框架－抗震墙结构、框架-核心筒结构计算的框架部分各楼层地震剪力中最大值1.5倍二者的较小值。

3.《混规》未述及。

（二）对规范的理解

1. 框架-剪力墙结构中，框架柱与剪力墙相比，其抗侧力刚度是很小的。故在水平地震作用下，楼层地震总剪力主要由剪力墙来承担（一般剪力墙承担楼层地震总剪力的70%、80%，甚至更多），框架只承担很小的一部分。就是说，水平地震作用引起的框架部分的内力一般都较小。按多道防线的概念设计要求，墙体是第一道防线，在设防地震、罕遇地震下先于框架破坏，由于塑性内力重分布，框架部分按侧向刚度分配的剪力会比多遇地震下加大。如果不作调整就按这个计算出来的内力进行框架部分的抗震设计，框架部分就不能有效地作为抗震的第二道防线。为保证作为第二道防线的框架具有一定的抗侧力能力，需要对框架承担的剪力予以适当的调整。

2.《抗规》明确规定"侧向刚度沿竖向分布基本均匀"，笔者认为可理解为：建筑结构相邻楼层侧向刚度的变化应符合《高规》第3.5.2条的规定。

（三）设计建议

1. 在结构楼层侧向刚度沿竖向分布基本均匀的情况下，若框架柱数量从下至上基本不变，应取对应于地震作用标准值的结构底层总剪力一次调整；若框架柱数量从下至上分段有规律地变化，应取每段底层结构对应于地震作用标准值的总剪力分段调整。即当某楼层段柱根数减少时，则以该段为调整单元，取该段最底一层的地震剪力为其该段的底部总剪力，该段内各层框架承担的地震总剪力中的最大值为该段的 $V_{f,max}$。注意：前者（一次调整）取的是结构底层总剪力和各层框架承担的地震总剪力中的最大值，而后者（分段调整）取的是每段底层总剪力和未经调整的各层（或某一段内各层）框架承担的地震总剪力。

2. 对塔类结构出现分段规则的情况，可分段调整；对有加强层的结构，框架承担的最大剪力不包含加强层及相邻上下层的剪力。

3. 抗震设计时框架-剪力墙结构框架部分的内力调整，应在振型组合之后、并满足《高规》第 4.3.12 条关于楼层最小地震剪力系数的前提下进行。若经计算结构已经满足楼层最小地震剪力系数的要求，则按规定乘以剪力增大系数即可。不满足时，需改变结构布置或调整结构总剪力和各楼层的水平地震剪力使之满足要求，再按上述规定进行框架部分的内力调整。

4. 《抗规》在第 6.2.13 条条文说明指出：此项规定不适用于部分框架柱不到顶，使上部框架柱数量较少的楼层。那么，此时是否需调整？应如何调整？

笔者认为：调整是肯定的，如何调整？建议如下：对框架柱数量沿竖向有较大的变化或更复杂的情况，设计时应专门研究框架柱剪力的调整方法。例如：若某楼层段突然减少了较多框架柱，按结构底层或每段底层总剪力 V_0 来调整柱剪力时，将使这些楼层的单根柱内力放大系数过大，从而柱承担的剪力过大，致使柱子超筋，不合理。而按本段内框架承担的地震总剪力最大值的 1.5 倍调整，或强行将按上述规定计算出的放大系数减小，其他不作变化，则框架部分难以起到结构第二道防线的作用。总之，都可能使结构的抗震承载力不足，设计是偏于不安全的。对这样的楼层，建议参考第七章框架-核心筒结构内力调整的办法。即当结构某层（或某段）框架部分楼层地震剪力标准值的最大值小于结构该层（或该段）底层总地震剪力标准值的 10% 时，框架部分承担的地震剪力标准值应增大到该层（或该段）底层总地震剪力标准值的 15%，该层（或该段）剪力墙的地震剪力标准值应适当放大，墙体抗震构造措施应适当加强。

5. 当有越层柱时，按规定调整后的越层柱及与之相连的框架梁的内力（M、V）不应小于其所在楼层其他框架柱（截面尺寸相同）、框架梁（截面尺寸及跨度均相同）的内力（M、V）。

四、框架-剪力墙结构应设计成双向抗侧力体系

（一）相关规范的规定

1. 《高规》第 8.1.5 条规定：

框架-剪力墙结构应设计成双向抗侧力体系；抗震设计时，结构两主轴方向均应布置剪力墙。

2. 《抗规》第 6.1.5 条规定：

框架结构和框架-抗震墙结构中，框架和抗震墙均应双向设置，……。

3. 《混规》未述及。

（二）对规范的理解

框架-剪力墙结构是框架和剪力墙共同承担竖向和水平作用的结构体系，布置适量

的剪力墙是其基本特点。同时，由于水平荷载特别是地震作用的多方向性，故结构应在各个方向布置抗侧力构件，才能抵抗水平荷载，保证结构在各个方向具有足够的刚度和承载力。当结构平面为正交时，则应在平面两个主轴方向布置抗侧力构件，形成双向抗侧力体系。这个问题在框架-剪力墙结构中尤为重要。因为在框架-剪力墙结构中，剪力墙是结构主要抗侧力构件，如果仅在一个方向布置剪力墙，另一个方向不布置剪力墙，则会造成无剪力墙的方向抗侧力刚度不足，使该方向带有纯框架的性质，没有多道防线，地震作用下可能会使结构在此方向首先破坏。同时，一个方向布置剪力墙，另一个方向不布置剪力墙，会造成结构在两个主轴方向的刚度差异过大，产生很大的结构整体扭转。

（三）设计建议

1. 为了发挥框架-剪力墙结构的优势，无论是否抗震设计，均应设计成双向抗侧力体系，且结构在两个主轴方向的刚度和承载力不宜相差过大；抗震设计时，框架-剪力墙结构在结构两个主轴方向均应布置剪力墙，以体现多道防线的要求。

2. 应注意：当结构两方向平面尺寸接近时，设计人员一般都会在两个主轴方向布置剪力墙；而当结构两方向平面尺寸相差较大时，就可能会认为即使长向不布置剪力墙，结构该方向的抗侧力刚度和布置了剪力墙的短向也相差不大，故不在长向布置剪力墙而仅在短向布置剪力墙，这显然是不合适的。如上所述，此种情况下长向实际上是纯框架受力，无多道防线。结构在两个方向的受力，特别是耗能能力、延性性能等都有很大差别，是不协调的。正确的做法是：在长向布置一定数量的剪力墙，墙肢不宜过长，并应使结构两个主轴方向的抗侧力刚度接近。

3. 此条为强制性条文，设计中必须严格执行。

五、框架-剪力墙结构中，主体结构构件之间应尽可能采用刚接

（一）相关规范的规定

1.《高规》第8.1.6条规定：

框架-剪力墙结构中，主体结构构件之间除个别节点外不应采用铰接；梁与柱或柱与剪力墙的中线宜重合；框架梁、柱中心线之间有偏离时，应符合本规程第6.1.7条的有关规定。

2.《抗规》第6.1.5条规定：

框架结构和框架-抗震墙结构中，……，柱中线与抗震墙中线、梁中线与柱中线之间偏心距大于柱宽的1/4时，应计入偏心的影响。

……。

3.《混规》未述及。

（二）对规范的理解

框架-剪力墙结构中，主体结构构件之间一般应采用刚接而不宜采用铰接，目的是要保证整体结构的几何不变和刚度的发挥；同时较多的余赘约束对结构在大震作用下的稳定性是有利的。当个别梁与柱或剪力墙需要采用铰接连接时，要注意保证结构的几何不变性，同时注意使结构的整体计算简图与之相符。

梁中线与柱中线之间、柱中线与剪力墙中线之间有较大偏心距时，竖向荷载下会加大框架柱或剪力墙平面外的弯矩，水平地震作用下可能导致核心区受剪面积不足，对柱带来不利的扭转效应。

（三）设计建议

1. 虽然主体结构构件之间一般应采用刚接，但对结构的某些特殊部位或具体情况，根据具体构件进行分析比较后，认为采用铰接对主体结构构件受力有利时，可以在局部位置采用铰接。例如：

（1）在框架-剪力墙结构中，一端与框架柱相连，一端与剪力墙相连的框架梁或连梁，超筋很严重，此时，可将梁的此端设计成梁、墙铰接，只传递集中力不传递弯矩。但应注意：当梁的跨度较大时，应注意验算梁的挠度和裂缝宽度满足正常使用极限状态的要求。

（2）在框架-剪力墙结构中，由于某种原因不能设置框架柱，造成框架梁或连梁一端与框架柱相连，而另一端只能与框架梁相连，此时，这"另一端"一般也设计成梁、梁铰接。

2. 应尽量控制此类铰接节点的数量，一般不应超过节点总数的 2% 且不多于 10 个。

3. 当偏心距超过 1/4 柱宽时，需进行具体分析并采取有效措施，如采用水平加腋梁及加强柱的箍筋等。详见第四章第一节"六、关于梁柱偏心"。

六、框架-剪力墙结构中剪力墙的布置

（一）相关规范的规定

1.《高规》第 8.1.7 条规定：

框架-剪力墙结构中剪力墙的布置宜符合下列规定：

1　剪力墙宜均匀布置在建筑物的周边附近、楼梯间、电梯间、平面形状变化及恒载较大的部位，剪力墙间距不宜过大；

2　平面形状凹凸较大时，宜在凸出部分的端部附近布置剪力墙；

3　纵、横剪力墙宜组成 L 形、T 形和〔形等形式；

4　单片剪力墙底部承担的水平剪力不应超过结构底部总水平剪力的 30%；

5　剪力墙宜贯通建筑物的全高，宜避免刚度突变；剪力墙开洞时，洞口宜上下对齐；

6　楼、电梯间等竖井宜尽量与靠近的抗侧力结构结合布置；

7　抗震设计时，剪力墙的布置宜使结构各主轴方向的侧向刚度接近。

2.《抗规》第 6.1.8 条规定：

框架-抗震墙结构和板柱-抗震墙结构中的抗震墙设置，宜符合下列要求：

1　抗震墙宜贯通房屋全高。

2　楼梯间宜设置抗震墙，但不宜造成较大的扭转效应。

3　抗震墙的两端（不包括洞口两侧）宜设置端柱或与另一方向的抗震墙相连。

4　房屋较长时，刚度较大的纵向抗震墙不宜设置在房屋的端开间。

5　抗震墙洞口宜上下对齐；洞边距端柱不宜小于 300mm。

3.《混规》未述及。

（二）对规范的理解

1. 框架-剪力墙结构中，由于剪力墙的刚度较大，是主要抗侧力构件，其数量的多少和平面位置对结构整体刚度和刚心位置影响很大，因此，剪力墙的结构布置是框架-剪力

墙结构设计中的主要问题。处理得好,可使框架-剪力墙结构更好地发挥其各自的优势作用并且使结构整体工作性能更合理、效率更高。

2.《高规》和《抗规》在具体规定上有一些差异:

(1) 关于剪力墙的平面位置,《高规》有三款(第1、第2、第7款),而《抗规》几乎未述及;

(2) 楼梯间设剪力墙,《高规》指出:"宜尽量与靠近的抗侧力结构结合布置";而《抗规》明确规定:"楼梯间宜设置抗震墙,但不宜造成较大的扭转效应",确保地震时楼梯间不致破坏,以形成安全通道;

(3) 关于剪力墙的竖向布置,《高规》(第5款)和《抗规》(第1、第5款)的规定基本一致;目的是强调竖向布置应连续,防止刚度和承载力突变;

(4) 关于剪力墙的截面形式,《高规》第3款规定"纵、横剪力墙宜组成L形、T形和〔形等形式";而《抗规》明确要求两端设置端柱或翼墙;

(5) 关于剪力墙的截面尺寸,《高规》第4款通过规定单片剪力墙底部承担的水平剪力大小来控制截面尺寸;而《抗规》未述及;

(6) 对纵向剪力墙的要求,《抗规》第4款规定:"房屋较长时,刚度较大的纵向抗震墙不宜设置在房屋的端开间";而《高规》未述及。

(三) 设计建议

综合上述规定及规范的其他规定,笔者建议如下:

框架-剪力墙结构中剪力墙布置应按"均匀、分散、对称、周边"的基本原则考虑,并符合下列要求:

(1) 所谓"均匀",一是指剪力墙的平面位置尽可能均匀,不宜将剪力墙集中布置在结构平面的一端,将框架布置在另一端,也不宜使剪力墙间距过大(见本节"七、框架-剪力墙结构中对剪力墙间距的要求");二是指剪力墙的截面尺寸尽可能均匀:单片墙的刚度宜接近,长度较长的剪力墙宜设置洞口和连梁形成双肢墙或多肢墙,单肢墙或多肢墙的墙肢长度对高层建筑不宜大于8m,对多层建筑,不宜大于墙肢总高度的1/3。单片剪力墙底部承担水平力产生的剪力不宜超过结构底部总剪力的30%。以免受力过于集中,避免该片剪力墙对刚心位置影响过大,且一旦破坏对整体结构不利,也使此部分基础承担过大水平力。

(2) 剪力墙宜均匀布置在建筑物的周边附近,使其能充分发挥抗扭作用,在楼(电)梯间,平面形状变化及恒载较大的部位宜布置剪力墙,以保证楼盖与剪力墙的水平剪力的传递(图6.1.6-1)。

(3) 平面形状凹凸较大处,是结构的薄弱部位,宜在凸出部分的端部附近布置剪力墙

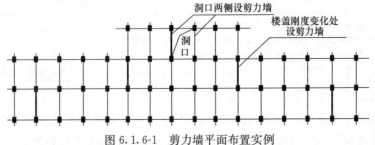

图 6.1.6-1 剪力墙平面布置实例

予以加强。

（4）楼梯间、电梯间宜设置剪力墙，并宜尽量与其附近的框架或剪力墙的布置相结合，使之形成连续、完整的抗侧力结构。不宜孤立地布置在单片抗侧力结构或柱网以外的中间部分。避免造成较大的扭转效应。

（5）房屋纵（横）向区段较长时，纵（横）向剪力墙不宜集中设置在房屋的端开间，否则应采取措施以减少温度收缩应力的影响。

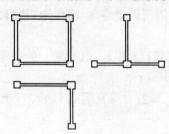

图 6.1.6-2 相邻剪力墙的布置

（6）纵、横向剪力墙宜连接在一起，或设计成带边框的剪力墙，组成 L 形、T 形或口字形，以增大剪力墙的刚度和抗扭转能力（图 6.1.6-2）。洞口边缘距柱边不宜小于墙厚，也不宜小于 300mm。

（7）剪力墙不应设置在墙面开大洞口的部位，当墙有洞口时，洞口宜上下对齐，避免错开；上下洞口间的墙高（包括梁）不宜小于层高的 1/5。

（8）剪力墙宜贯通建筑物的全高，宜避免刚度突变；墙的厚度和混凝土强度等级亦宜错层变化。

（9）为避免施工困难，不宜在变形缝两侧同时设置剪力墙。

（10）剪力墙的数量应适量，过多会使剪力墙抗侧力刚度过大；加大地震作用，增大地震效应，既不经济也不合理。

七、框架-剪力墙结构、板柱-剪力墙结构中对剪力墙间距的要求

（一）相关规范的规定

1.《高规》第 8.1.8 条规定：

长矩形平面或平面有一部分较长的建筑中，其剪力墙的布置尚宜符合下列规定：

1 横向剪力墙沿长方向的间距宜满足表 8.1.8 的要求，当这些剪力墙之间的楼盖有较大开洞时，剪力墙的间距应适当减小；

2 纵向剪力墙不宜集中布置在房屋的两尽端。

表 8.1.8 剪力墙间距（m）

楼盖形式	非抗震设计（取较小值）	抗震设防烈度		
		6 度、7 度（取较小值）	8 度（取较小值）	9 度（取较小值）
现　　浇	5.0B, 60	4.0B, 50	3.0B, 40	2.0B, 30
装配整体	3.5B, 50	3.0B, 40	2.5B, 30	—

注：1 表中 B 为剪力墙之间的楼盖宽度（m）；

2 装配整体式楼盖的现浇层应符合本规程第 3.6.2 条的有关规定；

3 现浇层厚度大于 60mm 的叠合楼板可作为现浇板考虑；

4 当房屋端部未布置剪力墙时，第一片剪力墙与房屋端部的距离，不宜大于表中剪力墙间距的 1/2。

2.《抗规》第 6.1.6 条规定：

框架-抗震墙、板柱-抗震墙结构以及框支层中，抗震墙之间无大洞口的楼、屋盖的长宽比，不宜超过表 6.1.6 的规定；超过时，应计入楼盖平面内变形的影响。

表 6.1.6　抗震墙之间楼屋盖的长宽比

楼、屋盖类型		设 防 烈 度			
		6	7	8	9
框架-抗震墙结构	现浇或叠合楼、屋盖	4	4	3	2
	装配整体式楼、屋盖	3	3	2	不宜采用
板柱-抗震墙结构的现浇楼、屋盖		3	3	2	—
框支层的现浇楼、屋盖		2.5	2.5	2	—

3.《混规》未述及。

（二）对规范的理解

1. 框架-剪力墙结构是通过刚性楼、屋盖的连接，将水平荷载传递到剪力墙上，保证结构在水平荷载作用下的整体工作的。按国外的有关规定，楼盖周边两端位移不超过平均位移 2 倍的情况称为刚性楼盖，超过 2 倍则属于柔性楼盖。长矩形平面或平面有一方向较长（如 L 形平面中有一肢较长）时，如横向剪力墙间距较大，在水平荷载作用下，两墙之间的楼、屋盖即使楼板不开洞且有一定的厚度，但仍会产生较大的面内变形。楼、屋盖平面内的变形，将影响楼层水平剪力在各抗侧力构件之间的分配，造成该区间的框架不能和邻近的剪力墙协同工作而增加框架负担。为了使两墙之间的楼、屋盖能获得足够的平面内刚度，保证结构在水平荷载作用下的整体工作性能，有效地传递水平荷载，规范对框架-剪力墙结构中的剪力墙提出间距要求。

2. 当剪力墙之间的楼板有较大开洞时，对楼盖平面刚度又有所削弱，此时剪力墙的间距宜再减小。

3. 纵向剪力墙布置在平面的尽端时，会造成对楼盖两端的约束作用，楼盖中部的梁板容易因混凝土收缩和温度变化而出现裂缝，故宜避免。

4. 考虑到在设计中有剪力墙布置在结构平面的中部，而端部无剪力墙的情况，《高规》通过表注 4 的规定，可防止布置框架的楼面伸出太长，不利于地震力传递。

5.《高规》关于框支剪力墙结构中框支层剪力墙的间距要求，见第八章第二节"十六、部分框支剪力墙结构的布置"。板柱-剪力墙结构剪力墙的间距要求，包括在《高规》第 8.1.8 条中。

（三）设计建议

1. 两本规范的规定基本一致。《高规》对于剪力墙间距的要求，既有抗震设计、也有非抗震设计时的情况；对剪力墙间距的具体数值规定，取剪力墙之间的楼、屋盖宽度的倍数和规定值两者的较小值，比较全面、具体。但在表 8.1.8 中，《高规》对现浇的框架-剪力墙结构和板柱-剪力墙结构中剪力墙间距的要求相同，而《抗规》对现浇的板柱-剪力墙结构中剪力墙间距的要求较严。笔者建议：抗震设计时板柱-剪力墙结构中剪力墙间距不宜超过《抗规》表 6.1.6 的规定，非抗震设计时板柱-剪力墙结构中剪力墙间距宜取 4.0B 和 50m 两者的小值。8 度时装配整体的框架-剪力墙结构中剪力墙间距宜取 2.0B 和 25m 两者的小值。其他情况，可按《高规》进行设计。

2. 表中的数值适用于楼、屋盖无大洞口时，当两墙之间的楼、屋盖有较大开洞时，该段楼、屋盖的平面内刚度更差，剪力墙的间距应适当减小。同时楼板应按柔性楼板假定进行结构整体计算。

3. 超过表中数值时，即使楼、屋盖无大洞口，也应考虑其平面内变形对楼层水平剪力分配的影响，即应按柔性楼板假定进行结构整体计算。

4. 本条规定对抗震设计和非抗震设计均应满足。

5. 应注意：《高规》表 8.1.8 中 B 为相邻剪力墙之间的相应楼盖宽度。故若结构平面有凹凸时，同一楼层不同剪力墙之间的楼盖宽度 B 可能不同。如图 6.1.7 中，B_1 是确定相邻剪力墙 W_1 和 W_2 间距的楼盖宽度，B_2、B_3、B_4 分别是确定相邻剪力墙 W_2 和 W_3、W_3 和 W_4、W_4 和 W_5 间距的楼盖宽度。

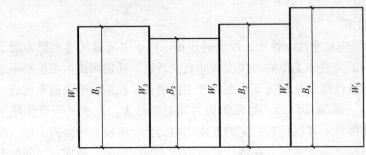

图 6.1.7　楼盖宽度 B

八、板柱-剪力墙结构的布置

（一）相关规范的规定

1. 《高规》第 8.1.9 条第 1、2、3 款规定：

板柱-剪力墙结构的布置应符合下列规定：

1　应同时布置筒体或两主轴方向的剪力墙以形成双向抗侧力体系，并应避免结构刚度偏心，其中剪力墙或筒体应分别符合本规程第 7 章和第 9 章的有关规定，且宜在对应剪力墙或筒体的各楼层处设置暗梁。

2　抗震设计时，房屋的周边应设置边梁形成周边框架，房屋的顶层及地下室顶板宜采用梁板结构。

3　有楼、电梯间等较大开洞时，洞口周围宜设置框架梁或边梁。

2. 《抗规》第 6.1.8 条、第 6.6.2 条第 2、4 款规定：

第 6.1.8 条内容见本节"六、框架-剪力墙结构中剪力墙的布置"，此处略。

第 6.6.2 条第 2、4 款

板柱-抗震墙的结构布置，尚应符合下列要求：

2　房屋的周边应采用有梁框架，楼、电梯洞口周边宜设置边框梁。

4　房屋的地下一层顶板，宜采用梁板结构。

3. 《混规》未述及。

（二）对规范的理解

1. 如前所述，板柱-剪力墙结构在水平荷载下的受力特点和框架-剪力墙结构相似，故板柱-剪力墙结构的结构布置应满足框架-剪力墙结构的相关要求。规范在这里所提出的是板柱-剪力墙结构还应满足的其他一些要求。

2. 板柱-剪力墙结构和框架-剪力墙结构相比，其最大问题是在构件的设置上许多位置楼盖没有框架梁，因为没有框架梁，所以较容易发生冲切破坏；因为没有框架梁，所以结构抗侧力刚度较小，因为没有框架梁，所以结构的抗震性能较差。因此，应尽可能设置框架梁以利结构受力，提高结构的抗震性能。

3.《高规》、《抗规》的规定基本一致。

（三）设计建议

1. 板柱-剪力墙结构的结构布置应满足本节"四、框架-剪力墙结构应设计成双向抗侧力体系"、"六、框架-剪力墙结构中剪力墙的布置"、"七、框架-剪力墙结构中对剪力墙间距的要求"的相关规定。

2. 地震作用下，房屋的周边（特别是角部）是受力的主要部位，故要求应设置框架梁形成梁柱框架。为了保证关键部位的可靠性，房屋的周边应采用有梁框架，有楼梯、电梯间等较大开洞时，地下室设置框架梁或边梁，房屋的顶层及地下一层顶板宜采用梁板结构。

3. 为减小边跨跨中弯矩和柱的不平衡弯矩，可将沿周边的楼板伸出边柱外侧，伸出长度（从板边缘至外柱中心）不宜超过板沿伸出方向跨度的 0.4 倍；当楼板不伸出边柱外侧时，边梁截面高度不应小于板厚的 2.5 倍。边梁应按与半个柱上板带共同承受弯矩、剪力和扭矩进行设计，并满足各最小配筋率的要求。

4. 板柱-剪力墙结构不应有错层，不宜出现短柱。对楼梯间等处出现的局部短柱，应采取切实可靠的加强措施。

九、板柱-剪力墙结构的内力计算

（一）相关规范的规定

1.《高规》第 8.2.3 条第 1 款规定：

板柱-剪力墙结构设计应符合下列规定：

结构分析中规则的板柱结构可用等代框架法，其等代梁的宽度宜采用垂直于等代框架方向两侧柱距各 1/4；宜采用连续体有限元空间模型进行更准确的计算分析。

2.《抗规》第 6.6.3 条第 2 款规定：

板柱-抗震墙结构的抗震计算，应符合下列要求：

板柱结构在地震作用下按等代平面框架分析时，其等代梁的宽度宜采用垂直于等代平面框架方向两侧柱距各 1/4。

3.《混规》未述及。

（二）对规范的理解

1. 板柱结构计算的等代框架法，虽然是近似的简化计算方法，但对于平面布置较为规则的情况，大量的计算分析表明，其计算结果是正确、可靠的。故规范明确结构分析中规则的板柱结构可采用等代框架法，并对等代梁宽度的取值原则作出规定。

2. 考虑到等代框架法毕竟是近似计算方法，有误差；特别是对平面布置不规则的情况，并不适用。而在目前计算技术下，采用连续体有限元空间模型进行计算分析是可以做到的。故规范建议：应尽可能采用连续体有限元空间模型进行计算分析以获取更准确的计算结果。

（三）设计建议

1. 竖向荷载作用下的计算

（1）经验系数法

1）符合下列条件时，在垂直荷载作用下板柱结构的平板和密肋板的内力可用经验系数法计算：

① 活荷载为均布荷载，且不大于恒载的 3 倍；

② 每个方向至少有 3 个连续跨；

③ 任一区格内的长边与短边之比不应大于 1.5；

④ 同一方向上的最大跨度与最小跨度之比不应大于 1.2。

2）按经验系数法计算时，应先算出垂直荷载产生的板的总弯矩设计值，然后按表 6.1.9-1 确定柱上板带和跨中板带的弯矩设计值。

柱上板带和跨中板带弯矩分配值（表中系数乘 M_0） 表 6.1.9-1

截面位置	柱上板带	跨中板带
端跨：		
边支座截面负弯矩	0.33	0.04
跨中正弯矩	0.26	0.22
第一个内支座截面负弯矩	0.50	0.17
内跨：		
支座截面负弯矩	0.50	0.17
跨中正弯矩	0.18	0.15

注：1　在总弯矩量不变的条件下，必要时允许将柱上板带负弯矩的 10% 分配给跨中板带；
　　2　本表为无悬挑板时的经验系数，有较小悬挑板时仍可采用。当悬挑板较大且负弯矩大于边支座截面负弯矩时，须考虑悬臂弯矩对边支座及内跨的影响；
　　3　计算柱上板带负弯矩时，其配筋计算的 h_0 应取柱帽或托板的厚度，并应验算变截面处和承载力。

对 X 方向板的总弯矩设计值，按下式计算：

$$M_x = ql_y (l_x - 2C/3)^2/8 \qquad (6.1.9\text{-}1)$$

对 Y 方向板的总弯矩设计值，按下式计算：

$$M_y = ql_x (l_y - 2C/3)^2/8 \qquad (6.1.9\text{-}2)$$

式中　q——垂直荷载设计值；

　　l_x、l_y——等代框架梁的计算跨度，即柱子中心线之间的距离；

　　C——柱帽在计算弯矩方向的有效宽度，见图 6.1.9-1；无柱帽时，取 C=柱截面宽度。

3）按经验系数法计算时，板柱节点处上柱和下柱弯矩设计值之和 M_c 可采用以下数值：

中柱：$M_c = 0.25M_x(M_y)$

$$\qquad (6.1.9\text{-}3)$$

边柱：$M_c = 0.40M_x(M_y)$

$$\qquad (6.1.9\text{-}4)$$

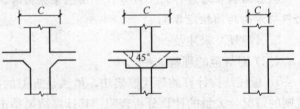

图 6.1.9-1　柱帽在计算弯矩方向的有效宽度

式中　$M_x(M_y)$——按上述第（2）条计算的总弯矩设计值。

中柱或边柱的上柱和下柱的弯矩设计值可根据式（8-4）或式（8-5）的值按其他线刚度分配。

4）按其他方法计算时，柱上端和柱下端弯矩设计值取实际计算结果，当有柱帽时，柱上端的弯矩设计值取柱刚域边缘处的值。

（2）等代框架法

1）当不符合上述"（1）经验系数法"第1）条的规定时，在垂直荷载作用下，板柱结构的平板和密肋板可采用等代框架法计算其内力：

① 等代框架的计算宽度，取垂直于计算跨度方向的两个相邻平板中心线的间距（图 6.1.9-2）；

$$b_x = 0.5(L_{x1} + L_{x2})$$
$$b_y = 0.5(L_{y1} + L_{y2})$$

② 有柱帽的等代框架梁、柱的线刚度，可按现行国家标准《钢筋混凝土升板结构技术规程》的有关规定确定；

③ 计算中纵向和横向每个方向的等代框均应承担全部作用荷载；

④ 计算中宜考虑活荷载的不利组合。

2）按等代框架计算垂直荷载作用下板的弯矩，当平板与密肋板的任一区格长边与短边之比不大于2时，可按表6.1.9-2 的规定分配给柱上板带和跨中板带；有柱帽时，其支座负弯矩宜取刚域边缘处的值，除边支座弯矩和边跨中弯矩外，分配到各板带上的弯矩应乘以0.8的系数。

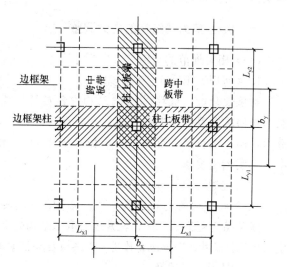

图 6.1.9-2　无梁楼盖的板带划分

柱上板带和跨中板带弯矩分配比例（%）　　　　表 6.1.9-2

截面位置	柱上板带	跨中板带
内跨：		
支座截面负弯矩	75	25
跨中正弯矩	55	45
端跨：		
第一个内支座截面负弯矩	75	25
跨中正弯矩	55	45
边支座截面负弯矩	90	10

注：在总弯矩量不变的条件下，必要时允许将柱上板带负弯矩的10%分配给跨中板带。

3）当采用等代框架-剪力墙结构杆系有限元法计算时，其板柱部分可按板柱结构等代框架法确定等代框架梁的计算宽度及等代框架梁、柱的线刚度。

2. 水平荷载作用下的计算

（1）水平荷载作用下，板柱结构的内力及位移，应沿两个主轴方向分别进行计算，当柱网较为规则、板面无大的集中荷载和大开孔时，可按等代框架法进行计算。其等代梁的宽度宜采用垂直于等代平面框架方向两侧柱距各1/4。

（2）按等代框架法计算板柱结构在水平荷载作用下的内力及位移时，应符合下列规定：

1）假定楼板在其平面内为绝对刚性；

2）等代框架梁的计算宽度取式（6.1.9-5）、式（6.1.9-6）的较小值：

$$b_y = 0.5(l_x + C) \tag{6.1.9-5}$$
$$b_y = 0.75 l_y \tag{6.1.9-6}$$

式中　b_y——y 向等代框架梁的计算宽度；

l_x、l_y——等代框架梁的计算跨度，即柱子中心线之间距离；

C——柱帽在计算弯矩方向的有效宽度，见图 6.1.9-1。

3) 有柱帽的等代框架梁、柱的线刚度，可按现行国家标准《钢筋混凝土升板结构技术规程》有关规定确定。

十、板柱-剪力墙结构的内力调整

（一）相关规范的规定

1.《高规》第 8.1.10 条规定：

抗风设计时，板柱-剪力墙结构中各层筒体或剪力墙应能承担不小于 80% 相应方向该层承担的风荷载作用下的剪力；抗震设计时，应能承担各层全部相应方向该层承担的地震剪力，而各层板柱部分尚应能承担不小于 20% 相应方向该层承担的地震剪力，且应符合有关抗震构造要求。

2.《抗规》第 6.6.3 条第 1 款规定：

板柱-抗震墙结构的抗震计算，应符合下列要求：

房屋高度大于 12m 时，抗震墙应承担结构的全部地震作用；房屋高度不大于 12m 时，抗震墙宜承担结构的全部地震作用。各层板柱和框架部分应能承担不少于本层地震剪力的 20%。

3.《混规》未述及。

（二）对规范的理解

1. 抗震设计时，按多道设防的原则，对板柱-剪力墙结构中的板柱和剪力墙均应进行水平地震剪力的调整。考虑到板柱部分的承载能力差，故不但板柱部分要调整，剪力墙部分也要调整。

2.《抗规》还规定了房屋高度不大于 12m 时水平地震剪力的调整方法。

3. 考虑到板柱部分的承载能力差，《高规》还规定了抗风设计时风荷载作用下水平剪力的调整方法。对板柱部分、剪力墙部分风荷载作用下水平剪力均适当放大，以提高板柱-剪力墙结构在适用高度提高后抵抗水平力的性能。

（三）设计建议

1. 抗震设计时，房屋高度大于 12m 的板柱-剪力墙结构中各层筒体或剪力墙应能承担各层全部相应方向该层承担的地震剪力，而各层板柱部分尚应能承担不小于 20% 相应方向该层承担的地震剪力；房屋高度不大于 12m 的板柱-剪力墙结构中各层筒体或剪力墙宜能承担各层全部相应方向该层承担的地震剪力，建议宜能承担不少于 90% 相应方向该层承担的地震剪力，而各层板柱部分尚应能承担不小于 20% 相应方向该层承担的地震剪力。

2. 抗风设计时，板柱-剪力墙结构中各层筒体或剪力墙应能承担不小于 80% 相应方向该层承担的风荷载作用下的剪力，当基本风压较大且房屋高度较高时，建议应能承担全部相应方向该层承担的风荷载作用下的剪力，而各层板柱部分尚应能承担不小于 20% 相应方向该层承担的风荷载作用下的剪力。

3. 注意调整的特点：

（1）抗震设计时要调整，抗风设计时也要调整。

（2）板柱部分要调整，剪力部分也要调整；

（3）只调整水平剪力，轴力不作调整。

（4）各层的地震剪力分别调整。

可见板柱-剪力墙结构和框架-剪力墙结构的内力调整有不少区别。

4. 抗震设计时，板柱部分的内力调整，必须在满足规范关于楼层最小地震剪力系数的前提下进行。若经计算结构已经满足楼层最小地震剪力系数的要求，则按规定乘以剪力增大系数即可，若不满足，则首先应改变结构布置或调整结构总剪力和各楼层的水平地震剪力使之满足要求，再进行板柱部分的内力调整。

十一、抗震设计时板柱节点冲切反力设计值的调整

（一）相关规范的规定

1.《高规》未述及。

2.《抗规》第 6.6.3 条第 3 款规定：

板柱-抗震墙结构的抗震计算，应符合下列要求：

板柱节点应进行冲切承载力的抗震验算，应计入不平衡弯矩引起的冲切，节点处地震作用组合的不平衡弯矩引起的冲切反力设计值应乘以增大系数，一、二、三级板柱的增大系数可分别取 1.7、1.5、1.3。

3.《混规》第 11.9.3 条规定：

在地震组合下，当考虑板柱节点临界截面上的剪应力传递不平衡弯矩时，其考虑抗震等级的等效集中反力设计值 $F_{l,eq}$ 可按本规范附录 F 的规定计算，此时，F_l 为板柱节点临界截面所承受的竖向力设计值。由地震组合的不平衡弯矩在板柱节点处引起的等效集中反力设计值应乘以增大系数，对一、二、三级抗震等级板柱结构的节点，该增大系数可分别取 1.7、1.5、1.3。

（二）对规范的理解

地震作用使柱头产生的不平衡弯矩，加大了冲切力。规范根据分析研究及工程实践经验，对抗震等级为一、二、三级的板柱节点，分别给出了由地震作用组合所产生的不平衡弯矩的增大系数，以避免地震作用下板的冲切破坏。

（三）设计建议

1.《抗规》、《混规》的规定一致，《混规》还给出了等效集中反力设计值 $F_{l,eq}$ 的计算方法（详见《混规》附录 F 的规定）。

2. 抗震设计时，无论是多层还是高层板柱-剪力墙结构，均应按《抗规》、《混规》的规定执行。即对由地震组合的不平衡弯矩在板柱节点处引起的等效集中反力设计值应乘以增大系数，一、二、三级抗震等级板柱结构的节点，该增大系数可分别取 1.7、1.5、1.3。

如何理解节点处地震作用组合的不平衡弯矩引起等效集中反力设计值？笔者认为是仅由地震作用引起的，故只能是这一部分不平衡弯矩引起的等效集中反力设计值乘以规定的增大系数，详见本章第二节"三、板柱节点的抗冲切承载力计算"中的工程算例，供参考。

第二节　截面设计及构造

一、框架-剪力墙结构、板柱-剪力墙结构中的剪力墙墙体配筋构造

（一）相关规范的规定

1.《高规》第 8.2.1 条规定：

框架-剪力墙结构、板柱-剪力墙结构中，剪力墙的竖向、水平分布钢筋的配筋率，抗震设计时均不应小于 **0.25%**，非抗震设计时均不应小于 **0.20%**，并应至少双排布置。各排分布筋之间应设置拉筋，拉筋的直径不应小于 **6mm**、间距不应大于 **600mm**。

2. 《抗规》第 6.5.2 条、第 6.6.1 条规定：

第 6.5.2 条

抗震墙的竖向和横向分布钢筋，配筋率均不应小于 0.25%，钢筋直径不宜小于 10mm，间距不宜大于 300mm，并应双排布置，双排分布钢筋间应设置拉筋。

第 6.6.1 条

板柱-抗震墙结构的抗震墙，其抗震构造措施应符合本节规定，尚应符合本规范第 6.5 节的有关规定；柱（包括抗震墙端柱）和梁的抗震构造措施应符合本规范第 6.3 节的有关规定。

3. 《混规》第 9.4.2 条第 9.4.4 条、第 9.4.5 条、第 11.7.14 条、第 11.7.13 条、第 11.7.15 条规定：

见第五章第二节"十三、剪力墙墙肢分布钢筋最小配筋率"、"十四、剪力墙墙肢分布钢筋构造"的相关规定。

（二）对规范的理解

1. 框架-剪力墙结构、板柱-剪力墙结构中的剪力墙是承担水平风荷载或水平地震作用的主要受力构件，即使混凝土墙体具有正截面抗弯能力，理论计算不需配置钢筋，为了防止混凝土墙体在受弯裂缝出现后立即达到极限抗弯承载力导致破坏，必须配置一定量的竖向分布钢筋。同时，由于混凝土的收缩及温度变化，也将在墙体内产生较大的剪应力。为了防止斜裂缝出现后发生脆性的剪拉破坏，也必须配置一定量的水平分布钢筋。因此，规范规定了剪力墙竖向和水平分布钢筋的最小配筋百分率。

2. 框架-剪力墙结构、板柱-剪力墙结构中的剪力墙比剪力墙结构中的剪力墙更重要：它不但要承担自己"份内的"水平荷载和竖向荷载，还要"帮助"框架（或板柱）承担更多的水平荷载，必须保证其安全可靠。因此，四级抗震等级时框架-剪力墙结构、板柱-剪力墙结构中的剪力墙的竖向、水平分布钢筋的配筋率比剪力墙结构中的剪力墙有所提高。

3. 为了提高混凝土开裂后的剪力墙受力性能和保证施工质量，规范规定墙体各排分布钢筋之间应设置拉筋。

（三）设计建议

1. 《高规》、《抗规》的规定基本一致，《混规》在第 11.7.14 条、第 11.7.15 条中仅对剪力墙构件的最小配筋率作出规定，没有区分结构体系。事实上，框架-剪力墙结构和剪力墙结构中的剪力墙墙体的最小配筋率是有区别的。设计应按《高规》、《抗规》进行。

2. 《高规》、《抗规》的规定也有一些区别，如：

（1）《高规》对分布钢筋的直径未作规定，而《抗规》规定"直径不宜小于 10mm"；笔者看法：分布钢筋的直径，对高层建筑可按"不应小于 8mm、不宜小于 10mm"，对多层建筑似可放宽；

（2）《高规》对拉筋有最小直径、最大间距的要求，《抗规》无要求，笔者认为按《高规》设计较好；同时，对剪力墙底部加强部位，约束边缘构件以外的拉筋间距宜适当加密。

（3）《高规》有非抗震设计时墙体最小配筋率的规定。

3. 分布钢筋的配置方式（排数），可按本书第五章第二节"十四、剪力墙墙肢分布钢筋构造"中设计建议第 1 款及表 5.2.14 执行。

4. 此条为强制性条文，应严格执行。

二、带边框剪力墙的构造

（一）相关规范的规定

1.《高规》第 8.2.2 条第 2、3、4、5 款规定：

带边框剪力墙的构造应符合下列规定：

2　剪力墙的水平钢筋应全部锚入边框柱内，锚固长度不应小于 l_a（非抗震设计）或 l_{aE}（抗震设计）；

3　与剪力墙重合的框架梁可保留，亦可做成宽度与墙厚相同的暗梁，暗梁截面高度可取墙厚的 2 倍或与该榀框架梁截面等高，暗梁的配筋可按构造配置且应符合一般框架梁相应抗震等级的最小配筋要求；

4　剪力墙截面宜按工字形设计，其端部的纵向受力钢筋应配置在边框柱截面内；

5　边框柱截面宜与该榀框架其他柱的截面相同，边框柱应符合本规程第 6 章有关框架柱构造配筋规定；剪力墙底部加强部位边框柱的箍筋宜沿全高加密；当带边框剪力墙上的洞口紧邻边框柱时，边框柱的箍筋宜沿全高加密。

2.《抗规》第 6.5.1 条第 2 款规定：

框架-抗震墙结构的抗震墙厚度和边框设置，应符合下列要求：

有端柱时，墙体在楼盖处宜设置暗梁，暗梁的截面高度不宜小于墙厚和 400mm 的较大值；端柱截面宜与同层框架柱相同，并应满足本规范第 6.3 节对框架柱的要求；抗震墙底部加强部位的端柱和紧靠抗震墙洞口的端柱宜按柱箍筋加密区的要求沿全高加密箍筋。

3.《混规》未述及。

（二）对规范的理解

1. 剪力墙通常有两种布置方式：一种是剪力墙与框架分开，剪力墙围成筒，墙的两端没有柱；另一种是剪力墙嵌入框架内，有端柱、有边框梁，成为带边框剪力墙。第一种情况的剪力墙，与剪力墙结构中的剪力墙、筒体结构中的核心筒或内筒墙体区别不大。对于第二种情况的剪力墙，剪力墙周边受框架梁柱的约束，在侧向反复地震（大变形）作用下只承受剪力，墙体在楼层区格内产生斜向交叉裂缝，达到耗能作用，剪力墙周边框架梁柱仍能承受竖向荷载，起到多道防线的作用。

2. 对于将剪力墙嵌入框架内，成为带有边框（有端柱、有边框梁）的剪力墙，有试验资料指出：有端柱剪力墙的受剪承载力比矩形截面剪力墙的受剪承载力提高 42.5%，有端柱剪力墙的极限层间位移比，比矩形截面剪力墙的极限层间位移比提高 110%，有端柱剪力墙在反复大幅度位移的情况下耗能比矩形截面剪力墙提高 23%。这就很好地说明：设置端柱或翼缘，特别是增加端柱或翼缘的约束箍筋可以延缓纵筋压屈，保持混凝土截面承载力，增强沿裂缝处抗滑移能力，从而提高了剪力墙的延性及耗能能力。但是，如果梁的宽度大于墙的厚度，则每一层的剪力墙有可能成为高宽比小的矮墙，强震作用下容易发生剪切破坏，同时，剪力墙给柱端施加很大的剪力，使柱端剪坏，这对抗地震倒塌是非常不利的。2005 年、2006 年，国外曾做过两个模型的对比试验，一个 1/3 比例的 6 层 2 跨、

3 开间的框架-剪力墙结构模型的振动台试验，剪力墙嵌入框架内，结果首层剪力墙剪切破坏，剪力墙的端柱剪坏，首层其他柱的两端出塑性铰，首层倒塌；另一个足尺的 6 层 2 跨、3 开间的框架-剪力墙结构模型的振动台试验，与 1/3 比例的模型相比，除了模型比例不同外，嵌入框架内的剪力墙采用开缝墙。试验结果，首层开缝墙出现弯曲破坏和剪切斜裂缝，没有出现首层倒塌的破坏现象。

可以看出：剪力墙中仅带端柱，对剪力墙受力有利，而带有边框梁则对剪力墙受力作用不大。

3. 两本规范对暗梁的高度取值规定有差异。《高规》规定：暗梁截面高度可取墙厚的 2 倍或与该榀框架梁截面等高；而《抗规》规定：暗梁的截面高度不宜小于墙厚和 400mm 的较大值。

（三）设计建议

1. 带端柱剪力墙的截面设计：两端带端柱的剪力墙平面内应按 I 字形截面进行承载力计算，平面外端柱则应满足框架柱的承载能力要求，同时，应满足抗震设计时剪力墙端柱作为边缘构件（约束边缘构件或构造边缘构件）、非抗震设计时作为剪力墙端柱纵筋、箍筋的构造配筋要求。剪力墙底部加强部位的端柱和紧靠剪力墙洞口的端柱宜按柱箍筋加密区的要求全高加密。剪力墙应与端柱有可靠连接。

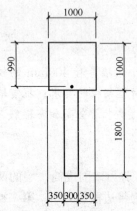

图 6.2.2　截面尺寸

应注意：在剪力墙平面内，端柱与嵌入的剪力墙应作为一个构件共同受力。有的设计在进行带端柱的剪力墙平面内承载力计算时，把端柱、剪力墙看成两个构件，分别计算其承载能力，这显然是不合适的。这里举一个工程实例：某框架-剪力墙结构构件的承载力计算，如图 6.2.2 所示为一带端柱的剪力墙肢，构件配筋计算时电算结果显示端柱超筋，而剪力墙肢构造配筋。对该构件进一步分析时发现，由于使用的计算程序对带端柱的剪力墙肢的配筋计算，是将此构件分别按框架柱和剪力墙肢进行计算，从而得出了柱子每侧配筋面积 $A_s = 8000\text{mm}^2$，这与实际情况并不一致。

事实上，端柱和剪力墙肢为同一构件，应在同一控制内力下按同一构件计算其截面配筋，以下是根据电算的计算结果，分别取出端柱和剪力墙肢的组合控制内力，根据《高规》按 T 形截面手算其配筋的计算过程。

（1）计算条件：

端柱：截面尺寸：1000mm×1000mm，组合控制内力：$N = 1920\text{kN}$，$M = -5452\text{kN} \cdot \text{m}$

剪力墙肢：截面尺寸：300mm × 1800mm，组合控制内力：$N = 3313\text{kN}$，$M = -118\text{kN} \cdot \text{m}$

混凝土强度等级 C40，钢筋 HRB335 级，$L_0 = 4.5\text{m}$，$a_s = 40\text{mm}$

（2）配筋计算：

计算 T 形截面的形心；

$$Y_0 = (1000 \times 1000 \times 500 + 300 \times 1800 \times 1900)/(1000 \times 1000 \times 300 \times 1800) = 990\text{mm}$$

计算对 T 形截面形心处的 N、M 值：

$$N = 1920 + 3313 = 5233\text{kN}$$

$$M = -5452 - 118 - 3313 \times (1900 - 990) + 1920 \times (990 - 500)$$
$$= -7638.8 \text{kN} \cdot \text{m}$$

对称配筋，根据《高规》第7.2.8条，按 T 形截面，有

$$A_s = A'_s = 3850 \text{mm}^2$$

可见此带端柱的剪力墙肢是一适筋偏心受压构件而不是超筋构件。

2. 有端柱时，墙体在楼盖处宜设置暗梁，暗梁的截面高度不宜小于墙厚和 400mm 的较大值，高层建筑暗梁截面高度可取墙厚的 2 倍或与该榀框架梁截面等高两者的小值；暗梁的配筋可按构造配置且不应小于一般框架梁相应抗震等级的最小配筋要求。

考虑到边框梁对剪力墙的作用不大，《抗规》对于有端柱的情况，不要求一定设置边框梁。还需要注意的是：与剪力墙平面重合时可在剪力墙内设置暗梁；而与框架平面不重合的剪力墙内不是必须设置暗梁。

3. 当剪力墙中部有较宽门洞特别是门洞靠近端柱时，为便于传力，建议应设置边框梁。但这类门洞对抗震等级为一、二级的剪力墙底部加强部位应当避免。

三、板柱节点的受冲切承载力计算

（一）相关规范的规定

1. 《高规》第8.1.9条第4款、第8.2.3条第2款规定：

第8.1.9条第4款

……。当无柱托板且无梁板抗冲切承载力不足时，可采用型钢剪力架（键），……。

第8.2.3条第2款

板柱-剪力墙结构设计应符合下列规定：

楼板在柱周边临界截面的冲切应力，不宜超过 $0.7f_t$，超过时应配置抗冲切钢筋或抗剪栓钉，当地震作用导致柱上板带支座弯矩反号时还应对反向作复核。板柱节点冲切承载力可按现行国家标准《混凝土结构设计规范》GB 50010 的相关规定进行验算，并应考虑节点不平衡弯矩作用下产生的剪力影响。

2. 《抗规》第6.6.4条第4款规定：

板柱-抗震墙结构的板柱节点构造应符合下列要求：

板柱节点应根据抗冲切承载力要求，配置抗剪栓钉或抗冲切钢筋。

3. 《混规》第6.5节、第11.9.1条、第11.9.4条规定：

第6.5节内容见规范，此处略。

第11.9.1条

对一、二、三级抗震等级的板柱节点，应按本规范第11.9.3条及附录 F 进行抗震受冲切承载力验算。

第11.9.4条

在地震组合下，配置箍筋或栓钉的板柱节点，受冲切截面及受冲切承载力应符合下列要求：

1 受冲切截面

$$F_{l,\text{eq}} \leqslant \frac{1}{\gamma_{\text{RE}}} (1.2 f_t \eta \mu_m h_0) \tag{11.9.4-1}$$

2 受冲切承载力

$$F_{l,\text{eq}} \leqslant \frac{1}{\gamma_{\text{RE}}} \big[(0.3f_t + 0.15\sigma_{\text{pc,m}})\eta\mu_m h_0 + 0.8f_{\text{yv}}A_{\text{svu}} \big] \qquad (11.9.4-2)$$

3 对配置抗冲切钢筋的冲切破坏锥体以外的截面，尚应按下式进行受冲切承载力验算：

$$F_{l,\text{eq}} \leqslant \frac{1}{\gamma_{\text{RE}}} (0.42f_t + 0.15\sigma_{\text{pc,m}})\eta\mu_m h_0 \qquad (11.9.4-3)$$

式中：u_m——临界截面的周长，公式（11.9.4-1）、公式（11.9.4-2）中的 u_m，按本规范第 6.5.1 条的规定采用；公式（11.9.4-3）中的 u_m，应取最外排抗冲切钢筋周边以外 $0.5h_0$ 处的最不利周长。

（二）对规范的理解

1. 抗冲切承载力计算是板柱-剪力墙结构设计的重要内容，为加强板柱节点的抗冲切承载力，一般可采用下列方法：

（1）冲切力较大时，将板柱节点附近板的厚度局部加厚，形成柱帽或托板（图 6.2.5-1）；

（2）在板柱节点附近配置抗冲切栓钉（图 6.2.5-2、图 6.2.5-3）；

（3）在板柱节点附近配置抗冲切箍筋（图 6.2.5-4）或抗冲切弯起钢筋（图 6.2.5-5）；

（4）配置相互垂直并通过柱子截面的由型钢（工字钢、槽钢等）焊接而成的型钢剪力架（图 6.2.5-4）。

2. 根据国内外的试验资料及分析研究，参考国外有关规范的规定，《混规》提出了抗震设计及非抗震设计时板柱节点抗冲切承载力计算的一系列公式。

3. 采用箍筋抗冲切时，跨越冲切斜裂缝的竖向钢筋（箍筋的竖向肢）能阻止裂缝开展，但是，当竖向筋有滑动时，效果有所降低。一般的箍筋，由于竖向肢的上、下端皆为圆弧，在竖向肢受力较大接近屈服时，都有滑动发生，国外的试验分析结果证实了这一点。在板柱-剪力墙结构的板柱节点中，如不设柱帽或托板，柱周围的板厚度不大，再加上板的双向受力纵筋使 h_0 减小，箍筋的竖向肢往往较短，少量滑动就能使应变减少较多，其箍筋竖向肢的应力也不能达到屈服强度。因此，加拿大规范（CSA-A23.3-94）规定，只有当板厚（包括托板厚度）不小于 300mm 时，才允许使用箍筋。美国 ACI 规范要求在箍筋转角处配置较粗的水平筋以协助固定箍筋的竖向肢。采用"抗剪栓钉"则可以避免箍筋的上述缺点，且施工方便，既有良好的抗冲切性能，又能节约钢材。因此规范建议尽可能采用高效能抗剪栓钉来提高板的抗冲切能力。

（三）设计建议

1. 在竖向荷载、水平荷载作用下不配置箍筋或弯起钢筋的板柱节点，其受冲切承载力应符合下列规定（图 6.2.3-1）：

持久、短暂设计状况：

$$F_l \leqslant (0.7\beta_h f_t + 0.25\sigma_{\text{pc,m}})\eta\mu_m h_0 \qquad (6.2.3-1)$$

地震设计状况：

$$F_l \leqslant (0.42\beta_h f_t + 0.15\sigma_{\text{pc,m}})\eta\mu_m h_0/\gamma_{\text{RE}} \qquad (6.2.3-2)$$

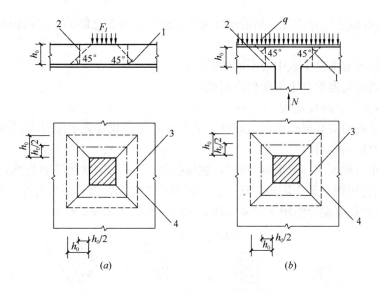

图 6.2.3-1　板受冲切承载力计算

（a）局部荷载作用下；（b）集中反力作用下

1—冲切破坏锥体的斜截面；2—临界截面；3—临界截面的周长；4—冲切破坏锥体的底面线

式（6.2.3-1）、式（6.2.3-2）中的系数 η，应按下列两个公式计算，并取其中较小值：

$$\eta_1 = 0.4 + \frac{1.2}{\beta_s} \tag{6.2.3-3}$$

$$\eta_2 = 0.5 + \frac{\alpha_s h_0}{4 u_m} \tag{6.2.3-4}$$

式中　F_l——局部荷载设计值或集中反力设计值，对板柱结构的节点，取柱所承受的轴向压力设计值的层间差值减去冲切破坏锥体范围内板所承受的荷载设计值；当有不平衡弯矩时，应按《混规》第 6.5.6 条和附录 F 的规定确定；

　　β_h——截面高度影响系数，当 $h \leqslant 800$mm 时，取 $\beta_h = 1.0$；当 $h \geqslant 2000$mm 时，取 $\beta_h = 0.9$，其间按线性内插法取用；

　　f_t——混凝土轴心抗拉强度设计值；

　　$\sigma_{pc,m}$——计算截面周长上两个方向混凝土有效预压应力按长度的加权平均值，其值宜控制在 $1.0 \sim 3.5$N/mm^2 范围内；

　　h_0——截面有效高度，取两个配筋方向的截面有效高度的平均值；

　　η_1——局部荷载或集中反力作用面积形状的影响系数；

　　η_2——临界截面周长与板截面有效高度之比的影响系数；

　　β_s——局部荷载或集中反力作用面积为矩形时的长边与短边尺寸的比值，β_s 不宜大于 4；当 $\beta_s < 2$ 时，取 $\beta_s = 2$；当面积为圆形时，取 $\beta_s = 2$；

　　α_s——板柱结构中柱类型的影响系数，对中柱，取 $\alpha_s = 40$，对边柱，取 $\alpha_s = 30$；对角柱，取 $\alpha_s = 20$；

　　γ_{RE}——承载力抗震调整系数，取 0.85。

　　u_m——临界截面的周长，具体规定如下：

（1）临界截面是指冲切最不利的破坏锥体底面与顶面线之间的平均周长处板的冲切截面。其中：

1）对等厚板为垂直于板中心平面的截面；

2）对变高度板为垂直于板受拉面的截面。

（2）临界截面的周长是指：

1）对矩形截面或其他凸角形截面柱，是距离局部荷载或集中反力作用面积周长 $h_0/2$ 处板垂直截面最不利周长；

2）对凹角形截面柱（异形截面柱），宜选择周长 u_m 的形状呈凸角折线，其折角不能大于 $180°$，由此可得到最小周长，此时在局部周长区段力柱边的距离允许大于 $h_0/2$。

常见的复杂集中反力作用下的冲切临界截面，如图 6.2.3-2 所示。

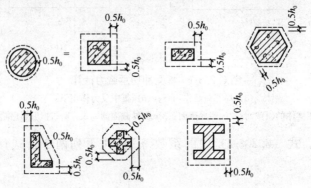

图 6.2.3-2　不同柱截面形状时板的临界截面周长

注：虚线所示为临界截面周长

（3）当板开有孔洞且孔洞至局部荷载或集中反力作用面积边缘的距离不大于 $6h_0$ 时，受冲切承载力计算中取用的临界截面周长 u_m，应扣除局部荷载或集中反力作用面积中心至开孔外边画出两条切线之间所包含的长度。邻近自由边时，应扣除自由边的长度，见图 6.2.3-3。

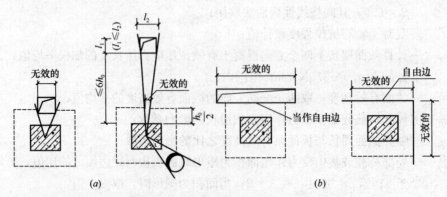

图 6.2.3-3　邻近孔洞或自由边时的临界截面周长

（a）孔洞；（b）自由边

注：1. 当图中 $l_1 > l_2$ 时，孔洞边长 l_2 用 $\sqrt{l_1 l_2}$ 代替；

2. 虚线所示为临界截面周长

2. 配置抗冲切栓钉或抗冲切箍筋

在竖向荷载、水平荷载作用下，当板柱节点板的受冲切承载力不满足式（6.2.3-1）或式（6.2.3-2）的要求且板厚受到限制时，可配置抗冲切栓钉或抗冲切箍筋。此时，应符合下列规定：

（1）板的受冲切截面应符合下列条件：

持久、短暂设计状况：

$$F_l \leqslant 1.2 f_t \eta u_m h_0 \tag{6.2.3-5}$$

地震设计状况：

$$F_l \leqslant 1.2 f_t \eta u_m h_0 / \gamma_{RE} \tag{6.2.3-6}$$

（2）配置栓钉或箍筋的板抗冲切承载力可按下式计算：

配置箍筋时的板，其受冲切承载力应符合下列规定：

持久、短暂设计状况：

$$F_l \leqslant 0.50 f_t \eta u_m h_0 + 0.8 f_{yv} A_{svu} \tag{6.2.3-7}$$

地震设计状况：

$$F_l \leqslant [(0.3 f_t + 0.15 \sigma_{pe,m}) \eta u_m h_0 + 0.8 f_{yv} A_{svu}] / \gamma_{RE} \tag{6.2.3-8}$$

式中 A_{svu}——与呈 45°冲切破坏锥体斜截面相交的全部栓钉或箍筋的截面面积；

f_{yv}——栓钉或箍筋的抗拉强度设计值，按《混凝土结构设计规范》CB 50010－2010 采用。

对配置抗冲切栓钉或箍筋的冲切破坏锥体以外的截面，尚应按式（6.2.3-1）或式（6.2.3-2）的要求进行受冲切承载力验算。此时，临界截面周长 u_m 应取配置抗冲切钢筋的冲切破坏锥体以外 $0.5h_0$ 处的最不利周长。

3. 配置抗冲切弯起钢筋

在竖向荷载、水平荷载作用下，当板柱节点的受冲切承载力不满足式（6.2.3-1）的要求且板厚受到限制时，也可在板中配置抗冲切弯起钢筋。此时，应符合下列规定：

（1）板的受冲切截面控制条件应符合式（6.2.3-5）的规定；

（2）受冲切承载力可应按下列公式计算：

持久、短暂设计状况：

$$F_l \leqslant (0.5 f_t + 0.25 \sigma_{pc,m}) \eta u_m h_0 + 0.8 f_y A_{sbu} \sin\alpha \tag{6.2.3-9}$$

式中 A_{sbu}——与呈 45°冲切破坏锥体斜截面相交的全部抗冲切弯起钢筋截面面积；

f_y——弯起钢筋抗拉强度设计值；

α——弯起钢筋与板底的夹角。

抗震设计时，不应采用配置弯起钢筋抗冲切。

（3）对配置抗冲切弯起钢筋的冲切破坏锥体以外的截面，尚应按式（6.2.3-1）的要求进行受冲切承载力验算。此时，临界截面周长 u_m 应取距最外一排锚拴周边 $h_0/2$ 处的最不利周长。

4. 配置型钢剪力架

在竖向荷载、水平荷载作用下，当板柱节点的受冲切承载力不满足式（6.2.3-1）或式（6.2.3-2）的要求且板厚受到限制时，还可在板中配置抗冲切型钢剪力架。此时，应符合下列规定：

（1）型钢剪力架的型钢高度不应大于其腹板厚度的 70 倍；剪力架每个伸臂末端可削成与水平呈 30°～60° 的斜角；型钢的全部受压翼缘应位于距混凝土板的受压边缘 $0.3h_0$ 范围内；

（2）型钢剪力架每个伸臂的刚度与混凝土组合板换算截面刚度的比值 a_a 应符合下列要求：

$$a_a \geqslant 0.15 \tag{6.2.3-10}$$

$$a_a = E_a I_a / (E_c I_{0CR}) \tag{6.2.3-11}$$

式中　I_a——型钢截面惯性矩；

　　　I_{0CR}——混凝土组合板裂缝截面的换算截面惯性矩；

　　E_a、E_c——分别为剪力架和混凝土的弹性模量。

计算惯性矩 I_{0CR} 时，按型钢和钢筋的换算面积以及混凝土受压区的面积计算确定，此时组合板截面宽度取垂直于所计算弯矩方向的柱宽 b_c 与板有效高度 h_0 之和。

（3）工字钢焊接剪力架伸臂长度可由下列近似公式确定（图 6.2.3-4a）；

$$l_a = u_{m,de} / (3/\sqrt{2}) - b_c/6 \tag{6.2.3-12}$$

$$u_{m,de} \geqslant F_{l,eq} / (0.7 f_t \eta h_0) \tag{6.2.3-13}$$

上式中的系数 η，应取式（6.2.3-3）、式（6.2.3-4）两者中的较小值。

式中　$u_{m,de}$——设计截面周长，按图 6.2.3-4 所示计算确定；

　　　$F_{l,eq}$——距柱周边 $h_0/2$ 处的等效集中反力设计值；

　　　b_c——柱计算弯矩方向的边长。

槽钢焊接剪力架的伸臂长度可按（图 6.2.3-4b）所示的设计截面周长，用与工字钢焊接剪力架相似方法确定。

（4）配置型钢剪力架板的冲切承载力应满足下列要求：

$$F_l \leqslant 1.2 f_t \eta u_m h_0 \tag{6.2.3-14}$$

（5）剪力架每个伸臂根部的弯矩设计值及受弯承载力应满足下列要求：

$$M_{de} = \frac{F_{l,eq}}{2n} \left[h_a + a_a \left(l_a - \frac{h_c}{2} \right) \right] \tag{6.2.3-15}$$

$$\frac{M_{de}}{W} \leqslant f_a \tag{6.2.3-16}$$

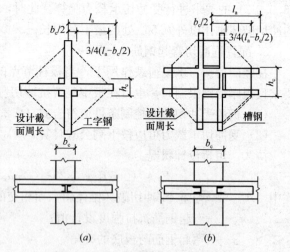

图 6.2.3-4　剪力架及其计算冲切面
(a) 工字钢焊接剪力架；(b) 槽钢焊接剪力架

式中　h_a——剪力架每个伸臂型钢的全高；

　　　h_c——计算弯矩方向的柱子尺寸；

　　　n——型钢剪力架相同伸臂的数目；

　　　f_a——钢材的抗拉强度设计值，按现行国家标准《钢结构设计规范》GB 50017-2003 有关规定取用。

5. 当地震作用能导致柱上板带的支座弯矩反号时，应验算如图 6.2.3-5 所示虚线界面的抗冲切承载力。

6. 工程算例

某板柱-剪力墙结构的楼层中柱，所承受的轴向压力设计值层间差值 $N=930kN$，板所承受的荷载设计值 $q=13kN/m^2$，水平地震作用节点不平衡弯矩 $M_{unb}=103.3kN \cdot m$，楼板设置平托板（图 6.2.3-6），混凝土强度等级 C40，$f_t=1.71N/mm^2$，中柱截面 $600mm \times 600mm$，计算等效集中反力设计值及冲切承载力验算，抗震等级二级。

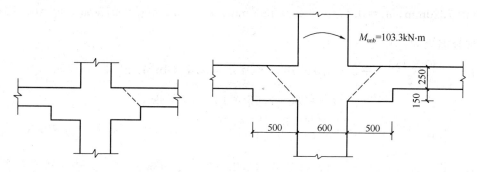

图 6.2.3-5　冲切截面验算示意图　　　　图 6.2.3-6　板柱节点

【解】 （1）验算平托板冲切承载力，已知平托板 $h_0=250+150-30=370mm$，$u_m=4 \times (600+2 \times 370/2)=4 \times 970=3880mm$，$h_c=b_c=600mm$。

对中柱，由《混规》图 F.0.1（a）有：

$$a_t=a_m=970mm，a_{AB}=a_{CD}=\frac{a_t}{2}=485mm，e_g=0，$$

由《混规》附录 F 公式（F.0.2-4）得　　$\alpha_0=1-\dfrac{1}{1+\dfrac{2}{3}\sqrt{\dfrac{h_c+h_0}{b_c+h_0}}}=0.4$，

由《混规》附录 F 公式（F.0.2-1）得中柱临界截面极惯矩为：

$$I_c=\frac{h_0 a_t^3}{6}+2h_0 a_m\left(\frac{a_t}{2}\right)^2$$

$$=\frac{370 \times 970^3}{6}+2 \times 370 \times 970 \times 485^2$$

$$=2251.26 \times 10^8 mm^4$$

等效集中反力设计值：

$$F_l=N-qA'=930-13 \times (0.6+2 \times 0.40)=911.8kN$$

二级抗震，取 $\eta_{vb}=1.5$

则有　　　　　　$$F_{l,eq}=F_l+\left(\frac{\alpha_0 M_{unb} a_{AB}}{I_c}u_m h_0\right)\eta_{vb}$$

$$=911.8+\left(\frac{0.4 \times 103.3 \times 10^6 \times 485}{2251.26 \times 10^8 \times 1000} \times 3880 \times 370\right)1.5$$

$$=1103.49kN$$

按《混规》第 11 章公式（11.9.4-3）验算冲切承载力：

因 $h \leqslant 800mm$，故取 $\beta_h=1$，$\eta_1=1$，$\eta_2=1.4$，故取 $\eta=1$

$$[F_l] = \frac{1}{\gamma_{RE}} 0.42 \beta_{h} f_{t} u_{m} h_{0}$$

$$= \frac{1}{0.85} \times 0.42 \times 1.0 \times 1.71 \times 3880 \times 370/1000$$

$$= 1213.0\text{kN} > F_{l,\text{eq}} = 1103.49\text{kN} \quad \text{满足要求}$$

（2）验算平托板边冲切承载力，已知楼板 $h_0 = 230\text{mm}$，$u_m = 4(1.6+0.23) = 7.32\text{m} = 7320\text{mm}$，$\alpha_0 = 0.4$，$a_m = a_t = 1830\text{mm}$，$a_{AB} = a_{CD} = \frac{a_t}{2} = 915\text{mm}$，$e_g = 0$，可得临界截面极惯矩为：

$$I_c = \frac{230 \times 1830^3}{6} + 2 \times 230 \times 1830 \times 915^2 = 9.4 \times 10^{11}\text{mm}^4$$

$$F'_l = 930 - 2.06^2 \times 13 = 874.83\text{kN}$$

$$F'_{l,\text{eq}} = 874.83 + \left(\frac{0.4 \times 103.3 \times 10^6 \times 915}{9.4 \times 10^{11} \times 1000} \times 7320 \times 230 \right) \times 1.5 = 976.40\text{kN}$$

按公式（6.2.3-3）$\eta_1 = 1$，按公式（6.2.3-4），$\eta_2 = 0.5 + \frac{40 \times 230}{4 \times 7320} = 0.814$ 取 $\eta = 0.814$，$\beta_h = 1.0$

按公式（6.2.3-2）验算冲切承载力：

$$[F_l] = \frac{1}{0.85} \times 0.42 \times 1.0 \times 1.71 \times 7320 \times 230 \times 0.814/1000$$

$$= 984.3\text{kN} > F'_{l,\text{eq}} = 976.40 \quad \text{满足要求}$$

四、抗震设计时防止无梁板脱落措施

（一）相关规范的规定

1. 《高规》第 8.2.3 条第 3 款规定：

板柱-剪力墙结构设计应符合下列规定：

沿两个主轴方向均应布置通过柱截面的板底连续钢筋，且钢筋的总截面面积应符合下式要求：

$$A_s \geqslant N_G/f_y \tag{8.2.3}$$

式中：A_s——通过柱截面的板底连续钢筋的总截面面积；

N_G——该层楼面重力荷载代表值作用下的柱轴向压力设计值，8 度时尚宜计入竖向地震影响；

f_y——通过柱截面的板底连续钢筋的抗拉强度设计值。

2. 《抗规》第 6.6.4 条第 3 款规定：

板柱-抗震墙结构的板柱节点构造应符合下列要求：

沿两个主轴方向通过柱截面的板底连续钢筋的总截面面积，应符合下式要求：

$$A_s \geqslant N_G/f_y \tag{6.6.4}$$

式中 A_s——板底连续钢筋总截面面积；

N_G——在本层楼板重力荷载代表值（8 度时尚宜计入竖向地震）作用下的柱轴压力

设计值；

　　f_y——楼板钢筋的抗拉强度设计值。

　　3.《混规》第11.9.6条第1、2款规定：

　　沿两个主轴方向贯通节点柱截面的连续预应力筋及板底纵向普通钢筋，应符合下列要求：

　　1　沿两个主轴方向贯通节点柱截面的连续钢筋的总截面面积，应符合下式要求：

$$f_{py}A_p + f_yA_s \geqslant N_G \tag{11.9.6}$$

式中：A_s——贯通柱截面的板底纵向普通钢筋截面面积；对一端在柱截面对边按受拉弯折锚固的普通钢筋，截面面积按一半计算；

　　　　A_p——贯通柱截面连续预应力筋截面面积；对一端在柱截面对边锚固的预应力筋，截面面积按一半计算；

　　　　f_{py}——预应力筋抗拉强度设计值，对无粘结预应力筋，应按本规范第10.1.14条取用无粘结预应力筋的应力设计值 σ_{pu}；

　　　　N_G——在本层楼板重力荷载代表值作用下的柱轴向压力设计值。

　　2　连续预应力筋应布置在板柱节点上部，呈下凹进入板跨中。

　　（二）对规范的理解

　　在地震作用下，无梁板与柱的连接是最薄弱的部位。在地震的反复作用下容易出现板柱交接处的冲切裂缝，严重时发展成为通缝，使板失去了支承而脱落。为防止在极限状态下楼板塑性变形充分发展时从柱上完全脱落而下坠，规定要求两个主轴方向布置通过柱截面的板底连续普通钢筋及后张预应力筋（当采用部分预应力楼板时）不应过小，即板底连续普通钢筋及后张预应力筋受拉承载力之和等于该层楼板造成的对该柱的轴向压力，以便把趋于下坠的楼板吊住而不至于倒塌。

　　（三）设计建议

　　1.对于贯通柱截面的板底纵向普通钢筋截面面积或贯通柱截面连续预应力筋截面面积，《混规》有进一步的说明，即：对一端在柱截面对边按受拉弯折锚固的普通钢筋或预应力筋，截面面积按一半计算，对于边柱和角柱有此种情况。而《高规》、《抗规》无此说明。工程设计应按《混规》进行。参见图6.2.4。

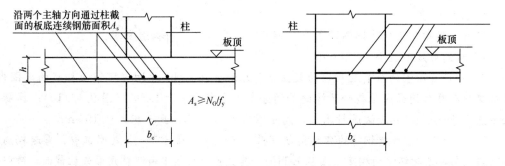

图6.2.4　通过柱截面的板底纵向钢筋面积

　　2.楼板重力荷载代表值作用下的柱轴向压力设计值 N_G 应按本书第五章第二节"九、剪力墙墙肢轴压比限值"计算。也可近似按下式计算：

$$N_G = 1.2 \times \text{所计算柱子的从属面积} \times \text{楼板重力荷载代表值}$$

楼板重力荷载代表值按《抗规》第 5.1.3 条计算。

3. 抗震设防烈度为 8 度时,《高规》、《抗规》均规定"尚宜计入竖向地震影响",而《混规》未述及。工程设计应按《高规》、《抗规》进行。竖向地震作用的计算,视具体工程的复杂程度,可采用振型分解反应谱法、动力时程分析法、《高规》第 4.3.13 条和《高规》第 4.3.15 条所提供的方法。

五、柱帽、托板及板柱抗冲切节点构造

(一) 相关规范的规定

1. 《高规》第 8.1.9 条第 4 款、第 8.2.4 条第 2 款规定:

第 8.1.9 条第 4 款

板柱-剪力墙结构的布置应符合下列规定:

无梁板可根据承载力和变形要求采用无柱帽(柱托)板或有柱帽(柱托)板形式。柱托板的长度和厚度应按计算确定,且每方向长度不宜小于板跨度的 1/6,其厚度不宜小于板厚度的 1/4。7 度时宜采用有柱托板,8 度时应采用有柱托板,此时托板每方向长度尚不宜小于同方向柱截面宽度和 4 倍板厚之和,托板总厚度尚不应小于柱纵向钢筋直径的 16 倍。当无柱托板且无梁板受冲切承载力不足时,可采用型钢剪力架(键),此时板的厚度并不应小于 200mm。

第 8.2.4 条第 2 款

板柱-剪力墙结构中,板的构造设计应符合下列规定:

设置柱托板时,非抗震设计时托板底部宜布置构造钢筋;抗震设计时托板底部钢筋应按计算确定,并应满足抗震锚固要求。计算柱上板带的支座钢筋时,可考虑托板厚度的有利影响。

2. 《抗规》第 6.6.2 条第 3 款规定:

板柱-抗震墙的结构布置,尚应符合下列要求:

8 度时宜采用有托板或柱帽的板柱节点,托板或柱帽根部的厚度(包括板厚)不宜小于柱纵筋直径的 16 倍,托板或柱帽的边长不宜小于 4 倍板厚和柱截面对应边长之和。

3. 《混规》第 9.1.11 条、第 9.1.12 条、第 11.9.2 条规定:

第 9.1.11 条

混凝土板中配置抗冲切箍筋或弯起钢筋时,应符合下列构造要求:

1 板的厚度不应小于 150mm;

2 按计算所需的箍筋及相应的架立钢筋应配置在与 45°冲切破坏锥面相交的范围内,且从集中荷载作用面或柱截面边缘向外的分布长度不应小于 $1.5h_0$(图 9.1.11a);箍筋直径不应小于 6mm,且应做成封闭式,间距不应大于 $h_0/3$,且不应大于 100mm;

3 按计算所需弯起钢筋的弯起角度可根据板的厚度在 30°~45°之间选取;弯起钢筋的倾斜段应与冲切破坏锥面相交(图 9.1.11b),其交点应在集中荷载作用面或柱截面边缘以外 $(1/2 \sim 2/3)\, h$ 的范围内。弯起钢筋直径不宜小于 12mm,且每一方向不宜少于 3 根。

第 9.1.12 条

板柱节点可采用带柱帽或托板的结构形式。板柱节点的形状、尺寸应包容 45°的冲切

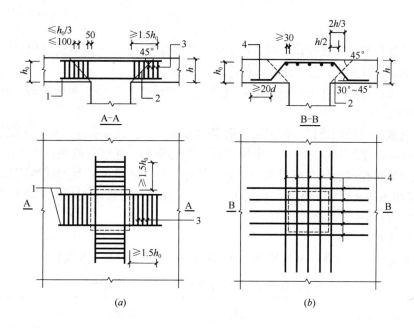

图 9.1.11　板中抗冲切钢筋布置

(a) 用箍筋作抗冲切钢筋；(b) 用弯起钢筋作抗冲切钢筋

注：图中尺寸单位 mm

1—架立钢筋；2—冲切破坏锥面；3—箍筋；4—弯起钢筋

破坏锥体，并应满足受冲切承载力的要求。

柱帽的高度不应小于板的厚度 h；托板的厚度不应小于 $h/4$。柱帽或托板在平面两个方向上的尺寸均不宜小于同方向上柱截面宽度 b 与 $4h$ 的和（图 9.1.12）。

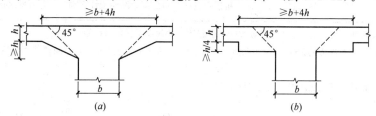

图 9.1.12　带柱帽或托板的板柱结构

(a) 柱帽；(b) 托板

第 11.9.2 条

8 度设防烈度时宜采用有托板或柱帽的板柱节点，柱帽及托板的外形尺寸应符合本规范第 9.1.12 条的规定。同时，托板或柱帽根部的厚度（包括板厚）不应小于柱纵向钢筋直径的 16 倍，且托板或柱帽的边长不应小于 4 倍板厚与柱截面相应边长之和。

（二）对规范的理解

1. 板柱节点是结构的最薄弱部位，竖向荷载作用下就容易产生冲切破坏。在柱头附近处楼板局部加厚形成托板或柱帽，可以提高板的抗冲切承载力。抗震设计时采用有柱托板或柱帽，不但可以抗冲切，规定托板总厚度或柱帽根部的厚度不小于 16 倍柱纵筋直径，还可以保证板柱节点的抗弯刚度，有利于结构抗震。

2. 三本规范对托板或柱帽的设置、几何尺寸、配筋构造的规定基本一致，但也有一些区别：

（1）《高规》规定：抗震设计时，7度时宜采用有柱托板，8度时应采用有柱托板；而《抗规》、《混规》规定：8度时宜采用有托板或柱帽；

（2）《高规》规定：非抗震设计时，托板每方向长度不宜小于板跨度的1/6，而《混规》无此规定；

（3）《高规》对托板或柱帽的配筋构造提出要求，而《抗规》、《混规》无此规定；

3. 在与冲切破坏面相交的部位配置箍筋或弯起钢筋，能够有效地提高板的抗冲切承载力。《混规》根据试验研究成果和国外有关规定，对配置抗冲切箍筋或弯起钢筋的板柱节点提出了相关构造要求。在条文说明中，还提出在与冲切破坏面相交的部位配置销钉、型钢剪力架、抗剪栓钉等措施。

（三）设计建议

1. 托板或柱帽的设置、几何尺寸、底部配筋构造可按表6.2.5设计。

托板或柱帽的设置、几何尺寸、底部配筋构造　　　　表6.2.5

托板或柱帽的设置	非抗震设计	根据承载力和变形要求计算确定
	抗震设计	7度时宜采用，8度时应采用
托板或柱帽的几何尺寸	非抗震设计	按计算确定。同时应满足：边长≥$L/6$，厚度≥$h/4$
	抗震设计	除满足以上要求外，还应满足：边长≥$b+4h$，托板总厚度≥$16d$
托板或柱帽的底部配筋构造	非抗震设计	托板底部宜布置构造钢筋，并应满足抗震锚固要求
	抗震设计	抗震设计时托板底部钢筋应按计算确定，并应满足抗震锚固要求

注：1. 抗震设防烈度为6度或基本风压较大的高层建筑，建议设置托板或柱帽；

2. 表中 L 为同方向板的跨度，可取相邻柱中心距离；h 为板的厚度；b 为同方向柱截面宽度；d 为柱纵向钢筋的直径；

3. 非抗震设计时托板底部配筋构造见图6.2.5-1。

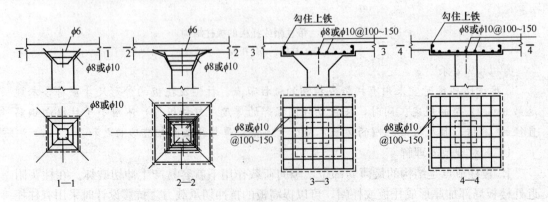

图 6.2.5-1　托板或柱帽配筋构造

2. 在板中配置抗冲切栓钉时，应符合以下构造要求：

（1）混凝土板的厚度不应小于200mm；

（2）栓钉的锚头可采用方形或圆形板，其面积不小于栓钉截面面积的10倍；

（3）里圈栓钉与柱面之间的距离取 $s_0 = 50mm$（图6.2.5-2）：

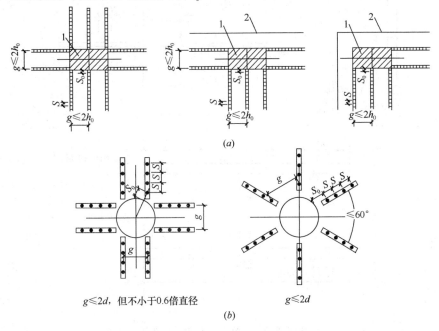

图6.2.5-2 柱抗冲切栓钉排列

（a）矩形柱；（b）圆形柱

1—柱；2—板边

（4）栓钉圈与圈之间的径向距离 s 不大于 $0.35h_0$；

（5）锚头板和底部钢条板的厚度不小于 $0.5d$，钢条板的宽度不小于 $2.5d$，d 为锚杆的直径（图6.2.5-3a）；

（6）按计算所需的栓钉应配置在与 $45°$ 冲切破坏锥面相交的范围内，且从柱截面边缘向外的分布长度不应小于 $1.5h_0$（图6.2.5-3b）；

（7）栓钉的最小混凝土保护层厚度与纵向受力钢筋相同；栓钉的混凝土保护层不应超过最小混凝土保护层厚度与纵向受力钢筋直径之半的和（图6.2.5-3c）。

栓钉的做法，可以参照钢结构栓钉的做法，按设计规定的直径及间距，将栓钉用自动焊接法焊在钢板上。

3. 在板中配置抗冲切箍筋时，应符合以下构造要求：

按计算所需的箍筋截面面积应配置在冲切破坏锥体范围内，此外尚应按相同的箍筋直径和间距自柱边向外延伸配置在不小于 $1.5h_0$ 范围内。箍筋宜为封闭式，并应箍住架立钢筋和主筋。直径不应小于6mm，间距不应大于 $1/3h_0$（图6.2.5-4）。

抗冲切箍筋宜和暗梁箍筋结合配置，箍筋肢数不应少于4肢。

4. 在板中配置抗冲切弯起钢筋，应符合下列构造要求：

按计算所需的弯起钢筋可由一排或两排组成，其弯起角可根据板的厚度在 $30° \sim 50°$ 之间选取，弯起钢筋的倾斜段应与冲切破坏斜截面相交，当弯起钢筋为一排时，其交点就在离局部荷载或集中反力作用面积周边以外 $(1/2 \sim 2/3)h$ 范围内，当弯起钢筋为二排时，

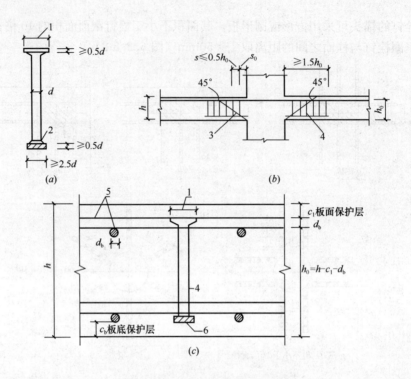

图 6.2.5-3 板中抗冲切锚栓布置

（a）锚栓大样；（b）用锚栓作抗冲切钢筋；（c）锚栓混凝土保护层要求

1—顶部面积≥10 倍锚杆截面面积；2—焊接；3—冲切破坏锥面；

4—锚栓；5—受弯钢筋；6—底部钢板条

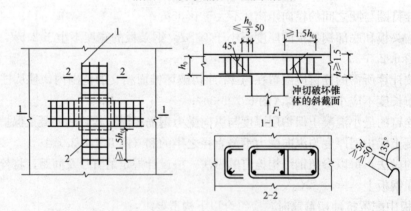

图 6.2.5-4 板中配置抗冲切箍筋

1—架立钢筋；2—箍筋

其交点应在离局部荷载或集中反力作用面积周边以外（1/2～5/6）h 范围内。弯起钢筋直径不应小于 12mm，且每一方向不应少于 3 根（图 6.2.5-5）。

5. 在板中配置抗冲切型钢剪力架（键）时，应符合以下构造要求：

型钢剪力架（键）的高度不应大于板面筋的下排钢筋和板底筋的上排钢筋之间的净距，并确保型钢具有足够的保护层厚度，据此确定板的厚度并不应小于 200mm。

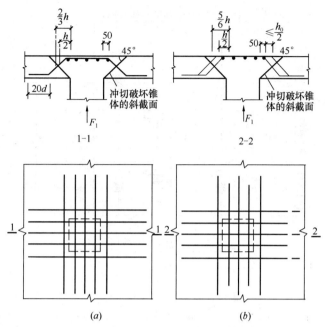

图 6.2.5-5　板中配置抗冲切弯起钢筋

(a) 一排弯起钢筋；(b) 二排弯起钢筋

六、板柱-剪力墙结构中板的构造要求

（一）相关规范的规定

1.《高规》第8.2.4条第1、3款规定：

板柱-剪力墙结构中，板的构造设计应符合下列规定：

1　抗震设计时，应在柱上板带中设置构造暗梁，暗梁宽度取柱宽及两侧各1.5倍板厚之和，暗梁支座上部钢筋截面积不宜小于柱上板带钢筋截面积的50%，并应全跨拉通，暗梁下部钢筋应不小于上部钢筋的1/2。暗梁箍筋的布置，当计算不需要时，直径不应小于8mm，间距不宜大于$3h_0/4$，肢距不宜大于$2h_0$；当计算需要时应按计算确定，且直径不应小于10mm，间距不宜大于$h_0/2$，肢距不宜大于$1.5h_0$。

3　无梁楼板开局部洞口时，应验算承载力及刚度要求。当未作专门分析时，在板的不同部位开单个洞的大小应符合图8.2.4的要求。若在同一部位开多个洞时，则在同一截面上各个洞宽之和不应大于该部位单个洞的允许宽度。所有洞边均应设置补强钢筋。

2.《抗规》第6.6.4条第1、2款规定：

板柱-抗震墙结构的板柱节点构造应符合下列要求：

1　无柱帽平板应在柱上板带中设构造暗梁，暗梁宽度可取柱宽及柱两侧各不大于1.5倍板厚。暗梁支座上部钢筋面积应不小于柱上板带钢筋面积的50%，暗梁下部钢筋不宜少于上部钢筋的1/2；箍筋直径不应小于8mm，间距不宜大于3/4倍板厚，肢距不宜大于2倍板厚，在暗梁两端应加密。

2　无柱帽柱上板带的板底钢筋，宜在距柱面为2倍板厚以外连接，采用搭接时钢筋端部宜有垂直于板面的弯钩。

3.《混规》第11.9.5条、第11.9.6条第3款规定：

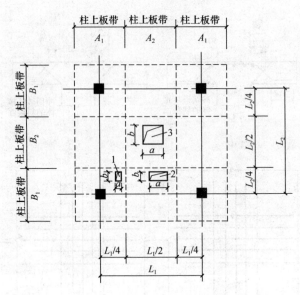

图 8.2.4　无梁楼板开洞要求

注：洞 1：$a \leqslant a_c / 4$ 且 $a \leqslant t / 2$，$b \leqslant b_c / 4$ 且 $b \leqslant t / 2$；其中，a 为洞口短边尺寸，b 为洞

口长边尺寸，a_c 为相应于洞口短边方向的柱宽，b_c 为相应于洞口长边方向的柱宽，t 为板

厚；洞 2：$a \leqslant A_2 / 4$ 且 $b \leqslant B_1 / 4$；洞 3：$a \leqslant A_2 / 4$ 且 $b \leqslant B_2 / 4$

第 11.9.5 条

无柱帽平板宜在柱上板带中设构造暗梁，暗梁宽度可取柱宽加柱两侧各不大于 1.5 倍板厚。暗梁支座上部纵向钢筋应不小于柱上板带纵向钢筋截面面积的 1/2，暗梁下部纵向钢筋不宜少于上部纵向钢筋截面面积的 1/2。

暗梁箍筋直径不应小于 8mm，间距不宜大于 3/4 倍板厚，肢距不宜大于 2 倍板厚；支座处暗梁箍筋加密区长度不应小于 3 倍板厚，其箍筋间距不宜大于 100mm，肢距不宜大于 250mm。

第 11.9.6 条第 3 款

板底纵向普通钢筋的连接位置，宜在距柱面 l_{aE} 与 2 倍板厚的较大值以外，且应避开板底受拉区范围。

（二）对规范的理解

1. 板柱-剪力墙结构中，地震作用虽由剪力墙全部承担，但结构在整体工作时，板柱部分仍会承担一定的水平力。由柱上板带和柱组成的板柱框架中的板，受力主要集中在柱的连线附近，抗震设计应沿柱轴线设置暗梁，目的在于加强板与柱的连接，较好地起到板柱框架的作用。

2. 三本规范对抗震设计时，楼板设置暗梁及相应构造要求的规定基本一致，但也有一些区别：

（1）《高规》规定：暗梁支座上部钢筋截面面积不宜小于柱上板带钢筋截面面积的50% 并应全跨拉通；但《抗规》、《混规》并未要求"并应全跨拉通"。考虑抗震设计，拉通应是需要的。

（2）《抗规》、《混规》要求暗梁两端箍筋间距应加密，《混规》并提出了暗梁箍筋加密区的长度、箍筋最大间距、最大肢距要求，而《高规》并未强调箍筋加密，但规定：当计算需要时应按计算确定，且直径应不小于 10mm，间距不大于 $h_0/2$，肢距不大于 $1.5h_0$。笔者以为，作为暗梁，其两端混凝土其实已受到较好的约束，故箍筋加密似不是必须的。对低烈度、多层或小高层建筑结构可适当放松。因此，箍筋加密问题，按《高规》设计较好。

（3）《抗规》、《混规》规定了无柱帽柱上板带的板底钢筋连接要求。

（4）《高规》规定了无梁楼板局部开洞的限制条件。

3. 建筑物的楼板开洞是不可避免的。如前所述，由于无梁楼板的受力特点，不同的位置开洞对楼板的受力影响是不同的。柱子附近的楼板受力最大，且要将其他部位楼板上的荷载传递给柱子，故对开洞的控制最严；柱上板带的跨中部位对开洞的控制次之；跨中板带的跨中部位对开洞的控制相对较宽松。

（三）设计建议

对板的配筋构造，设计建议如下：

1. 抗震设计时，应在柱上板带中设置暗梁，非抗震设计时，宜在柱上板带中设置暗梁，暗梁宽度可取与柱宽加上柱宽以外两侧各 1.5 倍板厚之和。暗梁的配筋构造应符合下列规定，见图 6.2.6-1。

（1）暗梁支座上部钢筋截面面积不宜小于柱上板带钢筋截面面积的 50%（可作为柱上板带负弯矩所需钢筋的一部分，计算弯矩配筋时 h_0 可包括柱托板厚度）并应全跨拉通，暗梁下部钢筋应不小于上部钢筋的 1/2。纵向钢筋全跨拉通，其直径应大于暗梁以外板钢筋的直径，但不宜大于柱截面相应边长的 1/20。

（2）暗梁箍筋的布置，当计算不需要时，直径不应小于 8mm，间距不大于 $3h_0/4$，肢距不大于 $2h_0$；当计算需要时应按计算确定，且直径应不小于 10mm，间距不大于 $h_0/2$，肢距不大于 $1.5h_0$。

2. 板（跨中板带及柱上板带除暗梁以外部分的板）的配筋及负弯矩钢筋最小延伸长度可按图 6.2.6-2 处理；负弯矩钢筋按图 6.2.6-2 从支座的延伸长度，应以长跨计算。图

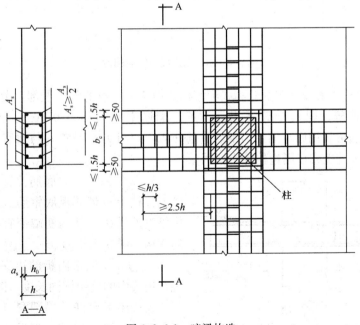

图 6.2.6-1　暗梁构造

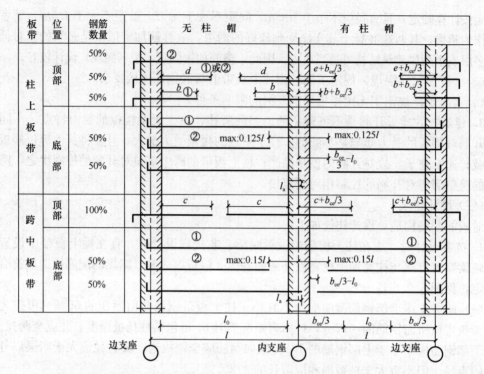

板带	位置	钢筋数量	无柱帽	有柱帽
柱上板带	顶部	50%		
		50%		
		50%		
	底部	50%		
		50%		
跨中板带	顶部	100%		
	底部	50%		
		50%		

注：1. b_{ce} 为柱帽在计算弯矩方向的有效宽度。

   l_a 为钢筋锚固长度；l_0 为净跨度；当有柱帽时，取 $l_0 = l - 2b_{ce}/3$。

2. 板边缘上下各加 1φ16 抗扭钢筋。

3. 跨中板带底部正钢筋应放在柱上板带正钢筋上面。

4. ①号钢筋适用于非抗震区，②号钢筋适用于抗震区。

5. 图中钢筋的最大和最小长度应符合下表要求。

符号	b	c	d	e
长度	$\geqslant 0.20l_0$	$\geqslant 0.25l_0$	$\geqslant 0.30l_0$	$\geqslant 0.35l_0$

图 6.2.6-2　无梁楼板配筋构造

6.2.6-2 仅示出近年来较常用的分离式配筋构造做法。在板的跨中上部，考虑到混凝土的干缩和温度收缩等，建议配置适当的钢筋。配筋率不宜小于 0.10%，间距不宜大于 200mm。此钢筋可利用原有的受力钢筋贯通布置，也可另行设置并与原有的受力钢筋按受拉钢筋的要求搭接或在周边构件中锚固。

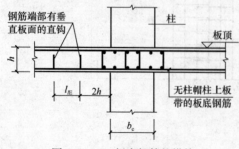

图 6.2.6-3　板底钢筋的搭接

3. 板的两个方向底筋位置应置于暗梁底筋上。柱上板带的板底钢筋宜在距柱边 2 倍板厚以外搭接，且钢筋端部宜有垂直于板面的弯钩（图 6.2.6-3）。

4. 边、角区格内板的边支座负筋，应满足在边梁内的抗扭锚固长度（图 6.2.6-4）。

无梁楼板允许开局部洞口，但应验算满足承载力及刚度要求。当板柱抗震等级不高

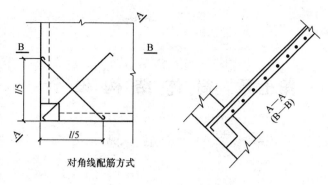

对角线配筋方式

图 6.2.6-4　板外角的配筋

于二级，且在板的不同部位开单个洞的大小符合《高规》图 8.2.4 的要求时，一般可不作专门分析。若在同一部位开多个洞时，则在同一截面上各个洞宽之和不应大于该部位单个洞的允许宽度。所有洞边均应设置补强钢筋。

当抗震等级为一级时，暗梁范围内不应开洞，柱上板带相交共有区域尽量不开洞，一个柱上板带与一个跨中板带共有区域也不宜开较大洞。

第七章 筒体结构设计

第一节 一般规定

一、筒体结构设计的一般规定

（一）相关规范的规定

1.《高规》第9.1.1条规定：

本章适用于钢筋混凝土框架-核心筒结构和筒中筒结构，其他类型的筒体结构可参照使用。筒体结构各种构件的截面设计和构造措施除应遵守本章规定外，尚应符合本规程第6～8章的有关规定。

2.《抗规》第6.7.2条规定：

框架-核心筒结构的核心筒、筒中筒结构的内筒，其抗震墙除应符合本规范第6.4节（即抗震墙结构的基本抗震构造措施——编者注）的有关规定外，尚应符合下列要求：

……。

3.《混规》未述及。

（二）对规范的理解

筒体结构主要特点是结构的竖向抗侧力构件中有"筒"。"筒"其实也是剪力墙，是由若干个剪力墙肢围成的封闭的剪力墙筒。这种剪力墙比一般的开口剪力墙具有更大的抗侧力刚度、更高的承载能力和更好的空间作用性能。筒体结构主要包括框架-核心筒结构、筒中筒结构和多束筒体结构。

1. 框架-核心筒结构

框架-核心筒结构周边柱子的柱距较大，一般为8～12m，它和沿周边布置的梁构成了外框架，中间则为由电梯井、楼梯间、管道井等构成的核心筒，这种体系的受力特点类似于框架-剪力墙结构。周边为框架部分，核心筒为剪力墙部分，两者在楼板的协同下共同工作。

和一般框架-剪力墙结构相比，框架-核心筒结构的中央核心筒是由剪力墙围成的封闭的筒体，它比一般框架-剪力墙结构中的剪力墙具有更大的抗侧力刚度、更高的承载能力和更好的空间整体工作性能，集中布置在中央；而周边为框架，数量少、柱距大。计算分析表明：在竖向荷载作用下，框架和核心筒分别承担各自所属面积上的荷载；在水平荷载作用下，框架部分分担的剪力和倾覆力矩都很少，剪力约占20%甚至更少；倾覆力矩约占30%甚至更少，所以核心筒是结构的主要抗侧力构件。

2. 筒中筒结构

筒中筒结构的外筒是由柱距较小的密排柱和跨度比较小截面高度比较大的裙梁构成的框筒，内筒则是由剪力墙肢围成的实腹筒。在水平荷载作用下，两者通过楼板协同工作。

计算分析表明：

从整体弯曲方面看，水平荷载作用下的矩形平面外框筒如同竖向悬臂梁。但外框筒柱的正应力分布并不符合平截面假定，其应力图形并非直线变化而是曲线分布（见图7.1.1-1），角柱及其邻近柱的应力大于按梁理论的计算值，中间柱的应力则小于按梁理论的计算值。框筒中除了腹板框架抵抗部分倾覆力矩外，翼缘框架柱承受较大的拉、压应力，可以抵抗水平荷载产生的部分倾覆力矩。造成这种应力分布现象的原因，是由于筒中筒结构并非实心截面的悬臂梁，竖向力由角柱向中间柱的传递需要通过梁的剪力来完成。因为梁在传递竖向剪力过程中产生剪切型的横向相对变形，故柱的轴向变形和所负担的轴力，越往中间越小。外框筒在整体弯曲作用下柱子正应力的这种现象，称为"剪力滞后"现象。

"剪力滞后"的程度与结构的平面尺寸、荷载大小、外框筒裙梁和密柱的相对刚度、筒中筒结构的高度、角柱的截面面积等因素有关。

内筒（实腹筒）是以弯曲变形为主，而框筒的剪切型变形成分较大，两者能过楼板协同工作，可使层间变形更加均匀，框筒上部下部

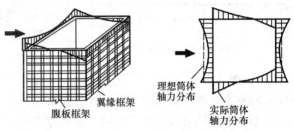

图 7.1.1-1　外框筒在水平荷载下的受力特点

内力也趋于均匀；框筒以承受倾覆力矩为主，实腹筒则承受大部分剪力，实腹筒下部承受的剪力很大，框筒承受的剪力一般可达到层剪力的25％以上，承受的倾覆力矩一般可达到总倾覆力矩的50％以上，可见筒中筒结构与框架-核心筒结构在平面形式上可能相似，但受力性能却有很大区别。

（三）设计建议

1. 筒体结构各种构件的截面设计和构造措施除应遵守本章规定外，框架-核心筒结构中的框架梁、柱，可参看《高规》第6章中的框架梁、柱进行设计截面设计和构造设计；筒中筒结构内筒中的内墙、连梁等，可参看《高规》第7章、第8章中的剪力墙、连梁进行设计截面设计和构造设计。但是，应当特别注意：同一种构件，即使抗震等级相同但在不同的结构体系里，因其受力不同、作用不同，其延性要求不同、抗震构造也不同。

2. 框架-核心筒结构的核心筒、筒中筒结构的内筒外墙，是结构最重要、最关键的抗侧力构件，应使筒体具有足够大的抗震能力。故规范对其承载力设计和抗震构造措施均作了专门规定，具体见本节"五、筒体结构核心筒或内筒设计的有关规定"及第二节"二、核心筒墙体的设计"、"三、核心筒连梁、外框筒梁和内筒连梁的设计"等相关内容。

3. 外框筒也是筒中筒结构的主要承重构件和主要抗侧力竖向构件，外框筒的设计，除应符合本书第四章框架结构的有关规定，还应符合下列要求：

外框筒角柱应按双向偏心受压构件计算。在地震作用下，角柱不允许出现小偏心受拉，当出现大偏心受拉时，应按偏心受压与偏心受拉的最不利情况设计；如角柱为非矩形截面，尚应进行弯矩（双向）、剪力和扭矩共同作用下的截面验算。

外框筒的中柱宜按双向偏心受压构件计算。

筒中筒结构的外筒可采取下列措施提高延性：

（1）采用非结构幕墙。当采用钢筋混凝土裙墙时，可在裙墙与柱连接处设置受剪控制缝。

（2）外筒为壁式筒体时，在裙墙与窗间墙连接处设置受剪控制缝，外筒按联肢抗震墙设计；三级的壁式筒体可按壁式框架设计，但壁式框架柱除满足计算要求外，尚需满足边缘构件（约束边缘构件和构造边缘构件）的构造要求；支承大梁的壁式筒体在大梁支座宜设置壁柱，一级时，由壁柱承担大梁传来的全部轴力，但验算轴压比时仍取全部截面。

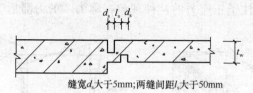

缝宽d_n大于5mm；两缝间距l_s大于50mm

图 7.1.1-2　外筒裙墙受剪控制缝构造

（3）受剪控制缝的构造如图 7.1.1-2 所示。

当楼盖结构为梁板体系时，应考虑楼盖梁的弹性嵌固弯矩影响；当楼盖结构为平板或密肋楼板时，以等效刚度折算为等代梁考虑竖向荷载作用对柱的弹性嵌固弯矩的影响；等代梁的宽度可取外框筒的柱距，板与框筒连接处可按构造配置板顶钢筋，计算板跨中弯矩时可不考虑框筒对板的嵌固作用。裙梁应考虑板端嵌固弯矩引起的扭转作用。

4. 考虑到国内百米以上的高层建筑约有一半采用钢筋混凝土筒体结构，所用形式大多为框架-核心筒结构和筒中筒结构，故规范对筒体结构的设计规定，主要针对框架-核心筒结构和筒中筒结构，其他类型的筒体结构可参照使用。

5. 中央为由楼电梯、管道井筒围起的核心筒、周边为较大柱距的框架，是框架-核心筒结构较为典型的平面布置。当外框和核心筒间距离较大时，设计中可能会在其间另设内柱以减小梁或板的跨度，在外框和核心筒间不设置框架主梁的情况下，其平面布置如图 7.1.1-3 所示。

板柱-剪力墙结构由水平构件板和竖向构件柱及剪力墙组成，其内部无梁。为了提高结构的抗震性能，规范规定板柱-剪力墙结构周边应设置有梁框架，当剪力墙为由楼电梯、管道井筒围成的筒体且布置在平面中部时，其平面布置如图 7.1.1-4 所示。

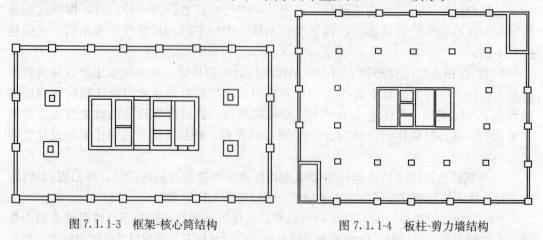

图 7.1.1-3　框架-核心筒结构　　　　图 7.1.1-4　板柱-剪力墙结构

此时两种情况下的平面布置是十分相似的，但框架-筒体结构受力特点类似于框架-剪力墙，具有较大的抗侧力刚度和强度，空间整体性较好，抗震性能好。而板柱-剪力墙结构抗侧刚度相对较小，延性较差，地震作用下板柱的柱头极易发生破坏，抗震性能差。两个结构体系在房屋最大适用高度、抗震措施等方面设计上都有差别。因此，分清两种不同的结构体系是一件十分必要的事情，否则就会造成结构选型及设计错误。所以，结构师应在研究分析建筑专业提供的设计资料基础上，判别好两种不同的结构体系，选择合理的结构方案。

一般可从以下两方面区分框架-核心筒结构和板柱-剪力墙结构：

（1）板柱-剪力墙结构有剪力墙（或剪力墙筒）和外围周边柱，同时内部柱子（内柱）数量较多，楼层平面除周边柱间有梁、楼梯间可能有梁外，内外柱及内柱之间、内柱与剪力墙筒间均无梁，内柱承担较大部分的竖向荷载，并参与结构整体抗震（虽然其作用不大）。剪力墙（或剪力墙筒）是主要抗侧力构件，但柱子也是抗侧力构件。而框架-核心筒结构的内柱数量很少甚至没有。即使有，也一般为不设梁的、仅承受竖向荷载的轴力柱，所承担的竖向荷载很小，核心筒是主要抗侧力构件，周边框架参与结构整体抗震。但内柱一般不是抗侧力构件。

（2）框架-核心筒结构的核心筒每侧边长一般不小于结构相应边长的1/3，高宽比一般较大（当然不超过12）。而板柱-剪力墙结构的剪力墙筒和结构平面的尺寸之比较小，其剪力墙筒每侧边长一般不受此限制（若抗侧刚度不够，可另设剪力墙）。

采用外框和核心筒之间不设梁的框架-核心筒结构工程实例不少，如广东国际大厦、南京金陵饭店等，为了减小板的厚度，许多工程还采用了无粘结预应力平板方案，如合肥润安大厦、陕西省邮政电信局管网中心等，由于外框和核心筒之间不设梁，对框架-核心筒结构的整体刚度和抗震性能有一定影响，因此，一般在外框柱与核心筒之间均设置暗梁。

二、筒体结构的最小高度

（一）相关规范的规定

1.《高规》第9.1.2条规定：

筒中筒结构的高度不宜低于80m，高宽比不宜小于3。对高度不超过60m的框架-核心筒结构，可按框架-剪力墙结构设计。

2.《抗规》第6.1.2条表6.1.2注4规定：

高度不超过60m的框架-核心筒结构按框架-抗震墙的要求设计时，应按表中框架-抗震墙结构的规定确定其抗震等级。

3.《混规》第11.1.3条表11.1.3注5与《抗规》规定一致。

（二）对规范的理解

研究表明，筒中筒结构的空间受力性能与其高度和高宽比等诸多因素有关，它们直接影响外框筒的空间受力性能及其抗倾覆力矩的大小。一般来说，当筒中筒结构的高宽比分别为5、3或2时，外框筒的抗倾覆力矩约占结构总倾覆力矩的比例分别为50%、25%或10%。建筑物高，结构高宽比大，才能充分发挥筒中筒结构的空间作用。当高宽比小于3时，不能较好地发挥外框筒的作用，不能较好地发挥结构的整体空间作用。因此，筒中筒结构适用于高度不低于80m的高层建筑，高宽比不宜小于3。同样，对于对房屋高度不超过 60m 的框架-核心筒结构，由于核心筒高宽比较小，其作为筒体结构的空间作用已不明显，总体上受力性能更接近于框架-核心筒结构，故可适当降低核心筒和框架的构造要求。

（三）设计建议：

1. 笔者建议：筒中筒结构适用高度不应低于 80m，高宽比不应小于 3，并宜大于 4。但这仅针对筒中筒结构，框架-核心筒结构的高度和高宽比可不受此限制。

2. 框架-核心筒结构适用高度不宜低于 60m。若设计采用高度不超过 60m 的框架-核心筒结构，可按框架-剪力墙结构设计。注意是仅仅指其抗震等级可按框架-剪力墙结构采用。

三、筒体结构楼盖角部配筋构造

（一）相关规范的规定

1.《高规》第 9.1.4 条规定：

筒体结构的楼盖外角宜设置双层双向钢筋（图 9.1.4），单层单向配筋率不宜小于 0.3%，钢筋的直径不应小于 8mm，间距不应大于 150mm，配筋范围不宜小于外框架（或外筒）至内筒外墙中距的 1/3 和 3m。

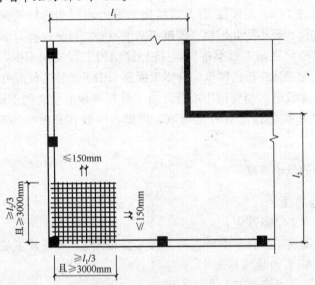

图 9.1.4 板角配筋

2.《抗规》未述及。

3.《混规》未述及。

（二）对规范的理解

筒体结构的平面角部楼板在竖向荷载作用下，四周外角要向上翘曲，但受到剪力墙的约束；同时，楼板混凝土的自身收缩和温度变化影响，使楼板外角可能产生斜裂缝。为防止这类裂缝出现，平面角部楼板的一定范围内顶面和底面宜配置双层双向钢筋网，予以加强。

（三）设计建议

1. 具体加强措施见《高规》第 9.1.4 条规定。

2. 楼板开洞应尽可能远离角部。

四、核心筒或内筒外墙与外框柱间的中距较大时的结构平面布置

（一）相关规范的规定

1.《高规》第 9.1.5 条规定：

核心筒或内筒的外墙与外框柱间的中距，非抗震设计大于 15m、抗震设计大于 12m 时，宜采取增设内柱等措施。

2.《抗规》未述及。

3.《混规》未述及。

（二）对规范的理解

筒体结构中筒体墙与外周框架之间的距离不宜过大，否则楼盖结构的设计较困难。会使楼板厚度增大或外框内筒间的主梁高度增大，从而增加结构自重，影响楼层净空高度，增加建筑物造价。而对于框架-核心筒结构，若内筒、外框距离过大，核心筒过小，对结构的抗侧力刚度、承载能力影响较大，甚至可能不满足规范要求。所以，规范规定了核心筒或内筒外墙与外框柱之间的距离要求，并根据近年来的工程经验，对这个距离要求适当放松。将 2001 版规范非抗震设计和抗震设计时的 12m、10m 调整为 15m、12m。

（三）设计建议

根据工程经验，笔者建议可采用如下一些处理措施：

1. 采用宽扁梁。可有效减小梁的截面高度，满足楼层对净空高度的要求。需要注意的是：此时的宽扁梁一般情况下都是梁宽大于柱宽的宽扁梁，应特别注意宽扁梁梁柱节点的构造做法。可参看《混凝土结构构造手册》（中国建筑工业出版社，2012 年）和其他有关设计资料。

2. 采用密肋梁。可有效减小梁的受荷面积，因而可减小梁的截面高度，满足楼层对净空高度的要求。

3. 采用预应力混凝土梁。能有效减小梁的截面高度，减轻结构自重，满足楼层对净空高度的要求。必要时采用预应力混凝土宽扁梁，效果将更好。但在抗震设计时，应注意满足"预应力混凝土结构抗震设计规程"第 4.2.3 条关于梁端预应力强度比 λ 的要求。

4. 采用预应力混凝土平板，在板的角部沿一个方向设置暗梁。但此措施在板跨度较大时不一定能满足承载力和变形（挠度及裂缝宽度）的要求。

5. 采用现浇混凝土空心楼盖或预应力现浇混凝土空心楼盖，能有效减轻结构自重，减少地震作用。

6. 在核心筒和外框架之间距核心筒较近处增设环筒内柱，以减小梁的跨度，降低梁的截面高度，满足楼层对净空高度的要求。环筒内柱可按轴心受压柱设计，不考虑参与结构整体抗侧。但应注意以下几个问题：

（1）由于环筒内柱到核心筒外墙的中心距离很近（一般小于 3.0m），此段梁的跨度小，导致该段梁的线刚度很大，相应将产生很大的内力弯矩和剪力，故此段梁往往计算时超筋严重，钢筋无法配置；若不设置该段梁（或设置为弱连系梁），则水平荷载作用下结构的受力性能与外框内筒间受力不设梁相似。由于该楼板基本上不传递弯矩和剪力,故带有剪力墙的腹板框架的抗倾覆力矩能力有所减小。同时环筒框架与核心筒间的楼板将会产生较大的裂缝。

(2) 由于环筒框架的存在,较大程度上分担了核心筒所承受的竖向荷载,将会使核心筒仅承担较小的竖向荷载,从而可能会导致在水平地震作用下核心筒墙肢出现拉应力,这对结构是很不利的,更是框架-核心筒结构的核心筒墙体设计所不能允许的。

设计中应根据具体工程的实际情况,综合分析比较,采用上述一种或几种处理措施,满足结构及功能要求。

以下是上海某商厦工程实例,供参考。

高级综合大楼,由主楼和裙房两部分组成。地下 4 层,主楼地上 60 层,檐口高度234.4m;矩形平面,平面长方向向上逐步内收,形成弧形立面。采用钢筋混凝土框架-核心筒结构,外框内筒距离 12m。

应业主要求,江欢成设计事务所对商厦结构设计进行优化咨询。江欢成设计事务所对原设计(图 7.1.4-1)进行了认真研究,对结构平面进行了重新布置(图 7.1.4-2),重新设定构件截面尺寸,用 SATWE 程度进行了多次分析调整,取得了比较满意的结果。其中结构平面布置的优化调整主要措施有:

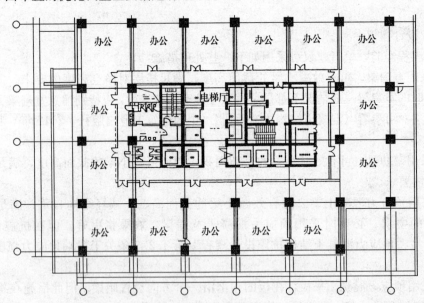

图 7.1.4-1 原设计办公标准层平面图

(1) 取消核心筒(长向)两侧的四根柱子;标准层梁、板重新布置,改为宽扁梁+单向密肋梁板体系。12m 跨框架梁为型钢混凝土宽扁梁,截面尺寸 700mm×750mm,内置型钢工字钢 400mm×25mm×400mm×20mm;密肋梁间距 2000mm,截面尺寸 250mm×500mm;楼板厚 100mm。

(2) 外框柱采用核心钢管混凝土组合柱,提高外框柱的承载能力和延性,减小外框柱截面尺寸,并便于框架梁柱的连接。

(3) 优化核心筒内墙布置,减薄墙体厚度。

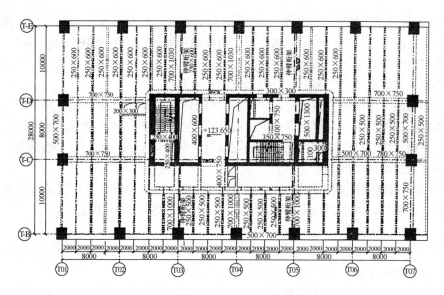

图 7.1.4-2　优化设计办公标准层楼盖布置图

五、筒体结构核心筒或内筒设计的有关规定

（一）相关规范的规定

1.《高规》第 9.1.7 条第 1、3、4、6 款规定：

筒体结构核心筒或内筒设计应符合下列规定：

1　墙肢宜均匀、对称布置；

3　筒体墙应按本规程附录 D 验算墙体稳定，且外墙厚度不应小于 200mm，内墙厚度不应小于 160mm。必要时可设置扶壁柱或扶壁墙；

4　筒体墙的水平、竖向配筋不应少于两排，其最小配筋率应符合本规程第 7.2.17 条的规定；

6　筒体墙的加强部位高度、轴压比限值、边缘构件设置以及截面设计，应符合本规程第 7 章的有关规定。

2.《抗规》第 6.7.2 条第 1 款规定：

框架-核心筒的核心筒、筒中筒结构的内筒，其抗震墙除应符合本规范第 6.4 节的有关规定外，尚应符合下列要求：

抗震墙的厚度、竖向和横向分布钢筋应符合本规范第 6.5 节（即框架-抗震墙结构的基本抗震构造措施——编者注）的规定；筒体底部加强部位及相邻上一层，当侧向刚度无突变时不宜改变墙体厚度。

3.《混规》第 11.7.12 条第 3 款规定：

剪力墙的墙肢截面厚度应符合下列规定：

框架-核心筒结构、筒中筒结构：一般部位不应小于 160mm，且不宜小于层高或无支长度的 1/20；底部加强部位不应小于 200mm，且不宜小于层高或无支长度的 1/16。筒体底部加强部位及其上一层不宜改变墙体厚度。

（二）对规范的理解

1. 和本书第五章对剪力墙结构、框架-剪力墙结构等规定墙厚的道理一样，规定筒体结构核心筒、内筒的墙厚，是保证核心筒、内筒满足墙体稳定的最低要求。

在确定墙厚时，和本书第五章一样，《高规》的方法和《抗规》、《抗规》的方法有所区别。详见本书第五章第二节"一、剪力墙的截面厚度"。

对筒体墙最小厚度的具体规定，《高规》规定外墙的厚度应比内墙要厚，而对底部加强部位和其他部位的墙厚未作区别；《混规》则规定了底部加强部位和其他部位墙厚的不同，而对外墙、内墙厚度未作区别，但和《抗规》一样，强调了筒体底部加强部位及其以上一层不应改变墙体厚度。

2. 规定了筒体墙的加强部位高度、轴压比限值、边缘构件设置以及截面设计、墙体最小配筋百分率等，其道理和本书第五章剪力墙结构中的剪力墙要求一样。

（三）设计建议

1. 由于核心筒、内筒是结构的最主要抗侧力构件，建议核心筒、内筒的墙体厚度不宜太薄，均应适当加大（特别是剪力墙底部加强部位）。

核心筒、内筒的外部墙体厚度应适当加厚，以形成封闭的刚度较大的筒体，核心筒、内筒的内部墙体可按一般剪力墙结构确定其墙厚；当侧向刚度无突变时，筒体底部加强部位及相邻上一层不宜改变墙体厚度。

所谓"侧向刚度无突变"，主要是指避免下柔上刚，即当由于层高、底部大空间等原因导致结构侧向刚度突变时，相邻上一层墙厚等可根据情况减薄。

若因条件限制，外墙厚度不能满足规范要求时，可增设扶壁柱或扶壁墙以增强墙体的稳定性。

2. 笔者认为：《高规》第 4、第 6 款中所规定的墙体最小配筋百分率、边缘构件设置以及截面设计等，仅适用于核心筒内的剪力墙墙肢。具体设计建议见本书第五章第二节有关内容。而核心筒剪力墙外筒的墙体设计，见本书第七章第二节"二、核心筒墙体的设计"。

3. 筒体结构核心筒或内筒设计的其他要求按规范上述有关规定执行。

六、核心筒或内筒的外墙开洞

（一）相关规范的规定

1. 《高规》第 9.1.7 条第 2 款、第 9.1.8 条规定：

第 9.1.7 条第 2 款

筒体结构核心筒或内筒设计应符合下列规定：

筒体角部附近不宜开洞，当不可避免时，筒角内壁至洞口的距离不应小于 500mm 和开洞墙截面厚度的较大值；

第 9.1.8 条

核心筒或内筒的外墙不宜在水平方向连续开洞，洞间墙肢的截面高度不宜小于 1.2m；当洞间墙肢的截面高度与厚度之比小于 4 时，宜按框架柱进行截面设计。

2. 《抗规》第 6.7.2 条第 3 款规定：

内筒的门洞不宜靠近转角。

3. 《混规》未述及。

（二）对规范的理解

若干片剪力墙围城一个封闭的筒，才能形成刚度很大、承载能力很高、空间性能很好的核心筒，为此，规范对核心筒的开洞，提出以下要求：

1. 任何结构平面的角部都是结构的重要部位，角部开洞，使得封闭的筒成为开口剪力墙，大大削弱筒墙的抗侧力刚度和抗扭刚度，所以，角部附近不宜开洞。

2. 核心筒或内筒的外墙在水平方向连续开洞，将会使核心筒或内筒中出现小墙肢等薄弱环节，也会使得封闭的筒成为开口剪力墙，所以，应尽量避免外墙在水平方向连续开洞。

（三）设计建议

1. 对核心筒或内筒外墙剪力墙，角部附近不宜开洞，当不可避免时，筒角内壁至洞口的距离不应小于500mm和开洞墙的截面厚度；不宜在水平方向连续开洞。这里不存在第五章第一节"二、较长的剪力墙宜设置结构洞"的问题。而是要求少开洞、开小洞。

2. 开洞后形成的连梁跨高比不宜小于4。

3. 开洞后洞间墙肢的截面高度不宜小于1.2m；当洞间墙肢的截面高度与厚度之比小于4时，宜按框架柱进行截面设计。

所谓按框架柱进行截面设计，主要是指此墙肢的抗震等级按框架-核心筒结构中框架柱的抗震等级确定，其抗震构造措施均按此抗震等级进行设计。当此柱截面宽度（墙厚）不大于300mm时，尚应沿柱全高加密箍筋，以加强其抗震能力。

七、框筒柱和框架柱的轴压比限值

（一）相关规范的规定

1.《高规》第9.1.9条规定：

抗震设计时，框筒柱和框架柱的轴压比限值可按框架-剪力墙结构的规定采用。

2.《抗规》第6.3.6条表6.3.6规定（见第四章第四节"二、柱轴压比"）。

3.《混规》第11.4.16条表11.4.16规定（见第四章第四节"二、柱轴压比"）。

（二）对规范的理解

在筒体结构中，大部分水平剪力由核心筒或内筒承担，框架属于第二道防线，框架柱或框筒柱所受剪力远小于框架结构中的柱剪力，剪跨比明显增大，其重要性相对较低，对抗震的延性要求比框架结构中的框架柱要求要低，其轴压比限值可比框架结构适当放松。因此，规范规定可按框架-剪力墙结构的要求控制柱轴压比。

（三）设计建议

1. 抗震设计时，框筒柱和框架柱的轴压比限值可按本书第四章第四节"二、柱轴压比"中设计建议设计。

2. 抗震等级为特一级的框筒柱和框架柱的轴压比限值可按一级确定。

3. 若抗震等级为特一级的框筒柱和框架柱的轴压比不满足规范的限值，或承载能力不满足要求时，建议设置型钢混凝土柱或钢管混凝土柱。

（1）型钢混凝土柱

型钢混凝土柱既具有钢筋混凝土结构的特点，又具有钢结构的特点，其承载力高、刚度大，且具有良好的延性和抗震性能，同时防火性能也很好。

由于柱内配置的型钢骨架参与受压，故型钢混凝土柱减小柱子截面尺寸效果十分明显。在相同外力作用下，与钢筋混凝土柱相比可使柱截面面积减小30%～40%。此外，不但能提高轴心受力、小偏心受力柱的承载力，还能提高大偏心受力柱的承载力，对 $\lambda <$ 2 的短柱抗剪也很有效。

房屋高度大、柱距大、柱轴力很大时，以及抗震等级为特一级的钢筋混凝土柱，宜采用型钢混凝土柱。目前型钢混凝土柱较多用在高层建筑的下层部位柱、转换层以下的转换柱，也有的工程全部采用型钢混凝土梁、柱，如上海的金茂大厦、环球金融中心，北京的财富中心，冠城园 A 楼，陕西信息大厦，海口金融大厦等。

型钢混凝土柱节点核心区构造复杂，框架梁纵向受力钢筋必须穿过型钢骨架腹板，故对型钢骨架的制作、安装要求较高，施工较为麻烦。

抗震设计时，混合结构中型钢混凝土柱的轴压比不宜大于表 7.1.7 的限值，轴压比可按下式计算：

$$\mu_N = N/(f_c A_c + f_a A_a)$$

式中　μ_N——型钢混凝土柱的轴压比；

　　　N——考虑地震组合的柱轴向力设计值；

　　　A_c——扣除型钢后的混凝土截面面积；

　　　f_c——混凝土的轴心抗压强度设计值；

　　　f_a——型钢的抗压强度设计值；

　　　A_a——型钢的截面面积。

型钢混凝土柱的轴压比限值

表 7.1.7

抗震等级	一	二	三
轴压比限值	0.70	0.80	0.90

注：1. 转换柱的轴压比应比表中数值减少 0.10 采用；

　　2. 剪跨比不大于 2 的柱，其轴压比应比表中数值减少 0.05 采用；

　　3. 当采用 C60 以上混凝土时，轴压比宜减少 0.05。

(2) 钢管混凝土柱

钢管混凝土柱可使钢管内的混凝土处于有效侧向约束下，形成三向应力状态，因而能大大提高柱的抗压承载力，同时抗剪强度和抗扭承载力也几乎提高一倍。研究还表明：钢管内的混凝土受压破坏为延性破坏，即具有良好的延性和抗震性能。钢管混凝土柱刚度大、截面小，其防火性能也比钢结构要好。

钢管混凝土减小柱子截面尺寸效果十分明显：如钢管内采用高强混凝土浇筑，可以使柱截面减小至原截面面积的 50% 以上。

钢管混凝土柱用在高度大、柱中轴力很大的高层建筑的下层部位柱效果较好。抗震等级为特一级的钢筋混凝土柱，宜采用钢管混凝土柱。近年来，整个结构采用钢管混凝土的高层建筑也相继出现，深圳的地王大厦、赛格广场、广州的新中国大厦、香港的长江中心等都是大家所熟知的工程实例。

钢管混凝土柱的缺点是梁柱节点构造复杂，对钢管及节点的设计、制作、安装施工等要求较高。有待进一步完善和改进。

为了更有效地满足高层建筑不同情况下柱子的强度和刚度的要求，设计时也可将上述不同类型的柱子进行组合，使之充分发挥各自的优点，克服缺点。例如将型钢混凝土柱中的型钢改用钢管，成为以钢管为芯柱的型钢混凝土柱，这种柱子具有以下优点：①核心钢管对其管内高强混凝土的有效约束，使这种柱子比相同截面尺寸的型钢混凝土柱或增设钢筋混凝土芯柱具有更高的整截面承载力和更好的延性；②核心钢管的存在，增强了柱子的抗剪承载力，提高了框架节点核心区的抗剪强度；③避免钢管混凝土柱框架的复杂节点构造，防火性能好。总之，应根据具体工程实际，考虑结构体系、抗侧力刚度、承载能力、施工条件、经济等多种因素分析比较，确定合适的柱子类型。

八、楼盖主梁不宜搁置在核心筒或内筒的连梁上

（一）相关规范的规定

1.《高规》第9.1.10条规定：

楼盖主梁不宜搁置在核心筒或内筒的连梁上。

2.《抗规》第6.7.3条规定：

楼面大梁不宜支承在内筒连梁上。楼面大梁与内筒或核心筒墙体平面外连接时，应符合本规范第6.5.3条的规定。

3.《混规》未述及。

（二）对规范的理解

楼面主梁搁置在核心筒的连梁上，由于连梁截面宽度较小，一方面不能有效约束楼面梁，同时也会使连梁产生较大的扭转，对连梁受力十分不利。

楼面主梁搁置在核心筒的连梁上，还会使连梁产生较大的剪力，容易产生连梁的脆性破坏，应尽量避免。

抗震设计时，试验表明，在往复荷载作用下，锚固在连梁内的楼面梁纵向受力钢筋有可能产生滑移，与楼面梁连接的连梁混凝土有可能拉脱。

还需特别注意的是：连梁作为剪力墙抗震第一道防线，在地震作用特别是强震下，可能率先开裂、出铰甚至破坏，楼面梁支承在连梁上，势必造成楼面梁也连续破坏。

（三）设计建议

1. 应多和建筑及其他专业协商、沟通，在满足功能要求的前提下，将此处的墙洞移位，尽量避免楼面梁特别是楼面主梁支承在核心筒的连梁上。

2. 将楼面梁移位，或局部改变梁的平面布置，使楼面梁支承在核心筒剪力墙上。

3. 若有楼板次梁等截面较小的梁支承在连梁上，不可避免时，次梁与连梁的连接可按铰接处理，铰出在次梁端部。

九、抗震设计时框-筒结构的框架部分楼层地震剪力标准值的调整

（一）相关规范的规定

1.《高规》第9.1.11条规定：

抗震设计时，筒体结构的框架部分按侧向刚度分配的楼层地震剪力标准值应符合下列规定：

1 框架部分分配的楼层地震剪力标准值的最大值不宜小于结构底部总地震剪力标准值的10%。

2 当框架部分分配的地震剪力标准值的最大值小于结构底部总地震剪力标准值的10%时，各层框架部分承担的地震剪力标准值应增大到结构底部总地震剪力标准值的

15%；此时，各层核心筒墙体的地震剪力标准值宜乘以增大系数 1.1，但可不大于结构底部总地震剪力标准值，墙体的抗震构造措施应按抗震等级提高一级后采用，已为特一级的可不再提高。

3 当框架部分分配的地震剪力标准值小于结构底部总地震剪力标准值的 20%，但其最大值不小于结构底部总地震剪力标准值的 10%时，应按结构底部总地震剪力标准值的 20%和框架部分楼层地震剪力标准值中最大值的 1.5 倍二者的较小值进行调整。

按本条第 2 款或第 3 款调整框架柱的地震剪力后，框架柱端弯矩及与之相连的框架梁端弯矩、剪力应进行相应调整。

有加强层时，本条框架部分分配的楼层地震剪力标准值的最大值不应包括加强层及其上、下层的框架剪力。

2.《抗规》第 6.7.1 条第 2 款规定：

框架-核心筒结构应符合下列要求：

除加强层及其相邻上下层外，按框架-核心筒计算分析的框架部分各层地震剪力的最大值不宜小于结构底部总地震剪力的 10%。当小于 10%时，核心筒墙体的地震剪力应适当提高，边缘构件的抗震构造措施应适当加强；任一层框架部分承担的地震剪力不应小于结构底部总地震剪力的 15%。

3.《混规》未述及。

（二）对规范的理解

1. 水平荷载作用下，框架-核心筒结构的受力特点和框架-剪力墙结构一样，如果结构布置合理，构件截面尺寸恰当，各层框架承担的地震剪力占结构底部总地震剪力的比例不致太小。如果大于 20%，则框架部分的地震剪力可不调整；如果小于 20%而大于 10%，可按第六章第一节"三、抗震设计时框架-剪力墙结构框架部分的内力调整"中框架-剪力墙结构的方法调整框架柱及与之相连的框架梁的剪力和弯矩。总之，"不缺不补，多缺多补，少缺少补，缺多少补多少"。从而保证框架-核心筒结构可以形成外周边框架与核心筒协同工作的双重抗侧力结构体系。满足结构的抗震性能要求。

2. 但由于框架-核心筒结构的筒体剪力墙集中布置在结构平面中央，形成刚度很大、承载能力很高、空间性能很好的封闭的核心筒，框架分散布置在平面周边，数量又少，若外框周边框架柱的柱距过大、梁高过小，造成其刚度过低、核心筒刚度过高，结构底剪力主要由核心筒承担。致使核心筒和外框架在结构刚度、承载能力、空间性能上差异过大，当框架部分分配的地震剪力小于结构底部总地震剪力的 10%时，意味着筒体结构的外周边框架刚度过弱，如果框架的总剪力仍按框架-剪力墙结构的方法调整，则框架部分承担的剪力最大值的 1.5 倍可能过小，不能满足结构的抗震设计要求。一般情况下，房屋高度越高时，越不容易满足此要求。因此规范规定了新的调整方法，即各层框架剪力按结构底部总地震剪力的 15%进行调整，同时要求对核心筒的设计剪力和抗震构造措施予以加强。以保证框架-核心筒结构满足抗震设计要求。

（三）设计建议

1. 抗震设计时，框架-核心筒结构框架部分楼层地震剪力标准值的调整，可按以下方法进行。

（1）当各层框架部分承担的地震剪力标准值的最大值占结构底部总地震剪力标准值的

比例小于20%而大于10%时，按第六章第一节"三、抗震设计时框架-剪力墙结构框架部分的内力调整"中框架-剪力墙结构的方法调整框架柱及框架梁的剪力和弯矩。

（2）当各层框架部分承担的地震剪力标准值的最大值占结构底部总地震剪力标准值的比例小于10%时，各层框架部分承担的地震剪力标准值应增大到结构底部总地震剪力标准值的15%；此时，各层核心筒墙体的地震剪力标准值宜乘以增大系数1.1，但可不大于结构底部总地震剪力标准值，墙体的抗震构造措施应按抗震等级提高一级后采用，已为特一级的可不再提高。

若框架柱很少，按规定各层框架部分承担的地震剪力标准值增大到结构底部总地震剪力标准值的15%导致框架部分超筋，则应加大框架柱或梁的截面尺寸，或采用型钢混凝土柱、梁。

（3）当各层框架部分承担的地震剪力标准值的最大值占结构底部总地震剪力标准值的比例大于20%，则框架部分的地震内力可不调整。不过对框架-核心筒结构而言，这种情况几乎不会出现。

2. 对带加强层的框架-核心筒结构，框架部分最大楼层地震剪力不包括加强层及其相邻上、下楼层的框架剪力。

3.《高规》和《抗规》在各层框架部分承担的地震剪力标准值的最大值占结构底部总地震剪力标准值的比例小于10%时的内力调整有所区别：对各层核心筒墙体地震剪力标准值的调整及抗震构造措施，《高规》规定更为具体、可操作性强："此时，各层核心筒墙体的地震剪力标准值宜乘以增大系数1.1，但可不大于结构底部总地震剪力标准值，墙体的抗震构造措施应按抗震等级提高一级后采用，已为特一级的可不再提高"；而《抗规》的规定较为原则："当小于10%时，核心筒墙体的地震剪力应适当提高，边缘构件的抗震构造措施应适当加强"。

一般情况下，框架部分承担的地震剪力标准值增大到结构底部总地震剪力标准值的15%，墙体的地震剪力标准值宜乘以增大系数1.1，可满足抗震要求。但当地震作用下墙体开裂（特别是连梁开裂）严重，承载能力降低较多时，墙体的地震剪力标准值仅增大1.1倍是否满足抗震要求？所以，此时核心筒墙体的地震剪力标准值调整宜根据具体工程的实际情况"适当提高"。不一定仅限于1.1倍。而核心筒墙体（而不仅仅是边缘构件）的抗震构造措施建议按抗震等级提高一级后采用，已为特一级的可不再提高。

4. 框架部分的内力调整，必须在满足规范关于楼层最小地震剪力系数的前提下进行。若经计算结构已经满足楼层最小地震剪力系数的要求，则按规定乘以剪力增大系数即可，若不满足，则首先应改变结构布置或调整结构总剪力和各楼层的水平地震剪力使之满足要求，再进行框架部分的内力调整。

第二节　框架-核心筒结构

一、结构布置

（一）相关规范的规定

1.《高规》第9.2.1条、第9.2.3条规定：

第 9.2.1 条

核心筒宜贯通建筑物全高。核心筒的宽度不宜小于筒体总高的 1/12，当筒体结构设置角筒、剪力墙或增强结构整体刚度的构件时，核心筒的宽度可适当减小。

第 9.2.3 条

框架-核心筒结构的周边柱间必须设置框架梁。

2.《抗规》第 6.7.1 条第 1 款规定：

框架-核心筒结构应符合下列要求：

核心筒与框架之间的楼盖宜采用梁板体系；部分楼层采用平板体系时应有加强措施。

3.《混规》未述及。

（二）对规范的理解

1. 核心筒是框架-核心筒结构的主要抗侧力结构，应有足够的抗侧力刚度以满足结构承载力和侧向位移的要求。内筒细而长、高宽比过大，则可能不能满足上述要求。分析表明：一般情况下，当核心筒的宽度不小于筒体总高度的 1/12 时，筒体结构的层间位移能满足规定。同时，核心筒应尽量贯通建筑物全高，以使结构楼层侧向刚度尽可能均匀变化、不发生突变。

2. 由于框架-核心筒结构外周框架的柱距较大，为了保证其整体性，外周框架柱间必须要设置框架梁，形成周边框架。工程实践证明，纯无梁平板楼盖会影响框架-核心筒结构的整体刚度和抗震性能，尤其是板柱节点的抗震性能较差。因此，在采用无梁平板楼盖时，更应在各层楼盖沿周边框架柱设置框架梁。注意此条为强制性条文，应严格执行。

3. 当内筒外框间采用不设梁的平板楼盖时，由于平板基本上不传递水平荷载所产生的弯矩，翼缘框架中间柱的轴力是通过角柱传递过来的（空间作用），当外框柱距增大、裙梁的跨高比增大时，框架-核心筒结构的剪力滞后加重，翼缘框架中间柱的轴力将随着框架柱距的增大而减小，当柱距大到一定程度时，中间柱子的轴力将很小。这会使得框架部分分担的剪力和倾覆力矩很小，即使外框柱抗侧力刚度较大、承载能力较强，也不能充分发挥其作用；当楼层采用平板结构且核心筒较柔时，地震作用下结构的层间位移角还可能不能满足规范要求。而核心筒与周边框架之间采用梁板结构时，各层梁对核心筒有一定的约束作用，使得内筒和外框能很好地协同工作。所以，只要功能允许，框架-核心筒结构的外框架柱与核心筒外墙间应尽可能设置框架梁。《抗规》明确规定：核心筒与框架之间的楼盖宜采用梁板体系；部分楼层采用平板体系时应有加强措施。

（三）设计建议

1. 平面布置

（1）建筑平面形状及核心筒布置与位置宜规则、对称。

（2）框架-核心筒结构的内筒与外框架的中距，非抗震设计时不宜大于 15m，抗震设计时不宜大于 12m。超过时，应采取合理、可靠的措施。详见本节"二、对框架-核心筒结构平面布置的一点看法"。

（3）框架-核心筒结构的筒体应符合下列规定：

1）核心筒应具有良好的整体性，墙肢宜均匀、对称布置。

2）核心筒的高宽比宜小于等于 12，边长不宜小于外框架或外框筒相应边长的 1/3，当外框架内设置角筒或剪力墙时，核心筒的边长可适当减小。

3）核心筒的周边宜闭合，楼梯、电梯间应布置钢筋混凝土内墙。

（4）框架-核心筒结构的周边柱间必须设置框架梁。梁、柱的中心线宜重合，如难以实现时，宜在梁端水平加腋，使梁端处中心线与柱中心线接近重合，见图7.2.1。核心筒与外框柱之间应尽可能设置框架梁，部分楼层采用平板

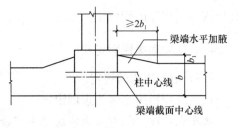

图7.2.1　梁端水平加腋（平面）

体系时，应有加强措施。框架梁、柱的截面尺寸、柱轴压比限值等应按框架、框架-剪力墙结构的要求控制。

（5）外框角柱应采用两个方向对称的截面形式（如正方形等），外框边柱若截面形式为矩形，则应使矩形长边与平面周边垂直布置。

（6）楼盖主梁不宜搁置在核心筒的连梁上。

（7）当内筒偏置、长宽比大于2时，为减小结构在水平地震作用下的扭转效应，增强结构的扭转刚度，宜采用框架-双筒结构。

考虑到双筒间的楼板因传递双筒间的力偶会产生较大的平面剪力，当框架-双筒结构的双筒间楼板开洞时，其有效楼板宽度不宜小于楼板典型宽度的50%，洞口附近楼板应加厚，采用双层双向配筋，且每层单向配筋率不应小于0.25%；双筒间楼板应按弹性板进行细化分析。

2. 竖向布置

（1）核心筒是框架-核心筒结构的主要抗侧力结构，应尽量贯通建筑物全高。

（2）外墙洞口沿竖向宜上、下对齐，成列布置，洞间墙肢的截面高度不宜小于1200mm。

（3）核心筒墙体的厚度应符合下列规定：

1）核心筒墙体应按本书第五章第二节"一、剪力墙的截面厚度"验算墙体稳定，且外墙厚度不应小于200mm，内墙厚度不应小于160mm。必要时可设置扶壁柱或扶壁墙。剪力墙在重力荷载代表值作用下的墙肢轴压比不宜超过0.4（一级、9度）、0.5（一级、7、8度）、0.6（二、三级）；

2）核心筒底部加强部位及相邻上一层的墙厚应保持不变，其上部的墙厚及核心筒内部的墙体数量可根据内力的变化及功能需要合理调整，但其侧向刚度应符合竖向规则性的要求；

3）为了防止核心筒中出现小墙肢等薄弱环节，核心筒外墙不宜在筒体角部设置门洞，当不可避免时，筒角内壁至洞口的距离不应小于500mm和开洞墙截面厚度两者的较大值，同时门洞宜设置在约束边缘构件 l_c 范围之外。核心筒的外墙不宜在水平方向连续开洞。对个别无法避免的小墙肢，应控制最小截面高度，增加配筋，提高小墙肢的延性，洞间墙肢截面高度不宜小于1.2m。当洞间墙肢截面高度与厚度之比小于4时，宜按框架柱进行截面设计。

4）核心筒外墙上的较大门洞（洞口宽大于1.2m）宜竖向连续布置，以使其内力变化保持连续性；洞口连梁的跨高比不宜大于4，且其截面高度不宜小于600mm，以使核心筒具有较强抗弯能力与整体刚度。

（4）框架结构沿竖向应保持贯通，不应在中下部抽柱收进；柱截面尺寸沿竖向的变化

宜与核心筒墙厚的变化错开。

二、核心筒墙体的设计

（一）相关规范的规定

1.《高规》第9.2.2条规定：

抗震设计时，核心筒墙体设计尚应符合下列规定：

1 底部加强部位主要墙体的水平和竖向分布钢筋的配筋率均不宜小于0.30%；

2 底部加强部位约束边缘构件沿墙肢的长度宜取墙肢截面高度的1/4，约束边缘构件范围内应主要采用箍筋；

3 底部加强部位以上宜按本规程7.2.15条的规定设置约束边缘构件。

2.《抗规》第6.7.2条第2款规定：

框架-核心筒结构的核心筒、筒中筒结构的内筒，其抗震墙除应符合本规范第6.4节的有关规定外，尚应符合下列要求：

框架-核心筒结构一、二级筒体角部的边缘构件宜按下列要求加强：底部加强部位，约束边缘构件范围内宜全部采用箍筋，且约束边缘构件沿墙肢的长度宜取墙肢截面高度的1/4，底部加强部位以上的全高范围内宜按转角墙的要求设置约束边缘构件。

3.《混规》第11.7.17条第4款规定：

剪力墙两端及洞口两侧应设置边缘构件，并宜符合下列要求：

对框架-核心筒结构，一、二、三级抗震等级的核心筒角部墙体的边缘构件尚应按下列要求加强：底部加强部位墙肢约束边缘构件的长度宜取墙肢截面高度的1/4，且约束边缘构件范围内宜全部采用箍筋；底部加强部位以上宜按本规范图11.7.18的要求设置约束边缘构件。

（二）对规范的理解

1. 抗震设计时，框架-核心筒结构的核心筒、筒中筒结构的内筒，都是由剪力墙组成的，也都是结构的主要抗侧力竖向构件，所受剪力大，倾覆力矩大，应采取可靠的抗震措施，以保证剪力墙底部加强部位有足够的承载能力、变形能力和延性，以使筒体具有足够大的抗震能力。为此，规范对其底部加强部位水平和竖向分布钢筋的配筋率、边缘构件设置提出了比一般剪力墙结构更高的要求，对核心筒角部的抗震构造措施特别予以加强。

2. 对约束边缘构件范围内采用的约束钢筋，《抗规》、《混规》规定"宜全部采用箍筋"。但是，约束边缘构件通常需要一个沿周边的大箍，再加上各个小箍或拉筋，而小箍是无法勾住大箍的，会造成大箍的长边无支长度过大，起不到应有的约束作用。为了更好地约束混凝土，提高延性，2010版《高规》第9.2.2条第2款将2002《高规》中"约束边缘构件范围内全部采用箍筋"的规定改为主要采用箍筋，即采用箍筋与拉筋相结合的配箍方法。

3.《抗规》规定抗震等级为一、二级筒体角部边缘构件的设置，《混规》则是一、二、三级；而《高规》未明确抗震等级。事实上，框架-核心筒结构没有四级抗震等级，三级的情况也很少。按《高规》设计较好。

（三）设计建议

1. 框架-核心筒结构的核心筒角部和一般剪力墙结构的剪力墙墙肢对约束边缘构件的设置要求区别见表7.2.2。未述及的构造要求均按第五章一般剪力墙墙肢设计。

核心筒角部和剪力墙结构的墙肢边缘构件设置要求区别　　　　表 7.2.2

	设置范围		约束边缘构件的长度 l_c							约束钢筋要求
	底部加强部位	其他部位	项目	一级（9 度）		一级（7、8 度）		二、三级		
				$\mu_N \leqslant 0.2$	$\mu_N > 0.2$	$\mu_N \leqslant 0.3$	$\mu_N > 0.3$	$\mu_N \leqslant 0.4$	$\mu_N > 0.4$	
一般剪力墙结构的剪力墙墙肢	约束边缘构件	构造边缘构件	暗柱	$0.20h_w$	$0.25h_w$	$0.15h_w$	$0.20h_w$	$0.15h_w$	$0.20h_w$	箍筋或拉筋
			翼墙或端柱	$0.15h_w$	$0.20h_w$	$0.10h_w$	$0.15h_w$	$0.10h_w$	$0.15h_w$	
框-筒结构的核心筒角部	约束边缘构件	宜设约束边缘构件	$0.25h_w$							主要采用箍筋

注：1. 对一般剪力墙结构的剪力墙墙肢，约束边缘构件的长度 l_c 不应小于表中相应数值、墙厚和 400mm 三者的较大值，有翼墙或端柱时尚不应小于翼墙厚度或端柱沿墙肢方向截面高度加 300mm；

2. 计算框架-核心筒结构墙肢的约束边缘构件的 l_c 时，h_w 取筒墙的边长。

2. 建议剪力墙底部加强部位以上一层墙体端部应设置约束边缘构件。

3. 底部加强部位主要墙体的水平和竖向分布钢筋的配筋率均不宜小于 0.30%；底部加强部位以上部位主要墙体的水平和竖向分布钢筋的配筋率可酌情减小，但均不应小于 0.25%；对底部加强部位以上 1～4 层（过渡层）主要墙体的水平和竖向分布钢筋的配筋率建议不宜小于 0.30%。

三、核心筒连梁、外框筒梁和内筒连梁的设计

（一）相关规范的规定

1.《高规》第 9.1.7 条第 5 款、第 9.2.4 条、第 9.3.6 条、第 9.3.8 条、第 9.3.7 条规定：

第 9.1.7 条第 5 款

抗震设计时，核心筒、内筒的连梁宜配置对角斜向钢筋或交叉暗撑。

第 9.2.4 条

核心筒连梁的受剪截面应符合本规程第 9.3.6 条的要求，其构造设计应符合本规程第 9.3.7、9.3.8 条的有关规定。

第 9.3.6 条

外框筒梁和内筒连梁的截面尺寸应符合下列规定：

1　持久、短暂设计状况

$$V \leqslant 0.25\beta_c f_c b_b h_{b0} \qquad (9.3.6\text{-}1)$$

2　地震设计状况

1）跨高比大于 2.5 时

$$V \leqslant \frac{1}{\gamma_{RE}}(0.20\beta_c f_c b_b h_{b0}) \qquad (9.3.6\text{-}2)$$

2）跨高比不大于 2.5 时

$$V \leqslant \frac{1}{\gamma_{RE}}(0.15\beta_c f_c b_b h_{b0}) \qquad (9.3.6\text{-}3)$$

式中：V ——外框筒梁和内筒连梁剪力设计值；

　　b_b ——外框筒梁和内筒连梁截面宽度；

　　h_{b0} ——外框筒梁和内筒连梁截面的有效高度；

　　β_c ——混凝土强度影响系数，应按本规程第 6.2.6 条规定采用。

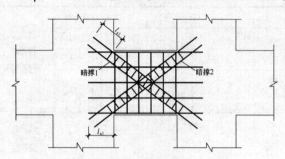

图 9.3.8　梁内交叉暗撑的配筋

第 9.3.8 条

跨高比不大于 2 的框筒梁和内筒连梁宜增配对角斜向钢筋。跨高比不大于 1 的框筒梁和内筒连梁宜采用交叉暗撑（图 9.3.8），且应符合下列规定：

　　1　梁的截面宽度不宜小于 400mm；

　　2　全部剪力应由暗撑承担，每根暗撑应由不少于 4 根纵向钢筋组成，纵筋直径不应小于 14mm，其总面积 A_s 应按下列公式计算：

　　1）持久、短暂设计状况

$$A_s \geqslant \frac{V_b}{2f_y\sin\alpha} \tag{9.3.8-1}$$

　　2）地震设计状况

$$A_s \geqslant \frac{\gamma_{RE}V_b}{2f_y\sin\alpha} \tag{9.3.8-2}$$

式中：α ——暗撑与水平线的夹角；

　　3　两个方向暗撑的纵向钢筋应采用矩形箍筋或螺旋箍筋绑成一体，箍筋直径不应小于 8mm，箍筋间距不应大于 150mm；

　　4　纵筋伸入竖向构件的长度不应小于 l_{a1}，非抗震设计时 l_{a1} 可取 l_a；抗震设计时 l_{a1} 宜取 $1.15\,l_a$；

　　5　梁内普通箍筋的配置应符合本规程第 9.3.7 条的构造要求。

第 9.3.7 条（略）

2.《抗规》第 6.7.4 条规定：

一、二级核心筒和内筒中跨高比不大于 2 的连梁，当梁截面宽度不小于 400mm 时，可采用交叉暗柱配筋，并应设置普通箍筋；截面宽度小于 400mm 但不小于 200mm 时，除配置普通箍筋外，可另增设斜向交叉构造钢筋。

3.《混规》第 11.7.9 条、第 11.7.10 条、第 11.7.11 条规定：

第 11.7.9 条抗震设计时连梁截面控制条件与《高规》第 9.3.6 条规定一致。

第 11.7.10 条

对于一、二级抗震等级的连梁，当跨高比不大于 2.5 时，除普通箍筋外宜另配置斜向交叉钢筋，其截面限制条件及斜截面受剪承载力可按下列规定计算：

　　1　当洞口连梁截面宽度不小于 250mm 时，可采用交叉斜筋配筋（图 11.7.10-1），其截面限制条件及斜截面受剪承载力应符合下列规定：

　　1）受剪截面应符合下列要求：

$$V_{wb} \leqslant \frac{1}{\gamma_{RE}} (0.25\beta_c f_c b h_0) \tag{11.7.10-1}$$

2）斜截面受剪承载力应符合下列要求：

$$V_{wb} \leqslant \frac{1}{\gamma_{RE}} \left[0.4 f_t b h_0 + (2.0\sin\alpha + 0.6\eta) f_{yd} A_{sd} \right] \tag{11.7.10-2}$$

$$\eta = (f_{sv} A_{sv} h_0) / (s f_{yd} A_{yd}) \tag{11.7.10-3}$$

式中：η——箍筋与对角斜筋的配筋强度比，当小于0.6时取0.6，当大于1.2时取1.2；

α——对角斜筋与梁纵轴的夹角；

f_{yd}——对角斜筋的抗拉强度设计值；

A_{sd}——单向对角斜筋的截面面积；

A_{sv}——同一截面内箍筋各肢的全部截面面积。

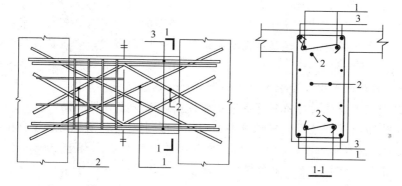

图 11.7.10-1　交叉斜筋配筋连梁

1—对角斜筋；2—折线筋；3—纵向钢筋

2　当连梁截面宽度不小于400mm时，可采用集中对角斜筋配筋（图11.7.10-2）或对角暗撑配筋（图11.7.10-3），其截面限制条件及斜截面受剪承载力应符合下列规定：

1）受剪截面应符合式（11.7.10-1）的要求。

2）斜截面受剪承载力应符合下列要求：

$$V_{wb} \leqslant \frac{2}{\gamma_{RE}} f_{yd} A_{sd} \sin\alpha \tag{11.7.10-4}$$

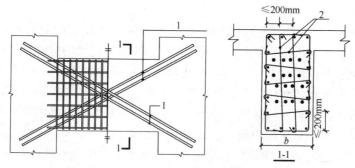

图 11.7.10-2　集中对角斜筋配筋连梁

1—对角斜筋；2—拉筋

393

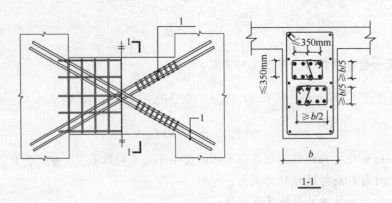

图 11.7.10-3　对角暗撑配筋连梁
1—对角暗撑

第 11.7.11 条第 1、2、3、4 款

剪力墙及筒体洞口连梁的纵向钢筋、斜筋及箍筋的构造应符合下列要求：

1　……；交叉斜筋配筋连梁单向对角斜筋不宜少于 2φ12，单组折线筋截面面积可取单向对角斜筋截面面积之半。直径不宜小于 12mm；集中对角斜筋配筋连梁和对角暗撑连梁中每组对角斜筋应至少由 4 根直径不小于 14mm 钢筋组成。

2　交叉斜筋配筋连梁对角斜筋在梁端部位应设不少于 3 根拉筋，拉筋间距不应大于连梁宽度和 200mm 较小值，直径不应小于 6mm；集中对角斜筋配筋连梁应在梁截面内沿水平及竖直方向设双向拉筋，拉筋应勾住外侧纵筋，间距不应大于 200mm，直径不应小于 8mm；对角暗撑配筋连梁中暗撑箍筋外缘沿梁宽方向不宜小于梁宽的一半，另一方向不宜小于梁宽的 1/5；对角暗撑约束箍筋的间距不宜大于暗撑钢筋直径 6 倍，当计算间距小于 100mm 时可取 100mm，箍筋肢距不应大于 350mm。

……。

3　……；对角暗撑配筋连梁沿连梁全长箍筋的间距可按本规范表 11.3.6-2 中规定值的两倍取用。

4　连梁纵向受力钢筋、交叉斜筋伸入墙内的锚固长度不应小于 l_{aE}，且不应小于 600mm；……。

（二）对规范的理解

1. 规定连梁的截面控制条件理由同本书第五章第二节"十六、剪力墙连梁的剪压比限值"对规范的理解部分的第 1、2 款。

2. 国内外进行的连梁抗震受剪性能试验表明：采用不同的配筋方式，连梁达到所需延性时能承受的最大剪压比是不同的。通过改变小跨高比连梁的配筋方式，可以在不降低或有限降低连梁相对作用剪力（即不折减或有限折减连梁刚度）的条件下提高连梁的延性，使该类连梁发生剪切破坏时，其延性能力能够达到地震作用时剪力墙对连梁的延性需求，在跨高比较小的连梁（包括框筒梁和内筒连梁）增设交叉斜筋配筋，对提高其抗震性能有较好的作用。故可对连梁的截面控制条件适当放宽。

3. 但对跨高比较小的连梁采取增设交叉斜筋配筋的方法也有缺点：施工有一定难度，主要是墙体厚度尺寸不大，容易造成钢筋过于密集，影响混凝土对钢筋的握裹能力。

4.2010 版《混规》在对试验结果及相关成果进行分析研究的基础上，补充了跨高比小于 2.5 的连梁的抗震受剪设计规定。其中配置普通箍筋连梁的设计规定是参考《高规》的相关规定和国内外的试验结果得出的;交叉斜筋配筋连梁的设计规定是根据近年来国内外的试验结果及分析得出的;集中对角斜筋配筋连梁和对角暗撑配筋连梁的设计规定是参考美国 ACI318-08 规范的相关规定和国内外进行的试验结果给出的。《高规》、《抗规》对增设交叉斜筋配筋的适用范围等也作了规定。

5. 在水平地震作用下,框筒梁和内筒连梁的端部反复承受正、负弯矩和剪力,而一般的弯起钢筋无法承担正、负剪力,必须要加强箍筋配筋的构造要求。对框筒梁,由于梁高较大、跨度较小,对其纵向钢筋、腰筋的配置也应适当加强。

(三)设计建议

1.《高规》、《抗规》、《混规》对增设交叉斜筋配筋的适用范围规定有差别:

《高规》规定:跨高比不大于 2 的框筒梁和内筒连梁、梁的截面宽度不宜小于 400mm,宜增配对角斜向钢筋或采用交叉暗撑。

《抗规》规定:一、二级核心筒和内筒中跨高比不大于 2 的连梁、梁截面宽度不小于 200mm 时,可采用斜向交叉构造钢筋或交叉暗柱配筋。

《混规》规定:对于一、二级抗震等级的连梁,当跨高比不大于 2.5 时,除普通箍筋外宜另配置斜向交叉钢筋。

《高规》将增设交叉斜筋配筋的配筋方法主要用在跨高比不大于 2 的框筒梁和内筒连梁上。由于结构体系的原因,此类连梁不能通过在连梁上开洞等方式满足其抗剪要求,必须是跨高比很小的强连梁,以便和墙肢构成框筒或联肢墙。但对于抗震设计和非抗震设计均可采用。《抗规》也将增设交叉斜筋配筋的配筋方法主要用在跨高比不大于 2 的框筒梁和内筒连梁上,但只述及抗震设计且要求抗震等级为一、二级。《混规》则没有仅限制在框筒梁和内筒连梁上。笔者认为:抗震设计且跨高比较小的连梁,梁截面宽度不小于 250mm,剪压比又不满足《高规》式(7.2.7-2)或式(7.2.7-3)的规定,可采用配置普通箍筋外另配置斜向交叉钢筋的配筋方式;即使剪压比满足《高规》式(7.2.7-2)或式(7.2.7-3)的规定,只要钢筋不是过密,施工不很困难,可采用配置普通箍筋外另配置斜向交叉钢筋的配筋方式。即按《混规》的规定较好。

2. 三本规范根据连梁截面宽度(墙厚)的不同所采用的配筋方案亦有所不同。

《高规》规定:跨高比不大于 2 的框筒梁和内筒连梁宜增配对角斜向钢筋;跨高比不大于 1 的框筒梁和内筒连梁宜采用交叉暗撑。截面宽度则不宜小于 400mm。

《抗规》规定:当梁截面宽度不小于 400mm 时,可采用交叉暗柱配筋;截面宽度小于 400mm 但不小于 200mm 时,可另增设斜向交叉构造钢筋。

《混规》规定:当洞口连梁截面宽度不小于 250mm 时,可采用交叉斜筋配筋方案;当连梁截面宽度不小于 400mm 时,可采用集中对角斜筋配筋方案或对角暗撑配筋方案。

要注意这两种配筋方案在配筋构造上的区别。

3. 连梁的斜截面受剪承载力计算,《混规》根据配置交叉斜筋配筋并同时配置垂直箍筋和集中对角斜筋配筋或对角暗撑配筋两种配筋方式,有两个不同的计算公式,并且规定:剪力设计值取考虑地震效应组合的剪力设计值,不乘剪力放大系数;截面限制条件按《混规》式(11.7.10-1)条规定计算。即剪压比 μ_v 一律取 0.25。但《高规》仅给出了集中对角斜筋配筋或对角暗撑配筋的配筋方式及其计算公式,并规定:剪力设计值应按规定放大；截面限制条件亦应按规定从严控制。虽然在采用配置角斜筋配筋或对角暗撑斜截面受剪承载力计算时两者公式形式相同，但实际上，承载能力显然是有不小区别的。

4. 采用交叉斜筋配筋方法的核心筒连梁、外框筒梁和内筒连梁的设计建议如下：

(1) 斜截面受剪承载力计算，当采用交叉斜筋配筋方案时按《混规》式（11.7.10-2）、式（11.7.10-3）计算。此时：

① 剪力设计值可按《混规》第11.7.8条规定计算。取考虑地震效应组合的剪力设计值即可，不乘剪力放大系数。

② 截面限制条件按《混规》式（11.7.10-1）规定计算。即剪压比 μ_v 一律取0.25。

③ 在采用交叉斜筋配筋方案的连梁斜截面受剪承载力计算中，公式（11.7.10-2）仅能算出单向对角斜筋的截面面积，而同一截面内箍筋各肢的全部截面面积是通过给定箍筋与对角斜筋的配筋强度比 η，由公式（11.7.10-3）求得。

④《混规》未给出非抗震设计时的斜截面受剪承载力计算公式，建议参考《混规》式（11.7.10-2）、式（11.7.10-3）计算，此时，剪力设计值取非抗震设计时的组合剪力设计值，右端项删去承载力抗震调整系数 γ_{RE}，混凝土项、抗剪钢筋项的系数不放大，这是偏于安全的。

(2) 当采用集中对角斜筋配筋集中对角斜筋配筋或对角暗撑配筋方案时，建议剪力设计值按《高规》第7.2.21条规定计算，截面控制条件按《混规》式（11.7.10-1）规定计算，斜截面受剪承载力计算按《高规》式（9.3.8-1）或式（9.3.8-2）计算。此时：

① 考虑到采用集中对角斜筋配筋集中对角斜筋配筋或对角暗撑配筋方案的连梁一般均为筒体结构，高度较高，对连梁要求也高，这样做是偏于安全的。

② 非抗震设计时，连梁的斜截面受剪承载力可按《高规》式（9.3.8-1）计算。

即：

$$A_s \leqslant \frac{V_b}{2f_y \sin\alpha}$$

这是《混规》没有述及的。

(3) 交叉斜筋配筋连梁的配筋构造，《混规》的规定较《高规》全面、详细，建议按《混规》设计。

① 交叉斜筋配筋连梁单向对角斜筋不宜少于2φ12，单组折线筋截面面积可取单向对角斜筋截面面积之半。直径不宜小于12mm；集中对角斜筋配筋连梁和对角暗撑连梁中每组对角斜筋应至少由4根直径不小于14mm钢筋组成。

② 对角暗撑配筋连梁中暗撑箍筋外缘沿梁宽方向不宜小于梁宽的一半，另一方向不宜小于梁宽的1/5；对角暗撑约束箍筋的间距不宜大于暗撑钢筋直径6倍，当计算间距小于100mm时可取100mm，箍筋肢距不应大于350mm。

③ 梁内普通箍筋的配置，非抗震设计时，箍筋直径不应小于8mm，抗震设计时，箍筋直径不应小于10mm，箍筋间距均不应大于200mm。

④ 注意《混规》对于配置斜向交叉钢筋时拉筋的设置及最小直径、最大间距的规定。分两种情况（见《混规》第11.10.7条图11.7.10-1、图11.7.10-2、图11.7.10-3）：

交叉斜筋配筋连梁对角斜筋在梁端部位应设不少于3根拉筋，拉筋间距不应大于连梁宽度和200mm较小值，直径不应小于6mm；

集中对角斜筋配筋连梁应在梁截面内沿水平及竖直方向设双向拉筋，拉筋应勾住外侧纵筋，间距不应大于200mm，直径不应小于8mm。

5. 仅配置垂直箍筋的核心筒连梁、外框筒梁和内筒连梁的设计建议如下：

（1）剪力设计值可按《高规》第7.2.21条式（7.2.21-1）、式（7.2.21-2）规定计算。

（2）截面限制条件按《高规》第9.3.6条式（9.3.6-1）、式（9.3.6-2）、式（9.3.6-3）规定验算。

（3）斜截面受剪承载力计算，按《高规》式（7.2.23-1）、式（7.2.23-2）、式（7.2.23-3）计算。

（4）配筋构造除应满足《高规》第9.3.7条的要求外，尚应满足一般剪力墙连梁的相关构造要求。

《高规》第9.3.7条为强制性条文，必须严格执行。

6. 配置普通箍筋外另配置斜向交叉钢筋连梁的斜截面受剪承载力计算举例：

某钢筋混凝土框架-核心筒结构内筒剪力墙连梁，截面尺寸 $b \times h = 250\text{mm} \times 900\text{mm}$，抗震等级为一级，梁净跨 $L_0 = 1800\text{mm}$，混凝土强度等级为C40，纵向受力钢筋和斜向交叉钢筋均采用 HRB400，箍筋采用 HRB335，$a_s = a'_s = 35\text{mm}$。该连梁已配置斜向交叉钢筋 $2 \oplus 18$（单向，$A_s = 508.9\text{mm}^2$），对角斜筋与梁纵轴线夹角 $\alpha = 30°$（《混规》第11.7.10条图11.7.10-1）。

若该梁在重力荷载代表值作用下，按简支梁计算的梁端截面剪力设计值 $V_{GB} = 98\text{kN}$，连梁左、右端截面逆、顺时针方向的组合弯矩设计值 $M_b^l = M_b^r = 475.0\text{kN} \cdot \text{m}$，设计该连梁的垂直箍筋。

连梁斜截面受剪承载力计算按《混规》第11.7.10条进行

（1）计算剪力设计值

$$M_b^l = M_b^r = 475.0 \times 10^6, \quad L_n = 1800\text{mm}, \quad V_{Gb} = 98 \times 10^3$$

根据《混规》式（11.7.8-2），因配置有对角斜筋，即 $\eta_{vb} = 1.0$

即有

$$V_{wb} = 1.0 \times \frac{475 \times 10^6 \times 2}{1800} + 98 \times 10^3 = 625.8 \times 10^3\text{N}$$

（2）验算截面控制条件

截面控制条件应按式（11.7.10-1）验算

$$\gamma_{RE} = 0.85, \quad \beta_c = 1.0, \quad f_c = 19.1\text{N/mm}^2,$$

$$\frac{1}{\gamma_{RE}}(0.25\beta_c f_c b h_0) = \frac{1}{0.85} \times (0.25 \times 1.0 \times 19.1 \times 205 \times 865) = 1214.8 \times 10^3$$

$> 625.8 \times 10^3$ 满足要求

（3）计算斜截面受剪承载力

根据式（11.7.10-2）计算箍筋与对角斜筋的配筋强度比

$$f_t = 1.71\text{N/mm}^2, \quad \sin 30° = \frac{1}{2}, \quad \text{即有}$$

$$625.8 \times 10^3 \leqslant \frac{1}{0.85} \times \left[0.4 \times 1.71 \times 250 \times 865 + \left(2.0 \times \frac{1}{2} + 0.6\eta\right) \times 360 \times 508.9 \right]$$

整理可得 $\qquad \eta=1.83>1.2 \qquad$ 取 $\eta=1.2$

根据式（11.7.10-3）求 A_{sv}/s

$$f_{sv}=300\text{N/mm}^2$$

即有 $\qquad 1.2=(300\times A_{sv}\times 865)/(s\times 360\times 508.9)$

整理可得 $\qquad \dfrac{A_{sv}}{s}=0.845 \qquad$ 取 $s=100\text{mm}$，双肢箍

即有 $\qquad a_{sv}=42.3\text{mm}^2$

选 $2\Phi 8@100 \qquad A_{sv}/s=2\times 50.3/100=1.005>0.845$）

（4）核对是否满足抗震构造要求

根据《混规》第 11.7.11 条第 3 款规定，抗震设计时，沿连梁全长箍筋的构造宜按第 1.3.6 条和第 11.3.8 条框架梁梁端加密区箍筋的构造要求采用。即箍筋直径不应小于 10mm，间距不应大于 200mm，肢距不应大于 200mm。

选 $2\Phi 10@100 \qquad$ 满足抗震构造要求。

四、内筒偏置的框架-筒体结构扭转控制

（一）相关规范的规定

1.《高规》第 9.2.5 条规定：

对内筒偏置的框架-筒体结构，应控制结构在考虑偶然偏心影响的规定地震作用下，最大楼层水平位移和层间位移不应大于该楼层平均值的 1.4 倍，结构扭转为主的第一自振周期 T_t 与平动为主的第一自振周期 T_1 之比不应大于 0.85，且 T_1 的扭转成分不宜大于 30%。

2.《抗规》、《混规》未述及。

（二）对规范的理解

1. 框架-核心筒结构的典型平面布置是核心筒居平面中央，周边为框架。平面形状一般为双轴甚至多轴对称的正方形、矩形或切角三角形等。内筒偏置的框架-核心筒结构，其质心与刚心的偏心距较大，水平地震作用下结构的扭转效应明显增大，于抗震不利。对这类结构，应特别关注结构的扭转特性，控制结构的扭转反应。结构的位移比和周期比均按 B 级高度高层建筑从严控制。

2. 内筒偏置时，结构的第一自振周期 T_1 中会含有较大的扭转成分，为了改善结构抗震的基本性能，还需控制第一自振周期 T_1 中的扭转成分。

3. 本条为《高规》新增条文。

（三）设计建议

1. 按《高规》第 9.2.5 条规定设计。注意对平动周期下的要求：扭转成分不宜大于 30%，这比一般情况下只要平动成分大于 50% 就视为平动严格了许多。

2. 宜使结构第二自振周期为平动周期，避免为扭转周期。

五、内筒长宽比大于 2 时宜采用框架-双筒结构

（一）相关规范的规定

1.《高规》第 9.2.6 条、第 9.2.7 条规定：

第 9.2.6 条

当内筒偏置、长宽比大于 2 时，宜采用框架-双筒结构。

第 9.2.7 条

当框架-双筒结构的双筒间楼板开洞时，其有效楼板宽度不宜小于楼板典型宽度的 50％，洞口附近楼板应加厚，并应采用双层双向配筋，每层单向配筋率不应小于 0.25％；双筒间楼板宜按弹性板进行细化分析。

2.《抗规》、《混规》未述及。

（二）对规范的理解

1. 框架-核心筒结构内筒偏置、长宽比又大于 2 时，结构扭转效应更加突出。内筒采用双筒可增强结构的抗扭转刚度，减小结构在水平地震作用下的扭转效应。同时又可减小结构在两个主轴方向的抗侧力刚度的差异，适当增加建筑使用面积。

2. 水平力作用下，双筒间的力偶会产生较大的平面剪力。因此，双筒间的楼板应有足够的面内刚度和整体性，同时还应有足够的抗剪承载力，以保证双筒能更好地协同工作。《高规》对双筒间开洞楼板的构造作了具体规定，并要求按弹性板进行细化分析。

3. 本条为《高规》新增条文。

（三）设计建议

1. 所谓双筒是指在结构平面中央形成两个核心筒，每个核心筒都要满足前述有关核心筒的设计要求。如本章第一节"五、筒体结构核心筒或内筒设计的有关规定"、"六、核心筒或内筒的外墙开洞"、本章第二节"二、核心筒墙体的设计"、"三、核心筒连梁、外框筒梁和内筒连梁的设计"，而不是仅在原来的一个大筒中部长边外墙上开大洞。

2. 应尽量避免框架-双筒结构的双筒间楼板开洞。

3. 不可避免时，开洞面积不应大于双筒间楼板面积的 30％，其有效楼板宽度不宜小于楼板典型宽度的 50％。

双筒间楼板应按弹性板假定进行细化的连续体有限元分析。抗震设计时，宜按《高规》第 10.2.24 条验算楼板平面内的受剪承载力。

洞口附近楼板应加厚，采用双层双向配筋，且每层单向配筋率不应小于 0.25％。

第三节　筒中筒结构

一、筒中筒结构的平面形状

（一）相关规范的规定

1.《高规》第 9.3.1 条、第 9.3.2 条、第 9.3.4 条规定：

第 9.3.1 条

筒中筒结构的平面外形宜选用圆形、正多边形、椭圆形或矩形等，内筒宜居中。

第 9.3.2 条

矩形平面的长宽比不宜大于 2。

第 9.3.4 条

三角形平面宜切角，外筒的切角长度不宜小于相应边长的 1/8，其角部可设置刚度较大的角柱或角筒；内筒的切角长度不宜小于相应边长的 1/10，切角处的筒壁宜适当加厚。

2.《抗规》、《混规》未述及。

（二）对规范的理解

研究表明，筒中筒结构在水平荷载作用下，结构空间受力性能与其平面形状和构件尺寸等因素有关。在相同的水平荷载作用下，以圆形平面的侧向刚度和受力性能最佳，正多边形边数越多，"剪力滞后"现象越不明显，结构的空间作用越大；反之，边数越少，结构的空间作用越小。矩形平面相对更差。

研究分析还表明，当矩形平面长宽比为 1（正方形）时，外框筒翼缘框架角柱和中间柱在水平荷载作用下承受的轴力比约为 2.5～5.0，矩形平面的长宽比大于 2 时，外框筒的"剪力滞后"更突出，而当长宽比为 3 时，两者的比值大于 10.0，说明中间柱已不能发挥作用。

三角形平面的结构受力性能也较差，"剪力滞后"现象相对较严重，应尽量避免；三角形平面切角后，空间受力性能会相应改善。

（三）设计建议

1. 筒中筒结构的平面外形宜选用圆形、正多边形、椭圆形或矩形等，以圆形和正多边形为最佳。内筒宜居中。

2. 当设计为矩形平面时，筒中筒结构的平面形状应尽可能接近正方形，长宽比不宜大于 2.0。

3. 当设计为三角形平面时，宜通过切角使其成为六边形来改善外框筒的"剪力滞后"现象，提高结构的空间受力性能。或在角部设置刚度较大的角柱或角筒，以避免角部应力过分集中（图 7.3.1）。外框筒的切角长度不宜小于相应边长的 1/8，内筒的切角长度不宜小于相应边长的 1/10，切角处的筒壁宜适当加厚。

图 7.3.1　三角形平面结构布置示意

二、筒中筒结构的内筒尺寸

（一）相关规范的规定

1.《高规》第 9.3.3 条规定：

内筒的宽度可为高度的 1/12～1/15，如有另外的角筒或剪力墙时，内筒平面尺寸可适当减小。内筒宜贯通建筑物全高，竖向刚度宜均匀变化。

2.《抗规》、《混规》未述及。

（二）对规范的理解

内筒是筒中筒结构的抗侧力的主要子结构，应有足够的抗侧力刚度以满足结构承载力和侧向位移的要求。由于筒中筒结构内外都是筒，故对内筒高宽比的要求较框架-核心筒结构中的核心筒的要求可适当放宽。同样，内筒应尽量贯通建筑物全高，以使结构楼层侧向刚度尽可能均匀变化，不发生突变。

（三）设计建议

1. 水平荷载作用下，筒中筒结构中的内筒以弯曲变形为主，而外框筒的剪切型变形成分较大，两者通过楼板协同工作。内筒的高宽比不宜小于 $1/12 \sim 1/15$，如因建筑功能原因，内筒平面尺寸较小，不能满足以上要求时，宜增设角筒或剪力墙或内筒外墙适当加厚。

2. 内筒宜贯通建筑物全高，竖向刚度宜均匀变化。内筒外墙底部加强部位及相邻上二层的墙体厚度应保持不变，其以上部位的墙厚及内筒内部的墙体数量应根据内力的变化及功能需要合理调整，沿高度方向墙体厚度的变化应渐变而不要突变，墙体厚度的变化和混凝土强度等级的变化应错开 1 层。

三、筒中筒结构外框筒布置的有关规定

（一）相关规范的规定

1.《高规》第 9.3.5 条规定：

外框筒应符合下列规定：

1 柱距不宜大于 4m，框筒柱的截面长边应沿筒壁方向布置，必要时可采用 T 形截面；

2 洞口面积不宜大于墙面面积的 60％，洞口高宽比宜与层高和柱距之比值相近；

3 外框筒梁的截面高度可取柱净距的 1/4；

4 角柱截面面积可取中柱的 $1 \sim 2$ 倍。

2.《抗规》、《混规》未述及。

（二）对规范的理解

1. 除平面形状外，筒中筒结构外框筒的空间作用的大小还与柱距、墙面开洞率，以及洞口高宽比与层高对柱距之比、裙梁的跨高比、角柱截面面积等因素有关，矩形平面外框筒的柱距越接近层高、墙面开洞率越小，洞口高宽比与层高和柱距之比越接近，外框筒的空间作用越强。因此，《高规》对矩形平面外框筒的柱距、墙面开洞率、洞口高宽比等作出规定。

2. 由于外框筒在侧向荷载作用下的"剪力滞后"现象，角柱的轴向力约为邻柱的 $1 \sim 2$ 倍，为了减小各层楼盖的翘曲，角柱的截面宜适当加大。

（三）设计建议

《高规》在这里仅给出了筒中筒结构外框筒布置的有关规定，为方便设计，笔者对筒中筒结构的结构布置建议如下：

1. 平面布置

结构平面布置应尽可能简单、规则、均匀、双轴（或多轴）对称，不应采用严重不规则的结构布置。

内筒的外墙与外框筒柱间的中心距离，非抗震设计时不宜大于 15m，抗震设计时不宜大于大于 12m。超过时，应采取合理、可靠的措施。

内筒的周边宜闭合，楼梯、电梯间应布置混凝土墙体。

楼盖主梁不宜搁置在内筒的连梁上。

2. 竖向布置

(1) 内筒

内筒系筒中筒结构抗侧力的主要子结构，为了使筒中筒结构具有足够的侧向刚度，内筒的刚度不宜过小，其边长可取筒体结构高度的 1/15～1/12；当外框筒内设置刚度较大的角筒或剪力墙时，内筒平面尺寸可适当减小。

内筒应按本书第五章第二节"一、剪力墙的截面厚度"验算墙体稳定，且外墙厚度不应小于 20mm，内墙墙厚不应小于 160mm。必要时可设置扶壁柱或扶壁墙。剪力墙在重力荷载代表值作用下的墙肢轴压比不宜超过 0.4（一级、9 度）、0.5（一级、7、8 度）、0.6（二、三级）。

内筒的内部墙肢布置宜均匀、对称。内筒的外围墙体上开设的洞口位置亦宜均匀、对称，不宜在墙体角部附近开设门洞；难以避免时，筒角内壁至洞的距离不宜小于 500mm 和开洞墙体截面厚度两者的较大值，洞口的高度宜小于层高的 2/3。

内筒的外墙不宜在水平方向连续开洞，对个别无法避免的开洞后形成的小墙肢，应控制最小截面高度，增加配筋，提高小墙肢的延性，洞间墙肢的截面高度不宜小于 1.2m；当洞间墙肢的截面高度与厚度之比小于 4 时，宜按框架柱进行截面设计。

内筒外围墙的门洞口连梁的跨高比不宜大于 3，且连梁截面高度不宜小于 600mm，以使内筒具有较强的整体刚度与抗弯能力。

(2) 外框筒

1) 外框筒柱距不宜大于 4m；

2) 洞口面积不宜大于墙面面积的 60%，洞口高宽比宜与层高与柱距之比值相近；

3) 为有效提高外框筒的侧向刚度，外框筒角柱应采用两个方向对称的截面形式（如正方形、L 形、十字形或角筒等）。外框筒边柱的截面形式一般宜为矩形，对圆形、椭圆形框筒结构平面为长弧形，必要时也可在其平面外方向另加壁柱形成 T 形截面。框筒柱的截面长边应沿筒壁方向布置。

矩形框筒柱的截面宜符合以下要求：截面宽度不宜小于 300mm 和层高的 1/12（取较大值）；截面高宽比不宜大于 3 和小于 2；轴压比限值为 0.75（一级）、0.85（二级）；当带有壁柱时，对截面宽度的要求可放宽；当截面高宽比大于 3 时，尚应满足剪力墙设置约束边缘构件的要求。

角柱是保证框筒结构整体侧向刚度的重要构件，在侧向荷载作用下，角柱的轴向变形通过与其连接的裙梁在翼缘框架柱中产生竖向轴力并提供较大的抗倾覆弯矩，因此角柱的截面选择与框筒结构抗倾覆能力发挥有直接关系；从框筒结构的内力分布规律看，角柱在侧向荷载作用下的平均剪力要小于中部柱，在楼面荷载作用下的轴向压力也小于中部柱，（楼盖结构设计时，应注意楼面荷载向角柱的传递，以避免在地震作用下角柱出现偏心受拉的不利情况），但从角柱所处位置与其重要性考虑，应使角柱比中部柱具有更强的承载能力，但又不宜将角柱截面设计得太大，以避免增大"剪力滞后"作用，一般角柱面积可为中柱面积的 1～2

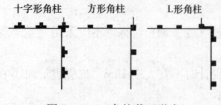

图 7.3.3-1　角柱截面形式

倍。角柱可如图 7.3.3-1 所示采用方形、十字形或 L 形柱。

框筒裙梁的截面高度不宜小于其净跨的 1/4 及 600mm；梁宽宜与柱等宽或两侧各收

进 50mm。

3. 内外筒间角部楼盖的布置

（1）筒体结构的楼盖应采用现浇钢筋混凝土结构，可采用钢筋混凝土普通梁板、钢筋混凝土平板、扁梁肋形板或密梁板，跨度大于 10m 的平板可采用后张预应力楼板。

（2）角部楼板双向受力，当采用梁板结构时，梁的布置宜使角柱承受较大的竖向荷载，避免或减小角柱出现拉力。一般有如图 7.3.3-2 所示的几种布置方式。

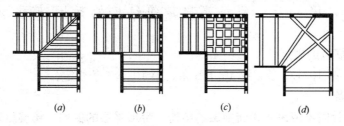

图 7.3.3-2 角区楼板、梁布置

（a）角区布置斜梁，两个方向的楼盖梁与斜梁相交，受力明确。但斜梁受力较大，梁截面高，不方便机电管道通行；楼盖梁的长短不一，种类较多。

（b）单向布置，结构简单，但有一根主梁受力大。

（c）双向交叉梁布置，此种布置结构高度较小，有利降低层高。但若由梁中穿管线，则有诸多不便。

（d）角区布置两根斜梁、外侧梁端支承在"L"型角墙的两端，内侧梁端支承在内筒角部，为了避免与筒体墙角部边缘钢筋交接过密影响混凝土浇筑质量，可把梁端边偏离 200～250mm。

此外还有其他一些布置方式，究竟采用哪一种布置方式，应根据工程的具体情况分析比较后确定。

4. 有转换层时的结构布置详见本书第八章第二节"二十二、抗震设计时带托柱转换层的筒体结构结构布置"。

第八章　复杂高层建筑结构设计

第一节　复杂高层建筑结构的适用范围

（一）相关规范的规定

1.《高规》第10.1.2条、第10.1.3条、第10.1.4条规定：

第 10.1.2 条

9 度抗震设计时不应采用带转换层的结构、带加强层的结构、错层结构和连体结构。

第 10.1.3 条

7 度和 8 度抗震设计时，剪力墙结构错层高层建筑的房屋高度分别不宜大于 80m 和 60m；框架-剪力墙结构错层高层建筑的房屋高度分别不应大于 80m 和 60m。抗震设计时，B 级高度高层建筑不宜采用连体结构；底部带转换层的 B 级高度筒中筒结构，当外筒框支层以上采用由剪力墙构成的壁式框架时，其最大适用高度应比本规程表 3.3.1-2 规定的数值适当降低。

第 10.1.4 条

7 度和 8 度抗震设计的高层建筑不宜同时采用超过两种本规程第 10.1.1 条所规定的复杂高层建筑结构。

2.《抗规》附录 E 第 E.2.7 条、第 6.7.1 条第 3 款第 1）小款规定：

附录 E 第 E.2.7 条

9 度时不应采用转换层结构。

第 6.7.1 条第 3 款第 1）小款

加强层设置应符合下列规定：

9 度时不应采用加强层。

3.《混规》未述及。

（二）对规范的理解

《高规》所介绍的复杂高层建筑结构，包括带转换层的结构、带加强层的结构、错层结构、连体结构和竖向体型收进（包括多塔楼结构）、悬挑结构。

这五种结构一般都不是一个独立的结构体系，而是建筑结构中一个复杂的、不规则（或引起结构体系不规则）的子结构（或一部分）。例如，部分框支剪力墙结构中有转换层，框架-核心筒结构、筒中筒结构、框架-剪力墙结构、框架结构等也可能出现结构转换；框架-核心筒结构可能会因为不满足结构侧向位移的要求而设置加强层；剪力墙结构中有错层结构，框架结构等也可能出现错层结构；连体结构是通过连接体将两个（或多个）主体结构连接在一起；多塔楼结构则是在一个大底盘（裙房）上有多个塔楼建筑等。

复杂高层建筑结构传力途径复杂，竖向布置不规则，有的平面布置也不规则；带转换层结构、带加强层结构、竖向体型收进（包括多塔楼结构）楼层侧向刚度严重突变；

错层结构水平力传递复杂，结构薄弱部位；连体结构的连接体部位容易产生严重震害，房屋高度越高，震害越严重；悬挑结构竖向刚度差、结构冗余度不多，等等。总之，都属不规则甚至严重不规则结构，在地震作用下形成敏感的薄弱部位。同时，目前对这些结构缺乏研究和工程实践经验或研究和工程实践经验很少。因此，《高规》对其适用范围作了限制。

（三）设计建议

1.9度抗震设计时不采用带转换层的结构、带加强层的结构、错层结构和连体结构。此为强制性条文，必须严格执行。

2.7度和8度抗震设计时，错层剪力墙结构的高度分别不宜大于80m和60m，错层框架-剪力墙结构的高度分别不应大于80m和60m。

注意：对错层框架-剪力墙结构的要求更严，是"不应"，而错层剪力墙结构是"不宜"。对8度（0.30g），建议错层剪力墙结构在60m基础上宜适当降低，错层框架-剪力墙结构的高度在60m基础上应适当降低。

笔者认为：6度时，错层剪力墙结构、错层框架-剪力墙结构的高度也应适当降低，降低幅度至少不应小于10%。此外，因功能需要，抗震设计的框架结构可允许出现局部错层，但不宜设计成错层框架结构。

3.抗震设计时，B级高度的高层建筑不宜采用连体结构。

4.抗震设计时，B级高度的底部带转换层的筒中筒结构，当外筒框支层上采用剪力墙构成的壁式框架时，其抗震性能比密柱框架更为不利，因此，其最大适用高度比《高规》表3.3.1-1中规定的数值适当降低。降低的幅度，可参考抗震设防烈度、转换层位置高低等具体研究确定，一般可考虑降低10%～20%。

5.在同一个工程中采用两种以上这类复杂结构，在地震作用下易形成多处薄弱部位。为保证结构设计的安全性，7度和8度抗震设防的高层建筑不应同时采用超过两种上述复杂高层建筑结构。当必须采用时，应按住房和城乡建设部建质［2010］109号文件的规定进行超限高层建筑工程抗震设防专项审查或进行抗震性能设计。

笔者认为：6度抗震设防的高层建筑不宜同时采用超过两种上述复杂高层建筑结构。对非抗震设计的高层建筑结构可适当放宽，但应采取合理、可靠的设计措施。

6.本章各节所介绍的各类复杂结构的设计要点，主要是针对各类结构中的不规则、复杂部位和相关构件。结构中其他部分及构件的设计应按其相应所属的结构体系的相关规定进行设计。

第二节　带转换层高层建筑结构

一、带转换层建筑结构的转换结构形式

（一）相关规范的规定

1.《高规》第10.2.1条规定：

在高层建筑结构的底部，当上部楼层部分竖向构件（剪力墙、框架柱）不能直接连续贯通落地时，应设置结构转换层，形成带转换层高层建筑结构。本节对带托墙转换层的剪

力墙结构（部分框支剪力墙结构）及带托柱转换层的简体结构的设计作出规定。

2. 《抗规》、《混规》未述及。

（二）对规范的理解

为了争取建筑物有较大空间，满足使用功能要求，结构设计上一般有两种处理方法：对剪力墙，可以通过在某些楼层开大洞获得需要的大空间，形成框支剪力墙（图8.2.1-1)，由框支柱、框支梁和上部剪力墙共同承受竖向和水平荷载。由于上部为剪力墙，而下部为框支柱，故需进行结构转换，这就是框支转换。对框架，可以在相应的楼层抽去几根柱子形成大空间，通过加大托柱梁及下层柱（转换柱）构成的托柱转换框架（图8.2.1-2）的强度和刚度来共同承受竖向和水平荷载，由于上部框架柱不能直接落地，也需进行结构转换。这就是托柱转换。

由框支剪力墙和落地剪力墙通过楼板协同工作，构成了部分框支剪力墙结构。由托柱转换框架、剪力墙（或核心筒）以及其他框架通过楼板协同工作，构成了托柱转换层结构。

这两种转换结构都能取得在建筑功能上大空间的相同效果。结构上两者的共同特点是上部楼层的部分竖向构件（剪力墙或框架柱）不能直接连续贯通落地，需设置结构转换构件，转换构件传力不直接，应力复杂。但两者也有很多不同点：首先，转换构件的受力性能很不一样，其次，转换构件内力、配筋计算和构造设计上有很大区别。

以单片框支剪力墙和单榀抽柱框架的实腹梁为例，前者为框支转换梁，后者为托柱转换梁。

1. 两者受力不同

在竖向荷载作用下，框支剪力墙转换层的墙体有拱效应，支座处竖向应力大，同时有水平向推力。框支梁就像是拱的拉杆，在竖向荷载下除有弯矩、剪力外，还有轴向拉力。框支柱除受有弯矩、剪力外，还承受较大的剪力（图8.2.1-3)。

而抽柱转换形成的托柱梁在竖向荷载作用下的内力和普通跨中有集中荷载的框架梁相似（图8.2.1-4)，只不过是梁跨度较大，跨中有很大的集中荷载，故梁端和跨中的弯矩、剪力都很大，但基本没有轴向拉力，柱的剪力较小。节点的不平衡弯矩完全按相交于该节点的梁、柱刚度进行分配。

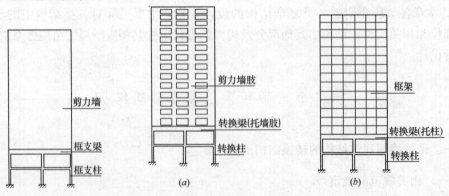

图 8.2.1-1　框支转换　　　　图 8.2.1-2　托柱转换（以实腹梁为例）
　　（以实腹梁为例）　　　　　（a）托柱转换；（b）托墙肢转换

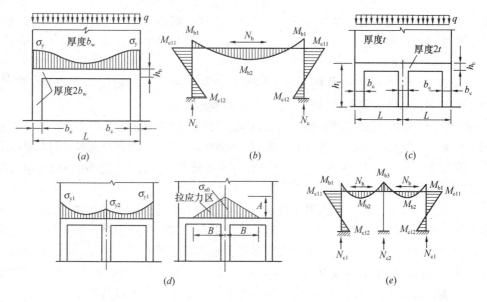

图 8.2.1-3 框支层的构件内力

（a）单法框支层上部墙体应力 σ_y；（b）单法框支梁、柱内力；（c）双法框支层；
（d）双法框支层上部墙体应力 σ_x、σ_y；（e）双法框支梁、柱内力

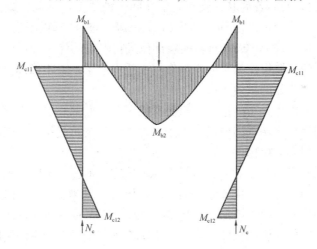

图 8.2.1-4 托柱转换的梁柱内力

2. 竖向刚度变化不同

框支剪力墙转换层框支梁以上为抗侧力刚度很大的剪力墙，与下面的框支柱抗侧力刚度差异很大，而抽柱转换仅是托柱梁上下层柱子根数略有变化，其竖向刚度差异不大，故在水平荷载下框支剪力墙转换层和抽柱转换层两者的内力差异很大。

3. 转换层楼板的作用有区别

抽柱转换层加厚楼板仅是为了加大楼板的水平刚度，以便更有效地传递水平力；而框支转换层加厚楼板除了能更有效地传递水平力之外，还有协助框支梁受拉的作用。

设计上的区别，《高规》将这两种带转换层结构相同的设计要求以及大部分要求相同、仅部分设计要求不同的设计规定在若干条文中作出规定，对仅适用于某一种带转换层结构的设计要求在专门条文中规定，如《高规》第 10.2.5 条、第 10.2.16 条～第 10.2.25 条

是专门针对部分框支剪力墙结构的设计规定，《高规》第 10.2.26 条及第 10.2.27 条是专门针对底部带托柱转换层的筒体结构的设计规定。详见后续有关内容，这里不再赘述。

（三）设计建议

1. 设计中应正确区别部分框支剪力墙结构和托柱转换层结构两种不同的转换结构，还应正确区别托墙转换和托柱转换两种不同的转换形式。

《高规》在本条中仅规定底部带托柱转换层的筒体结构，即框架-核心筒、筒中筒结构中的外框架（外筒体）密柱在房屋底部通过托柱转换层转变为稀柱框架的筒体结构。笔者认为：实际工程中，框架-剪力墙结构也可能因为底部带托柱转换层形成托柱转换层结构。

还应当说明的是：

如前所述，在部分框支剪力墙结构中，框支梁和其上部的墙体是共同受力的。但当实腹梁上托的剪力墙体上开有大洞，形成较小的墙肢位于转换梁跨中时，竖向荷载下实腹梁上托的剪力墙体已不再有拱的效应。实腹转换梁也不再是偏心受拉构件，转换结构受力和部分框支剪力墙结构中的框支转换结构大相径庭。实际上其受力类似于一般的托柱转换梁。只是实腹转换梁上托的不是框架柱而是剪力墙肢，可称为托墙肢转换。

华东建筑设计研究院有限公司专项设计部曾对某超高层商住楼框支结构进行计算分析。该结构转换梁上的混凝土墙体开大洞，使之成为墙肢分段布置在转换梁上（为区别起见，称为托墙肢梁），同时各墙肢轴线不完全在同一轴线上，不能形成规范意义上的部分框支剪力墙结构。计算分别采用 SATWE 和 ETABS 结构计算程序进行整体计算和校核，并采用通用结构分析软件 ANSYS 对转换层部位进行专门的计算分析。计算表明：

（1）分段布置的墙肢仅作为竖向构件作用在托墙肢梁上，不像部分框支剪力墙那样梁墙共同工作，也没有明显的拱效应；

（2）托墙肢梁的内力分布类似于一般受弯梁，跨中底部和支座上部弯矩最大，剪力从跨中集中荷载作用处到梁端范围内最大，轴向力并不是全跨受拉，显然不是部分框支剪力墙结构中框支梁的偏心受拉构件；

（3）托墙肢梁刚度的改变对上部混凝土剪力墙应力的影响不同于框支剪力墙中框支梁上部墙体应力的改变，当加大托墙肢梁刚度时，跨中上部剪力墙竖向应力分布逐渐增大，而跨端（包括端部非框支剪力墙部分）上部剪力墙的竖向应力则逐渐减小。

工程设计中区别框支梁和托柱（墙肢）梁这两种不同受力状态的实腹梁对梁的承载能力、变形计算和构造做法是很重要的。如何区别？关键在于剪力墙体是否开洞，在什么位置开洞，开多大的洞。当在靠近梁端位置开较大的洞口时，则此墙下的梁一般有可能是托墙肢梁。当然，目前对这两种转换梁的区别尚没有明确、具体的规定，最基本、可靠的办法就是通过对转换层部位进行专门的更细微的有限元计算分析，确定转换梁的受力状态。

2. 设计中应正确区别结构的整体转换和局部转换。

根据建筑的功能要求，结构可能是一个楼层有多处转换，形成转换层，或结构中有多处转换，致使结构多处不规则，这就是结构的整体转换；也可能是一个楼层仅有小范围转换，仅需局部设置少数转换构件，这就是结构的局部转换。这两种转换在结构受力上虽然都存在相似的缺点，但在程度上有很大不同。

首先，整体转换的结构不但在竖向荷载下传力不直接、传力路径复杂，而且转换层上、下部楼层结构竖向刚度发生突变，地震作用下易形成结构下部变形过大的软弱层，进而发展成为承载力不足的薄弱层，抗震性能很差，在大震时易倒塌。故对结构的影响是整体性的，程度很严重。而局部转换虽然竖向荷载下结构传力不直接、传力路径复杂，但结构的楼层竖向刚度一般不会发生突变，比如在框架结构或框架-剪力墙结构中，某楼层抽去一、二根柱子的托柱实腹梁转换，上、下楼层柱子错位采用搭接柱转换或斜撑转换等情况，显然结构整体侧向刚度变化并不大，转换层上、下楼层结构竖向刚度变化也很小。虽然转换构件及其邻近的一些构件内力较大，但毕竟影响是局部性的，程度较轻。

其次，由框支剪力墙和其他落地剪力墙满足一定间距要求组成的底部大空间部分框支-剪力墙结构，当地面以上的大空间层数越多即转换层位置越高时，转换层上、下刚度突变越大，层间位移角的突变越加剧，结构的扭转效应越严重。此外，落地墙或筒体易受弯产生裂缝，从而使框支柱内力增大，转换层上部的墙体易于破坏，不利于抗震。底部带转换层的框架-核心筒结构仅外框架有抽柱转换，承担结构绝大部分抗侧的内筒剪力墙体从上到下建筑上无变化，没有结构转换，故结构竖向刚度变化不像部分框支-剪力墙那么大，转换层上、下内力传递途径的突变程度也小于部分框支-剪力墙结构；而当结构仅为局部转换时，由于转换层上、下层刚度变化比部分框支-剪力墙结构更小，由于结构高位转换所引起的抗震不利影响也较整体转换程度更轻。

结构的整体转换，转换位置越高，转换层以下各层构件的受力越不合理，延性越差，因此，剪力墙底部加强部位越高，对构件的抗震等级要求也越高。

当为整体转换时，由于整体楼层上、下竖向抗侧力构件刚度差异较大，为了更好更有效地传递水平力，对转换层楼板及相邻层楼板的面内刚度和整体性有很高的要求。而对局部转换结构，对楼板的这个要求一般是局部性的，只要满足局部转换部位的水平力传递和整体性要求即可。

可见，虽然同为结构转换，但整体转换和局部转换在设计时特别是在抗震设计时有较多的区别。

如前所述，整体转换和局部转换在结构受力的复杂程度，特别是地震作用效应上有较大差别。因此，当为结构的整体转换时，房屋的最大适用高度、转换结构在地面以上的空间层数、结构的平面和竖向布置、结构的楼盖选型、结构的抗震等级、剪力墙底部加强部位的规定等均可参考部分框支剪力墙结构的有关规定。而当为结构的局部转换时，则上述要求可根据工程实际情况适当放宽。具体是：

（1）房屋的最大适用高度：仅在个别楼层设置转换构件，且转换层上、下部结构竖向刚度变化不大的结构房屋的最大适用高度仍可按《高规》第3.3.1条表3.3.1-1、表3.3.1-2取用。对转换部位较多但仍为局部转换时，房屋的最大适用高度可比规定的数值适当降低。

（2）转换结构在地面以上的大空间层数：结构的转换层位置可适当放宽。例如：采用剪力墙结构其中仅有一片墙在底部开大洞形成一榀框支剪力墙，特别是由于局部抽柱形成的梁托柱、搭接柱、斜撑这一类形式的局部转换，转换层位置更可根据上下层刚度比适当放宽。例如，某工程在18层有局部退台，需在此层设置两根托柱梁，虽然传力间接，但并未使结构的楼层竖向刚度发生较大变化，不应受《高规》有关高位转换的限制。

（3）结构的平面和竖向布置：满足结构布置的一般要求。注意平面布置的简单、规则、均匀对称，尽可能使水平荷载的合力中心与结构刚度中心接近，减小扭转的不利影响；注意结构竖向抗侧力刚度的均匀性，一般可根据建筑功能要求进行布置。

（4）结构的楼盖选型：转换楼层宜采用现浇式楼盖，转换层楼板可局部加厚，加厚范围不应小于转换构件向外延伸二跨，且应超过转换构件邻近落地剪力墙不少于一跨。

（5）上部结构的抗震等级：除转换结构及结构其他重要构件以外的部分，均可按《高规》第 3.9.3 条表 3.9.3、第 3.9.4 条表 3.9.4 采用。

（6）剪力墙底部加强部位：楼板加厚范围内的落地剪力墙和框支剪力墙应按部分框支剪力墙结构确定其剪力墙底部加强部位，其他部分可按一般剪力墙结构确定其剪力墙底部加强部位。

应该指出的是：局部转换虽然在上述一些方面可以适当放宽，但由于转换部位本身受力不合理，故对局部转换部位的转换构件的抗震措施应加强。抗震设计时要注意提高转换构件的承载能力和延性，提高其抗震等级、水平地震作用的内力乘以增大系数、提高构件的配筋率、加强构造措施等，其他构造措施亦应加强。

可以举出一些整体转换和局部转换的例子：比如由多榀底部开大洞的框支剪力墙和多榀落地剪力墙构成的部分框支剪力墙结构等情况，一般为结构整体转换。采用箱形转换、桁架转换等转换形式的带转换层结构（整个楼层的转换），采用厚板转换形式的带转换层结构（整个楼层的转换），一般也都是结构整体转换；而采用剪力墙结构其中仅有一片墙底部开大洞形成一榀框支剪力墙，由于局部抽柱形成梁托柱、搭接柱、斜撑等形式的局部转换，一般为结构局部转换。但在实际工程中，是整体转换还是局部转换，有时是难以区别的。笔者认为，重要的是看其是否造成转换层上、下部结构竖向刚度发生突变和转换楼层数的多少以及转换层的所在位置。当结构整个楼层进行转换，转换结构的受荷面积占楼层面积的比例很大，造成结构竖向刚度突变时，应按结构整体转换进行设计。当结构有多处转换，造成结构多处不规则时，建议按结构整体转换进行设计。否则，可按结构局部转换进行设计。对于已经满足在地下室顶板嵌固条件的建筑结构，当地下室仅有个别框支转换结构时，也可按结构局部转换进行设计。

《广东省实施〈高层建筑混凝土结构技术规程〉（JGJ 3—2002）补充规定》DBJ/T 5—46—2005 规定：当建筑物上部楼层仅部分柱不连续时，可仅适当加强转换部位楼盖，但转换托梁的承载力安全度储备应适当提高，内力增大系数不宜小于 1∶1，托梁的构造按实际的受力情况确定。

当框架-剪力墙或筒体结构仅少量剪力墙不连续，需转换的剪力墙面积不大于剪力墙总面积的 8% 时，可仅加大水平转换路径范围内的板厚，加强此部分板的配筋，并提高转换结构的抗震等级。框支框架的抗震等级应提高一级，特一级时不再提高。结构的最大适用高度可按一般框架-剪力墙或筒体结构采用。

3. 当建筑立面有外挑或内收或上、下楼层由于功能要求，造成竖向构件上、下层错位时，结构上可以采用搭接柱转换（图 8.2.1-5）或斜撑转换（图 8.2.1-6），这两种转换在转换构件的受力性能上不但和框支转换、托柱转换有很大区别，它们之间的受力也很不一样。另外，采用搭接柱转换或斜撑转换后结构转换层上、下楼层的侧向刚度比、转换层上部与下部结构等效侧向刚度比变化不大，地震作用下转换层上、下层层间位移角及剪力分布变化影响不大。是结构的局部转换。关于搭接柱（墙肢）转换设计，参见《钢筋混凝土带转换层结构设计释疑及工程实例》（中国建筑工业出版社，2008）有关章节。此外还有拱转换等。

4. 如上所述，部分框支剪力墙转换（托墙转换）受力性能较托柱（墙肢）转换更复杂，搭接柱转换是这三种转换中受力相对较为简单的。因此，当建筑物底部需要大空间、上部需要小空间时，若结构的抗侧力刚度满足设计要求，则可在剪力墙底部开大洞（满足建筑功能要求），在剪力墙上部开小洞（结构洞），形成托墙时转换（图 8.2.1-5b）或搭接柱（墙肢）转换（图 8.2.1-5c）以减小结构上、下楼层侧向刚度的突变，改善结构的受力性能。

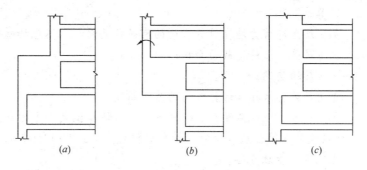

8.2.1-5 搭接柱（墙肢）转换

(a) 内收搭接；(b) 外挑搭接；(c) 外侧平齐搭接

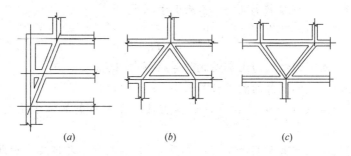

8.2.1-6 斜撑转换

5. 对仅有个别结构构件进行转换的结构，如剪力墙结构、框架-剪力墙结构或框架结构中存在的个别剪力墙肢或框架柱在底部进行局部转换的结构，可参照本节中有关转换构件和转换柱的设计要求进行构件设计。

二、转换层上部结构与下部结构的侧向刚度比

（一）相关规范的规定

1.《高规》第 10.2.3 条、附录 E 规定：

第 10.2.3 条

转换层上部结构与下部结构的侧向刚度变化应符合本规程附录 E 的规定。

附录 E

E.0.1 当转换层设置在 1、2 层时，可近似采用转换层与其相邻上层结构的等效剪切刚度比 γ_{e1} 表示转换层上、下层结构刚度的变化，γ_{e1} 宜接近 1，非抗震设计时 γ_{e1} 不应小于 0.4，抗震设计时 γ_{e1} 不应小于 0.5。γ_{e1} 可按下列公式计算：

$$\gamma_{e1} = \frac{G_1 A_1}{G_2 A_2} \times \frac{h_2}{h_1} \qquad (E.0.1\text{-}1)$$

$$A_i = A_{w,i} + \sum_j C_{i,j} A_{ci,j} \quad (i = 1, 2) \qquad (E.0.1\text{-}2)$$

$$C_{i,j} = 2.5 \left(\frac{h_{ci,j}}{h_i} \right)^2 \quad (i = 1, 2) \qquad (E.0.1\text{-}3)$$

式中：G_1、G_2——分别为转换层和转换层上层的混凝土剪变模量；

A_1、A_2——分别为转换层和转换层上层的折算抗剪截面面积，可按式（E.0.1-2）计算；

$A_{w,i}$——第 i 层全部剪力墙在计算方向的有效截面面积（不包括翼缘面积）；

$A_{ci,j}$——第 i 层第 j 根柱的截面面积；

h_i——第 i 层的层高；

$h_{ci,j}$——第 i 层第 j 根柱沿计算方向的截面高度；

$C_{i,j}$——第 i 层第 j 根柱截面面积折算系数，当计算值大于 1 时取 1。

　　E.0.2　当转换层设置在第 2 层以上时，按本规程式（3.5.2-1）计算的转换层与其相邻上层的侧向刚度比不应小于 0.6。

　　E.0.3　当转换层设置在第 2 层以上时，尚宜采用图 E 所示的计算模型按公式（E.0.3）计算转换层下部结构与上部结构的等效侧向刚度比 γ_{e2}。γ_{e2} 宜接近 1，非抗震设计时 γ_{e2} 不应小于 0.5，抗震设计时 γ_{e2} 不应小于 0.8。

$$\gamma_{e2} = \frac{\Delta_2 H_1}{\Delta_1 H_2} \qquad (E.0.3)$$

式中：γ_{e2}——转换层下部结构与上部结构的等效侧向刚度比；

H_1——转换层及其下部结构（计算模型 1）的高度；

Δ_1——转换层及其下部结构（计算模型 1）的顶部在单位水平力作用下的侧向位移；

H_2——转换层上部若干层结构（计算模型 2）的高度，其值应等于或接近计算模型 1 的高度 H_1，且不大于 H_1；

Δ_2——转换层上部若干层结构（计算模型 2）的顶部在单位水平力作用下的侧向位移。

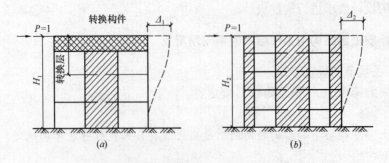

图 E　转换层上、下等效侧向刚度计算模型
（a）计算模型 1——转换层及下部结构；（b）计算模型 2——转换层上部结构

　　2.《抗规》第 6.1.9 条第 4 款、附录 E 第 E.2.1 条规定：

第 6.1.9 条第 4 款

抗震墙结构和部分框支抗震墙结构中的抗震墙设置，应符合下列要求：

矩形平面的部分框支抗震墙结构，其框支层的楼层侧向刚度不应小于相邻非框支层楼层侧向刚度的 50%；框支层落地抗震墙间距不宜大于 24m，框支层的平面布置宜对称，且宜设抗震筒体；底层框架部分承担的地震倾覆力矩，不应大于结构总地震倾覆力矩的 50%。

附录 E 第 E.2.1 条

转换层上下的结构质量中心宜接近重合（不包括裙房），转换层上下层的侧向刚度比不宜大于 2。

3.《混规》未述及。

（二）对规范的理解

在水平荷载作用下，当转换层上、下部楼层的结构侧向刚度相差较大时，会导致转换层上、下部结构构件内力突变，促使部分构件提前破坏；当转换层位置相对较高时，这种内力突变会进一步加剧。因此《高规》规定，控制转换层上、下层结构等效刚度比满足附录 E 的要求，以缓解构件内力和变形的突变现象。

注意：《高规》的这个规定无论是对抗震设计还是非抗震设计的结构，只要是带转换层结构，都是应当满足的。

两本规范对抗震设计时转换层上部结构与下部结构的侧向刚度比限值的要求基本一致。《高规》还给出了侧向刚度比的计算公式，同时对非抗震设计结构的转换层上部结构与下部结构的侧向刚度比限值提出要求。

（三）设计建议

1.《高规》第 E.0.1 条式（E.0.1-1）计算的是转换层与其相邻转换层上层结构的等效剪切刚度比 γ_{e1}，h_1、h_2 分别是转换层和转换层上层的层高；而第 E.0.3 条式（E.0.3）计算的是转换层下部结构与上部结构的等效侧向刚度比 γ_{e2}，H_1 为转换层及其下部结构（计算模型 1）的高度，如图 E(a)所示；当上部结构嵌固于地下室顶板时，取地下室顶板至转换层结构顶面的高度；H_2 为转换层上部若干层结构（计算模型 2）的高度，如图 E(b)所示，其值应等于或接近计算模型 1 的高度 H_1，且不大于 H_1。H_1 和 H_2 不能取错。计算举例如下：

某带转换层的高层建筑，底部大空间层数为 3 层，6 层以下混凝土强度等级相同，转换层下部结构以及上部部分结构采用不同计算模型时，其顶部在单位水平力作用下的侧向位移计算结果（mm）见图 8.2.2。试计算转换层下部与上部结构的等效侧向刚度比 γ_{e2}。

解：根据《高规》附录 E，应按式（E.0.3）计算。注意到第 E.0.3 条中关于 H_1、H_2 的规定，即有

$$H_1 = 13.5\text{m}, \quad H_2 = 11.4\text{m}, \quad \Delta_1 = 8.6 \times 10^{-10}\text{m}, \quad \Delta_2 = 4.8 \times 10^{-10}\text{m}$$

所以

$$\gamma_{e2} = \frac{\Delta_2 H_1}{\Delta_1 H_2} = \frac{4.8 \times 10^{-10} \times 13.5}{8.6 \times 10^{-10} \times 11.4} = 0.661$$

即转换层下部与上部结构的等效侧向刚度比 γ_{e2} 为 0.661。

2. 当转换层的下部楼层刚度较大，而转换层本层侧向刚度较小时，按《高规》第

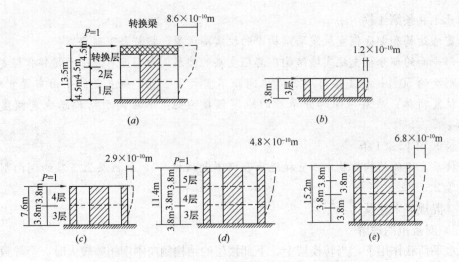

图 8.2.2 转换层上、下等效侧向刚度计算模型

(a) 转换层及下部结构；(b)、(c)、(d)、(e) 转换层上部部分结构

E.0.3 条验算虽然等效侧向刚度比 γ_{e2} 能满足限值要求，但转换层本层的侧向刚度过于柔软，结构竖向刚度实际上差异过大。因此，《高规》附录 E.0.2 条还规定：转换层设置在 2 层以上时，其楼层侧向刚度 (V_i/Δ_i) 尚不应小于相邻上层楼层侧向刚度的 60%。此规定与美国规范 IBC2000 关于严重不规则结构的规定是一致的。

楼层侧向刚度比的计算，可按《高规》第 3.5.2 条式 (3.5.2-1) 计算。

3. 抗震设计时，上部结构的其他楼层尚应满足《高规》第 3.5.2 条的规定。此时楼层侧向刚度的计算，应根据不同的结构体系，采用不同的计算公式。

三、转换结构水平转换构件的结构形式及地震作用下的内力调整

（一）相关规范的规定

1.《高规》第 10.2.4 条规定：

转换结构构件可采用转换梁、桁架、空腹桁架、箱形结构、斜撑等，非抗震设计和 6 度抗震设计时可采用厚板，7、8 度抗震设计时地下室的转换结构构件可采用厚板。特一、一、二级转换结构构件的水平地震作用计算内力应分别乘以增大系数 1.9、1.6、1.3；转换结构构件应按本规程第 4.3.2 条的规定考虑竖向地震作用。

2.《抗规》第 3.4.4 条第 2 款第 1) 小款、附录 E 第 E.2.3 条、第 E.2.6 条规定：

第 3.4.4 条第 2 款第 1) 小款

竖向抗侧力构件不连续时，该构件传递给水平转换构件的地震内力应根据烈度高低和水平转换构件的类型、受力情况、几何尺寸等，乘以 1.25～2.0 的增大系数。

第 E.2.3 条

厚板转换层结构不宜用于 7 度及 7 度以上的高层建筑。

第 E.2.6 条

8 度时转换层结构应考虑竖向地震作用。

3.《混规》未述及。

（二）对规范的理解

底部带转换层的高层建筑设置的水平转换构件，近年来除转换实腹梁外，转换桁架、空腹桁架、箱形结构、斜撑、厚板等均已有采用，并积累了一定的设计经验，故《高规》提出了一般可采用的各种水平转换构件，供设计时参考采用。对转换厚板，由于在地震区使用经验较少，《高规》规定仅在非地震区和抗震设防烈度为 6 度的地震区采用。对于大空间地下室，因周围有土的约束作用，地震反应不明显，故抗震设防烈度为 7 度、8 度时可采用厚板转换层。

带转换层的高层建筑结构，楼层侧向刚度突变，属竖向不规则结构，结构转换层就是结构薄弱层。为保证转换构件的设计安全度并具有良好的抗震性能，规范规定抗震等级为特一、一、二级的转换构件在水平地震作用下的计算内力值应分别乘以增大系数 1.9、1.6、1.3，并应考虑竖向地震作用。

水平转换构件受力不均匀且很复杂，同时，转换构件本身要承受上部若干楼层传下来的巨大的集中力，跨度又大，故其内力很大，抗震设计时应考虑竖向地震效应。除承载能力外，转换构件的挠度及裂缝宽度验算也不容忽视。竖向荷载成为控制设计的一个重要因素。

（三）设计建议

1. 常用的钢筋混凝土转换结构水平转换构件主要有以下几种：

（3）搭接柱转换

（4）箱形转换

（5）厚板转换

尽管在受力上有框支转换和托柱转换、搭接柱转换和斜撑转换的区别，在转换范围上有整体转换和局部转换的区别，但结构设计中都可以根据实际工程的具体情况，采用以上一种或几种转换结构形式。

实腹梁转换是目前最常用的一种结构转换形式。实腹梁转换传力途径明确、受力性能好、构造简单、施工方便，广泛应用于底部为商店、餐厅、会议室、车库、机房，上部为住宅、公寓、饭店、综合楼等建筑。

框支转换可采用实腹梁，此时实腹梁和其上部的剪力墙成为一体，共同承受上部竖向荷载，墙体类似于拉杆拱的受力状态，而实腹梁就是拱的拉杆，处于偏心受拉状态。托柱转换也可采用实腹梁，此时实腹梁承受所托上柱传来的巨大集中荷载，为受弯受剪构件。当实腹梁上部的剪力墙体上开有大洞，使得竖向荷载下实腹梁上托的剪力墙肢不再有拱的效应时，实腹转换梁的受力类似于托柱转换梁。只是实腹转换梁上托的不是框架柱而是剪力墙肢（图 8.2.1-1）。

实腹梁转换的缺点是转换构件截面尺寸大、自重大，多少会影响该层的建筑使用空间，同时，易引起转换层上、下层刚度突变，对结构抗震不利。实腹梁转换一般适用于上、下层竖向构件在同一竖向平面内的转换。

当上部剪力墙不是单片墙，而是带有短小翼缘的剪力墙时，可以将实腹梁做宽，使小翼缘全部落在扁梁梁宽范围内，成为宽扁梁转换形式。避免采用主次框支梁转换，效果较好。

宽扁梁有利于减小结构高度所占空间，减小楼板跨度，有利于实现强柱弱梁、强剪弱弯，具有明显的综合技术经济效益。分析研究表明：采用宽扁梁转换梁的框支剪力墙转换、托柱转换在高位、高烈度区抗震性能比普通实腹转换梁有着较大的优势，它有利于减缓高位转换刚度突变带来的转换层框支柱剪力、轴力突变增大及框支柱顶弯矩突变增大引起的应力集中，改善结构的抗震性能。

实腹梁转换既可用于结构的整体转换，也可用于结构的局部转换。

桁架转换有两种形式：腹杆仅有竖杆的称为空腹杆桁架（图8.2.3b），腹杆有斜杆的称为斜腹杆桁架（图8.2.3a）。转换桁架的高度一般为建筑物的一个层高，桁架上弦在上一层楼板平面内，下弦则在下一层楼板平面内。和实腹梁相比，桁架转换传力明确、途径清楚，桁架转换上、下层质量分布相对较均匀，刚度突变程度也较小，地震反应要比实腹梁小得多。不但可以大大减轻自重，而且可利用腹杆间的空间布置机电管线，有效地利用了建筑空间。

但桁架转换的杆件节点构造复杂，且杆件基本上都是轴心受力构件或小偏心受力构件，延性较差，同时施工较复杂。若为桁架托柱，则对柱子的平面位置有一定的要求，不能像实腹梁托柱那样，上托柱在竖向平面内可任意放置。和实腹梁转换一样，桁架转换也仅适用于上、下层竖向构件在同一竖向平面内的转换。

当转换桁架承托的上部层数很多、荷载很大且跨度又很大时，可以采用双层或多层转

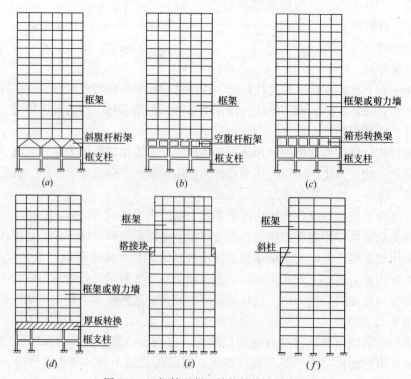

图 8.2.3　钢筋混凝土结构转换形式示意

416

换桁架。

转换桁架既可用于结构的整体转换，也可用于结构的局部转换。

当竖向构件上、下层错位，且水平投影距离又不大时，可分别将错位层的上柱向下、下柱向上直通，在错位层形成一个截面尺寸较大的柱（搭接块），和水平构件（梁、板）一道来完成在竖向荷载和水平荷载下力的传递，实现结构转换，这就是搭接柱转换（图8.2.3e）。

如果从错位层的下层柱柱顶到上层柱柱底设置一根斜柱，直接用此斜柱来承托上层柱传下来的竖向荷载，这就是斜撑转换（图8.2.3f）。斜撑转换在受力上类似于桁架。

搭接柱转换、斜撑转换基本保证了竖向构件直接落地，从而避免了结构抗侧刚度沿竖向的突变。地震作用下框架柱受力较均匀，结构整体抗震性能较好。自重不大，又可争取到较大的建筑空间。当建筑立面有内收或（和）外挑时，采用搭接柱转换或斜撑转换是一种较好的转换形式。此外，个别柱上、下层错位不对齐，采用搭接柱转换或斜撑转换也是一个很好的选择。

搭接柱转换、斜撑转换形式一般要求上、下层柱错立水平投影距离较小，适用于结构的局部转换。

箱形转换（图8.2.3c）利用楼层实腹梁和上、下层楼板，形成刚度很大的箱形转换层，其面内刚度较实腹梁转换层要大得多，但自重却比厚板转换层要小得多，既可以像厚板转换层那样满足上、下层结构体系和柱网轴线同时变化的转换要求，抗震性能又有了较大的改善。

箱形转换上、下层刚度突变较严重，不宜设置在楼层较高的部位，以免产生过大的地震反应。同时，箱形转换结构施工也比较麻烦。

当上、下楼层剪力墙或柱在两个平面内均对不齐，需要在两个方向都进行结构转换时，可以做成箱形转换形式，从而避免采用框支主、次梁方案。箱形转换一般适用于结构的整体转换，也可用于结构的局部转换。

当上、下层结构体系和柱网轴线同时变化，且变化楼层的上、下层剪力墙或柱错位范围较大，结构上、下层柱网有很多处对不齐时，采用搭接柱或实腹梁转换已不可能，这时可在上、下柱错位楼屋设置厚板，通过厚板来完成结构在竖向荷载和水平荷载下方的传递，实现结转换，这就是厚板转换（图8.2.3d）。厚板转换可用于结构的整体转换。

厚板转换虽然给上部结构布置带来方便；但厚板的受力非常复杂，传力路径不明确，结构受力很不合理。转换厚板往往板很厚，在转换层集中了相当大的质量、刚度又很大，造成转换层处结构的上、下层竖向刚度突变，容易产生薄弱层，抗震性能很差。在竖向荷载和地震作用的共同作用下，厚板不仅会发生冲切破坏，还有可能产生剪切破坏。厚板的大体积混凝土和密布钢筋也会给施工带来复杂性。目前对厚板转换的结构分析研究尚不完善，实际工程较少，经验不多，故采用厚板转换应慎重。

2. 关于水平转换构件的地震内力增大，《高规》和《抗规》的规定基本一致，《抗规》较原则，增大系数在1.25～2.0范围内，而《高规》比较具体。一般情况下，按不同的抗震等级乘以相应的增大系数是合适的，可操作性强。但笔者认为：还应根据具体工程的实际情况，如设防烈度、结构高度、复杂程度、场地条件等，适当调整。取更合理、安全可靠的增大系数。确实因结构性能需要，增大系数上限可取为大于1.9，甚至大于2.0。

注意：上述规定的水平转换构件地震内力增大，和《高规》第3.5.8条规定的薄弱层的地震剪力增大，是两回事，不矛盾。即只要符合规范的规定，都应放大。而如果本层的剪力系数又不满足《高规》第4.3.12条的规定，则首先应将本层地震剪力放大，满足剪力系数的要求，然后再按规定分别乘以上述两个增大系数。

3. 竖向地震作用的计算，参见本书第二章第三节、"一、地震作用计算的有关规定"、"十、竖向地震作用计算"相关内容。

抗震设防烈度为6度及7度（0.10g）时水平转换构件竖向地震作用的计算，笔者建议可采用简化计算方法。即取水平转换构件所承受的重力荷载代表值乘以竖向地震作用系数0.05的乘积。

四、部分框支剪力墙结构地面以上转换层设置的层数

（一）相关规范的规定

1.《高规》第10.2.5条规定：

部分框支剪力墙结构在地面以上设置转换层的位置，8度时不宜超过3层，7度时不宜超过5层，6度时可适当提高。

2.《抗规》

第6.1.1条表6.1.1注3规定：

部分框支抗震墙结构指首层或底部两层为框支层的结构，不包括仅个别框支墙的情况。

3.《混规》未述及。

（二）对规范的理解

中国建筑科学研究院在对带转换层的底层大空间剪力墙结构原有研究的基础上，研究了转换层高度对框支剪力墙结构抗震性能的影响。研究得出：部分框支剪力墙结构，当地面以上的大空间层数越多也即转换层位置越高时，转换层上、下刚度突变越大，层间位移角和内力传递途径的突变越加剧，并易形成薄弱层，其抗震设计概念与底层框支剪力墙结构有一定差别。转换层位置越高，转换层下部的落地剪力墙或筒体越易受弯开裂和屈服，从而使框支柱内力增大甚至破坏；此外，落地剪力墙及框支结构转换层上部几层墙体也越易于破坏。转换层位置越高越不利于结构抗震。故《高规》对部分框支剪力墙结构在地面以上的设置层数作出限制。

（三）设计建议

1.《高规》本条规定较严格，如转换层位置超过上述规定时，属高位转换。根据住房和城乡建设部建质〔2010〕109号文件的规定，应进行超限高层建筑工程抗震设防专项审查或进行抗震性能设计。抗震设计时，应尽量避免高位转换，如必须高位转换，应慎重设计，进行专门分析研究并采取可靠有效措施，避免框支层破坏。

2.《高规》仅对部分框支剪力墙结构在地面以上的设置层数作出限制。因此，应注意以下几点：

（1）当剪力墙结构仅个别采用框支剪力墙为少量的局部转换时（例如仅有个别墙体不落地，不落地墙的截面面积不大于总截面面积的10%），由于转换层上、下层刚度变化比部分框支剪力墙结构要小很多，故转换层位置不受上述规定限制。

（2）对托柱转换层结构或其他局部转换结构，考虑到其侧向刚度变化、受力情况同框支剪力墙结构不同，《高规》对转换层位置未作限制。例如：底部带转换层的框架-核心筒结构和外框筒为密柱的筒中筒结构，结构侧向刚度变化不像部分框支剪力墙那么大，转换层上、下部分内力传递途径的突变程度也小于部分框支-剪力墙结构，故其转换层位置可适当提高。再如：某工程在18层有局部退台，需在此层设置三根单跨的托柱转换梁，虽然传力间接，但并未使结构的楼层侧向刚度发生较大变化，也不应受上述规定的限制。

但对上述情况中转换部位的转换构件应根据结构的实际受力情况予以加强，例如提高转换层构件的抗震等级、水平地震作用的内力乘以增大系数、提高配筋率等。

（3）地面以下结构，即使有转换，因有土体的侧向约束，也不致出现像上部结构带转换层那样的受力和破坏的情况。故计算转换层的位置时，应从地面以上算起，而不应计入地下部分的转换层数。

例如：某部分框支剪力墙结构，地下3层，结构嵌固部位在地下一层底板，地面以上大空间层数为3层，并一直通到地下三层，8度设防时是否属于高位转换？

结构嵌固部位在地下一层底板有两种情况（参见本书第三章第三节"三、结构底部嵌固部位的确定"）：

1）如果仅是由于地下室顶板和室外地坪的高差较大（一般大于本层层高的1/3）所致，则可理解为地面以上大空间层数为4层，故本工程8度设防时属于高位转换。应按《高规》中高位转换的有关规定设计。

2）如果是由于其他原因所致，则可理解为地面以上大空间层数为3层，故本工程8度设防时不属于高位转换。

需要指出的是：无论本工程是否属于高位转换，第一种情况下的地下一层和地下二层、第二种情况下的地下一层的框支柱和其他转换构件应按《高规》的有关规定设计；地下其余层的框支柱轴压比可按普通框架柱的要求设计，但其截面、混凝土强度等级和配筋设计结果不宜小于其上层对应的柱。

（4）规范所说的"6度时可适当提高"，究竟提高多少？

应根据具体工程的实际情况如结构体系、结构高度、结构的复杂程度、场地条件等分析确定。一般情况下，以提高1层为宜。即6度时不宜超过6层。

五、带转换层结构转换柱和转换梁的抗震等级

（一）相关规范的规定

1.《高规》第10.2.6条规定：

带转换层的高层建筑结构，其抗震等级应符合本规程第3.9节的有关规定，带托柱转换层的筒体结构，其转换柱和转换梁的抗震等级按部分框支剪力墙结构中的框支框架采纳。对部分框支剪力墙结构，当转换层的位置设置在3层及3层以上时，其框支柱、剪力墙底部加强部位的抗震等级宜按本规程表3.9.3和表3.9.4的规定提高一级采用，已为特一级时可不提高。

2.《抗规》、《混规》未述及。

（二）对规范的理解

1.带转换层的高层建筑结构，都存在着结构传力不直接、受力复杂的缺点；同时，结构楼层侧向刚度不均匀甚至突变。因此，无论是部分框支剪力墙结构还是带托柱转换层结构的转换构件，都应加强其抗震措施。2010 版《高规》明确规定：带托柱转换层的筒体结构，其转换柱和转换梁的抗震等级按部分框支剪力墙结构中的框支框架采纳。

2. 如前所述，对部分框支剪力墙结构，高位转换对结构抗震更加不利，因此《高规》规定部分框支剪力墙结构转换层的位置设置在 3 层及 3 层以上时，其框支柱、落地剪力墙的底部加强部位的抗震等级宜按《高规》表 3.9.3 和表 3.9.4 的规定提高一级采用，已经为特一级时可不再提高。

（三）设计建议

1. 本条规定的高位转换时抗震等级提高一级，应注意以下几点：

（1）仅适用于部分框支剪力墙结构的框支柱、剪力墙底部加强部位。笔者认为，框支梁抗震构造措施的抗震等级也宜提高一级。

（2）这里的"高位转换"，不区分抗震设防烈度，即不是 8 度超过 3 层、7 度超过 5 层、6 度超过 6 层才称为高位转换，而是指只要转换层的位置设置在 3 层及 3 层以上，就是"高位转换"。

（3）所谓抗震等级"提高一级"，根据条文说明仅"提高其抗震构造措施"，抗震构造措施主要是构件的最小配筋率、配箍特征值等，并不包括构件的内力调整。故由一级提高为特一级的框支柱、剪力墙等构件可仅提高构件的最小配筋率、配箍特征值等。

关于"抗震构造措施"、"其他抗震措施"，详见本书第一章第八节"一、上部结构构件的抗震等级"中"（二）对规范的理解"有关说明。

（4）如何理解"已为特一级时可不提高"？笔者认为："已为特一级"，说明此带转换层结构的抗震性能需要更进一步加强，因此，宜考虑对框支柱、框支梁、剪力墙底部加强部位提高抗震性能要求，根据工程具体情况，进行抗震性能设计。

2. 笔者认为，所有托柱转换的带转换层结构，包括"带托柱转换层的筒体结构"，其转换柱和转换梁的抗震等级应按部分框支剪力墙结构中的框支框架采用。但是，对于托柱转换结构，因其受力情况和抗震性能比部分框支剪力墙结构有利，故《高规》并未要求根据转换层设置高度采取更严格的措施；即当转换层的位置设置在 3 层及 3 层以上时，转换柱和转换梁的抗震等级可不提高。

六、转换梁设计要求

（一）相关规范的规定

1.《高规》第 10.2.7 条规定：

转换梁设计应符合下列要求：

1 转换梁上、下部纵向钢筋的最小配筋率，非抗震设计时均不应小于 0.30%；抗震设计时，特一、一、和二级分别不应小于 0.60%、0.50% 和 0.40%。

2 离柱边 1.5 倍梁截面高度范围内的梁箍筋应加密，加密区箍筋直径不应小于 10mm、间距不应大于 100mm。加密区箍筋的最小面积配筋率，非抗震设计时不应小于 $0.9 f_t / f_{yv}$；抗震设计时，特一、一和二级分别不应小于 $1.3 f_t / f_{yv}$、$1.2 f_t / f_{yv}$ 和 $1.1 f_t / f_{yv}$。

3 偏心受拉的转换梁的支座上部纵向钢筋至少应有 50% 沿梁全长贯通，下部纵向钢

筋应全部直通到柱内；沿梁腹板高度应配置间距不大于 200mm、直径不小于 16mm 的腰筋。

2. 《抗规》、《混规》未述及。

（二）对规范的理解

结构分析和试验研究表明，转换梁受力复杂，又是结构中十分重要、关键的构件。因此《高规》对其纵向钢筋、梁端加密区箍筋的最小构造配筋提出了比一般框架梁更高的要求。

2010 版《高规》将"框支梁"改为"转换梁"。转换梁包括部分框支剪力墙结构中的框支梁以及上面托柱的框架梁，是带转换层结构中应用最为广泛的转换结构构件。两者受力有其共性，但也有不同之处。因此，设计上也有所区别。

如前所述，框支梁与其上部墙体是共同工作的，框支梁上部墙体在竖向荷载下类似拱的受力状态，框支梁就像是拱的拉杆，在竖向荷载下除了有弯矩、剪力外，还有轴向拉力。框支梁承受上部墙体的层数越多，荷载越大，轴向拉力就越大。且此轴向拉力沿梁全长不均匀，跨中处最大，支座处减小。这是框支梁不同于一般托柱转换梁的最大之处，一般托柱转换梁在竖向荷载作用下尽管弯矩、剪力较大，但仍为受弯构件，而框支梁则是偏心受拉构件。

水平荷载作用下框支梁同样有较大的轴向拉力和剪力，而托柱转换梁在水平荷载作用下一般无轴向力和剪力。

（三）设计建议

1. 转换梁上、下部纵向钢筋的最小配筋率 $\rho_{s,min}$、加密区箍筋的最小面积配筋率 $\rho_{sv,min}$ 见表 8.2.6。

转换梁上、下部纵向钢筋最小配筋率 $\rho_{s,min}$、加密区箍筋最小面积配筋率 $\rho_{sv,min}$ 表 8.2.6

配筋率	非抗震设计	抗震设计		
		特一级	一级	二级
$\rho_{s,min}$	0.3%	0.6%	0.5%	0.4%
$\rho_{sv,min}$	$0.9 f_t / f_{yv}$	$1.3 f_t / f_{yv}$	$1.2 f_t / f_{yv}$	$1.1 f_t / f_{yv}$

注意：计算加密区箍筋最小面积配筋率中 f_{yv} 的抗拉强度设计值的取值，当其数值大于 $360N/mm^2$ 时应取 $360N/mm^2$。

2. 偏心受拉的转换梁（如框支梁），截面受拉区域较大，甚至全截面受拉，因此除了按结构分析配置钢筋外，加强梁跨中区段顶面纵向钢筋以及两侧面腰筋的最低构造配筋要求是非常必要的。笔者认为：支座上部、下部纵向钢筋均应沿梁全长贯通，纵向钢筋应全部直通到柱内锚固。沿梁腹板高度应配置间距不大于 200mm、直径不小于 16mm 的腰筋。且每侧腰筋配筋率不小于框支梁腹板截面面积的 0.1%。这是专门针对框支梁的规定，其他偏心受拉转换梁也应按此规定执行。

托柱转换梁的上部、下部纵向钢筋及腰筋的构造规定按本节"七、转换梁设计的其他规定"执行。

3. 《高规》中对转换梁的规定，既适用于部分框支剪力墙结构中的框支梁，也适用于托柱转换梁。如规定中明确指出框支梁或托柱转换梁，则仅仅是对框支梁或托柱转换梁的设计规定。

4. 本条为强制性条文，必须严格执行。

七、转换梁设计的其他规定

（一）相关规范的规定

1.《高规》第10.2.8条第2～9款规定：

转换梁设计尚应符合下列规定：

2 转换梁截面高度不宜小于计算跨度的1/8。托柱转换梁截面宽度不应小于其上所托柱在梁宽方向的截面宽度。框支梁截面宽度不宜大于框支柱相应方向的截面宽度，且不宜小于其上墙体截面厚度的2倍和400mm的较大值。

3 转换梁截面组合的剪力设计值应符合下列规定：

持久、短暂设计状况

$$V \leqslant 0.20\beta_c f_c b h_0 \qquad\qquad (10.2.8-1)$$

地震设计状况

$$V \leqslant \frac{1}{\gamma_{RE}}(0.15\beta_c f_c b h_0) \qquad\qquad (10.2.8-2)$$

4 托柱转换梁应沿腹板高度配置腰筋，其直径不宜小于12mm、间距不宜大于200mm。

5 转换梁纵向钢筋接头宜采用机械连接，同一连接区段内接头钢筋截面面积不宜超过全部纵筋截面面积的50%，接头位置应避开上部墙体开洞部位、梁上托柱部位及受力较大部位。

6 转换梁不宜开洞。若必须开洞时，洞口边离开支座柱边的距离不宜小于梁截面高度；被洞口削弱的截面应进行承载力计算，因开洞形成的上、下弦杆应加强纵向钢筋和抗剪箍筋的配置。

7 对托柱转换梁的托柱部位和框支梁上部的墙体开洞部位，梁的箍筋应加密配置，加密区范围可取梁上托柱边或墙边两侧各1.5倍转换梁高度；箍筋直径、间距及面积配筋率应符合本规程第10.2.7条第2款的规定。

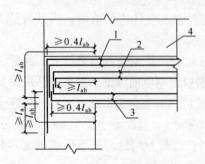

图10.2.8 框支梁主筋和腰筋的锚固
1—梁上部纵向钢筋；2—梁腰筋；3—梁下部纵向钢筋；4—上部剪力墙；抗震设计时图中 l_a、l_{ab} 分别取为 l_{aE}、l_{abE}。

8 框支剪力墙结构中的框支梁上、下纵向钢筋和腰筋（图10.2.8）应在节点区可靠锚固，水平段应伸至柱边，且非抗震设计时不应小于 $0.4l_{ab}$，抗震设计时不应小于 $0.4l_{abE}$，梁上部第一排纵向钢筋应向柱内弯折锚固，且应延伸过梁底不小于 l_a（非抗震设计）或 l_{aE}（抗震设计）；当梁上部配置多排纵向钢筋时，其内排钢筋锚入柱内的长度可适当减小，但水平段长度和弯下段长度之和不应小于钢筋锚固长度 l_a（非抗震设计）或 l_{aE}（抗震设计）。

9 托柱转换梁在转换层宜在托柱位置设置正交方向的框架梁或楼面梁。

2. 《抗规》、《混规》未述及。

（二）对规范的理解

转换梁受力较复杂，为保证转换梁安全可靠，《高规》在本条分别对框支梁和托柱转换梁的截面尺寸及配筋构造等，提出了具体要求。

转换梁上托不少楼层的竖向荷载，承受较大的剪力，开洞会大大削弱转换梁的受剪承载能力，尤其是在转换梁端部剪力最大的部位开洞，对转换梁的抗剪承载能力影响更加不利，因此，《高规》对转换梁上开洞进行了限制，并规定梁上洞口避开转换梁端部，开洞部位要加强配筋构造。

框支梁上墙体开有边门洞时，往往形成小墙肢，此小墙肢的应力集中尤为突出，而边门洞部位框支梁应力急剧加大。在水平荷载作用下，上部有边门洞框支梁的弯矩约为上部无边门洞框支梁弯矩的 3 倍，剪力也约为 3 倍，因此除小墙肢应加强外，边门洞部位框支梁的抗剪能力也应加强。

需要注意的是，由于托柱转换梁上托的是空间受力的框架柱，柱的两主轴方向都有较大的弯矩。故对托柱转换梁，尚宜在转换层设置承担正交方向柱底弯矩的楼面梁或框架梁，避免转换梁承受过大的扭矩作用。

（三）设计建议

1. 转换梁截面高度不宜小于计算跨度的 1/8。当梁高受限制时，可以采用加腋梁。采用宽扁梁转换梁时，梁的截面高度可适当减小，但不应小于跨度的 1/10。托柱转换梁截面宽度不应小于其上所托柱在梁宽方向的截面宽度，一般两侧宜各宽出 50mm。框支梁截面宽度不宜大于框支柱相应方向的截面宽度，且不宜小于其上墙体截面厚度的 2 倍和 400mm，见图 8.2.7-1。

托柱转换梁的截面尺寸选择，不仅与强度有关，与刚度关系也很大。分析表明：随着转换大梁高度的变化，不仅转换大梁本身内力变化较大，还对其上部几层柱的内力、配筋影响明显，即转换大梁的挠度对其上部几层柱的内力影响很敏感。从表 8.2.7 某工程托柱转换大梁高度变化对上、下柱内力及配筋的影响情况，可以看出：转换大梁截面高度越大，上、下柱配筋越小。所以，适当加大托柱转换梁的截面高度，对有效减少上、下柱的配筋有一定效果。

转换大梁高度变化对上下柱内力及配筋的影响　　　　　　表 8.2.7

转换大梁截面尺寸	竖向荷载下上柱最大内力			上柱配筋率	竖向荷载下下柱最大内力			下柱配筋率
	M	N	V		M	N	V	
700×2200	402.44	3729.1	117.83	4.7	1091.5	3283.5	620.82	5.2
700×2800	294.77	3803.3	142.48	4.1	666.14	3424.3	379.74	3.7
700×2900	281.98	3811.6	138.24	4.0	616.97	3445.4	351.66	3.5

2. 框支梁的配筋构造见图 8.2.7-1。

框支梁纵向受力钢筋不宜有接头，有接头时应采用机械连接接头，同一截面内接头钢筋的截面面积不应超过全部钢筋截面面积的 50%，接头位置应避开上部墙体的开洞部位梁上托柱（墙肢）部位及受力较大部位。抗震设计时，不得采用绑扎接头；

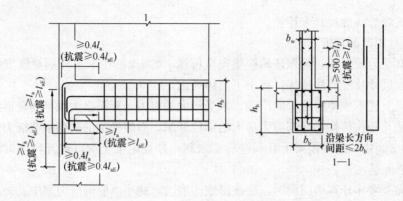

图 8.2.7-1　框支梁的配筋构造

框支梁上、下纵向受力钢筋和腰筋的锚固宜符合图 8.2.7-1 的要求。当梁上部配置多排纵向受力钢筋时，其内排钢筋锚入柱内的长度可适当减小，但不应小于锚固长度 l_a（非抗震设计）或 l_{aE}（抗震设计）。

3. 托柱转换梁的支座上部纵向钢筋至少应有 50% 沿梁全长贯通，下部纵向钢筋应全部直通到柱内；沿梁腹板高度应配置间距不大于 200mm、直径不小于 12mm 的腰筋。且每侧腰筋配筋率不小于托柱转换梁腹板截面面积的 0.08%。

4. 抗震设计时，转换梁不应采用弯起钢筋抗剪。

5. 转换梁不宜开洞，若需开洞时，洞口位置宜远离转换柱内侧，以减小开洞部位上、下弦杆的内力值。上、下弦杆应加强抗剪配筋，洞口高度限值及内力计算参见《混凝土结构构造手册（第四版）》（中国建筑工业出版社，2012 年）实腹梁开洞的有关内容。开洞部位应配置加强钢筋，或用型钢加强，被洞口削弱的截面应进行承载力计算，洞口截面的剪力设计值应乘以 1.2 的增大系数。

6. 对托柱转换梁的托柱部位和框支梁上部的墙体开洞部位，梁的箍筋应加密配置，加密区范围可取梁上托柱边或墙边两侧各 1.5 倍转换梁高度（图 8.2.7-2）；箍筋直径、间距及面积配筋率应符合《高规》第 10.2.7 条第 2 款的规定。

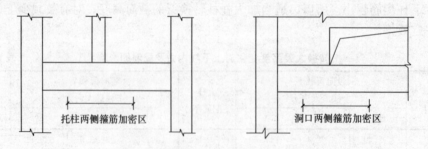

图 8.2.7-2　托柱转换梁和框支梁上墙体开洞时的箍筋加密区示意

当洞口靠近框支梁端部且梁的受剪承载力不满足要求时，可采用框支梁加腋或增大上部墙体洞口连梁刚度等措施（图 8.2.7-3）。

框支梁梁端加腋节点构造，除应满足有关要求外，还应符合下列构造规定（图 8.2.7-4）：

（1）加腋梁坡度一般为 1:1～1:2，其长度 $l_h \geqslant l_b$（l_b 为梁截面高度），其高度 $h_h \leqslant$

424

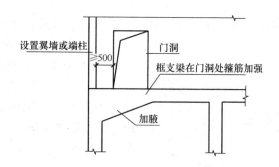

图 8.2.7-3　框支梁上部墙体有边门洞时梁的构造做法

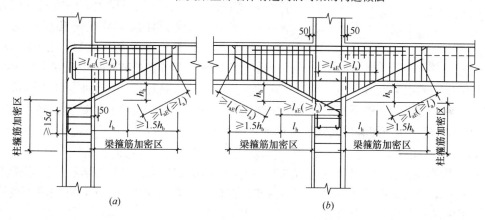

图 8.2.7-4　框支梁梁端加腋节点构造
(a) 端节点；(b) 中间节点

$0.4h_b$，且应满足 $V_b \leqslant 0.15 f_c b_b (h_b + h_h - a_s) / \gamma_{RE}$（抗震设计）或 $V_b \leqslant 0.20 f_c b_b (h_b + h_h - a_s)$（非抗震设计）。

（2）加腋下部纵向钢筋的直径和根数一般不宜少于梁伸进加腋下部纵向钢筋的直径和数量。

（3）加腋内的箍筋应按计算确定，且应符合相应抗震等级的构造要求，加腋纵筋和梁底纵筋相交处，应设附加箍筋两个，直径同梁内箍筋。

（4）l_d 的长度：当不利用其强度时，取 $l_d = l_{as}$；当充分利用其抗压强度时，取 $l_d = 0.7 l_a$（非抗震设计）或 $0.7 l_{aE}$（抗震设计）；当充分利用其抗拉强度时，取 $l_d = l_a$（非抗震设计）或 l_{aE}（抗震设计）。

7. 转换构件竖向荷载和地震作用下的挠度计算，参见《混规》有关规定；挠度限值参见《抗规》第 10.2.12 条有关规定。

8. 其他未述及的转换梁设计的有关规定，见上述《高规》第 10.2.8 条规定。

八、转换层上部竖向抗侧力构件宜直接落在转换层主要转换构件上

（一）相关规范的规定

1.《高规》第 10.2.9 条规定：

转换层上部的竖向抗侧力构件（墙、柱）宜直接落在转换层的主要转换构件上。

2.《抗规》附录 E 第 E.2.2 条规定：

转换层上部的竖向抗侧力构件（墙、柱）宜直接落在转换层的主结构上。

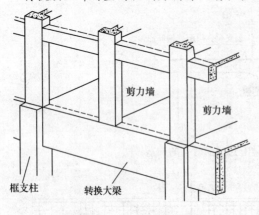

框支柱　　转换大梁

图 8.2.8　多级复杂转换

3.《混规》未述及。

（二）对规范的理解

框支主梁除承受其上部剪力墙的作用外，还需承受次梁传来的剪力、扭矩和弯矩，并且框支主梁易发生受剪破坏。因此，在布置转换层上、下部主体的竖向抗侧力构件（墙、柱）时，应注意尽可能使水平转换结构传力直接，转换层上部的竖向抗侧力构件（墙、柱）宜直接落在转换层的主结构上，尽量避免多级复杂转换，见图 8.2.8。当上部平面布置复杂而采用框支主梁承托剪力墙并承托转换次梁及其上剪力墙时，这种多次转换传力路径长，框支主梁将承受较大的剪力、扭矩和弯矩，一般不宜采用。中国建筑科学研究院抗震所进行的试验表明，框支主梁易产生受剪破坏。因此，《高规》对这种多级转换作出了限制。

（三）设计建议

对 A 级高度的部分框支剪力墙结构，当结构竖向布置复杂，上部墙柱不能直接支承于框支梁而需要多级次梁转换时，应对框支梁进行空间有限元应力分析，并按应力校核配筋、加强配筋构造措施。条件许可时，可采用箱形转换层。

对 B 级高度的部分框支剪力墙高层建筑的结构转换层，不宜采用框支主、次梁的转换方案。

对多级转换的部分框支剪力墙结构，必要时应进行抗震性能设计或超限审查。

九、转换柱设计规定

（一）相关规范的规定

1.《高规》第 10.2.10 条规定：

转换柱设计应符合下列要求：

1　柱内全部纵向钢筋配筋率应符合本规程第 6.4.3 条中框支柱的规定；

2　抗震设计时，转换柱箍筋应采用复合螺旋箍或井字复合箍，并应沿柱全高加密，箍筋直径不应小于 10mm，箍筋间距不应大于 100mm 和 6 倍纵向钢筋直径的较小值；

3　抗震设计时，转换柱的箍筋配箍特征值应比普通框架柱要求的数值增加 0.02 采用，且箍筋体积配箍率不应小于 1.5%。

2.《抗规》第 6.3.9 条第 3 款第 2）小款、第 6.3.7 条第 2 款第 3）小款规定：

第 6.3.9 条第 3 款第 2）小款

框支柱宜采用复合螺旋箍或井字复合箍，其最小配箍特征值应比表 6.3.9 内数值增加 0.02，且体积配箍率不应小于 1.5%。

第 6.3.7 条第 2 款第 3）小款

框支柱和剪跨比不大于 2 的框架柱，箍筋间距不应大于 100mm。

3.《混规》第11.4.17条、第11.4.12条与《抗规》第6.3.9条第3款第2）小款、第6.3.7条第2款第3）小款规定一致。

（二）对规范的理解

转换柱是带转换层结构重要构件，虽然和普通框架柱一样都是偏心受压构件，但受力大，结构刚度又小，往往会成为结构的薄弱层和软弱层，容易破坏且后果严重。计算分析和试验研究表明，随着地震作用的增大，落地剪力墙逐渐开裂、刚度降低，转换柱承受的地震作用逐渐增大。因此，除了在内力调整方面对转换柱作了规定外，规范还对转换柱的构造配筋提出了比普通框架柱更高的要求。

《高规》所指的转换柱，包括部分框支剪力墙结构中的支承托墙框支梁的框支柱和框架-核心筒、框架-剪力墙结构中支承托柱转换梁的转换柱。其高度应从支承水平转换构件顶面起至上部结构嵌固端处柱底，见图8.2.9-1。这两种转换柱在受力性能上有一些区别：框支柱除受有弯矩、剪力外，还承受较大的轴向压力。特别是多于一跨的框支剪力墙，由于大拱套小拱的效应，框支柱的轴向力并不像一般框架柱那样近似按所属面积分配，而是边柱轴力增大，中柱轴力减小。例如两跨的框支剪力墙，竖向荷载下框支边柱的轴力之和约占总轴力的3/5，而中柱只约占总轴力的2/5。此外，由于框支梁上部墙体在竖向荷载作用下拱的受力效应，框支柱在竖向荷载作用下也会产生附加剪力。而承托柱转换梁的转换柱，其受力性能和一般框架柱相同，只不过内力值要大不少。

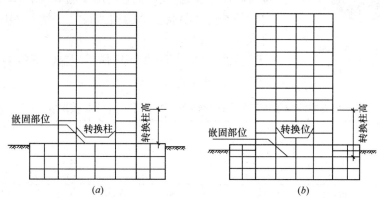

图 8.2.9-1　转换柱高度

（a）嵌固部位在地下室顶板；（b）嵌固部位在地下一层底板

《高规》还给出了特一级转换柱纵向钢筋最小配筋率 $\rho_{\min}$ 及箍筋加密区最小配箍特征值 λ_v 和最小体积配箍率 ρ_v。

《抗规》、《混规》没有专门对于支承托柱转换梁的转换柱的设计规定。

（三）设计建议

1.《高规》规定：转换柱全部纵向钢筋配筋率应符合第6.4.3条中框支柱的规定。《抗规》第6.3.7条、《混规》第11.4.12条与《高规》上述规定一致。需要强调的是：不仅是"全部纵向钢筋配筋率"，"每一侧的纵向钢筋配筋率"也应符合《高规》第6.4.3条规定；此外，对Ⅳ类场地上的较高的高层建筑、采用335MPa级、400MPa级纵向受力钢筋时、当混凝土强度等级为C60以上时，也应符合《高规》第6.4.3条规定。

转换柱全部纵向钢筋最小配筋率见表8.2.9-1。

转换柱纵向受力钢筋最小配筋百分率 表8.2.9-1

钢筋种类	混凝土强度等级	抗震等级			非抗震
		特一级	一级	二级	
>400MPa	高于C60	1.7	1.2	1.0	0.8
	其他	1.6	1.1	0.9	0.7
400MPa	高于C60	1.75	1.25	1.05	0.85
	其他	1.65	1.15	0.95	0.75
335MPa	高于C60	1.8	1.3	1.1	0.9
	其他	1.7	1.2	1.0	0.8

注：1. 抗震设计时，对Ⅳ类场地上高于40m的框架结构或高于60m的其他结构，表中数值应增加0.1；
  2. 柱每侧纵向钢筋配筋率不应小于0.2%。

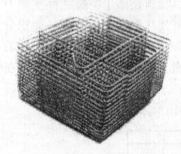
图8.2.9-2 内井字形的
连续复合螺旋箍

2.《高规》本条的第2、3两款与《抗规》、《混规》的规定基本一致。第3款中提到的普通框架柱的箍筋最小配箍特征值要求，见《高规》第6.4.7条的有关规定。但对转换柱中的箍筋，《高规》要求"应"采用复合螺旋箍或井字复合箍，而《抗规》规定为"宜"。笔者认为：应按《高规》设计。关于复合螺旋箍，见图8.2.9-2，相关内容可参见《混凝土结构构造设计手册》（中国建筑工业出版社，2012年）。

转换柱柱端箍筋加密区最小配箍特征值 λ_v 和最小体积配箍率 ρ_v 见表8.2.9-2。

框支柱柱端加密区最小配箍特征值 λ_v 和最小体积配箍率 ρ_v 表8.2.9-2

抗震等级	箍筋形式	λ_v						ρ_v
		柱轴压比						
		≤0.3	0.4	0.5	0.6	0.7	0.8	
特一级 (比普通柱+0.03)	井字复合箍	0.13	0.14	0.16	0.18	0.20	—	1.6%
	复合螺旋箍	0.11	0.12	0.14	0.16	0.18	—	
一级 (比普通柱+0.02)	井字复合箍	0.12	0.13	0.15	0.17	0.19	—	1.5%
	复合螺旋箍	0.10	0.11	0.13	0.15	0.17	—	
二级 (比普通柱+0.02)	井字复合箍	0.10	0.11	0.13	0.17	0.19		1.5%
	复合螺旋箍	0.08	0.09	0.11	0.13	0.15	0.17	
非抗震	采用复合螺旋箍或井字复合箍，$d_v \geq 10$、$S_v \leq 150$							0.8%

3. 本条为强制性条文，必须严格执行。

十、抗震设计时转换柱的内力调整

（一）相关规范的规定

1.《高规》第10.2.11条第2、3、4、5款规定：

转换柱设计尚无符合下列规定：

2　一、二级转换柱由地震作用产生的轴力应分别乘以增大系数1.5、1.2，但计算柱轴压比时可不考虑该增大系数；

3　与转换构件相连的一、二级转换柱的上端和底层柱下端截面的弯矩组合值应分别乘以增大系数1.5、1.3，其他层转换柱柱端弯矩设计值应符合本规程第6.2.1条的规定；

4　一、二级柱端截面的剪力设计值应符合本规程第6.2.3条的有关规定；

5　转换角柱的弯矩设计值和剪力设计值应分别在本条第3、4款的基础上乘以增大系数1.1。

2.《抗规》第6.2.10条第2、3款规定：

部分框支抗震墙结构的框支柱尚应满足下列要求：

2　一、二级框支柱由地震作用引起的附加轴力应分别乘以增大系数1.5、1.2；计算轴压比时，该附加轴力可不乘以增大系数。

3　一、二级框支柱的顶层柱上端和底层柱下端，其组合的弯矩设计值应分别乘以增大系数1.5和1.25，框支柱的中间节点应满足本规范第6.2.2条的要求。

3.《混规》第11.4.4条和《抗规》第6.2.10条第2款规定一致。

（二）对规范的理解

地震作用下由于落地剪力墙的刚度退化，将增大转换柱的地震作用。特别是当设防烈度较高或抗震等级较高时，转换柱承受的轴力和剪力都很大，截面主要由轴压比控制并应满足剪压比的要求。为增大转换柱的安全性，有地震作用组合时，规范对由地震作用引起的轴力值予以放大；同时为推迟转换柱的屈服，以免影响整个结构的变形能力，对转换柱与转换构件相连的柱上端和底层柱下端截面的弯矩组合值亦予以放大；剪力设计值也应按规定调整。

注意：以上内力调整，均是在抗震等级为一、二级时才进行的。

（三）设计建议

1. 转换柱的轴力调整，三本规范对抗震等级为一级的转换柱，增大系数是相同的（均为1.5）；但对抗震等级为二级的转换柱，《高规》规定增大系数为1.3，而《抗规》、《混规》均为1.2，有所区别。工程设计时，建议对高层建筑二级时取增大系数1.3，对多层建筑，则可根据具体情况取为1.2。注意：这里的轴力调整，仅是对地震剪力标准值的调整。

2. 转换柱的弯矩调整，《高规》、《抗规》对抗震等级为一级的转换柱，增大系数是相同的（均为1.5）；但对抗震等级为二级的转换柱，《高规》规定增大系数为1.3，而《抗规》为1.25，有所区别。工程设计时，建议对高层建筑二级时取增大系数1.3，对多层建筑，则可根据具体情况取为1.25。注意：这里的弯矩调整，是对柱端弯矩组合值（即弯矩设计值）的调整。

关于转换柱的弯矩调整，调整计算举例如下：

某底部带转换层的钢筋混凝土框架-核心筒结构，抗震设防烈度为7度，丙类建筑，建于Ⅱ类建筑场地。该建筑物地上31层，地下2层；地下室的主楼平面以外部分，无上部结构。地下室顶板±0.000处可作为上部结构的嵌固部位，纵向两榀边框架在第三层转换层设置托柱转换梁，如图8.2.10所示。上部结构和地下室混凝土强度等级均采用C40（f_c=19.1N/mm²，f_t=1.71N/mm²）。

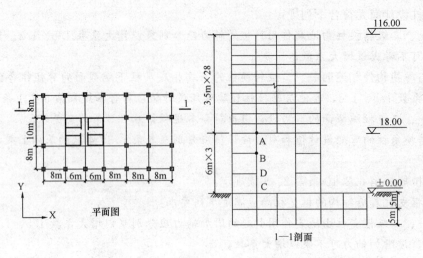

图 8.2.10

设某根转换柱抗震等级为一级，X 向考虑地震作用组合的二、三层 B、A 节点处的梁、柱端弯矩组合值分别为：节点 A：上柱柱底弯矩 $M'^b_A = 600$kN·m，下柱柱顶弯矩 $M'^t_A = 1800$kN·m，节点左侧梁端弯矩 $M'^l_A = 480$kN·m，节点右侧梁端弯矩 $M'^r_A = 1200$kN·m；节点 B：上柱柱底弯矩 $M'^b_B = 600$kN·m，下柱柱顶弯矩 $M'^t_B = 500$kN·m，节点左侧梁端弯矩 $M'^l_B = 520$kN·m；底层柱柱底弯矩组合值 $M'_C = 400$kN·m。试问，该转换柱配筋设计时，节点 A、B 下柱柱顶及底层柱柱底的考虑地震作用组合的弯矩设计值 M_A、M_B、M_C（kN·m）应取何组数值？

提示：柱轴压比>0.15。

图 8.2.10 中 AB、BD、DC 三柱均为转换柱，节点 A 是与转换构件相连的转换柱的上端，C 点是转换柱的底层柱下端，节点 B、C 既不是与转换构件相连，也不是底层柱的下端。

解：

（1）节点 A 下柱柱顶考虑地震作用组合的弯矩设计值 M_A 应根据《高规》第 10.2.11 条第 3 款乘以 1.5 的放大系数.

$$M_A = 1.5M'^t_A = 1.5 \times 1800 = 2700\text{kN·m}$$

（2）节点 B 下柱柱顶考虑地震作用组合的弯矩设计值 M_B 应根据《高规》第 6.2.1 条式（6.2.1-2）计算。

$$\Sigma M'_B = M'^t_B + M'^b_B = 500 + 600 = 1100\text{kN·m}$$

$$\eta_c \Sigma M'^t_B = 1.4 \times 520 = 728\text{kN·m} < \Sigma M'_B$$

故有

$$M_B = M'^t_B = 500\text{kN·m}$$

（3）底层柱柱底考虑地震作用组合的弯矩设计值 M_C 应根据《高规》第 10.2.11 条第 3 款乘以 1.5 的放大系数。即

$$M_C = 1.5M'_C = 1.5 \times 400 = 600\text{kN·m}$$

应该注意的是：此题若地下一层亦为大空间，结构嵌固部位在地下一层底板（见图 8.2.9-1b），则除转换柱柱底内力设计值应予放大外，笔者认为，±0.00 处转换柱截面内

力设计值亦应按柱底规定放大。

3. 一、二级转换柱端截面的剪力设计值应符合《高规》第 6.2.3 条的有关规定。《抗规》第 6.2.5 条、《混规》第 11.4.3 条与《高规》上述规定一致。应该注意的是：这里的柱端剪力增大系数 η_{vc} 是按框架结构取值还是按其他框架取值？笔者认为：对部分框支剪力墙结构的框支柱，宜按框架结构取值，即：抗震等级为一级时按实配，二级时取 $\eta_{vc} = 1.3$；对其他转换柱，可按其他框架取值，即：抗震等级为一级时取 $\eta_{vc} = 1.4$，二级时取 $\eta_{vc} = 1.2$。

4. 笔者认为：高层建筑抗震设计的带转换层结构，不宜采用转换角柱。即不宜在结构平面角部位置设置转换。必须设置时，宜进行抗震性能设计或超限审查。

十一、转换柱设计的其他规定

（一）相关规范的规定

1. 《高规》第 10.2.11 条第 1、6、7、8、9 款规定：

转换柱设计尚应符合下列规定：

1 柱截面宽度，非抗震设计时不宜小于 400mm，抗震设计时不应小于 450mm；柱截面高度，非抗震设计时不宜小于转换梁跨度的 1/15，抗震设计时不宜小于转换梁跨度的 1/12；

6 柱截面的组合剪力设计值应符合下列规定：

持久、短暂设计状况 $\qquad V \leqslant 0.20 \beta_c f_c b h_0$ （10.2.11-1）

地震设计状况 $\qquad V \leqslant \dfrac{1}{\gamma_{RE}} (0.15 \beta_c f_c b h_0)$ （10.2.11-2）

7 纵向钢筋间距均不应小于 80mm，且抗震设计时不宜大于 200mm，非抗震设计时不宜大于 250mm；抗震设计时，柱内全部纵向钢筋配筋率不宜大于 4.0%。

8 非抗震设计时，转换柱宜采用复合螺旋箍或井字复合箍，其箍筋体积配箍率不宜小于 0.8%，箍筋直径不宜小于 10mm，箍筋间距不宜大于 150mm。

9 部分框支剪力墙结构中的框支柱在上部墙体范围内的纵向钢筋应伸入上部墙体内不少于一层，其余柱纵筋应锚入转换层梁内或板内；从柱边算起，锚入梁内、板内的钢筋长度，抗震设计时不应小于 l_{aE}，非抗震设计时不应小于 l_a。

2. 《抗规》、《混规》未述及。

（二）对规范的理解

如前所述，转换柱受力大，结构刚度小，处于结构的关键部位，是带转换层结构重要构件。故《高规》对转换柱的截面尺寸、柱内竖向钢筋全截面最大配筋率及箍筋的最小体积配箍率、竖向钢筋及箍筋的配筋构造等提出了相应的要求。

（三）设计建议

1. 转换柱的截面尺寸，可根据柱的受荷面积计算由竖向荷载产生的轴向力标准值 N，按下式估算柱的截面面积 A_c，然后再确定柱的边长。

$$A_c = \xi N / (\mu f_c) \qquad\qquad (8.2.11)$$

式中 ξ——轴向力放大系数，按表 8.2.11 取用。

μ——转换柱轴压比，按《高规》表 6.4.2 取用。

<table>
<thead>
<tr><th colspan="2">轴向力放大系数 ξ</th><th></th><th></th><th>表 8.2.11</th></tr>
<tr><th colspan="2"></th><th>框支柱</th><th>框架角柱</th><th>重剪结构框架柱</th><th>其他柱</th></tr>
</thead>
<tbody>
<tr><td rowspan="4">抗震设计</td><td>一级</td><td>1.6</td><td>1.6</td><td>1.4</td><td>1.5</td></tr>
<tr><td>二级</td><td>1.6</td><td>1.6</td><td>1.4</td><td>1.5</td></tr>
<tr><td>三级</td><td>1.5</td><td>1.6</td><td>1.4</td><td>1.5</td></tr>
<tr><td>四级</td><td>1.4</td><td>1.5</td><td>1.3</td><td>1.3</td></tr>
<tr><td colspan="2">非抗震设计</td><td>1.3</td><td>1.5</td><td>1.3</td><td>1.3</td></tr>
</tbody>
</table>

转换柱的截面宽度，抗震设计时不宜小于 450mm，非抗震设计时不宜小于 400mm；截面高度，抗震设计时不宜小于转换梁跨度的 1/12，非抗震设计时不宜小于梁跨度的 1/15。截面高度不宜小于截面宽度。柱净高与柱截面高度之比不宜小于 4，不宜采用短柱，当不能满足此项要求时，宜采用型钢混凝土柱、钢管混凝土柱或采用分体柱、加大转换层的层高等措施。

转换柱的截面尺寸，尚应满足《高规》式（10.2.11-1）、式（10.2.11-2）的要求。

特一级及高位转换时，转换柱宜采用型钢混凝土柱或钢管混凝土柱。

2. 转换柱内全部纵向受力钢筋最大配筋率，抗震设计时不宜大于 4.0%，不应大于 5.0%，非抗震设计时不宜大于 5.0%，不应大于 6.0%。

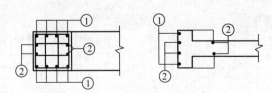

图 8.2.11　框支柱竖向主筋锚固要求
注：在上部墙体范围内的①号筋②号筋应伸入上部墙体内不少于一层，其余柱钢筋应锚入梁内或板内，并满足锚固长度要求。

3. 转换柱纵向受力钢筋在转换层内不宜有接头，若需设置，宜设在距离节点区 700mm 以外的楼板面区段，接头率不应大于 25%；宜用机械连接或焊接，钢筋的机械连接、焊接及绑扎搭接应符合国家现行有关标准的规定。如采用搭接接头，则搭接长度不少于 l_1（非抗震设计）或 l_{1E}（抗震设计）。钢筋在柱顶锚固要求见图 8.2.11，能伸入上部墙体的钢筋应伸入上部墙体内不少于一层；其余柱纵筋应锚入转换层梁内或板内。从柱边算起，锚入梁内、板内的钢筋长度，抗震设计时不应小于 l_{aE}，非抗震设计时不应小于 l_a。

4. 当采用大截面钢筋混凝土柱时，宜在截面中部配置附加纵向受力钢筋，并配置附加箍筋。

5. 其他未述及的转换柱设计的有关规定，见上述《高规》第 10.2.11 条规定。

十二、抗震设计时转换梁、柱的节点设计

（一）相关规范的规定：

1. 《高规》第 10.2.12 条规定：

抗震设计时，转换梁、柱的节点核心区应进行抗震验算，节点应符合构造措施的要求。转换梁、柱的节点核心区应按本规程第 6.4.10 条的规定设置水平箍筋。

2. 《抗规》第 6.3.10 条款规定与《高规》第 6.4.10 条第 2 款规定一致，见本书第四章第五节"二、框架梁柱节点核心区的箍筋构造"。

3.《混规》第11.6.8条与《高规》第6.4.10条第2款规定一致，第9.3.9条规定与《高规》第6.4.10条第1款规定基本一致，见本书第四章第五节"二、框架梁柱节点核心区的箍筋构造"。

（二）对规范的理解

因转换构件转换梁、柱的节点核心区受力复杂且受力非常大，《高规》在本条提出了对转换梁、柱节点核心区的设计要求。特别是抗震设计时，强调应进行节点区抗震受剪承载力的验算，并应符合有关构造措施的规定。

（三）设计建议

1.《抗规》、《混规》虽对转换梁、柱的节点核心区未作规定，但对框架梁柱节点的设计有明确规定。设计中应按《高规》执行。

2. 转换梁、柱的节点核心区抗震受剪承载力的验算同框架梁柱节点；节点核心区水平箍筋的设置等构造要求应按《高规》第6.4.10条规定执行。具体详见本书第四章第五节"二、框架梁柱节点核心区的箍筋构造"。

3. 节点核心区水平箍筋的设置，除满足规范规定的最小配箍特征值 λ_v 和最小体积配箍率 ρ_v 要求外，其箍筋配筋构造，笔者建议：

（1）转换柱节点区水平箍筋不应小于上、下柱柱端加密区箍筋的配置；

（2）当转换梁腰筋拉通有可靠锚固时，节点区水平箍筋、拉筋的直径、沿竖向的间距上应符合下列要求：

特一级时，不宜小于 $\phi14@100$ 且需将每根柱纵筋钩住；

一级时，不宜小于 $\phi12@100$ 且需将每根柱纵筋钩住；

二级时，不宜小于 $\phi10@100$ 且需至少每隔一根将柱纵筋钩住；

非抗震设计时，不宜小于 $\phi10@200$ 且需至少每隔一根将柱纵筋钩住。

十三、箱形转换设计要点

（一）相关规范的规定：

1.《高规》第10.2.13条规定：

箱形转换结构上、下楼板厚度均不宜小于180mm，应根据转换柱的布置和建筑功能要求设置双向横隔板；上、下板配筋设计应同时考虑板局部弯曲和箱形转换层整体弯曲的影响，横隔板宜按深梁设计。

2.《抗规》、《混规》未述及。

（二）对规范的理解

1. 受力及变形特点

箱形转换结构是利用楼层实腹边肋梁、中间肋梁和上、下层楼板，形成刚度很大的箱形空间结构。一般情况下，肋梁可双向布置，中间肋梁腹板往往开有洞口以满足建筑和机电等专业的功能要求。

计算表明：箱形转换结构上、下层楼板和肋梁一起共同受力，刚度大，传力均匀、可靠，整体工作性能好，不仅其抗弯、抗剪能力较实腹转换梁大大提高，而且由于上、下层楼板的承载力可形成一对力偶，平衡肋梁平面外可能产生的扭矩。故抗扭能力以及变形协调能力也较实腹转换梁大大提高。同时，结构整体变形十分明显，使得转换柱受力较为均匀。

对上、下层楼板本身，荷载作用下，除受有局部弯矩外，还承受结构整体弯曲所产生的整体弯矩。此外，上、下层楼板平面内还受有拉力或压力，处于偏心受拉或偏心受压受力状态：顶板（上层楼板）支座区偏心受拉，跨中区偏心受压；底板（下层楼板）支座区偏心受压，跨中区偏心受拉，与普通转换层楼板受力有较大区别。应根据整体计算和局部计算的结果进行内力组合、配筋。所以，按偏心受拉或偏心受压构件计算配筋的箱形转换结构上、下层楼板比一般转换层楼板仅考虑局部弯曲的配筋要大。

就单榀肋梁而言，当肋梁上托剪力墙时，则此肋梁及上部墙体的受力特点和框支剪力墙相似，当肋梁上托框架柱或墙肢时，则此肋梁及上部结构的受力特点和抽柱框架的受力特点相似。

2. 箱形转换结构的优缺点

（1）箱形转换结构具有以下优点：

1）箱形转换结构刚度大，整体性好，受力明确，能更好更可靠地传递竖向和水平荷载，使各转换构件和竖向构件受力较均匀。受力性能优于一般实腹梁转换结构。

2）箱形转换结构的面内刚度较实腹梁转换层要大得多，而自重相差不大；但却比厚板转换层要小得多，节省材料，减小地震作用，降低造价。

3）可以满足上、下层结构体系或柱网轴线变化的转换要求，也可以满足上、下层结构体系和柱网轴线同时变化的转换要求。当需要纵、横两个方向同时进行结构转换时，可以采用双向肋梁布置。避免采用框支主次梁的转换方案。

4）箱形转换结构的空腔部分可以兼作设备层，肋梁可根据建筑功能要求开设洞口，充分利用建筑空间，提高了经济效益。

（2）箱形转换结构的缺点是箱形转换上、下层刚度突变较严重，不宜用在楼层较高的部位。同时转换结构竖向构件受力较大，大震作用下易首先进入塑性状态甚至破坏。应根据规范要求采取合理可靠的加强措施，确保结构安全。此外，箱形转换结构的施工也较麻烦。

箱形转换一般适用于结构的整体转换，也可用于结构的局部转换。

（三）设计建议

1. 结构布置

带箱形转换层建筑结构的竖向抗侧力构件布置宜简单、规则、均匀、对称，尽量减少结构刚心与质心的偏心；主要抗侧力构件宜尽可能布置在周边，尤其应注意加强厚板转换层下部结构的抗扭能力。

当确有需要采用局部转换时，局部的箱形转换构件平面宜居中或对称布置，以减小结构的扭转效应。

转换层下部必须有落地剪力墙和（或）落地筒体，落地纵横剪力墙最好成组布置，结合为落地筒体。当转换层上托剪力墙时，落地剪力墙和（或）落地筒体、转换柱的平面布置应符合部分框支剪力墙结构的平面布置要求。

带箱形转换层结构中转换层上、下部结构的侧向刚度比，应符合高规附录 E 的有关规定。为了使结构下部的刚度尽量接近上部结构的刚度，可采用加大落地剪力墙厚度、提高混凝土强度等级和加大框支柱截面等方法。

带箱形转换层结构的上、下层侧向刚度均突变，同时相邻楼层质量差异很大，竖向传力又不直接，是特别不规则的建筑结构。由于结构的地震作用效应不仅与刚度有关，而且还与质量相关，仅限制转换层结构的上、下层侧向刚度，是无法有效控制结构的地震效应的。因此，当转换层结构的上、下层侧向刚度比较大时，应采用弹性时程分析法进行多遇地震下的结构计算，严格控制转换层结构的上、下层层间位移角比，以避免产生薄弱层或软弱层，确保结构具有足够的承载能力和变形能力。

2. 箱形转换结构肋梁截面尺寸的要求同转换梁。受有扭矩的箱形转换结构肋梁，其截面尺寸尚应满足《混规》第 6.4.1 条式（6.4.1-1）、式（6.4.1-2）及相关要求。箱形转换结构上、下楼板（即顶、底板）厚度不宜小于 180mm，并应设置横隔板。

3. 计算分析要点

带箱形转换层建筑结构的计算分析应分两步走：结构整体三维空间分析和箱形转换层结构的局部有限元计算分析，并应考虑肋梁竖向地震作用的影响。

（1）箱形转换层结构的整体计算方法

带箱形转换层高层建筑结构的整体计算应采用两种不同力学计算模型的三维空间分析程序进行结构整体分析，并应采用弹性时程分析程序作校核性验算。

如何对箱形转换层进行模型化处理，使之最接近结构的实际受力状态是结构分析的关键所在。带箱形转换层结构的整体计算分析，不宜简单地按普通实腹梁式转换层进行计算和设计，避免造成不必要的浪费和可能的安全隐患，应考虑转换层中上、下层楼板的整体受力。应考虑箱形转换结构顶板、底板的有利作用。

带箱形转换层结构上、下楼层侧向刚度比的验算，应根据工程实际情况，选择合理的计算层高度和计算模型，采取多种方法进行复核。

箱形转换结构的内力调整，抗震等级为特一、一、二级时转换构件在水平地震作用下的计算内力应分别乘以 1.9、1.6、1.3 的增大系数。

（2）箱形转换层结构的局部计算方法

在整体计算后，应对箱形转换层采用板单元或组合有限元方法进行局部应力分析，采用有限元方法，单元的每一个节点具有六个自由度（三个位移、三个转角），单元刚度矩阵分别由平面应力问题和薄板弯曲问题来考虑。相关内容可参见《钢筋混凝土带转换层结构设计释疑及工程实例》（中国建筑工业出版社，2008）有关章节。

4. 构件设计

（1）箱形转换结构的混凝土强度等级不应低于 C30。

（2）箱形肋梁的配筋设计，应对按梁元模型和墙（壳）元模型的计算结果进行比较和分析，综合考虑纵向受力钢筋和腹部钢筋的配置。配筋构造除符合框支梁的要求外，还应符合下列规定：

1）箱形肋梁的承载力计算，受剪、受弯时按等效工字形截面，楼板有效翼缘宽度可取板厚的 8～10 倍（中间肋梁）或 4～5 倍（边肋梁），且不宜小于 180mm，箱形梁抗弯刚度应计入相连层楼板作用。受扭时按箱形截面。

2）箱形肋梁的顶、底部抗弯纵向受力钢筋可采用工字形截面梁的配筋方式，翼缘宽度可取板厚的 8～10 倍（中间肋梁）或 4～5 倍（边肋梁）；70%～80% 的纵向受力钢筋应配置在支承肋梁的框支柱的宽度范围内（图 8.2.13-1）。

3）肋梁的箍筋及腹板腰筋应结合抗剪及抗扭承载力计算配筋并满足框支梁构造要求。

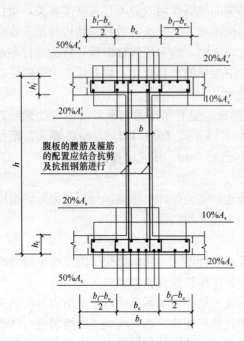

图 8.2.13-1 箱形梁抗弯纵向受力钢筋构造

（图中标注）
$50\% A_s'$
$20\% A_s'$
$\dfrac{b_f'-b_c}{2}$ b_c $\dfrac{b_f'-b_c}{2}$
$10\% A_s'$
$20\% A_s'$
h_f'
b
腹板的腰筋及箍筋的配置应结合抗剪及抗扭钢筋进行
h
$20\% A_s$
$10\% A_s$
h_f
$20\% A_s$
$50\% A_s$
$\dfrac{b_f-b_c}{2}$ b_c $\dfrac{b_f-b_c}{2}$
b_f

4）肋梁上、下翼缘板内横向钢筋不宜小于 $\phi12@200$ 双层。

5）箱形转换构件截面的抗剪及抗扭配筋构造，当壁厚 $t \leqslant b/6$ 时，可在壁的外侧和内侧配置横向钢筋和纵向钢筋（图 8.2.13-2a）。要特别注意壁内侧箍筋在角部应有足够的锚固长度。当承受的扭矩很大时，宜采用 45°和135°的斜钢筋。当壁厚 $t>b/6$ 时，壁内侧钢筋不再承受扭矩，可仅按受剪配置内侧钢筋（图 8.2.13-2b）。

（3）转换柱设计应考虑箱形转换层（顶、底板、肋梁）的空间整体作用，配筋构造同框支柱的要求。

箱形转换底板的下层柱应按框支柱设计，下层剪力墙不应设计成短肢剪力墙或单片剪力墙。落地剪力墙的设计应符合部分框支剪力墙结构中落地剪力墙的相关要求。

（4）由于箱形转换层是整体受力的，因此，配筋计算时应考虑板平面内的拉力和压力的影响。顶板和底板的配筋计算应以箱形整体模型分析结果为依据，除进行楼板的局部弯曲设计外，尚应按偏心受拉或偏心受压构件进行配筋设计。和整体弯曲叠加后进行。应双层双向配筋，且每层每方向的配筋率不应小于 0.25%，钢筋最小直径不宜小于 12mm，最大间距不宜大于 200mm，楼板中的钢筋应锚固在边梁或墙体内。

转换厚板上、下一层的楼板应适当加强，楼板厚度不宜小于 150mm。宜双层双向配筋，每层每方向配筋率不宜小于 0.20%。

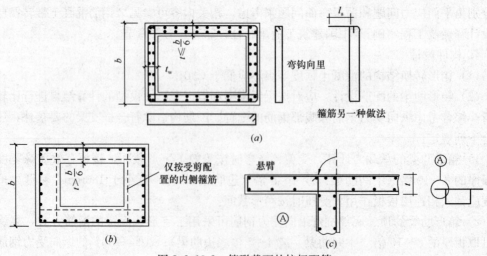

图 8.2.13-2 箱形截面的抗扭配筋

（a）$t \leqslant b/6$；（b）$t>b/6$；（c）带悬壁的箱形截面节点Ⓐ

（5）所有构件纵向钢筋支座锚固长度均为 l_{aE}（抗震设计）、l_a（非抗震设计）。

十四、厚板转换设计要点

（一）相关规范的规定

1.《高规》第 10.2.14 条规定：

厚板设计应符合下列规定：

1 转换厚板的厚度可由抗弯、抗剪、抗冲切截面验算确定。

2 转换厚板可局部做成薄板，薄板与厚板交界处可加腋；转换厚板亦可局部做成夹心板。

3 转换厚板宜按整体计算时所划分的主要交叉梁系的剪力和弯矩设计值进行截面设计并按有限元法分析结果进行配筋校核；受弯纵向钢筋可沿转换板上、下部双层双向配置，每一方向总配筋率不宜小于 0.6%；转换板内暗梁的抗剪箍筋面积配筋率不宜小于 0.45%。

4 厚板外周边宜配置钢筋骨架网。

5 转换厚板上、下部的剪力墙、柱的纵向钢筋均应在转换厚板内可靠锚固。

6 转换厚板上、下一层的楼板应适当加强，楼板厚度不宜小于 150mm。

2.《抗规》、《混规》未述及。

（二）对规范的理解

1. 受力及变形特点

当转换层的上、下层剪力墙或柱子错位范围较大，结构上、下层柱网有很多处对不齐时，采用搭接柱或实腹梁转换已不合适，这时可在上、下柱错位楼层设置厚板，通过厚板来完成结构在竖向荷载和水平荷载下力的传递，实现结构转换，这就是厚板转换。

对一些结构的整体计算分析和模型试验研究表明：水平荷载作用下，带厚板转换层的高层建筑剪力墙结构，其总体受力特点和部分框支剪力墙结构相似，楼层剪力沿高度变化总的趋势为自上而下呈线性增大。但在转换厚板处，由于转换厚板的巨大刚度和质量，转换层上、下层刚度和剪力都有很大突变；同时，转换层下部结构的外柱剪力、弯矩都较大，转换厚板相连的上、下几层构件也会受到影响，产生较大的应力集中。

转换厚板的面外刚度很大，且面外刚度是竖向荷载作用下结构传力的关键，上部结构主要通过厚板面外刚度来改变传力途径，将荷载传递到下部结构竖向构件中去。

对转换厚板的局部有限元计算分析表明：竖向荷载作用下转换厚板的弯矩分布与板-柱结构的弯矩分布相似。在以柱为支座处的转换厚板支座负弯矩很大，以剪力墙为支座处的转换厚板支座负弯矩也较大，但小于以柱为支座处的转换厚板支座负弯矩。转换厚板的支座负弯矩只分布于支座附近一定范围内，在剪力墙支座处沿剪力墙长度方向呈两端绝对值大而中间小的不均匀分布，在核心筒附近双向弯矩向井筒的角部位置集中的现象明显；转换厚板的正弯矩分布范围大，在上部结构荷载作用大或跨度大的位置弯矩值就大，但正弯矩与相应负弯矩的绝对值相比要小。在下部结构轴线（即柱上板带位置）上弯矩分布与连续梁的弯矩分布相似，在上部结构剪力墙线荷载作用处弯矩变化小。

转换厚板的冲切破坏也是值得注意的，竖向荷载对厚板产生很大的冲切力，地震作用产生的不平衡弯矩要由板柱（墙）节点传递，在柱（墙）边将产生较大的附加剪应力，有可能发生冲切破坏，甚至导致结构连续破坏。

转换厚板的挠度很小，厚板板内应力不大，需要注意的位置是厚板的角部和板的周边。

转换厚板的厚度很厚，在转换层集中了相当大的质量，地震作用下，振动性能十分复杂。同时，转换厚板刚度很大，而上、下层刚度相对较小，造成转换层处结构的上、下层侧向刚度均突变，使结构受力很不合理。塑性铰将首先出现在应力集中严重的部位——竖向构件与转换厚板相交处附近，容易产生薄弱层，使厚板转换层的上、下层构件承受很大剪力而导致脆性破坏，甚至比框支剪力墙的抗震性能更差。中国建筑科学研究院及东南大学等单位的试验研究表明：厚板本身产生破坏的可能性不大，但厚板的上、下相邻层结构出现明显裂缝和混凝土剥落。试验还表明：在竖向荷载和地震作用的共同作用下，厚板不仅会发生冲切破坏，还有可能产生剪切破坏。

2. 厚板转换和实腹梁托柱转换的比较

厚板转换可以使结构上、下层竖向构件灵活布置，无须上、下层结构对齐，较好地满足了建筑的功能要求。转换厚板的刚度大，调整结构的变形和受力能力较强，使竖向构件的受力相对较均匀。同时，还避免了竖向构件与转换层相交处的一些节点的复杂构造。因此，在一些非地震区及地下结构中得到应用。

但是，厚板转换使得结构的传力变得不直接、不合理、很复杂，给计算分析和设计带来困难；厚板转换使得结构的刚度突变，结构抗震性能差；厚板本身受力也很复杂：厚板不是简单的受弯构件，同时受有剪、扭、冲切甚至有拱的效应等，且目前尚未摸清其特点；转换厚板混凝土用量多、结构自重大、重心高，加大了地震作用，加大了基础的负担；同时，厚板可能产生的大体积混凝土的水化热给施工带来不便。

3. 根据中国建筑科学研究院进行的厚板试验及计算分析，非地震区及6度设防地震区采用厚板转换工程的设计经验，《高规》规定了厚板转换结构的设计原则。

（三）设计建议

1. 目前国内对厚板转换的计算分析和试验研究都较少，转换厚板结构的受力性能、破坏机理尚不十分清楚。考虑到厚板转换结构形式的受力复杂性、抗震性能较差、施工较复杂，同时由于转换厚板在地震区使用经验较少，故采用厚板转换形式应慎重，特别是在地震区，更应慎重，应深入研究，组织专家论证，以确保工程的安全和合理、经济。《高规》规定：非抗震设计和6度抗震设计可采用厚板转换；对于大空间地下室，因周围有土的约束作用，地震反应小于地面以上的部分框支剪力墙结构，故7度、8度抗震设计的高层建筑地下室转换构件可采用厚板转换。

框架结构由于结构抗侧力刚度较弱，采用厚板转换结构形式将会使转换层处结构的上、下层竖向刚度均产生更大的突变，故不应采用。

剪力墙结构、框架-剪力墙结构，当采用厚板转换结构形式时，其最大适用高度应按《高规》表3.3.1-1适当降低。

2. 结构布置

带厚板转换层建筑结构的竖向抗侧力构件布置宜简单、规则、均匀、对称，尽量减少结构刚心与质心的偏心；主要抗侧力构件宜尽可能布置在周边，尤其应注意加强厚板转换层下部结构的抗扭能力。

当确有需要采用局部转换时，局部的厚板转换平面宜居中或对称布置，以减小结构的扭转效应。

转换层下部必须有落地剪力墙和（或）落地筒体，落地纵横剪力墙最好成组布置，结合为落地筒体。当转换层下部有框支柱时，落地剪力墙和（或）落地筒体、框支柱的平面布置应符合部分框支剪力墙结构的平面布置要求。

带厚板转换层高层建筑结构在地面以上的大空间层数应尽可能少，6 度时不应超过 6 层。

厚板转换层结构除应符合高规附录 E 的关于转换层上、下部结构侧向刚度比的规定外，还应满足转换层上、下部结构层间位移角比的规定。为了使结构下部的刚度尽量接近上部结构的刚度，可采用加大落地剪力墙厚度、提高混凝土强度等级和加大框支柱截面尺寸等方法。

厚板转换层结构的上、下层侧向刚度均突变，同时相邻楼层质量差异很大，竖向传力又不直接，是特别不规则的建筑结构。由于结构的地震作用效应不仅与刚度有关，而且还与质量相关，仅限制厚板转换层结构的上、下层侧向刚度比，是无法有效控制结构的地震效应的。因此，当转换层结构的上、下层侧向刚度比较大时，应采用弹性时程分析法进行多遇地震下的结构计算，严格控制转换层结构的上、下层层间位移角比，以避免产生薄弱层或软弱层，确保结构具有足够的承载能力和变形能力。

3. 计算分析方法

带厚板转换层高层建筑结构计算分析，除应满足有关要求外，其结构计算分析还应注意以下几点：

（1）带厚板转换层的高层建筑结构可采用三维空间分析程序进行结构的整体计算分析，当转换厚板上、下部结构布置较规则时，一般可把实体转换厚板划分为双向交叉梁系，交叉梁系通过柱联节点或无柱联节点与上、下部结构的竖向构件相连，参与结构的整体计算。

交叉梁高可取转换板的厚度，梁宽可取为支承柱的柱网间距，即梁每一侧的宽度取其间距之半，但不超过转换板厚的 6 倍。根据整体计算分析所得的交叉梁系的内力，进行转换厚板板带的配筋计算。

采用这种计算方法，当转换厚板上、下部竖向构件布置不规则时，由于交叉梁系中梁宽的合理取值很难确定，故计算分析的误差会较大。此时可采用设置虚梁的分析方法，即在转换厚板上、下层的轴线位置定义，虚梁的截面尺寸为 100mm×100mm，当虚梁所围成的面积较大时还应在其中增设虚梁，人工细分厚板单元。建立起柱联节点网或无柱联节点网以形成转换厚板上、下部结构的力的有效传递，使转换厚板参与结构的整体计算。

转换厚板由于板很厚，厚板面外的变形（弯曲、剪切变形等）不可忽略，如果继续采用薄板单元将会给计算带来很大的误差。整体计算时厚板一定要考虑厚板面外的变形（弯曲、剪切变形等），这样才能把上部结构、厚板、下部结构的变形、传力等计算合理，由于厚板上下传力的特殊性，厚板面外变形的正确考虑，决定了计算结果的正确性。所以，整体分析时，转换厚板应定义为平面内无限刚、平面外为有限刚度的弹性板。

对转换厚板的局部连续体有限元分析，应考虑厚板的剪切变形，单元划分的长、宽、高数量级宜相同，尺寸宜接近；对柱边、剪力墙边的板单元划分宜更细、更密。如 PK-PM 系列中的 SlabCAD 程序所采用的板单元为基于 Mindlin 假设的中厚板通用八节点等参单元，计算精度较高。

（2）上述厚板转换层结构的计算分析，采取的是两步走的方法，即先进行结构整体计算分析，再对转换厚板进行更细微的连续体有限元分析。这从工程需要的精度来看是可以的。但对于体型特别复杂的高层建筑，精度尚显不足，特别是对转换厚板的二次分析，从本质上说是一种静力分析方法，对地震作用下的厚板的动力特性几乎未作分析。应用大型的结构分析通用软件，采用组合单元对结构进行整体有限元分析，是最接近结构实际受力状态、因而计算精度较高的方法。但这种方法对计算机的资源要求很高，计算耗时较长，不便于工程设计的反复修改计算。有的甚至没有中国规范的配筋及构造计算。

实际工程设计中，对体型复杂的带厚板转换层的高层建筑结构可采用第一种方法进行结构分析和配筋计算，再用第二种方法进行内力、变形和截面配筋的校核，是较好的结构计算分析方法。

4. 构造设计

这里所讨论的构造设计，主要是针对结构中的转换厚板及其相关构件。对结构中的其他构件以及其他构造设计内容，见《高规》、《混规》等构件设计的有关规定。

（1）转换柱、落地剪力墙

转换厚板的下层柱应按转换柱设计，转换厚板的下层剪力墙，不应设计成短肢剪力墙或单片剪力墙。转换柱、剪力墙应按部分框支剪力墙结构中的框支柱、落地剪力墙设计。

转换厚板上、下部的剪力墙、柱直通时，其纵向钢筋应上、下直通设置；当转换厚板上、下部的剪力墙、柱不能直通时，其纵向钢筋均应在转换厚板内可靠锚固。

（2）转换厚板

1）转换厚板的厚度可由受弯、受剪、受冲切承载力计算确定。一般情况下，可取厚板转换层下柱柱距的 $1/3 \sim 1/6$ 进行板厚的估算，一般约在 $1.0 \sim 3.0 \mathrm{m}$ 之间。实际工程中，由于柱网、荷载等因素的变化较大，转换厚板的厚度变化范围也较大。在满足强度及变形要求下，转换厚板应尽可能减薄。

由于在转换厚板层集中了很大的质量和刚度，于结构抗震不利，故可根据有限元分析结果在应力较小区域的转换厚板处作局部减薄处理，以减小转换层处的地震反应。薄板与厚板交界处可加腋；转换厚板亦可局部做成夹心板。

2）转换厚板的混凝土强度等级不应低于 C30。

3）转换厚板宜按整体计算分析时所划分的主要交叉梁系的剪力和弯矩设计值进行截面设计，并按连续体有限元分析的应力结果进行截面配筋校核。

① 厚板受弯纵向钢筋可沿转换板上、下部双层双向设置，且每一方向纵向受力钢筋的总配筋率不宜小于 0.6%。注意：这里规定的是一个方向纵向受力钢筋的总配筋率，并未对该方向的上、下层最小配筋率作出明确规定。工程设计中宜根据板的受力情况适当调整上、下层钢筋的配筋比例，建议每层每方向配筋率不小于 0.25%，且上、下层总配筋率不宜小于 0.6%。板的两个方向底部纵向受力钢筋应置于板内暗梁底部纵向受力钢筋之上。配筋计算时，应考虑板两个方向纵向受力钢筋的实际有效高度。

② 为了防止转换厚板的板端沿厚度方向产生层状水平裂缝，宜在厚板外周边配置钢筋骨架网进行加强。钢筋骨架网直径不宜小于 16mm，钢筋间距不宜大于 200mm。

4）转换厚板内沿下部结构轴线处应设置暗梁，下部结构轴线之间沿上部结构主要剪力墙长度方向处应设置暗次梁，暗梁的宽度建议取为 $2/3h$，且不小于下层柱宽或墙厚；暗次梁的宽度建议取为 $1/2h$，且不小于上层柱宽或墙厚，此处 h 为转换厚板的厚度。暗梁、暗次梁的配筋应符合下列规定（图 8.2.14-1）：

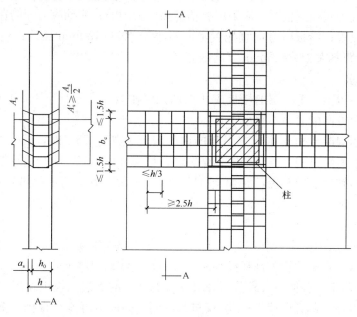

图 8.2.14-1　暗梁构造

① 暗梁（暗次梁）纵向受力钢筋的最小配筋率，建议不小于按结构相应抗震等级提高一级后的框架梁的最小配筋率，同时不应小于二级抗震等级时框架梁的最小配筋率；非抗震设计时，不应小于二级抗震等级时框架梁的最小配筋率；

② 暗梁（暗次梁）的下部纵向受力钢筋应在梁全跨拉通，上部纵向受力钢筋至少应有 50% 在梁全跨拉通；

③ 暗梁（暗次梁）抗剪箍筋的面积配筋率不宜小于 0.45%。

④ 暗梁（暗次梁）箍筋，构造上至少应配置四肢箍，直径不应小于 8mm，间距不应大于 100mm，箍筋肢距不应大于 250mm。

5）对转换厚板上、下部结构的剪力墙或框支柱与厚板的交接处，应进行厚板抗冲切承载力的验算。方法见本书第六章第二节"三、板柱节点的抗冲切承载力计算"等有关内容。

6）厚板中部不需要抗冲切钢筋的区域，应配置不小于 Φ 16@400 直钩形式的双向抗剪兼架立钢筋（图 8.2.14-2）。

7）对转换厚板上、下部结构的剪力墙或框支柱与厚板的交接处，由于柱子轴力很大，混凝土强度等级较高，还宜验算此处板的局部受压承载力。厚板的局部受压承载力

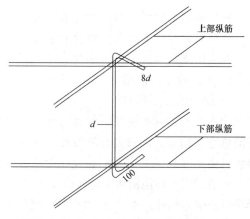

图 8.2.14-2　直钩形式的抗剪兼架立钢筋

计算和构造要求可按《混规》的有关规定进行。

8) 对转换层厚板施加预应力，可有效地控制板的角部及高应力区及其他应力集中区域（如转换板中开洞的凹角、柱头、剪力墙过渡区等）的混凝土裂缝。

当采用预应力转换厚板时，应采用有粘结预应力配筋；非预应力配筋在上部和下部宜双层双向通常设置；沿板厚方向宜配置竖向不小于 φ25@150mm 插筋；转换厚板中部宜设置 1～2 层间距不大于 200mm 的双向钢筋网。

5. 其他要求

(1) 转换厚板上、下一层的楼板应适当加强，楼板厚度不宜小于 150mm。宜双层双向配筋，每层每方向配筋率不宜小于 0.20%。

(2) 大体积混凝土由于水化热引起的内外温度差超过 25℃时，就会产生有害裂缝。同时，混凝土在凝结过程中还会产生干缩裂缝，如果处理不当，将会危及结构安全，产生不良后果。厚板转换层的厚板，混凝土用量大，大体积混凝土的水化热问题应引起重视。为减小混凝土内部水化热带来的约束温度应力影响，并解决底模支撑问题，在设计上宜采取一些针对性的措施：

1) 采用粉煤灰混凝土，利用混凝土后期强度，减少水泥用量，降低水化热。同时，在混凝土中输入一定量的膨胀剂替代水泥，成为补偿收缩混凝土。

2) 增加配筋率。转换厚板宜采用分层浇筑混凝土的方法。板中除配有上部和下部受力钢筋外，在厚板中部宜设置 1～2 层双向钢筋网。钢筋尽可能小直径、密间距，以便减小裂缝宽度控制裂缝。浇筑混凝土时，建议做好测温监控工作。

十五、桁架转换设计要点

(一) 相关规范的规定

1.《高规》第 10.2.15 条、第 10.2.27 条规定：

第 10.2.15 条

采用空腹桁架转换层时，空腹桁架宜满层设置，应有足够的刚度。空腹桁架的上、下弦杆宜考虑楼板作用，并应加强上、下弦杆与框架柱的锚固连接构造；竖腹杆应按强剪弱弯进行配筋设计，并加强箍筋配置以及与上、下弦杆的连接构造措施。

第 10.2.27 条

托柱转换层结构，转换构件采用桁架时，转换桁架斜腹杆的交点、空腹桁架的竖腹杆宜与上部密柱的位置重合；转换桁架的节点应加强配筋及构造措施。

2.《抗规》、《混规》未述及。

(二) 对规范的理解

1. 受力及变形特点

用作转换构件的桁架一般有两种：空腹桁架和斜腹杆桁架。除上下弦杆外，仅有竖腹杆的称空腹桁架；而只要有斜腹杆，不管有没有竖腹杆，则称为斜腹杆桁架。空腹桁架和斜腹杆桁架在构件受力及配筋设计上是有区别的。

等节间空腹转换桁架在竖向荷载作用下，各杆件均受有大小不等的弯矩、剪力和轴力，都是偏心受力构件。主要受力特点为：空腹转换桁架各杆件的内力是两头大中间小，即桁架两端的杆件内力较大，中间部分的杆件内力较小。第一节间的各杆件主要是弯矩和剪力起控

442

制作用，随着跨度的增加，这个现象愈加突出，甚至造成局部内力分布不合理，以致带来构造和施工上的复杂和不便。理论上，可以通过增大中间节间的跨度和减小小端节间的跨度来调节各杆内力，使各杆内力相对较为均匀。但在实际工程中，节间距离过小会由于杆件的剪跨比过小形成短柱而导致压杆的脆性破坏。故一般不采用这种做法。分析表明：当跨度不大于15m时，采用空腹转换桁架较为经济合理（预应力空腹转换桁架可适当加大）。

斜腹杆转换桁架中的斜腹杆使竖向荷载的传力方向和途径发生变化，一部分竖向荷载通过斜腹杆直接传力给支座（转换柱等），使端部上、下弦杆弯矩和剪力都有较大幅度的减小，且竖向刚度有较大的提高，有利于控制水平构件的竖向位移。但需注意的是：斜腹杆及上、下弦杆中轴力较大，截面主要由轴力控制。

由多个单层桁架（空腹转换桁架或斜腹杆转换桁架）可叠合组成"多层桁架"（图 8.2.15-1）。分析表明：多层空腹桁架各弦杆的内力大小与各弦杆的刚度有关。各杆件轴力分布的特点是下弦杆出现最大拉力，而上弦杆压力最大，中间弦杆的轴力相对较小。在每层弦杆中，中间位置弦杆轴力大，往两端则逐渐减小。

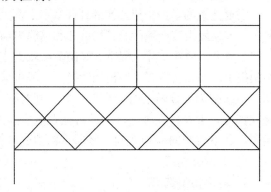

图 8.2.15-1 多层桁架转换

多层斜腹桁架改变了上部竖向荷载的传力途径，使一部分竖向荷载通过支座附近的竖杆传递给支座，大幅度降低了各层弦杆的弯矩和剪力。但同时增加了斜腹杆及弦杆的轴向力。

总之，多层桁架与单层桁架的受力特点十分相似，但多层桁架面内刚度大，桁架的挠度小，可以应用在跨度较大的转换结构中。

实际工程中，由于转换桁架和它上部的结构总是同时存在的，即使是单层转换桁架，由于上部框架和单层转换桁架的共同工作，也具有"多层桁架"的受力特点。上部几层框架梁的刚度对转换桁架内力及变形影响不容忽视。适当加大上部几层框架梁的截面尺寸，使上部几层框架梁的刚度增加，转换桁架所承受的荷载将减小，反之，转换桁架所承受的荷载会加大。

与实腹梁相比，桁架转换层由于质量、刚度都相对较小，分布比较均匀，故结构整体的质量和刚度突变程度要远小于实腹梁。特别是在框架－剪力墙结构、筒中筒结构或仅为局部转换的结构中，只要剪力墙（筒体）等主要抗侧力构件布置合理，转换桁架本身设计得当，具备较好的承载能力和延性，则采用桁架转换的结构不致造成结构竖向刚度突变，使结构具有较好的抗震性能。

实腹梁主要靠弯曲变形来吸收地震能量，而由桁架的几何关系决定，桁架杆件的伸长和压缩量值比结构的侧移量值要小，因而在结构产生相同侧移的条件下，靠杆件轴向变形吸收地震能量的桁架比起靠杆件弯曲变形吸收地震能量的实腹梁要小得多。这是桁架转换一个很主要的缺点。

桁架转换层的刚度不如实腹梁，桁架的上、下弦杆和斜腹杆主要为小偏心受力构件，延性较差；此外，桁架的节点受力复杂，延性较差。因此，转换桁架的延性和耗能能力也较差。

2. 适用范围

在托柱转换中，采用实腹梁转换虽然可以满足建筑功能要求，但当转换梁跨度较大且承托的楼层数较多时，会使实腹转换梁截面尺寸过大，配筋很多，梁柱节点区纵向受力钢筋锚固困难；同时转换层的建筑可使用空间较少。另一方面，由于转换梁刚度大、自重大，转换层上、下楼层竖向刚度突变较大，当转换层位置较高时，对抗震尤为不利。和实腹梁相比，桁架转换用料省、自重轻、传力明确、途径清楚，桁架转换上、下层质量分布相对较均匀，刚度突变程度也较小，不但可以大大减轻自重，而且可利用腹杆间的空间布置机电管线，有效地利用了建筑空间。

转换桁架既可用于结构的整体转换，也可用于结构的局部转换。

需要注意的是：桁架转换的杆件基本上都是轴心或小偏心受力构件，节点区的构造较为复杂，容易发生节点脆性的剪切破坏和钢筋失锚和滑移破坏，延性较差。同时节点区的施工也较为复杂。故在实际工程中，竖向荷载较大或跨度较大的结构转换，采用钢筋混凝土转换桁架很少，如确实需要采用桁架转换，一般可采用型钢混凝土转换桁架或钢转换桁架。

当结构为抽柱转换时，桁架托柱，则对柱子的平面位置有一定的要求，不能像实腹梁托柱那样，上托柱在竖向平面内可任意放置。另外，和实腹梁转换一样，桁架转换也仅适用于上、下层竖向构件在同一竖向平面内的转换。

（三）设计建议

1. 转换桁架选型

转换桁架的结构选型应根据转换桁架的跨度及其承托的上部结构柱网、层数、荷载等因素综合考虑。一般竖向荷载不大或跨度不大的结构转换，可考虑采用钢筋混凝土转换桁架。当转换桁架承托的上部层数较多、荷载较大或跨度较大时，宜采用双层或多层转换桁架（图8.2.15-1）；当仅设置一道转换桁架将使杆件的截面尺寸过大时，可设置多道转换桁架，使每道转换桁架仅承担一层或几层竖向荷载，从而减小杆件的截面尺寸（图8.2.15-2）。

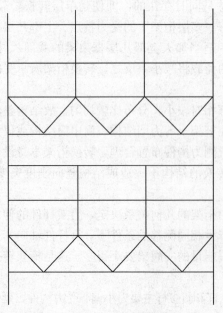

图 8.2.15-2 多道转换桁架

2. 计算分析要点

带桁架转换层的建筑结构在转换层上、下层楼层侧向刚度有突变，转换层楼盖一方面要传递较大的水平力，这将在楼板平面内引起较大的内力；另一方面，在竖向荷载作用下，转换桁架的腹杆会产生较大的轴向力和轴向变形，同时位于上、下层楼板平面内的上、下弦杆也存在较大的轴向力。为了正确反映并计算上、下弦杆的轴向力，带桁架转换层结构的计算应考虑楼板、梁在其平面内的实际刚度，将上、下层楼板定义为弹性楼板。以便计算桁架上、下弦杆、梁、板的变形和内力，进行荷载和内力组合、配筋计算。

（1）带桁架转换层结构的计算分析可采用下述简化方法：

1）结构的整体分析中，将转换桁架（斜）

腹杆作为柱单元，上、下弦杆作为梁单元，按三维空间分析程序计算整体结构的内力和位移。计算时，桁架上、下弦杆均应计入楼板作用，楼板有效翼缘宽度可取为：$12h_i$（中桁架）、$6h_i$（边桁架），其中 h_i 为上、下弦杆相连楼板厚度。

2）利用整体分析所得到的转换桁架相邻上部柱下端截面内力（M_c^b、V_c^b、N_c^b）和转换桁架相邻下部柱上端截面内力（M_c^t、V_c^t、M_c^t）作为转换桁架的外荷载（图 8.2.15-3），采用考虑杆件轴向变形的杆系有限元程序分析各种工况下转换桁架上、下弦杆的最大轴向力。

3）按有关规范中基本组合的要求，对各种工况进行组合，得到上、下弦杆轴向力设计值。

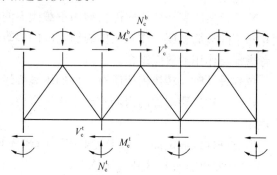

图 8.2.15-3　转换桁架计算简图

4）利用整体空间分析计算的梁单元的弯矩、剪力和扭矩，按偏心受力构件计算上、下弦杆的配筋，其中轴力可按上、下弦及相连楼板有效翼缘的轴向刚度比例分配，以考虑翼缘范围内楼板的影响。

（2）精确的计算方法应是取消楼板平面内刚度为无限大的假定，考虑楼板、梁的实际刚度，计算梁、板的变形和内力，进行内力组合和配筋计算。

3. 转换桁架设计

转换桁架宜满层设置。转换桁架的高度一般为一个楼层高度（单层桁架）或多个楼层高度（多层桁架）。桁架上弦在上一层楼板平面内，下弦则在下一层楼板平面内。转换桁架的设计应与其上部结构的设计综合考虑。其上弦节点应布置成与上部框架柱、墙肢形心重合，使传力简单、直接，并应有足够的刚度保证其整体受力作用。转换桁架上、下层框架柱（墙肢）分别与桁架上、下弦平面外宜中心对齐。

采用桁架作转换结构时，一层桁架中一般不宜设置，"X"形斜腹杆，腹杆数量不宜过多，以免杆件受力复杂，且易造成杆件长细比过小，形成短柱，不满足规范抗震要求。

桁架上、下弦节间长度一般可取 3～5m，可能情况下，两端节间距取小值，跨中取大值，以尽可能使各杆件受力均匀。节点尺寸不宜过小，以保证节点具有足够的承载能力和较好的延性。

桁架上弦截面宽度（弦杆在桁架平面外的尺寸）应大于上托柱相应方向的截面尺寸，下弦截面宽度（弦杆在桁架平面外的尺寸）不应大于上层框支柱相应方向的截面尺寸。上、下弦截面宽度宜相同，以方便施工。腹杆截面宽度不应大于上、下弦截面宽度，且腹杆长度与截面短边之比应大于 4。

框支柱应向上伸入转换桁架与上托框架柱直通相连。在转换桁架内应按框架柱和桁架端腹杆两者的最不利情况设计。其截面宽度不应小于上、下弦截面宽度。

节点是保证转换桁架整体性及正常工作的重要部位。桁架节点处一般有 3～5 根杆件交汇，截面又发生突变，受力相当复杂。如设计不当或施工质量得不到保证，将会在节点附近出现裂缝，甚至造成节点的剪切破坏。因此，必须予以充分的重视。

节点宽度与桁架弦杆截面宽度相同，其高度应根据腹杆的布置情况确定。节点与腹杆相接面应与腹杆轴线垂直。节点几何尺寸应满足节点斜面长度不小于腹杆截面高度加50mm。

转换桁架的混凝土强度等级不应低于C30。当采用预应力转换桁架时，混凝土强度等级不应低于C40。

转换桁架所有杆件均应进行截面承载能力的计算，对受拉杆，还应按规范验算正常使用状态下的裂缝宽度。注意构件裂缝宽度的验算，仅考虑竖向荷载和风荷载的效应组合，不考虑地震作用的效应组合。

抗震设计时，转换桁架所有杆件的抗震等级均应按相应结构框支梁的要求确定抗震等级。杆件的构造要求如内力调整、轴压比限值、最小配筋率等均应满足相应抗震等级的具体规定。

所有杆件纵向钢筋节点区（支座）的锚固长度均为l_{aE}（抗震设计）、l_a（非抗震设计）。锚固长度自节点区外边缘算起。

转换桁架跨中起拱值，钢筋混凝土桁架可取$l/700 \sim l/600$，预应力桁架可取$l/1000 \sim l/900$，此处l为转换桁架跨度。

桁架上、下弦节点配筋构造

桁架节点区应采用封闭式箍筋，箍筋应加密，且应垂直于弦杆的轴线位置布置，并设置拉筋，以确保节点约束混凝土的性能。桁架节点区的箍筋数量应满足设计要求。节点区内箍筋的最小体积配箍率要求同受压弦杆，箍筋直径不应小于10mm，间距不应大于100mm。

为了防止桁架节点外侧转折处混凝土开裂，加强腹杆的锚固，以及抵抗节点间杆件应力差所引起的剪力，节点区内侧应配置周边附加钢筋。周边附加钢筋应采用变形钢筋，其直径不宜小于16mm，间距不宜小于150mm，伸入弦杆内锚固长度不宜小于l_{aE}（抗震设计）或l_a（非抗震设计）。

桁架的端节点在靠近内夹角四周应设置不少于4根箍筋，箍筋间距不应大于50mm。

节点区内侧附加弯起钢筋除满足抗弯承载力外，直径不宜小于$\Phi 20$，间距不宜大于100mm。节点区内箍筋体积配箍率要求同受压弦杆。

空腹桁架上下弦节点构造做法见图8.2.15-4。

斜腹杆桁架上下弦节点构造做法见图8.2.15-5。

转换桁架设计的其他内容，参见《钢筋混凝土带转换层结构设计释疑及工程实例》（中国建筑工业出版社，2008）

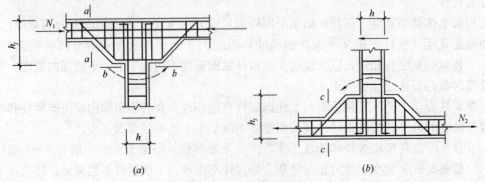

图 8.2.15-4 空腹桁架

(a) 上弦节点；(b) 下弦节点

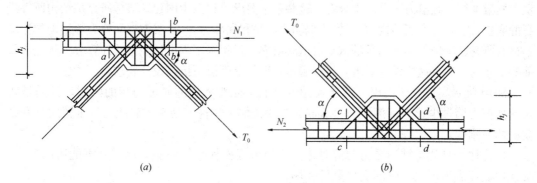

图 8.2.15-5　斜腹杆桁架

（a）上弦节点；（b）下弦节点

十六、部分框支剪力墙结构的布置

（一）相关规范的规定

1.《高规》第10.2.16条第1~7款、第10.2.8条第1款规定：

第10.2.16条第1~7款

部分框支剪力墙结构的布置应符合下列规定：

1　落地剪力墙和筒体底部墙体应加厚；

2　框支柱周围楼板不应错层布置；

3　落地剪力墙和筒体的洞口宜布置在墙体的中部；

4　框支梁上一层墙体内不宜设置边门洞，也不宜在框支中柱上方设置门洞；

5　落地剪力墙的间距 l 应符合下列规定：

1）非抗震设计时，l 不宜大于 $3B$ 和36m；

2）抗震设计时，当底部框支层为 1~2 层时，l 不宜大于 $2B$ 和24m；当底部框支层为 3 层及 3 层以上时，l 不宜大于 $1.5B$ 和20m；此处，B 为落地墙之间楼盖的平均宽度；

6　框支柱与相邻落地剪力墙的距离，1~2 层框支层时不宜大于12m，3 层及 3 层以上框支层时不宜大于10m；

7　框支框架承担的地震倾覆力矩应小于结构总地震倾覆力矩的 50%；

第10.2.8条第1款转换梁与转换柱截面中线宜重合。

2.《抗规》第6.1.9条第4款、第6.2.10条第4款规定：

第6.1.9条第4款

……；框支层落地抗震墙间距不宜大于24m，框支层的平面布置宜对称，且宜设抗震筒体；底层框架部分承担的地震倾覆力矩，不应大于结构总地震倾覆力矩的 50%。

第6.2.10条第4款部分框支抗震墙结构分框支柱、尚应满足下列要求：

框支梁中线宜与框支柱中线重合

3.《混规》未述及。

（二）对规范的理解

部分框支剪力墙结构的竖向抗侧力构件布置，除应满足结构布置的一般要求及《高规》附录 E 的转换层上下结构侧向刚度等规定外，《高规》在本条还对落地剪力墙的间距、限制框支框架承担的倾覆力矩等作出规定。这些基本要求是根据中国建筑科学研究院结构所等进行的底层大空间剪力墙结构 12 层模型拟动力试验和底部为 3～6 层大空间剪力墙结构的振动台试验研究、清华大学土木系的振动台试验研究、近年来工程设计经验及计算分析研究成果而提出来的，满足这些设计要求，可以满足 8 度及 8 度以下抗震设计要求。

2010 版《高规》、《抗规》都强调提出对框支框架承担的倾覆力矩的限制，目的是防止落地剪力墙过少，保证落地剪力墙成为主要抗侧力构件，使结构转换层以下楼层具有必要的侧向刚度。

框支柱本身就是结构受力的薄弱部位，如周围楼板错层布置，墙、柱不能协同工作，又使框支柱成为短柱，则框支柱更易破坏。

框支梁上一层墙体受力复杂，应避免开洞，特别是避免开边门洞，也不宜在框支中柱上方设置门洞。

《高规》本条是专门针对部分框支剪力墙结构而提出的结构布置要求。

（三）设计建议

1. 部分框支剪力墙结构的布置，重点是注意以下几个关键问题：

（1）平面布置应力求简单、规则、均匀、对称、周边化。尽量使水平荷载的合力中心与结构刚度中心重合，避免扭转的不利影响。应特别注意落地剪力墙的均匀和周边化。所谓"均匀"，一是指落地剪力墙的截面尺寸较为均匀，各片落地剪力墙底部承担的水平剪力不宜悬殊过大；二是平面位置尽可能均匀，而不要将框支剪力墙集中布置在平面的某个部位，落地剪力墙集中布置在平面的另一个部位。落地剪力墙的周边化布置，既可以增大结构的抗侧力刚度，又可以增大结构的抗扭刚度，提高结构的抗扭能力。

（2）竖向布置应保证底层大空间有足够的刚度，防止转换层上、下层刚度过于悬殊。

底部柔软层的结构在大地震中的倒塌十分普遍，而部分框支抗震墙结构容易形成下柔上刚，为保证结构底部大空间有合适的刚度、强度、延性和抗震能力，应尽量强化转换层下部的结构刚度，弱化转换层上部的结构刚度，使转换层上、下部主体结构刚度及变形特征尽量接近。为此，可采取以下措施：

1）与建筑等专业协调，争取尽可能多的剪力墙落地。必要时也可以在平面其他部位设置剪力墙以加大底部大空间楼层的结构刚度。

2）加大落地剪力墙的厚度，尽量增大落地剪力墙的截面面积。

3）提高大空间层落地剪力墙和框支柱的混凝土强度等级。

（3）加强转换层的刚度和承载力，保证转换层可以将竖向及水平荷载可靠有效地传到落地剪力墙（落地筒体）和框支柱上。

1）限制落地剪力墙间距

和框架-剪力墙结构中限制剪力墙的间距一样，限制落地剪力墙间距的目的是保证结构的整体工作性能。B 应为落地剪力墙之间楼盖的平均宽度，见图 8.2.16。实际工程中对落地剪力墙之间的楼板，应避免开大洞、避免楼板处有较大的凹入，尽可能使楼板宽度基本均匀。当楼板宽度变化较大时，B 宜按落地剪力墙之间楼板的最小宽度取用。

转换层位置不同的部分框支剪力墙结构，抗震性能也不同。由于《抗规》定义的部分框支剪力墙结构是指首层和底部两层为框支层的结构，故其对落地剪力墙间距的限制规定也仅针对首层和底部两层为框支层的结构；而《高规》还对 3 层及 3 层以上框支层时落地

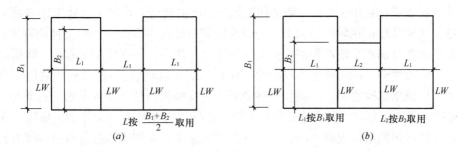

图 8.2.16　落地剪力墙间距示意

(a) LW：落地剪力墙；(b) L_1、L_2：剪力墙间距

剪力墙的间距限制也作了规定。以满足底部大空间层楼板的刚度要求，使转换层上部的剪力能有效地传递给落地剪力墙，框支柱只承受较小的剪力。

2) 转换层楼板不应在大空间范围内开大洞口。如果必须在大空间部分设置楼梯间、电梯间时，应采用钢筋混凝土落地剪力墙将其周边围成落地筒体。

框支层周围楼板不应错层布置。

(4) 尽量避免转换构件的多级复杂转换布置。详见本节"八、转换层上部竖向抗侧力构件宜直接落在转换层主要转换构件上"。

(5) 转换梁与转换柱截面中线宜重合。

2. 部分框支剪力墙结构布置的其他规定，见《高规》本条的其他规定。

十七、部分框支剪力墙结构框支柱地震剪力标准值的调整

（一）相关规范的规定

1.《高规》第 10.2.17 条规定：

部分框支剪力墙结构框支柱承受的水平地震剪力标准值应按下列规定采用：

1　每层框支柱的数目不多于 10 根时，当底部框支层为 1～2 层时，每根柱所受的剪力应至少取结构基底剪力的 2％；当底部框支层为 3 层及 3 层以上时，每根柱所受的剪力应至少取结构基底剪力的 3％；

2　每层框支柱的数目多于 10 根时，当底部框支层为 1～2 层时，每层框支柱承受剪力之和应至少取结构基底剪力的 20％；当框支层为 3 层及 3 层以上时，每层框支柱承受剪力之和应至少取结构基底剪力的 30％。

框支柱剪力调整后，应相应调整框支柱的弯矩及柱端框架梁的剪力和弯矩，但框支梁的剪力、弯矩、框支柱的轴力可不调整。

2.《抗规》第 6.2.10 条第 1 款规定：

部分框支抗震墙结构的框支柱尚应满足下列要求：

框支柱承受的最小地震剪力，当框支柱的数量不少于 10 根时，柱承受地震剪力之和不应小于结构底部总地震剪力的 20％；当框支柱的数量少于 10 根时，每根柱承受的地震剪力不应小于结构底部总地震剪力的 2％。框支柱的地震弯矩应相应调整。

3.《混规》未述及。

（二）对规范的理解

计算分析表明：部分框支剪力墙结构转换层以上的楼层，水平力大体上按各片剪力墙的等效刚度比例分配；在转换层以下，一般落地剪力墙的刚度远大于框支柱的刚度，落地剪力墙几乎承受全部水平地震作用，框支柱的剪力非常小。但在实际工程中，转换层楼板会有显著的面内变形，从而使框支柱的剪力比计算值显著增加。对12层的底层大空间剪力墙住宅结构模型试验表明：实测框支柱的剪力为按楼板刚性无限大的假定计算值的6～8倍；同时，落地剪力墙出现裂缝后刚度下降，也导致框支柱的剪力增加。所以，在内力分析后，应根据转换层位置的不同、框支柱数目的多少，对框支柱及落地剪力墙的剪力作相应的调整。

《抗规》仅规定了框支层不超过2层时的框支柱的地震剪力、弯矩的调整（其定义的部分框支剪力墙结构仅适用于框支层不超过2层的情况），这和《高规》的规定一致；但《高规》还规定了框支层超过2层时的框支柱的地震剪力、弯矩的调整。

（三）设计建议

1. 框支柱水平地震剪力标准值的调整，应使底层框支柱承担20%～30%的底层剪力，其分配原则见表8.2.17。

框支柱的最小设计剪力 V_{cj} 表8.2.17

柱数 n_c	上层为一般剪力墙	
	1～2层框支层	3层及3层以上框支层
≤10	0.02V	0.03V
>10	$0.2V/n_c$	$0.3V/n_c$

注：1. 表中 V 为结构基底地震总剪力的标准值；
 2. 框支柱剪力调整后，应相应调整框支柱的弯矩及柱端梁（不包括转换梁）的剪力、弯矩，框支柱的轴力可不调整；
 3. 框支柱承受的最小地震剪力计算以框支柱的数目10根为分界，此规定对于结构的纵横两个方向是分别计算的；若框支柱与钢筋混凝土剪力墙相连成为剪力墙的端柱，则沿剪力墙平面内方向统计时端柱不计入框支柱的数目，沿剪力墙平面外方向统计时其端柱计入框支柱的数目；
 4. 当框支层同时含有框支柱和框架柱时，首先应按框架-剪力墙结构的要求进行地震剪力调整，然后再复核框支柱的剪力要求。

2. 底层落地剪力墙承担该层全部剪力。

3. 当部分框支剪力墙结构带有裙房为一个结构单元时，结构底部总地震剪力，不含裙房部分的地震剪力，框支柱也不含裙房的框架柱。即框架柱内力不调整。

十八、部分框支剪力墙结构中落地剪力墙底部加强部位内力调整

（一）相关规范的规定

1. 《高规》第10.2.18条规定：

部分框支剪力墙结构中，特一、一、二、三级落地剪力墙底部加强部位的弯矩设计值应按墙底截面有地震作用组合的弯矩值乘以增大系数1.8、1.5、1.3、1.1采用；其剪力设计值应按本规程第3.10.5条、第7.2.6条的规定进行调整。落地剪力墙墙肢不宜出现偏心受拉。

2. 《抗规》第6.2.11条第2款规定：

部分框支抗震墙结构的一级落地抗震墙底部加强部位尚应满足下列要求：

墙肢底部截面出现大偏心受拉时，宜在墙肢的底截面处另设交叉防滑斜筋，防滑斜筋承担的地震剪力可按墙肢底截面处剪力设计值的30%采用。

3. 《混规》未述及。

（二）对规范的理解

落地剪力墙是部分框支剪力墙结构最主要的抗侧力构件，底部加强部位剪力墙体受力很大。特别是转换层以下，落地剪力墙的刚度远大于框支柱的刚度，落地剪力墙几乎承受全部水平地震作用，框支柱的剪力非常小。这和一般剪力墙结构中的底部加强部位剪力墙体是有很大区别的。落地剪力墙转换层以下部位又是保证部分框支剪力墙结构抗震性能的关键部位，十分重要，一旦破坏后果极其严重。为加强落地剪力墙的底部加强部位承载能力，推迟墙底的塑性铰出现，防止大震下的结构破坏或倒塌，规范规定特一、一、二级落地剪力墙底部加强部位的弯矩设计值应分别按落地剪力墙底截面有地震作用组合的弯矩值予以增大，其剪力设计值也应按规定予以增大。这是抗震设计时，实现"强底层强底"、"强剪弱弯"等抗震概念的重要措施。

无地下室的部分框支剪力墙结构的落地剪力墙，特别是联肢或双肢墙，当考虑最不利荷载组合墙肢出现偏心受拉时，可能会导致墙肢与基础交接处产生滑移，为此，规范还要求落地剪力墙墙肢不宜出现偏心受拉。《抗规》还给出了墙肢底部截面出现偏心受拉时的设计措施。

（三）设计建议

1. 一般剪力墙结构对底部加强部位的剪力墙体仅根据抗震等级的不同调整其剪力，而部分框支剪力墙结构对底部加强部位的剪力墙体不仅调整其剪力还要调整其弯矩。

2. 结合《高规》第3.10.5条、第7.2.5条、第7.2.6条的规定，部分框支剪力墙结构落地剪力墙内力设计值的调整见表8.2.18。

部分框支剪力墙结构落地剪力墙内力设计值的调整　　　　表8.2.18

抗震等级	调整部位	弯矩调整	说　明	剪力调整	说　明
特一级	底部加强部位	$1.8M_w$	《高规》第10.2.18条	$1.9V_w$	《高规》第3.10.5条
	其他部位	$1.3M_w$	《高规》第3.10.5条	$1.4V_w$	《高规》第3.10.5条
一级	底部加强部位	$1.5M_w$	《高规》第10.2.18条	$1.6V_w$	《高规》第7.2.6条
	其他部位	$1.2M_w$	《高规》第7.2.5条	$1.3V_w$	《高规》第7.2.5条
二级	底部加强部位	$1.25M_w$	《高规》第10.2.18条	$1.4V_w$	《高规》第7.2.6条
	其他部位	$1.0M_w$	《高规》第7.2.5条	$1.0V_w$	《高规》第7.2.6条
三级	底部加强部位	$1.1M_w$	笔者建议	$1.2V_w$	《高规》第7.2.6条
	其他部位	$1.0M_w$	《高规》第7.2.5条	$1.0V_w$	《高规》第7.2.6条

注：1. 表中 M_w 表示墙底截面有地震作用组合的弯矩值，V_w 表示墙底截面有地震作用组合的剪力值；

2. 根据《高规》第10.1.2条，9度抗震设计时不应采用带转换层结构，故表中"抗震等级"一栏中无"9度一级"的情况。

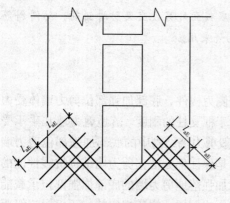

图 8.2.18　落地双肢剪力墙在墙肢
底截面处另设斜向交叉防滑钢筋

3. 落地剪力墙墙肢不宜出现偏心受拉。当墙肢底部截面出现偏心受拉时，宜在墙肢的底截面处另设置 45° 斜向交叉防滑钢筋，斜向交叉防滑钢筋可按单排设在墙截面中部，采用根数不太多的较粗钢筋，一端锚入基础，另一端锚入墙内，锚固长度不应小于 l_{aE} (图 8.2.18)。

斜向交叉防滑钢筋的截面面积，一般情况下按承担地震剪力设计值 V_w 的 30% 确定。

还应注意：抗震设计时，当落地剪力墙任一墙肢出现偏心受拉时，墙肢内力除按上述第 2 款进行内力调整外，另一墙肢的弯矩设计值及剪力设计值还应乘以 1.25 的增大系数。

十九、部分框支剪力墙结构中剪力墙底部加强部位墙体设计

（一）相关规范的规定

1.《高规》第 10.2.19 条、第 10.2.20 条、第 10.2.21 条规定：

第 10.2.19 条

部分框支剪力墙结构中，剪力墙底部加强部位墙体的水平和竖向分布钢筋的最小配筋率，抗震设计时不应小于 **0.3%**，非抗震设计时不应小于 **0.25%**；抗震设计时钢筋间距不应大于 **200mm**，钢筋直径不应小于 **8mm**。

第 10.2.20 条

部分框支剪力墙结构的剪力墙底部加强部位，墙体两端宜设置翼墙或端柱，抗震设计时尚应按本规程第 7.2.15 条的规定设置约束边缘构件。

第 10.2.21 条

部分框支剪力墙结构的落地剪力墙基础应有良好的整体性和抗转动的能力。

2.《抗规》第 6.4.3 条第 2 款、第 6.4.4 条第 1 款、第 6.2.11 条第 1 款、第 6.1.9 条第 1 款规定：

第 6.4.3 条第 2 款

抗震墙竖向、横向分布钢筋的配筋，应符合下列要求：

部分框支抗震墙结构的落地抗震墙底部加强部位，竖向和横向分布钢筋配筋率均不应小于 **0.3%**。

第 6.4.4 条第 1 款

抗震墙竖向和横向分布钢筋的配置，尚应符合下列规定：

……，部分框支抗震墙结构的落地抗震墙底部加强部位，竖向和横向分布钢筋的间距不宜大于 200mm。

第 6.2.11 条第 1 款

部分框支抗震墙结构的一级落地抗震墙底部加强部位尚应满足下列要求：

当墙肢在边缘构件以外的部位在两排钢筋间设置直径不小于 8mm、间距不大于 400mm 的拉结筋时，抗震墙受剪承载力验算可计入混凝土的受剪作用。

第 6.1.9 条第 1 款

抗震墙结构和部分框支抗震墙结构中的抗震墙设置，应符合下列要求：

抗震墙的两端(不包括洞口两侧)宜设置端柱或与另一方向的抗震墙相连；框支部分落地墙的两端(不包括洞口两侧)应设置端柱或与另一方向的抗震墙相连。

3.《混规》第 11.7.14 条第 2 款、第 11.7.15 条、第 11.7.17 条第 2 款规定：

第 11.7.14 条第 2 款

剪力墙的水平和竖向分布钢筋的配筋应符合下列规定：

部分框支剪力墙结构的剪力墙底部加强部位，水平和竖向分布钢筋配筋率不应小于 0.3%。

第 11.7.15 条

……

部分框支剪力墙结构的底部加强部位，剪力墙水平和竖向分布钢筋的间距不宜大于 200mm。

第 11.7.17 条第 2 款

剪力墙两端及洞口两侧应设置边缘构件，并宜符合下列要求：

部分框支剪力墙结构中，一、二、三级抗震等级落地剪力墙的底部加强部位及以上一层的墙肢两端，宜设置翼墙或端柱，并应按本规范第 11.7.18 条的规定设置约束边缘构件；不落地的剪力墙，应在底部加强部位及以上一层剪力墙的墙肢两端设置约束边缘构件。

(二) 对规范的理解

如前所述，考虑到部分框支剪力墙结构中落地剪力墙的重要性及受力很大，规范除对其底部加强部位的弯矩、剪力设计值予以调整，提高其承载能力外，还对其底部加强部位的配筋构造及其他构造设计也提出了具体要求。

落地剪力墙在框支层所受剪力很大，按剪跨比计算还有可能存在剪切破坏的矮墙效应。因此，规范对部分框支剪力墙底部加强部位剪力墙的分布钢筋最低构造，提出了比普通剪力墙底部加强部位更高的要求；为了保证剪力墙在大震时的受剪承载力，《抗规》还规定只考虑有拉筋约束部分的混凝土受剪承载力。

框支层上部两层剪力墙直接与转换构件相连，相当于一般剪力墙的底部加强部位，且其承受的竖向力和水平力要通过转换构件传递至框支层竖向构件。故规范规定：抗震设计时，部分框支剪力墙结构中，应在墙体两端设置约束边缘构件，对非抗震设计的框支剪力墙结构，也规定了剪力墙底部加强部位的增强措施。

当地基土较弱或基础刚度和整体性较差，在地震作用下落地剪力墙基础可能产生较大的转动，对框支剪力墙结构的内力和位移均会产生不利影响。因此，《高规》规定：落地剪力墙基础应有良好的整体性和抗转动的能力。

(三) 设计建议

1. 部分框支剪力墙结构中，剪力墙底部加强部位墙体的水平和竖向分布钢筋的最小配筋率，抗震设计时的钢筋最小直径和最大间距，均按《高规》第 10.2.19 条执行。非抗震设计时剪力墙底部加强部位的墙体竖向和横向分布钢筋配筋率均不应小于 0.25%。那么，此时剪力墙底部加强部位的高度是多少？注意到《高规》第 10.2.2 条中，带转换层的高层建筑结构，其剪力墙底部加强部位高度的规定并未特指在"抗震设计"的条件下，故应理解为：无论是抗震设计还是非抗震设计，带转换层的高层建筑结构，其剪力墙底部加强部位高度的规定是相同的。

此外，在上述规范设计规定中，《高规》指的是"剪力墙底部加强部位"，而《抗规》则是"落地抗震墙底部加强部位"，显然这两者是有区别的。《高规》在第10.2.2条条文说明中明确指出："这里的剪力墙包括落地剪力墙和转换构件上部的剪力墙"。笔者认为：按《高规》规定的剪力墙底部加强部位设计更全面、合适。

此条为《高规》强制性条文，应严格执行。

2. 分布钢筋的配置方式（排数），可按本书第五章第二节"十四、剪力墙墙肢分布钢筋构造"中设计建议第1款及表5.2.14执行。

3. 部分框支剪力墙结构的剪力墙底部加强部位，墙体两端宜设置翼墙或端柱。抗震设计时无论轴压比的大小如何，均应设置约束边缘构件，约束边缘构件宜向上延伸一层；当约束边缘构件内配置型钢时，型钢宜向上、下各延伸一层。非抗震设计时应设置端柱或暗柱。端柱或暗柱的构造要求，建议按抗震等级为三级时的剪力墙构造边缘构件要求设计。

4. 由于落地剪力墙和框支柱所受的水平剪力和弯矩差异很大，当地基土较弱或基础刚度和整体性较差时，落地剪力墙下的基础就可能产生较大的转动。建议结合地基及基础的设计，采取以下措施：

(1)采用筏形基础、桩基础或墙下条形基础等抗转动性能较好的整体式基础；

(2)调整基础底板面积，使落地剪力墙下和框支柱下的地基附加应力尽可能均匀；在此基础上适当加强基础的刚度（如适当加大基础底板厚度等）。

5. 部分框支剪力墙结构的一级落地剪力墙底部加强部位，当墙肢在边缘构件以外的部位在两排钢筋间设置直径不小于8mm、间距不大于400mm的拉结筋时，剪力墙的受剪承载力验算可计入混凝土的受剪作用。

二十、部分框支剪力墙结构框支梁上部墙体设计

（一）相关规范的规定

1.《高规》第10.2.22条规定：

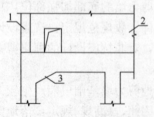

图10.2.22 框支梁上墙体有边门洞时洞边墙体的构造要求
1—翼墙或端柱；2—剪力墙；3—框支梁加腋

部分框支剪力墙结构框支梁上部墙体的构造应符合下列规定：

1 当梁上部的墙体开有边门洞时（图10.2.22），洞边墙体宜设置翼墙、端柱或加厚，并应按本规程第7.2.15条约束边缘构件的要求进行配筋设计；当洞口靠近梁端部且梁的受剪承载力不满足要求时，可采取框支梁加腋或增大框支墙洞口连梁刚度等措施。

2 框支梁上部墙体竖向钢筋在梁内的锚固长度，抗震设计时不应小于 l_{aE}，非抗震设计时不应小于 l_a。

3 框支梁上部一层墙体的配筋宜按下列规定进行校核：

1)柱上墙体的端部竖向钢筋面积 A_s：

$$A_s = h_c b_w (\sigma_{01} - f_c)/f_y \qquad (10.2.22\text{-}1)$$

2)柱边 $0.2l_n$ 宽度范围内竖向分布钢筋面积 A_{sw}：

$$A_{sw} = 0.2 l_n b_w (\sigma_{02} - f_c)/f_{yw} \qquad (10.2.22\text{-}2)$$

3)框支梁上部 $0.2l_n$ 高度范围内墙体水平分布筋面积 A_{sh}：

$$A_{sh} = 0.2l_n b_w \sigma_{xmax} / f_{yh} \tag{10.2.22-3}$$

式中：l_n——框支梁净跨度(mm)；

h_c——框支柱截面高度(mm)；

b_w——墙肢截面厚度(mm)；

σ_{01}——柱上墙体 h_c 范围内考虑风荷载、地震作用组合的平均压应力设计值(N/mm²)；

σ_{02}——柱边墙体 $0.2l_n$ 范围内考虑风荷载、地震作用组合的平均压应力设计值(N/mm²)；

σ_{xmax}——框支梁与墙体交接面上考虑风荷载、地震作用组合的水平拉应力设计值(N/mm²)。

有地震作用组合时，公式(10.2.22-1)~(10.2.22-3)中 σ_{01}、σ_{02}、σ_{xmax} 均应乘以 γ_{RE}，γ_{RE} 取 0.85。

4 框支梁与其上部墙体的水平施工缝处宜按本规程第 7.2.12 条的规定验算抗滑移能力。

2.《抗规》、《混规》未述及。

（二）对规范的理解

试验及有限元计算分析表明，在竖向及水平荷载作用下，框支剪力墙的框支梁上部墙体既有 X 方向的正应力 σ_x，也有 Y 方向的正应力 σ_y，还有剪应力 τ，且均为非线性分布，有类似"拱"的受力状态。受力复杂并在多个部位会出现较大的应力集中，这些部位剪力墙容易发生破坏，将这样的墙体按内力均匀配置水平和竖向分布钢筋并不符合墙体受力的实际情况。

当框支梁上部墙体开有边门洞时，有可能改变"拱"的合理传力途径：往往形成小墙肢，此小墙肢的应力集中尤为突出，而边门洞部位框支梁应力急剧加大，在水平荷载作用下，上部有边门洞的框支梁弯矩约为上部没有边门洞的框支梁弯矩的 3 倍，剪力也约为 3 倍。

框支架与其上部墙体的水平施工缝处，水平剪力较大，混凝土结合不良，要防止此处发生水平滑移破坏。

因此《高规》对这些部位的剪力墙规定了多项配筋及构造加强措施。

（三）设计建议

1. 框支梁上部墙体的底部加强部位截面设计，除应满足落地剪力墙底部加强部位墙体的设计要求外，还应满足以下要求：

（1）框支梁上部墙体配筋示意见图 8.2.20-1。

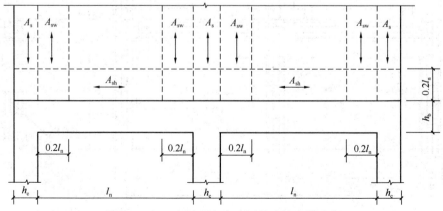

图 8.2.20-1 框支梁相邻上层剪力墙配筋示意

根据中国建筑科学研究院结构所等单位的试验及有限元分析，在竖向及水平荷载作用下，框支边柱上墙体的端部，中间柱上 $0.2l_n$（l_n 为框支梁净跨）宽度及 $0.2l_n$。高度范围内有较大的应力集中。因此，在 $0.2l_n$ 区段内的竖向和水平钢筋，均应比区段以外相应钢筋的间距加密一倍。

(2)框支梁上墙体竖向钢筋在框支梁内的锚周长度，抗震设计时不应小于 l_{aE}，非抗震设计时不应小于 l_a。

2. 框支梁上部墙体的非底部加强部位载面设计，应满足以下要求：

(1)上部剪力墙的墙身竖向分布钢筋、水平分布钢筋的最小配筋率为：

抗震等级一、二、三级时 $\geqslant 0.25\%$；

抗震等级四级和非抗震设计时 $\geqslant 0.2\%$；

且钢筋间距 $\leqslant 200\text{mm}$，钢筋直径 $\geqslant \phi 8$。

(2)上部剪力墙两端及门窗洞口两侧均应设置构造边缘构件（暗柱、端柱、翼墙和转角墙），其要求应满足《高规》第 7.2.16 条有关规定，且要求配箍特征值 $\lambda_v \geqslant 0.1$。

框支剪力墙典型配筋示意见图 8.2.20-2。

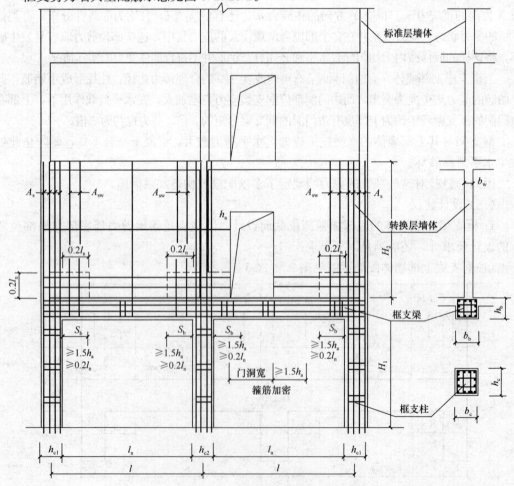

图 8.2.20-2　框支剪力墙典型配筋示意图

注：S_b 为框支梁箍筋加密区范围。

框支梁上部墙体竖向钢筋在梁内的锚固长度、抗震设计时不应小于 l_{aE}，非抗震设计时不应小于 l_a。

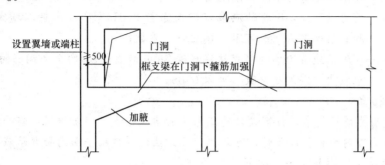

图 8.2.20-3　框支梁上墙体开洞

框支梁上部墙体竖向钢筋在梁内的锚固长度，抗震设计时不应小于 l_{aE}，非抗震设计时不应小于 l_a。

3. 框支梁上部墙体不宜开洞，必须开洞时，应满足图 8.2.20-3 的要求，且洞边墙体宜设置翼墙、端柱或加厚，应按约束边缘构件的要求进行配筋设计，并加强小墙肢配筋，见图 8.2.20-4。

4. 框支梁与其上部墙体的水平施工缝处抗滑移验算，参见本书第五章第二节"八、剪力墙水平施工缝抗滑移验算"。注意：对框支

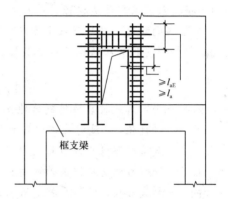

图 8.2.20-4　框支梁上方剪力墙洞口加筋

梁与其上部墙体的水平施工缝处抗滑移验算，无论抗震、非抗震设计均宜进行。非抗震设计时，《高规》式(7.2.12)应删去 γ_{RE}，其内力设计值应按非抗震组合。

二十一、部分框支剪力墙结构中框支转换层楼板设计

（一）相关规范的规定

1.《高规》第 10.2.23 条、第 10.2.24 条、第 10.2.25 条规定：

第 10.2.23 条

部分框支剪力墙结构中，框支转换层楼板厚度不宜小于 180mm，应双层双向配筋，且每层每方向的配筋率不宜小于 0.25%，楼板中钢筋应锚固在边梁或墙体内；落地剪力墙和筒体外围的楼板不宜开洞。楼板边缘和较大洞口周边应设置边梁，其宽度不宜小于板厚的 2 倍，全截面纵向钢筋配筋率不应小于 1.0%。与转换层相邻楼层的楼板也应适当加强。

第 10.2.24 条

部分框支剪力墙结构中，抗震设计的矩形平面建筑框支转换层楼板，其截面剪力设计值应符合下列要求：

$$V_f \leqslant \frac{1}{\gamma_{RE}}(0.1\beta_c f_c b_f t_f) \qquad (10.2.24\text{-}1)$$

$$V_f \leqslant \frac{1}{\gamma_{RE}}(f_y A_s) \qquad (10.2.24\text{-}2)$$

式中：b_f、t_f——分别为框支转换层楼板的验算截面宽度和厚度；

   V_f——由不落地剪力墙传到落地剪力墙处按刚性楼板计算的框支层楼板组合的剪力设计值，8度时应乘以增大系数2.0，7度时应乘以增大系数1.5。验算落地剪力墙时可不考虑此增大系数；

   A_s——穿过落地剪力墙的框支转换层楼盖(包括梁和板)的全部钢筋的截面面积；

   γ_{RE}——承载力抗震调整系数，可取0.85。

第10.2.25条

部分框支剪力墙结构中，抗震设计的矩形平面建筑框支转换层楼板，当平面较长或不规则以及各剪力墙内力相差较大时，可采用简化方法验算楼板平面内受弯承载力。

2.《抗规》附录E第E.1节、第E.2.4条规定：

附录E第E.1节

E.1.1 框支层应采用现浇楼板，厚度不宜小于180mm，混凝土强度等级不宜低于C30，应采用双层双向配筋，且每层每个方向的配筋率不应小于0.25%。

E.1.2 部分框支抗震墙结构的框支层楼板剪力设计值，应符合下列要求：

$$V_f \leqslant \frac{1}{\gamma_{RE}}(0.1f_c b_f t_f) \tag{E.1.2}$$

式中：V_f——由不落地抗震墙传到落地抗震墙处按刚性楼板计算的框支层楼板组合的剪力设计值，8度时应乘以增大系数2，7度时应乘以增大系数1.5；验算落地抗震墙时不考虑此项增大系数；

   b_f、t_f——分别为框支层楼板的宽度和厚度；

   γ_{RE}——承载力抗震调整系数，可采用0.85。

E.1.3 部分框支抗震墙结构的框支层楼板与落地抗震墙交接截面的受剪承载力，应按下列公式验算：

$$V_f \leqslant \frac{1}{\gamma_{RE}}(f_y A_s) \tag{E.1.3}$$

式中：A_s——穿过落地抗震墙的框支层楼盖(包括梁和板)的全部钢筋的截面面积。

E.1.4 框支层楼板的边缘和较大洞口周边应设置边梁，其宽度不宜小于板厚的2倍，纵向钢筋配筋率不应小于1%，钢筋接头宜采用机械连接或焊接，楼板的钢筋应锚固在边梁内。

E.1.5 对建筑平面较长或不规则及各抗震墙内力相差较大的框支层，必要时可采用简化方法验算楼板平面内的受弯、受剪承载力。

第E.2.4条

转换层楼盖不应有大洞口，在平面内宜接近刚性。

3.《混规》未述及。

(二)对规范的理解

众所周知，楼盖的面内刚度和整体性对水平力的传递、结构的整体工作性能至关重要。部分框支剪力墙结构中，框支转换层楼板更是重要的传力构件，不落地剪力墙的剪力需要通过框支转换层楼板传递到落地剪力墙上。为保证楼板能可靠传递面内相当大的剪力(弯矩)，以使框支转换层以下落地剪力墙和框支框架可以很好地协同工作，规范对框支转换层楼板截面尺寸要求、转换层楼板的开洞及开洞楼板的构造、楼板平面内抗剪截面验算、楼板平面内受弯承载力验算以及构造配筋要求等作出规定。

（三）设计建议

1. 框支转换层楼板应采用现浇楼板，楼板厚度不宜小于180mm，并应双层双向配筋，且每层每方向的配筋率不宜小于0.25%，楼板中钢筋应锚固在边梁或墙体内（图8.2.21-1）。与转换层相邻楼层的楼板也应适当加强。楼板厚度不宜小于150mm，不应小于120mm，并宜双层双向配筋，且每层每方向的配筋率不宜小于0.20%。转换层相邻楼层可根据工程具体情况取转换层上、下各1～2层。

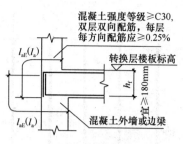

图8.2.21-1　转换层楼板钢筋锚固要求

2. 转换层楼盖不应有大洞口，在平面内宜接近刚性。

转换层楼板不应在落地剪力墙和筒体附近开洞。较远处开设洞口时，楼板边缘和较大洞口周边应设置边梁，其宽度不宜小于板厚的2倍，全截面纵向钢筋配筋率不应小于1.0%。钢筋接头宜采用机械连接或焊接，楼板的钢筋应锚固在边梁内（图8.2.21-2）。与转换层相邻楼层的楼板开洞时也应适当加强。转换层相邻楼层可根据工程具体情况取转换层上、下各1～2层。

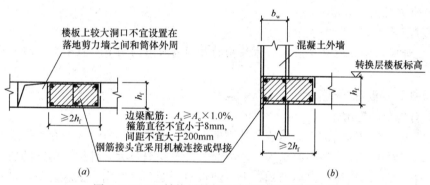

图8.2.21-2　转换层楼板边缘和洞口周边设边梁

(a)楼板洞口部位；(b)楼板边缘部位

注：A_c为图中阴影部分面积。

3. 抗震设计时，矩形平面部分框支剪力墙结构的框支转换层楼板，楼板平面内受剪承载力的验算可按《高规》第10.2.24条规定进行。其中式(10.2.24-2)为楼板面内抗剪承载力的近似计算公式，采用类似于《高规》第7.2.12条中式(7.2.12)剪力墙水平施工缝的抗滑移时的计算方法。有关符号含义《高规》第10.2.24条公式符号说明及图8.2.21-3。

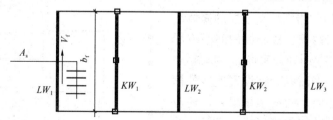

图8.2.21-3　框支剪力墙转换层楼板面内受剪承载力验算简图

LW_i：落地剪力墙；KW_i：不落地剪力墙（框支剪力墙）

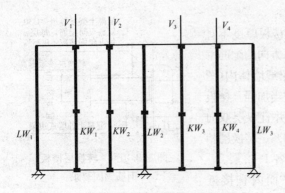

图 8.2.21-4 框支剪力墙转换层楼板面内
受弯承载力验算简图

LW_i 落地剪力墙；KW_i 不落地剪力墙(框支剪力墙)

应力校核板的受弯配筋或其他简化方法。

其他平面形状的部分框支剪力墙结构的框支转换层楼板平面内受剪承载力的验算可采用连续体有限元计算，按应力校核板的抗剪配筋或其他简化方法。

4. 关于框支转换层楼板平面内受弯承载力的验算，笔者建议可将框支转换层楼板简化为支承在落地剪力墙上的连续深受弯构件(见图 8.2.21-4)，计算其内力并验算抗弯配筋。其中 V_i 为不落地剪力墙底部的剪力设计值。8 度时应乘以 2.0 增大系数，7 度时应乘以 1.5 增大系数。也可采用连续体有限元计算，按应力校核板的受弯配筋或其他简化方法。

二十二、抗震设计时带托柱转换层的筒体结构内筒、外框(筒)距离

(一) 相关规范的规定

1.《高规》第 10.2.26 条规定：

抗震设计时，带托柱转换层的筒体结构的外围转换柱与内筒、核心筒外墙的中距不宜大于 12m。

2.《抗规》、《混规》未述及。

(二) 对规范的理解

如前所述，筒中筒结构中筒体墙与外周框架之间的距离不宜过大，否则楼盖结构的设计较困难；而对于框架—核心筒结构，若内筒、外框距离过大，外框、内筒的协同工作能力较差。对带托柱转换层的筒体结构，上述缺点更为明显、突出。试验表明：带托柱转换层的筒体结构，外围框架柱与内筒的距离过大，除了增加楼盖结构设计的难度外，更重要的是难以保证转换层上部外框架(或框筒)的剪力能可靠地传递到筒体上。而外围转换柱受力性能较差，更需要得到内筒(或核心筒)的帮助。当外围转换柱与内筒(或核心筒)的间距过大，两者的协同工作能力更差，这就很可能导致外围转换柱的承载能力、变形能力等不足甚至破坏。因此《高规》对抗震设计时带托柱转换层的筒体结构的外围转换柱与内筒(或核心筒)的间距作出了限制。

(三) 设计建议

1. 抗震设计时，带托柱转换层的筒体结构的外围转换柱与内筒、核心筒的间距应尽可能小于 12m。超过时建议采取如下措施：

(1) 在转换层平面内除宜设置连接外框柱与内筒 (或核心筒) 的框架主梁外，还应设置连接外框上托柱与内筒 (或核心筒) 的转换次梁，并适当加大梁高，转换次梁的抗震措施同转换主梁，见图 8.2.22。

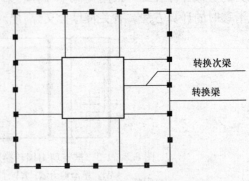

图 8.2.22 在转换层平面内设置转换次梁

（2）适当加大转换层楼板的厚度，板的其他构造要求不变。

（3）根据具体工程实际情况，采用其他有效、可靠的设计措施。

2. 非抗震设计时，带托柱转换层的筒体结构的外围转换柱与内筒、核心筒的间距可适当放宽，但不应大于15m。

3. 带托柱转换层的筒体结构的结构布置，除满足结构布置的一般规定外，还应满足以下要求：

（1）平面布置

1）在筒中筒结构中，由于外框筒采用密排柱，限制了建筑物底部的使用，为了满足建筑功能要求，一般在底层或底部几层抽柱以扩大柱距，形成大空间，因而造成上、下楼层的竖向构件不贯通，此时应在其间设置转换层。转换层及其以下各层结构应符合以下要求：

① 筒中筒结构和框架-核心筒结构的内筒及核心筒应全部贯通建筑物全高，且转换层以下的筒壁宜加厚。

② 底层或底部几层的抽柱应结合建筑使用功能与建筑立面设计要求进行。抽柱位置宜均匀对称。整层抽柱时，至少应保留角柱、隔一抽一，设防烈度为8度时宜保留角柱及相邻柱、隔一抽一；局部抽柱时，不应连续抽去多于2根以上的柱子，且所抽柱子的位置应在结构平面的中部，主对称轴附近。

③ 转换层上、下部结构质量中心宜接近重合（不包括裙房）。

④ 转换层楼板厚度不应小于150mm，应采用双层双向配筋，除满足竖向荷载下受弯承载力要求外，每层每个方向的配筋率不应小于0.25%。

2）由于托柱梁上托的是空间受力的框架柱，柱的两主轴方向都有较大的弯矩，故设计中除应对此柱按计算配足两个方向的受力钢筋外，还应在垂直于托柱梁轴线方向的转换层板内设置转换次梁。以平衡转换梁所托上层柱底平面外方向的弯矩。保证梁平面外承载力满足设计要求。转换次梁的截面设计应由计算确定。

3）转换层周围楼板不应错层布置。

4）转换层在转换梁所在与外框筒之间的楼板不应开设洞口边长与内外筒间距之比大于0.20的洞口，当洞口边长大于1000mm时，应采用边梁或暗梁（平板楼盖、宽度取2倍板厚）对洞口加强，开洞楼板除应满足承载力要求外，边梁或暗梁的纵向受力钢筋配筋率不应小于1.0%。

（2）竖向布置

1）控制转换层上、下刚度的突变，结构竖向布置应使框支层与相邻上层的侧向刚度比满足《高规》附录E的规定。

2）对于托柱转换的宽扁梁转换结构，转换层上层的直升柱、所托柱的截面不能有过大削弱，柱轴压比控制不宜放松，纵筋及箍筋宜适当加强；对于托墙转换的宽扁梁转换结构，转换层上层的所托墙的截面不能有过大削弱，墙肢轴压比控制不宜放松，纵筋及箍筋宜适当加强。

3）转换层上部的竖向抗侧力构件（墙、柱）宜直接落在转换层的主结构上。当结构竖向布置复杂，框支主梁承托剪力墙并承托转换次梁及其上剪力墙时，应进行应力分析，按应力校核配筋，并加强配筋构造措施。B级高度框支剪力墙高层建筑的结构转换层，不宜采用框支主、次梁方案。

4）转换梁截面中心线宜与框支柱截面中心线重合。

第三节 带加强层高层建筑结构

一、采用带加强层高层建筑结构的目的

（一）相关规范的规定

1.《高规》第10.3.1条规定：

当框架-核心筒、筒中筒结构的侧向刚度不能满足要求时，可利用建筑避难层、设备层空间，设置适宜刚度的水平伸臂构件，形成带加强层的高层建筑结构。必要时，加强层也可同时设置周边水平环带构件。水平伸臂构件、周边环带构件可采用斜腹杆桁架、实体梁、箱形梁、空腹桁架等形式。

2.《抗规》、《混规》未述及。

（二）对规范的理解

当房屋较高、结构的侧向刚度较弱、结构水平侧移不能满足规范要求时，可沿结构竖向利用建筑避难层、设备层空间，在核心筒与外围框架之间设置适宜刚度的水平伸臂构件，必要时可在周边框架柱之间增设水平环带构件，这就构成了带加强层的结构。

水平伸臂构件具有很大的竖向抗弯刚度和剪切刚度，它和周边设置的水平环带构件一道，能使外框架柱参与结构整体抗弯工作。在水平荷载（风荷载、地震作用）作用下，水平伸臂构件使与其连接的外框柱产生附加轴向变形，水平环带构件则使相邻的外框柱共同分担附加轴向变形，由外框柱的附加轴向变形产生的拉、压轴向力所组成的反向力矩平衡较大一部分水平力产生的倾覆力矩，从而减小内筒的弯曲变形，转换为外围框架柱的轴向变形，结构在水平力作用下的侧移可明显减小，以满足设计的要求，其工作特点如图8.3.1所示。

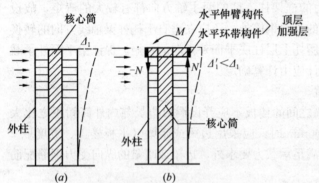

图 8.3.1 加强层的作用机理示意
（a）未设加强层；（b）顶层设加强层

高层建筑结构设置水平伸臂构件的主要作用是增大外框架柱的轴力，从而增大外框架的抗倾覆力矩，增大结构的抗侧力刚度，减小结构侧移。对于一般框架—核心筒结构，水平伸臂构件可以使结构水平侧移减小约15%～20%，有时甚至更多。

水平环带构件是指沿结构周边布置的一层楼高（或两层楼高）的构件，一般采用桁架。设置在结构中间某层可称为腰桁架，设置在结构顶层则可称为帽桁架。它们的作用是：

（1）协调沿结构周边各竖向构件的变形，减小它们之间的竖向变形差异，使相邻框架柱轴向受力变化均匀；

（2）加强结构周边各竖向构件的协同工作，加强结构的整体性。

在高宽比较大的框架-核心筒结构中，将减少结构侧移的水平伸臂与减小结构竖向变形差异的腰桁架和（或）帽桁架配合设置，可取得更好的综合效果。

加强层构件有水平伸臂构件，也可能有水平环带构件等。这些构件的作用各不相同，设计时若需设置加强层，一般都应设置水平伸臂构件。而水平环带构件则可根据结构的具体受力情况考虑是否设置。但无论是否设置了水平环带构件，只要设置了水平伸臂构件，都可称之为加强层。

（三）设计建议

1. 加强层虽可减少结构整体位移，但将会引起结构竖向刚度突变，使加强层附近结构内力剧增，同时因受加强层的约束，环境温度的变化也会在结构中产生很大的温度应力。因此，加强层采用的水平伸臂构件和水平环带构件的刚度要适宜，抗震设计时，不宜设置刚度很大的"刚性"加强层。

2. 对于侧向刚度比较大的结构，如筒中筒结构等，没有必要设置加强层，即使设了加强层，对于提高结构侧向刚度的效果也不会明显。

3. 设置刚度适宜的水平伸臂构件，即形成了带加强层的高层建筑结构。必要时，加强层也可同时设置周边水平环带构件。从轻质、高强、延性好的角度出发，水平伸臂构件、周边环带构件应优先采用钢结构桁架，也可采用斜腹杆桁架、实体梁、箱形梁、空腹桁架等形式。

二、带加强层高层建筑结构设计要点

（一）相关规范的规定

1.《高规》第 10.3.2 条、第 10.3.3 条规定：

第 10.3.2 条

带加强层高层建筑结构设计应符合下列规定：

1 应合理设计加强层的数量、刚度和设置位置。当布置 1 个加强层时，可设置在 0.6 倍房屋高度附近；当布置 2 个加强层时，可分别设置在顶层和 0.5 倍房屋高度附近；当布置多个加强层时，宜沿竖向从顶层向下均匀布置。

2 加强层水平伸臂构件宜贯通核心筒，其平面布置宜位于核心筒的转角、T 字节点处；水平伸臂构件与周边框架的连接宜采用铰接或半刚接；结构内力和位移计算中，设置水平伸臂桁架的楼层宜考虑楼板平面内的变形。

3 加强层及其相邻层的框架柱、核心筒应加强配筋构造。

4 加强层及其相邻层楼盖的刚度和配筋应加强。

5 在施工程序及连接构造上应采取减小结构竖向温度变形及轴向压缩差的措施，结构分析模型应能反映施工措施的影响。

第 10.3.3 条

抗震设计时，带加强层高层建筑结构应符合下列要求：

1 加强层及其相邻层的框架柱、核心筒剪力墙的抗震等级应提高一级采用，一级应提高至特一级，但抗震等级已经为特一级时应允许不再提高；

2 加强层及其相邻层的框架柱，箍筋应全柱段加密配置，轴压比限值应按其他楼层框架柱的数值减小 0.05 采用；

3 加强层及其相邻层核心筒剪力墙应设置约束边缘构件。

2. 《抗规》第 6.7.1 条第 3 款第 2)、3)、4) 小款规定：

加强层设置应符合下列规定：

2) 加强层的大梁或桁架应与核心筒内的墙肢贯通；大梁或桁架与周边框架柱的连接宜采用铰接或半刚性连接；

3) 结构整体分析应计入加强层变形的影响；

4) 施工程序及连接构造上，应采取措施减小结构竖向温度变形及轴向压缩对加强层的影响。

3. 《混规》未述及。

（二）对规范的理解

根据中国建筑科学研究院等单位的理论分析，带加强层的高层建筑，加强层的设置位置和数量如果比较合理，则有利于减少结构的侧移。本条第 1 款的规定供设计人员参考。

结构模型振动台试验及研究分析表明：由于加强层的设置，使得加强层刚度和承载力较大，与其上、下相邻楼层相比有突变，伴随着结构刚度、由力的突变，以及整体结构传力途径的改变，结构在地震作用下，其破坏和位移容易集中在加强层附近，即形成薄弱层。为了提高加强层及其相邻楼层与加强层水平伸臂结构相连接的核心筒墙体及外围框架柱的抗震承载力和延性，规范对此部位结构构件的设计提出了具体规定。

伸臂桁架会造成核心筒墙体承受很大的剪力，上下弦杆的拉力也需要可靠地传递到核心筒上，所以要求伸臂构件贯通核心筒。这样还可以避免由于伸臂构件不贯通核心筒而导致在核心筒剪力墙平面外产生过大的弯矩。

加强层的上下层楼面结构承担着协调内筒和外框架的作用，存在很大的面内应力，因此本条规定的带加强层结构设计的原则中，对设置水平伸臂构件的楼层在计算时宜考虑楼板平面内的变形，并注意加强层及相邻层的结构构件的配筋加强措施，加强各构件的连接锚固。

由于加强层的伸臂构件强化了内筒与周边框架的联系，内筒与周边框架的竖向变形差将产生很大的次应力，因此需要采取有效的措施减小这些变形差（如伸臂桁架斜腹杆的滞后连接等），而且在结构分析时就应该进行合理的模拟，反映这些措施的影响。

《高规》第 10.3.3 条是强制性条文，设计中应严格执行。

（三）设计建议

1. 在风荷载作用下，设置加强层是一种减少结构侧向位移的有效方法，但在地震作用下，加强层的设置将会引起结构竖向刚度和内力的突变，引起构件应力过于集中，并易形成薄弱层，结构的损坏机理难以呈现"强柱弱梁"和"强剪弱弯"的延性屈服机制。在地震区的框架-核心筒结构设置加强层宜慎重，能不设尽量不设。

比如说，框架-核心筒结构的抗侧力刚度稍有不足，地震作用下计算出的结构层间位移角比规范规定的限值略大。建议采用以下措施以避免设置加强层。

（1）适当加大核心筒外墙厚度，外框柱截面高度；

（2）在各楼层设置连接外框柱与核心筒的框架主梁，并适当加大梁的截面尺寸特别是加大梁的高度；

（3）在结构顶层利用女儿墙设置截面高度较大的环形大梁或水平环带构件；

（4）适当加大外框周边框架梁的截面尺寸特别是加大梁的高度；

（5）在结构中间楼层设置一定数量的水平环带构件，水平环带构件的数量可根据工程具体情况确定，设置位置，一般顶层应设置（见以上措施（2））；此外，当设置 1 个水平环带构件时，可在 0.5 房屋高度附近布置；当布置多个水平环带构件时，宜沿竖向从顶层向下均匀布置。

仅设置一定数量的水平环带构件，不致造成结构楼层侧向刚度突变。

上述措施，可根据实际工程的具体情况采取一项或几项措施。由于仅是结构的抗侧力刚度稍有不足，则采取措施后结构的层间位移角就很有可能满足规范限值要求，从而避免了设置加强层。

当然，若结构层间位移角比规范限值大得较多，采取上述措施后结构的层间位移角仍不能满足规范限值要求，则应设置加强层。

2. 加强层设置应符合下列规定：

（1）加强层的数量和位置是由建筑使用功能和结构的合理有效综设合考虑确定。当布置一个加强层时，位置可设在 $0.6H$ 附近；当布置 2 个加强层时，位置可设在顶层和 $0.5H$ 附近；H 为建筑物高度，当布置多个加强层时，加强层宜沿竖向从顶层向下均匀布置。一般加强层的位置宜与设备层综合考虑。

加强层刚度不宜太大，只要能使结构在地震作用下满足规范规定的侧移限值即可，以尽量减少结构的刚度突变和内力剧增，使结构在罕遇地震作用下呈现"强柱弱梁"和"强剪弱弯"的延性屈服机制。避免在加强层附近形成薄弱层。

（2）加强层采用的水平伸臂构件、周边水平环带构件可采用斜腹杆桁架、实腹梁、整层或跨若干层高的箱形梁、空腹桁架等形式。由于自重轻、延性好，加强层构件一般宜采用钢结构斜腹杆桁架。外伸臂桁架与核心筒墙体连接处宜设置构造型钢柱，型钢柱宜至少延伸至伸臂桁架高度范围以外上下各一层。

（3）水平伸臂构件的刚度比较大，是连接内筒和外围框架的重要构件。水平伸臂构件宜满层设置，利用加强层上、下层楼板作为翼缘，以提高其抗弯刚度。平面布置上应对称布置，一般情况下宜在结构平面两个方向同时设置。设计中应使水平伸臂构件贯通核心筒，以保证其与核心筒的刚性连接。或尽量使水平伸臂构件在结构平面布置上位于核心筒的转角或"T"字形墙肢处，以避免核心筒墙体承受很大的平面外弯矩和局部应力集中而破坏。

（4）水平伸臂构件与核心筒的连接部位，核心筒墙内宜设置竖向型钢。由于结构竖向温度变形以及外框柱与核心筒轴向压缩变形的差异，会在水平伸臂构件中产生很大的附加应力，对加强层内力影响很大，故水平伸臂构件与核心筒的连接，应在施工程序及构造上采取措施，水平伸臂构件宜分段拼装，在设置多道水平伸臂构件时，本层水平伸臂构件可在施工上一个水平伸臂构件时予以封闭；仅设一道水平伸臂构件时，可在主体结构完成后再安装封闭形成整体。以调节外框和核心筒之间的竖向变形差异，减小附加内力。

为避免加强层周边框架柱在地震作用下由于水平伸臂构件与之刚接带来的不利影响，水平伸臂构件与周边框架的连接宜采用铰接或半刚接。

（5）结构的内力和位移计算中，对设置水平伸臂桁架的楼层应考虑楼板平面内的变形，以便计算水平伸臂桁架上、下弦杆的轴向力，对结构整体内力及位移的计算也比较合理。

抗震设计时，对高烈度设防区，可以根据工程具体情况，要求加强层及其上下各一层在中震下保持弹性。

（6）抗震设计时，加强层及其相邻层的框架柱和核心筒剪力墙的抗震等级应提高一级采用，一级提高至特一级，若原抗震等级已为特一级的则允许不再提高。加强层及其上、下相邻一层的框架柱，箍筋应全柱段加密；当采用型钢混凝土柱时，应设置抗剪力栓钉，加强连接；采用钢柱时板件宽厚比限值应提高一个等级。加强层及相邻层的框架柱轴压比限值应按其他楼层规定的数值减小 0.05 采用，见表 8.3.2。

当采用 C60 以上高强混凝土，柱剪跨比小于 2、Ⅳ类场地结构基本自振周期大于场地特征周期时，轴压比限值还应适当从严；当采用沿柱全高加密井字复合箍、设置芯柱等措施时，轴压比限值可适当放松。

加强层及其相邻层核心筒剪力墙应设置约束边缘构件。

加强层相邻层的层数建议根据实际工程的具体情况取加强层上、下各 1～3 层等。

（7）加强层区间核心筒、框架柱在水平荷载作用下的水平剪力将发生突变，为增强结构的整体性，保证结构正常工作，必须保证加强层所在楼层上下相连楼盖（层盖）的面内刚度，其板厚不宜小于 150mm，混凝土强度等级不宜小于 C30，配筋应适当加强，并双层双向配置，且不宜开大尺寸孔洞。加强层上、下相邻一层各构件及其节点的刚度和配筋也应适当加强。且核心筒与框架柱间楼板不宜开大洞。

加强层区间框架柱轴压比限值   表 8.3.2

轴 压 比	抗 震 设 计		
	特 一 级	一 级	二 级
N/f_cA_c	0.6	0.7	0.8

注：N 为加强层区间框架柱地震作用组合轴力设计值；f_c 为加强层区间框架柱混凝土抗压强度设计值；A_c 为加强层区间框架柱截面面积。

3. 带加强层结构中其他构件的设计同一般框架-核心筒结构中的相应构件。

第四节 错 层 结 构

一、错层高层建筑宜设置防震缝划分为独立的结构单元

（一）相关规范的规定

1.《高规》第 10.4.1 条规定：

抗震设计时，高层建筑沿竖向宜避免错层布置。当房屋不同部位因功能不同而使楼层错层时，宜采用防震缝划分为独立的结构单元。

2.《抗规》第 3.4.3 条第 1 款表 3.4.3-1 及相关条文说明规定：

第 3.4.3 条第 1 款表 3.4.3-1

楼板局部不连续：……，或较大的楼层错层

相关条文说明

对于较大错层，如超过梁高的错层，需按楼板开洞对待；当错层面积大于该层总面积 30% 时，则属于楼板局部不连续。楼板典型宽度按楼板外形的基本宽度计算。

3.《混规》未述及。

（二）对规范的理解

由于建筑功能的需要，结构同一楼层的楼板不在同一标高上，就构成了结构的错层。对于错层结构，由于实际结构中错层的类型很多，情况很复杂，目前尚无统一的规定。个人理解，仅当同时符合以下情况时，宜视为错层结构：

1. 同一楼层的楼板有较大错层，如图 8.4.1 所示。所谓较大错层是指：

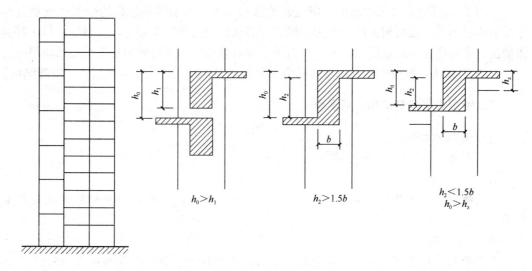

图 8.4.1 较大楼层楼板错层示意

楼面错层高度 h_0 大于相邻高侧的框架梁截面高度 h_1；

或两侧楼板横向用同一根框架梁相连，但楼板间垂直净距 h_2 大于支撑梁截面宽度 b 的 1.5 倍；

或两侧楼板横向用同一根框架梁相连，虽然 $h_2 < 1.5b$，但楼面错层高度 h_0 大于纵向框架梁截面高度 h_z。

2. 结构楼层有错层，且错层面积大于该层总面积的 30%。

楼层中个别板块标高与楼层标高不同或楼梯休息平台等，不应视为错层结构。

在平面规则的剪力墙结构中有少数错层，当纵、横墙体能直接传递各错层楼面的楼层剪力时，可不做错层考虑，但墙体平面布置应力求刚度中心与质量中心重合，计算时每一个错层可视为独立楼层。

应该指出：上述情况虽然不宜视为错层结构，主要是指房屋的最大适用高度可不按错层设计。但对结构的错层部位的相关构件，仍应根据本节下述"三、错层处框架柱、剪力墙设计要求"中的有关规定，采取必要的加强措施。

错层结构属平面布置不规则结构，由于楼板错层，错层处相当于楼板开大洞，楼板面内刚度、整体性会受到较大削弱，不能有效传递水平力，结构整体工作性能较差；错层结构又属竖向布置不规则结构，错层处会形成短柱或层高很小的剪力墙，致使同一楼层构件长短不一，刚度各异，容易形成许多应力集中部位，错层处竖向构件受力较大且受力复杂，容易率先破坏，最终导致结构在强烈地震下的破坏。中国建筑科学研究院抗震所等单位对错层剪力墙结构做了两个模型振动台试验。试验研究表明：平面规则的错层剪力墙结构使剪力墙的洞口布置不规则，形成错洞剪力墙或叠合错洞剪力墙，于抗震不利，但错层对抗震性能的影响不十分严重；平面布置不规则、扭转效应显著的错层剪力墙结构破坏严重。错层框架结构或框架-剪力墙结构尚未见试验研究资料，但从计算分析表明，这些结构的抗震性能要比错层剪力墙结构更差。

（三）设计建议

1. 抗震设计时，高层建筑沿竖向宜避免错层布置，特别是在结构的框架柱处更宜尽量避免错层布置。当房屋不同部位因功能需要必须使楼层错层布置时，宜根据实际工程具体情况，采用防震缝将错层结构划分为若干个相对独立的布置较简单的非错层结构单元。

2. 笔者认为：抗震设计时框架结构宜尽可能避免错层布置，不应采用错层框架结构。

二、错层高层建筑结构计算要点

（一）相关规范的规定

1.《高规》第 10.4.3 条、第 10.4.5 条规定：

第 10.4.3 条

错层结构中，错开的楼层不应归并为一个刚性楼板，计算分析模型应能反映错层影响。

第 10.4.5 条

在设防烈度地震作用下，错层处框架柱的截面承载力宜符合本规程公式（3.11.3-2）的要求。

2.《抗规》、《混规》未述及。

（二）对规范的理解

将错层结构楼板视为同一标高的刚性楼板进行结构整体计算分析时，不符合结构的实际受力状态，掩盖了错层处竖向构件受力的复杂性。为了保证结构分析的可靠性，《高规》对错层结构的整体计算模型提出了要求。

错层结构错层处的框架柱受力复杂，易发生短柱受剪破坏，因此，《高规》对错层处框架柱的截面承载力计算提出了更高的要求。第 10.4.5 条为《高规》新增条文。

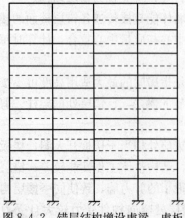
图 8.4.2　错层结构增设虚梁、虚板

（三）设计建议

1. 错层结构的计算分析，在建模时，应对同一楼层不同标高处相应增设虚梁、虚板，以使一个错层楼层成为两个计算楼层（图 8.4.2），而不能将错层楼层仍按一个计算楼层。

由于设置了虚梁、虚板，同一计算楼层就有不少位置其实并无楼板，相当于楼板开大洞，故楼板计算模型的选择，应根据实际情况，假定楼板平面内为分块刚性楼板。

计算结构的地震作用时，应取足振型数，使由此计算出的振型参与质量不小于结构总质量的 90%。以保证结构地震作用计算的正确、可靠。

当按《建筑结构荷载规范》第 4.1.2 条进行梁、柱、墙及基础的计算，对活荷载进行折减时，应注意错层结构计算楼层与实际楼层的区别，活荷载的折减系数应根据实际楼层数按《建筑结构荷载规范》表4.1.2取用，而不能按计算楼层数取用，以免活荷载折减过多，造成内力计算偏于不安全。

对于由于设置虚梁、虚板，将原来较长的竖向构件一分为二，成为几何长度较短的两根竖向构件的情况，构件的配筋计算时应根据结构实际情况，将竖向构件几何长度还原，并注意计算长度系数的合理取值，以保证竖向构件配筋计算的安全。

2. 错层处竖向构件（柱、剪力墙）的地震剪力宜适当放大，特别是错层处的框架柱。《高规》规定：在设防烈度地震作用下，错层处框架柱的截面承载力宜符合《高规》公式(3.11.3-2)的要求。即在设防烈度地震作用下，错层处框架柱的截面抗弯和抗剪承载力宜满足性能水准2（中震不屈服）的设计要求。

具体截面承载力计算公式如下：

$$S_{GE}+S_{Ehk}+S_{Evk}\leqslant R_k \tag{8.4.2}$$

式中　S_{GE}——重力荷载代表值的效应；

S_{Ehk}——水平地震作用标准值的构件内力（弯矩、剪力），不需考虑与抗震等级有关的增大系数；

S_{Evk}——竖向地震作用标准值的构件内力（弯矩、剪力），不需考虑与抗震等级有关的增大系数；

R_k——截面承载力（抗弯、抗剪）标准值，按材料强度标准值计算。

3. 错层结构的其他计算与一般结构相同。

三、错层处框架柱、剪力墙设计要求

（一）相关规范的规定

1.《高规》第10.4.2条、第10.4.4条、第10.4.6条规定：

第10.4.2条

错层两侧宜采用结构布置和侧向刚度相近的结构体系。

第10.4.4条

抗震设计时，错层处框架柱应符合下列要求：

1　截面高度不应小于600mm，混凝土强度等级不应低于C30，箍筋应全柱段加密配置；

2　抗震等级应提高一级采用，一级应提高至特一级，但抗震等级已经为特一级时应允许不再提高。

第10.4.6条

错层处平面外受力的剪力墙的截面厚度，非抗震设计时不应小于200mm，抗震设计时不应小于250mm，并均应设置与之垂直的墙肢或扶壁柱；抗震设计时，其抗震等级应提高一级采用。错层处剪力墙的混凝土强度等级不应低于C30，水平和竖向分布钢筋的配筋率，非抗震设计时不应小于0.3%，抗震设计时不应小于0.5%。

2.《抗规》、《混规》未述及。

（二）对规范的理解

如前所述，错层结构属平面、竖向布置不规则结构，楼板面内刚度、整体性较差；错层部位的竖向抗侧力构件受力较大且受力复杂，容易率先破坏，最终导致结构在强烈地震

下的破坏。因此，《高规》对错层结构在错层处的竖向构件规定了具体的加强措施。

考虑到错层框架结构或框架-剪力墙结构的抗震性能要比错层剪力墙结构更差。《高规》在第 10.4.4 条又专门对抗震设计时错层处框架柱的设计提出更高要求，以提高其抗震承载力和延性。

（三）设计建议

1. 当为满足建筑功能的要求必须设置错层结构时，结构设计应符合以下要求：

（1）错层两侧的结构侧向刚度和结构布置应尽量接近，以尽量减少结构的扭转效应。

（2）减小错层处剪力墙、框架柱内力，避免在错层处结构形成薄弱部位。应尽可能避免在框架柱处设置错层。

（3）当必须在框架柱处设置错层时，错层处框架柱的截面高度不应小于 600mm，混凝土强度等级不应低于 C30，抗震等级应提高一级采用，一级应提高至特一级，但抗震等级已经为特一级时应允许不再提高。箍筋应全柱段加密配置。同时，应采取必要的加强措施。例如：错层处宜用同一根框架梁将两侧楼板连成整体，必要时可将梁截面加腋，如图 8.4.3-1。此梁应满足由于楼板错层而产生的抗扭承载力的要求等。

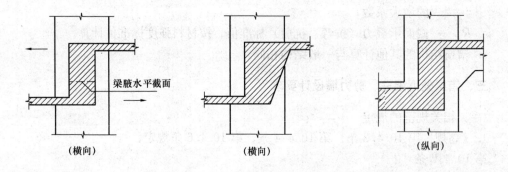

图 8.4.3-1 错层梁截面加腋示意

（4）错层处平面外受力的剪力墙，其截面厚度，非抗震设计时不应小于 200mm，抗震设计时不应小于 250mm，并均应设置与之垂直的墙肢或扶壁柱；抗震设计时，其抗震等级应提高一级采用。错层处剪力墙的混凝土强度等级不应低于 C30，水平和竖向分布钢筋的配筋率，非抗震设计时不应小于 0.3%，抗震设计时不应小于 0.5%。

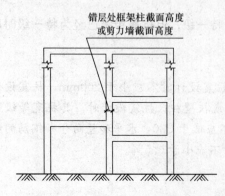

图 8.4.3-2 错层结构加强部位示意

（5）如错层处混凝土竖向构件不能满足设计要求，则应采取有效措施。例如框架柱采用型钢混凝土柱或钢管混凝土柱，剪力墙内设置型钢，以改善构件的抗震性能并提高其承载能力（图 8.4.3-2）。

当相邻楼盖结构高差超过梁高范围时，按错层结构考虑。

2. 结构中仅局部存在错层构件的不属于错层结构，但这些错层构件可以参考本条的规定进行设计。

第五节　连　体　结　构

一、7 度、8 度抗震设计时，层数和刚度相差悬殊的建筑不宜采用连体结构

（一）相关规范的规定

1. 《高规》第 10.5.1 条规定：

连体结构各独立部分宜有相同或相近的体型、平面布置和刚度；宜采用双轴对称的平面形式。7 度、8 度抗震设计时，层数和刚度相差悬殊的建筑不宜采用连体结构。

2. 《抗规》、《混规》未述及。

（二）对规范的理解

1. 连体结构形式

连体结构可分为两种形式。

（1）架空连廊式，两个结构单元之间设置一个（层）或多个（层）连廊，连廊的跨度从几米到十几米不等，连廊的宽度一般约在 10m 之内。建筑功能主要是交通。

架空连廊式连体结构的连接体部分结构较弱，基本不能协调连接体两侧的结构共同工作，故一般做成弱连接。即连接体一端与结构做成固定铰接，一端做成滑动支座。或两端均做成固定铰接。

（2）凯旋门式，整个结构类似一个巨大的"门框"，连接体在结构的顶部若干层与两侧"门柱"（即两侧结构）连接成整体楼层，连接体的宽度与两侧"门柱"的宽度相等或接近，建筑功能与两侧"门柱"基本相同。两侧"门柱"结构一般采用对称的平面形式。

连体结构的连接体部位受力复杂，变形复杂，采用刚性连接做法更容易把握结构的变形要求，结构分析及构造上也较为简单、可行。因此，只要有可能，宜尽量采用连接体与两侧主体结构刚性连接的连体形式。

凯旋门式连体结构的连接体部分一般包含多个楼层，具有较大的刚度，可协调两侧结构的受力、变形，使整个结构共同工作，故可做成强连接。如两端均为刚性连接或两端均为固定铰等。

2. 连体结构的受力比一般单体结构或多塔楼结构更复杂。主要表现在如下几个方面：

（1）扭转振动变形较大，扭转效应较明显

由计算分析及同济大学等单位进行的振动台试验说明：连体结构自振振型较为复杂，前几阶振型与单体结构有明显区别，除顺向振型外，还出现反向振型，扭转振型丰富，扭转性能较差。在风荷载或地震作用下，结构除产生平动变形外，还会产生扭转变形；同时，由于连接体楼板的变形，两侧结构还有可能产生相向运动，该振动形态与整体结构的扭转振动耦合。特别是结构不对称、建筑体型、平面布置、结构刚度等差异较大时，地震作用下将出现复杂的 X、Y、θ 相互耦联的振动，扭转影响更大，对抗震更加不利。

当第一扭转频率与场地卓越频率接近时，容易引起较大的扭转反应，易使结构发生脆性破坏。

对多塔连体结构，因体型更复杂，振动形态也将更为复杂，扭转效应更加明显。

(2) 连体结构中部刚度小，而此部位混凝土强度等级又低于下部结构，从而使结构薄弱部位由结构的底部转移到连体结构中塔楼（两侧结构）的中下部，设计中应予以充分注意。

(3) 连接体部分受力复杂。连接体部分是连体结构的关键部位，受力复杂。连接体一方面要协调两侧结构的变形，另一方面不但在水平荷载（风荷载及地震作用）作用下承受较大的内力，当连接体跨度较大、层数较多时，竖向荷载（静力）作用下的内力也很大，同时，竖向地震作用也很明显。

(4) 连接体结构与两侧结构的连接是连体结构的又一关键问题。连接部位受力复杂、应力集中现象明显，易发生脆性破坏。如处理不当将难以保证结构安全。

历次地震中连体结构的震害都较为严重，特别是架空连廊式连体结构。1995 年日本阪神地震中，这种形式的连体结构大量破坏，架空连廊塌落，连接体本身塌落的情况较多；同时主体结构与连接体的连接部位结构破坏严重。两个结构单元之间有多个连廊的，高处连廊首先塌落，底部的连廊有的没有塌落。两个结构单元高度不等或体型、平面和刚度不同，则连体结构破坏尤为严重。1999 年中国台湾集集地震中，埔里酒厂一个 3 层房屋的架空连廊塌落，两侧结构与架空连廊相连接的部位遭到破坏。汶川地震中，亦有不少架空连廊破坏、塌落。

（三）设计建议

1. 7 度、8 度抗震设计时，层数和刚度相差悬殊及 B 级高度的高层建筑不宜采用连体结构。6 度抗震设计的高层建筑也不宜采用连体结构。

如何界定"层数和刚度相差悬殊"是一个较为复杂的问题。应根据实际工程的具体情况综合分析、判定。笔者认为，连体结构的两侧主体结构，层数多的主体结构对层数少的主体结构塔楼部分的层数比大于 1.15，且层数相差大于 3 层，宜视为层数相差悬殊；两的主体结构的质心位移比（见图 8.5.1）大于 1.2，宜视为刚度相差悬殊。以上仅为个人看法，仅供设计参考。

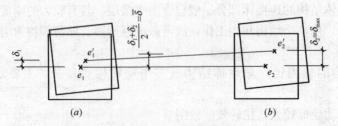

图 8.5.1　规定水平力作用下两主体结构楼层质心位移比示意
(a) 主体结构 1；(b) 主体结构 2
e_1：主体结构 1 质心；e_2：主体结构 2 质心；

$\dfrac{\delta_{\max}}{\bar{\delta}}$：两主体结构楼层质心位移比

各塔楼结构高度相同但层数不同（即有错层），也不宜采用连体结构。必须采用时，应使连体部分避免错层。

2. 9 度抗震设计的高层建筑不应采用连体结构。

3. 连体结构各独立部分宜有相同或相近的体型、平面布置和刚度；宜采用双轴对称的平面形式。

4. 连体结构的整体及各独立部分结构平面布置应尽可能简单、规则、均匀、对称，减少偏心。抗侧力构件布置宜周边化，以增大结构的抗扭刚度。

5. 抗震设计的多层建筑采用连体结构时，应参照本节高层建筑连体结构的有关规定，采取可靠的抗震措施。

二、连体结构的计算要点

（一）相关规范的规定

1. 《高规》第 10.5.7 条、第 10.5.2 条、第 10.5.3 条规定：

第 10.5.7 条

连体结构的计算应符合下列规定：

1　刚性连接的连接体楼板应按本规程第 10.2.24 条进行受剪截面和承载力验算；

2　刚性连接的连接体楼板较薄弱时，宜补充分塔楼模型计算分析。

第 10.5.2 条

7 度（0.15g）和 8 度抗震设计时，连体结构的连接体应考虑竖向地震的影响。

第 10.5.3 条

6 度和 7 度（0.10g）抗震设计时，高位连体结构的连接体宜考虑竖向地震的影响。

2. 《抗规》、《混规》未述及。

（二）对规范的理解

连体结构是复杂建筑结构，其竖向刚度和承载力变化大、受力复杂，易形成薄弱部位。除应进行结构整体分析外，对连接体及其相关构件等，还应按有限元等方法进行更加仔细的局部应力分析。

楼盖结构舒适度控制近 20 年已引起世界各国广泛关注。目前，我国大跨楼盖结构越来越多，楼盖结构舒适度的控制已成为我国建筑结构设计的又一重要内容。连体结构部分的跨度一般较大，竖向刚度较小，容易发生竖向振动舒适度不满足要求的情况，故《高规》提出了连体结构竖向舒适度验算的要求。

刚性连接的连体部分结构在地震作用下，楼板在其平面内承受很大的剪力和弯矩，因此，需要验算楼板在其平面内的受剪承载力和受拉承载力，以满足楼板协调两侧塔楼变形、使之共同工作的要求。

当连体部分楼板较弱时，在强烈地震作用下楼板可能发生破坏，甚至使连体结构成为独立的若干单塔结构单元。因此，建议补充两侧分塔楼的计算分析，确保连体部分失效后两侧塔楼可以独立承担地震作用不致发生严重破坏或倒塌。

楼板的受剪承载力和受拉承载力按转换层楼板的计算方法进行验算，计算剪力可取连体楼板承担的两侧塔楼楼层地震作用力之和的较小值。

连体结构的连接体一般跨度较大、位置较高，对竖向地震的反应比较敏感，放大效应明显，因此抗震设计时高烈度区应考虑竖向地震的不利影响。同时，计算分析表明：高层建筑中连体结构连接体的竖向地震作用还受连体跨度、所处位置以及主体结构刚度等多方面因素的影响,低烈度区（6度和7度0.10g）对于高位连体结构（连体位置高度超过80m时）竖向地震的反应亦不可忽视,故宜考虑竖向地震的不利影响。

（三）设计建议

1. 连接体对竖向地震的反应比较敏感,尤其是跨度较大,层数较多、所处位置高的连接体对竖向地震的反应更加敏感。故7度0.15g和8度抗震设计时连体结构的连接体部分应考虑竖向地震的影响;6度和7度0.10g抗震设计时,高位连体结构（连体位置高度超过80m时）的连接体宜考虑竖向地震的影响。

连接体部分竖向地震作用的计算,可按《高规》第4.3.14条、第4.3.15条的规定,根据连接体部分跨度的大小,采用合适的计算方法:

（1）7度0.15g和8度抗震设计时,当连接体部分跨度不大于24m时,可采用竖向地震作用系数乘以重力荷载代表值的方法计算,竖向地震作用系数按《高规》第4.3.15条的规定取用;当连接体部分跨度不小于24m时,宜采用振型分解反应谱法或弹性时程分析法计算,并不宜小于按竖向地震作用乘以重力荷载代表值的计算结果。

（2）6度和7度0.10g抗震设计时,可采用竖向地震作用系数乘以重力荷载代表值的方法计算,竖向地震作用系数的取值,笔者建议:6度可取4%～5%,7度0.10g可取5%～8%。

2. 连接体部分的跨度一般较大,竖向刚度较小,容易发生竖向振动舒适度不满足要求的情况,因此,应按《高规》第3.7.7条的规定进行连接体部分楼盖竖向振动舒适度的验算。其中楼盖结构竖向振动加速度可按《高规》附录A计算。

3. 刚性连接的连接体在地震作用下需要协调两侧塔楼的变形,受力大且复杂。因此需要进行连接体部分楼板的验算,楼板的受剪承载力和受拉承载力按转换层楼板的计算方法进行验算（《高规》第10.2.24条）,计算剪力可取连接体楼板承担的两侧塔楼楼层地震作用力之和的较小值。具体计算方法见本章第二节"二十一、部分框支剪力墙结构中框支转换层楼板设计"中相关内容。

关于连接体部分楼板的受剪承载力验算,按《高规》第10.2.24条近似计算举例如下:

某连体结构,顶部22～24三层采用连接体与两侧主体结构相连。第2层结构平面如图8.5.2所示,连接体楼板厚200mm,采用C35级混凝土,HRB400级钢筋,Φ16@200双层双向配筋。

图8.5.2 某连体结构第22层结构平面示意

由PKPM-SATWE计算结果查得连体结构两侧塔楼在连接体楼板处（第22层）楼层Y方向（计算方向）地震作用力之和的最大值为4816kN。

8 度设防，按《高规》第 10.2.24 条，应乘以 2.0 增大系数，即

$V_f = 2 \times 4816 = 9632\text{kN}, \beta_c = 1.0, f_c = 16.7\text{N/mm}^2, b_f = 29.45\text{m}, t_f = 0.2\text{m},$ 取 $\gamma_{RE} = 0.85$

由《高规》式（10.2.24-1）有

$0.1\beta_c f_c b_f t_f / \gamma_{RE} = 0.1 \times 1.0 \times 16.7 \times 29.45 \times 1000 \times 200 / 0.85 = 11572.1\text{kN}$

$> V_f = 9632\text{kN}$　截面满足要求。

$\Phi 16@200$ 双层双向配筋，$a_s = 2 \times 1005\text{mm}^2/\text{m}$，$f_y = 360\text{N/mm}^2$

由《高规》式（10.2.24-2）有

$f_y A_s / \gamma_{RE} = 360 \times 2 \times 1000 \times 29.45 / 0.85 = 24945.88\text{kN} > 9632\text{kN}$　满足受剪要求。

4. 当连接体部分楼板较弱时，在强烈地震作用下可能发生破坏，因此宜补充两侧分塔楼楼的计算分析，按整体和分塔楼计算的最不利情况进行设计，以确保连接体部分失效后两侧塔楼可以独立承担地震作用不致发生严重破坏或倒塌。

三、连接体与主体结构的连接设计

（一）相关规范的规定

1.《高规》第 10.5.4 条规定：

连接体结构与主体结构宜采用刚性连接。刚性连接时，连接体结构的主要结构构件应至少伸入主体结构一跨并可靠连接；必要时可延伸至主体部分的内筒，并与内筒可靠连接。

当连接体结构与主体结构采用滑动连接时，支座滑移量应能满足两个方向在罕遇地震作用下的位移要求，并应采取防坠落、撞击措施。罕遇地震作用下的位移要求，应采用时程分析方法进行计算复核。

2.《抗规》、《混规》未述及。

（二）对规范的理解

连体结构的连接体与两侧主体结构相连的连接部位受力复杂，变形复杂，连接体跨度一般也较大，更使得连接部位要承受很大的竖向重力荷载和地震作用。因此，连接体与主体结构的连接设计十分重要，必须有足够的承载能力、变形能力和延性性能。确保连体结构有很好的整体工作性能。

采用刚性连接做法更容易把握结构的变形要求，只要承载能力满足要求，整个连体结构的变形总是协调一致的，整体工作性能好。结构分析及构造上也较为简单、可行。因此，只要有可能，宜尽量采用连接体与两侧主体结构刚性连接的连体形式。刚性连接的缺点是：连接体及连接体与两侧主体结构相连的连接部位既要承受很大的竖向重力荷载和地震作用，又要在水平地震作用下协调两侧结构的变形，对承载能力要求很高。

采用滑动连接方式可以通过节点变形释放连接部位过大的内力（水平力及弯矩等），但如果变形过大，也会给结构设计带来困难。例如：当采用固定铰接连接时，可能导致连接体挠度过大；当采用滑动铰接连接时，连接体往往由于滑移量较大致使连接体坠落、支座破坏，等等。

《高规》提出了连接体与两侧主体结构的两种连接方式，规定了连体结构与主体结构连接的要求。

（三）设计建议

1. 由以上分析可知，连接体与两侧主体结构的连接方式，只要有可能，宜尽量采用刚性连接。根据实际工程的具体情况，也可采用滑动连接方式。具体建议见本节"一、7度、8度抗震设计时，层数和刚度相差悬殊的建筑不宜采用连体结构"。

2. 连接体结构支座宜按中震不屈服设计。即地震作用下的内力按中震进行计算，地震作用效应的组合均按《高规》第5.6节进行，但分项系数均取不大于1.0，不进行设计内力的调整放大，构件的承载力计算时，材料强度取标准值。

3. 当连接体两端与两侧结构采用刚性连接时，连接体结构的主要结构构件应至少延伸到主体结构内一跨并与其可靠连接；必要时可延伸至主体部分的内筒（剪力墙），并与内筒（剪力墙）可靠连接。

4. 当连接体结构与主体结构采用滑动连接时，滑动支座的支座滑移量应能满足两个方向在罕遇地震作用下的位移要求，滑动支座应采用由两侧结构伸出的悬臂梁的做法，而不应采用连接体结构的梁搁置在两侧结构牛腿上的做法。并应采取防坠落、撞击措施。

应特别注意"满足两个方向在罕遇地震作用下的位移要求"，采用合理、可靠的构造做法。

计算罕遇地震作用下的位移时，应采用时程分析方法进行复核计算。

四、连接体及与连接体相连的结构构件设计

（一）相关规范的规定

1.《高规》第10.5.5条、第10.5.6条规定：

第10.5.5条

刚性连接的连接体结构可设置钢梁、钢桁架、型钢混凝土梁，型钢应伸入主体结构至少一跨并可靠锚固。连接体结构的边梁截面宜加大；楼板厚度不宜小于150mm，宜采用双层双向钢筋网，每层每方向钢筋网的配筋率不宜小于0.25%。

当连接体结构包含多个楼层时，应特别加强其最下面一个楼层及顶层的构造设计。

第10.5.6条

抗震设计时，连接体及与连接体相连的结构构件应符合下列要求：

1 连接体及与连接体相连的结构构件在连接体高度范围及其上、下层，抗震等级应提高一级采用，一级提高至特一级，但抗震等级已经为特一级时应允许不再提高；

2 与连接体相连的框架柱在连接体高度范围及其上、下层，箍筋应全柱段加密配置，轴压比限值应按其他楼层框架柱的数值减小0.05采用；

3 与连接体相连的剪力墙在连接体高度范围及其上、下层应设置约束边缘构件。

2.《抗规》、《混规》未述及。

（二）对规范的理解

如前所述，连体结构破坏严重，连接体本身塌落的情况较多，同时使主体结构中与连接体相连的部分结构严重破坏，尤其当两个主体结构层数和刚度相差较大时，采用连体结构更为不利。当第一扭转频率与场地卓越频率接近时，地震作用下容易引起较大的扭转反应，造成结构破坏，等等。总之，连体结构的连接体及与连接体相连的结构构件受力复杂，易形成薄弱部位，抗震设计时必须予以加强，以提高其抗震承载力和延性。

《高规》对连体结构形式及连体部位楼板的构造等提出了要求。

第 10.5.6 条第 2、3 两款为 2010 版《高规》新增内容。

（三）设计建议

1. 连接体部分是连体结构的关键部位，设计中应注意以下几点：

（1）连体结构的连接体宜按中震弹性设计。即地震作用下的内力按中震进行计算，地震作用效应的组合及各分项系数均按《高规》第 5.6 节进行，但可不进行设计内力的调整放大，构件的承载力计算时，材料强度取设计值。

（2）应尽可能减轻连接体部分的自重。因此，应尽可能采用钢结构桁架，根据实际工程的具体情况，也可采用钢梁、型钢混凝土桁架、型钢混凝土梁等结构形式。由于混凝土桁架杆件的延性性能较差，节点受力复杂，钢筋锚固性能较差，构件开裂后刚度退化严重，应避免采用钢筋混凝土桁架作为连接体结构构件。连接体结构的边梁及端跨截面宜加大。

（3）当连接体结构包含多个楼层时，最下面的一层宜采用钢结构桁架结构形式，并应特别加强其最下面一个楼层及顶层的设计和构造措施。

（4）连接体部分的楼板厚度不宜小于 150mm，并宜采用双层双向配筋，每层每方向的配筋率不宜小于 0.25%。

2. 抗震设计时，连接体及与连接体相连的结构构件应符合下列要求：

（1）连接体及与连接体相连的结构构件在连接体高度范围及其上、下层，抗震等级应提高一级采用，一级提高至特一级，但抗震等级已经为特一级时应允许不再提高。

（2）与连接体相连的框架柱在连接体高度范围及其上、下层，箍筋应全柱段加密配置，轴压比限值应按其他楼层框架柱的数值减小 0.05 采用。注意：只要轴压比限值满足比其他楼层框架柱的数值小 0.05，则此框架柱不必按上述第（1）款抗震等级提高一级后确定其轴压比限值。

（3）与连接体相连的剪力墙在连接体高度范围及其上、下层应设置约束边缘构件。"上、下层"的层数应根据实际工程的具体情况确定，建议连接体以下的层数宜适当多取一些。

3.《高规》第 10.5.6 条是强制性条文，必须严格执行。

第六节　竖向体型收进、悬挑结构

一、多塔楼及体型收进、悬挑结构的判别

（一）相关规范的规定

1.《高规》第 10.6.1 条规定：

多塔楼结构以及体型收进、悬挑程度超过本规程第 3.5.5 条限值的竖向不规则高层建筑结构应遵守本节的规定

2.《抗规》《混规》未述及。

（二）对规范的理解

多塔楼结构、竖向体型收进和悬挑结构，其共同的特点是结构侧向刚度沿竖向发生剧烈变化，往往在变化的部位造成应力集中和变形集中，产生结构的薄弱部位。同时刚度突变部位的楼板承担着很大的面内应力。

2010 版《高规》将原来多塔楼结构的内容与新增的体型收进、悬挑结构的相关内容

合并，统称为"竖向体型收进、悬挑结构"。并对其结构设计统一作出规定。

（三）设计建议

在多个高层建筑的底部有一个连成整体的大面积裙房，形成结构大底盘，即为大底盘多塔楼结构。若仅有一幢高层建筑，底部设有较大面积的裙房，为大底盘单塔楼结构。是大底盘多塔楼结构的一个特例。对于多幢塔楼仅通过面积很大的地下室连为一体，每幢塔楼（包括带有局部小裙房）均用防震缝隔开，使之分属不同的结构单元的情况，一般不属大底盘多塔楼结构。若地下室连为一体，地上有几幢高层建筑，因某些原因（如上下层剪切刚度必不满足要求或楼板有过大的开洞或楼板标高相差很大等），将结构嵌固部位设在地下一层底板上，一般也不应判定为大底盘多塔楼结构，见图8.6.1。

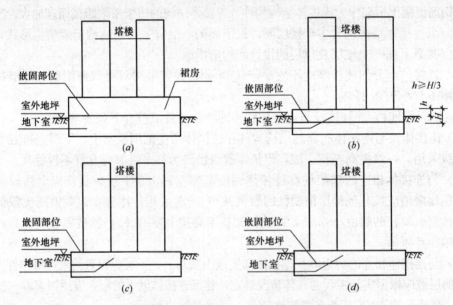

图 8.6.1　大底盘多塔楼结构判定示意
(a) 大底盘多塔楼结构（一）；(b) 大底盘多塔楼结构（二）；
(c) 非大底盘多塔楼结构（一）；(d) 非大底盘多塔楼结构（二）

体型收进、悬挑程度超过《高规》第3.5.5条限值的竖向不规则高层建筑结构即为《高规》所指的竖向体型收进、悬挑结构。《高规》第3.5.5条关于竖向体型收进或外挑的规定详见本书第一章第四节"八、建筑的竖向体型"。

二、多塔楼及体型收进、悬挑结构竖向体型突变部位的楼板设计

（一）相关规范的规定

1.《高规》第10.6.2条规定：

多塔楼结构以及体型收进、悬挑结构，竖向体型突变部位的楼板宜加强，楼板厚度不宜小于150mm，宜双层双向配筋，每层每方向钢筋网的配筋率不宜小于0.25%。体型突变部位上、下层结构的楼板也应加强构造措施。

2.《抗规》《混规》未述及。

（二）对规范的理解

竖向体型收进、悬挑结构在体型突变的部位，楼板承担着很大的面内应力，为保证上部结构的地震作用可靠地传递到下部结构，《高规》规定了对这类结构体型突变部位的楼板应采取的设计措施。

（三）设计建议

1. 多塔楼结构以及体型收进、悬挑结构，竖向体型突变部位的楼板宜加强，楼板厚度不宜小于 150mm，宜双层双向配筋，每层每方向钢筋网的配筋率不宜小于 0.25%。体型突变部位上、下层结构的楼板也应加强构造措施。"上、下层"的层数应根据实际工程的具体情况确定。

2. 大底盘多塔楼的裙房顶层楼板、悬挑结构的悬挑层楼板宜按弹性楼板假定进行结构整体计算。必要时，也可按《高规》第 10.2.24 条规定对大底盘多塔楼的裙房顶层楼板、悬挑结构的悬挑层楼板进行受剪承载力的验算。

3. 当底盘楼层为转换层时，其底盘屋面楼板的加强措施应符合转换层楼板的有关规定。

三、多塔楼高层建筑结构设计要点

（一）相关规范的规定

1.《高规》第 10.6.3 条规定：

抗震设计时，多塔楼高层建筑结构应符合下列规定：

1 各塔楼的层数、平面和刚度宜接近；塔楼对底盘宜对称布置；上部塔楼结构的综合质心与底盘结构质心的距离不宜大于底盘相应边长的 20%。

2 转换层不宜设置在底盘屋面的上层塔楼内。

3 塔楼中与裙房相连的外围柱、剪力墙，从固定端至裙房屋面上一层的高度范围内，柱纵向钢筋的最小配筋率宜适当提高，剪力墙宜按本规程第 7.2.15 条的规定设置约束边缘构件，柱箍筋宜在裙楼屋面上、下层的范围内全高加密；当塔楼结构相对于底盘结构偏心收进时，应加强底盘周边竖向构件的配筋构造措施。

4 大底盘多塔楼结构，可按本规程第 5.1.14 条规定的整体和分塔楼计算模型分别验算整体结构和各塔楼结构扭转为主的第一周期与平动为主的第一周期的比值，并应符合本规程第 3.4.5 条的有关要求。

2.《抗规》、《混规》未述及。

（二）对规范的理解

带大底盘的高层建筑，结构在大底盘上一层突然收进，属竖向不规则结构。中国建筑科学研究院结构所等单位的试验研究和计算分析表明，大底盘上有 2 个或多个塔楼时，地震作用下，各塔楼的振型既存在着相互独立性又相互有影响。多塔楼结构振型复杂，且高振型对结构内力的影响大。当大底盘上的各塔楼层数不同，质量和刚度不同、分布不均匀，且当各塔楼自身结构平面布置不对称时，结构竖向刚度突变加剧，扭转振动反应增大，高振型对结构内力的影响更为突出。各塔楼的受力更为复杂、不利。

塔楼在底盘上部突然收进已造成结构竖向刚度和抗力的突变，如结构平面布置上又使塔楼与底盘偏心较大，则更加剧了结构的扭转振动反应。

多塔楼结构中同时采用带转换层结构，这已经是两种复杂结构在同一工程中采用，结构的竖向刚度、受剪承载力突变，加之结构内力传递途径突变，要使这种结构的安全能有基本保证已相当困难。如再把转换层设置在大底盘屋面的上层塔楼内，更容易形成结构薄弱层、软弱层，更不利于结构的抗震。

群房顶层屋面板对保证塔楼和大底盘的整体工作作用明显，各塔楼之间的裙房连接部分以及塔楼与裙房相连的外围框架柱、剪力墙等，是保证塔楼和大底盘整体工作的关键构件，应予以加强。

中元国际工程设计研究院设计的北京鑫茂大厦为地面以上由分别为22层和20层的两幢高层建筑及4层裙房组成的大底盘双塔楼结构。通过对地震作用下按双塔楼整体分析和按两塔楼分别单独计算分析，发现：

1. 按双塔楼结构整体计算时，当两塔楼层数分别取为23层、21层（结构嵌固部位在地下一层底板）时的计算结果，比楼层数均取为23层（即两塔楼楼层数一样，高度一样的情况）时的计算结果更为复杂和不利，尤其是对两塔楼间连接体的构件情况更为严重。

2. 两塔数间连接体处受力情况比较复杂。塔楼间连接体的屋面框架梁梁端有地震效应组合下的剪力，按双塔楼整体计算比按两塔楼分别单独计算增大约12%左右。

1995年日本阪神地震中，有几幢带底盘的单塔楼建筑，在底盘上一层破坏严重。一幢5层的建筑，第一层为大底盘裙房，上部4层突然收进，而且位于大底盘的一侧，上部结构与大底盘结构质心的偏心距离较大，地震中第二层（即大底盘上一层）严重破坏；另一幢12层建筑，底部2层为大底盘，上部10层突然收进，并位于大底盘的一侧，地震中第三层（即大底盘上一层）严重破坏，第四层也受到破坏。

因此，《高规》对多塔楼结构的设计作出规定。

《抗规》在规范条文中虽未述及，但在第3.4.1条条文谈到特别不规则时，引用《超限高层建筑工程抗震设防专项审查技术要点》的规定，指出塔楼偏置：单塔或多塔合质心与大底盘的质心偏心距大于底盘相应边长20%属不规则。

（三）设计建议

1. 大底盘多塔楼高层建筑结构各塔楼的层数、高度、质量、刚度和平面形状宜接近，塔楼对底盘宜对称布置。如各塔楼的层数、高度、质量、刚度等相差较大时，可将裙房用防震缝自地下室以上分开。地下室顶板应有良好的整体性及面内刚度，能将上部结构地震作用有效传递到地下室结构（图8.6.3-1）。

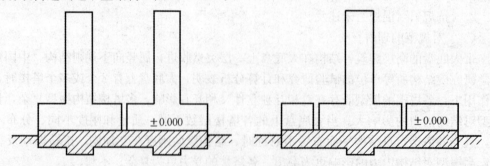

图8.6.3-1 大底盘地下室示意图

大底盘多塔楼高层建筑结构上部塔楼结构的综合质心与底盘结构质心的距离不宜大于底盘相应边长的20%。大底盘单塔楼结构的设计，也应符合本条关于塔楼与底盘的规定。

注意：是上部塔楼结构的综合质心而不是每个塔楼的质心与底盘结构质心的距离。上部塔楼结构的综合质心可取底盘结构的上一层塔楼平面计算。底盘结构的质心可取底盘范围内裙房顶层平面（包括塔楼部分的平面）计算。

当上部塔楼结构的综合质心与底盘结构质心的距离大于底盘相应边长的 20％时，可利用裙房的卫生间、楼电梯间等布置剪力墙。剪力墙宜沿大底盘周边布置，以增大大底盘的抗扭刚度。笔者认为：当裙房顶板具有良好的整体性及面内刚度，在规定的水平力作用下裙房顶层的楼层层间位移比小于 1.2 时，上部塔楼结构的综合质心与底盘结构质心的距离要求可适当放宽。

2. 抗震设计时，带转换层塔楼的转换层不宜设置在大底盘屋面的上层塔楼内（图 8.6.3-2）。否则应采取有效的抗震措施，包括增大构件内力、提高抗震等级、采用抗震性能设计等。

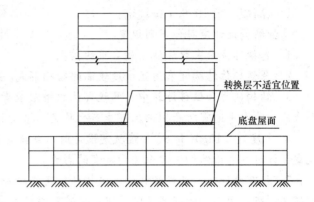

图 8.6.3-2 多塔楼结构转换层不适宜位置示意

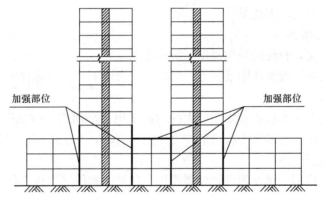

图 8.6.3-3 多塔楼结构加强部位示意

3. 抗震设计时，对多塔楼结构的底部薄弱部位应予以特别加强，图 8.6.3-3 所示为加强部位示意。塔楼之间裙房连接体的屋面梁以及塔楼中与裙房连接体相连的柱、剪力墙，从嵌固端至裙房屋面上一层的高度范围内，柱纵向钢筋的最小配筋率宜适当提高，柱箍筋宜在裙房屋面上、下层范围内全高加密。剪力墙宜按有关规定设置约束边缘构件。当塔楼结构与底盘结构偏心收进时，应加强底盘周边竖向构件的配筋构造措施。

4. 为保证结构底盘与塔楼的整体作用，大底盘多塔楼的裙房顶层楼板应加强，具体做法详见本节"二、多塔楼及体型收进、悬挑结构竖向体型突变部位的楼板设计"。

5. 为了真实反映地震作用下各塔楼之间的相互影响，正确计算裙房及各塔楼结构的内力，首先应进行大底盘多塔楼结构的整体计算。

同时，由于《高规》中增加了对结构第一扭转周期和第一平动周期比以及最大位移与平均位移比等的限制，为验证各独立单塔设计的正确性及合理性，还需将多塔楼结构分开进行计算分析。有关大底盘多塔楼结构的计算问题，详见第三章第一节"十、多塔楼结构的计算分析"。

四、悬挑结构设计要点

（一）相关规范的规定

1.《高规》第 10.6.4 条规定：

悬挑结构设计应符合下列规定：

1 悬挑部位应采取降低结构自重的措施。

2 悬挑部位结构宜采用冗余度较高的结构形式。

3 结构内力和位移计算中，悬挑部位的楼层应考虑楼板平面内的变形，结构分析模型应能反映水平地震对悬挑部位可能产生的竖向振动效应。

4 7 度（0.15g）和 8、9 度抗震设计时，悬挑结构应考虑竖向地震的影响；6、7 度抗震设计时，悬挑结构宜考虑竖向地震的影响。

5 抗震设计时，悬挑结构的关键构件以及与之相邻的主体结构关键构件的抗震等级宜提高一级采用，一级提高至特一级，抗震等级已经为特一级时，允许不再提高。

6 在预估罕遇地震作用下，悬挑结构关键构件的截面承载力宜符合本规程公式 (3.11.3-3) 的要求。

2.《抗规》、《混规》未述及。

（二）对规范的理解

本条为新增条文，对悬挑结构提出了明确要求。

悬挑部分的结构一般竖向刚度较差、结构的冗余度不多，若构件出铰，容易形成可变机构（结构破坏）。

悬挑结构中的上、下层楼板承受较大的面内作用（平面内受拉或受压），上层楼板处在悬挑构件的受拉区，一般承受较大的拉力作用；同时，水平地震作用对悬挑部位还可能产生竖向振动效应。

一般情况下悬挑部分跨度较大，地震作用下悬挑结构的竖向地震作用十分明显。

（三）设计建议

1. 悬挑部位应采取措施降低结构的自重。一般情况下，宜优先考虑采用轻质、高强、延性好的钢结构桁架。

2. 悬挑部位结构宜采用冗余度较高的结构形式。

3. 结构内力和位移计算中，悬挑部位的楼层应考虑楼板平面内的受力及变形，应采用楼板在平面内为弹性楼板的假定；结构分析模型应能反映水平地震对悬挑部位可能产生的竖向振动效应；分析模型应包含竖向振动的质量，保证分析结果可以反映结构的竖向振动反应。

4. 8、9 度抗震设计时，悬挑结构应考虑竖向地震的影响；6、7 度抗震设计时，悬挑结构宜考虑竖向地震的影响。

悬挑结构竖向地震作用的计算，可按《高规》第 4.3.14 条、第 4.3.15 条的规定，根据悬挑跨度的大小，采用合适的计算方法，并应考虑竖向地震为主的荷载组合。

（1）7 度 0.15g 和 8 度抗震设计时，当悬挑跨度不大于 5m 时，可采用竖向地震作用系数乘以重力荷载代表值的方法计算，竖向地震作用系数按《高规》第 4.3.15 条的规定取用；当悬挑跨度不小于 5m 时，宜采用振型分解反应谱法或弹性时程分析法计算，并不宜小于按竖向地震作用乘以重力荷载代表值的计算结果。

（2）6 度和 7 度 0.10g 抗震设计时，可采用竖向地震作用系数乘以重力荷载代表值的方法计算，竖向地震作用系数的取值，笔者建议：6 度可取 4%~5%，7 度 0.10g 可取 5%~8%。

5. 抗震设计时，悬挑结构的关键构件以及与之相邻的主体结构关键构件应加强抗震措施，防止相关部位在竖向地震作用下发生结构的倒塌。其抗震等级应提高一级采用，一级应提高至特一级，抗震等级已经为特一级时，允许不再提高。

6. 在罕遇地震作用下，悬挑结构关键构件的承载力宜符合《高规》公式（3.11.3-2）的要求。即在罕遇地震作用下，悬挑结构关键构件的截面抗弯和抗剪承载力宜满足性能水准 2（大震不屈服）的设计要求。

具体截面承载力计算公式等见本章第四节"二、错层高层建筑结构计算要点"。

7. 悬挑结构的跨度一般较大，竖向刚度较小，容易发生竖向振动舒适度不满足要求的情况，因此，建议按《高规》第 3.7.7 条的规定进行悬挑部分楼盖竖向振动舒适度的验算。其中楼盖结构竖向振动加速度可按《高规》附录 A 计算。

五、体型收进高层建筑结构设计要点

（一）相关规范的规定

1.《高规》第 10.6.5 条规定：

体型收进高层建筑结构、底盘高度超过房屋高度 20% 的多塔楼结构的设计应符合下列规定：

1 体型收进处宜采取措施减小结构刚度的变化，上部收进结构的底部楼层层间位移角不宜大于相邻下部区段最大层间位移角的 1.15 倍；

2 抗震设计时，体型收进部位上、下各 2 层塔楼周边竖向结构构件的抗震等级宜提高一级采用，一级应提高至特一级，抗震等级已经为特一级时，允许不再提高；

3 结构偏心收进时，应加强收进部位以下 2 层结构周边竖向构件的配筋构造措施。

2.《抗规》、《混规》未述及。

（二）对规范的理解

大量地震震害以及相关的试验研究和分析表明，结构体型收进较多或收进位置较高时，因上部结构刚度突然降低，同时，上部收进结构的底部楼层质量也突然减小很多，故收进部位易形成薄弱部位，因此规定在收进的相邻部位采取更高的抗震措施。当结构偏心收进时，受结构整体扭转效应的影响，下部结构的周边竖向构件内力增加较多，应予以加强。

收进程度过大，上部结构刚度、楼层质量过小时，结构的层间位移角增加较多，收进部位有可能形成薄弱层，对结构抗震不利，抗震设计时，对这种刚度、质量在同一楼层均发生突变的体型收进高层建筑，仅限制收进部位上、下层楼层侧向刚度比起不到应有的作用。为避免收进部位上、下层附近楼层产生较大的变形差异，根据地震作用效应来控制显得更加有效和合理。因此，《高规》采用限制上部收进结构的底层对下部区段最大层间位移角的比值来控制其结构构件内力和位移突变。层间位移角比综合反映了转换层上、下部结构楼层侧向刚度比、质量比、楼层层间抗侧力结构的受剪承载力比。

本条为新增条文，对体型收进结构的设计提出了明确要求。

（三）设计建议

1. 体型收进处宜采取措施减小结构刚度的变化，上部收进结构的底层层间位移角不

宜大于相邻下部区段最大层间位移角的1.15倍。

当结构分段收进时，应控制上部收进结构的底部楼层的层间位移角和下部相邻区段楼层的最大层间位移角之间的比例（图8.6.5-1）。这里"上部收进结构的底部楼层"是指上部收进后的第一个楼层，"下部相邻区段楼层"是指收进前的楼层区段，楼层平面相同或相近时为同一区段。

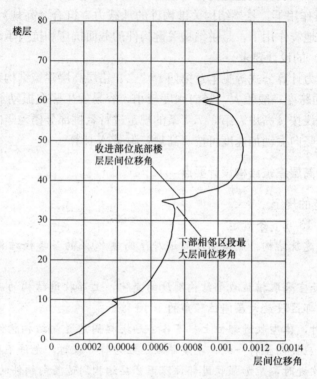

图8.6.5-1　结构收进部位楼层层间位移角分布

当上部收进结构的底层层间位移角大于相邻下部区段最大层间位移角的1.15倍；应根据具体情况提高相关构件的抗震等级或采取可靠的加强措施。

2. 抗震设计时，体型收进部位上、下各2层塔楼周边竖向结构构件的抗震等级宜提高一级采用，当收进部位的高度超过房屋高度的50%时，应提高一级采用，一级应提高至特一级，抗震等级已经为特一级时，允许不再提高。当收进部位的高度与房屋高度之比在20%～50%之间时，应根据具体情况适当提高其抗震措施。

3. 结构偏心收进时，受结构整体扭转效应的影响，收进部位以下2层结构周边竖向构件的内力增加较多，应根据具体情况提高相关构件的抗震等级或采取可靠的加强措施（如加大截面尺寸、加大配筋等）。

图8.6.5-2示出了应予加强的结构部位。

4. 大底盘多塔楼结构，当底盘高度超过房屋高度20%时，其设计也应符合上述规定。

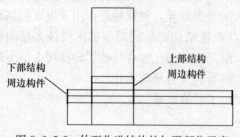

图8.6.5-2　体型收进结构的加强部位示意

参 考 文 献

[1] 建筑结构荷载规范 GB 50009—2012. 北京：中国建筑工业出版社，2012

[2] 混凝土结构设计规范 GB 50010—2010. 北京：中国建筑工业出版社，2010

[3] 建筑抗震设计规范 GB 50011—2010. 北京：中国建筑工业出版社，2010

[4] 建筑工程抗震设防分类标准 GB 50223—2008. 北京：中国建筑工业出版社，2008

[5] 高层建筑混凝土结构技术规程 JGJ 3—2010. 北京：中国建筑工业出版社，2010

[6] 高层建筑钢-混凝土混合结构设计规程 CECS：230—2008. 北京：中国计划出版社，2008

[7] 超限高层建筑工程抗震设防专项审查技术要点. 住房和城乡建设部文件，建质［2010］109 号

[8] 全国民用建筑工程设计技术措施（2009 年版）编委会. 全国民用建筑工程设计技术措施（2009 年版）结构（混凝土结构）. 北京，2012

[9] 中国建筑标准设计研究院. 混凝土结构施工图平面整体表示方法制图规则和构造详图（现浇混凝土板式楼梯）（11G101-2）. 北京：中国计划出版社，2011

[10] 吕西林等. 超限高层建筑工程抗震设计指南. 上海：同济大学出版社，2005

[11] 上海市工程建设规范. 建筑抗震设计规程 DGJ 08—9—2003

[12] 广东省实施《高层建筑混凝土结构技术规程》（JGJ—2002）补充规定. 北京：中国建筑工业出版社，2005

[13] 国家标准建筑抗震设计规范管理组. 建筑抗震设计规范（GB 50011—2010）统一培训教材. 北京：地震出版社，2010

[14] 中国有色工程设计研究总院主编. 混凝土结构构造手册. 第 4 版. 北京：中国建筑工业出版社，2012

[15] 中国建筑科学研究院主编. 汶川地震建筑震害图片集. 北京：中国建筑工业出版社，2008

[16] 王亚勇等. 国家标准建筑抗震设计规范（GB 50011—2010）疑问解答（一）. 建筑结构，2010 年第 12 期

[17] 江欢成，优化设计的探索和实践.《建筑结构》2006 年第三十六卷增刊：首届全国建筑结构技术交流会专辑. 北京，2006 年 6 月 15 日～17 日

[18] 徐培福等. 复杂高层建筑结构设计. 北京：中国建筑工业出版社，2005

[19] 胡庆昌等. 建筑结构抗震减震与连续倒塌控制. 北京：中国建筑工业出版社，2007

[20] 张维斌. 多层及高层钢筋混凝土结构设计释疑及工程实例. 第 2 版. 北京：中国建筑工业出版社，2012

[21] 张维斌. 钢筋混凝土带转换层结构设计释疑及工程实例. 北京：中国建筑工业出版社，2008

[22] 张维斌. 浅谈高层建构柱子选型. 工程抗震与加固改造，2005 年第 1 期

[23] 张维斌. 设置转角窗的高层住宅剪力墙结构分析. 工程抗震，2003 年第 1 期

[24] 张维斌. 浅谈框支转换和一般转换的几点区别. 建筑结构. 技术通讯，2006 年第 5 期

[25] 张维斌. 浅谈转换结构的整体转换和局部转换. 建筑结构. 技术通讯，2007 年第 5 期

[26] 张维斌. 浅谈连梁不满足剪压比时的处理措施. 建筑结构. 技术通讯，2013 年第 1 期